国家出版基金项目
NATIONAL PUBLICATION FOUNDATION

现代农业高新技术成果丛书

农业入侵害虫的可持续治理

The Sustainable Management of Agricultural Invasive Pests

张青文　刘小侠　主编

中国农业大学出版社
·北京·

内容简介

外来有害生物的入侵，给我国农业生产造成了严重的经济损失。本书比较系统地总结了课题组自2002年以来参加国家"973"项目第七课题"重要农林危险入侵生物可持续控制的策略与途径"和2008年以来参加国家公益性行业专项"马铃薯甲虫持续防控技术研究与示范"等相关研究工作，并系统介绍了我国外来入侵生物的入侵现状与发生趋势、入侵害虫的调查方法和可持续治理方法等；整理了蜚蠊目、等翅目、缨翅目、半翅目、鞘翅目、双翅目、鳞翅目、膜翅目等8个目的78种常见外来入侵害虫的编目信息，包括入侵害虫的名称、分类学地位、形态特征、生物学特性、为害与分布、发生规律、预测预报、防治措施等内容。

本书可作为高等院校、科研院所专业人员、政府和企业的决策者与管理者的参考书。

图书在版编目(CIP)数据

农业入侵害虫的可持续治理/张青文，刘小侠主编. —北京：中国农业大学出版社，2013.4
ISBN 978-7-5655-0589-8

Ⅰ.①农… Ⅱ.①张…②刘… Ⅲ.①植物害虫-治理 Ⅳ.①S433

中国版本图书馆CIP数据核字(2012)第208696号

书　　名 农业入侵害虫的可持续治理
作　　者 张青文　刘小侠　主编

责任编辑 孙　勇　韩元凤　　**责任校对** 王晓凤　陈　莹
封面设计 郑　川
出版发行 中国农业大学出版社
社　　址 北京市海淀区圆明园西路2号　　**邮政编码** 100193
电　　话 发行部 010-62818525，8625　　读者服务部 010-62732336
编辑部 010-62732617，2618　　出　版　部 010-62733440
网　　址 http://www.cau.edu.cn/caup　　**e-mail** cbsszs @ cau.edu.cn
经　　销 新华书店
印　　刷 涿州市星河印刷有限公司
版　　次 2013年4月第1版　2013年4月第1次印刷
规　　格 787×1092　16开本　25.75印张　640千字　彩插2
定　　价 110.00元

主　编　张青文　中国农业大学
　　　　刘小侠　中国农业大学

副主编　李亦松　石河子大学
　　　　李　贞　中国农业大学
　　　　李祥瑞　中国农业科学院植保所
　　　　许向利　西北农林科技大学

参　编　张怀江　中国农业科学院果树所
　　　　董　杰　北京市植物保护站
　　　　陈　瀚　皖西学院
　　　　李　杰　中国农业大学
　　　　胡镇杰　中国农业大学
　　　　杨清坡　中国农业大学
　　　　陆振强　中国农业大学
　　　　杨宇晖　中国农业大学
　　　　郭晨茜　中国农业大学
　　　　魏　亮　中国农业大学
　　　　曹进军　中国农业大学
　　　　闫　硕　中国农业大学
　　　　褚艳娜　中国农业大学
　　　　张　璟　中国农业大学
　　　　朱家林　中国农业大学
　　　　熊晓菲　中国农业大学
　　　　杨晓伟　中国农业大学
　　　　李彦蓉　中国农业大学
　　　　朱晓锋　中国农业大学

出版说明

瞄准世界农业科技前沿，围绕我国农业发展需求，努力突破关键核心技术，提升我国农业科研实力，加快现代农业发展，是胡锦涛总书记在2009年五四青年节视察中国农业大学时向广大农业科技工作者提出的要求。党和国家一贯高度重视农业领域科技创新和基础理论研究，特别是863计划和973计划实施以来，农业科技投入大幅增长。国家科技支撑计划、863计划和973计划等主体科技计划向农业领域倾斜，极大地促进了农业科技创新发展和现代农业科技进步。

中国农业大学出版社以973计划、863计划和科技支撑计划中农业领域重大研究项目成果为主体，以服务我国农业产业提升的重大需求为目标，在“国家重大出版工程”项目基础上，筛选确定了农业生物技术、良种培育、丰产栽培、疫病防治、防灾减灾、农业资源利用和农业信息化等领域50个重大科技创新成果，作为“现代农业高新技术成果丛书”项目申报了2009年度国家出版基金项目，经国家出版基金管理委员会审批立项。

国家出版基金是我国继自然科学基金、哲学社会科学基金之后设立的第三大基金项目。国家出版基金由国家设立、国家主导，资助体现国家意志、传承中华文明、促进文化繁荣、提高文化软实力的国家级重大项目；受助项目应能够发挥示范引导作用，为国家、为当代、为子孙后代创造先进文化；受助项目应能够成为站在时代前沿、弘扬民族文化、体现国家水准、传之久远的国家级精品力作。

为确保“现代农业高新技术成果丛书”编写出版质量，在教育部、农业部和中国农业大学的指导和支持下，成立了以石元春院士为主任的编审指导委员会；出版社成立了以社长为组长的项目协调组并专门设立了项目运行管理办公室。

“现代农业高新技术成果丛书”始于“十一五”，跨入“十二五”，是中国农业大学出版社“十二五”开局的献礼之作，她的立项和出版标志着我社学术出版进入了一个新的高度，各项工作迈上了新的台阶。出版社将以此为新的起点，为我国现代农业的发展，为出版文化事业的繁荣作出新的更大贡献。

中国农业大学出版社

2010年12月

前　　言

随着经济全球化进程的加快，国际旅游、交流的迅猛发展，我国由于外来入侵生物造成的问题日趋加重，加上有不少地区检疫、防治不当，造成部分入侵害虫全国分布。大部分农业外来有害生物具有暴发性与毁灭性，一旦成功入侵，将难以控制，对农业生产造成巨大损失。据估计，我国11种主要入侵害虫与杂草每年造成的经济损失已达到574.3亿元（万方浩等，2005）。1994年入侵我国的美洲斑潜蝇，目前在全国的发生面积100多万 hm^2，每年的防治费用就需4.5亿元。危害水稻的稻水象甲每年危害水稻面积约15万 hm^2，造成经济损失4.3亿元。B型烟粉虱与所携带的双生病毒常常导致大棚蔬菜作物的毁灭性减产或完全绝收。

我国政府历来十分重视外来入侵生物的防治工作，2002年启动了国家"973"项目"农林危险生物入侵机理与控制基础研究"，我们课题组承担了第七课题"重要农林危险入侵生物可持续控制的策略与途径"的研究。在此基础上，2009年国家又启动了新一轮的"973"项目"重要外来入侵物种的生态影响机制与监控基础"研究，目前此项目正在研究之中。

人们从有害生物防治的历史经验中得出结论，依赖单一方法解决害虫防治问题是不可能的，因此自1961年著名昆虫学家Geiser首次提出害虫综合治理（integrated pest management，IPM）的概念，1974年联合国粮农组织将IPM确定为农业有害生物治理的指导思想以来，IPM一直是进行害虫防治的科学指导思想，对入侵害虫也同样适用。为切实维护国家农业生产安全，遏制日益猖獗的入侵害虫发展态势，提高国家应对外来入侵生物的能力，按照IPM的指导思想，构建科学的综合防治措施是关键。

本书比较系统地总结了课题组自2002年以来参加国家"973"项目第七课题"重要农林危险入侵生物可持续控制的策略与途径"和2008年以来参加国家公益性行业专项"马铃薯甲虫持续防控技术研究与示范"等相关研究工作，并系统介绍了我国农业入侵害虫的种类及其变化趋势和空间分布，整理了蜚蠊目、等翅目、缨翅目、半翅目、鞘翅目、双翅目、鳞翅目、膜翅目等8个目的78种常见外来入侵害虫的编目信息，包括入侵害虫的名称、分类学地位、形态特征、生物学特性、为害与分布、发生规律、预测预报、防治措施等内容，也汇总了本课题组多年来关于入侵害虫的研究成果，为防治常见农业入侵害虫提供参考。

鉴于我们的能力、水平和知识结构的差异，研究工作中还存在着许多不完善之处，敬请各位专家、同行指教。由于本书编著的时间仓促，难免有不足之处，请读者在阅读后提出宝贵意见。

在本书即将出版之际，本书的编著者非常感谢国家科技部对相关课题的资助，感谢973项目组提供的大力帮助、教育部科技司对研究项目的组织工作和各种帮助，感谢国家出版基金项目的资助；对课题合作研究者的辛勤劳动及同行的帮助表示谢意。

编　者

2013年1月

目　　录

第1章

概　述

中国是一个农业大国，也是一个人口大国，更是一个自然与生物灾害频繁与多变的国家。农作物病虫害年年发生，经常威胁着我国农作物的丰产丰收。随着对外交流的不断增加，外来有害生物不断入侵，无疑会给我国的农业生态环境带来巨大的压力。中国是遭受外来有害生物入侵最为严重的国家之一，外来有害生物的入侵已经严重影响到了我国的经济安全、生态安全、社会安全等，给我国农、林、牧、渔、水产及养殖业的健康发展带来了巨大障碍。

1.1　入侵生物的危害

1.1.1　入侵生物严重威胁我国的生物多样性

中国是世界上物种多样性特别丰富的国家之一，但由于人为携带、物质交流和一些生态环境问题的出现，已有 4 000～5 000 种高等植物处于濒危或接近濒危状态，占我国高等植物种类总数的 13%～17%（林龙，2008）。随着国际交流和贸易活动的频繁与迅速发展，外来有害生物的入侵加剧了我国高等植物种类总数和面积的缩小，其严重性还在不断加剧。据对我国近 100 年来从境外传入的外来有害生物的不完全统计，目前入侵我国的外来入侵生物有 488 余种；而在世界自然保护联盟公布的全球 100 种最具威胁的外来入侵生物中，我国就有 27 种（丁晖等，2010）。这些外来入侵生物对我国的生物多样性和遗传资源保护构成了极大的威胁（万方浩等，2002，2005，2008a，2008b）。例如，紫茎泽兰能以其强大的繁殖力和快速的种子传播能力，及其适应性竞争和特殊的化感功能等，排斥周围其他植物，最终在入侵地形成单一的优势种群（Yang et al，2006）。紫茎泽兰现已在我国西南地区大面积成片发生，使得许多本地植物的生存受到排挤或处于弱势状态，造成当地原生植物区系和植被以及与之相关的动物种类及区系趋于简单化，严重影响当地动物和植物的多样性，从而影响当地的环境与收入。

1.1.2 入侵生物加剧了我国一些区域的生态侵蚀

中国气候复杂多样。从南到北，跨热带、亚热带、暖温带、温带、寒带等气候带。生态区域复杂，包含有天然林保护生态区、自然保护区生态区、水土保持生态区、防护林生态区、荒漠生态区、湿地生态区、林业生态区、草原生态区、农业生态区、青藏高原高寒生态区（刘东来，1995）。外来有害生物的入侵对特定生态系统的结构、功能及生态环境产生严重的干扰与危害，导致某些生态系统出现几乎难以逆转的生态灾难。近年来，紫茎泽兰、互花米草、薇甘菊、加拿大一枝黄花等在我国不同生态系统中的入侵与疯狂蔓延，排挤、危及本地物种的生存和发展，导致原有生物群落的衰退和生物多样性的逐渐丧失，同时还会导致我国当地土著物种的消失与灭绝。例如，在我国长江口湾，互花米草已经在土著植物海三棱藨草群落中定居和扩散。随着互花米草过快地扩大，海三棱藨草的密度盖度和地下球茎数量减少，直至消失，最后形成大片单一物种组成的互花米草群落（陈中义等，2004）。

1.1.3 入侵生物加剧了农业生物灾害的损失

我国是一个粮食和经济作物种植的大国。2007 年，粮食作物、油料作物、棉花、麻类、糖料、烟叶、药材及蔬菜、瓜果等农作物播种总面积为 15 346.39 万 hm^2，农业总产值 24 658.87 亿元。2007 年农作物病虫害发生面积 36 534.24 万 hm^2，实际损失 12 972 514 t（中国农业年鉴编辑委员会，2008）。大部分农业外来有害生物的暴发性与毁灭性更是加剧了农业生物灾害造成的损失。据估计，我国 11 种主要入侵害虫与杂草每年造成的经济损失已达到 574.3 亿元（万方浩等，2005）。1994 年入侵我国的美洲斑潜蝇，目前在全国的发生面积 100 多万 hm^2，每年的防治费用就需 4.5 亿元。危害水稻的稻水象甲每年危害水稻面积约 15 万 hm^2，造成经济损失 4.3 亿元。B 型烟粉虱与所携带的双生病毒常常导致大棚蔬菜作物的毁灭性减产或完全绝收。

1.1.4 入侵生物给人类健康带来严重威胁

外来入侵生物不仅给生态环境、农林业生产带来巨大的损失，而且直接威胁人类健康。入侵我国的普通豚草和三裂叶豚草所产生的花粉是引起人类花粉过敏症的主要病原物之一，豚草发生地区的居民大约有 600 万枯草热患者。近期入侵的红火蚁严重威胁着发生区居民的安全和健康。

因此，呼吁我国各地区、各行业、各部门行动起来，提高警惕，防范外来有害生物的入侵，将入侵生物带来的风险降到最低限度。遏制外来有害入侵生物的扩散与传播、蔓延与危害，是当地人身健康、农业安全生产、国家生态安全、维护国家利益与社会安定的保障。

1.2 科学防控技术体系是防治生物入侵的保证

近年来，生物入侵已成为世界各国高度关注的热点。应该在广大群众认识入侵生物的严重性和危险性的基础上，加强生物入侵基础理论与控制技术的研究，进一步提升预警与管理水平是遏制生物入侵的前提。“什么样的外来物种更易成为入侵种”、“什么样的生态系统更易被入侵”已成为入侵生物学研究的核心科学命题。外来入侵物种的种群形成与生态适应性、入侵物种对当地种的竞争排斥与置换效应、生物入侵对生态系统结构与功能的影响、入侵物种的预警及监控技术等已成为当前国际研究的热点。

我们应该坚持从害虫与其环境相互作用的观点出发，本着预防为主、综合防治的指导思想，合理地利用法规及农业、生物、物理、化学、遗传等防治技术，把入侵有害生物控制在经济危害水平之下，以避免入侵生物的暴发，保障农作物的丰产丰收和人畜及环境的安全。

如果要很好地遏制住入侵生物在入侵地的发展和蔓延，必须建立生物入侵防控技术体系，首先要弄清外来物种在一个新环境或者一个新生态系统中“如何入侵、如何发展、如何扩张、如何暴发以及如何控制”的生态学过程与机制，这样才能制订科学的防治方案，组建科学有效的防控与管理技术体系。因此，揭示外来有害物种的入侵机制与生态适应性特点，明晰外来有害物种对生态系统的影响以及系统响应机制，建立科学、合理、经济、简便的综合治理技术体系和创新外来入侵物种的预防、预警、监测、检测、控制、管理新技术的理论基础（万方浩和郭建英，2007；万方浩等，2008a）。

近年来，中国在生物入侵的基础与应用研究上取得了较大的进展，部分研究和防治技术达到了国际前沿水平，但总体上仍处于初期发展阶段。随着我国入侵生物学研究和实践的蓬勃发展、大量研究工作与材料的持续积累、研究平台与体系的不断完善和发展，进一步加强和促进了外来有害物种入侵的生态机制和监控技术等方面的研究，将有望在基础理论与监控技术上取得一些重大的突破，以满足国家的重大需求。

在基础研究方面，从生物入侵过程的关键环节入手，针对外来有害生物入侵的不确定性和入侵后的暴发性，选择农业、林业、湿地及淡水生态系统中有代表性的已入侵和潜在入侵生物为对象（如烟粉虱、紫茎泽兰等），以外来有害生物入侵过程中的入侵潜能、遗传变异、生态适应及系统响应等关键问题为核心，着重于研究外来有害物种入侵的生物学特性和生态学特征、入侵生物的适应性进化、入侵种与本地种间的互作与竞争关系、对生态系统结构与功能的影响等问题，以期揭示生物入侵过程中遗传分化的分子机理、种群形成与扩张的生态机制，解析入侵物种与本地物种间相互竞争的作用机制、被入侵系统的生物群落抗性与敏感性及生物入侵对生态系统的功能影响及其机理（万方浩和郭建英，2007；万方浩等，2008a；万方浩等，2009）。

在应用研究方面，着重于潜在入侵植物病害的快速分析检测和基于DNA条形码的网络远程识别，基于引诱剂与诱饵对入侵昆虫的野外监测，局部分布的外来入侵生物以及潜在入侵生物的适生性风险评估与风险治理决策，口岸检疫与除害处理，农业入侵植物与昆虫的应急与根除处理，农林入侵生物的生物防治与生态修复等预防与控制技术的发展（万方浩等，

2008）。

在对外来有害生物入侵的现状、发生与发展趋势以及新入侵物种安全性评估的基础上，剖析外来有害生物成功入侵的因素以及评估生物入侵的经济、生态与社会影响。在介绍外来生物入侵研究体系的基础上，提出中国应对生物入侵的挑战及防控技术的发展建议；在总结现阶段外来生物入侵在基础理论与防控技术等方面的研究进展的基础上，提出创新防控技术的发展与国际合作的需求。

参考文献

陈中义，李博，陈家宽．米草属植物入侵的生态后果及管理对策．生物多样性，2004，12(2)：280-289．

丁晖，徐海根，强胜，等．中国生物入侵的现状与趋势．生态与农村环境学报，2011，27(3)：35-41．

林龙．论我国野生植物资源法律保护存在的不足与对策．西北农林科技大学学报：社会科学版，2008，8(1)：109-113．

刘东来．中国生态区和自然生物区的分区系统．林业科学，1995，31(3)：200-210．

万方浩，褚栋，郭建英．外来入侵昆虫研究领域发展报告//中国科学技术协会，中国昆虫学会．昆虫学学科发展报告 2008—2009．北京：中国科学技术出版社，2009：158-172．

万方浩，郭建英，王德辉．中国外来入侵生物的危害与管理对策．生物多样性，2002，10(1)：119-125．

万方浩，郭建英．农林危险生物入侵机理及控制基础研究．中国基础科学，2007(5)：8-14．

万方浩，李保平，郭建英．生物入侵：生物防治篇．北京：科学出版社，2008b：596．

万方浩，郑小波，郭建英．重要农林外来入侵物种的生物学与控制．北京：科学出版社，2005：820-910．

万方浩，谢丙炎，褚栋．生物入侵：管理篇．北京：科学出版社，2008a：116-128．

中国农业年鉴编辑委员会．中国农业年鉴．北京：中国农业出版社，2008：179-376．

Yang G Q, Wan F H, Liu W X, et al. Physiological effects of allelochemicals from leachates of *Ageratina adenophora* (Spreng.) on rice secdlings. Allelopathy Journal, 2006, 18(2): 237-246.

第2章

中国生物入侵现状与发生趋势

中国是遭受生物入侵最严重的国家之一，生物入侵形势十分严峻，凸显出以下几个特点：

(1)入侵物种种类繁多。据不完全统计，目前入侵我国各种生态系统的外来有害物种达488种，涉及的种类包括植物(265种)、动物(171种，包括昆虫、甲壳类、软体动物、哺乳类、鸟类、两栖爬行类、鱼类等)和微生物(52种，包括真菌、细菌、病毒)等(丁晖等，2010)。

(2)入侵时间特征明显。从16世纪到21世纪具有3个入侵时间阶段：缓慢增长阶段(16～19世纪)、快速增长阶段(19～20世纪)、危险性入侵种增长期(20世纪后期以来)。

(3)分布地区差异明显。中国南部及东南部沿海的发达地区入侵最为严重。近年来随着沿海经济的高速发展，中国海域外来物种入侵现象日趋增多，所带来的威胁也日益增大。

(4)传入途径来源广泛。以美洲居多，来自其他各国的潜在入侵物种截获频次急剧增加，危险性外来物种不断入侵，形势逼人。

(5)新入侵疫情不断突发。近10年来相继发现了西花蓟马、Q型烟粉虱等20余种世界性、危险性与暴发性物种的入侵；这些物种的入侵给农林业生产构成了巨大的威胁。随着经济全球化与国际贸易的迅速发展，生物入侵的形势将愈加严峻，将进一步加重我国农业生物灾害的压力。

本章重点介绍了中国生物入侵的历史与发生趋势、不同生态系统中入侵物种的发生现状、入侵物种的传入来源，分析了中国入侵物种的地理分布格局，评价了新入侵种可能带来的生态、经济及社会等的潜在危害。

2.1 历史与发生趋势

2.1.1 入侵种类组成

在对有记载的外来生物进行危害性、危险性与威胁性分析的基础上，结合近年来的野外调查数据分析表明，在入侵我国农林水生态系统的488种外来有害生物中，陆生植物最多(252种)，约占51.64%；陆生无脊椎动物(104种)，约占21.31%；其他类群还包括微生物、水生植物、水生无脊椎动物、两栖爬行类、鱼类、哺乳类及鸟类(丁晖等，2010)。

2.1.2 入侵时间特征

根据现有文献资料记载及近年来的调查分析，16～21世纪，外来有害生物入侵的时间可划分为3个阶段：16～19世纪为缓慢增长阶段，19～20世纪为快速增长阶段，20世纪后期以来为危险性入侵种增长期。19世纪中期到20世纪中期，外来入侵生物数量增加迅速。19世纪开始，各国列强陆续入侵中国领土，为扩大其殖民地和势力范围，设立通商口岸，贸易自由往来，外籍传教士自由传教，外国科学家自由科考和采集各种生物标本活动等，使得在这一时期内，外来有害生物入侵的数量急剧增加，我国的香港、广州、厦门、上海、青岛、烟台和大连等海港成为外来生物传入的主要入口。例如，先后有香丝草(1857年)、小白酒草(1862年)及一年蓬(1886年)等杂草在香港、山东烟台和上海等口岸陆续登陆，并逐渐向我国内地蚕食蔓延。

从20世纪后期开始，随着我国国际贸易的飞速发展，进口粮食、食品、商品的数量、种类与批次的急剧增加，检疫性有害生物入侵的危险性急剧增加，暴发性与毁灭性的重要外来有害物种入侵增加。

2.1.3 不同类别外来物种的入侵时间特点

我国外来有害生物入侵的特点表现为：

(1)入侵植物的种类数量多，分别是入侵动物和入侵病原微生物的1.5倍和5.1倍。

(2)入侵植物发生的时间最早，早在17世纪前入侵的种类就有50余种，20世纪初期就达到150多种。

(3)20世纪后期，入侵动物的种类数量增加的相对速度要比入侵植物和微生物增长得快。

(4)入侵植物从传入到暴发成灾的时间相对较长，一般在50年左右；而入侵昆虫和微生物扩散迅速，大多数种类在10年左右及以后便可暴发成灾。

2.2 入侵物种在不同生态系统中的分布

入侵到我国的外来有害生物占据了各种各样的生态系统，从农田、森林、草原、灌丛、湿地、内陆水域、海洋到人类生活居住的区域等，几乎所有的生态系统中都有入侵生物的踪迹。生物入侵多发生在人类活动比较频繁、受人类干扰严重的区域。

在人工生态系统中，耕地和植物园中的入侵生物占43.3%左右，受强烈干扰的生境中(如建筑、道路建设区域等)入侵生物占34.0%，果园及苗圃等的入侵生物占17.4%。

在陆生生态系统中，灌丛类生境中入侵生物占 23.1%，河岸及海岸生境中的入侵种类占 18.6%，森林、草原、坡地生境中分别占 16.6%、15.8%和 14.9%，无植被或稀有植被生境中占 10.0%。在水生生态系统中，海洋占比重最大(15.1%)，内陆地表水其次(14.7%)，湿地沼泽最少(6.5%)。

入侵我国外来有害生物种类繁多，不同种类占据了不同的生境，三类入侵生物(微生物、植物、动物)在生境类型上有明显的分布格局。入侵植物以杂草居多，主要分布在人工干涉的生境中；入侵动物以昆虫居多，生境类型多集中于农田、森林及果园；入侵微生物主要是植物病原类，多危害农作物和林木，因此农田和森林是其主要的生境。

2.3 入侵物种的传入来源

中国从北到南，从东到西跨越 5 个气候带：寒温带、温带、暖温带、亚热带和热带。这种自然特征使中国容易遭受入侵物种的侵害，来自世界各地的大多数外来种都可在中国找到合适的栖息地(姚成芸，2004)。

在入侵我国的外来有害生物中，从美洲传入的最多，约占 54%，其中来自拉丁美洲的约占 30%、南美洲的约占 24%；从亚洲其他国家和地区传入的约占 20%，从欧洲、非洲及大洋洲传入的分别约占 17%、6%和 3%。

不同类别的入侵种其来源地区有所差异。入侵微生物大多来自北美洲，其次是欧洲和亚洲的其他国家；入侵植物来自北美洲和南美洲的最多，其次是欧洲和亚洲；入侵动物来自亚洲的最多，其次是北美洲，来自欧洲和南美洲的也较多。

北美洲与中国位于大致相同的纬度，有着相似的气候环境，来自北美洲的外来物种进入中国后能很快适应中国的生境，建立种群；一些亚洲国家亦是如此。与其他洲相比，尽管美洲与亚洲间的地理隔离程度最大，两个大陆间的物质交流机会较少，但现代便利的交通条件、频繁的国际贸易、发达的国际旅游等人类活动，大大地缩小和替代了这种地理上的障碍，这些人类活动增加了外来有害生物传播、入侵的危险性(万方浩等，2002，2005，2008)。

2008 年中国的机场与港口截获的重大有害生物共涉及 138 个国家和地区，截获批次疫情较多的前 10 位依次是美国(25 710 批次)、泰国(13 868 批次)、马来西亚(13 492 批次)、阿根廷(10 731 批次)、巴西(10 502 批次)、澳大利亚(8 673 批次)、莫桑比克(5 883 批次)、巴布亚新几内亚(4 890 批次)、越南(4 623 批次)和缅甸(4 041 批次)。因此，长距离的人类活动促进西半球的物种传入到东半球的中国来。

2.4 入侵物种的地理分布格局

外来入侵生物在中国的分布、生存的环境有较大的空间差异，经济发达的南部及东部沿海省份外来入侵生物种数较多，而内陆和西部地区外来入侵生物种数相对较少，呈现出从东南向西北外来入侵生物种数逐渐减少的总体趋势。入侵物种数量较多(大于 200 种)的省份有广东、江苏、福建、云南、台湾；入侵种数量较少的省份有宁夏、青海、西藏，不到 70 种。

外来入侵生物的种群密度（各省单位面积中的入侵生物种类数）以中国东南部沿海城市居高，且由东南海岸向西北内陆递减，总体趋势同入侵生物的种数格局。我国各省外来入侵生物物种数和各省面积没有显著相关关系。尽管西北部地区区域面积较大，但由于其经济发达程度较低，交通密度较低，环境条件相对恶劣，所以外来生物入侵该区域的可能性降低，导致其物种数较少（吴晓雯等，2006）。

入侵物种在我国已产生明显经济和生态危害的、具有潜在威胁与危险性、可能导致严重危害的入侵生物种约有 300 余种，有 22 个省（自治区）超过 100 种。这些入侵物种集中分布在广东、云南、福建、江苏、浙江、山东、广西、辽宁等省（自治区）。

菊科入侵植物在外来入侵植物中占较大比例（24.5%），在我国的分布格局表现出很显著的地区特征，呈现明显的东南多、西北少的态势。云南、浙江、广东、江苏、贵州、福建等省入侵的菊科植物种数较多，宁夏、新疆、青海等省（自治区）入侵的种数则较少。

参考文献

丁晖，徐海根，强胜，等. 中国生物入侵的现状与趋势. 生态与农村环境学报，2011，27(3)：35-41.

万方浩，褚栋，郭建英. 外来入侵昆虫研究领域发展报告//中国科学技术协会，中国昆虫学会. 昆虫学学科发展报告 2008—2009. 北京：中国科学枝术出版社，2009：158-172.

万方浩，郭建英，王德辉. 中国外来入侵生物的危害与管理对策. 生物多样性，2002，10(1)：119-125.

万方浩，郑小波，郭建英. 重要农林外来入侵物种的生物学与控制. 北京：科学出版社，2005：820-910.

吴晓雯，罗晶，陈家宽，等. 中国外来入侵植物的分布格局及其与环境因子和人类活动的关系. 植物生态学报，2006，30(4)：576-584.

姚成芸，赵华荣，夏北成. 我国外来生物入侵现状与生态安全. 中山大学学报，2004，43(zl) 221-224.

第3章

入侵物种的安全性评价

3.1 新近传入的外来入侵物种

在1998—2008年的10年间，仅入侵我国农田和森林生态系统、具有危险性与暴发性的农林入侵种就多达19种，其中9种为我国进境检疫对象(表3.1.1)。

表3.1.1 新近传入的外来入侵物种

中文名称	拉丁学名或英文名称	类别	首次发现年份	首次发现省(市)
红脂大小蠹	*Dendroctonus valens* Leconte	昆虫	1998	山西
锈色棕榈象	*Rhynchophorus ferrugineus* (Oliver)	昆虫	1998	海南
李属坏死环斑病毒	prunus necrotic ringspot virus (PNRSV)	病毒	1999	陕西
银合欢豆象	*Acanthoscelides macrophthalmus* (Schaeffer)	昆虫	1999	海南
香蕉穿孔线虫	*Radopholus similis* (Cobb) Thome	线虫	2000	广东
黄顶菊	*Flaveria bidentis* (L.) Kuntze	杂草	2001	河北
水椰八角铁甲	*Octodonta nipae* (Maulik)	昆虫	2001	海南
褐纹甘蔗象	*Rhabdoscelus lineaticollis* (Heller)	昆虫	2002	广东
椰心叶甲	*Brontispa longissima* (Gestro)	昆虫	2002	海南
西花蓟马	*Frankliniella occidentalis* (Pergande)	昆虫	2003	北京
红火蚁	*Solenopsis invicta* Buren	昆虫	2004	广东
刺桐姬小蜂	*Quadrastichus erythrinae* Kim	昆虫	2005	广东
黄瓜绿斑驳病毒	cucumber green mottle mosaic virus	病毒	2005	辽宁
螺旋粉虱	*Aleurodicus dispersus* Russell	昆虫	2006	海南
刺槐叶瘿蚊	*Obolodiplosis robiniae* (Haldemann)	昆虫	2006	河北

续表 3.1.1

中文名称	拉丁学名或英文名称	类别	首次发现年份	首次发现省(市)
番茄曲叶病毒	tomato leaf curl virus(TLCV)	病毒	2006	江苏
悬铃木方翅网蝽	*Corythucha ciliate* Say	昆虫	2007	湖北
桉树枝瘿姬小蜂	*Leptocybe invasa* Fisher & LaSalle	昆虫	2007	广西
扶桑绵粉虱	*Phenacoccus solenopsis* Tinsley	昆虫	2008	广东

在这些农林外来有害生物中，入侵我国的农业昆虫有 14 种、植物病毒 3 种、植物线虫和有害杂草各 1 种。从北美洲和中南美洲传入的有 10 种，从东南亚传入的有 4 种，其他 5 种来源不明(图 3.1.1)。

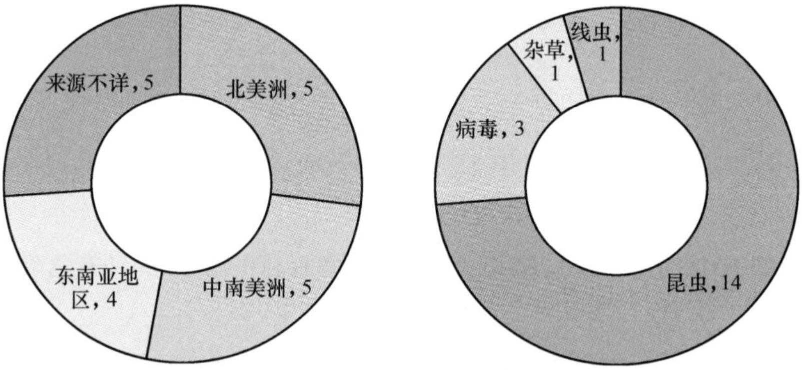

图 3.1.1 **中国新近入侵的外来物种的组成及来源**(万方浩等，2009)

从首次发现的省份来看，海南和广东发现的入侵物种最多(各 5 种)，表明沿海省份是重点的入侵区域。从入侵的途径来看，均是人为无意中被带入，随寄主、种子及产品的调运而传入。从危害的对象和方式来看，入侵杂草黄顶菊成片生长，威胁本地植物生存，降低本地植物区系的生物多样性；红火蚁不仅危害农林业的生产、基础设施与设备，也对人类健康产生严重威胁；其他的入侵病虫害危害的对象极为广泛，寄主多、潜在危害大，对农业和林业生产带来极大威胁(如李属坏死环斑病毒、西花蓟马、黄瓜绿斑驳病毒、扶桑绵粉蚧、椰心叶甲等)。

3.2 新入侵种的安全性评价

入侵种的安全性评价指对被入侵地或可能入侵地的生态环境、社会及经济等方面受到外来生物威胁的不良状态的程度、大小和概率的评定。对外来入侵物种进行安全性分析可为相关部门制定决策提供理论依据，并尽可能地引起公众的关注。对新近传入中国的外来入侵种的安全性分析可以帮助我们了解当前中国面临外来入侵种的危险程度以及危险的来源，以帮助相关部门做出正确的决策。

根据联合国粮农组织(FAO)的“有害生物风险分析准则(FAO,2004)”,结合中国的实际情况,利用多指标综合评判法(蒋青等,1995),构建了适合于中国的外来入侵物种风险评价体系。

多指标综合法的重点在于指标,指标直接反应出入侵物种安全性的影响因素。影响入侵物种安全性评价的影响因素通常很多,主要包括以下几个方面:在目标区的潜在适生区、扩散的速度和方式、自身的生长和繁殖特性、防治的难度和费用、对经济的危害、对社会的危害、对环境的危害以及其他潜在的危害等等。通过对这些指标进行打分,最终得到表明其安全性的分值,称该安全性指数为风险值,分值越高,表示评价对象越不安全,即越危险。根据评价的实际结果,可按安全性指数进行分级,红色(>2.0)、橙色(1.5~2.0)、黄色(1.0~1.5)、绿色(<1.0) 依次表示的危险程度为红色(高度危险)、橙色(中度危险)、黄色(低度危险)、绿色(基本无危险)(表 3.2.1)。

表 3.2.1 新近传入的外来入侵物种及其安全性

中文名称	拉丁学名或英文名称	分值	高	中	低	无
红脂大小蠹	*Dendroctonus valens* LeConte	2.46	√			
红火蚁	*Solenopsis invicta* Buren	2.46	√			
刺槐叶瘿蚊	*Obolodiplosis robiniae* (Haldemann)	2.26	√			
李属坏死环斑病毒	prunus necrotic ringspot virus (PNRSV)	2.25	√			
香蕉穿孔线虫	*Radopholus similis* (Cobb) Thome	2.23	√			
黄瓜绿斑驳病毒	cucumber green mottle mosaic virus	2.22	√			
桉树枝瘿姬小蜂	*Leptocybe invasa* Fisher & LaSalle	2.18	√			
扶桑绵粉虱	*Phenacoccus solenopsis* Tinsley	2.15	√			
番茄曲叶病毒	tomato leaf curl virus (TLCV)	2.08	√			
椰心叶甲	*Brontispa longissima* (Gestro)	2.06	√			
悬铃木方翅网蝽	*Corythucha ciliate* Say	1.95		√		
刺桐姬小蜂	*Quadrastichus erythrinae* Kim	1.92		√		
西花蓟马	*Frankliniella occidentalis* (Pergande)	1.90		√		
螺旋粉虱	*Aleurodicus dispersus* Russell	1.86		√		
锈色棕榈象	*Rhynchophorus ferrugineus* (Oliver)	1.82		√		
褐纹甘蔗象	*Rhabdoscelus lineaticollis* (Heller)	1.75		√		
水椰八角铁甲	*Octodonta nipae* (Maulik)	1.72		√		
黄顶菊	*Flaveria bidentis* (L.) Kuntze	1.66		√		
银合欢豆象	*Acanthoscelides macrophthalmus* (Schaeffer)	1.56		√		

其中红脂大小蠹、桉树枝瘿姬小蜂、红火蚁、椰心叶甲、香蕉穿孔线虫、李属坏死环斑病毒、刺槐叶瘿蚊、扶桑绵粉蚧、黄瓜绿斑驳病毒和番茄曲叶病毒属于高度危险的外来入侵物种(>2.0);悬铃木方翅网蝽、刺桐姬小蜂、螺旋粉虱、锈色棕榈象、西花蓟马、银合欢豆象、水椰八角铁甲、褐纹甘蔗象、黄顶菊属于中度危险的入侵物种(1.5~2.0)。

参考文献

蒋青，梁忆冰，王乃杨，等. 有害生物危险性评价的定量分析方法研究. 植物检疫，1995(4)：208-211.

万方浩，褚栋，郭建英. 外来入侵昆虫研究领域发展报告//中国科学技术协会，中国昆虫学会. 昆虫学学科发展报告 2008—2009. 北京：中国科学技术出版社，2009：158-172.

万方浩，郭建英，王德辉. 中国外来入侵生物的危害与管理对策. 生物多样性，2002，10(1)：119-125.

万方浩，郭建英. 农林危险生物入侵机理及控制基础研究. 中国基础科学，2007(5)：8-14.

万方浩，李保平，郭建英. 生物入侵：生物防治篇. 北京：科学出版社，2008b：596.

万方浩，郑小波，郭建英. 重要农林外来入侵物种的生物学与控制. 北京：科学出版社，2005：820-910.

万方浩，谢丙炎，褚栋. 生物入侵：管理篇. 北京：科学出版社，2008a：116-128.

张青文. 昆虫遗传学. 北京：科学出版社，2000：161-191.

中国农业年鉴编辑委员会. 中国农业年鉴. 北京：中国农业出版社，2008：179-376.

第4章

入侵害虫的调查与预测预报

农业入侵害虫的调查和预测预报，依赖于害虫类别的恰当划分和选用科学的害虫调查方法。只有选用了科学的害虫调查方法，才有可能获得准确的数据，提高预测预报的准确性。

4.1 入侵害虫类别

入侵害虫的类别，根据不同情况，可有很多种不同的划分方法。

1. 根据害虫取食作物种类的多寡

一般分为多食性、寡食性和单食性害虫。在已知的约31万种植食性昆虫中，约25%为多食性，其余为寡食性或单食性。

(1)多食性害虫　这类害虫的寄主范围相当广泛，可取食许多不同科的多种植物。

(2)寡食性害虫　这类害虫的寄主范围一般较窄，通常仅取食1个科或其近缘科内的植物。

(3)单食性害虫　这类害虫的寄主范围单一，仅取食1种植物。

2. 根据害虫取食作物的类别

一般分为水稻害虫、小麦害虫、杂粮害虫、大豆害虫、棉花害虫、果树害虫、蔬菜害虫、甘蔗害虫和仓储害虫。资料上常见的还有中药材害虫、花卉害虫、烟草害虫、桑树害虫、茶树害虫、森林害虫等。通常还可进一步细分。例如，果树害虫可分为苹果害虫、葡萄害虫、梨害虫、桃害虫、柑橘害虫、山楂害虫、荔枝害虫、香蕉害虫等。根据害虫取食作物的类别划分的方法，仅表明某种作物上有多少种害虫，或者表明某种害虫可以取食某种作物。

3. 根据害虫取食作物的部位

一般分为食叶性害虫、钻蛀性害虫、食根性害虫(地下害虫)。还可分食花性害虫和食果性害虫等。

(1)食叶性害虫　害虫以取食叶片为主。口器为咀嚼式的，被害叶片出现孔洞、缺刻等，严重时，叶片被全部食完。

(2)食茎秆性害虫　害虫以取食茎秆为主。口器为咀嚼式的，通常钻蛀到茎秆内取食；口器为刺吸式的，以吸取作物的汁液为食，被害部位形成斑点、坏死，严重时形成枯死。

(3)食根性害虫　害虫的为害期或终身在土壤中生活，以根部为食，被害作物的营养运输受到抑制，造成植株枯黄或死亡，如地老虎类、蛴螬类、蝼蛄类、葡萄根瘤蚜等。

(4)食花性害虫和食果性害虫　害虫以取食繁殖器官为主，如棉红铃虫钻食植物的花和果实。

4. 根据害虫的口器

主要分为刺吸式害虫、咀嚼式害虫、锉吸式害虫和虹吸式害虫。

(1)刺吸式害虫　害虫口器为刺吸式，以吸取作物的汁液为食，植物的生理受损，被害叶片常发生黄化、萎蔫、卷缩等，植株常出现畸形、斑点、卷缩等。

(2)咀嚼式害虫　咀嚼式害虫还可分为啃食式害虫、钻蛀式害虫和食根性害虫。啃食式害虫多为食叶性害虫，少数啃食嫩头、嫩茎、花蕾、嫩果等。钻蛀式害虫还可再分为蛀叶害虫、蛀茎害虫、蛀花害虫、蛀果害虫等。蛀叶害虫不多，主要是鳞翅目潜蛾科、细蛾科的幼虫等。蛀茎害虫蛀食作物的茎秆、枝条等造成蛀孔，使作物因此枯萎而死亡。蛀花害虫和蛀果害虫以取食繁殖器官为主，如棉红铃虫等。食根害虫取食作物的根系，如稻水象甲等。

(3)锉吸式害虫和虹吸式害虫　这两种类型的害虫不多，锉吸式害虫如西花蓟马，虹吸式害虫主要为鳞翅目吸果蛾科的部分成虫。

5. 根据害虫迁飞与否

划分为迁飞性害虫和非迁飞性害虫。迁飞性害虫发生的范围通常比较大，但种类较少，在我国的入侵害虫中很少见。一般常见害虫都是非迁飞性害虫。

6. 根据害虫的类别

可分为鞘翅目害虫、鳞翅目害虫、双翅目害虫、同翅目害虫、半翅目害虫、直翅目害虫等。同一类别的害虫通常有相似的特点。如同翅目害虫、半翅目害虫均为刺吸为害；直翅目害虫及鞘翅目的成虫均为啃食为害；鳞翅目、双翅目害虫通常仅幼虫为害，成虫不为害，甚至可通过吸食花蜜的过程而为许多植物传粉。

4.2　虫害的形成及其机制

虫害是造成农业减产的主要原因之一。多数害虫有较强的环境适应能力，世代周期短，繁殖系数高，世代重叠严重。由于它们的种类多、数量大、为害重，常给农业生产带来很大影响，造成作物产量降低，品质下降。据统计，世界主要粮食作物因害虫为害造成的损失在1.19亿t以上。对经济作物的为害缺乏统计，但据资料表明一般害虫为害会造成减产10%～60%。

害虫取食、生长发育和繁殖后代都必须依赖于寄主。不同寄主及其不同发育阶段对害虫生长发育的有利程度不同，对害虫的引诱力不同，导致害虫在不同寄主间迁移、增殖，甚至在一定条件下暴发成灾。植物为避免自身器官被害虫取食或减少害虫的取食程度，植物体演化出的重要防御策略之一是：一种植物及其器官有特定的形态构造和理化特性。但是，植物的这些特征也是昆虫辨识适宜食物和活动场所的标志。植物群落作为昆虫的栖息场所，也为害虫提供食物和庇护场所。植物群落的组成不同，对害虫取食的难易程度也不一样。一般认为植物群落组成越复杂，昆虫群落越复杂，害虫大发生的机会越少。然而，农作物的群落组成通常比较单一，经常是一种作物甚至同一品种的大片连种，就会为害虫暴发成灾提供有利的条件。

害虫在长期进化的过程中形成的发生、发展规律，在条件适宜时即可暴发成灾。有些害虫对特殊的生态条件有极强的适应性（包括对资源和空间的适应），种群质量高，群体数量大。在整个作物生长季节里，无时不存在、无时不发生、无时不危害，没有不被取食的绿色植物。在害虫特大发生的情况下，随着行为和生活习性的变化，并具有了较强的抗逆力和抗药性。在整个生态区域内，成为某一种害虫发生的温床。有些害虫个体小、世代周期短、繁殖力强、内禀增长率高，它们适应临时的、多变的、不稳定的环境。其特点为数量急剧上升或迅速下降，极易产生抗性，导致再增猖獗，并传播作物病害。这类害虫就是形成“小虫子大灾害”的那类害虫，其典型代表为烟粉虱。有些害虫大发生的频次有明显的时间周期性，每隔一定的时间（几年至几十年）大发生 1 次或数次。

有些害虫在自然控制作用下，一般种群数量少，不会形成为害，但这类害虫有极大的生物潜能，在生态系中有特定的功能与地位，具有变为主要害虫的潜在能力。当自然控制因素（特别是生物因素）受到破坏时，它们的数量就会剧增，造成严重为害。

许多害虫的为害方式为其生长发育提供了相当有利的条件。这类害虫在发生为害阶段，其为害的虫态多潜藏在植物体内、土中或其身体上有保护物。有些害虫钻蛀在作物的茎秆、枝条、叶柄及果实里，如苹果蠹蛾。有些害虫的幼虫钻潜在叶片组织内为害，如美洲斑潜蝇等。有些害虫在为害时分泌激素，刺激作物组织不正常生长，形成瘿或瘤，如葡萄根瘤蚜等。

有些害虫的形态特征为逃避敌害提供了条件。如松突圆蚧，几乎终生体上覆盖着介壳；马铃薯甲虫具有坚硬的甲壳做保护等。

检疫性害虫是一特殊的群体，在分布区域（疫区）严重发生为害，但扩散能力有限，自然状态下能够进行空间隔离，仅仅靠人们的农事活动和商业活动传播。然而，一旦传入到新的区域，由于天敌少，种群常处于失控状态，易暴发成灾，为害剧烈，损失惨重；一旦大面积发生，很难根治。例如美国白蛾、美洲斑潜蝇传入我国后连续几年为害都十分严重。

针对靶标害虫进行的各种防治措施对昆虫群落特别是天敌群落的数量结构影响显著，这种影响既包括直接杀灭害虫和天敌，也包括通过食物网中的相互作用对天敌昆虫群落的间接破坏。特别是高毒农药的使用，短期内控制了害虫的为害，由于对天敌昆虫群落的破坏，可导致一部分害虫的严重发生或再猖獗。

由于农业生态的不断变化，种植业结构的不断调整，害虫抗药性的产生及遗传因子的变异，也导致了一部分害虫的严重发生或再猖獗。另外，在治理害虫的实践中，存在治理策略不正确，技术体系不全面，治标不治本，从而带来很大的负面影响。

4.3 害虫的调查

农业害虫的预测预报和防治，都必须通过田间的取样调查，取得系统全面的科学数据，用以说明害虫的种类组成、发育进度、分布区域的大小、发生期的早晚、发生量的多少、作物受害程度的轻重及防治效果等。

害虫田间调查是积累资料的主要方法之一。调查时必须明确调查的目的和内容，采取科学的调查方法，才有可能获得准确可靠的第一手数据。

4.3.1 昆虫的田间分布

昆虫种群在田间的分布常常因种类、虫期、虫口密度的不同而异。同时，还受到地形、地貌、土壤、寄主植物种类、栽培方式以及农田小气候等外界条件的影响。因此，进行害虫田间取样调查，必须根据不同害虫的分布类型选择相适应的取样方式，这样才能使所取的数据具有代表性和科学性。农作物害虫或其为害植株在田间的分布，通常可以分为随机分布和聚集分布两类。

1. 随机分布

在呈随机分布的种群内，个体独立地、随机地分配到可利用的单位中去，每个个体占据空间任何一点的概率相等，任一个体的存在决不影响其他个体的分布。马铃薯甲虫成虫在田间的分布、豌豆象的卵在田间的分布等都属这一分布型。

2. 聚集分布

个体作不随机分布，呈疏松或不均匀的分布，通常由若干个个体组成一定的核心。最常见的聚集分布有核心分布和相嵌分布两种。

(1)核心分布　害虫或其为害状在田间分布呈不均匀状态，个体形成许多小集团或核心，并自这些小核心向四周作放射状扩散蔓延。核心与核心之间是随机分布的，核心内常是较密集的分布。对这种不随机分布型，样点数量要稍多一些，每个取样点要稍小一点。可采用棋盘式或平行线式取样法。

(2)相嵌分布　又称负二项分布。害虫在田间分布疏密相间，密集程度极不均匀，故呈嵌纹状。这种分布型通常是由很多密度不同的随机分布混合而成，或由核心分布的几个核心联合而成。可采用 Z 字形取样法进行调查。

4.3.2 调查取样方法

由于各种害虫的生物学特性不同，它们的发生为害也有其各自的规律性，即使同种害虫的不同虫期也有各自的特点。因此，进行害虫调查时，必须根据它们的分布特点，选择有代表性的各种类型田，采取适宜的取样方法，选取一定形状与数量的样点，使取样调查的结果能正确地反映出害虫在田间发生为害的实际情况，从而做到从局部推测全体的作用。

取样调查是田间实际调查最基本的方法。取样就是从调查对象的总体中抽取一定大小、形状和数量的单位(样本),以用最小的代价、人力和时间,来达到最大限度地代表这一总体的目的。常用调查取样有分级取样、分段取样、典型取样和随机取样。

1. 分级取样(又称巢式取样)

分级取样是一种一级级逐级重复多次的随机取样方法。首先从总体中取得样本,然后再从样本里取得亚样本,依此类推,可以持续逐级取样。例如,在害虫预测预报工作中,每日分捡黑光灯(或白炽灯)下诱集的害虫,若虫量太多,无法全部点数时,可采用这种分级取样法。选取其中的1/2,或在选取的1/2中再选取1/2,然后计算。

2. 分段取样(又称阶层取样、分层取样)

当总体中某一部分与另一部分有明显差异时,就表示总体里面有阶层。对这样的总体通常采用分段取样法,即从每一段里分别随机取样或顺次取样,最后加权平均。例如,棉株现蕾后调查棉田棉红铃虫量时,选择有不同代表性田块,每块田5点取样,每点固定10株,每株取上、中、下各1片叶。调查记载各叶片上虫数,虫量以百株3叶计,最后折算成百株虫量。

3. 典型取样(又称主观取样)

即在总体中主观选定一些能够代表全群的作为样本。这种方法带有主观性,但当我们已经相当熟悉和了解全群的分布规律时,采用这种取样方式能节省人力和时间,但要避免人为因素带来的误差。

4. 随机取样(又称概率取样)

在总体中取样时,每个样本有相同的被抽中的概率,将总体中N个样本标以号码1,2,…,N,然后利用随机数表抽出2个不同的数码为样本。随机取样完全不许参与任何主观性,而是根据田块面积的大小,按照一定的取样方法和间隔距离选取一定数量的样本单位。一经确定就必须严格执行,而不能任意地加大或减少,也不得随意变更取样单位。随机取样的取样过程必须遵循概率法测,步骤烦琐,除试验研究工作外,很少使用。

实际上,分级取样、分段取样等,在具体落实到最基本单元时(某田块、田块中某地段等),都要采用随机取样法进行调查。常用于害虫田间调查的取样方法有5点式、对角线式、棋盘式、平行线式和Z字形式等。

(1)5点式取样　适合密集或成行的植物。可按一定面积、一定长度或一定植株数量选取样点。这种方法比较简便,取样数量比较少,样点可以稍大,适合较小或近方形田块。5点取样法是害虫调查中应用最普遍的取样方式。

(2)对角线式取样　分单对角线和双对角线两种。在田间对角线上,各采取等距离的地点作为取样点,与5点式取样相似。取样数较少,每个样点可稍大。这种取样方法适用于密集的或成行的植株、害虫分布为随机分布的种群。

(3)棋盘式取样　将田块划成等距离、等面积的方格,每隔1个方格在中央取1个样点,相邻行的样点交错分布。这种方法适合田块较大或长方形田块。取样数目可较多,调查结果比较准确,但较费工。

(4)平行线式取样　适合成行的作物田。在田间每隔若干行调查1行,一般在短垄的地块可用此法。若垄长时,可在行内取点。这种方法样点较多,分布也较均匀。

(5)Z 字形取样　适宜不均匀的田间分布，样点分布田边较多，田中较少。

4.3.3　调查取样的单位和数量

1. 取样单位

每个样点的形状和统计观察的单位即取样单位。进行害虫田间调查，必须根据害虫种类、虫态、作物种类、栽培方式的不同，选取合适的取样单位，然后折算成一定单位内的虫数。常用的单位如下。

(1)长度单位　常用于生长密集的条播作物。如调查豌豆象数量时，可调查若干米长度豆行中的虫数。

(2)面积单位　常用于调查地面或地下害虫，密集的、矮生作物上的害虫，或密度很低的害虫。

(3)体积或容积单位　常用于调查木材害虫、储粮害虫等。

(4)重量单位　用于调查粮食、种子中的害虫。

(5)时间单位　用于调查活动性大的害虫，如观察单位时间内经过、起飞或捕获的虫数。

(6)以整株或植株的某一器官为单位　例如，植株小时，计算整株植物上的虫数；如果植株太大，不易整株调查时，则只调查植株的一部分或植株的某一器官。例如，调查棉花生长后期的害虫，常以蕾、花、铃、叶片为单位。

(7)诱集物单位　如灯光诱虫，以一定的灯种、一定的光度、一定时间内诱集的虫数为计算单位。

(8)网捕单位　一般是用口径 30 cm 的捕虫网，网柄长为 1 m，以网在田间来回摆动 1 次，称为 1 网单位。

2. 取样数量

在调查某一对象时，若取样过少，会使调查结果不准确；取样过多，又浪费人力与时间。为保证取样质量和节约人力，必须确定适宜的取样数量。

取样数量即样本数量(在一个田块中所取样点的多少)，主要根据调查田块的大小、地形、作物生长整齐度、田块周围环境、昆虫的田间分布型以及虫口密度来确定。面积小、地形一致、作物生长整齐、四周无特殊影响、随机分布型昆虫，取样时可少取一些样点；反之，样点宜多些。一般虫口密度大时，样点数可适当少一些，每个样点可大一些；反之，则应适当增加样点数，每个样点可小一些。时间及人力许可时尽可能多取些样。

4.3.4　调查结果计算

1. 虫口密度

根据所调查对象的特点，统计在一定取样单位内出现的数量。凡属可数性状，调查后均可折算成一定单位内的虫数或受害数。例如，调查棉红铃虫在籽花中含虫数，折算为每千克籽花含虫量；调查植株上虫数常折算成百株虫数。凡数量不易统计时，可将一定数量范围划分成一定的等级，一般只要粗略估计虫数，然后以等级表示即可。例如，马铃薯甲虫危害情况等级分为:0 级为百叶 0 头,1 级为 1～10 头,2 级为 11～20 头,3 级为 20 头以上。

2. 作物受害情况

通常用被害率、被害指数或损失率来表示作物受害情况。

(1)被害率　表示作物的株、秆、叶、花、果实等受害的普遍程度,这里不考虑每株(秆、叶、花、果等)的受害轻重,计数时同等对待。

$$被害率=\frac{被害株(秆、叶、花、果)数}{调查总株(秆、叶、花、果)数}\times 100\%$$

(2)被害指数　许多害虫对植物的为害只造成植株产量的部分损失,植株之间受害轻重程度不相同,用被害率表示并不能说明受害的实际情况,因此,往往用被害指数表示。在调查前先按受害轻重分成不同等级,然后分级计数,代入下面公式:

$$被害指数=\frac{各级值\times 相应级的株(秆、叶、花、果)数的累积值}{调查总株(秆、叶、花、果)数\times 最高级值}\times 100\%$$

(3)损失率　被害指数只能表示受害轻重程度,但不直接反映产量的损失。产量的损失以损失率表示。

$$损失率=损失系数\times 被害率$$

$$损失系数=\frac{健株单株产量-被害株单株产量}{健株单株产量}\times 100\%$$

(4)田间药效试验结果计算　防治效果,先根据小区药效试验结果,计算各处理的虫口减退率。

$$虫口减退率=\frac{防治前平均虫量-防治后平均虫量}{防治前平均虫量}\times 100\%$$

由于害虫数量变化不仅与施药有关,还受自然死亡及其他因素的影响。如西花蓟马等害虫繁殖速度快,施药后短期内虫量会上升,对照区虫量在繁殖后可能比防治前增加,因此,调查计算防治效果时,必须与对照比较进行校正。

$$校正防效或防治效果=\frac{防治区虫口减退率\pm 对照区虫口增加或减退率}{1\pm 对照区虫口增加或减退率}\times 100\%$$

(5)保苗效果　对生活隐蔽的害虫,很难调查防治前后的数量变化,常以作物受害程度的变化来衡量药效。若以被害率来表示被害程度,则以保苗效果(%)表示药效,计算公式如下:

$$保苗效果=\frac{对照区被害率-防治区被害率}{对照区被害率}\times 100\%$$

若以被害指数表示被害程度,用被害指数代替上式中的被害率,即可计算出防治效果。

4.3.5　害虫的预测预报

害虫预测预报是通过实际调查取得数据,根据害虫发生规律结合当地有关历史资料,进行综合分析，对害虫未来的发展动态做出判断，并及时发出情报，用以指导防治前的各项准备工作，掌握害虫防治的主动权。

害虫预测预报是以昆虫生态学为理论基础，根据在不同时间和空间条件下，害虫生物学特性和环境因素之间相互关系的变化，来揭示害虫的发生和为害趋势。

4.3.6 害虫预测预报的类型

根据害虫测报的内容可分为下面 4 种。

1. 发生期预测

预测害虫某一虫期或虫龄的发生和为害的关键时期；对具有迁飞、扩散习性的害虫，预测其迁出或迁入本地的时期，以确定防治适期。

根据预测时间的长短，可以分为下面 3 种。

(1)短期预测　从害虫前一个虫期预测后一个虫期的发生期和发生量，以指导当前的防治。预测的时间一般只有几天到 10 多天。例如，根据棉红铃虫卵的发育进度，预测棉红铃虫的盛发期。

(2)中期预测　依据前一代的虫情，预测下一世代各虫期的发生动态，为近期防治部署做好准备。时间一般在 1 个月以上。但具体时间的长短，依预测对象世代历期的长短而定。如一年发生 1 代害虫，其预测期限可长达 1 年。

(3)长期预测　根据越冬后或年初某种害虫的有效虫口基数、作物布局及气象预报资料等的综合分析，展望其全年发生动态，为制定全年防治计划提供依据。预测时间常在一个季度以上，甚至跨年。

2. 发生量预测

预测害虫的发生数量或田间虫口密度。根据拟定的防治指标，确定是否需要防治和防治规模的大小。

3. 为害程度预测

在发生量预测的基础上，结合农作物品种和生育期，对作物受害程度和产量损失做出估计。

4. 分布预测

预测害虫的分布或发生面积，以便根据害虫发生的时间和密度，确定防治的田块和安排防治的先后顺序。

害虫测报的类别还可以根据虫源性质，分为以本地虫源为依据的本地预测和以外地虫源为依据的异地预测。异地预测用于迁飞类害虫，主要是根据害虫的迁飞规律，由虫源地提供发生基数、发育进度和迁出期，结合迁飞地当时的天气形势，预测发生时期和为害趋势。

4.3.7 发育程度预测

发生期预测是根据某种害虫防治对策的需要，预测某个关键虫期出现的时期，以确定防治的有利时期。在害虫发生期预测中，常将各虫态的发生时期分为：始见期、始盛期、高峰期、盛末期和终见期。预报中常用的是始盛期、高峰期和盛末期，其划分标准分别为出现某虫期总量的16%、50%、84%。害虫发生期预测常用的方法有以下几种。

1. *发育进度法*

根据田间害虫发育进度，参考当时气温预测，加上相应的虫态历期，推算以后害虫世代的发生期。这种方法主要用于短期测报，准确性较高，是目前我国群众性测报常用的一种方法。

(1)历期法　通过对前一虫期田间发育进度，如化蛹率、羽化率、孵化率等的系统调查，当调查到其百分率分别达到始盛期、高峰期和盛末期时，分别加上当时气温下各虫期的历期，即可推算出后面某一虫期的发生时期。

(2)分龄分级法　此法主要应用于美国白蛾、棉红铃虫等发生期的预测。例如，棉红铃虫一般根据常年进入化蛹盛期时，进行田间剥查1～2次，检查幼虫和蛹的发育进度，并将幼虫按龄、蛹分级，计算各龄幼虫和各级蛹占总虫数的百分率，然后自蛹壳级向前累计百分率。当累计百分率达到或接近16%、50%和84%的蛹级或虫龄时，按调查日期分别加上该蛹级或虫龄至羽化尚需发育的天数，即可预测成虫羽化的始盛期、高峰期和盛末期，如果再加上成虫产卵前期和卵期，还可推算出棉红铃虫始盛、高峰和盛末期。

用分龄分级法预测，幼虫分龄和蛹分级的标准及各虫态历期，可参考有关害虫测报资料。由于此法分得很细，所以预测的准确性也很高，而且不必定期检查发育进度，只需选定在化蛹盛期调查1～2次，就可同时预测几个主要发生期，对多峰性的害虫，还可测出各峰次出现的时期。

(3)期距法　通常是指各虫期出现的始盛、高峰和盛末期相间隔的时间距离。各虫期的间隔可以是同代间的，也可以是上、下代之间的。期距法是从当地多年系统调查的历史资料中总结出经验值或历史平均值，能代表田间害虫群体的发育进度，比较符合实际情况，但应用上有地区的局限性。此法简便易行，而且具有一定准确性。例如，江苏大丰、东台等地，棉花红铃虫1代虫害高峰与2代产卵高峰期期距为17～20 d，可在半月前做出防治适期的预报，误差范围一般在2 d之内。

计算历年期距平均值要有多年积累的资料，其中最好包括早发、中发和迟发等情况下的历史资料，并要算出平均值的标准差，以反映平均值的变异程度，得出早发、中发和迟发年的期距。

在预测时综合本年度气候、苗期等情况，选用相似年期距做出预报。

2. *有效积温法*

在适宜害虫发生的季节里，害虫的发育速度与温度有一定关系。当测得害虫某一期(或虫龄)的发育起点温度和有效积温，可根据当地历年同期的平均温度，综合气象预报，利用积温公式，推算出完成该虫期(或虫龄)所需要的天数，预报下一虫期发生的时期。

3. *物候法*

物候是指自然界各种生物活动随季节变化而出现的现象。自然界生物，或由于适应生活环境，或由于对气候条件有着相同的要求，形成了彼此间的物候联系。因此，我们就有可以通过多年的观察记载，找出害虫发生(或为害时期)与寄主或某些生物的发育阶段或活动之间的联系，并以此作为生物指标，来推测害虫的发生和为害时间。

害虫与寄主植物的物候联系，是在长期演化过程中，经适应生活环境遗留下来的一种生物学特性。例如，棉红铃虫的发生与危害，与棉花生育阶段相适应。害虫与其他生物间的物候联系，往往表现为一种间接的相关，或是巧合现象。

应用物候预测，必须通过多年观察验证，注意小气候环境的影响，而且不同物种之间的物候联系，具有严格的地域性，不能随便搬用。

4. 剖查卵巢发育进度法

通过系统解剖雌虫，按卵巢发育分级标准分级统计，以群体卵巢发育进度预测产卵期。

对迁飞性害虫的卵巢发育进度的分析，还可判断该代成虫是否将迁出或者是否为迁入虫源。

因为将迁出的雌虫卵巢级别始终处于幼嫩阶段(1～2 级)，迁入虫源一出现则处于 2 级以上。

4.3.8 发生量预测

发生量预测就是预测害虫的发生程度或发生数量，用以确定是否有防治的必要。害虫的发生程度或为害程度一般分为轻、中偏轻、中、中偏重、大发生和特大发生 6 级。常用预测方法有以下几种。

1. 根据有效虫口基数预测

通过对上一代虫口基数的调查，结合该虫的平均生殖力和平均活率，可预测下一代的发生量。

2. 应用生物气候图预测

对以气候为数量变动主导因素的害虫，可以通过绘制气候图，找出各年季节性气候变动对其发生量的影响，从而进行发生量的预测。绘制气候图是以月(旬)总降雨量或相对湿度为坐标的一方，月(旬)平均温度为坐标的另一方，将某种害虫发生期的各月(旬)的雨量或相对湿度及温度在图上标点，并依次将各点用实线相连，形成一个多边不规则形的封闭曲线图，然后分析不同发生程度年份的模式气候图，再以当年气象预报或实际资料绘制成气候图，与历史上的各种模式图比较，就可以做出当年害虫可能发生趋势的估计。

3. 应用经验指数预测

经验指数是在分析影响害虫发生的主导因子的基础上，进一步根据历年资料统计分析得来的，用以估计害虫未来的数量消长趋势。

(1)应用温雨系数或温湿系数预测　害虫适生范围内的平均相对湿度(或降雨量)与平均温度的比值，称为温湿系数(或温雨系数)。

(2)应用天敌指数预测　分析当地多年的天敌及害虫数量变动的资料，并在实验中测试后，用下式求出天敌指数：

$$P = X/\sum(y_i \cdot ey_i)$$

式中：P 为天敌指数；X 为害虫密度；y_i 为第 i 种天敌的密度；ey_i 为第 i 种天敌的日捕食量；i 为某种天敌。

在华北地区，当 $P \leqslant 1.67$ 时，则此棉田在 4～5 d 后棉红铃虫口将受到天敌抑制，而不需防治。

4. 应用形态指标预测

具有多型现象的害虫，可根据其型的变化作为指标来预测发生量。

害虫的体重等的变化亦可作为指标来预测发生量。一般情况下，害虫的体重能反映其对环境的适应力。由于体重大的个体组成的种群，特别是越冬虫态，往往表现出强的繁殖力和存活率，因此未来可能发生重。

害虫发生量预测方法很多，上述方法比较简单，适合基层使用，但预测精度较低；还有些方法，如相关回归预测、种数系统模型等方法则较复杂，需在经验预测和实验预测资料的基础上，用计算机进行大量计算，准确性也相对高一些。

4.3.9 害虫预测预报的发展与展望

目前，在害虫调查和预测预报的手段上采用了许多新技术。例如，利用红外夜视器，可方便地观察夜出性害虫的行为及迁飞习性等；地球卫星遥感探测农作物害虫发生的面积、种类和密度等；用昆虫雷达监测迁飞性昆虫的迁飞动态；利用计算机网络技术快速、准确地传递，交换测报数据和发布虫情预报信息等。这些技术在害虫灾变预警和指导害虫防治中发挥了重要作用。

早期预警系统理论与方法的研究成为预测生物入侵的基础研究命题。如澳大利亚研制的 CLIMEX 系统，根据有害生物输出国和输入国生态气候指标的相似度，可预测入侵生物潜在的适生范围。PESKY 系统引进种群生态学概念，可评估某种有害生物的潜在分布、种群数量和发生风险。美国马里兰大学研制 MARYBLYT 系统可预测 4 种梨火疫病症状、出现时间和侵染的危险性。阿根廷开发出植物生长模型，定量评估外来入侵植物风险。美国利用 GIS 进行了斑贻贝的时空扩张预测，考虑了水深、地层和阳光辐射等因素。

害虫的预报方法则大致经历了经验预测、实验预测、统计预测和信息预测 4 个发展阶段。本章前面介绍的预测方法均属于经验预测和实验预测。统计预测兴起于 20 世纪 80 年代，主要基于概率和多因子线性相关原理，在经验预测和实验预测资料的基础上，利用数学手段(如回归分析、逐步判别、平稳随机序列、多维时间序列、模糊数学、灰色系统等)，进行一定范围内预测因子的筛选和建模。20 世纪 90 年代发展起来的信息预测主要包括管理信息系统、决策支持系统、专家系统和地理信息系统等。随着各门学科的发展和各种相关信息的完善，使信息预测法成为当前国内外研究的热点，其应用前景非常广阔。随着经验预测和实验预测资料的进一步积累，害虫调查和预测预报技术的进一步完善，预测预报的准确性将会越来越高。

参考文献

马飞，程遐年. 害虫预测预报研究进展(综述). 安徽农业大学学报，2001，28(1)：92-97.

万方浩，郭建英. 农林危险生物入侵机理及控制基础研究. 中国基础科学，2007(5)：8-14.
万方浩. 973 项目“农林危险生物入侵机理与控制基础研究”简介. 昆虫知识，2007，4(6)：790-797.
张孝羲. 昆虫生态及预测预报. 北京：中国农业出版社，2002.
张国，赵惠燕. 昆虫生态学及害虫预测预报. 北京：科学出版社，2012.
张永生. 害虫预测预报方法的研究进展. 湖南农业科学，2009，7：77-79.
周立阳，高增祥，李典谟. 害虫预测预报的生态学基础和应用技术研究进展. 生态学报，2001，6：1013-1019.

第5章

农业入侵害虫的综合治理

外来生物入侵是指物种从自然分布区通过有意或无意的人类活动引入其他地区，在自然或半自然生态系统中形成自我再生能力，并给当地的生态系统或景观造成明显损害或影响的现象。伴随国际经济交往的日益频繁，世界各地间物种的交流与渗透在加剧，外来物种入侵风险也随之增加(陈良燕和徐海根，2001；徐海根等，2004)。大部分外来物种成功入侵后大暴发，通过压制或排挤本地物种，形成单优势种群，危及本地物种的生存，引起物种的消失与灭绝(万方浩等，2002；顾忠盈等，2006)，造成严重的生物污染，对生态系统造成不可逆转的破坏。比如，原产南美的水葫芦现已遍布华北、华中、华南的河湖、水塘，疯长成灾，严重破坏水生生态系统的结构和功能，导致大量水生动植物的死亡，严重破坏了生态环境。近年来，松材线虫、湿地松粉蚧、美国白蛾等林业入侵害虫严重发生，危害面积每年达150万hm^2；稻水象甲、非洲大蜗牛、美洲斑潜蝇等农业入侵害虫危害面积每年超过140万hm^2。据统计，全国主要外来物种造成农林经济损失平均每年达574亿元。总之，我国目前生物入侵形势十分严峻，数十种有害生物为害猖獗，数百种危险生物敲击国门，数千种生物输入翘首以待，必须采取严格有效的措施，将外来入侵物种拒于国门之外，切实维护国家生态安全。然而人们终于从有害生物防治历史的经验中得出结论：任何依赖单一方法要想解决害虫的防治问题都是不可能的，对待入侵害虫也一样。因此，面对日益严峻的农业入侵害虫防治形势，一方面需要提高抵抗外来入侵昆虫危害的软实力，另一方面需要按照害虫综合治理(integrated pest management，IPM)的原理和方法，进行科学合理的防治。

5.1 提高应对外来入侵生物的国家能力

国家能力建设是成功解决入侵生物问题的关键(万方浩等，2002)。中国是一个农业大国，任何种类的生物入侵无疑会对特定的生态系统和区域造成巨大的生态与经济损失。在承诺和履行生物多样性及生物安全性等国际公约的前提下，既要有效地防止异域有害生物的入侵，保卫国家生态安全，又要对国际社会提供可用的信息及经验。因此，国家能力的建设应包括以下一些：

1. 监管能力

根据我国的国情，建立健全有关预防、管理、防治外来有害生物的国家政策法规和条例；充分执行已有的政策、法令及条例；完善已有的动植物检疫法；成立跨部门、多学科的外来入侵生物专家工作组。

2. 狙击能力

建立黑色、白色、灰色名单，改革根据“黑名单”建立的针对性、指定性检疫体系，执行全面检疫体系（在没有证据说明进境外来生物无害之前，均应将其视为有害，禁止或限制其入境），将外来有害生物拒之于国门之外（外检）。对已侵入但仅局部发生的外来有害生物，要采取严格的内检措施，防止其扩散与蔓延。

3. 预警能力

发展早期预警系统，建立风险评估体系。一方面，根据信息资料对可能入侵的生物进行风险评估与预警，加强防范措施与制定应急控制技术；另一方面，对已入侵生物的危害、分布、蔓延和流行进行风险评估与预警，加强监测与实施有效的技术予以扑灭、根除和控制。

4. 快速反应能力

构建快速反应机制与体系，一旦发现有害的入侵生物，有能力快速地予以清除或消灭。这需要政府的支持、训练有素的专业人员、必要的仪器设备及可使用的经费。

5. 信息处理能力

建立国家外来有害生物信息库和专门网站，与国际机构（SCOPE、UNEP、IUCN）、国际项目计划（GISP、DIVERSITAS）等交流信息；与国际、地区有关机构开展有关共同问题的合作或协作研究。

6. 教育宣传能力

建立外来入侵生物培训中心网，在正确识别入侵生物及其危害以及预防、清除、控制和灭绝外来入侵生物的管理方法、风险与环境影响评估、生态系统的恢复等方面，对有关人员进行技术培训。通过各种媒体对公众进行教育与宣传。

7. 提高农业入侵昆虫问题的研究能力

目前有关外来入侵昆虫的知识还不足以准确地进行风险评估和设计有效的管理措施，有关入侵生物学、入侵生态学的研究基础极为薄弱。研究昆虫入侵在时间上是一个长久的课题，在空间上是一个立体交叉的学科群领域，许多问题并不是短期“攻关”就能解决的，还有许多问题并不能因为入侵的不确定性而采用“亡羊补牢”的方式来解决，否则后果将极其惨重，代价也将远远高于先期研究投资的成千上万倍，因此，有关外来生物的研究是政府应优先发展的课题与领域。其研究能力建设包括：完善阻止和预防外来有害生物入侵的检测技术（如实施全面检疫体系的技术与方法）以及去除以各种形式（贸易产品、包装材料）携带入侵的有效技术；编制外来生物的黑色、灰色和白色名单；发展外来入侵生物初始种群的野外监测技术；发展大面积发生蔓延的检测技术（如遥感监测、雷达监测）；发展出针对特定目标的有效的、可接受的消灭或控制外来有害生物的技术与方法；发展消灭、控制外来入侵生物的综合治理技术体系，制定最佳的优选方案与组合技术。对新发现的小面积危害的入侵生物，采用高效的紧急扑灭技术（如化学防治、人工防除、机械防除）；对暴发性的入侵者，采用紧急的化学防治及其他一次性的扑灭技术；对大面积发生并已基本稳定的入侵种，采用能建立自然生态平衡达到长久抑制效果的生物防治技术。

8. 提高农业入侵昆虫问题的控制能力

发展更深层次的外来入侵种生物气候限制、物种种系发生、地域分布限制、生态适应性等多方面的相互关联的系统研究，以便有能力识别、记载及监测入侵种的动态及更新资料。发展外来生物（包括有意识地引进的物种）的环境影响及风险评估系统。强化对外来有害物种的生物防治基础、技术与方法的研究，及对引进的有益物种可能成为另类入侵种的收益与风险评估研究。对既定种在既定地区的生态代价与经济代价的影响预测模式研究，研制出既定外来入侵生物的预测指标体系，以便将这种模式应用到其他地区或其他种的评估中。被入侵生态系统的恢复研究。创建外来入侵生物管理示范区，建立通过例证示范对外来生物进行监测、管理与控制的体系。研制外来入侵生物的识别、控制、管理的技术程序与指南。

5.2 监测与管理能力建设

建立外来有害生物入侵的监管体系，组织协调各部门间的管理工作，严格引种的审核、批准与检疫程序。目前，我国的引种制度极不规范，对引种的监管还无章可循，只重视引种前的审批工作，而忽视引种释放后的管理。建立经济惩罚体制，实行经济责任制度。无论是有意识还是无意识地引入外来生物，均应采用经济政策规范引种的行为与责任。

5.3 综合治理的概念

综合治理是以生态学为基础，针对单一依靠化学防治出现的问题而采取的防治对策。尽管大家给 IPM 下的定义以及对 IPM 的具体内涵的理解上不尽一致，但大家对 IPM 所包含的基本思想是公认的。综合治理的基础哲学是容忍哲学——共存哲学，认为没有必要彻底消灭害虫，只要把害虫控制在经济损害允许水平以下就行。保留一点害虫可以成为害虫天敌的食料，维持生态的多样性和遗传的多样性，以达到利用自然因素调节害虫数量的目的。在对待化学防治的态度上，主张节制用药，只有在不得已的情况下才采取化学防治措施。因化学防治同自然防治不协调，有杀死天敌的副作用。强调充分发挥自然因素对害虫的调控作用，十分重视作物自身的耐害补偿能力和生物防治。防治害虫只有在为害所造成的经济损失大于防治费用时才有必要采取防治措施，以达到成本低、收益高的目的。着重以生态学为原则作为指导害虫防治的策略，强调保护生态环境和维持优良的农田生态系统。由此可见，综合治理包含了以下 3 个基本观点：

1. 生态学观点

害虫防治要根据作物—害虫—天敌之间的关系、昆虫之间的关系及它们与非生物环境因素间的关系，充分发挥自然因素(包括作物自身的耐害、补偿能力以及生物防治作用物等)对害虫的控制作用，在保证农业高产、增收的同时，建立最优的农业生态系统，促进和培养环境资源。

2. 经济学观点

选择运用防治措施要因地制宜，讲求实效，节省工本，以达到最佳防治效果，取得最大的经济效益；除一些检疫性、需要扑灭的害虫外，对大多数害虫没有必要也不可能做到彻底消灭，只有在害虫为害造成的损失大于防治费用时才有必要采取防治措施。

3. 社会学观点

综合治理所采取的措施，在考虑生态效益和经济效益的同时，还要考虑社会效益，强调主张节制使用化学农药，在确保人、畜安全的同时，最大限度地减少化学农药对环境的副作用，以达到社会长期持续稳定发展。

从以上 3 个观点出发，可见，综合治理并不过分强调预期的防治效果或短期效应，而是比较注重长期的累积效应，在防治技术上也重视各种防治措施的协调运用。

另外，由于害虫危害、作物受损和防治费用三者关系的复杂性，经济损害水平(EIL)和经济阈值(ET)不只是害虫种群密度（或作物受害程度）的函数，还受其他许多变量的影响，即所谓 EIL 和 ET 的多维性，且影响 EIL 和 ET 的变量均是随时间而变化的，因此 EIL 和 ET 又是动态的。这种动态性既表现在作物受害程度、产量损失、害虫种群密度等方面，还表现在随产品市场价格和防治费用而波动的关系上。

虽然 ET 的概念早在 20 世纪 50 年代末就已被提了出来，60 年代就被普遍接受，但对于 ET 所涉及的参数进行定性和定量的描述直到 70 年代才出现。有关 ET，至今虽有很多模型，但目前为大众所普遍接受的一般模型为：

$$ET = \frac{C_C}{E_C \times Y \times P \times Y(R) \times S_C} \times C_F$$

式中：C_C 为防治费用(元/hm^2)，包括农药费、人工费和器械折旧费等；E_C 为防治效果(%)；Y 为未受害时的单位面积产量(kg/hm^2)；P 为作物价格(元/kg)；$Y(R)$为平均每头害虫为害作物造成的减产率；S_C 为害虫的存活率；C_F 为社会经济因子，也称临界因子，用于衡量强调的重点是产量还是环境质量，C_F 值通常在 1 和 2 之间。

从上述模型中可以看出，要求出 ET，其先决条件是要有害虫密度和作物产量损失关系的信息，即模型中的 $Y(R)$值。正如前述，影响 $Y(R)$值的因素很多，而其他各项虽然也可不断变化，但相对地都容易获得。防治费用和作物产品价格，甚至防治效果和害虫的存活率可随区域而表现出差异，从而使求得的 ET 出现差异，这就是 EIL 和 ET 表现出的地域性。

随着研究的深入，同时考虑作物不同时期特定虫期的动态阈值和不同防治方法的多重阈值以及多种害虫或多种虫态的多维阈值也在不断地提出。

5.4 害虫综合治理的主要措施

5.4.1 植物检疫

植物检疫是防止危险性病、虫、杂草传播蔓延，保护农、林、渔业生产安全的有效手段。随着中国加入WTO，国际间的经济贸易活动日趋频繁，外来有害生物入侵和危险性病虫害的传播蔓延几率大大提高，植物检疫工作任务更加繁重，责任更加重大。要不断加大对植物检疫的投入，完善相关的政策措施，加强植物检疫队伍的建设，让检验检疫部门的工作人员接受严格的专业培训。

植物检疫可分为对外检疫和国内检疫两类。

对外检疫可分为进口检疫和出口检疫两种。其目的是为了防止随植物及其产品输入国内尚未发现或虽有发现但分布不广的植物检疫对象，以保护国内农业生产，并履行国际义务，按输入国的要求，禁止危险性病、虫、杂草自国内输出，以满足对外贸易的需要，维护国际信誉。对外检疫由国家在对外港口、国际机场以及其他国际交通要道设立专门的检疫机构，对进出口及过境物资、运载工具等进行检疫和处理。

国内检疫是防止国内已有的危险性病、虫、杂草从已发生的地区蔓延扩散。由各省(自治区、直辖市)农业厅(局)内的植物检疫机构会同交通、邮政及有关部门，根据政府公布的国内植物检疫条例和检疫对象，执行检疫，采取措施，使局部地区发生的检疫对象不再扩散，甚至将其消灭在原发地。

植物检疫对象是指可人为地随种子、苗木、农产品和包装物等运输，作远距离传播的且有危险性的病、虫和杂草。确定植物检疫对象首先要了解国内外病、虫、杂草的种类、分布和为害情况，因此，调查研究和情报资料的收集是开展植物检疫工作的基础。

植物检疫工作是根据国家或省(自治区、直辖市)颁布的植物检疫法规(令)中明确规定的植物检疫对象、任务和措施，并设置专门的机构来执行。其限制的内容有严格的法规性，故植物检疫又称为法规防治。

植物检疫工作具有相对的独立性，但又是整个植物保护体系中不可分割的一个重要组成部分。它能从根本上杜绝危险性病、虫、杂草的来源和传播，也最能体现贯彻“预防为主，综合防治”植保工作方针，尤其是在当今交通发达、国际贸易往来频繁以及旅游业兴起的时代，植物检疫任务愈来愈重，植物检疫工作就显得更为重要。

5.4.2 农业防治

农业防治是在有利农业生产的前提下，通过改变耕作栽培制度、选用抗(耐)虫品种、加强栽培管理以及改造自然环境等来抑制或减轻害虫的发生。

1. *农业防治的理论基础*

以害虫防治为目标的农田生态系统，是由栽培植物(寄主)、害虫和环境因素(生物和非生物的)3个最基本的要素组成的。寄主植物是害虫赖以生存和繁殖的物质基础,又是害虫的栖息场所,它在农田生态系中和害虫互为环境条件,同时二者又受到周围共同环境的影响。当环境条件适宜害虫发生时,就会形成猖獗为害,否则害虫种群的发生就会受到抑制。

农业防治是从农业生态系的总体观念出发,以作物增产为中心,通过有意识地运用各种栽培技术措施,从而创造出有利农作物生产和天敌发展而不利害虫发生的条件,把害虫控制在经济损失允许密度以下。这就是农业防治的理论依据和出发点。

2. 农业防治对害虫的防治作用

农业防治采用的各种措施除直接杀灭害虫外,主要是恶化害虫的营养条件和生态环境,调节有益昆虫与害虫的比例达到压低虫源基数、抑制其繁殖率或使其生存率下降的目的。其防治作用大体可分为以下几种类型:

(1)直接杀灭害虫　如我国于2003年首次在北京郊区温室的辣椒上发现大量的西花蓟马,随后在云南、浙江、山东、贵州和新疆等地也陆续发现西花蓟马,成为我国保护地蔬菜和花卉上的主要害虫之一,可以在蔬菜生长期内悬挂蓝色粘板,诱捕成虫。

(2)切断食物链　多化性害虫如各代发生期都有适宜的寄主食物,或具备虫源田和桥梁田寄主,则有利其生活史的连续,虫量积累到一定数量后,就会造成严重为害,如其中某一世代缺少寄主或营养条件不适,则发生量就会受到抑制。因此,可以通过改革耕作制度或调整作物布局达到控制害虫的作用。

(3)耐害和抗害作用　作物为适应害虫为害而产生耐害性和抗虫性等防御性特性,其机制是多方面的,除了形态结构、物候等因素外,主要由自身的生理生化特性所决定。培育和推广抗虫品种发挥自身因素对害虫的调控作用,是最经济有效的防治措施。目前我国在害虫综合治理中,已培育出一批多抗(抗病虫)的品种,在生产上加以利用。可以预计,随着科学技术的发展,利用基因重组技术培育抗虫品种,将会在今后的害虫综合治理中发挥重大作用。

此外,通过合理密植,加强科学的肥、水管理等作物丰产保健措施,也可以增强作物本身的防御机制。

(4)诱集作用　利用害虫对寄主的嗜好程度或对不同生育期和长势的选择性,在作物行间种植诱集作物或设置诱集田,把害虫吸引到小范围内加以集中消灭。

(5)恶化害虫生境　例如,防治烟粉虱可选用无虫苗,防止将粉虱带入保护地内。结合农事操作,随时去除植株下部衰老叶片,并带出保护地外销毁。种植粉虱不喜食的蔬菜,如芹菜、蒜黄等较耐低温的蔬菜。在露地,换茬时要做好清洁田园工作,在保护地周围地块应避免种植烟粉虱喜食的作物。

(6)创造天敌繁衍的生态条件　如作物的合理布局、按比例或条带种植、棉麦套种、棉田种植油菜等,造成作物和害虫的多样性,可起到以益控害的作用。这些都是行之有效的保护和利用天敌的重要措施。

综上所述,农业防治对害虫的防治作用是十分明显的。农业生产过程中所采取的各项耕作栽培管理措施,只要是因昆虫、因作物、因条件制宜的,都有可能用来防治某些种类的害虫。但农业防治必须服从作物增产的要求,与各种农事活动协调配合,并根据具体情况采取相应对策。

3. 农业防治技术的评价

农业防治是害虫综合治理的基础，其优点是贯彻“预防为主，综合防治”的思想和主动性防治措施，可以把害虫防治在农田以外或为害之前。由于结合作物丰产栽培技术，不需增加防治害虫的劳力和成本，可充分利用害虫生活史中的薄弱环节，如越冬期、不活动期采取措施，收益显著；如选用抗虫品种、改变耕作制度和改造生态环境等，对某些害虫可起到彻底控制作用。这是其他防治办法难以做到的；这有利天敌生存，无污染环境的弊病，符合生态防治的要求。

但是，农业防治同其他防治措施一样，也不是万能的，应用时有一定的局限性。因害虫种类不同，贯彻某项措施，对某种害虫有效，但是往往又会引起另一些害虫的回升。如果把农业防治措施等同于其他防治措施，例如，把农业防治措施作为应急措施，在害虫暴发时就往往显得无能为力。

5.4.3　生物防治

狭义的生物防治是指利用天敌昆虫防治害虫。随着科学技术的发展，人们认识的进步，其内涵不断扩大。当今普遍接受的广义生物防治概念是指利用某些生物或生物代谢产物来控制害虫种群数量，以达到压低或消灭害虫的目的。生物防治的特点是对人、畜安全，对环境污染极少，有时对某些害虫可以达到长期抑制的作用，而且天敌资源丰富，使用成本较低，便于利用。例如，丽蚜小蜂(*Encarsia formosa* Gahan)是烟粉虱的有效天敌，许多国家通过释放该蜂，并配合使用高效、低毒、对天敌较安全的杀虫剂，有效地控制烟粉虱的大发生。在我国推荐使用方法如下：在保护地番茄或黄瓜上，作物定植后，即挂诱虫黄板监测，发现烟粉虱成虫后，应每天调查植株叶片，当平均每株有粉虱成虫0.5头左右时，即可第一次放蜂，每隔7～10 d放蜂1次，连续放3～5次，放蜂量以蜂虫比3∶1为宜。放蜂的保护地要求白天温度能达到20～35℃，夜间温度不低于15℃，具有充足的光照。可以在蜂处于蛹期时(也称黑蛹)时释放，也可以在蜂羽化后直接释放成虫。如放黑蛹，只要将蜂卡剪成小块置于植株上即可。

1. 病原微生物的利用

利用昆虫病原微生物或其代谢产物来防治害虫称为微生物防治，或称为“以菌治虫”。近代微生物的研究发展很快，微生物产品已普遍采用工厂化生产。以菌治虫的方法简便，效果一般较好，已引起国内外广泛重视和利用。

昆虫病原微生物的种类很多，主要包括细菌、真菌、病毒三大类。此外，还包括少数的原生动物、立克次体、线虫等。

(1)细菌　昆虫病原细菌种类很多，生产上应用最多的是芽孢杆菌属的种类。它能产生毒素，经昆虫吞食后通过消化道侵入体腔而发病。被细菌感染的昆虫死后体躯软化，变色，失去原形，内腔液化，带黏滞性，有臭味。最常用的是苏芸金杆菌(Bt)，其制剂有乳剂和粉剂两种，用于防治棉花、蔬菜、果树等作物上的多种鳞翅目害虫。

现代分子生物学技术的发展，为细菌杀虫剂的应用增添了活力。目前国内已成功地将苏芸金杆菌的杀虫基因转入多种植物体内，构建了具有杀虫活性的工程作物，如转基因的抗虫棉、抗虫稻、抗虫玉米等,已在生产上得到了推广应用。

(2)真菌 全世界已知虫生真菌达 800 余种,我国已报道 150 种左右。真菌通过昆虫体壁侵入虫体,大量增殖,并以菌丝穿出体壁,产生孢子;死虫虫体僵硬,呈白色、绿色或黄色;在温暖高湿条件下易流行。

我国生产和使用的真菌杀虫剂有蚜霉菌、白僵菌、绿僵菌等。目前应用最多的是白僵菌,加工剂型有油剂、乳剂、颗粒剂、可湿性粉剂和黏胶制剂等。利用白僵菌防治松材线虫,也可用捕食线虫性真菌来防治松材线虫。

(3)病毒 昆虫病毒有核型多角体病毒、质型多角体病毒和颗粒体病毒等。已发现 1 690余种昆虫病毒。昆虫通过取食带有病毒的食物、接触病虫体或其排泄物而感染。感染病毒的昆虫表现为食欲减退,行动迟缓,腹足紧抓植株枝梢,身体下垂而死。病虫体色变浅或呈蓝色,皮肤脆弱易破裂,但无臭味。美国白蛾核型多角体病毒适用于 2～3 龄美国白蛾幼虫,使用制剂浓度为$(1.5\sim3.0)\times10^7$ PIB/mL。

2. 杀虫素的应用

某些放线菌产生的抗生素对昆虫和螨类有毒杀作用。这类抗生素称为杀虫素或杀虫抗生素。常见的杀虫素有阿维菌素、浏阳霉素、多杀菌素等。生产上,阿维菌素可用于防治多种害螨和昆虫类害虫。

3. 其他有益动物的利用

其他有益动物包括鸟类、爬行类、两栖类及蜘蛛和捕食螨等。鸟类是多种农林害虫和害鼠的捕食者。啄木鸟和灰喜鹊等能捕食果树和林木的多种害虫。利用鸡的食性特点,我们在受害的林区采取放养鸡群来防治美国白蛾,尤其是在白蛾的幼虫阶段,鸡群将会吃掉下树化蛹的老熟幼虫,以减少白蛾对林区的危害,可达到林区虫害的综合治理目的。在乡村,农户饲养鸡群是很普遍的事情,凡是饲养鸡的家庭,其庭院树木遭受白蛾的危害就轻。

5.4.4 物理防治

应用各种物理因子(如光、电、色、温湿度等)及机械设备来防治害虫的方法,称为物理防治法。其内容包括简单的人工捕捉和最尖端的科学技术,如应用红外线、超声波、高频电流、高压放电以及原子能辐射等。物理防治的特点是其中一些方法具有特殊的作用,如红外线、高频电流能杀死隐蔽为害的害虫,原子能辐射能消灭一定范围内害虫的种群。多数物理防治没有化学防治所产生的副作用。但是,物理防治需要花费较多的劳力或巨额的费用,有些方法对天敌也有影响。

1. 人工器械捕杀

根据害虫的生活习性,使用一些比较简单的器械捕杀。在美国白蛾幼虫 3 龄前,每隔 2～3 d 仔细查找一遍美国白蛾幼虫网幕,发现网幕用高枝剪将网幕连同小枝一起剪下。剪网时要特别注意不要造成破网,以免幼虫漏出。剪下的网幕必须立即集中烧毁或深埋,散落在地上的幼虫应立即杀死。

2. 诱集和诱杀

利用害虫的趋性或其他习性进行诱集,然后加以处理,也可以在诱捕器内加入洗衣粉或杀虫剂及设置其他装置(如高压诱虫灯)直接杀死害虫。

3. 灯光诱杀

利用害虫的趋光性进行诱杀。广泛应用于害虫诱集或诱杀的光源是 20 W 黑光灯,波长为 365 nm。黑光灯可与性诱剂结合或在灯旁加高压电网,或与 20 W 日光灯并联,能提高诱杀效果。新近研发成功的新诱虫灯有佳多频振式杀虫灯等,对害虫诱集效果比黑光灯好。

4. 潜伏诱集

利用害虫的潜伏习性,造成各种适合场所引诱害虫来潜伏,然后及时消灭。如在美国白蛾老熟幼虫化蛹前,在树干离地面 1～1.5 m 处,用谷草、稻草把或草帘上松下紧围绑起来,诱集幼虫化蛹。化蛹期间每隔 7～9 d 换一次草把,解下的草把集中烧毁或深埋。

5. 黄板诱杀

利用烟粉虱、美洲斑潜蝇等的趋黄习性,可设置黄色粘虫板进行诱杀。

6. 阻隔法

根据害虫的生活习性,设计各种障碍物,防止害虫为害或阻止其蔓延。如对果树的果实进行套袋,可以防止蛀果害虫产卵为害;在树干上涂胶或刷白,可以防治树木害虫;在粮仓内粮囤表面覆盖草木灰、糠壳或惰性粉等,可阻止豌豆象等害虫侵入为害等;利用网纱覆盖防止蚜虫为害菜苗,既有减轻蚜害的效果,又有预防病毒病发生的作用;在十字花科蔬菜的苗床四周和上方挂银色薄膜带,具有避蚜防病的效果。

7. 利用温、湿度杀虫

利用高温低湿或低温冷冻杀死害虫的方法多用于防治储粮害虫。如粮食烘干、夏季暴晒,几乎对所有的储粮害虫都有杀死作用。用开水浸泡蚕豆种 30 s 或豌豆种 25 s 可以直接杀死其中的蚕豆象或豌豆象。用双层草席包围密闭储藏的豆粒,可利用囤内缺氧条件杀死豌豆象。在北方冬季可打开粮仓门窗或将粮食搬置仓外,利用外界低温杀死仓虫。还可利用红外线产生的高热来防治仓库害虫等。

8. 利用高频电流、放射能、激光等防治害虫

利用高频电流在物质内部产生的高温,可以消灭隐蔽为害的害虫,如防治储粮害虫、木材害虫等。应用放射热防治害虫有两个方面:一是直接杀死害虫;二是应用放射能对昆虫生殖腺的生理效应,造成雄性不育,然后把不育雄虫释放到田间,使其与自然界雌虫交配,造成大量不能孵化的卵,以压低虫口密度。通过若干代连续处理,就能将害虫的虫口密度压到相当低的程度。美国在利用放射不育法对防治羊皮螺旋蝇和棉红铃虫方面,已经在小范围内获得成功。利用激光防治害虫是新近发展起来的。据国外报道,用波长为 450～500 nm 的激光可杀死螨类和蚊虫。加拿大用一台大光斑激光器或 10～20 台小光斑激光器排成一排,照射一块大田,可以杀死田间所有害虫。根据害虫表皮色素选择适当的激光波长,可以选择性地杀死害虫和避免对天敌的杀伤,如配合使用鼓风机,使害虫暴露出来,还可提高杀虫效果。

近年来,国外亦有应用红外线烘烤防治钻蛀害虫。远红外线是一种电磁波,其中数十微米波长范围内的又称热红外线。当远红外线作用处理材料和害虫时,物质内部分子发生强烈电磁共振,释放出热能,当温度达到害虫的致死高温时,虫体即因大量失水、蛋白质和酶受到破坏而死亡。

5.4.5 化学防治

化学防治就是利用化学农药——杀虫剂来杀灭害虫。例如，在松材线虫侵染前数周，用丰索磷、乙伴磷、治线磷等内吸性杀虫和杀线剂施于松树根部土壤中，或用丰索磷注射树干，预防线虫侵入和繁殖。采用内吸性杀线剂注射树干，能有效地预防线虫的侵入。化学防治优点是杀虫谱广，作用快，效果好，使用方便，不受地区和季节性限制，适于大面积机械化防治。在目前及今后相当长的一段时间内，化学防治仍然是综合治理的一个重要手段。但化学防治也存在缺点，如保管使用不慎，会引起人、畜中毒以及造成污染环境和公害；长期大量使用农药还会引起害虫的抗药性，并杀伤天敌，导致次要害虫上升为主要害虫和某些害虫的再猖獗。因此，要注意合理用药、节制用药，研制高效、低毒、低残留并具有选择性的农药。同时要考虑改进农药剂型和使用技术，以便尽可能减少其不良影响。

1. 农药的基本知识

农药是指用于防治农林作物及其产品等免受有害生物为害，具有直接杀灭作用的化学药剂。按防治对象，农药可分为杀虫剂、杀螨剂、杀菌剂、除草剂、杀线虫剂、杀鼠剂等。杀虫剂是农药中的一大类，按其化学结构可分为无机杀虫剂、有机杀虫剂。有机杀虫剂按其来源又可分成天然有机杀虫剂、植物性杀虫剂和人工合成杀虫剂。本书主要涉及的是杀虫剂和杀螨剂。

根据杀虫剂进入害虫体内的途径可将杀虫剂分为胃毒剂、触杀剂、内吸剂及熏蒸剂 4 大类。

(1)胃毒剂　害虫吃了以后中毒死亡的药剂。胃毒剂适用于防治咀嚼式口器害虫。药剂喷在植物表面或拌在饵料上，随害虫取食进入消化道，被中肠吸收进入体腔，经血液循环至全身，引起中毒。

(2)触杀剂　药剂与虫体接触后使害虫中毒致死的药剂。这类药剂必须喷在虫体上或植物表面，药剂接触虫体后，通过其表皮进入体内，引起中毒死亡。

(3)内吸剂　是指药剂能被植物吸收，并传导至植物体内各部位，害虫吞食或刺吸有毒植物汁液后中毒死亡。内吸剂适于防治刺吸式口器害虫。

(4)熏蒸剂　药剂以气体状态通过害虫呼吸系统进入虫体，使其中毒死亡。

实际上，药剂的杀虫作用不是单一的。例如，乐果就具有内吸、触杀和胃毒作用；敌敌畏具有熏蒸和触杀作用；敌百虫具有胃毒和触杀作用；而忌避剂、拒食剂、不育剂和引诱剂等又是通过其他作用方式减轻虫害或消灭害虫的。

2. 农药的加工剂型

工厂制造出来未经加工的农药原粉或原油称为原药。由于大多数原药不能直接溶于水，在单位面积上使用量又很少。所以原药必须加入一定量的助剂(如填充剂、湿润剂、溶剂、乳化剂等)，加工成含有一定有效成分、一定规格的剂型。常用的剂型有下列几种：

(1)粉剂(DP)　工业原粉与填充剂(如高岭土、瓷土、陶土等惰性粉)按一定比例混合，经机械磨碎而成。细度要求 95%能通过 200 号筛目。如 2.5%敌百虫粉，含敌百虫原粉 2.5 份，惰性粉 97.5 份。粉剂适用于喷粉、拌种、撒毒土、土壤处理等。

(2)可湿性粉剂(WP)　工业原粉与填充剂及少量湿润剂按一定比例混合，经机械磨碎而成。细度要求 99.5%能通过 200 号筛目。可湿性粉剂能均匀而稳定地悬浮在水中，使喷洒的药液能湿润展布于植物和虫体表面。如 10%灭多威可湿性粉剂、10%吡虫啉可湿性粉剂，可用于喷雾、泼浇、拌种、撒毒土等。

(3)乳油(EC)　工业原油与乳化剂按一定比例溶解在有机溶剂中(如苯、二甲苯等)而成。乳油是透明溶液，加水稀释后成为均匀一致、稳定的乳状液。乳化剂是表面活性物质，其作用是使溶解了原油的溶剂呈极小的油滴均匀分布在水中，喷洒在植物和虫体上，具有极好的湿润展布和黏着性能。如 4.5%高效氯氰菊酯乳油、25%毒死蜱乳油、40%乐果乳油等，适用于喷雾、泼浇、涂茎、拌种、撒毒土等。

(4)颗粒剂(GR)　用煤渣、土粒、砖粒等细颗粒作为载体，吸附一定量的药剂所制成，如 3%辛硫磷颗粒剂、5%氯氰菊酯颗粒剂等。颗粒剂的直径一般在 30～60 筛目。

(5)悬浮剂(SC)　将固体原药、水及一系列助剂(如湿润剂、分散助悬剂、增稠剂、消泡剂、防冻剂等)混合，经砂磨机湿法研磨，固体原药以直径为 0.5～5 μm 的微粒均匀地分散在水中形成的稳定分散体系，如 5%锐劲特悬浮剂、20%米螨(虫酰肼)悬浮剂。使用方法同乳油。

(6)水分散性粒剂(WG)　将农药原药、分散剂、湿润剂、崩解剂、消泡剂、黏结剂、防结块剂等助剂以及少量填料，通过湿法或干法粉碎，使之微细化后，再通过喷雾干燥、造粒制成。水分散性粒剂是在可湿性粉剂和悬浮剂基础上发展起来的，克服了两者的缺陷，是目前发展势头较快的剂型之一，如 25%阿克泰水分散性粒剂、3%印楝素水分散性粒剂。适用于喷雾。

(7)水剂(AS)　能直接溶于水的原药都能制成水溶剂，在加工时常加入少量黏着剂或使用前加入少量中性皂，以提高湿润展布性能和黏着力。常用的如 25%杀虫双水剂、0.36%苦参碱水剂等。适用于喷雾、泼浇、撒毒土等。

目前生产上使用的其他剂型还有丸剂(PS)、拌种剂(DS)、可溶性液剂(SL)、缓释剂等。

3. 常用杀虫剂类型

杀虫剂使用已有两个世纪的历史，但在 20 世纪 40 年代前，用的药品大多数是无机物(巴黎绿、砷酸铅、砷酸钙等)和天然植物杀虫剂(除虫菊、鱼藤、烟草等)。其中只有除虫菊素和烟碱是神经毒剂，其余大都是呼吸毒剂。自 1939 年人工合成 DDT，并发现可以防治害虫后，从此杀虫剂进入到一个新的有机合成农药的时代，人们称作第 2 代农药。它的特点是杀虫范围广，效果好，生产、运输、储藏和使用方便，因此大受欢迎。有机合成杀虫剂包括有机氯、有机磷、氨基甲酸酯、沙蚕毒素类、拟除虫菊酯、灭幼脲类和杂环类等。以后又发展出昆虫生长、行为调节剂类农药，如保幼激素类似物、抗蜕皮激素和性外激素(有人称为第 3 代农药)及早熟素等。

(1)有机氯杀虫剂　这是一类化学分子结构中含有氯原子的有机化合物。其中，六六六和 DDT 是我国 20 世纪 80 年代前用来防治农作物害虫的主要品种。这类药剂大多性质稳定，脂溶性强，水溶性差，易被土壤吸附，不易分解。用于防治害虫杀虫谱广，但对蚜虫和螨类防效差。

有机氯杀虫剂对害虫有强烈的触杀和胃毒作用，药效长，对人、畜急性毒性较低。但该药剂生物降解代谢很慢，可通过生物富集和食物链在生物体内累积，其中不少品种还有致癌、致畸和致突变的作用。因此，此类农药如六六六、DDT、七氯、氯丹和毒杀酚等都已明令禁止生产和使用,只有硫丹和三氯杀螨醇等少数品种仍在使用。

(2)有机磷杀虫剂　这是1945年以后发展起来的一类含磷酸酯结构的有机杀虫剂,也具有杀螨作用。目前全世界有机磷杀虫剂的品种有100余种,我国生产的有30多种。这类杀虫剂化学性质不稳定,易水解,易氧化;广谱、高效,作用方式多样,如触杀、胃毒、熏蒸、内吸等;化学结构变化复杂,品种多,适用范围广;毒性差异大,如辛硫磷、敌百虫毒性很低,而对硫磷、甲拌磷为剧毒品种。但总的来说,有机磷杀虫剂毒性偏高。与有机氯特别是与拟除虫菊酯类杀虫剂相比,害虫对有机磷杀虫剂的抗性发展较缓慢。大多数品种无选择毒性,对天敌杀伤力强。

目前主要品种有90%晶体敌百虫、80%敌敌畏乳油、45%马拉硫磷乳油、40%乐果乳油、50%辛硫磷乳油、75%乙酰甲胺磷可溶性粉剂、40%毒死蜱乳油、40%甲基异柳磷乳油、20%三唑磷乳油等。国家已明令禁止生产和使用甲胺磷、甲基对硫磷、对硫磷、久效磷和磷胺5种高毒有机磷农药,且不允许在蔬菜、果树、茶叶、中草药上使用甲拌磷、甲基异柳磷、特丁硫磷、甲基硫环磷、治螟磷、内吸磷、灭线磷、硫环磷、蝇毒磷、地虫硫磷、氯唑磷、苯线磷等高毒农药(中华人民共和国农业部公告199号,2002年;中华人民共和国农业部公告274号,2003年)。

(3)氨基甲酸酯类杀虫剂　氨基甲酸酯是在甲酸酯类化合物中碳原子所连接的氢原子被氨基取代的化合物。这类杀虫剂大多数品种对温血动物和鱼类低毒,在自然界易分解,不留残毒,不易污染环境,但少数品种为剧毒,如克百威,大多数品种作用迅速,持效期短,选择性强;杀虫作用以触杀为主,但也有兼具多种作用的品种,对叶蝉、飞虱、蓟马等防效好,而对螨类及介壳虫无效,一般对天敌较安全。不同结构类型的品种,其生物活性和防治对象差异很大。如含萘环的甲萘威杀虫谱广,含苯并呋喃的克百威杀虫谱更广,还能杀线虫,而且具有强内吸性,但含杂环的抗蚜威却只能防治蚜虫。

目前常用品种有25%西维因可湿性粉剂、50%抗蚜威可湿性粉剂、3%克百威颗粒剂、20%丁硫克百威乳油、75%拉维因可湿性粉剂、20%灭多威乳油等。国家规定克百威在蔬菜、果树、茶叶、中草药上不得使用。

(4)沙蚕毒素类杀虫剂　是一类以沙蚕毒素为先导化合物开发的仿生杀虫剂。这类杀虫剂对害虫具有触杀、胃毒及内吸作用;广泛用于粮食、蔬菜、果树、茶叶等作物害虫的防治;杀虫谱广,对人、畜及鱼类等水生动物毒性低,但对蜜蜂、家蚕毒性大;作用机制独特,未发现与其他类型杀虫剂产生交互抗性;在动植物体内及环境中易降解,对环境较安全。目前常用品种有25%杀虫双水剂、90%杀虫单可溶性粉剂、95%巴丹可溶性粉剂等。

(5)拟除虫菊酯类杀虫剂　是一类以天然除虫菊素为先导化合物开发成功的人工合成杀虫剂。这类杀虫剂的特点是广谱,对绝大多数农林害虫、卫生害虫都有良好防效,对鳞翅目幼虫和蚜虫的效果尤为突出,但连续使用也易导致害虫产生抗性,故需与其他农药轮换使用;高效,田间用量很低;作用迅速,击倒快;对哺乳动物低毒,因而使用安全,但对蜜蜂、鱼类及天敌昆虫毒性大,施药时应远离桑园、河流和养蜂场,也不能在稻田使用;具强烈的触杀和胃毒作用,无内吸作用,使用时以叶面喷洒为主,很少做土壤处理或种子处理。

生产上常用品种有10%氯氰菊酯乳油、20%氰戊菊酯乳油、2.5%溴氰菊酯乳油、20%甲氰菊酯乳油、2.5%三氟氯氰菊酯乳油、2.5%联苯菊酯乳油等。后3个品种还具有良好的杀螨活性。

(6)灭幼脲类杀虫剂　20世纪70年代发展起来的一类取代苯基苯甲酰基脲类化合物。原药多为晶体，难溶于水，可溶于极性溶剂。选择性强，对人、畜低毒，对眼睛和皮肤有一定的刺激作用；药效迟缓，处理成虫时，具有抑制产卵和使卵不孵化的作用；作用机理是抑制昆虫表皮中几丁质的合成，导致昆虫蜕皮时不能形成新表皮，因而害虫的生长和变态受阻，导致死亡或形成畸形虫体。多数品种对鳞翅目幼虫效果好，触杀作用强的品种可用于防治刺吸式口器害虫（同翅目、半翅目害虫）和螨类。施药要求均匀周到，并在低龄幼虫期施药，严禁在桑园及其附近使用，以免家蚕因取食被农药污染的桑叶而中毒死亡。

主要药剂品种有25%噻嗪酮可湿性粉剂、5%氟虫脲乳油、5%定虫隆乳油、5%农梦特乳油、25%灭幼脲悬浮剂、5%盖虫散乳油等。

(7)杂环类杀虫剂　近10多年来，杀虫剂发展中最突出的成就是许多杂环化合物被开发成超高效杀虫剂。其中氮杂环在新型杀虫杀螨剂中占有主要地位。杂环类杀虫剂的特点是化学结构、作用机制新颖，不易与现有杀虫剂产生交互抗性；对害虫高效，对抗性害虫种群也有很好的防效；对哺乳动物毒性低或中等，使用安全；对害虫天敌也较安全，有利于综合治理。

(8)含吡啶基团的杀虫剂　常用的如10%吡虫啉可湿性粉剂和3%啶虫脒乳油、含三唑环的25%唑蚜威乳油、含吡唑环的5%氟虫氰（锐劲特）悬浮剂、含吡咯环的10%除尽悬浮剂等。

(9)熏蒸杀虫剂　熏蒸剂是一类能挥发成气体通过气管系统进入体内毒杀害虫的药剂。主要用于仓库、温室和植物检疫中熏杀害虫。其特点是杀虫作用快，能消灭隐藏的害虫和螨类；对人、畜高毒，要特别注意安全使用。

常用品种有敌敌畏、溴甲烷、磷化铝等。

(10)杀螨剂　杀螨剂是指专门用来防治螨类的一类选择性的有机化合物。这类药剂化学性质稳定，可加入少量中性皂，以提高湿润展布性能和黏着力。常用的如25%杀虫双水剂、0.36%苦参碱水剂等。适用于喷雾、泼浇、撒毒土等。

4. 合理使用化学农药

害虫的综合治理从策略上强调发挥自然因素对害虫的调控作用，但不排斥化学防治作为综合治理的一种手段，特别是对暴发性害虫，化学防治往往是唯一的应急措施。关键是如何合理地使用，以达到安全、有效、协调其与利用天敌的矛盾和延缓害虫抗药性产生的目的。

国家已先后制定了《农药安全使用标准》和《农药合理使用准则》（该准则至今已包括7个部分）。农药的合理使用，简单地可从下面3个方面加以考虑。

(1)安全与防治效果　使用农药时，必须了解农药的性能、剂型、使用方法、防治对象及注意事项，尤其在使用高毒农药时要严格按照安全防护措施进行操作。使用农药时要注意作物安全间隔期，特别是在果蔬上使用时尤应严格掌握，以免引起公害；同时，还要了解农作物对药剂的反应，防止作物药害。

为保证药剂防治效果，应根据害虫的种类，选用适当的农药种类，并根据害虫的发生特点和药剂的性能，掌握防治适期，以达到事半功倍的效果。

(2)保护和利用天敌　害虫和天敌是共居于一个统一体中的一对矛盾的两个方面，它们相互依存，又相互制约，并在一定的条件下相互转化。杀虫剂对害虫和天敌的影响取决于药剂本身及其使用技术。如果杀虫剂对害虫杀伤力大，对天敌的影响较小，则天敌的抑制作用就会明显地表现出来，否则，害虫就会失去控制而暴发成灾。解决化学防治与保护利用天敌的矛盾，可以通过以下途径加以调节和缓和：

①选择药种。忌用杀虫谱广的农药，尽量考虑选用对天敌杀伤力小的选择性农药。如用噻嗪酮(扑虱灵)防治稻飞虱，用昆虫生长调节剂防治黏虫、菜青虫等，用杀螨剂防治农业害螨等。

②改进药剂使用方法。如用毒土法撒施、内吸剂涂茎、辛硫磷根区施药、药剂点心等代替常规喷雾、喷粉法，可减少对天敌的影响。但不能随意搬用，要因虫、因药剂种类而异。总的原则要保证总体防效的提高。此外，还可采取点片防治、抽条防治等方法，用以创造有利天敌繁殖的生态条件。

③按新的防治指标施药。过去的防治指标多是按经验或按化学防治的要求提出的，因此，指标偏严，用药过早，防治面积偏大。新的防治指标是从综合治理的要求出发，经过为害损失率测定，充分利用某些作物的耐害补偿能力而制定的。例如，华北棉区棉蚜和2代棉铃虫的防治指标一般放宽了3倍，长江流域棉区1代棉铃虫可以不治，按新的防治指标，普遍减少了药剂防治的面积和次数，既节省了工本，又有利天敌种群的发展。

其他还可通过使用有效低浓度、考虑保护天敌因素的防治指标和防治适期等途径，尽可能将对天敌的影响降到最低限度。

(3)防止和延缓害虫产生抗药性　杀虫剂能杀死害虫。害虫对杀虫剂通过自然选择作用和在遗传上产生抗性基因，亦能形成抗药性的品系。为防止和延缓害虫产生抗性，可采取下列对策：

①轮换使用农药。在一地区连年使用单一的杀虫剂，是导致害虫产生抗性的主要原因。因此，必须注意轮换使用农药，特别是轮用具有不同杀虫机理的农药，如用有机磷与氨基甲酸酯农药交替使用等。菊酯类农药是高效杀虫剂，但害虫易产生抗药性，更不能用作当家农药。

②正确掌握农药使用浓度和防治次数。随意提高农药使用浓度和增加防治次数，是加速害虫产生抗药性的另一主要原因。因而，要避免为强求高效而盲目用药的现象，做到严格按要求配药，不达防治指标不轻易用药。

③对抗性害虫换用没有交互抗性的农药。如棉叶螨对有机磷农药产生抗性后，应换用选择性的杀螨剂；对菊酯类杀虫剂产生抗性的棉蚜和棉铃虫等，可用灭多威防治等。

④合理混合农药。研究表明，50%增效磷与磷胺、氧化乐果等有机磷农药按1∶1混用具有增效作用；喷洒复配杀虫剂，可以提高杀虫效果，减少单剂农药用量，也是当前克服和延缓抗性产生的一条有效途径。

⑤节制用药。克服农药万能思想，实施综合治理。

5.4.6　害虫综合治理的原则

害虫综合治理作为一种有害生物的管理体系有一个逐步发展、改进的过程，无论防治对象是一种害虫或是一种作物上的多种害虫。对于后者，要形成一个较完善的综合治理体系，一般要经过以下几个阶段：调查作物的害虫种类，确定主要防治对象以及需要保护利用的重要天敌类群；测定主要防治对象种群密度与为害损失的关系，确定科学、简便易行的经济阈值（或防治指标）；定量研究主要防治对象和主要天敌的生物学、发生规律、相互作用与各种环境因子之间的关系，明确害虫种群数量变动规律，提出控制为害的方法；在进行单项防治方法试验的基础上，提出综合治理的措施组合，要力求符合"安全、有效、经济、简便"的原则，先进行试验，再示范验证后予以推广；在此基础上根据科学研究不断提供的新信息和方法，及推广过程中所获得的经验，再进一步改进和完善治理体系，使 IPM 从单一作物上的单种害虫、多种害虫水平，向整个农业生态系统中的多种害虫以至所有病、虫、草种类的水平发展。

害虫综合治理的概念自 20 世纪 60 年代形成后，其内涵不断得到充实，至今仍有不少讨论。强化生物因子的害虫治理、以生态学为基础的害虫治理、全系统管理、大范围的 IPM 系统、全部种群治理、害虫种群生态调控等概念的提出，充分表明各国政府、机构组织和有关学者对 IPM 的关注。近 10 年在各国提倡实施的可持续发展战略给 IPM 注入了新的活力，而高新技术的发展又为 IPM 提供了新的机遇。

1992 年里约热内卢"联合国环境与发展"大会以来，可持续发展战略已被公认为人类社会发展的正确战略。为适应农业的可持续发展，1995 年 7 月在荷兰海牙召开的第 13 届国际植物保护大会提出"可持续的植物保护造福于全人类"，认为害虫管理必须服从可持续农业生产的需要，与其他农事操作协调配合，强调从保护作物扩展到保护农业生产体系，通过综合优化，建立起一个可持续的害虫管理体系，从而对害虫综合治理提出了更高和更明确的目标。

从 IPM 的基本思想可以看出，IPM 实际上是一种害虫可持续控制的战略，它是农业甚至整个社会可持续发展的一个重要组成部分。可持续发展战略为 IPM 的研究和实施提供了广阔的天地，而 IPM 的成功实施又将促进可持续发展。高新技术尤其是分子生物学技术和信息技术的迅速发展和应用，给 IPM 的发展提供了许多前所未有的机遇。近 10 多年，转 *Bt* 基因抗虫植物种类迅速增加，并已从实验室走向田间，得到适度的推广应用。除 *Bt* 基因外，许多来源于植物的抗虫基因的转入表达研究也取得了实质性进展。这些基因包括蛋白酶抑制基因（如丝氨酸蛋白酶、硫醇蛋白酶）、几丁质酶基因等。转 *Bt* 基因作物毒素表达量也在不断提高。转基因抗虫植物与化学杀虫剂等技术相比，使用简便、高效，只要使用得当，无疑是 IPM 中一项理想的技术。基因工程技术应用于新型生物农药的研制也已取得重要进展，通过重组的昆虫杆状病毒和重组的 *Bt*，使得杀虫谱扩大，杀虫活性提高。

信息技术的迅速发展给 IPM 的研究和实施提供了许多新的工具。通过遥感监测、全球定位系统和地理信息系统，可以对遥感信息、地理信息和气象信息进行整合和综合分析，建立迁飞性害虫发生和为害的信息识别模式，揭示害虫种群区域发生的规律。因特网的普及和多媒体技术的发展使得 IPM 知识和技术的传播、培训更为方便、快速。

实施 IPM 是一项涉及政府、商业部门、科研部门、农技推广部门、消费者、农民等社会方方面面的系统工程，多年来我国入侵生物一个接着一个，但每次发生生物入侵，相关主管部门总是由于没有及时支付防控经费而丧失及时的控制良机，这也是多年来我国入侵生物逐渐增多、发生面积逐渐加大而危害越来越严重的重要原因。因此，IPM 的实施必须强调多部门的配合。随着环境保护和人类安全意识的不断加强，社会各界对害虫综合治理愈加关注，这将极大地推动 IPM 的发展和实施，有效遏制农业入侵害虫严峻形势的扩大。

参考文献

陈良燕，徐海根. 澳大利亚外来入侵物种管理策略及对我国的借鉴意义. 生物多样性，2001，9，(4)：466-471.

顾忠盈，吴新华，杨光，等. 我国外来生物入侵现状及防范对策. 江苏农业科学，2006，6：418-421.

万方浩，郭建英，王德辉. 中国外来入侵生物的危害与管理对策. 生物多样性，2002，10(1)：119-125.

徐海根，强胜，韩正敏，等. 中国外来入侵物种的分布与传入路径分析. 生物多样性，2004，12(6)：626-638.

第6章

马铃薯甲虫引诱剂的研制及引诱效果研究

马铃薯外来重大有害生物——马铃薯甲虫[*Leptinotarsa decemlineata*(Say)]属鞘翅目叶甲科,原产在美国,后传入法国、荷兰、德国等西欧、东欧以及美洲一些国家。马铃薯甲虫是世界著名毁灭性的害虫之一,也是我国对外重大动植物检疫对象,该虫于1993年5月在我国新疆伊犁地区霍城县首次发现。马铃薯甲虫传入我国后,十多年来一直向东传播,已扩散至我国新疆北部的所有区域,疫区面积已扩大了数百倍。而且马铃薯甲虫扩散蔓延逐步加快,发生危害呈加重的趋势。化学农药的大量使用严重污染了环境,并使害虫的抗药性增加,因此研究马铃薯甲虫的生物防控技术非常必要,将对马铃薯的安全生产具有重要的贡献。

在公益性行业项目的资助下,本课题拟先通过田间调查及行为选择试验确定马铃薯甲虫的最嗜寄主植物及关键非寄主植物,在此基础上通过SPME(固相微量萃取法)及水蒸气蒸馏法提取最嗜寄主植物及关键非寄主植物的叶挥发性物质,再通过GC(气相色谱)、GC-EAD(气相色谱-触角电位检测仪)、GC-MS(气质联用仪)技术鉴定出具有活性的植物气味挥发性物质。配制不同配方通过室内风洞行为测定或嗅觉仪测定,结合田间诱捕、驱避试验确定最佳配方,并研制出具有缓释性的剂型,开发具有引诱、驱避的化学农药替代产品,进一步开展马铃薯甲虫成虫引诱剂与驱避剂的田间应用技术研究,明确马铃薯甲虫成虫引诱剂与驱避剂在田间对马铃薯甲虫的控制效果,为马铃薯甲虫可持续治理提供技术储备。

6.1 马铃薯挥发性植物次生代谢物成分的GC-MS分析

我国是马铃薯生产的第一大国,马铃薯种植面积占全世界马铃薯种植总面积的1/4,总产量为全世界的1/5(李学湛等,2004)。在我国的一些地区,马铃薯不仅是重要的粮食作物,更是带动经济发展的一项产业。然而目前,马铃薯甲虫作为一种危害世界的毁灭性害虫,正威胁着我国及世界其他一些国家的马铃薯生产。目前防治还是以化学防治为主,但长期大规模的使用杀虫剂使马铃薯甲虫的抗药性发展迅速。开发一种可以替代杀虫剂或者配合杀虫剂使用的防治药剂或防治方法势在必行。

植物的次生代谢物是植物与环境相互作用的产物,对植物的代谢调控以及帮助植物抵御不良环境或病虫侵害有重要作用。有报道证明,相对于未经损伤的马铃薯,机械损伤、其他昆虫取食或同种的幼虫取食后的马铃薯均对马铃薯甲虫成虫吸引力增强。这也是由于机械损伤和虫害诱导马铃薯产生的挥发物对马铃薯甲虫有引诱作用(Bolter et al,1997;Schütz et al,1997)。分析马铃薯挥发物的主要成分,并鉴定其中对马铃薯甲虫有引诱作用的组分,对开发植物源引诱剂有重要意义。国外对马铃薯挥发物的研究早在 1979 年已经开始 (Visser et al, 1979),随后的几十年中对其主要挥发物、机械损伤诱导的挥发物(Schütz et al,1997)、马铃薯甲虫取食诱导的挥发物(Bolter et al,1997)以及其他昆虫取食诱导的挥发物(Gosset et al, 2009)成分进行了详尽的分析和报道。但是 Szafranek 等(2005)对波兰的 10 个品种的马铃薯进行分析,发现其叶表倍半萜烯的成分配比并不完全相同。因此,作者对中国新疆地区广泛种植的紫花白品种的挥发性次生代谢物进行了收集和分析。

6.1.1 材料和方法

6.1.1.1 实验材料

1. 供试植物

新疆紫花白品种马铃薯作为实验材料,室内盆栽至 5～7 周龄。

2. 供试虫源

采集自昌吉马铃薯大田中的马铃薯甲虫 4 龄幼虫,实验室进行饲养,饲喂新鲜紫花白马铃薯叶片。实验前对试虫进行饥饿处理 2～3 h,然后黑暗处理 1 h。

3. 主要仪器设备

采样袋:微波炉专用袋(Reynolds, USA);

大气采样仪:北京市劳动保护科学研究所生产的 QC-1 型大气采样仪;

美国 PE 公司的 Turbomass-Autosystem 型 GC/MS 联用仪(中国科学院新疆理化技术研究所提供)。

4. 试剂

空气过滤吸附剂:活性炭(60～80 目)、GDX-101;

挥发物收集吸附剂:porapak Q 80/100 目;

洗脱液:正己烷(色谱纯)、二氯甲烷(色谱纯)。

6.1.1.2 动态顶空收集法收集受害盆栽马铃薯挥发物

1. 材料处理

(1)马铃薯植株处理　选取两株盆栽健康马铃薯,收集挥发物作为空白对照(即 0 h)。随后各接入经 1 h 饥饿处理的马铃薯甲虫 4 龄幼虫 20 头,取食 1 h 后移除,并开始计时。另选取两株根据接虫植株的受害程度进行人工剪叶模拟受害，并计时。在处理后 3 h 从上述植株收集挥发物。收集过程在白天室内光照良好时进行。

(2)活性炭的处理　采用高温烘干法。在烘箱内以 120℃的高温连续恒温烘烤 2 h，箱内自然冷却后密闭贮藏。

(3)GDX-101 的处理　将吸附剂装入顶端有磨口玻璃塞的层析柱内，在吸附剂上塞少许玻璃纤维，玻璃塞上接一硅胶管，将其与 GC 柱箱中的进样口相连，通入氮气(流量为 100 mL/min)，待柱箱温度升至 200℃时保持 2.5 h，待冷却后取出。

(4)porapak Q 的处理　以 100 mL/g 的比例将吸附剂加入丙酮浸泡清洗，过滤后用 20 mL/min 的高纯氮在室温下吹扫干燥。将吸附剂装入层析柱内，GC 柱箱中 250℃干燥 2 h，氮气流速为 100 mL/min。干燥后的吸附剂分装于吸附管(长 15 cm，内径 3 mm)，每支 100 mg。

2. 动态顶空收集法收集步骤

(1)抽气　用 Reynolds 微波炉袋套上马铃薯植株。下端开口处插入装有 GDX-101 的过滤管，用绳系紧内衬棉花的袋口，将硅胶管用夹子夹紧；袋的上端开一个小口接入与大气采样器进气口相连的抽气管；打开大气采样器抽气，直到袋内基本没有空气为止(图 6.1.1A)。

(2)充气　将与采样袋上端小口处抽气管相连的硅胶管夹紧，松开下端与装有 GDX-101 过滤管相连的硅胶管上的夹子，并把该硅胶管和装有活性炭的干燥塔相连，而后接到大气采样器的出气口上，拔掉进气口上与抽气管相连的硅胶管，打开大气采样器电源，使经过滤后的大气被充入采样袋，直到袋内气体体积达到采样袋体积的 3/4 左右时，关掉电源(图 6.1.1B)。

(3)循环采气　将采样袋上端小口处的抽气管换成经过活化的内填 porapak Q 的吸附管，把与吸附管相连的硅胶管与大气采样器的进气口相连，移去硅胶管上的夹子使植物与采样装置成为一个闭合的回路，打开电源开始循环采气，调节气体流量为 50 mL/min，采气时间 3 h(图 6.1.1C)。

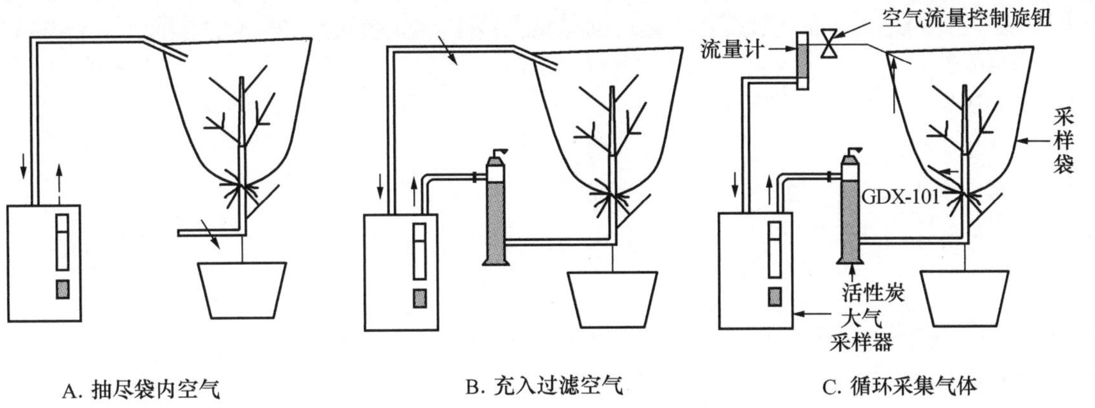

图 6.1.1　顶空法收集活体植物挥发物采样过程示意图

6.1.1.3 GC-MS 测定马铃薯挥发物成分

(1)洗脱挥发物　正己烷和二氯甲烷以 1∶1 的比例混合为洗脱溶剂。取 400 μL 溶剂加入吸附管中将吸附剂润湿,静置 1 min 后再加入 400 μL 溶剂。留下的液体滴入 1.5 mL 的棕色玻璃样品瓶中,残留液体用干净空气吹出,共得到约 600 μL 的溶液。样品瓶加上一层锡箔纸封口后加盖,－20℃低温保存,24 h 内上样检测。

(2)样品浓缩　样品瓶置于冰上保持其低温,在液面上方吹高纯氮气,流速以液面略微出现波纹为宜。将 600 μL 溶液浓缩至 100 μL 左右。

(3) GC-MS 检测　利用美国 PE 公司的 Turbomass-Autosystem 型 GC/MS 联用仪,对所收集的样品进行了定性分析,并通过面积归一化法以各类挥发物的相对含量定量。

6.1.1.4 数据处理

马铃薯挥发物成分的鉴定经计算机检索 NIST 谱图库兼顾色谱保留时间进行,通过面积归一化法以各类挥发物的相对含量定量。

6.1.2 结果与分析

6.1.2.1 马铃薯挥发物的组成

马铃薯挥发物洗脱液,通过 GC-MS 分析,结果显示(表 6.1.1),相对含量>0.01%的化合物共有 16 种,包括萜烯类、酮类、醛类和少量烷烃类。其中带有苯环结构的化合物相对含量较高,如 1,2-二乙基苯、1,3-二乙基苯、1-(3,4-二甲基苯基)-乙烯酮、4-乙基苯乙酮,相对含量超过 70%。其次是萜烯类和醛类,如 2-亚乙基-6-甲基-3,5-庚二烯、菖醛、氧化石竹烯等。

表 6.1.1　马铃薯挥发物组分　　%

化合物	健康马铃薯相对含量	机械损伤马铃薯相对含量	害虫取食马铃薯相对含量
1,2-二乙基苯	24.37	28.22	24.00
1,3-二乙基苯	18.74	21.33	18.32
3,5-二甲基苯乙酮	1.73	1.34	1.57
2-亚乙基-6-甲基-3,5-庚二烯	3.66	3.45	4.13
6-己基己内酯	1.66	0.95	1.81
菖醛	5.07	3.25	2.79
1-(3,4-二甲基苯基)-乙烯酮	17.58	13.26	19.57
4-乙基苯乙酮	13.73	10.30	14.94
4-(1-羟乙基)-苯甲醛	0.07	0.59	0.06
1-(2,5-二甲基)-苯乙酮	1.53	0.27	0.18

续表 6.1.1

化合物	健康马铃薯相对含量	机械损伤马铃薯相对含量	害虫取食马铃薯相对含量
癸烷	0.42	1.59	0.09
氧化石竹烯	0.34	1.04	1.69
4-乙酰基苯乙酮	1.81	1.20	1.51
3-乙酰基苯乙酮	1.58	0.83	1.20
(*R*)-1-羟基-1-甲基苯乙酸	1.02	0.79	0.72
十一烷	0.50	1.31	0.23

6.1.2.2 不同受害方式诱导马铃薯挥发物成分的变化

表 6.1.1 列出了从不同健康状况的马铃薯收集到的挥发物主要成分，其主要组分没有太大的变化。受过机械损伤的马铃薯其挥发物中，相对含量最大的两种化合物 1,2-二乙基苯、1,3-二乙基苯，其相较于健康马铃薯有较大的升高，部分萜烯类和烷烃类相对含量略有升高，如 4-(1-羟乙基)-苯甲醛、癸烷、氧化石竹烯、十一烷，而酮类、酯类等略有下降，如 6-己基己内酯、茴醛、4-乙基苯乙酮、1-(2,5-二甲基)-苯乙酮、4-乙酰基苯乙酮、3-乙酰基苯乙酮、(*R*)-1-羟基-1-甲基苯乙酸。被马铃薯甲虫取食过的马铃薯其挥发物与健康的比较主要成分及其相对含量变化较小，萜烯类的相对含量有所上升，如 2-亚乙基-6-甲基-3,5-庚二烯、1-(3,4-二甲基苯基)-乙烯酮、4-乙基苯乙酮、氧化石竹烯，醛类和酮类的相对含量略有下降，如茴醛、1-(2,5-二甲基)-苯乙酮、癸烷、(*R*)-1-羟基-1-甲基苯乙酸。

图 6.1.2 比较了几种化合物相对含量的变化，受到机械损伤后挥发物的相对含量无论是上升还是下降变化幅度都比较大，但经马铃薯甲虫取食后挥发物的相对含量变化幅度较

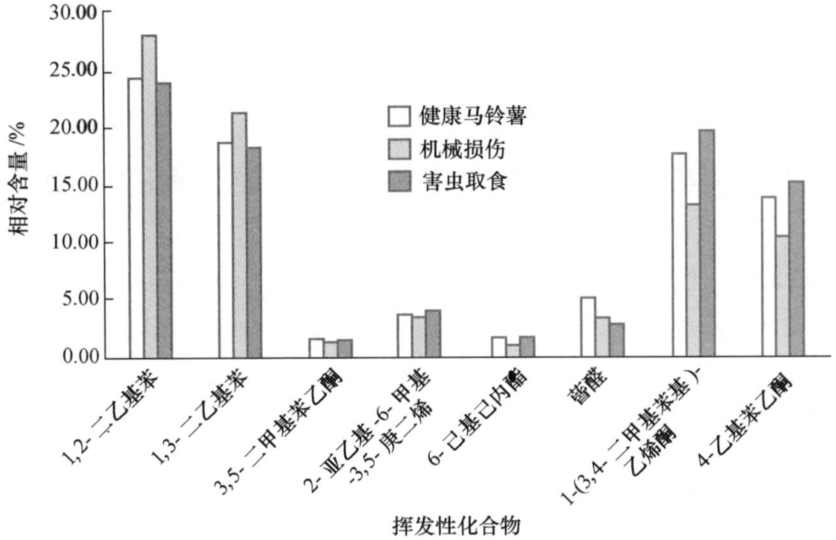

图 6.1.2 不同受害方式对马铃薯挥发性次生代谢产物的影响

小。这可能是因为一般单纯机械损伤能使植物快速释放出大量挥发性次生物质，但这种引诱作用在损伤形成后很快消失(Steinberg et al, 1993)。而植食性昆虫取食活动诱导的植物挥发物的释放会在造成损伤后一段时间内达到高峰，而且诱导出来的新成分能在损伤后持续相当长的时间(Paré et al, 1998)。

6.1.3 小结与讨论

顶空法收集马铃薯植物挥发物，GC-MS 分析鉴定结果，主要挥发物共有 16 种，包括萜烯类、酮类、醛类和少量烷烃类。另有一些痕量的物质没有做进一步鉴定，文章中也没有一一列出。这些挥发物组成了马铃薯的化学指纹图。植物释放的挥发物按一定的组分和比例形成了植物特有的指纹图，植食性昆虫正是通过识别这些寄主植物的特定指纹图来识别寄主的。

本研究收集鉴定的马铃薯挥发物中的组分与国外已报道的研究结果有一些出入(Visser et al，1979；Bolter et al，1997；Schütz et al，1997)，这可能是多方面原因引起的。①Szafranek 等(2005)的研究发现不同品种的马铃薯挥发物组分有一定的差异。②挥发物的收集方法、实验中使用的吸附剂和洗脱液的品种都会影响实验结果。③本实验采用的动态顶空收集法有一定的缺陷，会将空气中、土壤中以及植物叶表上附着的一些杂质气体同挥发物一同收集，这些杂质气体会干扰结果。④本实验中将洗脱下来的样品进行了浓缩，浓缩过程中一些沸点较低的挥发性物质会有所损失。

本研究比较了不同受害方式诱导马铃薯挥发物成分的变化，结果表明，其主要挥发物的品种没有太大的变化，只是一些化合物的挥发量有所改变。相较于健康植物受到机械损伤的植株烷烃类的挥发物相对含量升高；受到马铃薯甲虫为害的植株萜烯类的挥发物相对含量升高。已有的大量研究结果表明，植食性昆虫为害释放的挥发性物质是引诱植食性昆虫取食和天敌寻找寄主的主要信息来源(Dicke, 1998; Takabayashi et al, 1991)。Takabayashi 等(1991)和 Turlings 等(1991)的研究结果表明，植食性昆虫取食导致绿叶类气味和萜类物质的增加。

6.2 马铃薯甲虫对多种挥发物单体以及聚集素的触角电位反应

植物挥发性次生物质在植食性昆虫—寄主植物—天敌三者之间的关系中起到重要的作用，也是三者长期协同进化的结果。植食性昆虫远距离定位寄主植物的途径就是通过寄主植物的挥发性次生代谢产物，并且昆虫的行为选择与挥发物的种类、浓度和配比均有关系。昆虫依赖触角感觉其周围环境中的大量化学信息。在寻找寄主的过程中，成虫主要通过触角的化学感器接受化学信息。触角电位技术(electroantennography, EAG)是目前昆虫化学信息素生物测定和嗅觉机理研究的基本方法，是一项直接检测昆虫对挥发性化学物质行为反应的电生理学方法。

在本章中，将根据国外有关马铃薯挥发物主要成分收集和鉴定的报道 (Visser et al,

1979；Bolter et al，1997；Schütz et al，1997），并结合上一章分析鉴定的新疆紫花白马铃薯挥发物，从中选取主要挥发性化合物成分和已报道对马铃薯甲虫行为有影响的成分（Dickens，2000；李源等，2010）。利用电生理技术测定马铃薯甲虫对上述化合物单体和聚集素的触角电位反应，鉴别挥发性物质是否对昆虫具有生理活性。由于植物挥发物中各组分的相对含量是各不相同的，因而本章也测定了不同浓度化合物所引起的触角电位反应的变化，研究了挥发物浓度与昆虫触角电位反应的关系，为进一步从嗅觉机理探究马铃薯甲虫定位寄主的行为。本章对雌、雄成虫分别进行测定，从而揭示性别不同所导致对挥发物反应的差异，为进一步开发针对某一性别的特异性引诱剂或驱避剂提供了理论基础。

6.2.1 材料和方法

6.2.1.1 实验材料

1. 供试虫源

于新疆乌鲁木齐马铃薯大田采集 4 龄老熟幼虫于室内人工饲养，饲喂新鲜紫花白马铃薯叶片，并在栽有马铃薯的花盆中入土化蛹。对刚羽化出土的成虫分雌雄于塑料盒内用新鲜的马铃薯叶片进行饲养，每天更换叶片一次并清洗干净塑料盒。触角电位试验采用羽化后 3～5 d 未交配的成虫。

2. 实验仪器

触角电位仪（石河子大学农学院提供）选用荷兰 Syntech 公司生产，包括 IDAC-2 双通道 USB 接口数据采集控制器、PRG-2 昆虫触角电位探头、CS-55 刺激气流控制单元、MP-15 显微操作台。

选用 Eag Pro 专业软件记录触角电位值并分析。

3. 供试化合物

本实验选取了健康植株挥发物的几种主要成分以及植株受损后变化较大的多种成分（表 6.2.1）。马铃薯甲虫聚集素由中国农业大学理学院农药合成实验室合成，纯度 95%。

表 6.2.1 马铃薯甲虫触角电位测定供试化合物名称、纯度及来源

化合物	纯度/%	来源
里那醇（Linalool）	97	Aldrich
壬醛（Nonylaldehyde）	95	Aldrich
水杨酸甲酯（Methylsalicylate）	99	Acros
乙酸叶醇酯（(*Z*)-3-hexenylacetate）	98	Sigma
2-苯乙醇（2-Phenylethanol）	99	Sigma
苯甲醛（Benzaldehyde）	98	Sigma-Aldrich
β-蒎烯（*β*-Pinene）	99	Aldrich
L-香芹酮（*L*(-)-Carvone）	97	Aldrich
橙花醇（Nerol）	97	Aldrich

续表 6.2.1

化合物	纯度/%	来源
4-萜品醇 (Terpinen-4-ol)	95	Aldrich
D-柠檬烯 (*D*-Limonene)	98	Fluka
1-己醇 (1-Hexanol)	99	Sigma-Aldrich
(*S*)-柠檬烯 ((*S*)-(−)Limonene)	95	Aldrich
(*Z*)-3-己烯-1-醇 ((*Z*)-3-hexen-1-ol)	98	Acros
(*E*)-2-己烯-1-醇 ((*E*)-2-hexen-1-ol)	96	Acros
D-香芹酮 (*D*(+)-Carvone)	98	Aldrich
苯乙酸甲酯 (Methyl phenylacetate)	99	Fluka
β-石竹烯 (β-Caryophyllene)	80	Aldrich
聚集素 (Aggregation pheromone)	98	实验室合成

在 EAG 测定中,以上 19 种化合物原液分别用液体石蜡稀释至原液的 1/100、1/10 和原液 3 个浓度,以此作为刺激样品。以液体石蜡作为对照。

4. 其他实验材料

滤纸条:把滤纸裁成 6 cm×0.5 cm 的滤纸条,事先纵折一下,以方便镊子拿取。以此作为化合物的载体。

贮样管:用规格为 15 cm×0.5 cm×0.15 cm (长×内径粗端×内径细端)的玻璃滴管,分别把滴加有不同浓度的滤纸条放入其中待测。当气流吹入玻璃管时,其中化学物质的气味吹到触角上,同时启动记录程序,触角对该化合物的反应信号就被记录在计算机上,以供实验后分析。

微量移液器:用于量取各种刺激样品溶液。

6.2.1.2 EAG 测定方法

选取较为活泼的成虫,统一取其左边的触角,用单面刀片迅速切下触角,用电极胶将切下的触角尖端粘在两个电极上,使触角与整个系统成为电路通路。待基线稳定后即可进行 EAG 测定。

用微量移液器取 30 μL 待测样品溶液加到滤纸条(0.5 cm×6 cm)上,放入刺激管,其尖端连接气体刺激装置。测定时通入的空气应过滤净化,并带有一定湿度。

不同化合物的测定循序是任意的,而同一种化合物的不同浓度,刺激循序则从低浓度到高浓度。每种刺激物的测定分别取雌、雄马铃薯甲虫各 3 只来进行,在同一根触角上平行测定 3 次,取平行测定的平均值。EAG 的大小通过测量 EAG 波形向下的峰值来获得。以相同体积的液体石蜡作为对照(CK),每两个刺激间的最小间隔为 30 s,以保证触角能够完全恢复。为消除触角活性随反应时间而降低,每次测定前后都用标准化合物((*Z*)-3-己烯-1-醇)原液来标定。

6.2.1.3 EAG 测定数据处理

数据处理方法同王明等(1999),以刺激样品的触角电位反应的相对值表示。样品的EAG 反应的相对值(100% EAG to standard)公式:

$$S_r = (S_c - CK_m)/(R_m - CK_m) \times 100\%$$

式中:S_r 为刺激样品的触角电位反应的相对值;S_c 为刺激样品的触角电位反应值;CK_m 为刺激样品测定前后液体石蜡对触角电位的反应值的平均值;R_m 为测定刺激样品触角电位前后标准化合物((*Z*)-3-己烯-1-醇)触角电位的平均值。

用 Duncan 氏多重比较分析马尾松毛虫成虫对各种植物挥发性化学物质的触角电位差异,雌雄虫之间的 EAG 反应采用 *t* 检验分析比较。数据分析软件为 SPSS 17.0。

6.2.2 结果与分析

表 6.2.2 所显示的是 18 种挥发物单体以及聚集素不同浓度的 EAG 测定结果。由表中可以看出,马铃薯甲虫触角对其中多数化合物的反应活性与化合物浓度呈正相关,即随着浓度的升高触角电位反应的相对值升高,图 6.2.1 表现了标准化合物((*Z*)-3-己烯-1-醇)的EAG 与浓度呈正相关的关系。化合物浓度为原液和 1/10 原液中雌、雄马铃薯甲虫均对(*E*)-2-己烯-1-醇 EAG 反应值最大,其次是 1-己醇、聚集素和 2-苯乙醇。

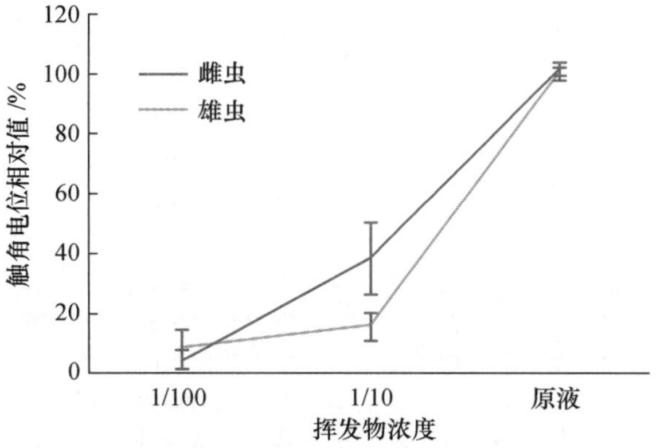

图 6.2.1 (*Z*)-3-己烯-1-醇浓度反应曲线

不同性别的马铃薯甲虫对几种化合物的反应有一定的差别。雌虫对 *D*-柠檬烯和(*S*)-柠檬烯的 EAG 并不是完全与浓度正相关的,其 1/100 原液的反应值大于 1/10 原液。性别差别表现最为明显的是里那醇、壬醛和水杨酸甲酯 3 种化合物单体(图 6.2.2),在具有最大反应的原液作用下,雄虫的 EAG 反应值明显大于雌虫。并且雄虫对这 3 种化合物的 EAG 也不是完全与浓度呈正相关的,同样是 1/100 原液的反应值大于 1/10 原液。

表 6.2.2 马铃薯甲虫对不同浓度单体化合物触角电位的反应

化合物	EAG 反应相对值/%					
	雌性			雄性		
	原液	1/10 原液	1/100 原液	原液	1/10 原液	1/100 原液
里那醇（Linalool）	58.62±2.70cdefg	44.12±4.03cde	16.41±4.18cdef	121.06±21.25bc	12.05±3.80f	33.70±7.33def
壬醛（Nonylaldehyde）	79.23±6.29cdef	58.36±4.38bc	14.66±7.55cdef	237.44±96.83a	28.79±26.24def	64.42±26.13abc
水杨酸甲酯（Methylsalicylate）	25.51±2.30efg	22.06±10.45def	6.32±7.04def	122.65±41.45bc	52.81±18.27bcde	78.04±16.56a
乙酸叶醇酯（(*Z*)-3-hexenylacetate）	74.41±26.53cdefg	16.93±19.28def	24.64±8.28bcd	60.70±6.77cde	68.91±9.87bc	40.26±11.81cde
2-苯乙醇（2-Phenylethanol）	88.11±3.30cde	32.67±6.14cdef	7.97±6.52cdef	107.57±11.34bc	83.66±20.50b	78.21±19.74a
苯甲醛（Benzaldehyde）	28.37±7.26efg	4.11±2.85f	5.38±2.99def	23.56±10.17e	18.48±0.65ef	24.46±10.94defg
β-蒎烯（*β*-Pinene）	18.01±10.67fg	24.03±1.11cdef	5.32±2.73def	7.14±2.85e	42.77±11.59cdef	20.84±1.87defg
L-香芹酮（*L*(−)-Carvone）	28.71±5.59efg	6.36±2.71ef	1.98±0.36f	19.69±8.10e	11.31±9.65f	10.40±2.61fg
橙花醇（Nerol）	12.96±9.33g	17.16±14.63def	7.39±5.29cdef	20.93±6.98e	10.25±5.28f	19.56±14.91efg
4-萜品醇（Terpinen-4-ol）	35.64±14.57efg	18.09±12.41def	14.73±12.01cdef	35.71±14.26de	13.90±12.46ef	12.03±8.39efg
D-柠檬烯（*D*-Limonene）	76.08±0.91cdefg	16.86±9.30def	39.49±25.70b	12.04±5.52e	28.44±18.98def	26.10±17.54defg
1-己醇（1-Hexanol）	207.73±94.95b	84.05±43.64b	77.86±10.30a	128.07±16.27b	70.98±13.91bc	23.38±10.97defg
(*S*)-柠檬烯（(*S*)-(−)Limonene）	12.04±5.52g	28.44±18.98cdef	26.10±17.54bc	21.33±4.77e	21.81±15.02def	14.25±11.01efg
(*E*)-2-己烯-1-醇（(*E*)-2-hexen-1-ol）	322.83±98.93a	142.12±57.34a	26.36±15.75bc	250.13±87.71a	117.92±59.69a	74.12±24.87ab
(*Z*)-3-己烯-1-醇（(*Z*)-3-hexen-1-ol）	100.00±3.09cd	15.67±4.59def	7.96±6.77cdef	100.00±1.62bcd	37.53±12.01cdef	3.89±3.95g
D-香芹酮（*D*(+)-Carvone）	17.95±6.90fg	11.47±1.24ef	3.18±4.03ef	36.65±2.50de	21.88±5.12def	23.84±4.04defg
苯乙酸甲酯（Methyl phenylacetate）	38.76±6.37defg	6.27±6.02ef	7.96±5.34cdef	91.04±15.56bcd	60.33±34.18bcd	17.08±6.28efg
β-石竹烯（*β*-Caryophyllene）	28.93±11.83efg	10.77±4.33ef	4.97±2.09def	40.81±47.78de	16.17±4.71ef	6.10±5.20fg
聚集素（Aggregation pheromone）	118.66±18.39c	49.69±18.20cd	22.42±8.00bcde	148.00±26.58b	72.43±10.26bc	49.11±32.29bcd

注：平均数±标准差为 9 次重复的均值，利用 Duncan 氏进行多重比较，具有相同字母的平均数值间差异不显著（$P>0.05$）。

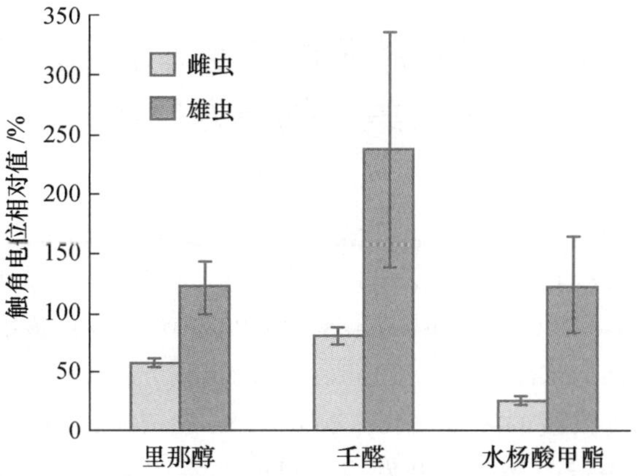

图 6.2.2 雌雄虫对里那醇、壬醛和水杨酸甲酯原液的 EAG 反应

6.2.3 小结与讨论

马铃薯甲虫对 18 种挥发物单体以及聚集素不同浓度的 EAG 测定结果表明：马铃薯甲虫触角对其中多数化合物的反应活性与化合物浓度呈正相关，即随着浓度的升高触角电位反应的相对值升高，但雌虫对 *D*-柠檬烯和(*S*)-柠檬烯的 EAG 并不是完全与浓度正相关的，其 1/100 原液的反应值大于 1/10 原液。

高浓度化合物中(*E*)-2-己烯-1-醇的 EAG 反应值最大，其次是 1-己醇和(*Z*)-3-己烯-1-醇等绿叶气体，这些绿叶气体主要是植物在受到机械损伤或昆虫取食时释放出来的(Bolter et al,1997；Schütz et al,1997)。这一结果基本与 Visser(1979)对 53 种马铃薯中的单体挥发物 EAG 结果基本一致。但在李源等(2010)所做的马铃薯甲虫成虫"Y"形嗅觉仪行为反应试验中(*E*)-2-己烯-1-醇和(*Z*)-3-己烯-1-醇单体都没有表现出明显的引诱作用，而(*E*)-2-己烯-1-醇和(*Z*)-3-己烯-1-醇与其他化合物混配的混合物表现出引诱作用，并且当(*E*)-2-己烯-1-醇和(*Z*)-3-己烯-1-醇以低浓度(浓度为其他组分的 1/10)混配时引诱率较高。同样 Dickens (2000)进行嗅觉行为实验发现，马铃薯挥发物中 7 种不同成分(包括 3 种绿叶气味)，以不同比例混合成 16 种组分，其中 6 种对马铃薯甲虫成虫具有引诱作用，2 种具有趋避作用，另外 8 种无明显行为反应。因此，可以将本试验中反应较强的几种单体化合物进行不同比例的混配，测定其 EAG，来进一步验证嗅觉行为试验的结果。2-苯乙醇和聚集素在触角电位测定反应值较大，这在成虫"Y"形嗅觉仪试验中也有明显的反应，并且这两种化合物混合后引诱作用更明显。而里那醇、壬醛、水杨酸甲酯和苯乙酸甲酯这 4 种化合物的单体 EAG 结果雌雄虫是有明显差异的，雄虫反应强而雌虫明显较弱，这也与行为反应试验的结果相一致(李源等，2010)。

6.3 马铃薯甲虫对多种植物挥发物及马铃薯甲虫聚集素的行为反应

目前研究表明对马铃薯甲虫具有强烈触角电位反应的寄主植物挥发物主要包括:芳樟醇、水杨酸甲酯、顺乙酸-3-己烯酯、(*Z*)-3-己烯-1-醇、(*E*)-2-己烯-1-醇、壬醛和2-苯乙醇(Dickens,1999;Dickens,2002)。Dickens等(2002)发现了马铃薯甲虫聚集素,其结构为一种单一对映体(*S*)-3,7-Dimethyl-2-oxo-6-octene-1,3-dio[(*S*)-CPB-1](Oliver et al,2002)。(S)-CPB-1的商业化合成路线的发现(Mori and Tashiro,2004;Bathini,2009),使得进一步利用马铃薯甲虫聚集素进行引诱剂的开发成为可能。本试验在前人对马铃薯甲虫触角电位反应的研究基础上,进一步进行室内行为选择试验,以筛选在室内条件下对马铃薯甲虫具有作用的植物挥发物单体或其混合物。

6.3.1 材料和方法

6.3.1.1 试验材料

1. 供试昆虫

于新疆昌吉市马铃薯大田中采集4龄马铃薯甲虫幼虫,然后在实验室用紫花白马铃薯叶片饲养。并使其在栽有马铃薯的花盆中入土化蛹。对刚羽化出土的成虫分雌雄于不同的塑料盒(直径15 m,高18 cm)内,盒底铺有两层吸水纸以吸取虫子咬食后产生的马铃薯汁液以及马铃薯甲虫的粪便,再放入新鲜的马铃薯叶片进行饲养,每盒饲养50头马铃薯甲虫,用纱网封口防止虫子逃逸。饲养温度为25℃,湿度80%～90%,光周期16 h∶8 h。每天更换一次叶片并清洗干净塑料盒。试验全部采用羽化后6～15 d的成虫。实验前对供试昆虫饥饿处理2～3 h,然后黑暗处理1～2 h。马铃薯甲虫室内饲养方法见彩图6.3.1。

2. 供试植物挥发物

本试验以Visser(1979)、Dickens(1999,2002)所做的马铃薯甲虫对寄主植物挥发物的触角电位反应为基础,选择了以下有较高生物活性的植物挥发物(表6.3.1)。

表6.3.1 室内行为测定试验所用挥发物的名称、纯度和来源

化合物	纯度/%	来源
芳樟醇 (Linalool)	97	Aldrich
壬醛 (Nonanal)	95	Aldrich
水杨酸甲酯 (Methyl salicylate)	99	Acros
顺乙酸-3-己烯酯 ((*Z*)-3- hexenyl acetate)	98	Sigma
2-苯乙醇 (2-Phenylethanol)	99	Sigma
(*Z*)-3-己烯-1-醇 ((*Z*)-3-hexen-1-ol)	98	Acros
(*E*)-2-己烯-1-醇 ((*E*)-2-hexen-1-ol)	96	Acros

3. 马铃薯甲虫聚集素

马铃薯甲虫聚集素(*S*)-3,7-Dimethyl-2-oxo-6-octene-1,3-diol 由中国农业大学理学院农药合成实验室协助合成,纯度为98%。

6.3.1.2 试验方法

采用"Y"型嗅觉仪进行室内行为反应测定,反应测定装置参照李继泉等(2003)以及严善春等(2006)改进而成。依次由QC-1(B)型大气采样仪、活性炭过滤装置、GDX-101过滤装置、空气加湿器、250 mL三角瓶陷阱和"Y"形管组成,各部件之间用硅胶管连接,"Y"形管的适应臂长20 cm、直径4 cm,测试臂长20 cm、直径3 cm,两臂之间的夹角为80°(图6.3.1)。

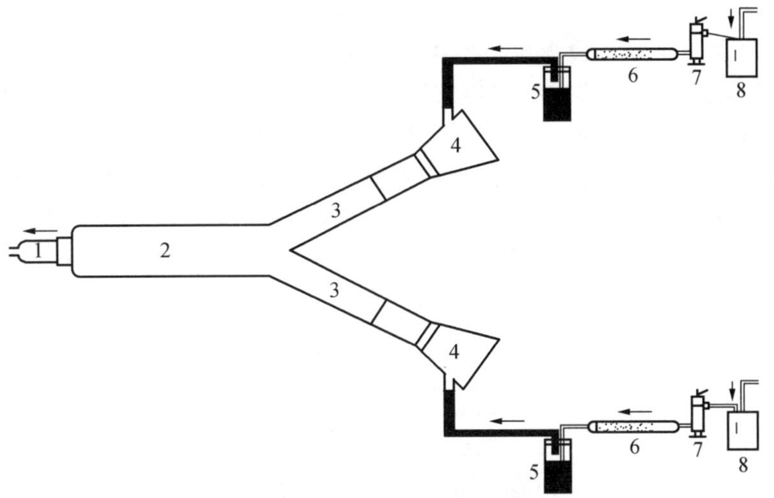

图6.3.1 马铃薯甲虫行为反应测定装置简图

1. 引虫口 2. 适应臂 3. 测试臂 4. 三角形陷阱 5. 空气加湿器
6. GDX-101空气过滤装置 7. 活性炭空气过滤装置 8. QC-1(B)型大气采样仪

植物挥发物的标样分别用石蜡油稀释至2.5 μg/μL,马铃薯甲虫聚集素用正己烷稀释至1 μg/μL。测定每种物质时,吸取25 μL的溶液滴在2 cm^2 的定性滤纸上,放入一侧的三角瓶陷阱内,另一侧的三角瓶陷阱内放滴有25 μL相应溶剂的定性滤纸作为对照。如果测定的物质为混合物,则按照相同的比率加入各种物质,并使其总量为25 μL,例如,芳樟醇+顺乙酸-3-己烯酯+水杨酸甲酯的3种物质的混合物,则各加入8.3 μL。如果测定的物质是单纯的植物挥发物或者马铃薯甲虫聚集素,则将溶液滴在滤纸的中间。如果测定的物质是植物挥发物和聚集素的混合物,则将植物挥发物溶液滴在滤纸的中心,而将聚集素溶液滴在滤纸的边缘。每完成一次测试,将样品与对照的位置互换,并更换一次滤纸,以消除方位和浓度降低所产生的影响。测定的空气流量为1 L/min。整个实验在温度为25℃左右避光的实验室内进行。唯一的光源为2盏置于"Y"形嗅觉仪上方且与"Y"形管支臂平行的40 W日光灯。如果马铃薯甲虫在10 min内进入测试臂5 cm以内记为一次有效测定,否则记为无反应。每次测定投放1头试虫,每种物质有效测定雌雄成虫各20头。

6.3.1.3 数据处理

室内行为测定的试验数据采用 χ^2 检验比较差异显著性。数据分析软件为 spss 13.0。引诱率的计算方法为：引诱率＝(有效测定的总虫数－对照臂的虫数)/有效测定的总虫数×100％。

6.3.2 结果与分析

6.3.2.1 马铃薯甲虫对植物挥发物单体的选择性

1．马铃薯甲虫雄虫对植物挥发物单体的选择性

马铃薯甲虫雄虫对植物挥发物单体的室内行为反应测定结果显示(图 6.3.2)：在所测试的芳樟醇、水杨酸甲酯、顺乙酸-3-己烯酯、(*Z*)-3-己烯-1-醇、(*E*)-2-己烯-1-醇、壬醛和 2-苯乙醇 7 种植物挥发物中，马铃薯甲虫雄虫对顺乙酸-3-己烯酯和 2-苯乙醇的选择性与对照差异极显著，对其余 5 种挥发物单体的选择性与对照相比差异不显著。其中，2-苯乙醇对马铃薯甲虫雄虫表现为引诱作用，引诱率为 73.33％。顺乙酸-3-己烯酯对马铃薯甲虫雄虫表现为趋避作用，趋避率为 61.67％。

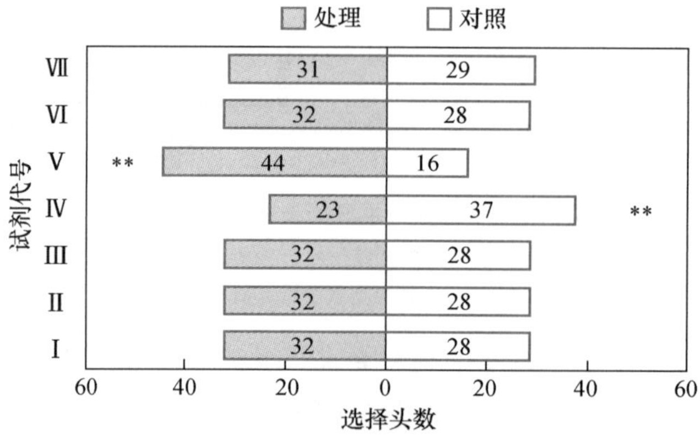

图 6.3.2 马铃薯甲虫雄虫对多种植物挥发物单体的选择性

化合物：Ⅰ．芳樟醇 Ⅱ．壬醛 Ⅲ．水杨酸甲酯 Ⅳ．顺乙酸-3-己烯酯
Ⅴ．2-苯乙醇 Ⅵ．(*Z*)-3-己烯-1-醇 Ⅶ．(*E*)-2-己烯-1-醇
"＊＊"表示处理和对照之间差异极显著($P<0.01$)。

2．马铃薯甲虫雌虫对植物挥发物单体的选择性

马铃薯甲虫雌虫对植物挥发物单体的室内行为反应测定结果显示(图 6.3.3)：在所测试的芳樟醇、水杨酸甲酯、顺乙酸-3-己烯酯、(*Z*)-3-己烯-1-醇、(*E*)-2-己烯-1-醇、壬醛和 2-苯乙醇 7 种植物挥发物单体中，马铃薯甲虫雌虫对芳樟醇和 2-苯乙醇的选择性与对照差异极显著，对其余 5 种挥发物单体的选择性与对照相比差异不显著。其中，芳樟醇和 2-苯乙醇对马铃薯甲虫雌虫都表现为引诱作用，前者对马铃薯甲虫雄虫的引诱率为 71.67％，后者为 53.67％。

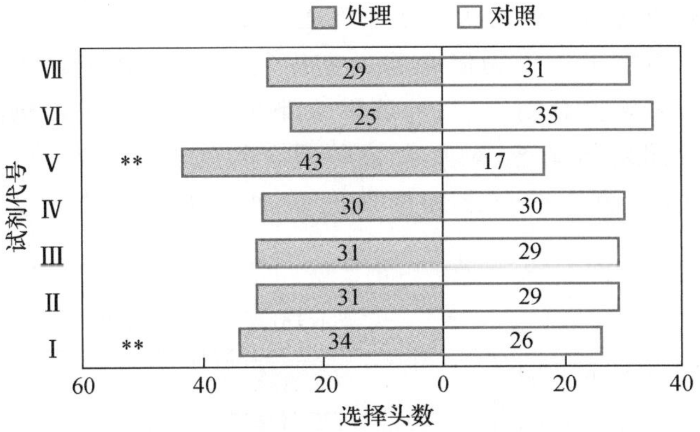

图 6.3.3 马铃薯甲虫雌虫对多种植物挥发物单体的选择性

化合物：Ⅰ. 芳樟醇 Ⅱ. 壬醛 Ⅲ. 水杨酸甲酯 Ⅳ. 顺乙酸-3-己烯酯

Ⅴ. 2-苯乙醇 Ⅵ：(Z)-3-己烯-1-醇 Ⅶ.(*E*)-2-己烯-1-醇

“**”表示处理和对照之间差异极显著($P<0.01$)。

6.3.2.2 马铃薯甲虫对植物挥发物混合物的选择性

1. 马铃薯甲虫雄虫对植物挥发物混合物的选择性

马铃薯甲虫雄虫对植物挥发物混合物的室内行为反应测定结果显示(图 6.3.4)：在所测试的 8 种植物挥发物混合物中，马铃薯甲虫雄虫对芳樟醇＋水杨酸甲酯、水杨酸甲酯＋顺乙酸-3-己烯酯和芳樟醇＋水杨酸甲酯＋顺乙酸-3-己烯酯 3 种植物挥发物混合物的选择性与对照差异极显著，对其余 5 种混合物的选择性与对照相比差异不显著。其中，芳樟醇＋水杨酸甲酯对马铃薯甲虫雄虫表现为趋避作用，趋避率 58.33%。水杨酸甲酯＋顺乙酸-3-己烯酯对马铃薯甲虫雄虫表现为引诱作用，引诱率为 60%。芳樟醇＋水杨酸甲酯＋顺乙酸-3-己烯酯对马铃薯甲虫雄虫表现为引诱作用，引诱率为 81.67%。

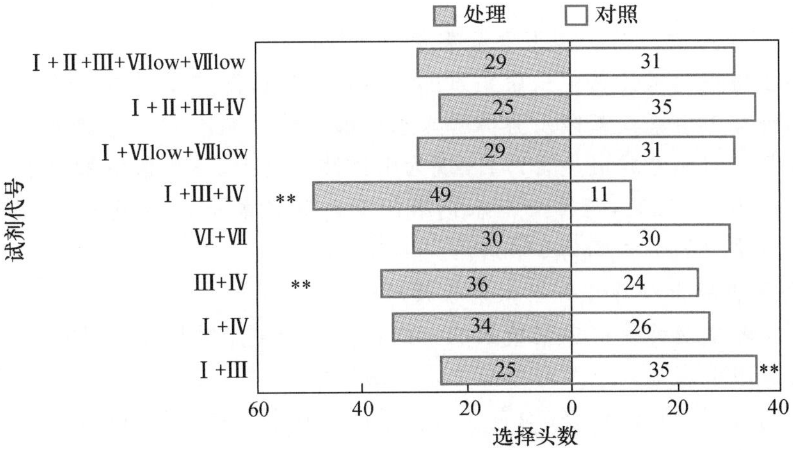

图 6.3.4 马铃薯甲虫雄虫对多种植物挥发物混合物的选择性

化合物：Ⅰ. 芳樟醇 Ⅱ. 壬醛 Ⅲ. 水杨酸甲酯 Ⅳ. 顺乙酸-3-己烯酯 Ⅴ. 2-苯乙醇

Ⅵ.(*Z*)-3-己烯-1-醇 Ⅶ：(*E*)-2-己烯-1-醇 化合物中的“Low”指正常含量的 1/10，

即浓度为 0.25 μg/μL。“**”表示处理和对照之间差异极显著($P<0.01$)。

2. 马铃薯甲虫雌虫对植物挥发物混合物的选择性

马铃薯甲虫雌虫对植物挥发物混合物的室内行为反应测定结果显示(图 6.3.5):在所测试的 8 种植物挥发物混合物中,马铃薯甲虫雌虫对芳樟醇＋水杨酸甲酯＋顺乙酸-3-己烯酯的选择性与对照差异显著,对其余 7 种混合物的选择性与对照相比差异不显著。芳樟醇＋水杨酸甲酯＋顺乙酸-3-己烯酯对马铃薯甲虫雌虫表现为引诱作用,引诱率为 63.33%。

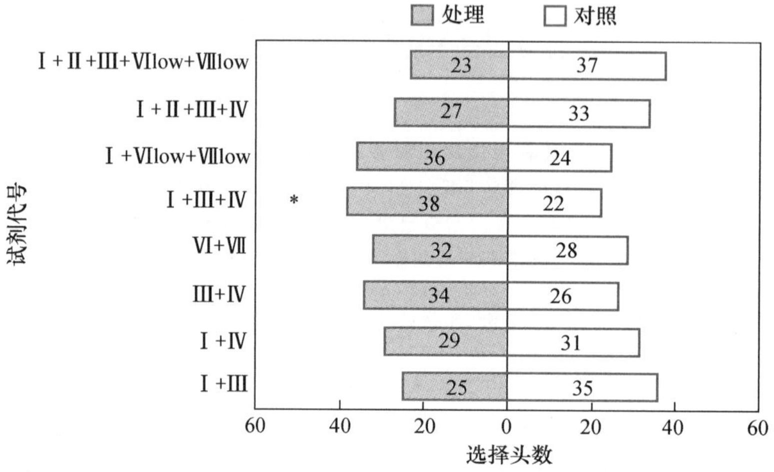

图 6.3.5　马铃薯甲虫雌虫对多种植物挥发物混合物的选择性

化合物:Ⅰ. 芳樟醇　Ⅱ. 壬醛　Ⅲ. 水杨酸甲酯　Ⅳ. 顺乙酸-3-己烯酯　Ⅴ. 2-苯乙醇　Ⅵ:(*Z*)-3-己烯-1-醇　Ⅶ. (*E*)-2-己烯-1-醇　化合物中的"Low"指正常含量的 1/10,即浓度为 0.25 μg/μL。"*"表示处理和对照之间差异显著($P<0.05$)。

6.3.2.3　马铃薯甲虫对马铃薯甲虫聚集素的选择性

1. 马铃薯甲虫雄虫对马铃薯甲虫聚集素的选择性

马铃薯甲虫雄虫对马铃薯甲虫聚集素的室内行为反应测定结果显示(图 6.3.6):马铃薯甲虫雄虫对马铃薯甲虫聚集素以及芳樟醇＋水杨酸甲酯＋顺乙酸-3-己烯酯＋马铃薯甲虫聚集素的选择性都与对照差异极显著,均表现为引诱性。其中,马铃薯甲虫聚集素对马铃薯甲虫雄虫的引诱率为 78.33%,芳樟醇＋水杨酸甲酯＋顺乙酸-3-己烯酯＋对马铃薯甲虫聚集素对马铃薯甲虫雄虫的引诱率为 88.33%。

2. 马铃薯甲虫雌虫对马铃薯甲虫聚集素的选择性

马铃薯甲虫雌虫对铃薯甲虫聚集素的室内行为反应测定结果显示(图 6.3.7):马铃薯甲虫雌虫对马铃薯甲虫聚集素以及芳樟醇＋水杨酸甲酯＋顺乙酸-3-己烯酯＋马铃薯甲虫聚集素的选择性都与对照差异极显著,均表现为引诱性。其中,马铃薯甲虫聚集素对马铃薯甲虫雌虫的引诱率为 76.67%,芳樟醇＋水杨酸甲酯＋顺乙酸-3-己烯酯＋对马铃薯甲虫聚集素对马铃薯甲虫雌虫的引诱率为 83.33%。

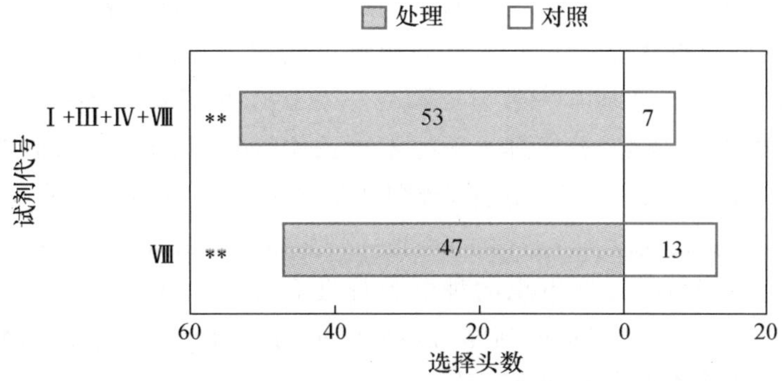

图 6.3.6 马铃薯甲虫雄虫对马铃薯甲虫聚集素的选择性

化合物：Ⅰ. 芳樟醇 Ⅲ. 水杨酸甲酯 Ⅳ：顺乙酸-3-己烯酯 Ⅷ：聚集素

"**"表示处理和对照之间差异极显著($P<0.01$)。

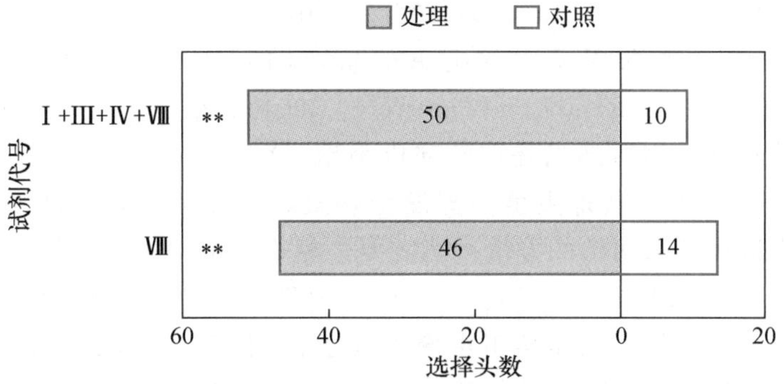

图 6.3.7 马铃薯甲虫雌虫对马铃薯甲虫聚集素的选择性

化合物：Ⅰ. 芳樟醇 Ⅲ：水杨酸甲酯 Ⅳ：顺乙酸-3-己烯酯 Ⅷ：聚集素

"**"表示处理和对照之间差异极显著($P<0.01$)。

6.3.3 小结与讨论

室内行为反应测定的试验结果显示，在测定的 7 种植物挥发物单体、8 种挥发物混合物、马铃薯甲虫聚集素以及马铃薯甲虫聚集素＋(芳樟醇＋顺乙酸-3-己烯酯＋水杨酸甲酯)的混合物共 17 种物质中，对马铃薯甲虫雄虫具有引诱作用的包括：2-苯乙醇、马铃薯甲虫聚集素、顺乙酸-3-己烯酯＋水杨酸甲酯、芳樟醇＋水杨酸甲酯、芳樟醇＋顺乙酸-3-己烯酯＋水杨酸甲酯和马铃薯甲虫聚集素＋(芳樟醇＋顺乙酸-3-己烯酯＋水杨酸甲酯)6 种物质；对马铃薯甲虫雌虫具有引诱作用的包括：芳樟醇、2-苯乙醇、马铃薯甲虫聚集素、芳樟醇＋顺乙酸-3-己烯酯＋水杨酸甲酯和马铃薯甲虫聚集素＋(芳樟醇＋顺乙酸-3-己烯酯＋水杨酸甲酯)5 种物质。其中，对马铃薯甲虫雄虫和雌虫都具有引诱作用的物质为 2-苯乙醇、芳樟醇＋顺乙酸-3-己烯酯＋水杨酸甲酯、马铃薯甲虫聚集素和马铃薯甲虫聚集素＋(芳樟醇＋顺乙酸-3-己烯酯＋水杨酸甲酯)4 种物质。2-苯乙醇虽然对马铃薯甲虫雌雄虫都具有不错的引诱作用，但是引诱率相对较低，对雄虫 73.33％，对雌虫 71.67％。这一结果与 Dickens(2000b)的研究结果不完全相同，Dickens 的研究结果显示 2-苯乙醇对马铃薯甲虫雄虫的引诱率为

80%,而对雌虫的引诱率为 57.5%。芳樟醇+顺乙酸-3-己烯酯+水杨酸甲酯的混合物虽然对马铃薯甲虫雄虫引诱率很高(81.67%),而对雌虫的引诱率却很低(63.33%)。这与国外其他研究工作者的研究结果基本一致(Dickens, 2000)。但是顺乙酸-3-己烯酯+水杨酸甲酯、芳樟醇+顺乙酸-3-己烯酯、芳樟醇+壬醛+顺乙酸-3-己烯酯+水杨酸甲酯、芳樟醇+壬醛+水杨酸甲酯+(*Z*)-3-己烯-1-醇(微量)+(*E*)-2-己烯-1-醇(微量)4 种混合物均对马铃薯甲虫不具有引诱性或引诱率极低,这与 Dickens(2000a)的研究结果却不一致。导致这些研究结果差异的原因可能与马铃薯甲虫的种群差异性有关。比如,在美国马铃薯甲虫的独立寄主植物包括番茄,而在新疆用番茄饲养马铃薯甲虫则不能使其正常完成世代发育,说明在新疆番茄不能作为马铃薯甲虫的独立寄主。

在触角电位的研究中(Dickens, 2002),对马铃薯甲虫触角产生强烈电位反应的化合物包括:2-苯乙醇、壬醛和马铃薯甲虫聚集素。通过室内行为反应试验我们也进一步证实了,2-苯乙醇和马铃薯甲虫聚集素确实对马铃薯甲虫具有很高的引诱率。而壬醛的单体却不具有引诱作用,这一点与 Schütz 等(1997)的研究结果相同。

近些年来关于寄主植物挥发物和昆虫信息素的互作的研究很多(Landolt, 1997; Landolt and Phillips, 1997; Reddy and Guerrero, 2004)。在鞘翅目昆虫中,首先发现信息素的作用被寄主植物挥发物所加强是在南部松小蠹(*Dendroctonus frontalis*)中,南部松小蠹所产生的聚集素的作用被其寄主植物挥发物 *α*-蒎烯所加强(Renwick and Vité, 1969)。最佳的使用信息素进行害虫防治的方法可能需要依靠寄主植物挥发物和昆虫信息素的互作作为基础(Landolt and Phillips, 1997)。在本研究中我们发现,在芳樟醇+顺乙酸-3-己烯酯+水杨酸甲酯的混合物中加入马铃薯甲虫聚集素之后,不但消除了之前的雌雄反应差异现象,也使引诱率得到提升,由此可见芳樟醇+顺乙酸-3-己烯酯+水杨酸甲酯的混合物对马铃薯甲虫聚集素的引诱作用起着增强的作用。

本研究结论:对马铃薯甲虫雄虫和雌虫都具有较强引诱作用的物质为 2-苯乙醇、马铃薯甲虫聚集素、芳樟醇+顺乙酸-3-己烯酯+水杨酸甲酯和马铃薯甲虫聚集素+(芳樟醇+顺乙酸-3-己烯酯+水杨酸甲酯)4 种物质,且在芳樟醇+顺乙酸-3-己烯酯+水杨酸甲酯的混合物中加入马铃薯甲虫聚集素可以使引诱率大幅度提升。因此,我们选取这 4 种物质进行进一步的田间引诱试验,以确定其田间的引诱作用,为最终筛选和开发高效的马铃薯甲虫引诱剂提供更为可靠的科学依据。

6.4 植物挥发物及马铃薯甲虫聚集素对马铃薯甲虫的田间引诱作用研究

室内行为测定的结果显示,在所测试的植物挥发物单体中,只有 2-苯乙醇对马铃薯甲虫雌雄虫都有不错的引诱性。对雄虫的引诱率为 73.33%,对雌虫的引诱率为 71.67%。在所测试的植物挥发物的混合物中,芳樟醇+水杨酸甲酯+顺乙酸-3-己烯酯 3 种植物挥发物的混合物对雄虫的引诱率很高,达 81.67%,而对雌虫的引诱率一般,仅为 63.33%。其他植物挥发物的混合物对马铃薯甲虫都表现为无引诱作用,或者引诱率很低。聚集素对马铃薯甲虫雄虫和雌虫的引诱率都很高,分别为78.33%和76.67%。在芳樟醇+水杨酸甲酯+顺乙酸-3-己烯酯3种植物挥发物的混合物中加入聚集素后,引诱率大幅度提升,并消除了之前3种挥发物混合物对马铃薯甲虫雌虫引用率低的影响,对马铃薯甲虫雄虫和雌虫的引诱率分别为88.33%和83.33%。

因此,我们选取引诱率较高的2-苯乙醇、芳樟醇+顺乙酸-3-己烯酯+水杨酸甲酯、马铃薯甲虫聚集素、马铃薯甲虫聚集素+(芳樟醇+顺乙酸-3-己烯酯+水杨酸甲酯)4种化合物进一步进行田间引诱试验,以确定其田间的引诱作用,为最终筛选和开发高效的马铃薯甲虫引诱剂提供更为可靠的科学依据。

6.4.1　材料和方法

6.4.1.1　试验材料

1. 供试昆虫

试验全部采用羽化后6～15 d的成虫。实验前对供试昆虫饥饿处理2～3 h,然后黑暗处理1～2 h。马铃薯甲虫的饲养方法与6.3.1.1所用饲养方法相同。

2. 供试植物挥发物

所用植物挥发物的名称及详细信息见表6.4.1。

表6.4.1　田间引诱试验所用化合物的名称、纯度和来源

化合物	纯度/%	来源
芳樟醇(Linalool)	97	Aldrich
水杨酸甲酯(Methyl salicylate)	99	Acros
顺乙酸-3-己烯酯((*Z*)-3- hexenyl acetate)	98	Sigma
2-苯乙醇(2-Phenylethanol)	99	Sigma

3. 马铃薯甲虫聚集素

马铃薯甲虫聚集素(*S*)-3,7-Dimethyl-2-oxo-6-octene-1,3-diol由中国农业大学理学院农药合成实验室协助合成,纯度为98%。

6.4.1.2　试验方法

马铃薯甲虫聚集素被溶解在含有20%聚乙二醇、42%甲醇、25%甘油和13%的蒸馏水的混合溶液中,稀释至1 μg/μL。芳樟醇、水杨酸甲酯和顺乙酸-3-己烯酯3种物质的混合物以1∶1∶1的比例稀释在以上混合溶剂中,使混合物浓度为1%(*V*/*V*)。2-苯乙醇也用相同的混合溶剂稀释至1%(*V*/*V*)。对于马铃薯甲虫聚集素+(芳樟醇+水杨酸甲酯+顺乙酸-3-己烯酯)的处理,则在混合好的1%的芳樟醇+水杨酸甲酯+顺乙酸-3-己烯酯混合药剂中加入马铃薯甲虫聚集素,使聚集素的浓度为1 μg/μL。所有试剂均在田间试验前的1～2 h内配好。实验前将配好的试剂吸取1 mL装在2 mL的离心管中,离心管的侧边钻4个直径约1.5 mm的小孔使里面的挥发物质得以缓慢释放。

在马铃薯大田中选取直径为6 m的一片马铃薯地块,试验前清除这片地块上及地块周围6 m内的马铃薯甲虫。并将此地块划分为一个正六边形,在六个角上埋入直径为30 cm的装满

水的塑料盆,在水中放入少量洗衣粉并使盆沿与周围地面平行。试验时,用铁丝将装好引诱剂的离心管悬挂在离塑料盆约 40 cm 的正上方,六个角上依次放上两种含有诱剂的离心管和对照用的只含有混合溶剂的离心管,使每两个含有相同试剂的离心管处在对角线位置。重复试验时,变更诱剂的方位,通过 3 次方位变更,刚好可以消除方位因素带来的影响。挂好诱剂后将处理好的 200 头雌虫或雄虫释放于六边形地块的中心位置。释放试虫后开始计时,每 6 h 收集一次掉入陷阱(水盆)的试虫,连续收集 24 h。田间试验的设计简图如图 6.4.1 所示。

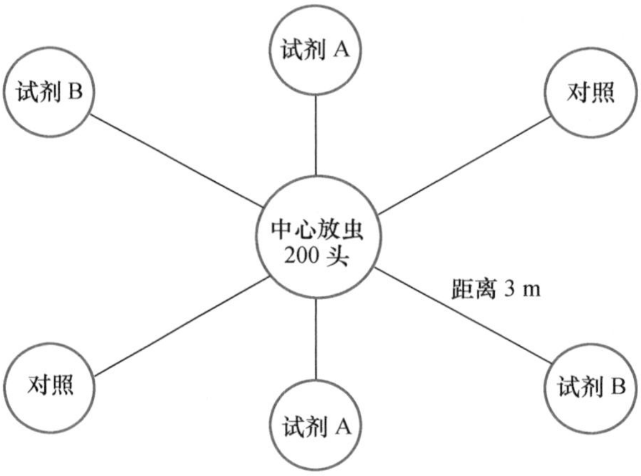

图 6.4.1　**田间诱集试验简图**

6.4.1.3　数据处理

田间诱集数据采用 t 检验检测差异显著性,数据分析软件为 spss 13.0。

6.4.2　结果与分析

田间诱集试验的结果如表 6.4.2 所示,2-苯乙醇田间诱虫量虽然和对照具有显著性差异,但是在很高的虫口密度下诱虫量很低,即释放试虫后的 24 h 内每个诱捕器平均诱虫量为雄虫 3.33 头,雌虫 2.17 头。芳樟醇+水杨酸甲酯+顺乙酸-3-己烯酯的田间诱集结果和室内试验结果一致,也具有雌雄反应差异现象,对雄虫具有较高的诱虫量(6.17 头),而对雌虫的引诱作用和对照差异不显著。

表 6.4.2　**田间诱集试验平均诱虫量**

化合物	雄虫			雌虫		
	处理诱虫数	对照诱虫数	P	处理诱虫数	对照诱虫数	P
A	3.33**	1.00	0.012 3	2.17**	0.50	0.010 3
B	6.17**	1.00	0.002 1	0.83	0.50	0.401 2
C	7.83**	2.00	0.000 4	7.50**	3.00	0.001 2
D	14.67**	2.00	0.000 1	14.17**	3.00	0.000 1

化合物:A 为 2-苯乙醇,B 为芳樟醇+水杨酸甲酯+顺乙酸-3-己烯酯,C 为马铃薯甲虫聚集素,D 为马铃薯甲虫聚集素+(芳樟醇+水杨酸甲酯+顺乙酸-3-己烯酯)。诱虫数为 3 次重复试验共 6 个诱捕器中诱虫的平均数。* 表示处理诱虫数和对照诱虫数间差异显著($P<0.05$),** 表示差异极显著($P<0.01$)。

马铃薯甲虫聚集素的田间诱虫量虽然比较高，雄虫为 7.83 头，雌虫为 7.5 头。但是这组试验的对照诱虫数也比较高，雌雄分别为 3.33 头和 2.17 头。当在芳樟醇＋水杨酸甲酯＋顺乙酸-3-己烯酯中加入马铃薯甲虫聚集素之后不但消除了雌雄反应差异现象，也使诱虫量大幅增加，雌雄的诱虫量分别为 14.17 头和 14.67 头。

6.4.3 小结与讨论

田间诱集试验的结果显示，经过室内行为反应测定试验筛选，被用于田间引诱试验 2-苯乙醇、芳樟醇＋顺乙酸-3-己烯酯＋水杨酸甲酯、马铃薯甲虫聚集素、马铃薯甲虫聚集素＋(芳樟醇＋顺乙酸-3-己烯酯＋水杨酸甲酯)4 种物质中，除芳樟醇＋顺乙酸-3-己烯酯＋水杨酸甲酯对马铃薯甲虫雌虫无田间引诱作用外，其他物质对马铃薯甲虫雄虫和雌虫均具有田间引诱作用。这一结果与室内行为测定试验结果一致。

2-苯乙醇在田间虽然具有一定的引诱作用，但是引诱效果不是很好，平均诱虫量仅为雄虫 3.33 头，雌虫 2.17 头。芳樟醇＋顺乙酸-3-己烯酯＋水杨酸甲酯的混合物和马铃薯甲虫聚集素在田间都具有一定的引诱作用(Martel et al,2007)，本试验田间诱集的结果也再次证明了这一点，本试验结果与 Martel 等(2007)的研究结果相比，唯一不同点是芳樟醇＋顺乙酸-3-己烯酯＋水杨酸甲酯对马铃薯甲虫雌虫无田间引诱作用，造成这一差异的原因可能与马铃薯甲虫的种群差异性有关。另外马铃薯甲虫聚集素＋(芳樟醇＋水杨酸甲酯＋顺乙酸-3-己烯酯)的田间诱集结果显示，在芳樟醇＋顺乙酸-3-己烯酯＋水杨酸甲酯的混合物中加入马铃薯甲虫聚集素可以使田间诱虫数得到提升，雌雄的诱虫量分别为 14.17 头和 14.67 头。这一结果与室内行为反应测定试验结果一致，这也说明了以马铃薯甲虫聚集素＋(芳樟醇＋水杨酸甲酯＋顺乙酸-3-己烯酯)作为引诱剂可能最具田间应用前景。

不过我们也从结果中发现在释放虫量达 200 头的高虫口密度下，以马铃薯甲虫聚集素＋(芳樟醇＋水杨酸甲酯＋顺乙酸-3-己烯酯)作为引诱剂田间 24 h 内引诱到的虫量只占释放虫量的 14.5%，引诱数量偏少。造成这一结果的原因可能与马铃薯甲虫在田间不善飞行的惰性有关。另外我们也在试验中发现，在引诱 24 h 后，所采用的引诱剂几乎不再具有引诱作用，这可能与所选用的助剂和引诱剂的载体有关，但是具体原因尚需要进一步探究。因此，如何解决马铃薯甲虫田间的惰性给田间引诱带来的不利影响，以及引诱剂最佳浓度的控制以及缓释技术的研究将是进一步研究的重点。

6.5 马铃薯甲虫引诱剂的不同类型诱芯研究

目前，室内生测结果表明，里那醇＋乙酸叶醇酯＋水杨酸甲酯、2-苯乙醇对马铃薯甲虫雌虫有较高的引诱率，而马铃薯甲虫聚集素不但可以提高植物挥发物对马铃薯甲虫的引诱率，而且可以消除植物挥发物引诱作用中所表现的马铃薯甲虫雌雄之间的差异现象；田间诱集试验也表明 2-苯乙醇、马铃薯甲虫聚集素、马铃薯甲虫聚集素＋(芳樟醇＋顺乙酸-3-己烯酯＋水杨酸甲酯)对马铃薯甲虫都有一定的引诱作用(李源，2010)。2011 年，赵珮等测定了马铃薯甲虫对植物挥发物的触角电位反应，结果表明，(*E*)-2-己烯-1-醇的 EAG 反应值最大。本试验在前人对马铃薯甲虫引诱剂的研究基础上，进一步进行田间试验，筛选引诱剂并制作诱芯，选择与其配套使用的诱捕器，开发出配套技术。

6.5.1 材料和方法

6.5.1.1 试验材料

1. 供试药剂

所用试剂：里那醇、水杨酸甲酯、顺乙酸-3-己烯酯、2-苯乙醇、(*Z*)-3-己烯-1-醇、(*E*)-2-己烯-1-醇(以上试剂均购自 sigma 公司和 Aldrich 公司)。

马铃薯甲虫聚集素由中国农业大学理学院农药合成实验室合成，纯度 98%。

马铃薯甲虫聚集素：(S)-3,7-Dimethyl-2-oxo-6-octene-1,3-diol

2. 诱芯和诱捕器

诱芯有 3 种(见彩图 6.5.1)：第 1 种是复合橡胶塞(由北京格瑞碧源科技有限公司提供)，白色，直径 1 cm，试用前配制诱芯。第 2 种是体积为 1.5 mL 的塑料离心管。首先根据试验要求将引诱剂组分稀释在含有 20%聚乙二醇、42%甲醇、25%甘油和 13%的蒸馏水的混合溶液中，使其浓度为 1%(*V*/*V*)，在上述混合药剂中加入马铃薯甲虫聚集素，实验前，将配好的溶液吸取 1 mL 装入 1.5 mL 的离心管中，离心管的侧边钻 4 个直径为 1.5 mm 的小孔，使里面的挥发性物质得以缓慢释放。第 3 种是复合橡胶塞与离心管同时使用，用二氯甲烷或正己烷将马铃薯甲虫聚集素吸附在复合橡胶塞上；将引诱剂组分中的植物挥发物稀释在含有 20%聚乙二醇、42%甲醇、25%甘油和 13%的蒸馏水的混合溶液中，使其浓度为 1%(*V*/*V*)，实验前，将配好的溶液吸取 1 mL 装入 1.5 mL 的离心管中，离心管的侧边钻 4 个直径为 1.5 mm 的小孔，使里面的挥发性物质得以缓慢释放。

诱捕器有 2 种(见彩图 6.5.2)：一种是水盆诱捕器，水盆为黄色，直径 25 cm，深10 cm，盆中放入深度约为 8 cm 的洗衣粉水或者糖醋液(糖：醋：酒：水=1：2：0.4：10)，在盆的上部用细铁丝固定诱芯，诱芯位于盆的中央且距离液面 2～3 cm。另一种是黄色拱桥形诱捕器(购自北京格瑞碧源科技有限公司)。

6.5.1.2 试验方法

试验于 2011 年 8 月 10 日开始，在新疆乌鲁木齐市中国农业科学院良种场马铃薯试验地中进行。将试验地划分为 6 m×6 m 的小区，对于每种不同的处理在田间设置 5 枚诱芯，每种处理中诱芯放置在小区的中央(图 6.5.1)。设置后 24 h、48 h、72 h 分别调查统计一次诱虫量，并清除盆中所引诱的虫子，且及时向诱盆中添加水(或糖醋液)以保持诱芯与液面的距离。

6.5.1.3 数据处理

用 SPSS17.0 软件对数据进行单因素方差分析，邓肯式新复极差检验($P<0.05$)。

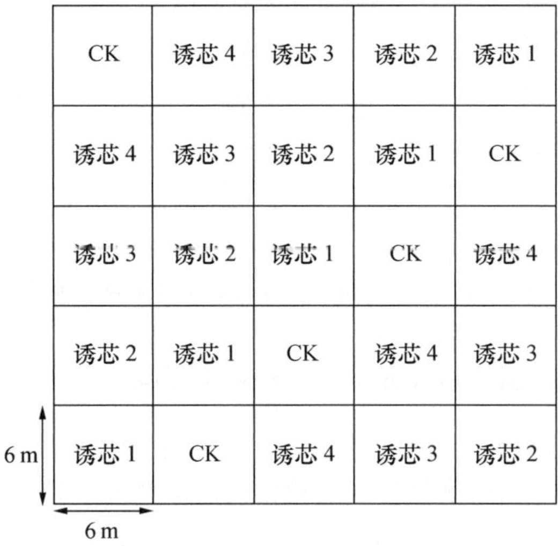

图 6.5.1 田间诱集示意图

6.5.2 结果与分析

6.5.2.1 不同引诱剂组分对马铃薯甲虫引诱效果影响

当引诱剂分别以 A:里那醇+水杨酸甲酯+顺乙酸-3-己烯酯+(*E*)-2-己烯-1-醇;B:2-苯乙醇+(*E*)-2-己烯-1-醇;C:里那醇+水杨酸甲酯+顺乙酸-3-己烯酯+2-苯乙醇;D:里那醇+水杨酸甲酯+顺乙酸-3-己烯酯+2-苯乙醇+(*E*)-2-己烯-1-醇 4 种不同组分,相同聚集素剂量和相同的塑料离心管为载体时,其诱虫量以 B 组分时诱虫量最大。不同组分的诱虫量从大到小的顺序依次为 B>A>D>CK(图 6.5.2)。

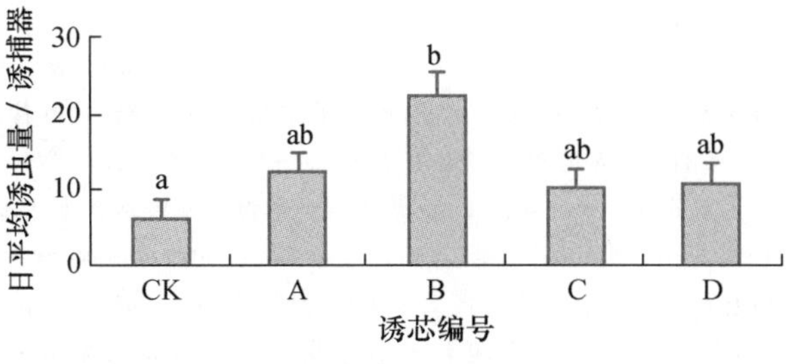

图 6.5.2 不同引诱剂组分对马铃薯甲虫引诱效果

6.5.2.2 不同聚集素浓度对马铃薯甲虫引诱效果影响

当引诱剂中聚集素分别以 0、1、2、4 μg/μL 4 种不同浓度,相同引诱剂组分和相同的塑料离心管为载体时,其诱蛾量以 1 μg/μL 时诱虫量最大。不同聚集素浓度的诱虫量从大到小的顺序依次为 1 μg/μL>2 μg/μL>4 μg/μL>0 μg/μL(图 6.5.3)。

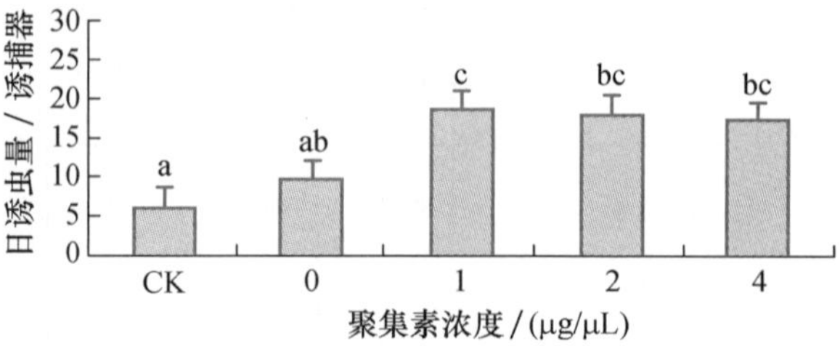

图 6.5.3　不同聚集素浓度对马铃薯甲虫引诱效果

6.5.2.3　不同载体类型对马铃薯甲虫引诱效果影响

当相同的引诱剂组分和剂量分别以塑料离心管和复合橡胶塞以及复合橡胶塞诱芯的不同制作方法 4 种不同组分，相同聚集素剂量和相同的塑料离心管为载体时，其诱虫量以⑤号诱芯诱虫量最大。不同组分的诱蛾量从大到小的顺序依次为⑤＞⑥＞⑧＞④＞⑦，其余诱芯则诱虫量极少，与对照差异不显著(图 6.5.4)。

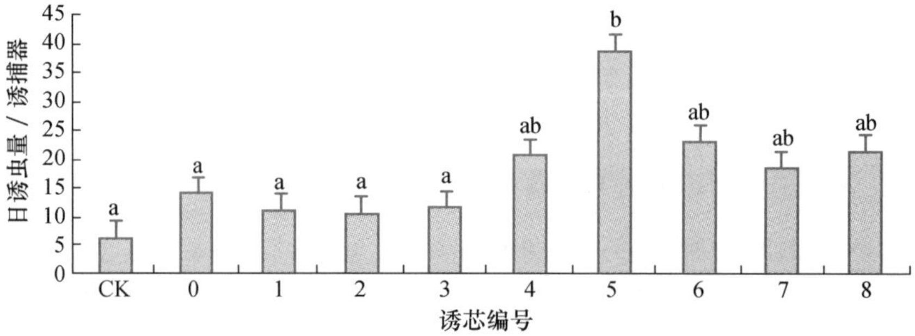

图 6.5.4　不同载体类型对马铃薯甲虫引诱效果

不同载体类型诱芯编号：1. 离心管诱芯；2. 橡胶塞 1；3. 橡胶塞 2；4. 离心管(不含聚集素)＋橡胶塞 3；5. 离心管(不含聚集素)＋橡胶塞 4；6. 离心管(不含聚集素)＋橡胶塞 5；7. 离心管(不含聚集素)＋橡胶塞 6；8. 离心管(不含聚集素)＋橡胶塞 7。

橡胶塞 1：引诱剂配置成一定浓度的二氯甲烷溶液(2-苯乙醇：(*E*)-2-己烯-1-醇：马铃薯甲虫聚集素＝9：1：1)，约每个橡胶塞含 1 mg 聚集素。取 100 μL 配好的二氯甲烷溶液滴加在橡胶塞凹槽，挥发完后，再滴加，重复 10 次。橡胶塞 2：引诱剂配置成一定浓度的二氯甲烷溶液(2-苯乙醇：(E)-2-己烯-1-醇：马铃薯甲虫聚集素＝9：1：1)，约每个橡胶塞含 1 mg 聚集素。将橡胶塞浸泡在上述配好的溶液中，搅拌均匀，8 h 后再搅拌，继续浸泡 10 h，然后打开容器，至溶液完全挥发。橡胶塞 3：将聚集素配置成 1 μg/μL 的二氯甲烷溶液，参照橡胶塞 1，制成诱芯。橡胶塞 4：将聚集素配置成 1 μg/μL 的二氯甲烷溶液，参照橡胶塞 2，制成诱芯。橡胶塞 5：橡胶塞用无水乙醇浸泡 40 d，期间换 5～8 次无水乙醇，参照橡胶塞 3，制成诱芯。橡胶塞 6：将 1 mg 聚集素溶于 50 μL 正己烷，加入橡胶塞的凹槽，待正己烷挥发完后加入 100 μL 二氯甲烷，待二氯甲烷挥发完后，重复一次。橡胶塞 7：橡胶塞用无水乙醇浸泡 40 d，期间换 5～8 次无水乙醇，参照橡胶塞 6，制成诱芯。

6.5.2.4　不同诱捕器类型对马铃薯甲虫引诱效果影响

当⑤号诱芯分别与黄板、糖醋液、水盆诱捕器配套使用时，其诱虫量以水盆诱捕器诱虫量最大，而黄板与糖醋液诱捕器的诱虫量则小于对照的诱虫量。不同诱捕器的诱虫量从大到小的顺序依次为水盆诱捕器＞对照＞糖醋液诱捕器＞黄板诱捕器(图 6.5.5)。

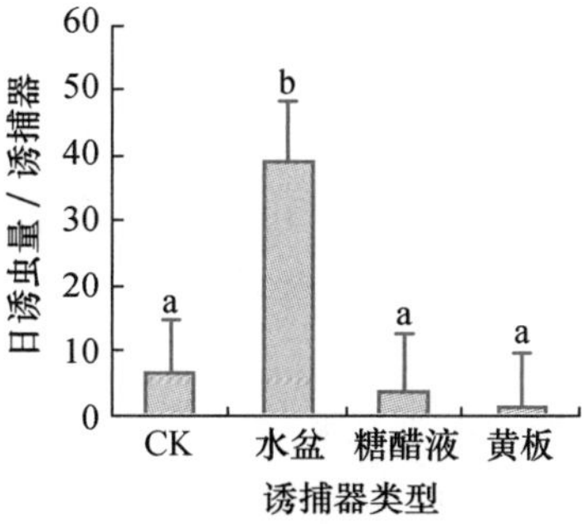

图 6.5.5 不同诱捕器对马铃薯甲虫引诱效果

6.5.3 小结与讨论

不同的植物挥发物与马铃薯甲虫聚集素组合引诱马铃薯甲虫时，2-苯乙醇＋(E)-2-己烯-1-醇以 9∶1 的比例与聚集素组合使用引诱效果与对照差异显著。

当 2-苯乙醇＋(E)-2-己烯-1-醇(9∶1)与不同浓度的聚集素组合时，不同浓度聚集素的引诱效果没有显著差异，这种现象可能与聚集素的易挥发性质有关。

当引诱剂以不同的载体引诱马铃薯甲虫时，将复合橡胶塞浸泡于溶有聚集素的二氯甲烷溶液，并与装有植物挥发物离心管配合使用，引诱效果与其他载体差异显著。

不同的诱捕器引诱马铃薯甲虫时，盛有洗衣粉水的水盆诱捕器引诱效果与其他诱捕器差异显著，而黄板和糖醋液的引诱效果比对照差，可能是因为马铃薯甲虫的运动能力强，黏虫胶难以将其黏住，而糖醋液的味道对引诱剂的味道有遮蔽作用。

6.6 印楝素对马铃薯甲虫拒食作用研究

拒食剂是指可以干扰或抑制昆虫取食行为的物质，印楝素对多种昆虫都会产生拒食作用。本实验中，室内进行生物测定 0.3%印楝素乳油 100、200、300、400、500 倍液对马铃薯甲虫成虫的拒食作用，为利用植物源农药印楝素对马铃薯甲虫的拒食作用防治马铃薯甲虫提供依据。

6.6.1 材料和方法

6.6.1.1 试验材料

1. 供试昆虫

于新疆乌鲁木齐市马铃薯大田中采集 4 龄马铃薯甲虫幼虫，然后在实验室用马铃薯叶片进行人工饲养，并使其在栽有马铃薯的花盆中进行入土化蛹。对刚羽化出土的成虫分雌雄于不同的塑料盒内，实验采用羽化后 2 d 的成虫。实验前对虫子进行饥饿处理 4 h。

2. 供试药剂

0.3%印楝素乳油，由成都绿金生物有限公司提供。

3. 实验器材

方形打孔器(2.5 cm×2.5 cm)，坐标纸。

6.6.1.2 试验方法

1. 试剂配制

0.3%印楝素乳油用水稀释100、200、300、400、500倍5个浓度。

2. 选择拒食作用测定

将打孔器打下的2.5 cm×2.5 cm的方形的马铃薯叶片在供试药液或对照溶剂中浸渍5 s,每个底部垫有湿滤纸片的直径为9 cm的培养皿中放处理和对照圆叶片各两片,呈十字形交叉排列,每处理重复5次。

3. 完全拒食作用测定

药剂处理的培养皿内4片叶圆片都是在供试药液中浸渍的,对照皿内4片叶圆片仅在清水中浸渍,每处理重复5次。

以上的两种测定,每个培养皿中放入饥饿4 h的马铃薯甲虫成虫雌雄各1头,任其取食。处理或对照叶圆片被取食完后,及时补充;试虫放入培养皿后6 h、12 h、24 h、36 h分4次测量各处理各重复叶圆片被取食面积,与对照比较,计算各处理的拒食率。根据供试浓度的对数值和相应拒食率的几率值,用回归解析法,计算回归方程和拒食中浓度。

选择拒食率=(对照取食叶面积-处理取食叶面积)/(对照取食叶面积+处理取食叶面积)×100%

完全拒食率=(对照取食叶面积-处理取食叶面积)/对照取食叶面积×100%

6.6.1.3 数据处理

用SPSS17.0软件对数据进行方差分析,并将拒食率转化成几率值,浓度转化成对数进行线性回归。

6.6.2 结果与分析

6.6.2.1 选择拒食作用

从表6.6.1可以看出,不同浓度的印楝素6 h对马铃薯甲虫选择性拒食作用的回归方程为 $y=1.977-0.07x$,相关系数 $r=-0.317$;12 h的回归方程为 $y=1.965-0.04x$,相关系数 $r=-0.217$,24 h的回归方程为 $y=2.133-0.07x$,相关系数 $r=-0.306$,36 h的回归方程为 $y=2.792-0.016x$,相关系数 $r=-0.528$。

从图6.6.1可以看出,在浓度为30 mg/L时的拒食率随取食时间的增长而增加;在浓度为90 mg/L和150 mg/L时,拒食率随取食时间先增加后降低,取食24 h拒食率最高;在浓度为60 mg/L时,拒食率随取食时间先降低后升高,取食12 h拒食率最低;在浓度为120 mg/L时,拒食率随取食时间降低。

表 6.6.1 不同浓度印楝素对马铃薯甲虫选择拒食作用

浓度 x /(mg/L)	lg x	6 h				12 h				24 h				36 h			
		取食面积 /mm²		拒食率 /%	几率值 y	取食面积 /mm²		拒食率 /%	几率值 y	取食面积 /mm²		拒食率 /%	几率值 y	取食面积 /mm²		拒食率 /%	几率值 y
		处理	CK			处理	CK			处理	CK			处理	CK		
30	1.48	538	655	7.79	3.58	780	1 086	16.78	4.04	999	1 449	18.57	4.11	1 230	1 681	16.09	4.01
60	1.78	422	572	17.62	4.07	694	934	12.89	3.87	888	1 207	11.43	3.80	1 057	1 357	10.48	3.75
90	1.95	265	356	9.91	3.71	456	508	13.59	3.90	551	693	16.44	4.02	709	787	9.28	3.68
120	2.08	284	426	18.98	4.12	574	611	2.01	2.95	776	801	2.50	3.04	861	985	7.70	3.57
150	2.18	300	404	11.74	3.81	503	771	15.39	3.98	598	916	18.17	4.09	608	971	19.81	4.15
毒力回归方程		$y=1.977-0.07x$				$y=1.965-0.04x$				$y=2.133-0.07x$				$y=2.792-0.016x$			
相关系数		−0.317				−0.217				−0.306				−0.528			

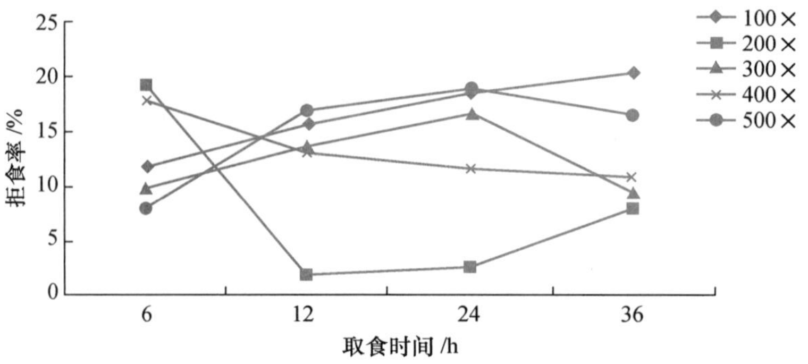

图 6.6.1 不同浓度印楝素乳油对马铃薯甲虫的选择拒食效果

100×印楝素浓度为 150 mg/L,200×印楝素浓度为 120 mg/L,300×印楝素浓度为 90 mg/L,400×印楝素浓度为 60 mg/L,500×印楝素浓度为 30 mg/L。

6.6.2.2 完全拒食作用

从表 6.6.2 可以看出,不同浓度的印楝素 6 h 对马铃薯甲虫选择性拒食作用的回归方程为 $y=2.027-0.10x$,相关系数 $r=-0.18$;12 h 的回归方程为 $y=1.773-0.10x$;相关系数 $r=-0.209$;24 h 的回归方程为 $y=1.852-0.003x$,相关系数 $r=-0.074$;36 h 的回归方程为 $y=2.143-0.020x$,相关系数 $r=-0.364$。

从图 6.6.2 可以看出,在拒食剂的 5 个浓度中,拒食率随取食时间时间的增长而增加,其中,浓度为 120 mg/L 时拒食率最高。

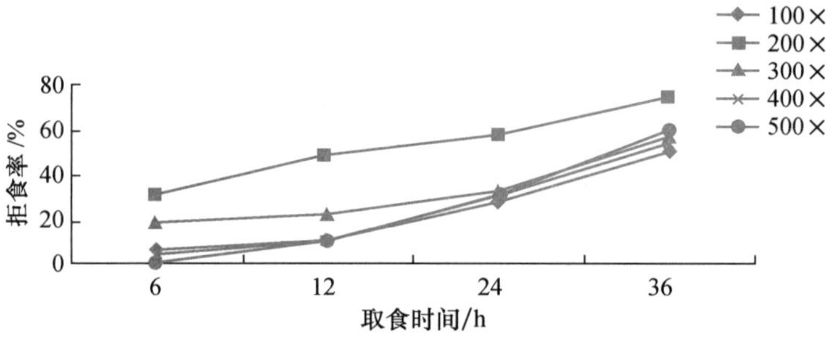

图 6.6.2 不同浓度印楝素乳油对马铃薯甲虫的完全拒食效果

100×印楝素浓度为 150 mg/L,200×印楝素浓度为 120 mg/L,300×印楝素浓 90 mg/L,400×印楝素浓度为 60 mg/L,500×印楝素浓度为 30 mg/L。

6.6.3 小结与讨论

根据上述测定结果,印楝素对马铃薯甲虫有较强的完全拒食作用,在浓度为 120 mg/L 时,取食 36 h,拒食率高达 71.85%,但是拒食率与浓度呈负相关,且相关系数都很低,甚至在 12 h 时低至 0.074,因此,印楝素对马铃薯甲虫的作用机制有待可究。然而选择拒食作用却较低,且在浓度梯度与取食时间上没有一定的规律性;但是实验中发现,马铃薯甲虫更加倾向于取食已取食过的叶片,这表明利用以植物挥发物和聚集素为成分的引诱剂进行马甲的预测预报和防治有一定的应用前景。

表 6.6.2 不同浓度印楝素对马铃薯甲虫完全拒食作用

浓度 x /(mg/L)	lg x	6 h 取食面积/mm² 处理	6 h 取食面积/mm² CK	6 h 拒食率/%	6 h 几率值 y	12 h 取食面积/mm² 处理	12 h 取食面积/mm² CK	12 h 拒食率/%	12 h 几率值 y	24 h 取食面积/mm² 处理	24 h 取食面积/mm² CK	24 h 拒食率/%	24 h 几率值 y	36 h 取食面积/mm² 处理	36 h 取食面积/mm² CK	36 h 拒食率/%	36 h 几率值 y
30	1.48	539		0.37	2.32	937		8.66	3.64	1 108		25.89	4.35	1 294		47.66	4.94
60	1.78	522		3.55	3.19	925		9.87	3.71	1 060		29.08	4.45	1 192		51.79	5.04
90	1.95	440	648	18.72	4.11	808	1 230	21.25	4.20	1 028	1 792	31.20	4.51	1 109	2 965	55.16	5.13
120	2.08	379		29.98	4.48	559		46.46	4.91	664		55.57	5.14	696		71.85	5.58
150	2.18	518		6.65	3.50	925		9.87	3.71	1 051		29.70	4.47	1 068		56.82	5.17
毒力回归方程		$y=2.027-0.10x$				$y=1.773-0.10x$				$y=1.852-0.003x$				$y=2.143-0.020x$			
相关系数		−0.18				−0.209				−0.074				−0.364			

致谢

本项目承蒙国家公益性行业项目“马铃薯甲虫持续防控技术研究与示范”的资助(2008—2010,项目编号:200803024;2011—2015,项目编号:201103026)。本章是课题组5年来研究工作的系统总结。这些工作主要是由我们课题组的研究生李源、赵佩和尹春艳完成,在此向他们付出的辛勤工作表示感谢。感谢新疆农科院植保所的郭文超研究员、许建军副研究员、吐尔逊副研究员以及何江老师对该课题在新疆试验期间的关心和帮助。

参考文献

李继泉,樊慧,金幼菊. 光肩星天牛对损伤后复叶槭植株的行为反应. 北京林业大学学报,2003,25:42-46.

李学湛,吕典秋. 东北地区脱毒马铃薯种薯质量安全现状及建议. 农业质量标准,2004,4:36-37.

李源,赵珮,尹春艳,等. 多种植物挥发物及马铃薯甲虫聚集素对马铃薯甲虫的引诱作用. 昆虫学报,2010,53:734-740.

王明,伍德明,阎云花,等. 新疆棉铃虫性信息素的电生理研究. 华中农业大学学报,1999,18(4):311-316.

严善春,程红,杨慧,等. 青杨脊虎天牛对植物源挥发物的 EAG 和行为反应. 昆虫学报,2006,49:759-767.

赵珮,李源,尹春艳,等. 马铃薯甲虫对植物挥发物和聚集素的触角电位反应. 安徽农业科学,2011,39:10926-10928.

Bathini N B. Enantioselective synthesis of (S)-3,7-dimethyl-2-oxo-6-octene-1,3-diol: a Colorado potato beetle pheromone. Tetrahedron Lett, 2009, 50: 66-67.

Bolter C J, Dicke M, Van Loon J J A, et al. Attraction of Colorado potato beetle to herbivore-damaged plants during herbivory and after its termination. Journal of Chemical Ecology, 1997, 23: 1003-1023.

Dicke M, Takabayashi J, Posthumus M A, et al. Plant-phytoseid interactions mediated by herbivore- induced plant volatiles: variation in production of cues and in responses of predatory mites. Experimental & Applied Acarology, 1998, 22: 311-333.

Dickens J C. Behavioural responses of larvae of Colorado potato beetle, *Leptinotarsa decemlineata* (Coleoptera: Chrysomelidae), to host plant volatile blends attractive to adults. Agric Forest Entomol, 2002, 4: 309-314.

Dickens J C. Orientation of Colorado potato beetle to natural and synthetic blends of volatiles emitted by potato plants. Agricultural and Forest Entomology, 2000a, 3: 167-172.

Dickens J C. Predator-prey interactions: Olfactory adaptations of generalist and specialist predators. Agric Forest Entomol, 1999, 1: 47-54.

Dickens J C. Sexual maturation and temporal variation of neural responses in adult Colorado potato beetles to volatiles emitted by potato plants. Journal of Chemical Ecology, 2000b, 26(5): 1265-1279.

Gosset V, Harmel N, Göbel C. Attacks by a piercing-sucking insect (*Myzus persicae* Sultzer) or a chewing insect (*Leptinotarsa decemlineata* Say) on potato plants (*Solanum tuberosum* L.) induce differential changes in volatile compound release and oxylipin synthesis. Journal of Experimental Botany, 2009, 60(4): 1231-1240.

Landolt P J, Phillips T W. Host plant influences on sex pheromone behavior of phytophagous insects. Ann Rev Entomol, 1997, 42: 371-391.

Landolt P J. Sex attractant and aggregation pheromones of male phytophagous insects. Am Entomol, 1997, 43: 12-22.

Martel J W, Alford A R, Dickens J C. Evaluation of a novel host Plant volatile-based attracticide for management of Colorado Potato beetle, *Leptinotarsa decemlineata* (Say). Crop Protection, 2007, 26: 822-827.

Mori K, Tashiro T. Useful reactions in modern pheromone synthesis. Current Organic Synthesis, 2004, 1: 11-29.

Oliver J E, Dickens J C, Glass T E. (S)-3,7-dimethyl-2-oxo-6-octene-1,3-diol: an aggregation pheromone of the Colorado potato beetle, *Leptinotarsa decemlineata* (Say). Tetrahedron Letters, 2002, 43: 2641-2643.

Paré P W, Tumlinson J H. Cotton volatiles synthesized and released distal to the site of insect damage. Phytochemistry, 1998, 47: 521-526.

Reddy G V P, Guerrero A. Interactions of insect pheromones and plant semiochemicals. Trends Plant Sci, 2004, 9: 253-261.

Renwick J A A, Vité J P. Bark beetle attractants: Mechanism of colonization by Dendroctonus frontalis. Nature, 1969, 224: 1222-1223.

Schütz S, Weißbecker B, Klein A, et al. Host plant selection of the Colorado potato beetle as influenced by damage induced volatiles of the potato plant. Naturwissenchaften, 1997, 84: 212-217.

Steinberg S, Dicke M, ven L E M. Relative importance of infochemicals from first and second trophic level in long-range host location by the larval parasitoid Cotesia (Apanteles) glomerata. J Chem Eco l, 1993, 19: 47-59.

Szafranek B, Chrapkowska K, Pawińska M, et al. Analysis of leaf surface sesquiterpenes in potato varieties. J Agric Food Chem, 2005, 53: 2817-2822.

Takabayashi J, Dicke M, Posthumus M A. Variation in composition of predator-attracting allelochemicals emitted by herbivore-infested plants: relative influence of plant and herbivore. Chemoecology, 1991, 2:1-16.

Turlings T C J, Tumlinson J H. Do parasitoids use herbivore-induced plant chemical defenses to locate hosts? Florida Entomologist, 1991, 74 (1): 42-50.

Visser J H, van Straten S, Maarse H. Isolation and identification of volatiles in the foliage of potato, *Solanum tuberosum*, a host plant of the Colorado beetle, *Leptinotarsa decemlineata*. Journal of Chemical Ecology, 1979, 5(1): 13-25.

第7章

松材线虫及其媒介昆虫松褐天牛的相关研究

松树萎蔫病是松树的"癌症",对世界松木景观和生产造成了巨大的为害和损失,其中尤以日本和中国受害最重。其病原物松材线虫(*Bursaphelenchus xylophilus*)目前已在日本、中国、美国、加拿大、墨西哥、韩国、尼日利亚和葡萄牙等许多国家分布,并已被世界上40多个国家列为检疫对象(Rautapaa, 1986; Dwinell, 1997; Mota, et al, 1999; Schrader and Unger, 2003),是世界上一种重要的外来入侵生物。松材线虫的分散型幼虫附着在松褐天牛体内,通过天牛的取食侵入松木体内从而完成传播。因此,松材线虫致病基因的研究对于探讨此病害的发生有着重要的意义。另外,对其媒介昆虫松褐天牛药物靶标位点微管蛋白、天牛用于搜索栖息位点的气味结合蛋白和天牛天敌昆虫管氏肿腿蜂的搜索行为及气味结合蛋白的研究也会为松材线虫病的防治提供重要的理论基础。

7.1 松材线虫氧化还原酶 2-Cys Peroxiredoxin 的基因克隆及蛋白的诱导表达

7.1.1 技术路线

1. 松材线虫氧化还原酶 Peroxiredoxin 基因的克隆及序列分析

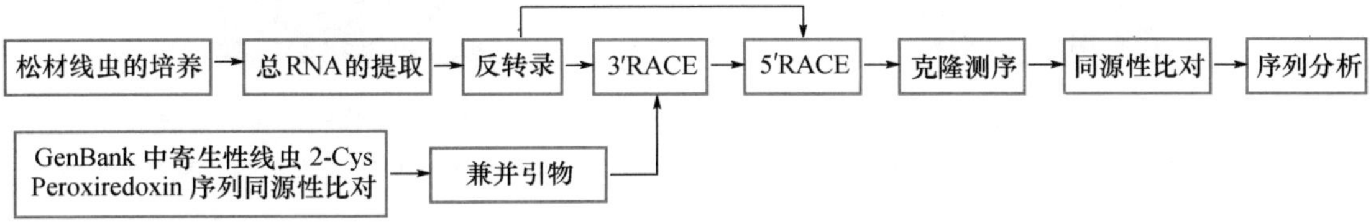

2. 松材线虫氧化还原酶 Peroxiredoxin 的原核表达

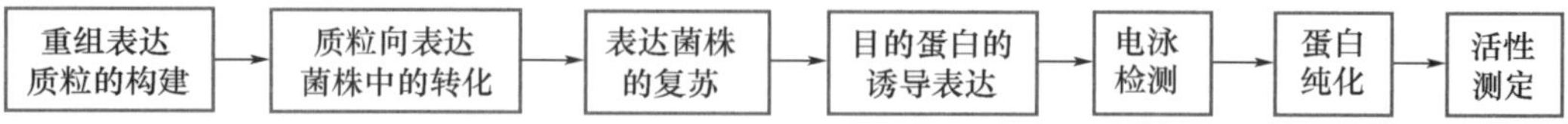

7.1.2 结果与分析

7.1.2.1 总 RNA 的提取

松材线虫总 RNA 的提取效果见图 7.1.1。琼脂糖电泳结果显示为松材线虫总 RNA 的提取效果很好：其 28 S 条带与 18 S 条带的浓度比值大约是 2∶1；DNase 处理的效果很好，没有 DNA 污染；28 S 和 18 S 之间的弥散区域为 mRNA，由此可见，松材线虫的 mRNA 主要为分布在 900～1 200 bp 之间的分子；用分光光度计检测 RNA 的提取（表 7.1.1，稀释 60 倍后检测）显示为 OD_{260}/OD_{280} 在 1.8～2.3 之间，可以用于下一步的 RT-PCR 实验。

表 7.1.1　松材线虫总 RNA 提取质量检测

测定参数	OD_{260}	OD_{280}	OD_{260}/OD_{280}	总 RNA 浓度 /(μg/μL)
数值	0.843	0.383	2.2	2.02

7.1.2.2 RACE 扩增及 BxPrx 序列分析

1. RACE 扩增

测序结果表明：3′RACE 扩增出了 BxPrx 基因 3′端的 547 bp 大小的片段(图 7.1.2)；5′RACE 扩增出了 BxPrx 基因 5′端的 458 bp 大小的片段(图 7.1.2)；两端序列的拼合结果为全长 715 bp 大小的 DNA 序列(图 7.1.3A)；DNAman 分析表明，该序列含有一个从起始

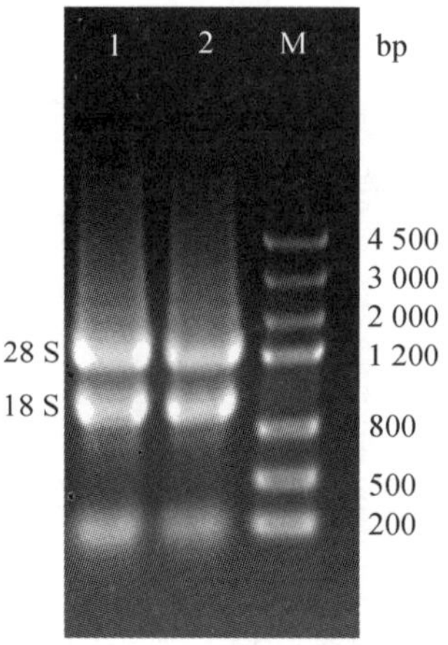

图 7.1.1　1%琼脂糖凝胶电泳检测松材线虫总 RNA 的提取

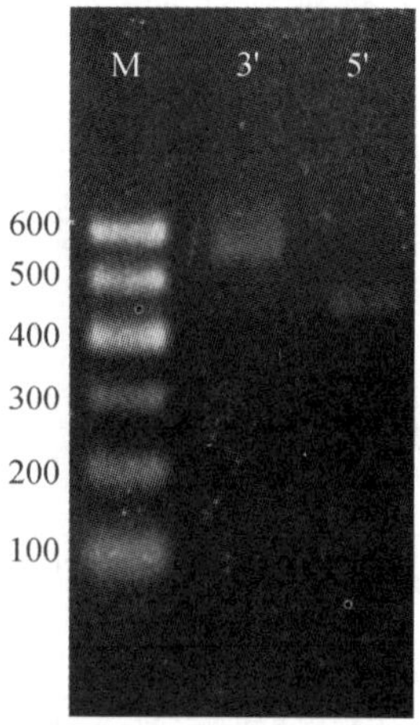

图 7.1.2　RACE 法分别扩增松材线虫 2-Cys *Peroxiredoxin* 基因的 3′和 5′端序列

密码子 ATG 到终止密码子 TAA 的全长为 588 bp 的开放阅读框；此阅读框对应的 195 aa 的蛋白质氨基酸序列在 NCBI 中的 Blast 结果表明，此基因与其他生物的 2-Cys Peroxiredoxin 基因高度同源；DNAman 分析表明，BxPrx 的分子质量为 21 854 u，等电点（pI）为 6.54；将获得的松材线虫体内的 2-Cys *Perxiredoxin* 基因在 NCBI 中注册，获得注册序列号为 ABW81468。

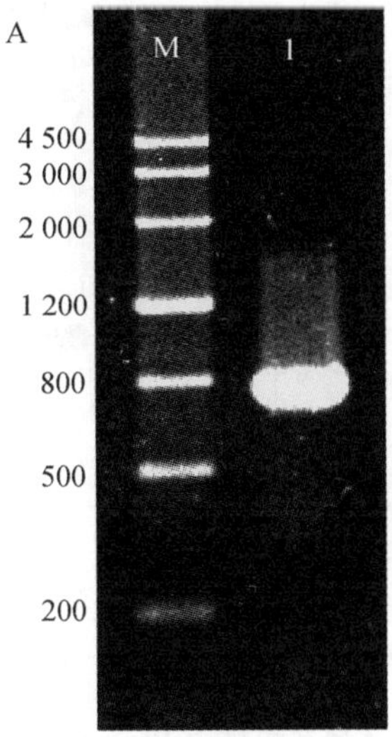

B

CGTTTGCTGGCTTTGATGAAAGGTTTATTAACCCAAGTTTGAGGCTGCAAAC**ATG**TCCAAGGCTTTC

ATTGGCAAACCCGCCCCTGAATTCACCGCCGAGGCCGCCGTCGATGGAGACTTCAAGACCGTAAGCT

TGAAGGATTACCGAGGCAAATATGTGGTACTCTTCTTCTACCCACTCGACTTCACCTTTGTCTGCCC

CACCGAGATCATCGCTTTCTCCGAGGCCGCTGATCAGTTCCGCAAGCTCGGCGTTGAGGTATTGGCC

GCTAGCACCGATTCGAAGTTCTCCCATTTGGCTTGGATCAACCAGCCTCGCAAACACGGTGGATTGG

GTGAAATGAAGATCCCAGTGATTGCCGACACCAACCACAAGATCTCACGCGACTACGGAGTTCTCAA

AGAAGATGAGGGAATCGCTTTCCGTGGTTTGTTCATCATTGACGGGCACGGAACCCTCCGTCAGATT

ACCATCAATGATCTTCCAGTTGGCCGCTCTGTTGAAGAGACTCTTCGTTTGGTCCAAGCCTTCCAGT

ACACCGACAAGCACGGAGAAGTCTGCCCAGCTGGCTGGCAACCAGGTCATGACACCATCAAGCCTGA

TGTCAAGAAATCTCACGAATATTTCAACAAACAT**TAA**CTTTGACTGTTATTATGCATATTTTTCAAC

CTGTACTTCT**AATTAAA**CTTATTTGAAG**AAAAAAAAAAAAAAAAAA**

图 7.1.3 BxPrx 的核酸序列全长

A. *BxPrx* 的全长序列扩增 B. *BxPrx* 全长测序结果

2. BxPrx 蛋白质氨基酸序列的同源性比较和系统发生树分析

同源性比较结果(图 7.1.4) 表明：BxPrx 在 47 aa 和 170 aa 处有两个保守的半胱氨酸氧化还原功能位点；并分别在靠近 N 端有保守的 GGLG，靠近 C 端有保守的 YF 两个 H_2O_2 敏感 motif(图 7.1.4 和图 7.1.5)。

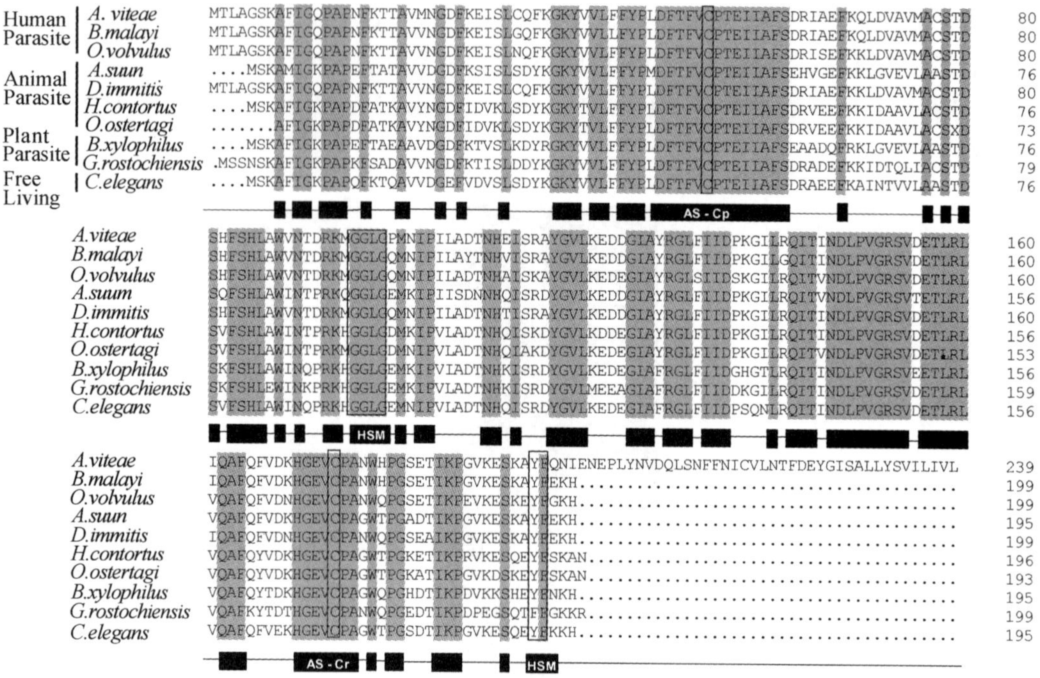

图 7.1.4　**松材线虫 BxPrx 与其他线虫体内 Peroxiredoxin 的同源性比较**

绝对保守的区域用星号标出；在 BxPrx 的 47 aa 和 170 aa 处的两个保守的半胱氨酸氧化还原活性位点和 GGLG 和 YF 两个对 H_2O_2 浓度敏感的保守 motif 用黑框标出；其中用到的 Peroxiredoxin 序列在 Genbank 中的注册序列号分别为：*Acanthocheilonema viteae*[AAL91102]，*Brugia malayi*[Q17172]，*Dirofilaria immitis*[AAC38831]，*Onchocerca ochengi*[AAC77922]，*Onchocerca volvulus* [AAC32810]，*Ascaris suum*[Q9NL98]，*Haemonchus contortus*[AAT28331]，*Ostertagia ostertagi*[CAD20737]，*Caenorhabditis elegans*[NP_872052]，*Bursaphelenchus xylophilus*[ABW81468]，*Globodera rostochiensis*[CAB48391]。

系统发生树的分析表明（图 7.1.6）：松材线虫（*B. xylophilus*）体内的 2-Cys Peroxiredoxin 与猪蛔虫体内的 2-Cys Prx 亲缘关系最近，虽然两者的寄主一个为植物另一个是哺乳动物，但推测由于这两种寄生性线虫都依赖媒介昆虫进行传播而且从开始侵入寄主到完成整个生活史的繁衍过程都与寄主直接相互作用，因此推断两基因发挥相同的功能，因此表现出两基因的氨基酸序列的亲缘关系非常近。但同为植物寄生性线虫的马铃薯孢囊线虫（*G. rostochiensis*）体内的 2-Cys Prx 与松材线虫的 Prx 在亲缘关系上就较与猪蛔虫稍远些，与此同时，由于同为植物寄生性线虫，两者的亲缘关系还是比其他的 Prx 在进化上亲缘关系更近。

马铃薯孢囊线虫 *G. rostochiensis* 体内的 Prx 与营自由生活的主要以细菌为食的模式生物秀丽线虫 *C. elegans* 体内的 Prx 的亲缘关系最近，这可能是因为马铃薯胞囊线虫在开始进入寄主植物后通过其口针分泌特殊的物质从而导致线虫周围的植物细胞过度繁殖充满营养物质变为“巨细胞”，而在线虫生长后期又会形成孢囊，因此马铃薯孢囊线虫从成功侵入并定植寄主后就没有太多与寄主直接的接触，这一生活方式其实与营自由生活的秀丽线虫（*C. elegans*）非常相似，没有过多的与其他生物的直接接触，因此其氧化还原酶基本

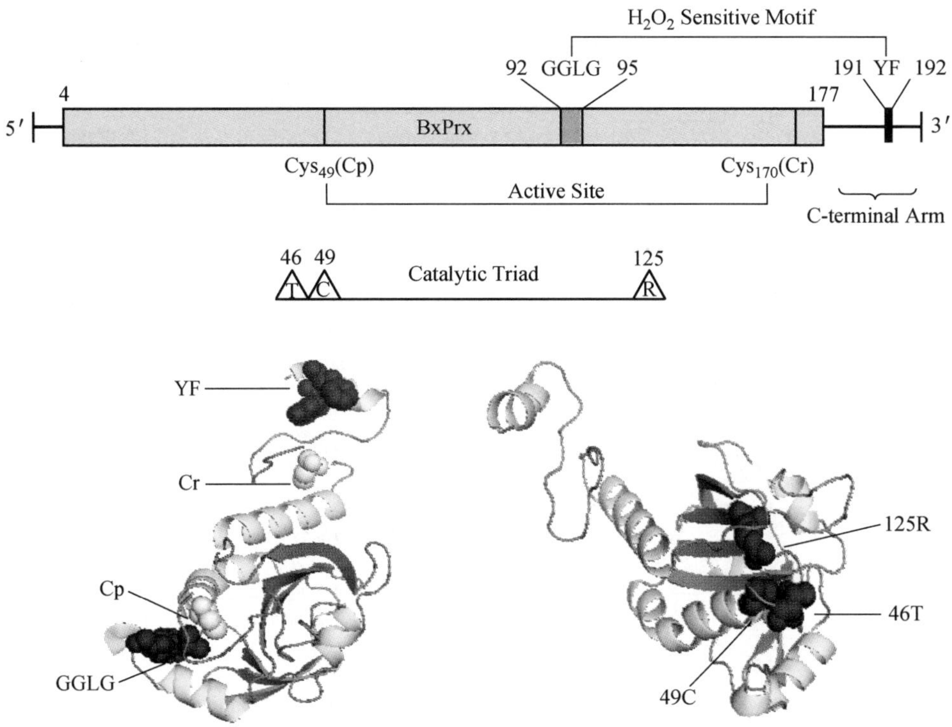

图 7.1.5 BxPrx 蛋白的二级结构和三级结构分析

三级结构中用不同深浅颜色的球体标示出了保守活性功能位点 Cp 和 Cr，H_2O_2 识别位点 GGLG 和 YF，以及催化三角 Thr-Cys-Arg。其中一个球体代表一个原子。

只局限于对自身呼吸代谢产生的有毒活性氧的清除，因此两者的 Prx 在进化上表现出较近的亲缘关系。

3. BxPrx 蛋白的分泌方式分析

图 7.1.7 中 BxPrx 蛋白在洋葱表皮细胞中的定位试验表明，BxPrx 蛋白可以分泌到细胞质中。对 BxPrx 氨基酸序列的分析表明，BxPrx 序列中有一段 23 个氨基酸的跨膜疏水区，所以推测 BxPrx 蛋白可能是通过此段区域来完成分泌的。另外，通过对 GenBank 中的 ABC 运输体基因的查找分析发现，ABC 运输体广泛存在于所有生物体中，在已知序列的线虫中也都有分布，所以分析表明 BxPrx 蛋白也可能通过 ABC 运输体来完成分泌。

7.1.2.3 表达载体的构建

1. BxPrx 全长序列的扩增

用带有酶切位点的引物扩增 BxPrx 序列的全长使基因的两端带有限制性酶切位点，方便接下来的酶切连接和重组表达质粒载体的构建。图 7.1.8 为用于构建蛋白表达载体的带有 BamH Ⅰ 和 Sal Ⅰ 酶切位点的 BxPrx 全长序列的 PCR 扩增结果。

2. 表达载体酶切检测

图 7.1.9 为对构建好的表达载体的酶切检测，1 和 3 质粒可以被切下一片段大小为 600 bp 左右的插入片段，说明表达载体的成功构建，可以挑取含有这两个质粒的大肠杆菌克隆去测序。

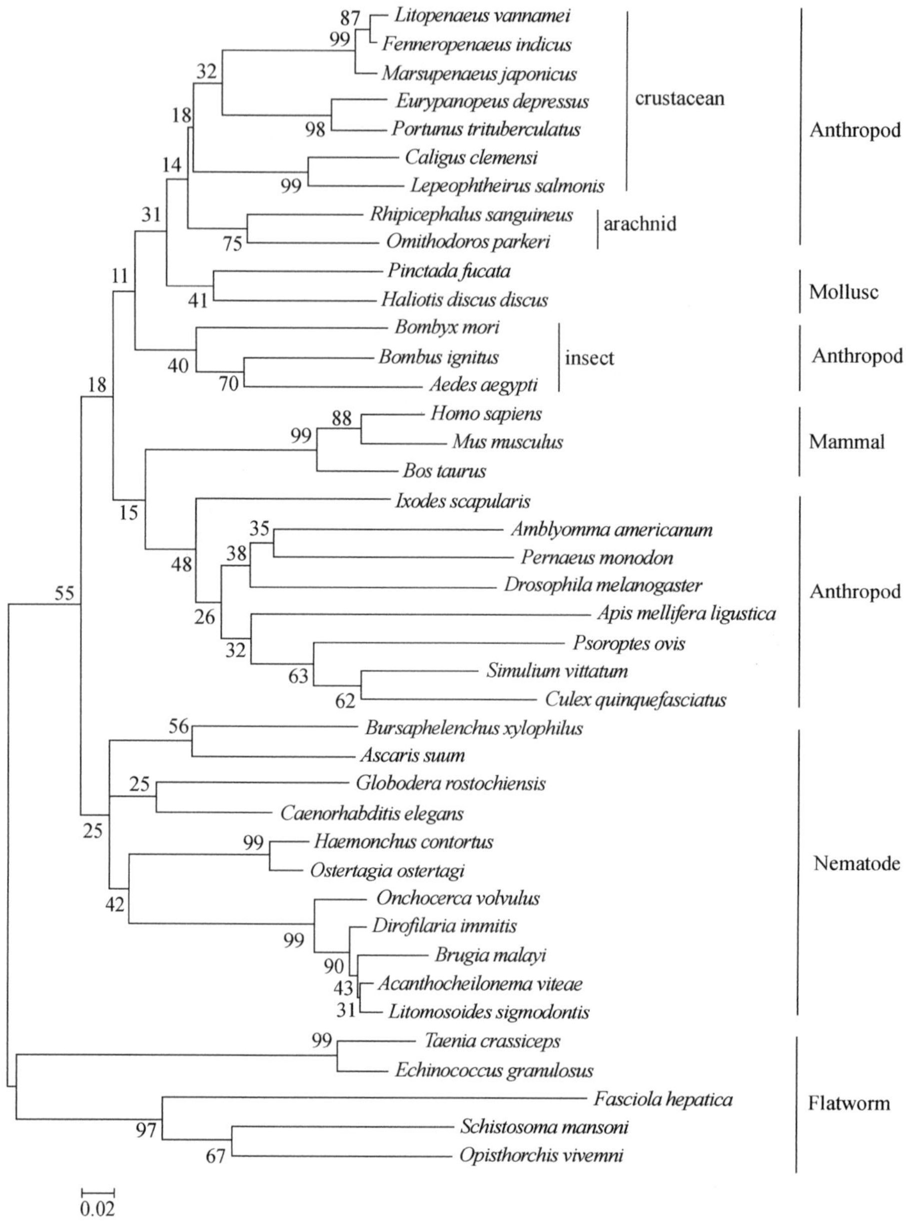

图 7.1.6 2-Cys Peroxiredoxin 的 Neighbor-Joining 系统发生树分析

采用 Mega 4 软件构建系统发生树;其中用到的动物体内的 2-Cys Peroxiredoxin 序列在 Genbank 中的注册序列号如下:*Litopenaeus vannamei* [ACX53642],*Fenneropenaeus indicus*[ACS91344],*Marsupenaeus japonicus*[BAF91446],*Eurypanopeus depressus*[ACD68589],*Portunus trituberculatus*[ACI46625],*Caligus clemensi*[ACO15718],*Lepeophtheirus salmonis*[ACO13071],*Rhipicephalus sanguineus* [ACX54025],*Ornithodoros parkeri* [ABR23404],*Pinctada fucata* [ADC35419],*Haliotis discus discus*[ABO26635],*Bombyx mori*[NP_001037083],*Bombus ignitus*[ACP44066],*Aedes aegypti*[AAL37254],*Homo sapiens*[NP_005800],*Mus musculus*[NP_035693],*Bos taurus*[NP_777188],*Ixodes scapularis* [AAY66603],*Amblyomma americanum* [ACG76186],*Penaeus monodon* [ABZ80828],*Drosophila melanogaster* [AAF42986],*Apis mellifera ligustica*[AAP93584],*Psoroptes ovis*[ACI62508],*Simulium vittatum*[ACH56878],*Culex quinquefasciatus*[XP_001852614],*Bursaphelenchus xylophilus*[ABW81468],*Ascaris suum*[BAA90476],*Globodera rostochiensis*[CAB48391],*Caenorhabditis elegans*[NP_872052],*Haemonchus contortus*[AAT28331],*Ostertagia ostertagi* [CAD20737],*Onchocerca volvulus*[AAC32810],*Dirofilaria immitis*[AAC38831],*Brugia malayi*[AAB67873],*Acanthocheilonema viteae* [AAL91102],*Litomosoides sigmodontis* [AAG10102],*Taenia crassiceps* [ACM89282],*Echinococcus granulosus* [AAD02002],*Fasciola hepatica* [AAB71727],*Schistosoma mansoni* [AAG15508],*Opisthorchis viverrini* [ACB13822]。

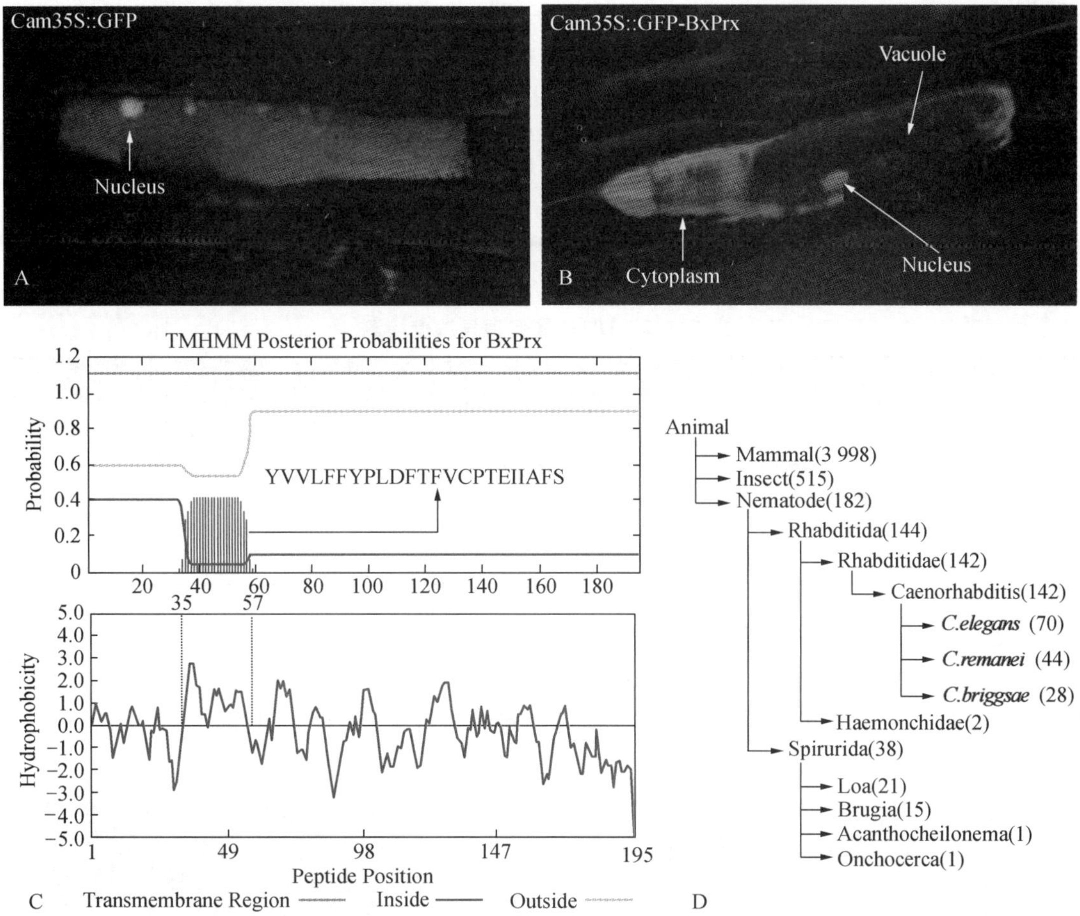

图 7.1.7 BxPrx 蛋白细胞定位分析

A 和 B 为 BxPrx 蛋白的洋葱表皮细胞定位，A 为没有插入 BxPrx 的空质粒载体对照，B 为 BxPrx 的定位结果；C 为 BxPrx 序列的疏水跨膜区分析；D 为 NCBI Genbank 中的 ABC 运输体序列查找分析结果。

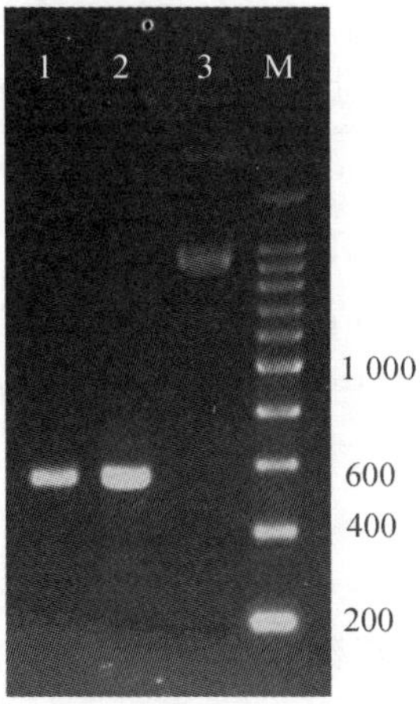

图 7.1.8 添加 BamH Ⅰ 和 Sal Ⅰ 酶切位点的 *BxPrx* 全长 PCR 扩增及 pET-28a 表达质粒载体的 1%琼脂糖凝胶检测

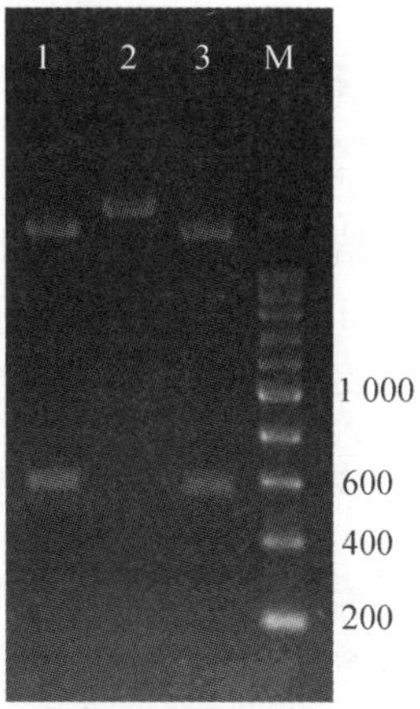

图 7.1.9 pET-28a-BxPrx 表达载体的 BamH Ⅰ 和 Sal Ⅰ 酶切检测

7.1.2.4 BxPrx 蛋白的诱导表达

1. IPTG 最佳诱导浓度的摸索

如下表 7.1.2 的安排进行蛋白的诱导表达实验。对照空质粒（质粒 a～d）没有蛋白表达；在含有目的基因片段的表达质粒载体中(1～4)，无 IPTG 诱导的质粒 1 也没有目的蛋白的表达，IPTG 不同浓度（质粒 2～4）诱导效果没有差别，选择 0.1 mmol/L 的诱导浓度即可(图 7.1.10)。

表 7.1.2 IPTG 最佳诱导浓度检测

编号	1	2	3	4	a	b	c	d
质粒	pET-28a-BxPrx	pET-28a-BxPrx	pET-28a-BxPrx	pET-28a-BxPrx	pET-28a	pET-28a	pET-28a	pET-28a
IPTG/(mmol/L)	0	0.1	0.2	0.5	0	0.1	0.2	0.5

2. 最佳诱导时间长度的摸索

试验结果表明，蛋白的诱导表达量随诱导时间的增长而增加，诱导 3 h 以后蛋白的表达量就已经足够用于后续的纯化试验，最大的表达量出现在 6～7 h 之间(图 7.1.11)。

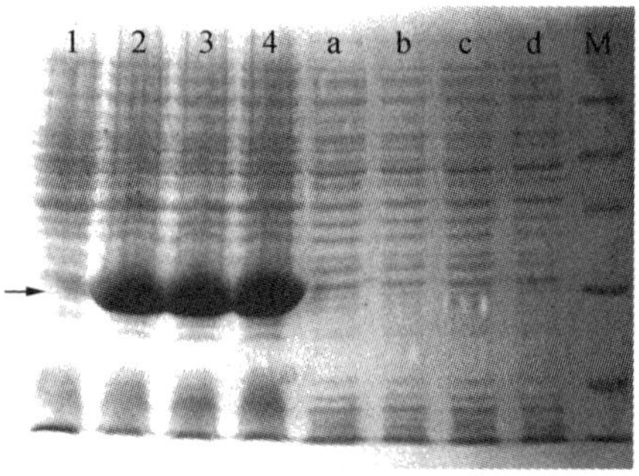

图 7.1.10 最佳 IPTG 诱导浓度的选择

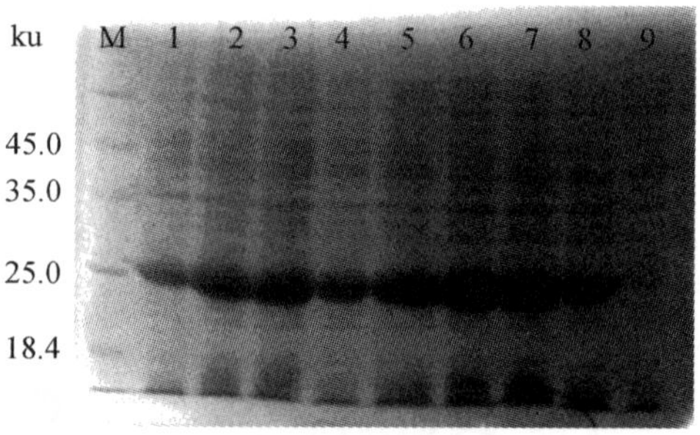

图 7.1.11 蛋白最佳诱导时间的选择

3. 质谱检测诱导的蛋白

质谱检测结果中有 5 个肽段与 NCBI 基因序列库中的松材线虫(*B. xylophilus*)体内 2-Cys Peroxiredoxin 蛋白序列匹配（图 7.1.12）。匹配分值高达 444，大大高于阳性标准 65，其中1 612.059 2 峰的匹配值最高，所以我们诱导出的蛋白就是目的蛋白 BxPrx。

7.1.2.5 不同表达载体不同诱导条件纯化结果

1. pET-28a-BxPrx 的诱导纯化结果

(1)pET-28a-BxPrx 转化子 37℃，250 r/min 诱导 3 h 后纯化。

图 7.1.13 结果表明高温快速摇培诱导并超声离心处理后，沉淀中的蛋白含量明显高于上清中，过柱处理几乎无法在上清粗提液中得到目的蛋白。其中 1，超声波处理离心后沉淀中的蛋白表达(用与上清相同体积的 ddH_2O 溶解后取 10 μL 上样)；2，超声波处理离

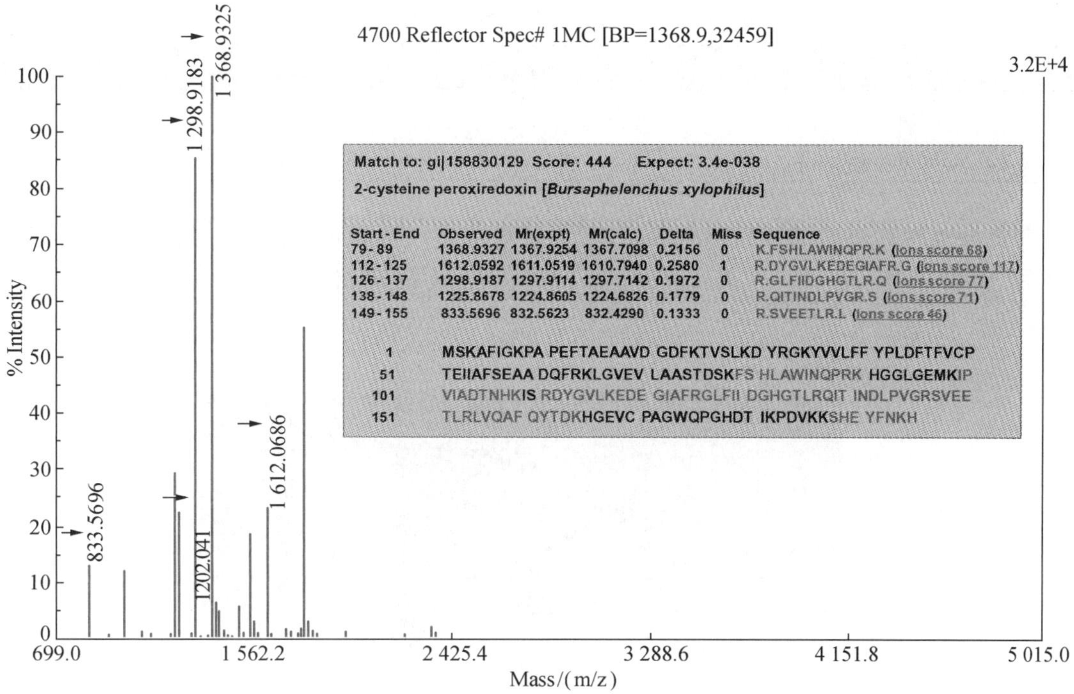

图 7.1.12 诱导重组蛋白的质谱检测

箭头所指为与松材线虫(*B. xylophilus*)的 2-Cys Peroxiredoxin 序列匹配的 5 个肽段。

心后上清中的蛋白表达(吸取 10 μL 上样);3,0.1 mmol/L IPTG 诱导 3 h 后大肠杆菌菌体中目的蛋白的表达;4,用 IPTG 处理前大肠杆菌中蛋白的表达;3 和 4 都是来源于 1 mL 培养菌液离心后用100 μL ddH_2O 溶解后取 10 μL 上样检测。

(2)pET-28a-BxPrx 转化子 37℃,250 r/min诱导 3 h,蛋白变复性处理纯化蛋白。

用 PDAB 法 (刘志刚等, 2008) 检测逐级稀释后继续透析去除尿素的蛋白产物中的尿素浓度,至尿素浓度降低为 0.116 mmol/L 时 (图 7.1.14 和表 7.1.3) 可以继续进行蛋白的过柱纯化了。

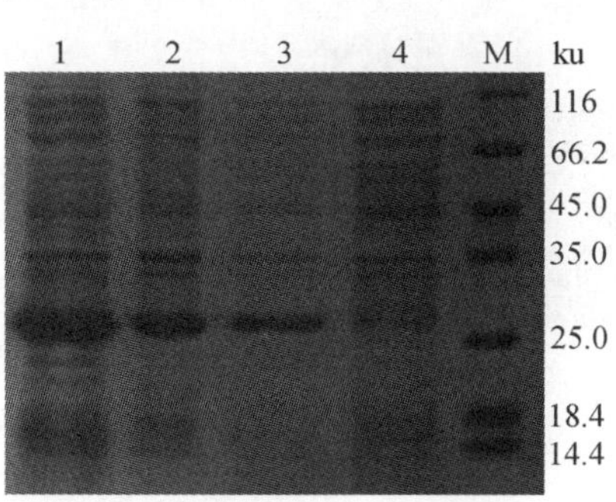

图 7.1.13 0.1 mmol/L IPTG,37℃,250 r/min 诱导 3 h 后重组蛋白 pET-28a-BxPrx 的表达

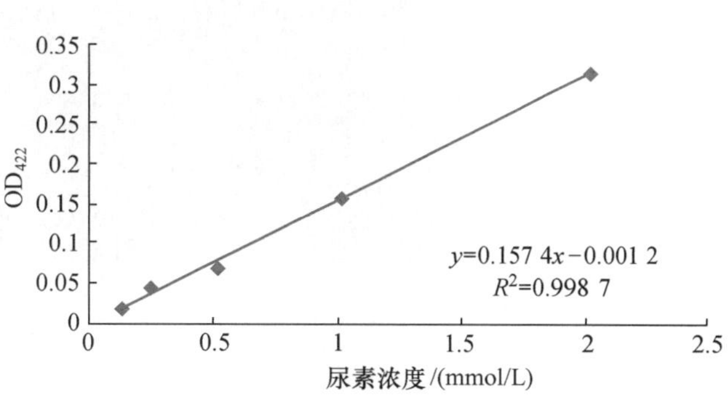

图 7.1.14 尿素含量标准曲线

表 7.1.3　透析不同时间后蛋白溶液中尿素含量的测定

透析时间/h	15	18	21	24
A_{422}	0.119	0.03	0.017	−0.004
尿素浓度/(mmol/L)	0.764	0.198	0.116	

变复性处理后蛋白的纯化结果表明，变复性处理可以得到比较纯的目的蛋白产物，尤其是在后几管中。其中，1～9 是过柱纯化后的 9 管纯化产物，吸取 10 μL 上样检测（图 7.1.15）。

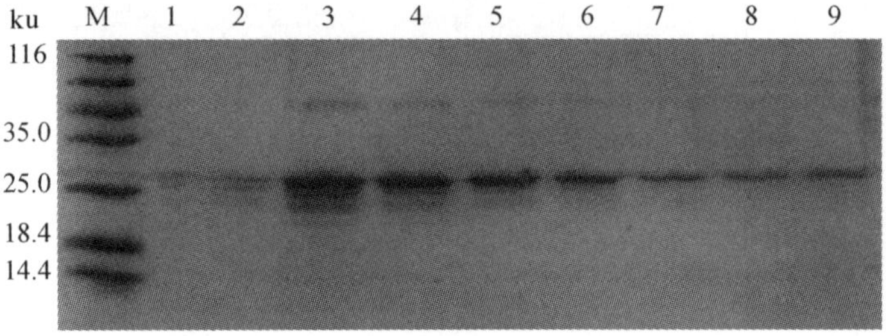

图 7.1.15　变复性处理后蛋白的纯化产物

(3)pET-28a-BxPrx 转化子 20℃，150 r/min 诱导 16 h 后纯化。

图 7.1.16 表明低温低速诱导，超声处理离心后上清中的蛋白表达量比沉淀中的多，而且经过 Ni-NTA Agarose 纯化的目的蛋白量明显增加。其中，1，用 IPTG 诱导前大肠杆菌自身的蛋白表达；2，0.1 mmol/L IPTG 诱导后大肠杆菌内的蛋白表达，3，超声波处理离心后上清中的蛋白表达，吸取 10 μL 上样；4，超声波处理离心后沉淀中的蛋白表达，用与上清相同体积的 ddH_2O 溶解后取 10 μL 上样；5～9 为重组蛋白纯化过程的检测：5，蛋白粗提液上 Ni-NTA Agarose 后上样流出液；6，洗脱缓冲液的流出液；7～9，分别为目的蛋白洗出液的第 2、3 和第 10 管，每管吸取 500 μL 蛋白产物中的 10 μL 样品上样。

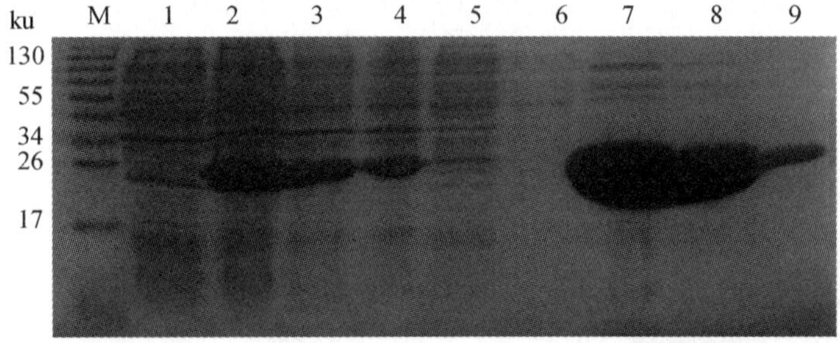

图 7.1.16　0.1 mmol/L IPTG，20℃，150 r/min 诱导 16 h 后重组蛋白 pET-28a-BxPrx 的表达

2. pET-20b-BxPrx 的诱导纯化结果

(1)pET-20b-BxPrx 转化子 37℃，250 r/min 诱导 3 h 后纯化。

对于高温高速摇培诱导 pET-20b-BxPrx 转化子的蛋白表达，试验结果表明，在用 IPTG 诱导后没有明显显示出目的蛋白被诱导的条带，而且在超声处理后沉淀和上清中蛋白表达也没有什么区别，没有明显的目的蛋白被诱导的条带(图 7.1.17)。其中，图 7.1.17A 中 1～3 是用 IPTG 处理前大肠杆菌中蛋白的表达的 3 个重复；4～6 是 0.1 mmol/L IPTG 诱导 3 h 后大肠杆菌菌体中蛋白的表达情况，样品都源于 1 mL 培养菌液离心后用 100 μL ddH_2O 溶解后取 10 μL 上样的 3 个重复。图 7.1.17B 中 1～3 是超声波处理离心后上清中的蛋白表达，吸取 10 μL 上样的 3 个重复；4～6 是超声波处理离心后沉淀中的蛋白表达，用与上清相同体积的 ddH_2O 溶解后取 10 μL 上样的 3 个重复。

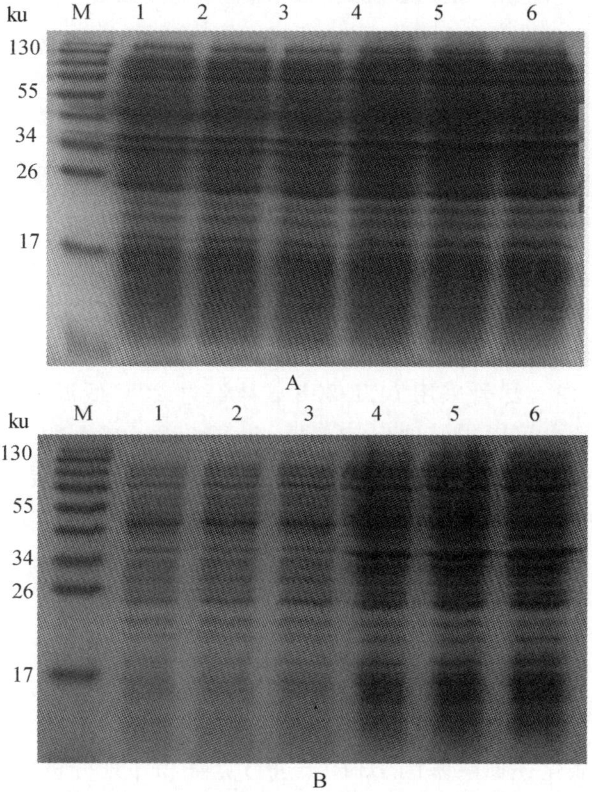

图 7.1.17 **0.1 mmol/L IPTG，37℃，250 r/min 诱导 3 h 后重组蛋白 pET-20b-BxPrx 的表达**

(2)pET-20b-BxPrx 转化子 20℃，150 r/min 诱导 16 h 后纯化。

采用 pET-20b-BxPrx 低温低速长时间诱导后可以在电泳结果(图 7.1.18)上看到有目的蛋白的诱导表达。过柱纯化后也可以检测出目的蛋白，只是含量微少，而且蛋白粗提液在上样纯化柱过程中损失较大。其中，1，用 IPTG 诱导前大肠杆菌自身的蛋白表达；2，IPTG 诱导后大肠杆菌内的蛋白表达；3，超声波处理离心后上清中的蛋白表达，吸取 10 μL 上样；4，超声波处理离心后沉淀中的蛋白表达，用与上清相同体积的 ddH_2O 溶解后取 10 μL 上样；5～9 为重组蛋白纯化过程的检测：5，蛋白粗提液上 Ni-NTA Agarose 后上样流出液；6，洗脱缓冲液的流出液；7～9，分别为目的蛋白洗出液的第 2、3 和第 10 管，每管吸取 500 μL 蛋白产物的10 μL样品上样。

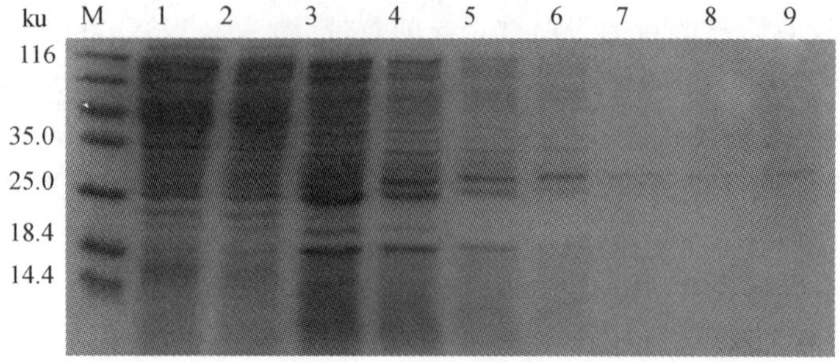

图 7.1.18 **0.1 mmol/L IPTG, 20℃ , 150 r/min 诱导 16 h 后重组蛋白 pET-20b-BxPrx 的表达**

3. 不同表达载体不同诱导纯化方式的纯化效率及活性比较

不同表达载体及蛋白诱导纯化方式纯化效率的比较结果（表 7.1.4）表明，获得最大量的纯化的 BxPrx 蛋白的方法是用 pET-28a 表达载体于 20℃低温 150 r/min 低速诱导过夜。此种方法的纯化效率为初始诱导菌量的 3.07%±0.048%，大大高于其他的方法。

然而，蛋白活性保持最好的纯化方法是采用将 pET-28a 表达载体高温高速诱导后的含目的蛋白的包涵体变复性后过柱纯化的方法，此方法纯化的蛋白活性为（3 127.849±166.041）units/mg 蛋白。尽管采用 pET-20b 载体经过 20℃低温 150 r/min 低速诱导过夜的处理蛋白的相对活性也可以很好地保持，显示出（2 052.906±125.773）units/mg 蛋白的相对活性，但是此种方法纯化出的活性蛋白的量非常少，纯化出的蛋白质量只为初始诱导菌量的 0.049%±0.003%。

7.1.3 小结

7.1.3.1 松材线虫 BxPrx 基因克隆和序列分析

通过对松材线虫氧化还原酶基因 *BxPrx* 进行克隆和序列分析主要得到以下重要结果：

(1)松材线虫氧化还原酶基因 *BxPrx* 的开放可读框全长为 588 bp，推测蛋白为 195 aa，分子量大小为 21 854 u，等电点为 6.54。

(2)同源性分析表明 BxPrx 蛋白序列分别在 47 aa 和 170 aa 处有两个保守的半胱氨酸氧化还原功能位点，并且在 N 端和 C 端分别有 GGLG 和 YF 两个对 H_2O_2 敏感的保守motif。

(3)系统发生树分析表明松材线虫与猪体内寄生性蛔虫在进化上关系最近，推测需要媒介昆虫来辅助进行分散传播，在寄主体内营相对自由的寄生生活和长期直接地与寄主相互作用等相似的生活环境决定了两者的氧化还原蛋白 Prx 在进化上的近缘关系。

(4)Prx 蛋白可能是通过其氨基酸序列中的疏水跨膜区或是广泛分布在所有生物体内的 ABC 运输体来进行分泌的。

7.1.3.2 BxPrx 蛋白的原核表达、诱导和纯化

通过对 BxPrx 原核诱导表达和纯化的研究，主要获得了以下重要结果：

表 7.1.4 不同诱导方式和纯化方法的纯化效率比较

表达载体	大肠杆菌培养液体积/mL	培养条件	诱导后的菌体沉淀质量/g	诱导后处理	纯化蛋白的质量/mg	活性单位	纯化蛋白质量占初始诱导菌体的比例	每毫克纯*化蛋白的活性
pET-28a-BxPrx	100	37℃,250 r/min,3 h	0.949±0.031	超声过 Ni 柱				
pET-28a-BxPrx	100	37℃,250 r/min,3 h	0.949±0.025	8 mol/L 尿素变性,稀释和透析复性过 Ni 柱	1.233±0.067	3 850.273±218.133	0.13%±0.003%[b]	3 127.849±166.041[a]
pET-28a-BxPrx	100	20℃,150 r/min,overnight	0.881±0.023	超声过 Ni 柱	27.043±0.289	461.703±54.061	3.07%±0.048%[a]	17.043±1.850[c]
pET-20b-BxPrx	300	37℃,250 r/min,3 h	1.904±0.031	超声过 Ni 柱				
pET-20b-BxPrx	300	20℃,150 r/min,overnight	1.55±0.022	超声过 Ni 柱	0.763±0.038	1 557.383±14.203	0.049%±0.003%[b]	2 052.906±125.773[b]

* 运用单因素方差分析中的 Tukey 测验法进行差异显著性比较。

(1)诱导 BxPrx 蛋白原核表达的最佳 IPTG 浓度为 0.1 mmol/L，而且 37℃，250 r/min 高温高速诱导 3 h 即可获得大量的原核表达蛋白，但主要为蛋白包涵体。

(2)采用 pET-28a-BxPrx 重组质粒进行蛋白诱导表达时，37℃，250 r/min 高温高速诱导在上清的可溶性蛋白中几乎不能纯化出目的蛋白；37℃，250 r/min 高温高速诱导后用 8 mol/L尿素变性和缓慢复性过柱纯化后可以获得为初始诱导菌量 0.13%±0.003%的目的蛋白的纯化产物，并且表现为(3 127.849±166.041) unites/mg 蛋白的高活性；采用 25℃，150 r/min 低温低速诱导可以在上清中获得为初始诱导菌量的 3.07%±0.048%的大量的目的蛋白的纯化产物，但是活性不是保持得很好，仅为(17.043±1.850) unites/mg 蛋白。

(3)采用 pET-20b-BxPrx 重组质粒进行蛋白诱导表达时，37℃，250 r/min 高温高速诱导在上清的可溶性蛋白中几乎不能纯化出目的蛋白；低温 20℃低速 150 r/min 过夜摇培诱导是采用 pET-20b 表达载体的最好的诱导条件，可以获得为初始诱导菌量的 0.049%±0.003%的纯化蛋白，纯化量很少，但是却可以保持(2 052.906±125.773) unites/mg 蛋白的较高活性。

7.2 松材线虫 2-Cys Peroxiredoxin 蛋白的生化功能研究

7.2.1 技术路线

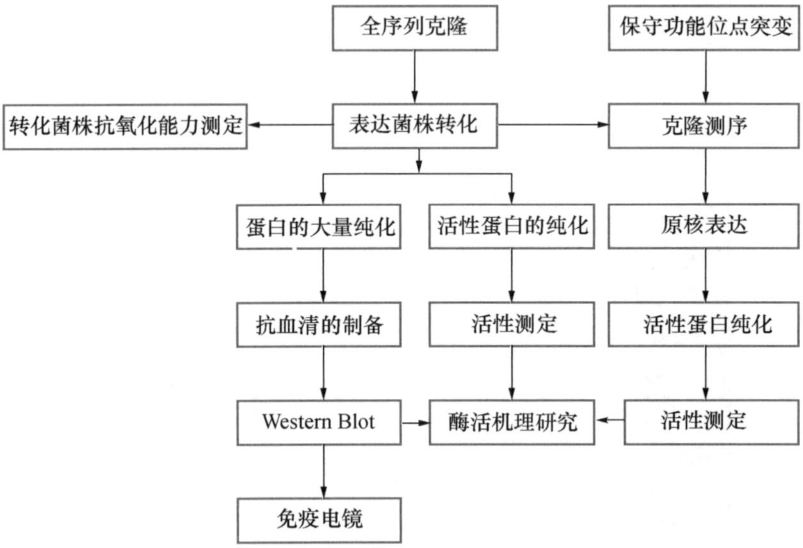

7.2.2 结果与分析

7.2.2.1 BxPrx 大肠杆菌转化子的抗氧化活性分析

牛津杯检测试验表明，BxPrx 的表达可以增加大肠杆菌 *E. coli* 对 H_2O_2 的忍耐程度，

pET-28a-BxPrx 转化子的抑菌圈明显小于 pET-28a 空质粒转化子的抑菌圈（图 7.2.1 上）；统计学分析表明表达 BxPrx 的转化子在 H_2O_2 胁迫下的死亡率要比空质粒转化子低 30%，表现出明显的抗氧化能力（$P<0.01$）（表 7.2.1 和图 7.2.1 下）。

表 7.2.1　BxPrx 转化子抗氧化活性测定　　mm

重复	试验测定重复*	pET-28a 转化子抑菌圈直径	pET-28a-BxPrx 转化子抑菌圈直径
1	1a	23	16
	1b	21	14
	1c	19	14
2	2a	21	13
	2b	20	13
	2c	22	16
3	3a	23	15
	3b	21	14
	3c	22	15
	平均值	21.333	14.444

* 英文字母代表不同的试验重复。单因素方差分析 Tuky 检测显著性水平 $P<0.05$。

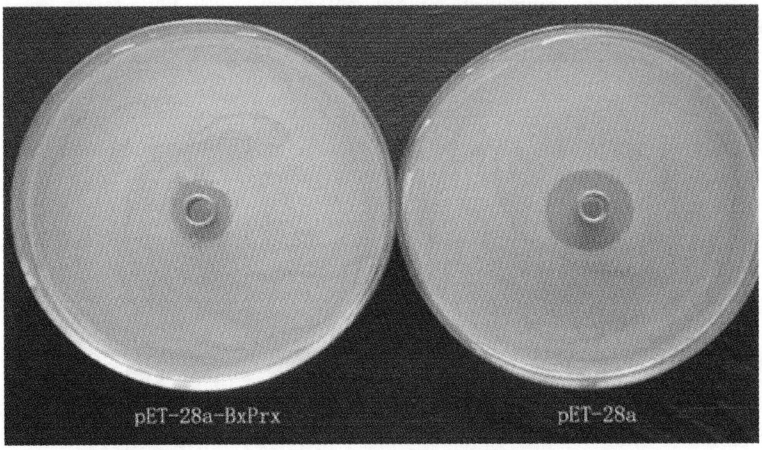

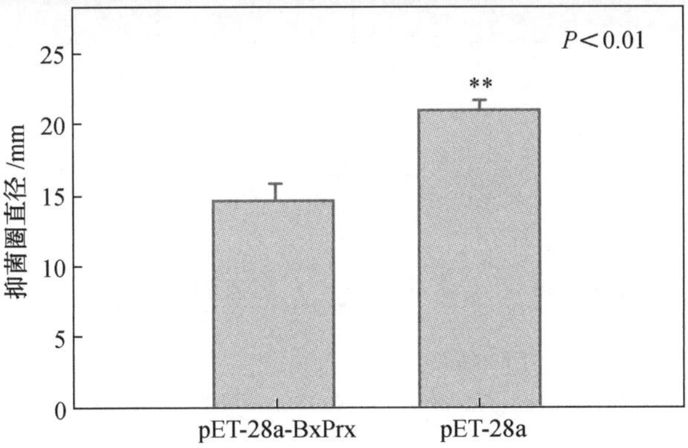

图 7.2.1　BxPrx 转化子在 100 mmol/L H_2O_2 氧化胁迫下的抑菌圈直径测定

7.2.2.2 纯化重组蛋白的活性分析

1. BxPrx 蛋白催化的底物及活性分析

表 7.2.2 和图 7.2.2 表明，无论是催化 H_2O_2 还是 $C_9H_{12}O_2$ 还原，BxPrx 蛋白的 TPx 活性都很低；当 H_2O_2 作为底物时 BxPrx 表现出明显的 GPx 活性，酶活为（563.818±41.630）units/mg 蛋白。

表 7.2.2 纯化的 BxPrx 蛋白催化 H_2O_2 和 $C_9H_{12}O_2$ 还原的活性测定

重复	试验测定重复	TPx(H_2O_2)	TPx($C_9H_{12}O_2$)	GPx(H_2O_2)	GPx($C_9H_{12}O_2$)
1	1a	21.531 9	19.139 5	631.603	57.418 5
	1b	7.177 31	16.747 1	488.057	35.886 5
	1c	16.747 1	16.747 1	571.792	38.279
2	2a	12.007	21.766	556.518	38.585
	2b	16.227	22.755	568.923	41.801
	2c	12.007	24.734	547.684	35.367
3	3a	12.367	19.787	504.195 4	35.852
	3b	20.077	18.375	494.682 3	41.801
	3c	15.222	20.199	561.273 8	45.016
	平均值	14.818[b]	20.028[b]	547.192[a]	41.112[b]

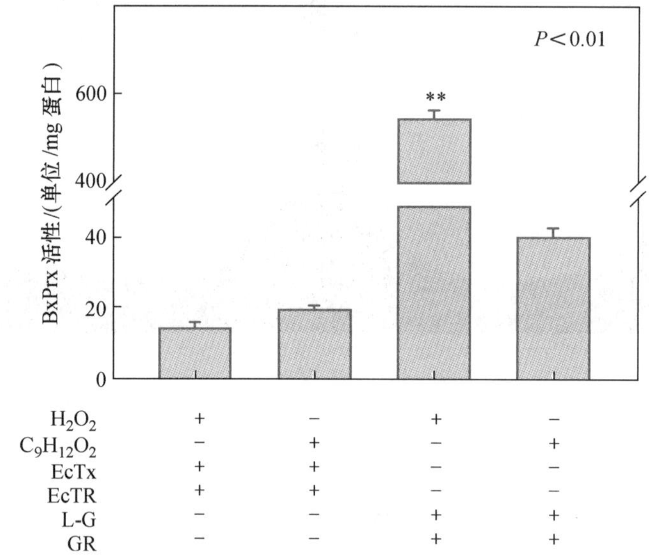

图 7.2.2 BxPrx 蛋白催化 H_2O_2 和 $C_9H_{12}O_2$ 还原的 TPx 和 GPx 活性分析

2. 不同 pH 条件下 BxPrx 蛋白的活性分析

表 7.2.3 和图 7.2.3 表明 BxPrx 活性在 pH 7～8 条件下最高，是 BxPrx 蛋白催化活性的最适宜 pH 值。

表 7.2.3 室温条件下 BxPrx 纯化蛋白在不同 pH 条件下的活性测定

处理重复	测定重复	pH 3	pH 4	pH 5	pH 6	pH 7	pH 8	pH 9	pH 10
1	1a	108.830	371.012	398.494	421.935	494.682	480.941	426.665	201.997
	1b	113.777	343.529	398.494	451.034	508.423	442.610	432.847	222.607
	1c	123.671	357.270	425.976	436.484	480.941	468.646	420.480	181.384
2	2a	116.250	381.318	412.235	422.541	504.195	494.682	415.180	221.577
	2b	118.727	401.929	453.459	422.541	494.682	466.143	415.180	231.882
	2c	118.727	422.541	412.235	443.153	561.274	447.117	441.680	211.270
3	3a	96.463	385.852	418.006	418.006	450.161	418.006	385.852	192.926
	3b	64.909	385.852	385.852	418.006	482.315	450.161	418.006	225.08
	3c	96.463	353.698	450.161	450.161	482.315	482.315	450.161	192.926
	平均值	106.424[d]	378.111[b]	417.213[ab]	431.540[ab]	495.443[a]	461.180[a]	422.895[ab]	209.072[c]

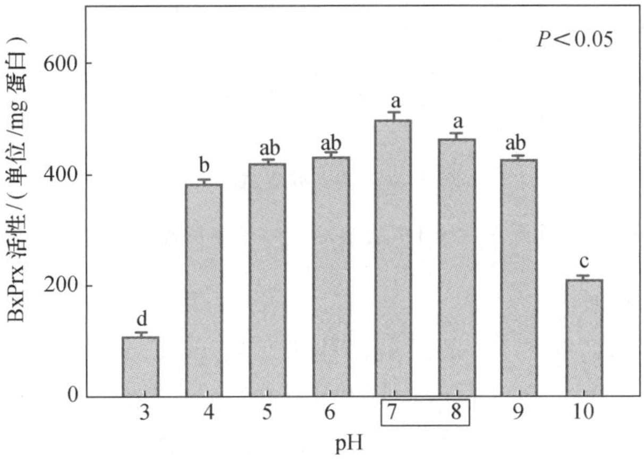

图 7.2.3 室温条件下 BxPrx 在不同 pH 条件下的 GPx 活性分析

3. 不同温度条件下 BxPrx 蛋白的活性分析

表 7.2.4 和图 7.2.4 表明，BxPrx 的 GPx 活性有很宽的温度范围，而且在沸水浴处理 30 min 后仍然可以保持较好的活性。其活性最佳温度是在 40℃左右。

表 7.2.4 BxPrx 纯化蛋白在 pH 7 的缓冲液中于不同温度条件下的活性测定

处理重复	测定重复	4℃	20℃	40℃	60℃	80℃	100℃
1	1a	450.161	482.315	546.624	482.315	418.006	385.852
	1b	450.161	450.16	482.315	482.315	385.852	385.852
	1c	482.315	482.315	514.47	514.47	353.67	321.543
2	2a	453.459	509.232	541.059	478.193	412.235	371.012
	2b	535.906	509.232	527.661	511.172	398.494	371.012
	2c	453.459	480.133	510.141	527.661	383.378	395.746

续表 7.2.4

处理重复	测定重复	4℃	20℃	40℃	60℃	80℃	100℃
3	3a	467.2	485.548	556.518	477.015	395.746	375.001
	3b	458.039	513.004	568.923	485.849	387.501	390.958
	3c	448.878	439.717	547.684	459.348	403.99	359.044
	平均值	466.620[a]	483.517[a]	532.822[a]	490.926[a]	393.208[b]	372.891[b]

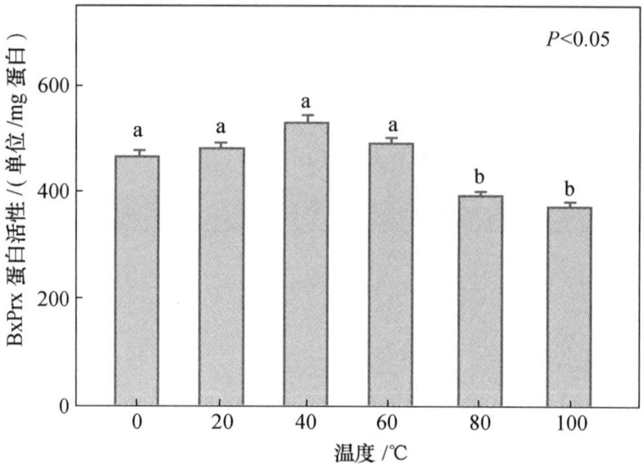

图 7.2.4 **BxPrx 蛋白在 pH 7 的缓冲液中于不同温度条件下的活性测定**

4. 质粒切割保护试验

氧自由基是通过 Fe^{3+} 和 DTT 的反应产生的。将 pUC19 质粒与 60 μmol/L Fe^{3+} 氧自由基产生体系温浴 0.5、1、2 和 4 h 后取样检测。图 7.2.5 中，1，没有 DTT；2，没有 Fe^{3+}；3，200 μg/μL BxPrx；4，100 μg/μL BxPrx；5，50 μg/μL BxPrx；6，25 μg/μL BxPrx。被氧自由基氧化后，超螺旋质粒（SC）会降解为在琼脂糖凝胶上移动最慢的线性条带（L）和移动较慢的开环（N）。试验表明，BxPrx 蛋白可以保护质粒 DNA 免受氧自由基的损害，而且其保护能力与其含量成正比。在 4 h 的观察过程中，当 BxPrx 浓度为 200 μg/μL 时质粒 DNA 的超螺旋条带可以得到很好的保护；当反应体系中的 BxPrx 蛋白含量减少时质粒 DNA 逐渐被降解。质粒切割保护试验表明，纯化的 BxPrx 蛋白具有明显的氧化还原酶活性并且可以保护 DNA 免受氧自由基的损害。

7.2.2.3 蛋白催化机制分析

1. 多克隆抗血清的检测

Western blot 试验结果表明，通过 4 次连续的 BxPrx 纯化蛋白的免疫注射成功获得了松材线虫 BxPrx 蛋白的多克隆抗血清；免疫印迹试验结果（图 7.2.6）显示制备的抗血清可以识别松材线虫（*B. xylophilus*）体内的 BxPrx，在 NC 膜上 23 ku 左右显示为明显的单一条带，但抗血清不能识别拟松材线虫（*B. muscronatus*）中的蛋白，说明制备的多克隆抗血清的特异性很好。

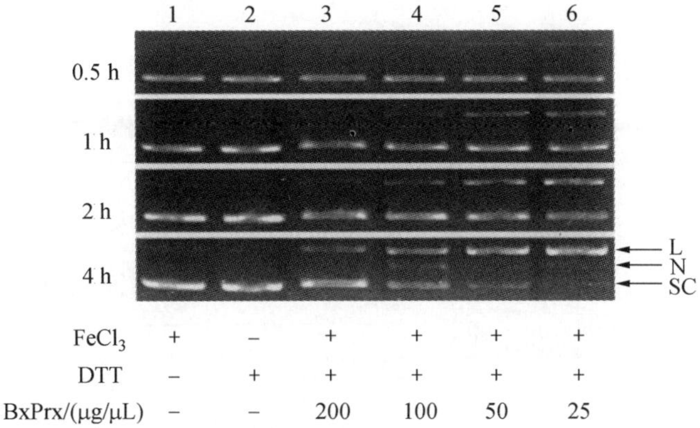

图 7.2.5 **BxPrx 蛋白的质粒 DNA 切割保护试验分析**

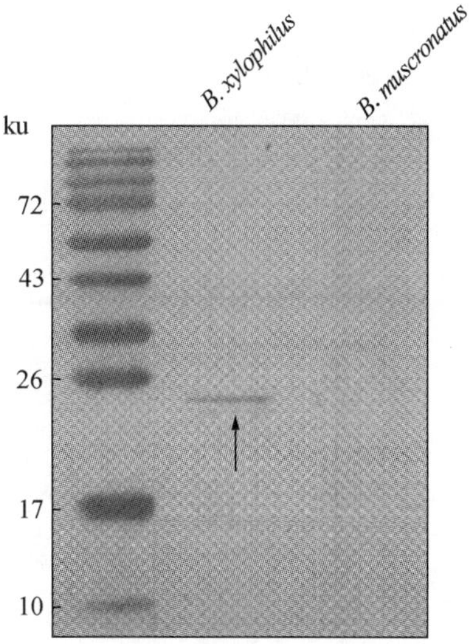

图 7.2.6 **抗 BxPrx 的多克隆抗血清的特异性检测**

2. 免疫印记法检测不同浓度 H_2O_2 处理后 BxPrx 蛋白的变化

试验结果表明,松材线虫经不同浓度的 H_2O_2 处理后,其体内的 BxPrx 蛋白会发生单体和分子间二聚体的变化,单体为分子量为 23 ku 的条带,二聚体为分子量为 45 ku 左右的条带。随着 H_2O_2 浓度的下降,单体分子的量表现为更多。因此 BxPrx 蛋白为典型的 2-Cys Prx 蛋白,其氧化还原酶活性的发挥是通过 Cp 和 Cr 的共同作用并通过分子间二硫键的形成和还原实现的(图 7.2.7)。

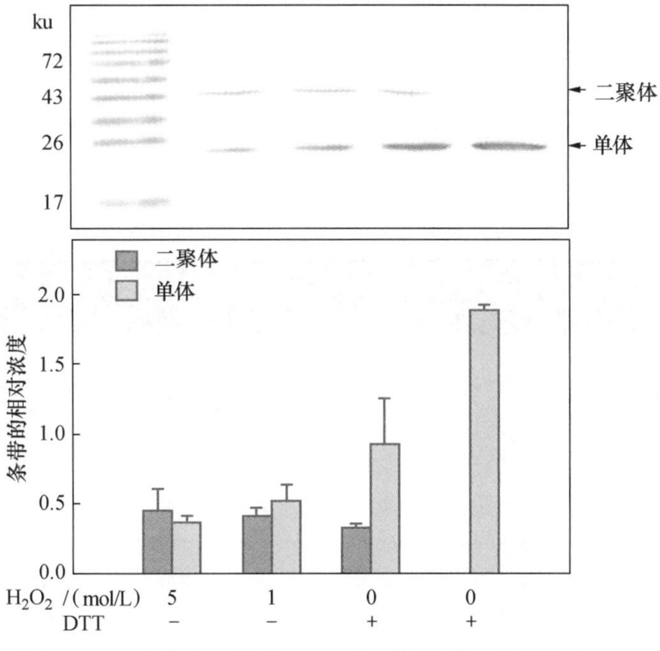

图 7.2.7 **免疫印迹检测 H_2O_2 处理松材线虫后其体内 BxPrx 蛋白单体和分子间二聚体之间的变化**

3. 缺失突变后 BxPrx 纯化蛋白的活性分析

(1)缺失突变的测序结果：BxPrx 序列上的保守功能位点 49Cys、170Cys、GL 和 YF 成功完成突变(图 7.2.8)。

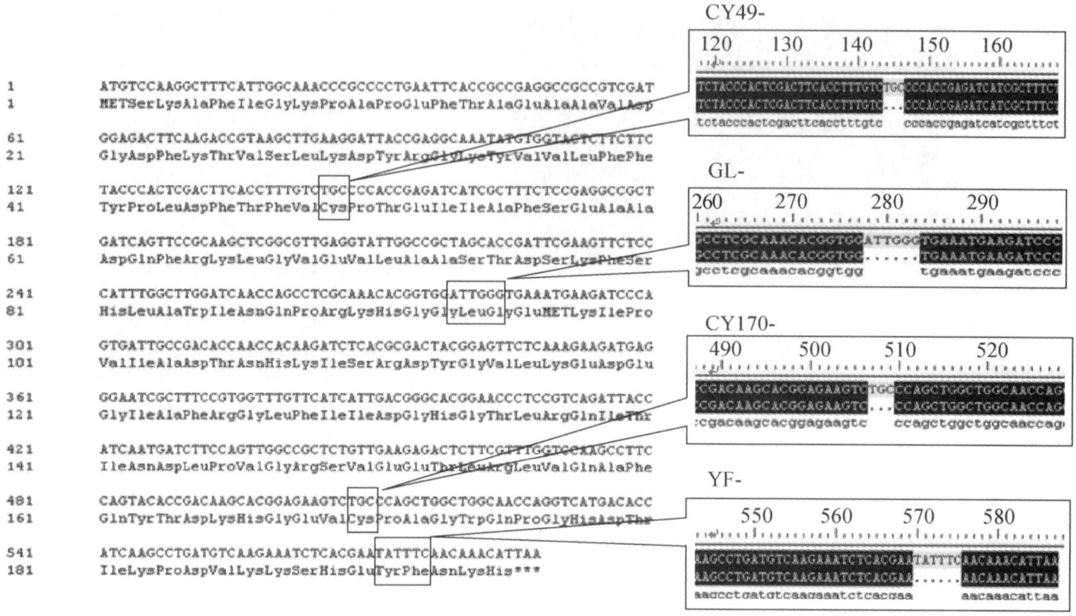

图 7.2.8　**BxPrx 的保守功能位点 49Cys、170Cys、GL 和 YF 的缺失突变测序结果分析**

(2)缺失突变的活性检测：来源于各个位点缺失突变的 BxPrx 纯化蛋白的 GPx 活性分析表明两个保守的半胱氨酸功能位点 Cys49 和 Cys170 对于 BxPrx 的催化反应都很重要，缺失 49Cys 即 Cp 的 BxPrx 蛋白的 GPx 活性比正常的 BxPrx 活性下降 58.33%，缺失 170Cys 即 Cr 的 BxPrx 蛋白的 GPx 活性比正常的 BxPrx 活性下降 45.45%；同时，两个保守的对 H_2O_2 浓度敏感的功能 motif GGLG 和 YF 的缺失也对 BxPrx 的 GPx 活性造成影响，尤其是 YF 的缺失导致 BxPrx 的活性下降 54.55%(表 7.2.5 和图 7.2.9)。

表 7.2.5　**不同缺失突变的 BxPrx 纯化蛋白的活性测定**

处理重复	测定重复	正常	缺失突变			
			49 Cys⁻	GL⁻	170 Cys⁻	YF⁻
1	1a	499.629	203.644	257.235	310.825	203.644
	1b	513.508	192.926	246.517	321.543	214.362
	1c	485.751	192.926	267.953	332.262	225.08
2	2a	509.237	195.27	255.071	306.534	211.843
	2b	499.628	203.08	270.53	317.104	214.362
	2c	566.887	188.971	241.158	294.906	196.489
3	3a	464.663	205.767	273.312	298.078	223.294
	3b	485.128	197.369	257.235	310.762	214.362
	3c	489.831	169.233	248.462	304.421	198.483
	平均值	501.585^{a}	194.354^{d}	257.497^{c}	310.715^{b}	211.324^{d}

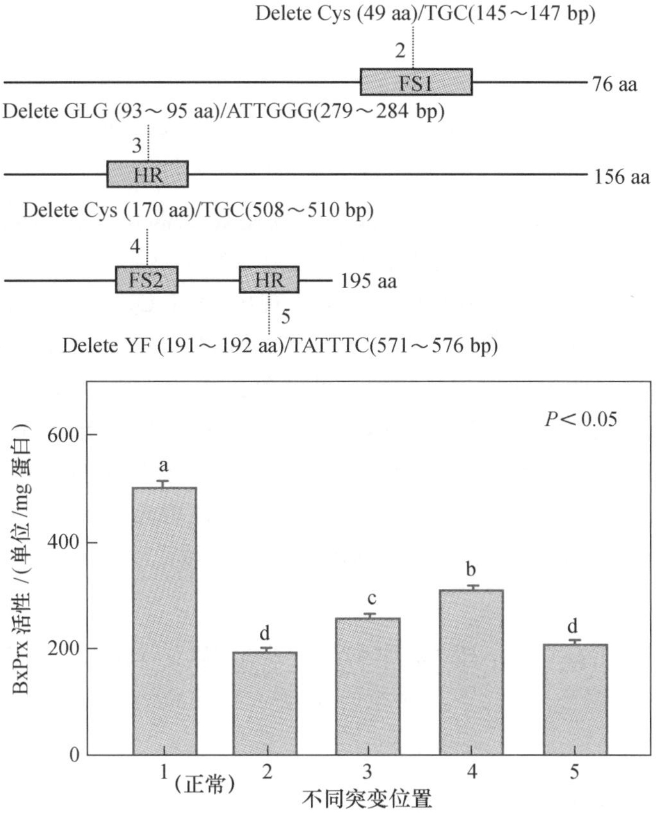

图 7.2.9 缺失 49Cys、170Cys、GL 和 YF 的 BxPrx 的纯化蛋白的 GPx 活性分析

7.2.2.4 anti-BxPrx 血清在松材线虫体内的免疫组织化学定位

免疫组织化学定位试验表明，BxPrx 蛋白的多克隆抗血清可以识别细胞核以及线虫表皮下面的肌肉纤维细胞。另外，BxPrx 在松材线虫体内有大量的表达，尤其是在代谢和运动活跃的部位分布居多，而且在线虫体壁下也广泛分布（图 7.2.10）。

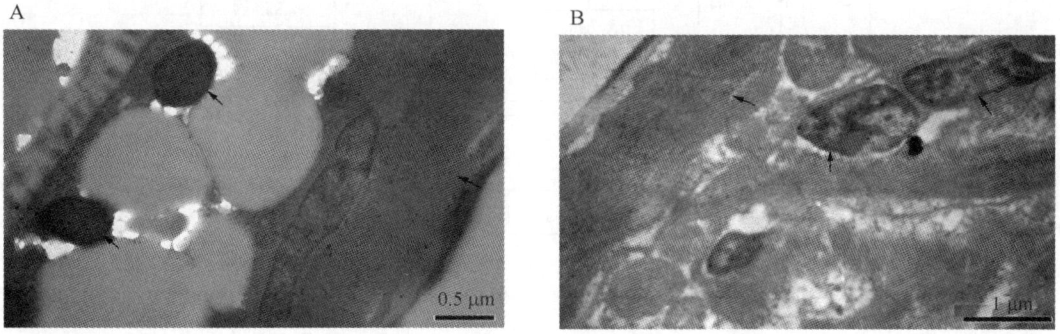

图 7.2.10 BxPrx 蛋白在松材线虫体内的免疫定位分析

7.2.3 小结

该研究主要对 BxPrx 蛋白的活性进行了分析，并对 BxPrx 蛋白的氧化还原催化机理进行了探讨，主要获得了以下结论：

(1)BxPrx 蛋白表现出明显的还原 H_2O_2 的氧化还原催化活性，而且主要表现为利用 *L*-谷胱甘肽和谷胱甘肽还原酶体系的谷胱甘肽过氧化物酶(GPx)的活性。含有 BxPrx 基因序列的 pET-28a 的质粒的大肠杆菌转化子同样表现出对 H_2O_2 的明显的还原能力。

(2)BxPrx 的最佳活性条件为 40℃左右的温度和 pH 7～8 的酸碱环境。

(3)BxPrx 还表现出明显的保护核酸免受活性氧损伤的还原能力。

(4)BxPrx 的催化机理分析表明 BxPrx 是典型的 2-Cys Prx 蛋白，是通过其序列上两个保守的半胱氨酸功能位点的分子间的二硫键的氧化还原过程完成催化循环的。

(5)免疫组织电镜试验结果表明 BxPrx 在松材线虫体内大量表达，并且主要分布在线虫体表下的颗粒物和肌肉细胞这类生命代谢活动较多的区域。

7.3 2-Cys Peroxiredoxin 蛋白在松材线虫侵染松木过程中的作用研究

7.3.1 技术路线

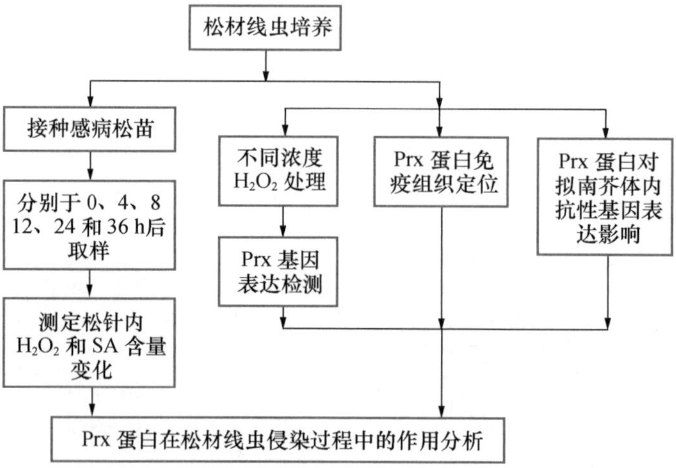

7.3.2 结果与分析

7.3.2.1 松苗体内 H_2O_2 含量的变化

试验结果(图 7.3.1)表明：

(1)松针内的 H_2O_2 的基础含量就比较高,源自松苗自身的代谢反应;

(2)接种松材线虫 4 h 后,处理和对照针叶样品中的 H_2O_2 含量没有显著性差异;

(3)接种松材线虫 8 h 后,松苗体内的 H_2O_2 含量显著增加,此高水平的 H_2O_2 含量持续 16 h 后又于接种线虫 36 h 后重新恢复至与对照松苗相同的 H_2O_2 含量水平,H_2O_2 含量的高峰值出现在接种松材线虫后 12 h。

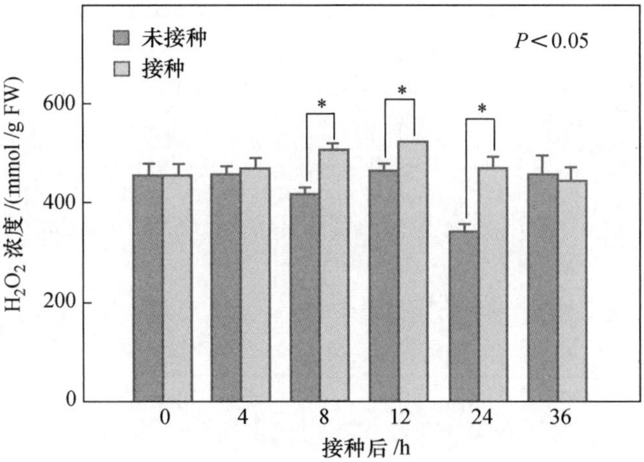

图 7.3.1　**接种松材线虫后白皮松针叶中的 H_2O_2 含量的变化**

7.3.2.2　松苗体内 SA 含量的变化

试验结果(图 7.3.2)表明:

(1)松针内的 SA 的基础含量处于比较低的水平;

(2)接种松材线虫 24 h 后,处理针叶中的 SA 含量被显著诱导;

(3)接种松材线虫后 SA 含量的高峰值出现在接种后 24 h,此峰值出现在 H_2O_2 含量峰值之后,此后松苗体内 SA 含量逐渐下降。

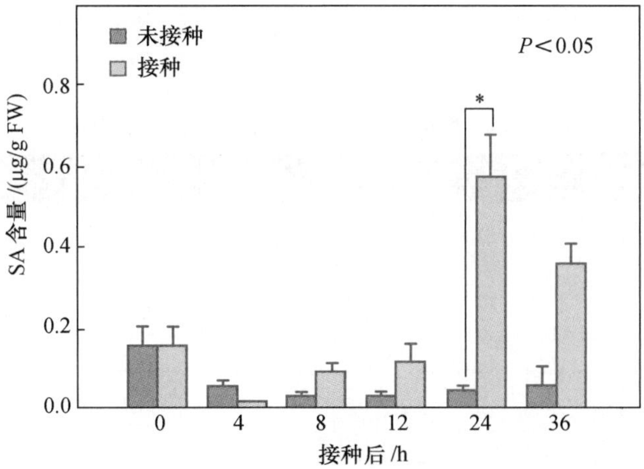

图 7.3.2　**接种松材线虫后白皮松针叶中的 SA 含量的变化**

7.3.2.3 H_2O_2 胁迫对 Prx 基因表达的影响

1. 荧光定量 PCR 内参基因的选择

(1)普通 PCR 检测 PCR 产物的扩增质量和 PCR 反应的最佳条件。图 7.3.3 中 6、7 和 8 分别为 3 个内参基因 *actin*、*CDC* 和 *Y45* 的最佳 PCR 扩增条件的摸索电泳结果，电泳中使用的是 50 bp DNA ladder 的 Marker，3 个内参基因的最佳扩增条件见表 7.3.1。

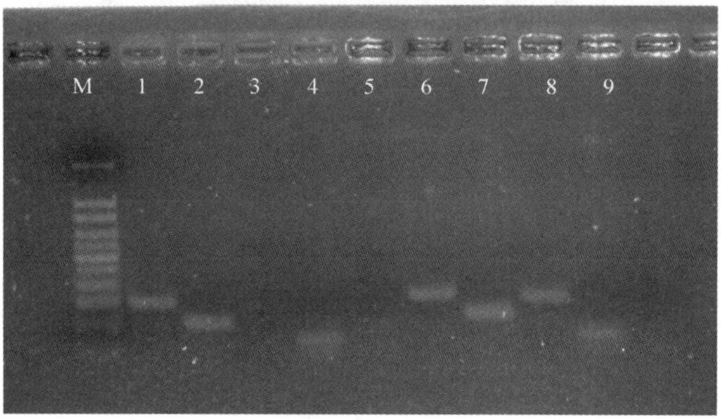

图 7.3.3 2%琼脂糖凝胶检测内参基因最佳扩增条件

表 7.3.1 内参基因的最佳 PCR 扩增条件

序号	基 因	退火温度/℃	退火时间/s
6	*β-actin*	58	45
7	*CDC*	58	40
8	*Y45*	60	40

(2)表达最稳定的内参基因的选择。线虫经含有 Prx dsRNA 的缓冲液处理不同时间后的取样的实时荧光定量 PCR 结果见表 7.3.2。gNorm 软件内参基因稳定性分析结果见表 7.3.3。

表 7.3.2 荧光定量 PCR 检测内参基因的表达

	0 h	8 h	16 h	24 h
Gene	*actin*	*actin*	*actin*	*actin*
sample A	0.195	0.033	0.259	0.647
sample B	1.673	0.007	0.031	0.079
sample C	0.175	0.028	0.18	0.037
Gene	*CDC*	*CDC*	*CDC*	*CDC*
sample A	1.52	0.048	0.314	1.033
sample B	0.634	0.033	1.084	0.215

续表 7.3.2

	0 h	8 h	16 h	24 h
sample C	0.182	0.038	0.04	0.02
Gene	Y45	Y45	Y45	Y45
sample A	1.445	1.084	0.836	1.242
sample B	0.882	0.849	1.214	0.757
sample C	1.336	0.996	1.886	1.161

表 7.3.3 内参基因稳定性分析结果

	actin	*CDC*	*Y45*
sample 1	0.195	1.52	1.445
sample 2	1.673	0.634	0.882
sample 3	0.175	0.182	1.336
sample 4	0.033	0.048	1.084
sample 5	0.007	0.033	0.849
sample 6	0.028	0.038	0.996
sample 7	0.259	0.314	0.836
sample 8	0.031	1.084	1.214
sample 9	0.18	0.04	1.886
sample 10	0.647	1.033	1.242
sample 11	0.079	0.215	0.757
sample 12	0.037	0.02	1.161
M	2.084	2.13	2.227

其中,M 值越小的基因表明其稳定性越好,所以应该选择 β-*actin* 作为实时荧光定量 PCR 的内参基因。

2. BxPrx 基因在转录水平上的表达变化比较

试验结果表明:溶解曲线为平滑的单峰曲线,说明引物的效果比较好,没有引物二聚体的干扰,结果比较准确(图 7.3.4)。

采用 SPSS 软件中的 Paired-samples T test 进行统计学分析松材线虫分别在 0.1 和 0.5 mmol/L H_2O_2 环境中与在 0 mmol/L H_2O_2 的环境中的其体内 Prx 基因的表达差异($P<0.05$)。试验结果表明,0.1 和 0.5 mmol/L H_2O_2 的氧化胁迫环境均会显著诱导松材线虫体内的 Prx 基因的表达,说明 Prx 与线虫的抗氧化防御密切相关(图 7.3.5)。

7.3.2.4 BxPrx 蛋白在松材线虫体内的免疫定位分析

免疫组织化学定位试验表明 BxPrx 分布在线虫体内的空腔内(图 7.3.6A),还可以通过线虫的口针分泌到体外(图 7.3.6B),图 7.3.6C 为免疫前的对照血清结果。

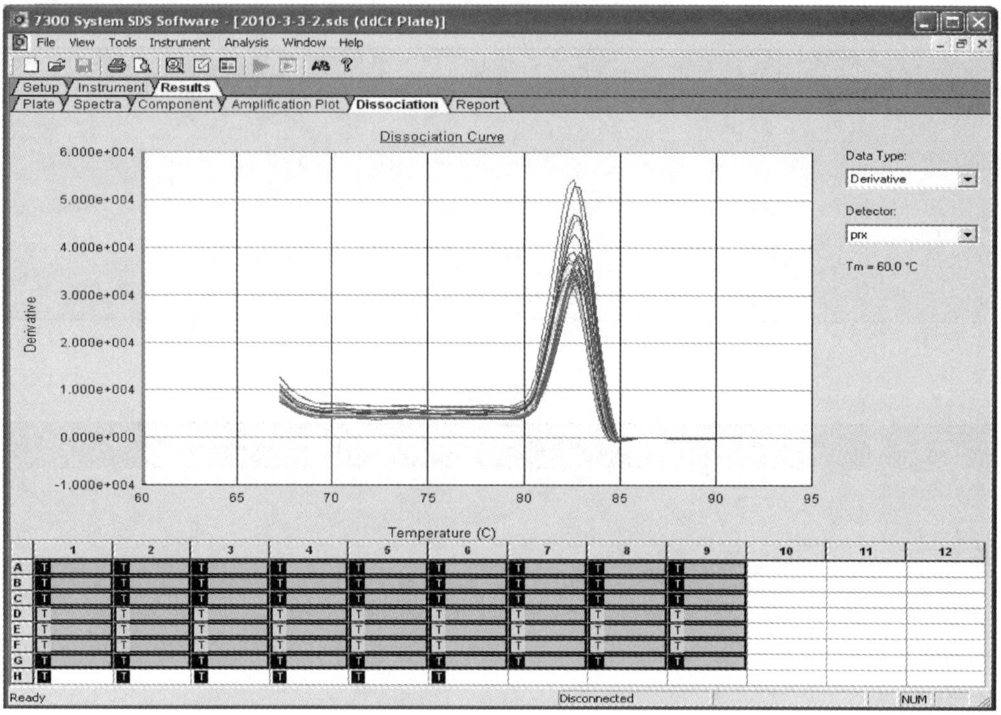

图 7.3.4　内参基因的实时荧光定量 PCR 溶解曲线图

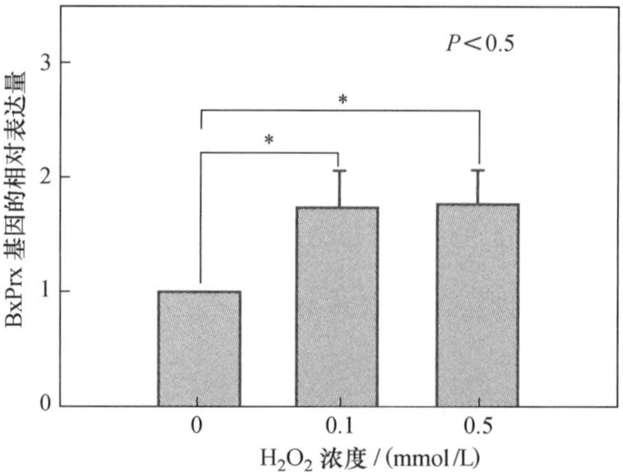

图 7.3.5　不同浓度 H_2O_2 处理后松材线虫体内 *Prx* 表达在转录水平上的变化

7.3.2.5　BxPrx 蛋白对拟南芥体内抗性基因表达的影响分析

图 7.3.7 结果表明，纯化的 BxPrx 蛋白可以抑制拟南芥体内抗性基因的表达，其中泛素基因 *UBQ*(Ubiquitin)为内参基因。经煮沸过的 BxPrx 蛋白处理的拟南芥体内的抗性基因谷胱甘肽-S-转移酶 *GST*(Glutathione S-transferase)和病程相关基因 *Pr*5(Pathogenesis-related gene 5) 的表达在整个 36 h 的观察中都变现为表达量的持续上升；而经有活性的 BxPrx 纯化蛋白处理过的拟南芥体内的抗性基因 *GST* 和 *Pr*5 的表达在处理后前 8 h 与对

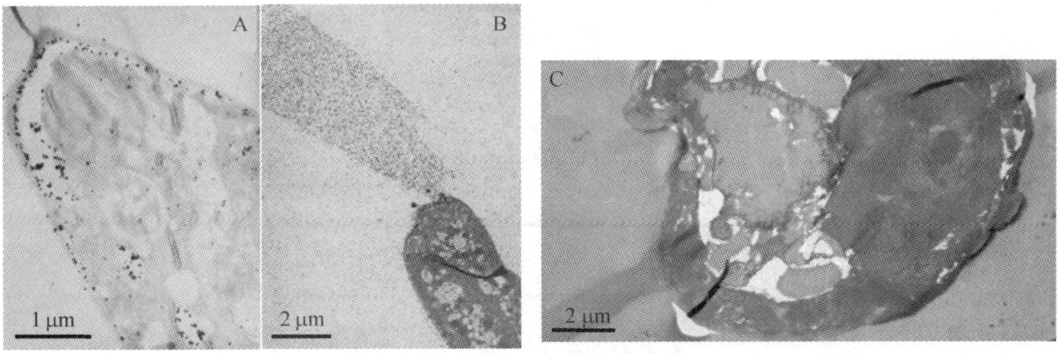

图 7.3.6 BxPrx 蛋白在松材线虫体内的免疫组织化学定位分析

照表现为相似的变化趋势，但在接下来的 24 h 的观察中抗性基因 *GST* 和 *Pr*5 的表达表现为下降趋势。此试验结果表明，BxPrx 蛋白可以减弱寄主植物的抗性反应，从而协助松材线虫完成成功侵染。

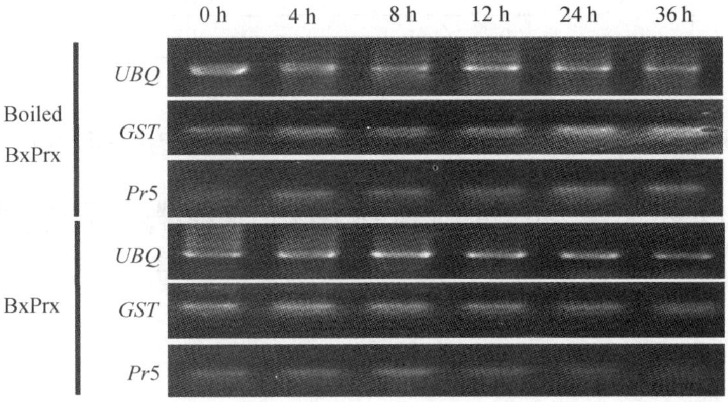

图 7.3.7 BxPrx 蛋白处理对拟南芥抗性基因表达的影响

7.3.3 小结

通过本试验，主要得出了以下主要结论(图 7.3.8)：

(1)接种松材线虫可以导致松苗体内的 H_2O_2 和 SA 含量的增加，并且 SA 的含量高峰出现在 H_2O_2 之后，说明松材线虫的侵染可以诱导寄主松苗体内活性氧防御反应并且 H_2O_2 可能是诱导植物体内 SA 含量增加的原因。

(2)H_2O_2 胁迫可以诱导松材线虫体内 Prx 基因表达增加，说明 BxPrx 是松材线虫体内重要的抗氧化防御蛋白。

(3)免疫组织化学定位试验表明，BxPrx 蛋白还可以通过口针分泌到线虫的体外发挥抗氧化防御的功能。

(4)BxPrx 蛋白对拟南芥的处理试验表明，BxPrx 蛋白可以抑制寄主植物体内的抗性基因的表达，从而协助线虫完成成功入侵。

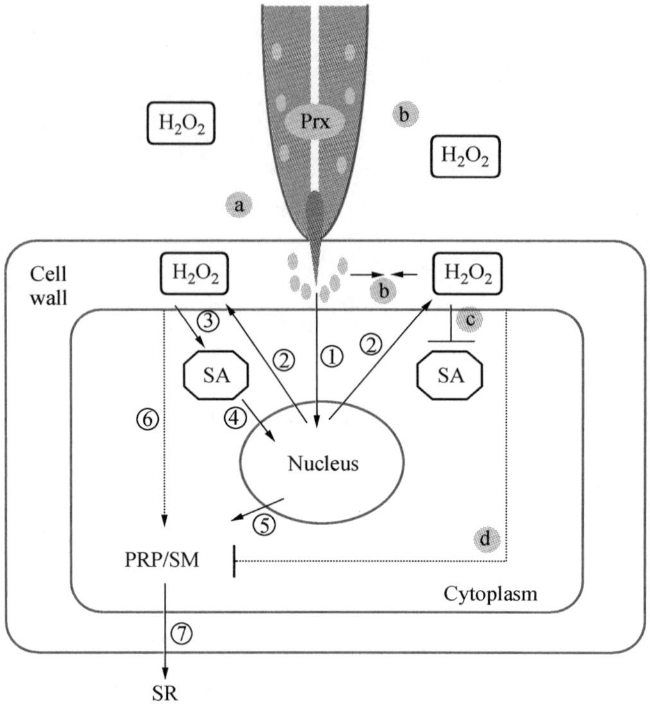

图 7.3.8　**BxPrx 蛋白在松材线虫侵染寄主松木过程中发挥作用的推测**

7.4　松褐天牛 alpha 微管蛋白和 beta 微管蛋白基因的克隆、时空表达与原核表达研究

7.4.1　技术路线

alpha 微管蛋白基因克隆和时空表达试验技术路线：

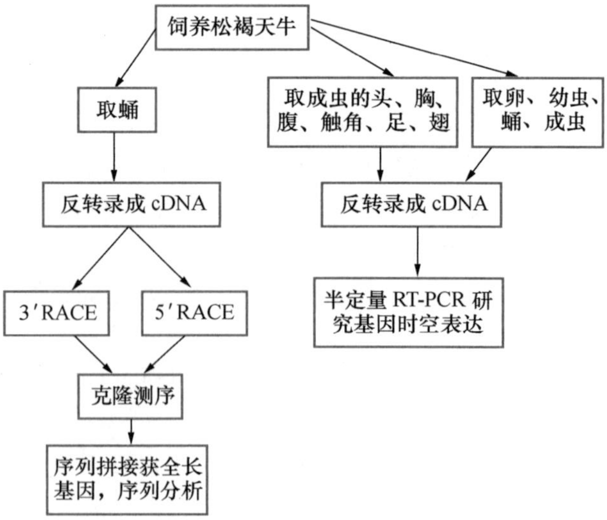

beta 微管蛋白基因克隆和时空表达试验技术路线：

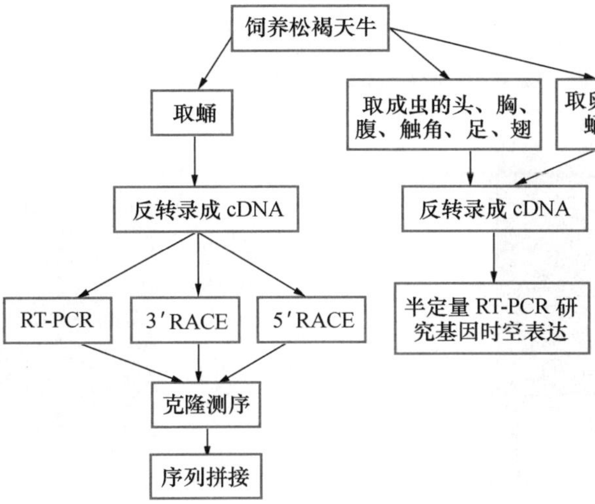

7.4.2　结果与分析

7.4.2.1　alpha 微管蛋白的基因克隆及序列分析

1. RNA 的提取和 3′RACE

利用 Invitrogen 公司的 Trizol 提取松褐天牛蛹的总 RNA(图 7.4.1)，利用 3′RACE 试剂盒中的 adaptor oligd(T)反转录成 cDNA 第一链后，以此为模板利用同源兼并上游引物和下游 3′RACE adaptor 引物进行 PCR 扩增。扩增完成后琼脂糖凝胶电泳检测到一条 1 000 bp 左右特异性片段，与预期的一致(图 7.4.2)。电泳回收纯化后，克隆到 PGMT-easy 载体上，转化大肠杆菌 Top10，筛选到阳性重组子后，经 PCR 检测(图 7.4.3)，送到华大生物科技有限公司测序。测得序列在 NCBI/blast 比较发现，该片段为 alpha 微管蛋白基因的一部分。

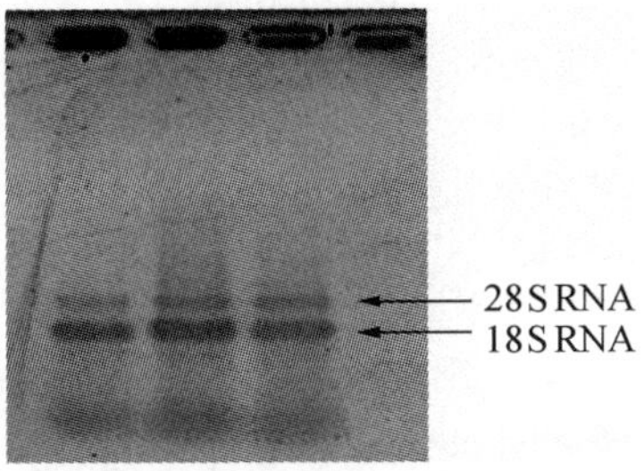

图 7.4.1　**松褐天牛蛹总 RNA**

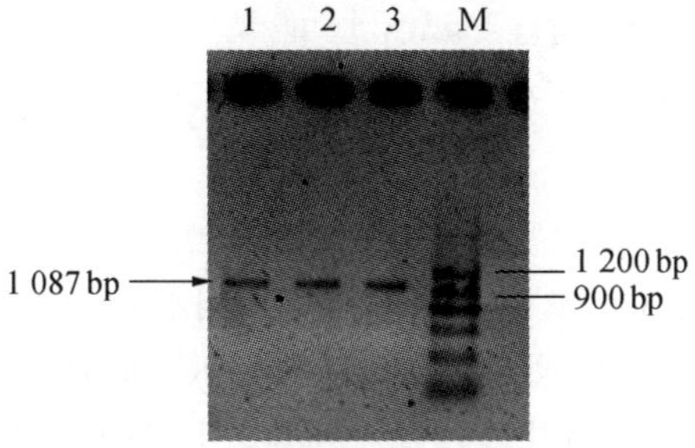

图 7.4.2　**alpah 微管蛋白 3′RACE 扩增结果**

M 表示 marker，1～3 表示 PCR 结果。

2. alpha 微管蛋白基因的 5′RACE

利用 5′RACE 试剂盒中的随机引物把高质量 RNA 反转录成 cDNA 第一链，根据

3′RACE 测序结果利用 Primer5 设计 5′RACE 的下游特异引物，以 cDNA 为模板利用特异引物和 adaptor 引物进行二次 PCR 扩增。扩增完成后琼脂糖凝胶电泳检测到与预期大小相一致的条带(图 7.4.4)。电泳回收纯化后，克隆到 pGMT-easy 载体上，转化大肠杆菌 Top10，筛选到阳性重组子后，经 PCR 检测(图 7.4.5)，送到华大生物科技有限公司测序。

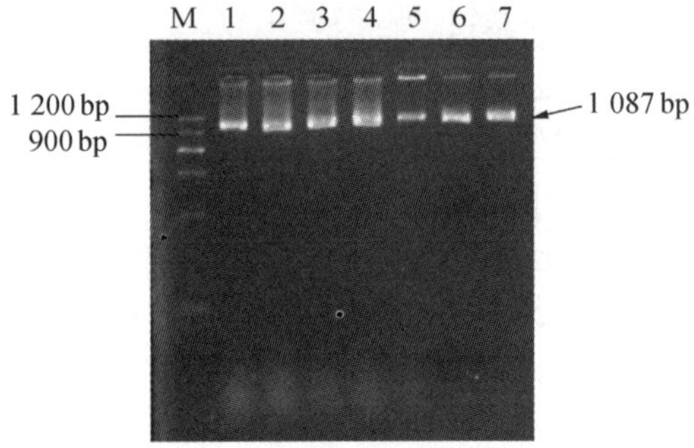

图 7.4.3 质粒 PCR 鉴定 alpah 微管蛋白 3′RACE 结果

M 表示 marker，1～7 表示 PCR 结果。

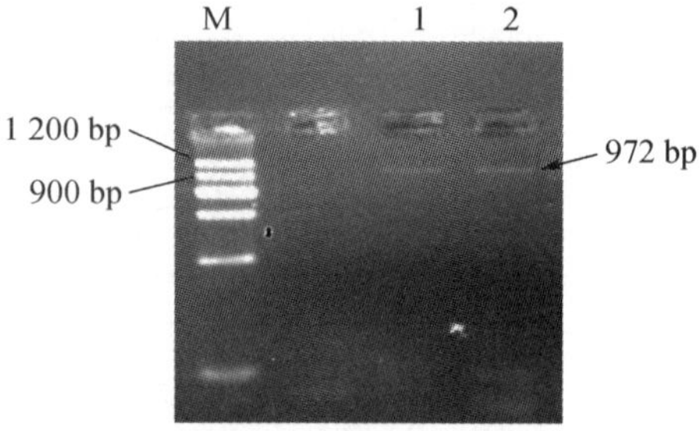

图 7.4.4 alpha 微管蛋白 5′RACE 扩增片段

M 表示 marker，1 和 2 表示 PCR 结果。

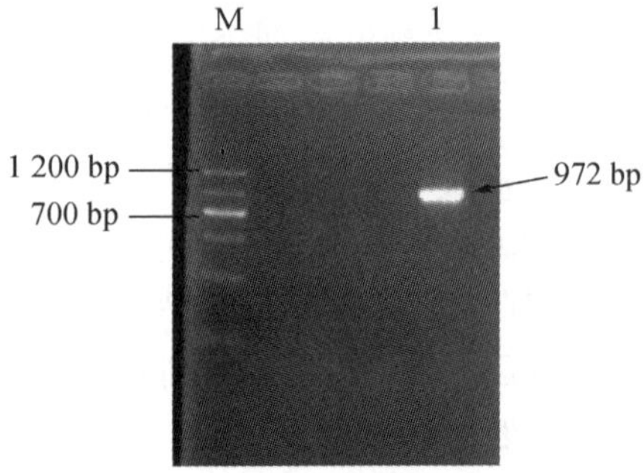

图 7.4.5 质粒 PCR 鉴定 alpah 微管蛋白 5′RACE 结果

M 表示 marker，1 表示 PCR 结果。

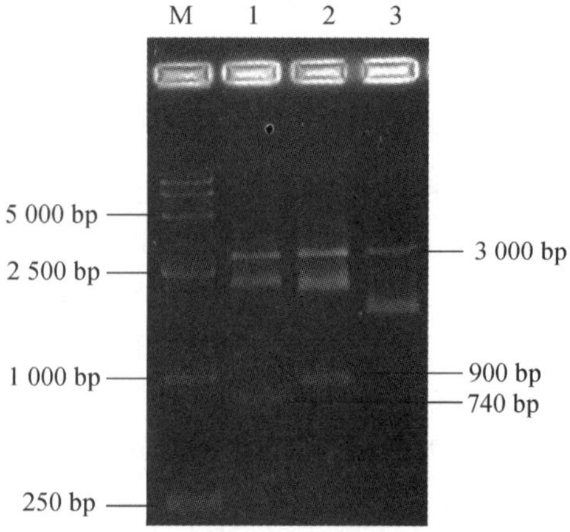

图 7.4.6 3′RACE、5′RACE 阳性质粒和空 pBS 质粒酶切结果

M 为 marker，1 为 3′RACE 阳性质粒经 EcoRI 和 XhoI 酶切结果，2 为 5′RACE 阳性质粒经 EcoRI 和 XhoI 酶切结果，3 为空质粒 pBS 经 XhoI 酶切结果。

3. alpha 微管蛋白基因的序列整合以及序列信息

alpha 微管蛋白 5′质粒用 EcoRI 和 XhoI 酶切后的 900 bp 片段，3′质粒用 EcoRI 和 XhoI 酶切后的 740 bp 片段，PBS 纯质粒用 XhoI 酶切后的琼脂糖凝胶图见图 7.4.6 。重组质粒送到公司测序，结果与理论拼接的整个基因相同，其碱基序列和由 DNAman 推测的氨基酸序列见图 7.4.7。alpha 微管蛋白基因全长 1 690 bp，阅读框全长 1 353 bp，编码 450 个氨基酸残基，在 GenBank 的登录号为 EU073050。由图可以看出，松褐天牛 alpha 微管蛋白具有其他物种 alpha 微管蛋白相同的保守性结构 MRECI 区域、GTP 结合区、磷酸化以及乙酰化位点。

1 GCGGATCCGAACACTGCGTTTGCTGGCTTTGATGAAAGAGCTCGTTTGGAAAGCTGCATTACTAGCTTGTCTGAACGTCTGTTGCAGAA

91 GCAAATTTAATTCATTTGTGGTGTGTTATTTAAACTTGACAAAACAAAATGCGTGAATGTATCTCAGTGCACGTCGGCCAAGCCGGAGTC

1 M R E C I S V H V G Q A G V

181 CAAATCGGTAATGCCTGCTGGGAGTTGTACTGCCTGGAACATGGCATCCAACCCGACGGCCAGATGCCCTCCGACAAAACAGTAGGAGGT

15 Q I G N A C W E L Y C L E H G I Q P D G Q M P S D K T V G G

271 GGAGACGACAGTTTCAACACCTTCTTCAGTGAAACCGGGGCCGGCAAACACGTACCCAGGGCCGTATTCGTCGACTTGGAACCCACAGTA

45 G D D S F N T F F S E T G A G K H V P R A V F V D L E P T V

361 GTAGATGAGGTAAGGACGGGCACATACCGCCAGTTGTTCCACCCAGAACAACTCATCACAGGAAAAGAGGACGCTGCCAACAACTATGCT

75 V D E V R T G T Y R Q L F H P E Q L I T G K E D A A N N Y A

451 CGTGGTCACTACACGATCGGCAAAGAAATCGTCGACTTGGTCTTGGACCGCATCAGGAAATTGGCAGATCAATGCACGGGGCTACAAGGG

106 R G H Y T I G K E I V D L V L D R I R K L A D Q C T G L Q G

541 TTCCTTATCTTCCACTCCTTCGGGGGTGGCACCGGATCTGGATTCACCAGTTTGTTGATGGAGAGGTTGTCCGTGGACTACGGAAAGAAG

135 F L I F H S F G G G T G S G F T S L L M E R L S V D Y G K K

631 TCCAAGCTGGAGTTCGCTATCTACCCAGCTCCCCAGGTATCCACCGCCGTCGTTGAACCCTACAACTCTATTTTGACCACTCACACCACC

165 S K L E F A I Y P A P Q V S T A V V E P Y N S I L T T H T T

721 CTGGAACACTCTGACTGCGCCTTTATGGTAGACAACGAAGCTATATATGACATCTGCAGACGTAACTTGGACATCGAGCGCCCCACATAC

195 L E H S D C A F M V D N E A I Y D I C R R N L D I E R P T Y

811 ACCAACTTGAACAGGCTGATCGGCCAGATCGTATCCTCCATCACCGCCTCTTTGAGGTTCGACGGCGCTCTCAACGTTGACTTGACAGAA

225 T N L N R L I G Q I V S S I T A S L R F D G A L N V D L T E

901 TTCCAAACTAACTTGGTCCCTTACCCACGTATCCACTTCCCTCTGGTCACTTACGCTCCCGTCATCTCCGCTGAAAAGGCCTACCATGAA

255 F Q T N L V P Y P R I H F P L V T Y A P V I S A E K A Y H E

991 CAACTATCCGTGGCTGAAATTACCAACGCCTGCTTTGAACCCGCCAACCAGATGGTGAAATGCGACCCCCGTCACGGAAAATACATGGCC

285 Q L S V A E I T N A C F E P A N Q M V K C D P R H G K Y M A

1081 TGTTGCATGTTGTATCGAGGAGATGTCGTCCCTAAAGACGTAAACGCTGCTATTGCCACCATCAAGACCAAGCGTACCATCCAGTTCGTG

315 C C M L Y R G D V V P K D V N A A I A T I K T K R T I Q F V

1171 GACTGGTGTCCCACCGGATTCAAAGTAGGCATCAACTACCAGCCCCCAACTGTGGTGCCCGGAGGTGATTTGGCCAAGGTACAGCGTGCC

345 D W C P T G F K V G I N Y Q P P T V V P G G D L A K V Q R A

1261 GTGTGCATGTTGTCCAACACCACGGCCATCGCCGAGGCTTGGGCCCGTCTGGACCACAAATTCGACTTGATGTACGCCAAGCGTGCATTC

375 V C M L S N T T A I A E A W A R L D H K F D L M Y A K R A F

1351 GTCCACTGGTACGTGGGTGAGGGTATGGAGGAAGGAGAGTTCTCTGAAGCTCGTGAGGATCTGGCTGCTCTGGAGAAGGATTACGAAGAA

405 V H W Y V G E G M E E G E F S E A R E D L A A L E K D Y E E

1441 GTAGGAATGGACTCCGGAGAAGGTGAAGGCGAGGGAGCCGAAGAGTATTAAATGACAGGACAGGCATTCGATTTTATGACAAGTTGTATT

435 V G M D S G E G E G E G A E E Y *

1531 TCTTTTCTAAATTTGCTCCATTTTTT*TATA*TTACCGAGTCTTTTTCGAACGATGTTTTGAAGTCTGATTTATTTAATTGAAATACATTTT

1621 TTTACCAACAAAAAAAAAAAAAAGGATCCGGTACCTCTAGATCAGAATCAAGCTTATCGATACCGTCGA

图 7.4.7 alpha 微管蛋白全长 cDNA 序列及推导的氨基酸序列

核酸和氨基酸的位置标在左边。终止密码子用星号标记，TATA box 结构用斜体标记，保守性结构 MRECI 区和 GTP 结合区用下划线标识。磷酸化位点用框标识，乙酰化位点用双下划线表示。

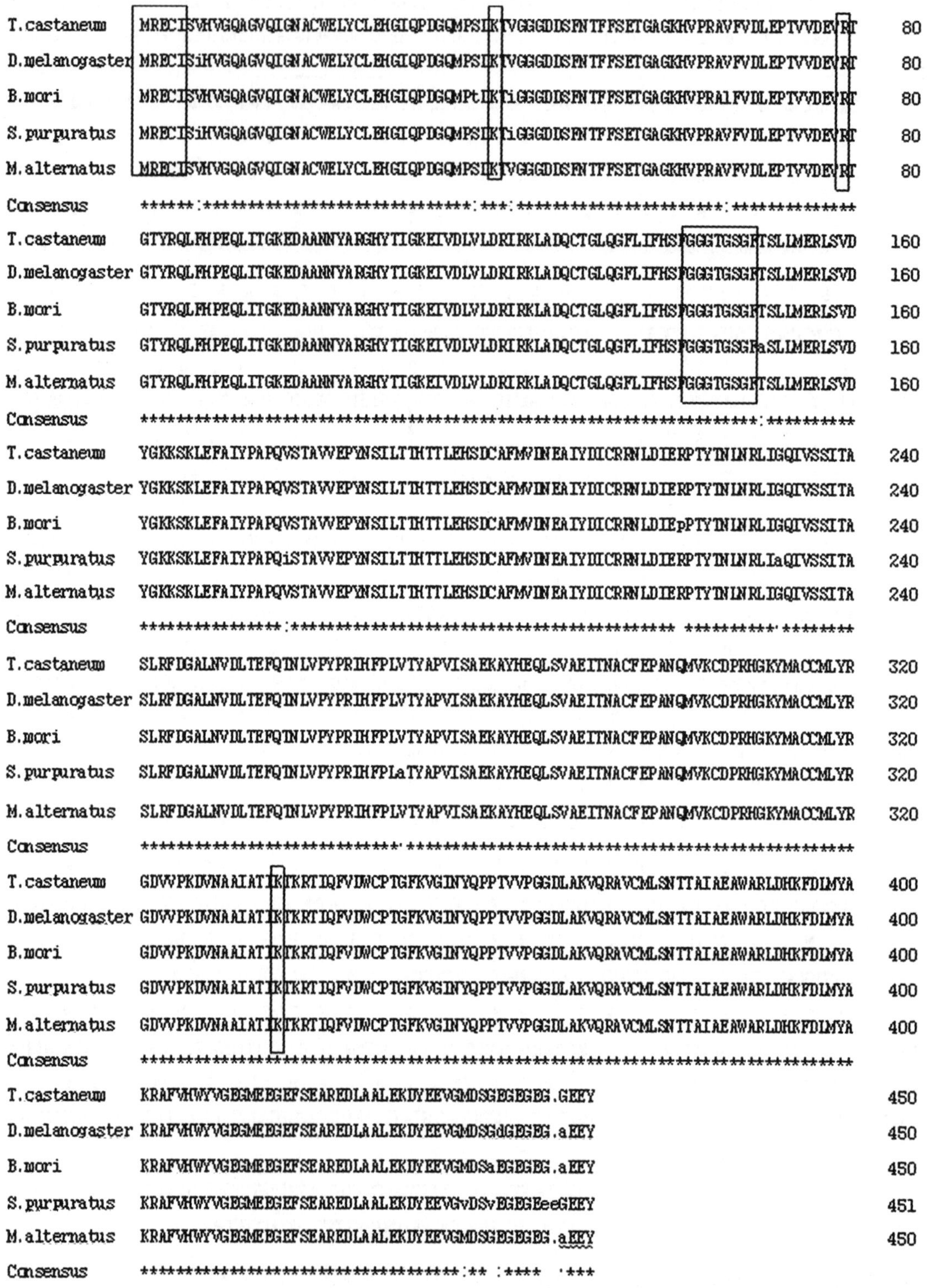

图 7.4.8　果蝇、家蚕、赤拟谷盗、松褐天牛和海胆 alpha 微管蛋白的氨基酸比对

方框中标识的序列为保守特征序列及重要作用位点。

4. alpha 微管蛋白的氨基酸序列分析

基于 alpha 微管蛋白的保守性，我们选取了另外 4 个物种的 alpha 微管蛋白氨基酸序列与松褐天牛的微管蛋白氨基酸序列做了比较。4 个物种分别是模式昆虫果蝇（*Drosophila melanogaster*）和家蚕（*Bombyx mori*），与松褐天牛同属鞘翅目的赤拟谷盗（*Tribolium castaneum*）和后面工作应用其抗体的海胆（*Strongylocentrotus purpuratus*）。序列对比见图 7.4.8。由图可知，微管蛋白的保守区和主要作用位点是完全相同的，并且氨基酸也具有极高的同一性，松褐天牛和赤拟谷盗完全相同，与其他昆虫也仅有几个氨基酸的差异。

通过把松褐天牛 alpha 微管蛋白序列输到 NCBI/blast 中比较我们发现它与很多物种的 alpha 微管蛋白都有很高的同源性。我们选取了在 NCBI 中蛋白序列完整的、有明确物种拉丁名和确定为 alpha 微管蛋白的前 28 个序列构建了系统进化树（图 7.4.9）。从图中我们可以看出，松褐天牛与赤拟谷盗和果蝇的遗传距离比其他昆虫近，而与昆虫的遗传距离比脊椎动物的近，这与传统的分类布局是一样的。

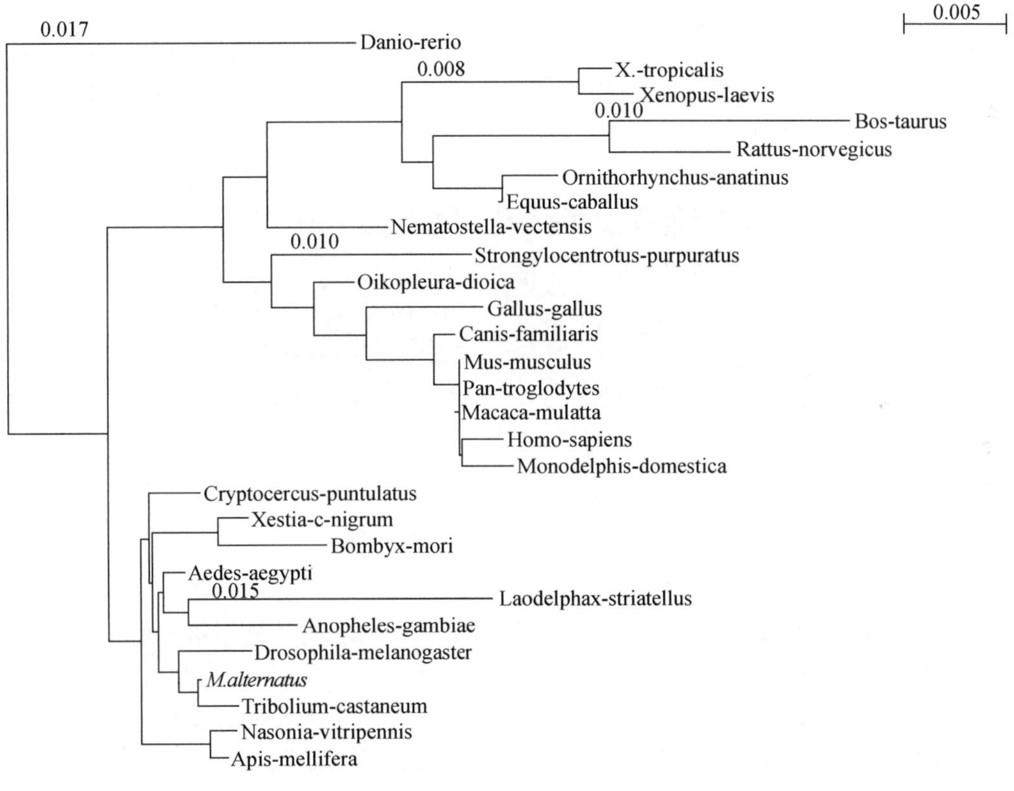

图 7.4.9 部分物种的 alpha 微管蛋白的进化树（分支距离表示遗传距离）

The Latin name of listed species and accession number in NCBI are *Drosophila melanogaster* [NP_476772], *Tribolium castaneum* [XP_966492], *Apis mellifera* [XP_391936], *Bombyx mori* [NP_001036884], *Strongylocentrotus purpuratus*[XP_001178141], *Danio rerio*[NP_001032649], *Canis familiaris* [XP_534765], *Gallus gallus*[XP_422851], *Macaca mulatta* [XP_001110230], *Pan troglodytes* [XP_001135976], *Equus caballus* [XP_001504224], *Xenopus laevis* [NP_001080056], *Monodelphis domestica* [XP_001376512], *Homo sapiens* [NP_525125], *Xenopus tropicalis* [NP_989129], *Ornithorhynchus anatinus* [XP_001509265], *Rattus norvegicus* [NP_001011995], *Bos taurus* [NP_001029376], *Aedes aegypti* [XP_001663407], *Anopheles gambiae* [XP_309723], *Nasonia vitripennis* [XP_001607699], *Xestia c-nigrum* [ABU94676], *Cryptocercus punctulatus* [ABL61211], *Laodelphax striatellus* [AAR92032], *Maconellicoccus hirsutus*[ABM55668], *Nematostella vectensis*[XP_001636866], *Oikopleura dioica* [AAP80594.1]。

7.4.2.2 alpha微管蛋白在不同虫期和成虫不同器官中的转录水平

1. 内参基因18S rRNA的循环数

根据电泳图谱(图7.4.10),18S rRNA的PCR大小约为1 000 bp,可见的最小信号强度选择23个循环。

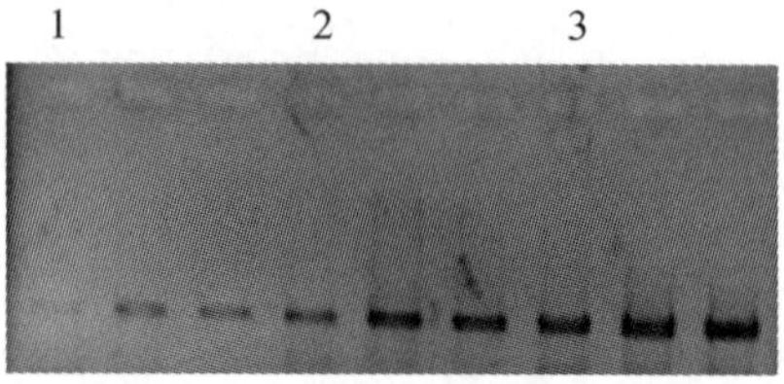

图7.4.10　18S rRNA的不同循环数PCR结果

1、2、3泳道分别为20、24、26个循环PCR结果。

2. cDNA样品的标准化结果

取松褐天牛成虫头、胸、腹、触角、翅和足以及不同虫期卵、幼虫、蛹和成虫的cDNA样品各1 μL,用18S rRNA进行PCR校准实验,23个循环,直到调整每个样品的PCR产物信号强度得到一致(图7.4.11)。

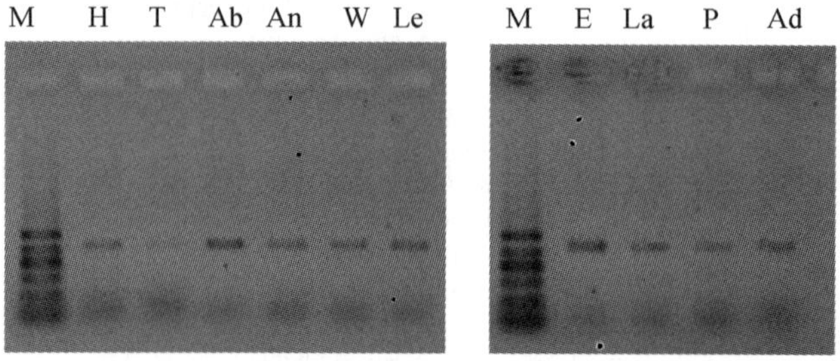

图7.4.11　18S rRNA校准各个样品cDNA

M为marker,H表示头,T表示胸,Ab表示腹,An表示触角,W表示翅,Le表示腿,E表示卵,La表示幼虫,P表示蛹,Ad表示成虫。

3. 目的基因进行PCR循环数实验

取23个循环数,既保证alpha微管蛋白的较高产量又使PCR处于指数增长期。

4. 半定量PCR结果

以alpha-tubulin/ 18S rRNA的比值来代表mRNA的相对表达水平(图7.4.12和图7.4.13)。结果显示alpha微管蛋白在头、胸、腹、触角、翅、足、卵、幼虫、蛹以及成虫中都有表达。

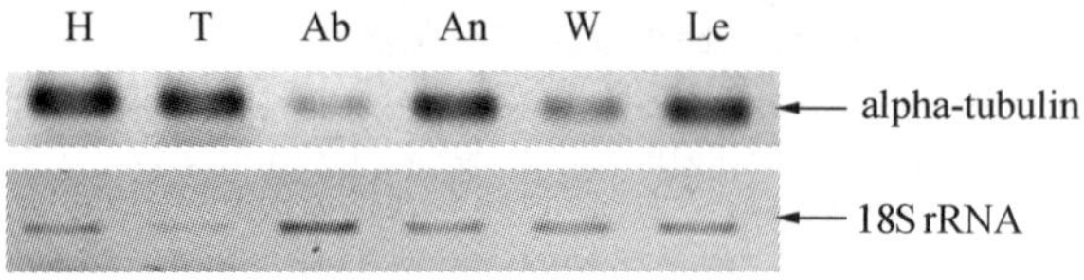

图7.4.12　松褐天牛不同器官中alpha微管蛋白基因的表达水平

H表示头,T表示胸,Ab表示腹部,An表示触角,W表示翅,Le表示足。

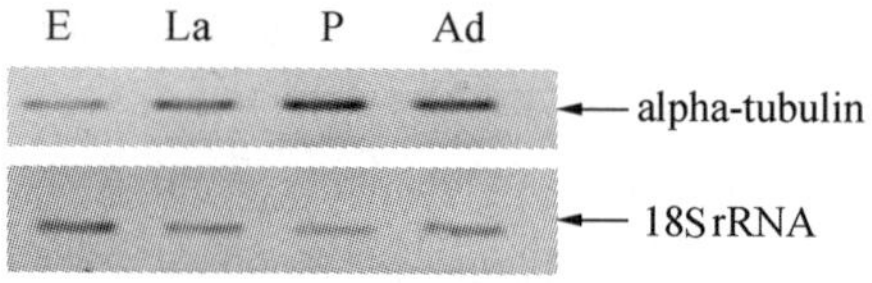

图7.4.13　松褐天牛不同虫期alpha微管蛋白基因的表达水平

E表示卵,La表示幼虫,P表示蛹,Ad表示成虫。

7.4.2.3 beta 微管蛋白的基因克隆及序列分析

1. RNA 的提取和基因部分片段的扩增

利用 Invitrogen 公司的 Trizol 提取松褐天牛蛹的总 RNA(图 7.4.1),利用 3′RACE 试剂盒中的 adaptor oligd(T)反转录成 cDNA 第一链后,以此为模板利用同源兼并上游引物和同源兼并下游引物进行 PCR 扩增。扩增完成后琼脂糖凝胶电泳检测到一条 680 bp 左右特异性片段,与预期的一致(图 7.4.14)。电泳回收纯化后,克隆到 PGMT-easy 载体上,转化大肠杆菌 Top10,筛选到阳性重组子后,经 PCR 检测,送到华大生物科技有限公司测序。测得序列在 NCBI/blast 比较发现,该片段为 beta 微管蛋白基因的一部分。

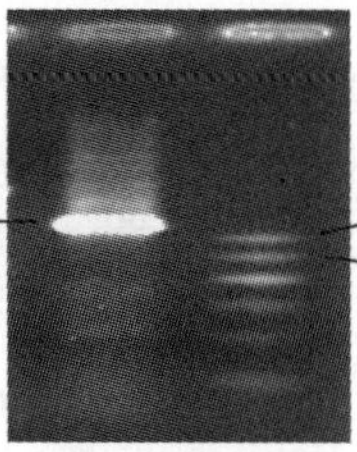

图 7.4.14 beta 微管蛋白 680 bp 片段 PCR 结果

M 为 marker,1 为 PCR 结果。

2. beta 微管蛋白基因的 3′RACE

根据克隆的片段测序结果,利用 Primer5 设计两条特异上游引物以上述的 cDNA 为模板进行 3′RACE 的片段克隆。PCR 结果用琼脂糖凝胶进行检测(图 7.4.15),结果两条特异引物分别克隆出1 050 bp 和1 100 bp 片段,与预期的相符,于是克隆到 pGM-T 载体中经阳性质粒 PCR 检测后(图 7.4.16),送到测序公司测序。

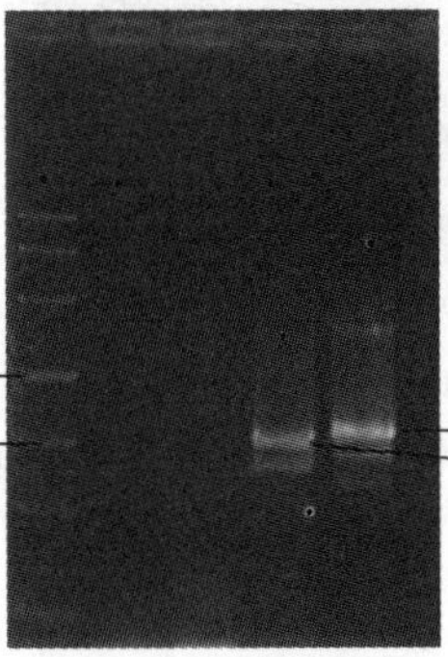

图 7.4.15 beta 微管蛋白 3′RACE PCR 结果

M 为 marker,1 为第一条特异上游引物的 PCR 结果,2 为第二条特异上游引物的 PCR 结果。

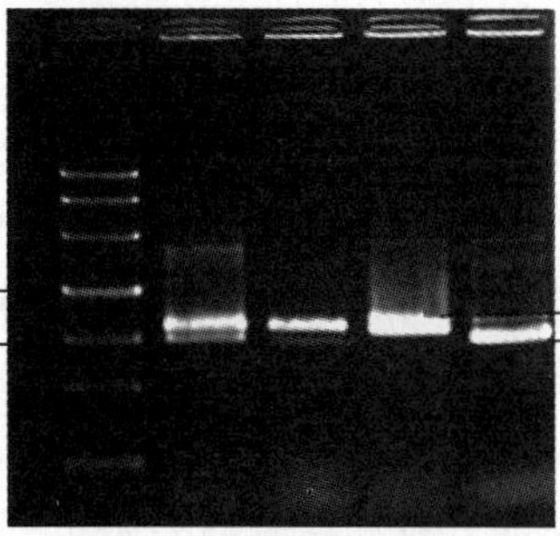

图 7.4.16 beta 微管蛋白 3′RACE 阳性质粒 PCR 检测

M 为 marker,1 为第二条特异引物 PCR 结果,2 为第一条特异引物 PCR 结果。

3. beta 微管蛋白基因的 5′RACE

利用 5′RACE 试剂盒中的随机引物把高质量 RNA 反转录成 cDNA 第一链,根据 3′RACE测序结果利用 Primer5 设计 5′RACE 的下游特异引物,以 cDNA 为模板利用特异引物和 adaptor 引物进行二次 PCR 扩增。扩增完成后琼脂糖凝胶电泳检测到与预期大小相一致的条带(图 7.4.17)。电泳回收纯化后,克隆到 pGMT-easy 载体上,转化大肠杆菌 Top 10,筛选到阳性重组子后,经 PCR 检测(图 7.4.18),送到华大生物科技有限公司测序。

4. beta 微管蛋白基因的序列整合以及序列信息

对 3 次测序结果进行拼接分析,得到 beta 微管蛋白的全长 cDNA 序列,根据序列设计

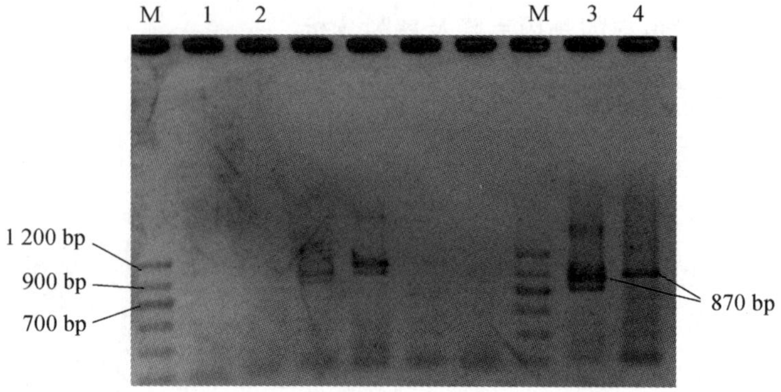

图 7.4.17　beta 微管蛋白 5′RACE PCR 结果

M 为 marker，泳道 1、2 为不同特异下游外引物 PCR 结果，泳道 3、4 为特异内引物以 1、2PCR 产物为模板的 PCR 结果。

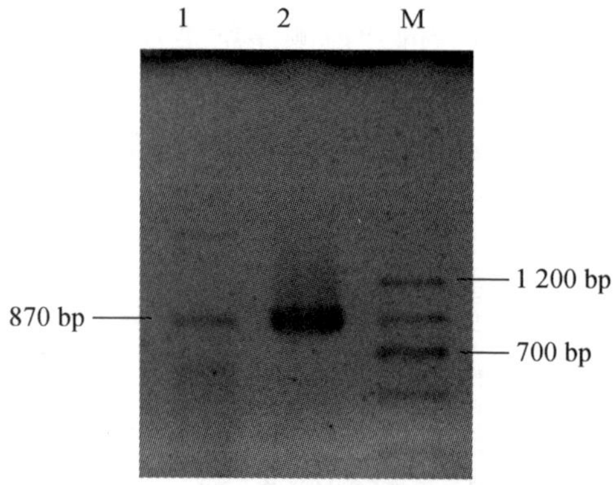

图 7.4.18　beta 5′RACE 阳性克隆的 PCR 检测

M 为 marker，泳道 1 和 2 同为检测的 5′RACE 阳性质粒 PCR 结果。

分别位于起始密码子之上和终止密码子之下的基因特异引物，利用 PCR 方法从松褐天牛中扩增 beta 微管蛋白的全长 cDNA 序列，然后链接到 PGMT-easy 载体中测序，序列比较发现与先前拼接的完全相同，把该基因在 GenBank 中登记，登录号为 EU373305，命名为 MoTubB，该序列蛋白编码区长1 344 bp，由此推测的蛋白序列为 447 个氨基酸残基。beta 微管蛋白的保守性序列特征 MREI、KYVPRA、HSLGGGTGSGMGTLL、NNWAKGHY、RKAFLHWYTGEGMDEMEFTE 和 ESNMNDLVSEYQQYQ 也都存在于得到的微管蛋白中，基因的碱基序列以及推导的氨基酸序列如图 7.4.19 所示，保守序列以及特殊功能区域和氨基酸残基也都用不同标识标出。

5. 对 beta 微管蛋白的序列分析和同源性比较

基于 beta 微管蛋白的保守性，我们选取了另外 3 种昆虫的 beta 微管蛋白基因与松褐天牛的微管基因做了比较。3 种昆虫分别是模式昆虫果蝇(*D. melanogaster*)和家蚕(*B. mori*)，与松褐天牛同属鞘翅目的赤拟谷盗(*T. castaneum*)。序列对比见图 7.4.20。由图可知，微管蛋白的保守区和主要作用位点是完全相同的，并且氨基酸也具有极高的同一性，松褐天牛和赤拟谷盗的氨基酸只有一个残基的不同，与其他的也仅有几个氨基酸的不同。

通过把松褐天牛 beta 微管蛋白序列输到 NCBI/blast 中比较我们发现它与很多物种的 beta 微管蛋白都有很高的同源性。我们选取了在 NCBI 中蛋白序列完整的、有明确物种拉丁名和确定为 beta 微管蛋白的前 21 个序列构建了系统进化树(图 7.4.21)。从图中我们可以看出，松褐天牛在昆虫中与赤拟谷盗的遗传距离最近，其次是意大利蜜蜂，然后是其他昆虫，而与昆虫的遗传距离比脊椎动物的近，这与传统的分类布局大体一致。

```
1     TAATAATTTTTATAAATCAAAATGAGGGAAATCGTACACATTCAAGCCGGACAATGCGGTAACCAGATTGGAGCCAAATTCTGGGAAATT
1                             M  R  E  I  V  H  I  Q  A  G  Q  C  G  N  Q  I  G  A  K  F  W  E  I
91    ATTTCCGATGAACATGGTATTGACCCCACCGGAGCCTACCATGGAGACTCAGACCTCCAGCTCGAAAGAATAAATGTCTACTACAATGAA
24    I  S  D  E  H  G  I  D  P  T  G  A  Y  H  G  D  S  D  L  Q  L  E  R  I  N  V  Y  Y  N  E
181   GCCTCTGGAGGCAAATATGTTCCCCGTGCCATCCTAGTAGACTTGGAACCCGGTACCATGGACTCTGTCCGATCCGGCCCATTCGGACAA
54    A  S  G  G  K  Y  V  P  R  A  I  L  V  D  L  E  P  G  T  M  D  S  V  R  S  G  P  F  G  Q
271   ATCTTCAGGCCAGACAACTTTGTATTCGGTCAGTCTGGTGCTGGAAATAACTGGGCCAAGGGACATTACACGGAAGGAGCGGAATTAGTG
84    I  F  R  P  D  N  F  V  F  G  Q  S  G  A  G  N  N  W  A  K  G  H  Y  T  E  G  A  E  L  V
361   GACTCCGTTTTAGATGTAGTCAGGAAAGAAGCAGAATCCTGTGACTGTTTACAAGGATTCCAACTTACACACTCCCTTGGTGGCGGTACC
114   D  S  V  L  D  V  V  R  K  E  A  E  S  C  D  C  L  Q  G  F  Q  L  T  H  S  L  G  G  G  T
451   GGTTCCGGAATGGGCACGTTACTCATCTCAAAGATCCGCGAGGAGTACCCAGACAGGATCATGAACACATACTCAGTAGTACCTTCCCCC
144   G  S  G  M  G  T  L  L  I  S  K  I  R  E  E  Y  P  D  R  I  M  N  T  Y  S  V  V  P  S  P
541   AAAGTATCAGACACAGTTGTAGAACCCTACAACGCCACACTCTCTGTACACCAACTTGTAGAAAACACAGACGAAACTTACTGTATTGAT
174   K  V  S  D  T  V  V  E  P  Y  N  A  T  L  S  V  H  Q  L  V  E  N  T  D  E  T  Y  C  I  D
631   AACGAAGCTCTCTACGACATCTGCTTTAGGACACTGAAACTTACCACCCCTACATACGGAGACTTGAACCATTTAGTATCCCTTACCATG
204   N  E  A  L  Y  D  I  C  F  R  T  L  K  L  T  T  P  T  Y  G  D  L  N  H  L  V  S  L  T  M
721   TCTGGAGTCACCACCTGTCTCAGGTTCCCCGGTCAACTGAACGCCGATCTCCGTAAACTGGCTGTCAACATGGTTCCATTCCCTCGTCTC
234   S  G  V  T  T  C  L  R  F  P  G  Q  L  N  A  D  L  R  K  L  A  V  N  M  V  P  F  P  R  L
811   CACTTCTTCATGCCTGGATTTGCTCCTCTCACATCTCGCGGTAGCCAACAATACAGAGCCCTCACCGTCCCCGAACTTACCCAACAGATG
264   H  F  F  M  P  G  F  A  P  L  T  S  R  G  S  Q  Q  Y  R  A  L  T  V  P  E  L  T  Q  Q  M
901   TTCGATGCCAAGAACATGATGGCTGCTTGCGACCCAAGACACGGACGATACCTTACCGTAGCTGCTGTATTCAGAGGCAGGATGTCCATG
294   F  D  A  K  N  M  M  A  A  C  D  P  R  H  G  R  Y  L  T  V  A  A  V  F  R  G  R  M  S  M
991   AAGGAAGTAGACGAACAAATGCTCAACATCCAGAACAAGAACAGCAGCTACTTCGTCGAATGGATCCCCAACAACGTAAAGACAGCCGTT
324   K  E  V  D  E  Q  M  L  N  I  Q  N  K  N  S  S  Y  F  V  E  W  I  P  N  N  V  K  T  A  V
1081  TGCGACATCCCACCAAGAGGTCTCAAGATGTCTGCCACTTTCATCGGTAACTCCACTGCCATCCAAGAATTGTTCAAGCGTATCTCTGAA
354   C  D  I  P  P  R  G  L  K  M  S  A  T  F  I  G  N  S  T  A  I  Q  E  L  F  K  R  I  S  E
1171  CAGTTCACAGCTATGTTCAGGCGTAAGGCTTTCTTGCATTGGTACACGGGTGAGGGTATGGACGAAATGGAATTCACTGAAGCCGAATCC
384   Q  F  T  A  M  F  R  R  K  A  F  L  H  W  Y  T  G  E  G  M  D  E  M  E  F  T  E  A  E  S
1261  AACATGAACGACTTGGTGTCTGAATACCAACAGTACCAGGAGGCCACCGCCGACGAGGACGCCGAATTCGATGAAGACCAAGAAGCCGAA
414   N  M  N  D  L  V  S  E  Y  Q  Q  Y  Q  E  A  T  A  D  E  D  A  E  F  D  E  D  Q  E  A  E
1351  GTCGATGAGAACTAAACGGTTCTTTTTAACATCGATGATCTGAAATCCGCTTTACATCATTTCTTTTGTATTTACGCATGTTTTTTGTAC
444   V  D  E  N  *
1441  AGTCTTTACATTCCCGTTTGTAAATTCGAATACATTACTTAACTTATCATGACTGACTTTTTGTTGCTTTTATTTCCAGTGTTCGTTTCA
1531  AAAATGTTTATAACATGTTTCTGCATATTTTGTTTAAGAAATAGGCATTAAAACTGCTGCCATCACTTACGTAAAAAAAAAAAA
```

图 7.4.19　beta 微管蛋白的碱基和氨基酸序列

碱基和氨基酸的位置都标识在左边，终止密码子用星号表示，TATA box 结构用斜体表示，保守区及有过报道的功能区 MREI、KYVPRA、HSLGGGTGSGMGTLL、NNWAKGHY、RKAFLHWYTGEGMDEMEFTE 和 ESNMNDLVSEYQQYQ 用双下划线表示；重要的功能氨基酸残基 Q134、F167、E198、S172、P220、P268 和 A248 用灰色背景标识。

```
T.castaneum      MREIVHIQAGQCGNQIGAKFWEIISDEHGIDPTGAYHGDSDLQLERINVYYNEASGGKYVPRAILVDLEPGTMDSVRSGP   80
D.melanogaster   MREIVHIQAGQCGNQIGAKFWEIISDEHGIDaTGAYHGDSDLQLERINVYYNEASGGKYVPRAvLVDLEPGTMDSVRSGP   80
B.mori           MREIVHIQAGQCGNQIGAKFWEIISDEHGIDPTGAYHGDSDLQLERINVYYNEASGGKYVPRAILVDLEPGTMDSVRSGP   80
M.alternatus     MREIVHIQAGQCGNQIGAKFWEIISDEHGIDPTGAYHGDSDLQLERINVYYNEASGGKYVPRAILVDLEPGTMDSVRSGP   80
Consensus        *******************************.******************************:*****************

T.castaneum      FGQIFRPDNFVFGQSGAGNNWAKGHYTEGAELVDSVLDVVRKEAESCDCLQGFQLTHSLGGGTGSGMGTLLISKIREEYP  160
D.melanogaster   FGQIFRPDNFVFGQSGAGNNWAKGHYTEGAELVDSVLDVVRKEAESCDCLQGFQLTHSLGGGTGSGMGTLLISKIREEYP  160
B.mori           FGQIFRPDNFVFGQSGAGNNWAKGHYTEGAELVDSVLDVVRKEAESCDCLQGFQLTHSLGGGTGSGMGTLLISKIREEYP  160
M.alternatus     FGQIFRPDNFVFGQSGAGNNWAKGHYTEGAELVDSVLDVVRKEAESCDCLQGFQLTHSLGGGTGSGMGTLLISKIREEYP  160
Consensus        ********************************************************************************
T.castaneum      DRIMNTYSVVPSPKVSDTVVEPYNATLSVHQLVENTDETYCIDNEALYDICFRTLKLTTPTYGDLNHLVSLTMSGVTTCL  240
D.melanogaster   DRIMNTYSVVPSPKVSDTVVEPYNATLSVHQLVENTDETYCIDNEALYDICFRTLKLTTPTYGDLNHLVSLTMSGVTTCL  240
B.mori           DRIMNTYSVVPSPKVSDTVVEPYNATLSVHQLVENTDETYCIDNEALYDICFRTLKLsTPTYGDLNHLVSLTMSGVTTCL  240
M.alternatus     DRIMNTYSVVPSPKVSDTVVEPYNATLSVHQLVENTDETYCIDNEALYDICFRTLKLTTPTYGDLNHLVSLTMSGVTTCL  240
Consensus        *********************************************************:**********************
T.castaneum      RFPGQLNADLRKLAVNMVPFPRLHFFMPGFAPLTSRGSQQYRALTVPELTQQMFDAKNMMAACDPRHGRYLTVAAVFRGR  320
D.melanogaster   RFPGQLNADLRKLAVNMVPFPRLHFFMPGFAPLTSRGSQQYRALTVPELTQQMFDAKNMMAACDPRHGRYLTVAAiFRGR  320
B.mori           RFPGQLNADLRKLAVNMVPFPRLHFFMPGFAPLTSRGSQQYRALTVPELTQQMFDAKNMMAACDPRHGRYLTVAAiFRGR  320
M.alternatus     RFPGQLNADLRKLAVNMVPFPRLHFFMPGFAPLTSRGSQQYRALTVPELTQQMFDAKNMMAACDPRHGRYLTVAAVFRGR  320
Consensus        ***************************************************************************:****

T.castaneum      MSMKEVDEQMLNIQNKNSSYFVEWIPNNVKTAVCDIPPRGLKMSATFIGNSTAIQELFKRISEQFTAMFRRKAFLHWYTG  400
D.melanogaster   MSMKEVDEQMLNIQNKNSSYFVEWIPNNVKTAVCDIPPRGLKMSATFIGNSTAIQELFKRISEQFTAMFRRKAFLHWYTG  400
B.mori           MSMKEVDEQMLNIQNKNSSYFVEWIPNNVKTAVCDIPPRGLKMaATFIGNSTAIQELFKRISEQFTAMFRRKAFLHWYTG  400
M.alternatus     MSMKEVDEQMLNIQNKNSSYFVEWIPNNVKTAVCDIPPRGLKMSATFIGNSTAIQELFKRISEQFTAMFRRKAFLHWYTG  400
Consensus        *******************************************:************************************

T.castaneum      EGMDEMEFTEAESNMNDLVSEYQQYQEATADEDAEFDEEQEAEVDEN                                  447
D.melanogaster   EGMDEMEFTEAESNMNDLVSEYQQYQEATADEDAEFeEEQEAEVDEN                                  447
B.mori           EGMDEMEFTEAESNMNDLVSEYQQYQEATADEDAEFDEEQEqEiedN                                  447
M.alternatus     EGMDEMEFTEAESNMNDLVSEYQQYQEATADEDAEFDEdQEAEVDEN                                  447
Consensus        ************************************:*:**:*:::*
```

图 7.4.20 松褐天牛、赤拟谷盗、果蝇和家蚕 beta 微管蛋白的比对

在框中的特征序列与图 7.4.19 中的大致相同，并且在这 4 种昆虫中完全一致。可能的磷酸化位点用下划线表示：双下划线表示依赖 cAMP 或 cGMP 的激酶位点，单下划线表示蛋白激酶 C 的位点，虚线表示酪蛋白激酶Ⅱ作用位点。

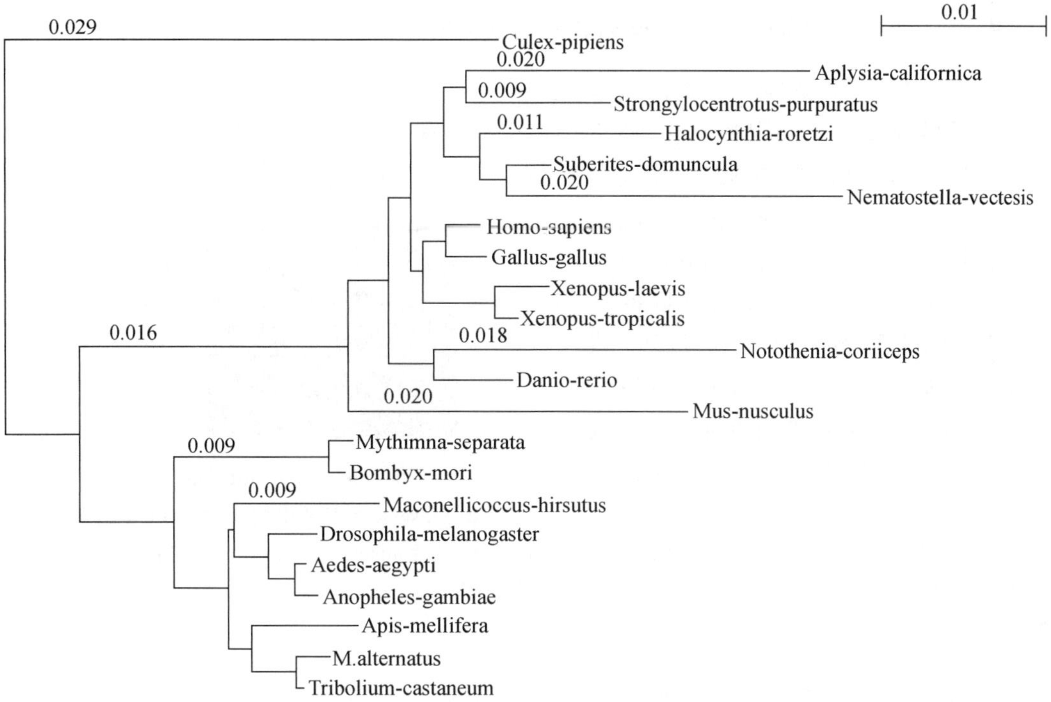

图 7.4.21 部分物种的 beta 微管蛋白系统进化树(分支距离表示遗传距离)

The Latin name of listed species and accession number in NCBI are XP_967267.1 [Tribolium castaneum], NP_001036964.1 [Bombyx mori], XP_309765.4 [Anopheles gambiae], NP_523795.2 [Drosophila melanogaster], XP_392313.1 [Apis mellifera], XP_001656025.1 [Aedes aegypti], ABM55546.1 [Maconellicoccus hirsutus], NP_001072450.1 [Xenopus tropicalis], BAE28709.1 [Mus musculus], NP_001080566.1 [Xenopus laevis], ABY47891.1 [Mythimna separata], AAH71414.1 [Danio rerio], XP_001634953.1 [Nematostella vectensis], NP_001074329.2 [Gallus gallus], BAA22382.1 [Halocynthia roretzi], XP_791790.1 [Strongylocentrotus purpuratus], CAD79598.1 [Suberites domuncula], AAP13560.1 [Aplysia californica], AAG15315.1 [Notothenia coriiceps], NP_006079.1 [Homo sapiens]。

7.4.2.4 beta 微管蛋白在不同虫期和成虫不同器官中的转录水平

半定量 PCR 结果：以 beta-tubulin/18S rRNA 的比值来代表 mRNA 的相对表达水平(图 7.4.22 和图 7.4.23)。结果显示 beta 微管蛋白在头、胸、腹、触角、翅、足、卵、幼虫、蛹以及成虫中都有表达。

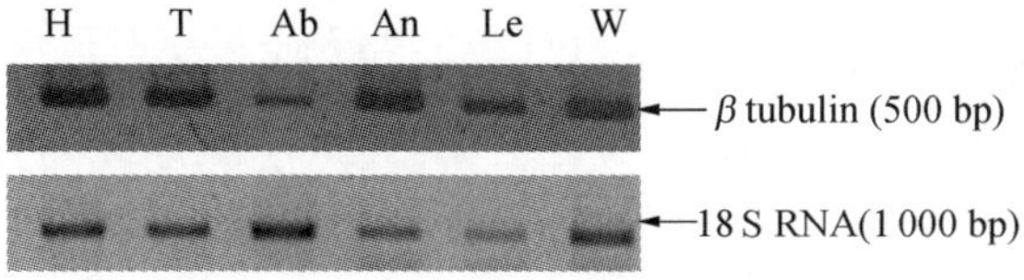

图 7.4.22 beta 微管蛋白在松褐天牛不同器官中的表达水平

H 为头，T 为胸，Ab 为腹部，An 为触角，W 为翅，Le 为足。

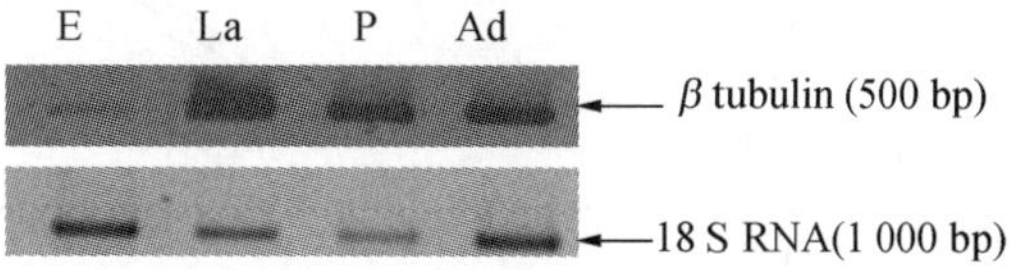

图 7.4.23 beta 微管蛋白在松褐天牛不同虫期的表达水平

E 为卵，La 为幼虫，P 为蛹，Ad 为成虫。

7.4.2.5 alpha 和 beta 微管蛋白融合表达载体的构建

1. alpha 微管蛋白基因融和表达载体

用设计的克隆全长基因的引物，PCR扩增得到了1 400 bp 左右的片段（图7.4.24），产物加 A 连接到 pGM-T 质粒中后，经过 XhoI 和 NdeI 双酶切后回收含有 alpha 微管蛋白基因完整阅读框的片段，经过与同样酶切处理的 pET-28a 载体纯化检测后（图 7.4.25）连接，然后转化大肠杆菌 DH5α，筛选阳性重组子，进行 PCR 和序列测定验证，得到正向插入的重组子 pET-28a/TubA（图 7.4.25）。提取重组子质粒转化到 BL21 菌株中进行蛋白的诱导表达。

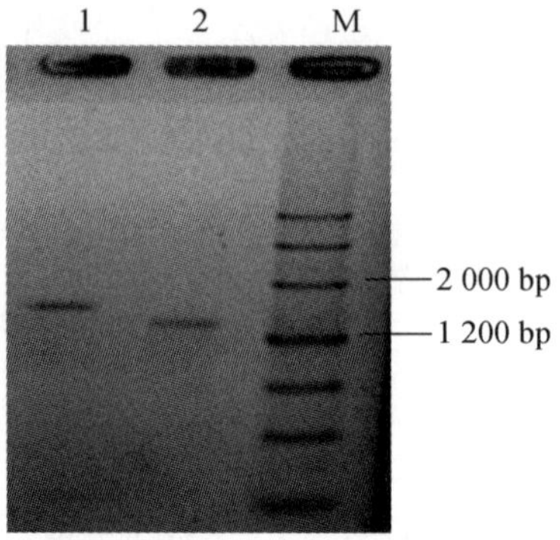

图 7.4.24 以 TubA sense/antisense 和 TubB sense/antisense 为上下游引物所做的 PCR 结果

M 为 marker，1 为 alpha 微管蛋白的 PCR 结果，2 为 beta 微管蛋白的 PCR 结果。

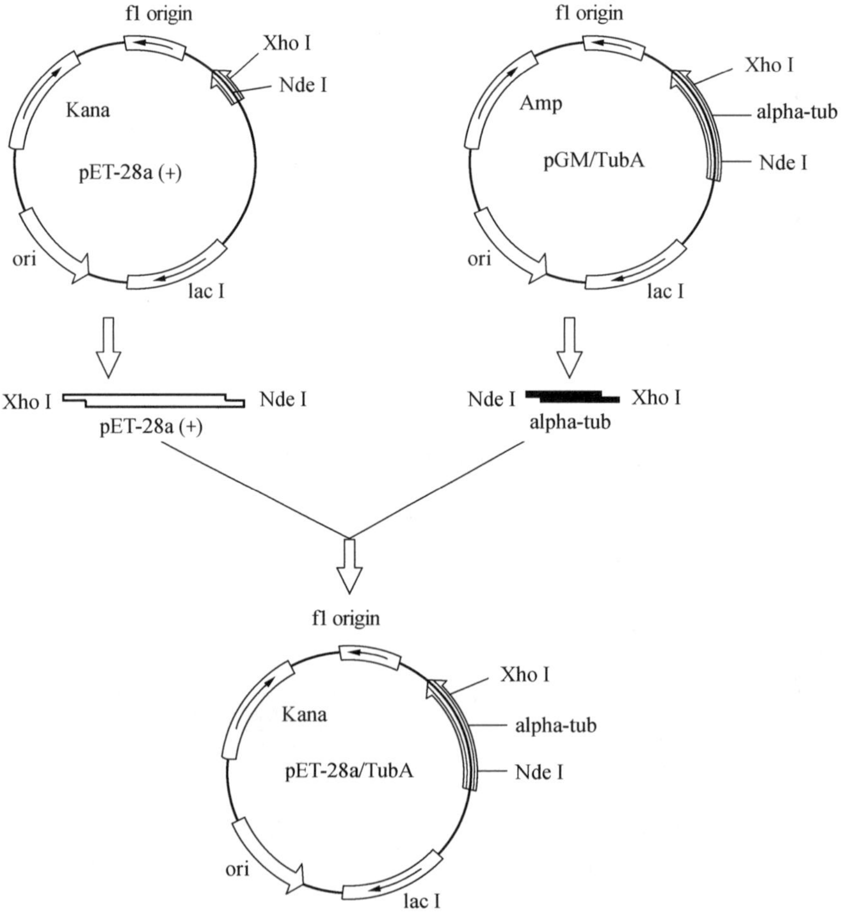

图 7.4.25 构建的 alpha 微管蛋白融合表达载体

2. beta 微管蛋白基因融和表达载体

用设计的克隆全长基因的引物，PCR 扩增得到了1 350 bp 左右的片段(图 7.4.24)，产物加 A 连接到 pGM-T 质粒中后，经过 XhoI 和 NdeI 双酶切后回收含有 beta 微管蛋白基因完整阅读框的片段，经过与同样酶切处理的 pET-28a 载体纯化后(图 7.4.26)连接，然后转化大肠杆菌 DH5α，筛选阳性重组子，进行 PCR 和序列测定验证，得到正向插入的重组子 pET-28a/TubB (图 7.4.27)，提取重组子质粒转化到 BL21 中，IPTG 诱导进行蛋白表达。

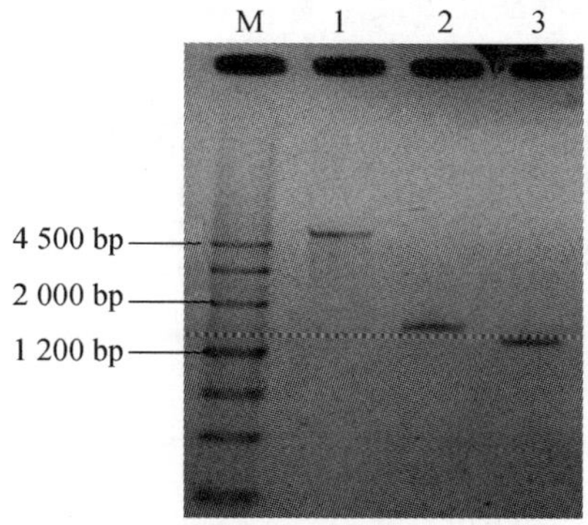

图 7.4.26 质粒经 XhoI 和 NdeI 双酶切后纯化片段的检测

M 为 marker，1 为双酶切的 pET-28a 空质粒，2 为双酶切 pGM-28a/TubA 后的 alpha 微管蛋白，3 为双酶切 pGM-28a/TubB 后的 beta 微管蛋白。

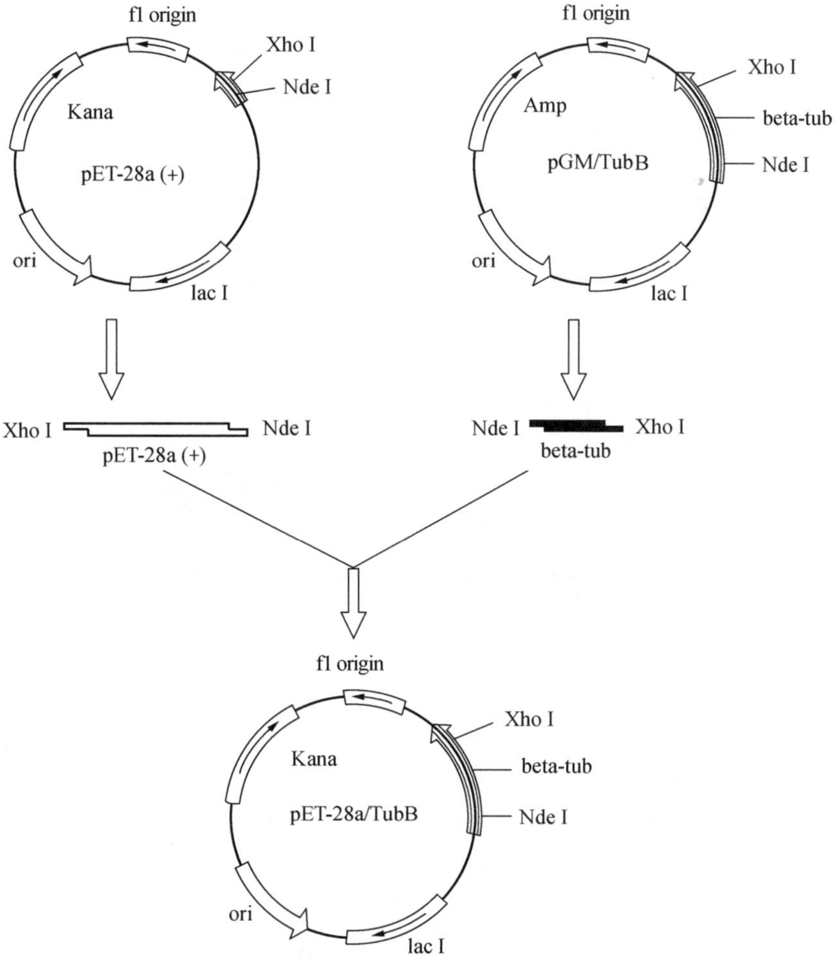

图 7.4.27 构建的 beta 微管蛋白融和表达载体

3. 聚丙烯酰胺凝胶分析

重组子 pET-28a/TubA 和 pET-28a/TubB 经过 IPTG 诱导培养后，通过 10% SDS-PAGE 电泳，考马斯亮蓝染色结果表明：空质粒 pET-28a 没有特异蛋白表达；含有重组子的菌体在无 IPTG 诱导的情况下没有特异蛋白表达，经 IPTG 诱导后有特异蛋白表达，且随着时间的增加(1 h、3 h、5 h)，其表达量也增高。诱导表达出的特异蛋白都在 50 ku 左右(图 7.4.28 和图 7.4.29)。

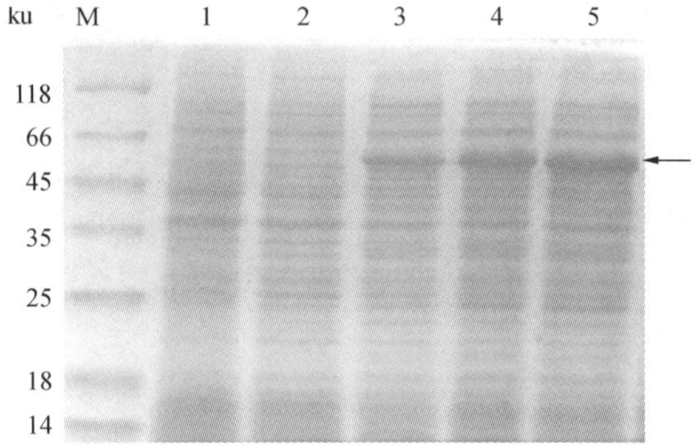

图 7.4.28　alpha 微管蛋白基因原核表达

箭头指示特异表达蛋白；M 为蛋白分子量标准，1 为 IPTG 诱导的对照质粒，2～5 为 IPTG 分别诱导 0 h、1 h、3 h、5 h 的重组质粒。

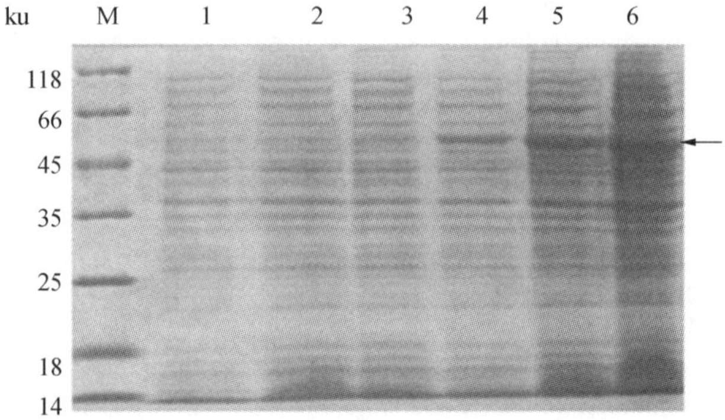

图 7.4.29　beta 微管蛋白原核表达 PAGE 图

箭头所示表达的特异蛋白；M 为蛋白分子量标准，1 为 IPTG 诱导的对照质粒，2 为未用 IPTG 诱导的重组质粒，3～6 为 IPTG 分别诱导 0 h、1 h、3 h、5 h 的重组质粒。

4. 蛋白三维结构

预测蛋白的三维结构对于基因和蛋白的重要功能位点预测、蛋白结构域的分析、作用位点间可能的相互作用以及特殊位点的查找和分析是特别有意义的。Swiss-model 同源建模软件是一个蛋白三维结构预测的专业软件，利用此软件提供的模板(通过晶体学实验检测的人类的微管蛋白)，把松褐天牛的两个微管蛋白在软件内进行了蛋白结构预测。alpha 微管蛋白三维结构结果(图 7.4.30)显示，松褐天牛的 alpha 微管蛋白和人类的 alpha 微管蛋白三维结构有高度的一致性，条带图显示很多条带都是重叠的，也就是说松褐天牛的和人类的 alpha 微管蛋白在很多细胞生化功能或者生理循环中的作用是一致的。图 7.4.30A 中箭头

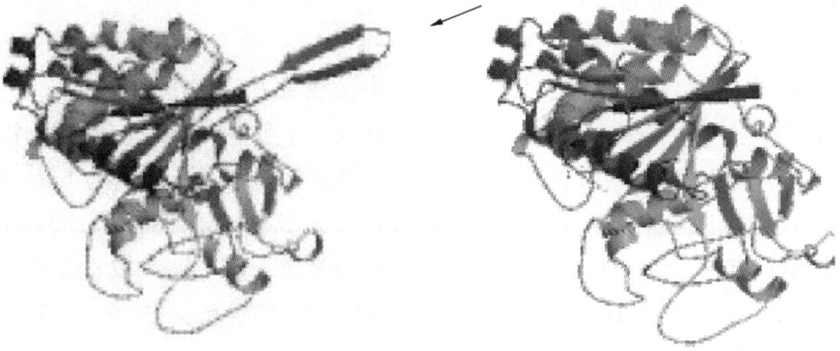

A B

图 7.4.30 松褐天牛 alpha 微管蛋白三维结构带状图(A)及其模板(B)
不同深浅颜色表示不同的蛋白结构层次。

所示部分是松褐天牛比人类 alpha 微管蛋白多出的序列，由于没有模板可以模拟，所以独立于其他作用区域而单独显示的两条短带。图 7.4.31 显示，松褐天牛 beta 微管蛋白与人类的 beta 微管蛋白有很大程度的重叠性。

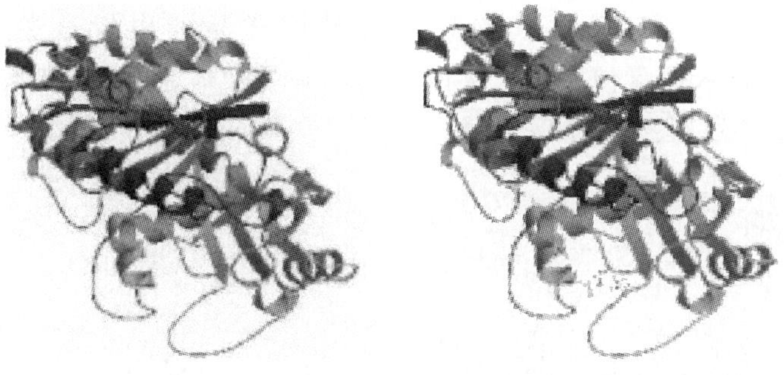

A B

图 7.4.31 松褐天牛 beta 微管蛋白三维结构带状图(A)及其模板(B)
不同深浅颜色表示不同的蛋白结构层次。

5. western 杂交分析

(1)alpha 微管蛋白 western 杂交：通过 NCBI/blast 比较以及进化树的构建发现海胆(*Strongylcentrotus purpuratus*)的 alpha 微管蛋白与松褐天牛的 alpha 微管蛋白存在极高的同源性，由于海胆的 alpha 微管蛋白抗体已经商品化并且被用于多种物种 alpha 微管蛋白的研究工作，我们就设计了用 Sigma 公司生产的海胆 alpha 微管蛋白抗体(货号 T5168)来进行松褐天牛 alpha 微管蛋白的杂交。在松褐天牛蛹的总蛋白中的杂交结果见 7.4.32。由图可见，在大约 50 ku 处有一条清晰的条带被染色，与松褐天牛的 alpha 微管蛋白大小相吻合，说明海

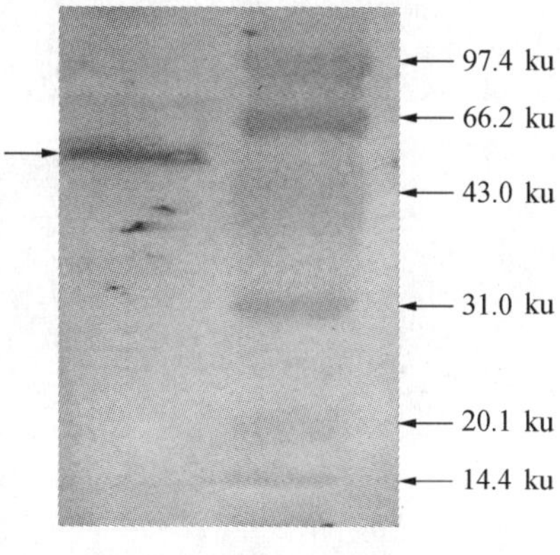

图 7.4.32 alpha 微管蛋白的 western 杂交
左边泳道是松褐天牛蛹的总蛋白，
右边泳道是蛋白分子量标准。

胆 alpha 微管蛋白抗体对松褐天牛 alpha 微管蛋白的杂交成功，也说明这两种物种的 alpha 微管蛋白有相似的功能团。我们实验也证明了海胆 alpha 微管蛋白抗体可以作为松褐天牛 alpha 微管蛋白抗体的替代品而用于关于松褐天牛微管蛋白的实验中。

(2)beta 微管蛋白 western 杂交：通过 NCBI/blast 比较以及进化树的构建发现鼠的 beta 微管蛋白与松褐天牛的 beta 微管蛋白存在较高的同源性，由于鼠的 beta 微管蛋白抗体已经商品化并且被用于多种物种 beta 微管蛋白的研究工作，我们设计了用 Sigma 公司生产的鼠 beta 微管蛋白抗体(Sigma，货号 T4026)来进行松褐天牛 beta 微管蛋白的杂交。结果没有任何杂交条带出现，说明鼠 beta 微管蛋白抗体不能与松褐天牛 beta 微管蛋白结合，也不能用于后续的免疫电镜实验中。

6. alpha 微管蛋白的免疫组织化学定位

微管蛋白的时空表达试验显示微管蛋白在腹部的表达量最小，我们利用海胆的 alpha 微管蛋白一抗为抗体对腹部中的后肠进行了免疫定位检测。从免疫电镜的结果中可以看出，无任何处理的对照(图 7.4.33A)图片中没有显示有效的胶体金颗粒，在用海胆 alpha 微管蛋白一抗进行免疫定位的样品中(图 7.4.33B 和图 7.4.33C)，胶体金颗粒呈现有规律的变化：在细胞核周围的细胞质中分布较多(图 7.4.33B)，在管腔的外围分布较多(图 7.4.33C)。我们同时做了用秋水仙素处理样品后样品的电镜试验(如图 7.4.33D 和 7.4.33E)，结果显示秋水仙素使松褐天牛的体内细胞骨架体系瓦解，细胞不成形。

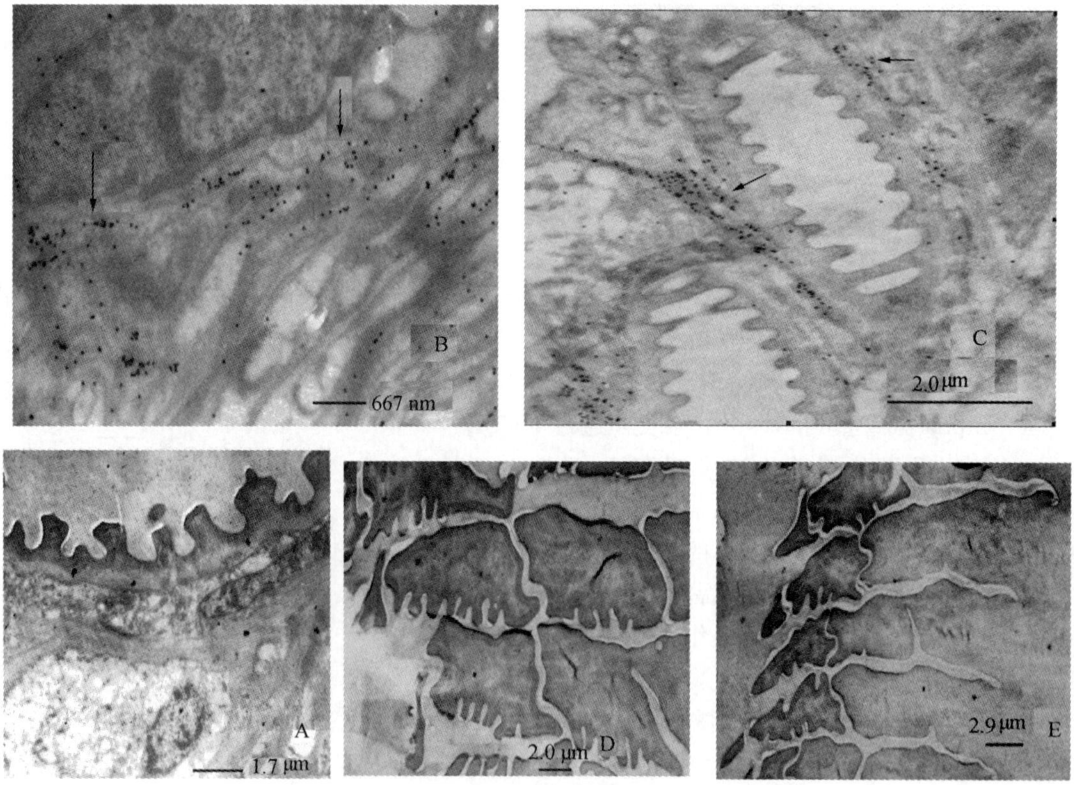

图 7.4.33　不同处理的样品的免疫电镜结果图

A. 无任何处理的对照　B 和 C. 用海胆 alpha 微管蛋白作为一抗，其中 B 是细胞核周围的细胞质，C 是管腔外围　D 和 E. 秋水仙素处理后样品

7.4.3 小结

(1)当今有很多种方法可以衡量特异性的 mRNA 的丰度。最常用的方法包括 Northern 杂交、核糖核酸酶保护实验以及定量反转录 PCR 中的实时荧光定量 PCR 和半定量 PCR。Northern 杂交的独特优点在于可以同时提供相对分子质量和丰度两方面的信息;但是 Northern 杂交需要大量的实验材料,需要质量和数量都很高的 RNA 样品,且受 RNA 降解影响很大。敏感性低且在检测同一样品中不同的 mRNA 丰度时显得笨拙。该技术操作步骤繁琐、费时费力,需要用放射性同位素或者生物素等,对操作人员的健康存在潜在的安全问题。核糖核酸酶保护实验不需要大量完整的 RNA,它比 Northern 杂交敏感 20～100 倍,可检测到特异转录子的 10^5 个拷贝,而且由于所产生的信号强度直接与靶 mRNA 成正比,所以比较靶 mRNA 的不同组织中的表达水平极易做到。但是核糖核酸酶保护实验最好利用与靶 mRNA 恰好互补的反义核酸链探针,这样如果实验中产生易于被核糖核酸酶切割的 RNA-RNA 杂交子时,将会出现问题。定量 PCR 有其他方法无法比拟的优势:RNA 纯度不要求很高,仅仅少量 RNA 就可作为模板满足实验所需,而且这种方法的灵敏度远高于 Northern 杂交和核糖核酸酶保护实验。

(2)在本研究中使用的 RACE 技术,是一种非常简便、快捷、灵敏的克隆基因的方法,可以广泛地应用于昆虫分子生物学试验中。随着生物技术的发展,出现了很多克隆基因的技术,但是往往很难得到全长基因。RACE 技术同传统的筛选文库方法相比有如下优势:只需根据已知相近物种同源基因的氨基酸保守区域设计兼并引物,然后用 PCR 扩增的方法得到中间保守的核苷酸序列以及 3′和 5′端的核苷酸序列,通过特异性扩增,得到基因的全长。RACE 技术所需的材料也比较少,一般只需要 1～2 μg 总 RNA 就可以得到 20 μL 的反转录产物,而要构建较为理想的 cDNA 文库,需要 1～2 μg 纯 mRNA,是前者的几百倍。

(3)本研究成功构建了原核表达载体 pET-28a-MoTubA 和 pET-28a-MoTubB,并在 *E. coli* BL21 中进行了诱导表达,成功表达出了目的蛋白,为微管蛋白以后的蛋白研究提供了可靠的理论基础。独创性地利用海胆 alpha 微管蛋白抗体和鼠的 beta 微管蛋白抗体对松褐天牛的 alpha 和 beta 微管蛋白进行了 western 杂交,结果证明了海胆的 alpha 微管蛋白一抗可以作为松褐天牛 alpha 微管蛋白一抗的替代品用于松褐天牛的其他试验;而鼠的 beta 微管蛋白与松褐天牛的微管蛋白特异性结合不强,不能用于松褐天牛的试验。

(4)我们利用海胆 alpha 微管蛋白对不同处理的松褐天牛腹部的后肠进行了免疫定位,结果显示海胆 alpha 微管蛋白抗体能很好地结合于松褐天牛的后肠细胞中,且主要分布于细胞核周围的胞质中和管腔的周围,与传统的微管的定位一致。而对照和经秋水仙素处理的样品没有有效的胶体金颗粒显示,后者说明微管蛋白已经被破坏。此试验进一步验证了松褐天牛体内的微管与其他物种的微管有相同的功能和定位,为以后进一步的研究提供了可靠的信息。

7.5 松褐天牛触角超微结构电镜观察

7.5.1 技术路线

利用扫描电镜对松褐天牛触角上的感受器进行观察和研究，结果表明，松褐天牛触角上共存在着 6 种感受器，即毛形感受器（Ⅰ型和Ⅱ型）、Böhm 氏鬃毛、锥形感受器、耳形感受器、钟形感受器、角形感受器。本文对松褐天牛触角不同种类感受器的形态、分布以及雌雄感受器在分布和数量上的差别进行了描述。

7.5.2 结果与分析

松褐天牛的触角棕栗色，共 11 节，雄虫触角的柄节、梗节全部和第 3 节基部具有稀疏的灰白色绒毛；雌虫触角除梗节和第 3 节外，其余各节大部分灰白色，只有末端一小环节为深色。雄虫触角超过体长 1 倍多，雌虫触角约超 1/3。

7.5.2.1 触角的一般形态

在触角表面共观察到 6 种感受器，分别为毛形感受器（Ⅰ型和Ⅱ型）、Böhm 氏鬃毛、锥形感受器、耳形感受器、钟形感受器、角形感受器，现分述如下。

1. 毛形感受器(trichoid sensillum, TS)

毛形感器是该天牛触角上分布最多的感受器，按其形状、大小可分为Ⅰ型和Ⅱ型。Ⅰ型(TSI)着生于凹陷的窝中，细长，顶端钝，长度为 45.0～57.8 μm，基部直径为 2.0～4.7 μm，由基部到顶端逐渐弯曲，呈弧形，具纵纹，前倾 35°～45°。各节均有零散分布，第 1 节的几乎是均匀分布，除 1、2 和 11 节外的各节基部一般有分布，各节靠近尖端方向的边缘成排分布(8～16 根)，雌性多于雄性 (图 7.5.1A)。

Ⅱ型(TSⅡ)着生于隆起的窝中，顶端尖细，比Ⅰ型短，长度为 11.6～41.5 μm，基部直径为 1.8～3.5 μm，顶端尖细与触角表面平行，具纵纹。是所有感受器中数量最多的一种，密布于触角各节 (图 7.5.2B)。

2. Böhm 氏鬃毛(Böhm bristles, BB)

长度为 11.0～20.2 μm，像一根根小刺成簇地分布在柄节和梗节的节间周围，在鞭节上无分布，顶端略有弯曲，具纵纹。数量为 10～23 根 (图 7.5.1C)。

3. 锥形感受器(basiconic sensillum, BS)

着生方式同毛形感器，长度要比毛形感器小，为 6.5～8.2 μm，具纵纹，顶端钝，前倾 40°～50°，倾角明显大于 TSⅡ，容易识别。除梗节外各节均有分布，是数量仅次于 TSⅡ 的分布最广的一种感受器，雌性多于雄性 (图 7.5.1D)。

4. 耳形感受器(auricillic sensillum, ARS)

耳形感器形态变异较大，着生于触角表面突起的凹槽中，一般像禾本科作物叶片状，有耳状凹槽，较毛形感器粗短，端部钝圆，表面光滑。雌性集中分布7～11节，在4、5节端部膨大部分的腹面也有分布，数量较多。雄性则集中分布在8～11节，5、6节端部膨大部分的腹面有分布（7.5.1E）。

5. 钟形感受器(campaniform sensillum，CFS)

呈乳头状突起，着生于直径约5.5 μm的盘形穴中，周围有一圈光滑而清晰的厚壁边缘，形似纽扣，这类感受器数量极少，仅在雌雄性的第3节有出现(图7.5.1E)。

6. 角形感受器(ceratoid sensillum，CTS)

半球形的基部突出于触角表面，整个感受器形状似牛角，表面光滑，仅在雌雄性的第11节有发现且数量极少(图7.5.1F)。

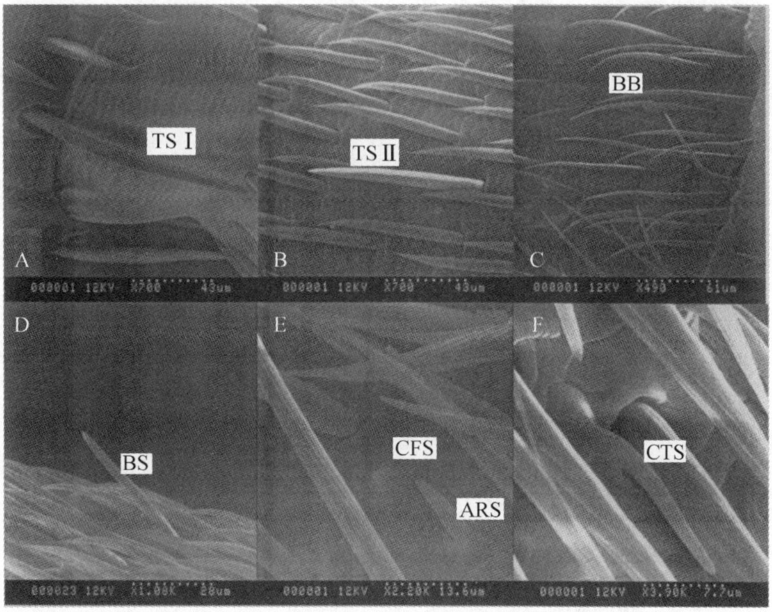

图7.5.1 松褐天牛触角感器超微结构观察

A. 雄性第10节端部的毛形感器Ⅰ型(TSⅠ) B. 雌性第5节毛形感器Ⅱ型(TSⅡ) C. 雌性梗节的Bohm氏鬃毛(BB) D. 雌性第4节锥形感器(BS)侧面观 E. 雄性第3节的钟形感器(CFS)和耳形感器(ARS) F. 雄性第11节的角形感器(CTS)

7.5.2.2 感受器分布和数量上雌雄间的差异

松褐天牛两性间除雌性触角显著大于雄性外，触角的形状基本相同，触角感受器的种类也相同，但在数量和分布上则有明显差异。经实验观察统计，在共同拥有的6种感受器中，毛形(Ⅱ型)感受器都是稠密分布；Böhm氏鬃毛都只在梗节有分布，数量为10～23根；雄性的耳形感受器集中分布在8～11节，5、6节端部膨大部分的腹面有分布，而雌性则集中分布7～11节，在4、5节端部膨大部分的腹面也有分布，数量都较多；钟形感受器和角形感受器的数量极少，钟形感受器仅在3、4、5节有出现，角形感受器仅在第11节有发现；毛形感受器(Ⅰ型)和锥形感受器都是除梗节外其他各节均有分布，但雌雄天牛触角各节这两种感受器在数量上有一定的差异，对数据进行二项样本平均值 t 检测，结果如下。

1. 毛形感受器Ⅰ型(TSⅠ)

如表7.5.1和图7.5.2所示,该形感受器除8和11节的数量差异不显著外,其他各节在 $\alpha=0.05$ 水平上均存在显著差异,且雌性多于雄性。从总数上来看,雌雄之间也存在着显著差异,雌性多于雄性。

表7.5.1 松褐天牛雌雄两性触角各节上TSⅠ的数量

触角节位	TSⅠ数量		$P(\alpha=0.05)$
	♂	♀	
1	12.1±3.2	18.7±3.8	0.002 248*
2	0	0	—
3	14.8±4.4	26.5±5.1	3.38E-05*
4	15.2±4.7	24.0±6.0	0.002 035*
5	13.8±5.4	20.4±5.7	0.049 073*
6	10.3±5.1	30.4±7.4	0.000 112*
7	10.0±3.2	17.2±3.9	0.001 127*
8	12.1±2.7	14.4±3.4	0.147 983
9	12.8±3.5	13.5±3.1	0.702 761
10	20.2±3.7	13.4±4.8	0.000 125*
11	1.0±0.7	1.1±0.6	0.757 74
总数	22.3±10.5	179.6±20.9	4.88E-06*

表中数据为松褐天牛触角各节TSⅠ的平均数±标准差。*表示雌雄两性TSⅠ数量上存在显著性差异。

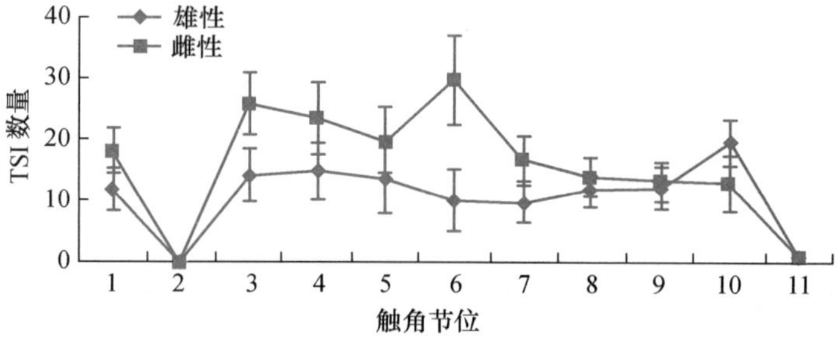

图7.5.2 松褐天牛雌雄两性触角各节上TSⅠ的数量

2. 锥形感受器(BS)

如表7.5.2和图7.5.3所示,该形感受器除5、7和10节的数量差异不显著外,其他各节在 $\alpha=0.05$ 水平上均存在显著差异,1、3、4、9节雌性天牛的感受器数量多于雄性,6、8、11节雄性天牛的感受器数量多于雌性。从总数上来看,雌雄之间也存在着显著差异,雌性仍然多于雄性。

表 7.5.2　松褐天牛雌雄两性触角各节上 BS 的数量

触角节位	BS 数量		$P(\alpha=0.05)$
	♂	♀	
1	15.2±3.0	2.4±2.1	2.22E-06*
2	0	0	—
3	88.6±9.4	58.8±13.8	0.000 101*
4	75.0±15.1	64.2±13.4	0.133 86*
5	60.6±17.7	71.3±12.0	0.152 586
6	30.3±7.9	83.5±12.1	6.55E-06*
7	44.2±10.4	52.0±10.2	0.204 753
8	52.1±8.8	71.1±19.3	0.011 427*
9	101.3±19.0	62.0±12.6	0.000 286*
10	52.9±11.9	53.1±15.7	0.970 378
11	78.4±13.6	115.5±18.1	0.000 306*
总数	598.6±32.4	633.9±27.0	0.010 644*

表中数据为松褐天牛触角各节 BS 的平均数±标准差。* 表示雌雄两性 BS 数量上存在显著性差异。

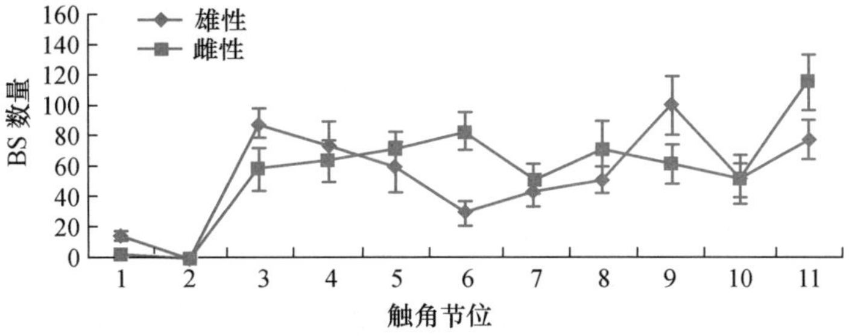

图 7.5.3　松褐天牛雌雄两性触角各节上 BS 的数量

7.5.3　小结

利用扫描电镜对松褐天牛触角化学感器观察结果表明，松褐天牛触角上共存在着 6 种感受器，即毛形感受器（Ⅰ型和Ⅱ型）、Böhm 氏鬃毛、锥形感受器、耳形感受器、钟形感受器和角形感受器。对于松褐天牛触角不同种类感器的形态、分布以及雌雄感受器在分布和数量上的差别进行了观察和描述。

7.6 松褐天牛气味结合蛋白基因的克隆与序列分析

7.6.1 技术路线

通过非变性聚丙烯酰胺凝胶电泳，对松褐天牛(*Monochamus alternatus* Hope)雌雄虫身体各部位蛋白进行比较分析，发现松褐天牛雄虫触角存在特异表达的蛋白条带。氮端测序后，根据获得的氨基酸序列设计兼并引物，通过 3′RACE 和 5′RACE 技术获得目的片段的全长序列。同源比较得知其属于 OBPs 类蛋白，编码 144 个氨基酸序列。

7.6.2 结果与分析

7.6.2.1 触角特异蛋白 Native-PAGE 分析

经 Native-PAGE 分析，发现在雄虫触角粗提蛋白液中含有一个特异条带，表达量丰富，且具有比较快的电泳速率，考虑其可能为触角 OBP 类蛋白(图 7.6.1)。

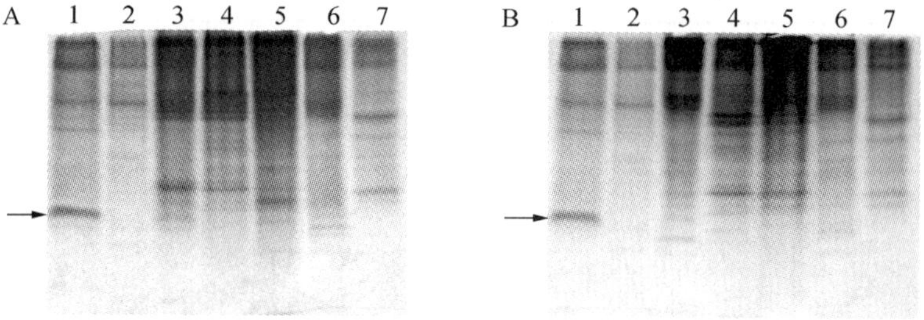

图 7.6.1 松褐天牛触角蛋白 Native-PAGE 分析

A：1. 雄虫触角 2. 雌虫触角 3. 雌虫头 4. 雌虫胸 5. 雌虫腹 6. 雌虫腿 7. 雌虫翅
B：1. 雄虫触角 2. 雌虫触角 3. 雄虫头 4. 雄虫胸 5. 雄虫腹 6. 雄虫腿 7. 雄虫翅

7.6.2.2 蛋白序列分析

目的蛋白经转膜测序后，设计兼并引物，经 3′RACE 和 5′RACE 扩增出一段编码 144 个氨基酸的基因序列，经 GenBank Blastp 比对，结果显示其为 OBP 相似蛋白，命名为 *Malt-OBP*。信号肽预测显示该蛋白有一个 21 个疏水性残基的信号肽，成熟肽含有 123 个氨基酸残基。成熟蛋白的理论 pI(等电点)及相对分子质量分别为 4.71 和14 147.26(图 7.6.2)。

7.6.3 小结

通过非变性聚丙烯酰胺凝胶电泳，对松褐天牛雌雄虫身体各部位蛋白进行比较分析，发现松褐天牛雄虫触角存在特异表达的蛋白条带。氮端测序后，根据获得的氨基酸序列设计

```
CGGATCCGAACACTGCGTTTGCTGGCTTTGATGAAAAAATACATTCTTATCAAAATGAGTAGCTCGATATTTTTA
                                                      M  S  S  S  I  F  L

GTAGTAGTGTTCTTTTTGTTAGCTGTTTCTAAAGTTGAACCTACTATGAAGCGATCGGAATTCCCACCTAAAGTT
V  V  V  F  F  L  L  A  V  S  K  V  E  P  T  M  K  R  S  E  F  P  P  K  V

CTAGAATTGGCGGATGCCTTACATTCCACGTGCTTGCCTAGATCCGGAACAGACGAAGAGTCAATCAATAAAGTG
L  E  L  A  D  A  L  H  S  T  C  L  P  R  S  G  T  D  E  E  S  I  N  K  V

                                                          Malt OBP1 S1
ATAGATGGAGAATTTACAGATGAACCTAAAATAAAGGCGTATATGCAGTGTCTCATGGACGAAAGCGAGCTGGTC
I  D  G  E  F  T  D  E  P  K  I  K  A  Y  M  Q  C  L  M  D  E  S  E  L  V

                                    Malt OBP1 AS1
GATGAAAATGGCGAATTGATAATGGATTTAATAATCCCGTTGACTCCACCTAAAATTTTCGATGAGGCTTTGAAG
D  E  N  G  E  L  I  M  D  L  I  I  P  L  T  P  P  K  I  F  D  E  A  L  K

AATACAAAGTTTTGTGATGGAGAAAGAAAAGAAGTCAAAGAACGGACCGATAAAGCATTTGTCTTCTTTAAATGT
N  T  K  F  C  D  G  E  R  K  E  V  K  E  R  T  D  K  A  F  V  F  F  K  C

ATTTACGGCAAAAATCCAGATACATTCATTTTCTTCTAAACTTGCAACAGCTGGATCGACAATTAAAAAACCAAA
I  Y  G  K  N  P  D  T  F  I  F  F  *

TAGTAAGAATTTTCGATTGTAACTTAAAGATTTGATAACATACAATTCATATTTTTTGGTTACTGCCAATTAGCA
CAATTATTTTAAATAAAGATATGAACTAAAAAAAAAAAAAA
```

图 7.6.2 Malt-OBP 的氨基酸序列及据此推导的氨基酸序列

氮端测序结果用粗体表示,预测的信号肽用斜体表示,起始密码子 ATG 和终止密码子 TAA 用粗斜体表示,用于3′RACE 的正向引物和用于 5′RACE 的反向引物的位置在图中标明,并且保守的半胱氨酸用灰色背景突出显示。

兼并引物,通过 3′RACE 和 5′RACE 技术获得目的片段的全长序列。同源比较得知其属于 OBPs 类蛋白,编码 144 个氨基酸序列。

7.7 松褐天牛幼虫挥发性信息化合物采集、分析及鉴定方法的确定

7.7.1 松褐天牛挥发性信息化合物采集条件的选择

根据各种方法比较,成本分析以及现有条件,本研究确定使用顶空动态收集法。采集时遵循保持植食性昆虫正常生长状态和减少空气本底干扰的原则。

7.7.1.1 采样瓶

采用磨口全玻璃装置,鉴于松褐天牛幼虫有互残习性,选用两端开口的玻璃管,一端用纱网封口,分别装入松褐天牛幼虫再放入采样瓶中,既保证松褐天牛幼虫的彼此隔离,又保证气流的通畅。

7.7.1.2 吸附剂处理

1. 第一次使用前

重蒸二氯甲烷索氏提取器抽提 48 h,氮气吹干,然后 100 mL/min 高纯氮 200℃ 干燥 2 h,氮气吹扫至室温,装入磨口玻璃试剂瓶中备用。

2. 使用后的处理

依照阎凤鸣(2003),采用两种方法比较:①重蒸正己烷超声清洗 15 min,高纯氮气吹干;②无水乙醇、乙醚、重蒸正己烷依次淋洗(约 100 mL/g),高纯氮气吹干。

(1)两种方法处理后清洁度比较:超声清洗与溶剂淋洗后经气相色谱分析见图 7.7.1、图 7.7.2。

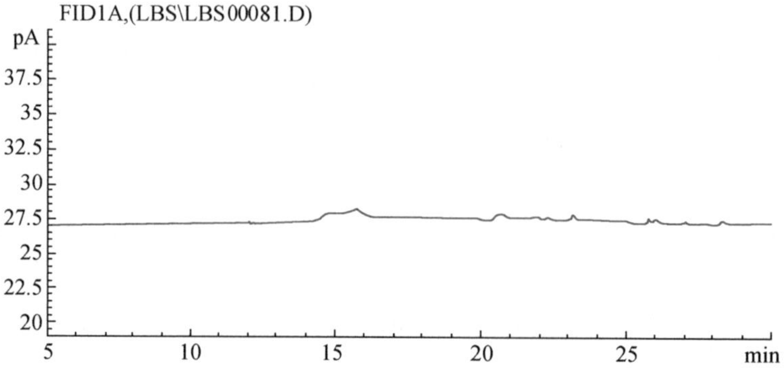

图 7.7.1 正己烷超声清洗后气谱分析图

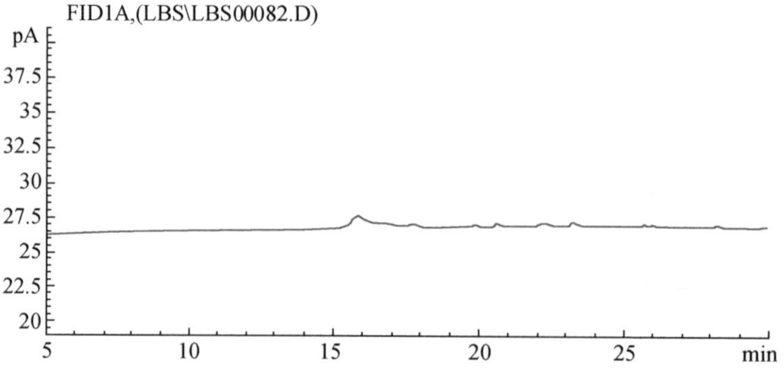

图 7.7.2 溶剂淋洗后气谱分析图

图中可以看出溶剂淋洗的清洁效果略好于超声清洗,超声清洗后吸附剂表观分散性略差,而溶剂淋洗对物理性质影响小,且易操作,受条件限制少。

(2)两种方法处理后吸附能力比较:分别装有等量超声清洗吸附剂和溶剂淋洗吸附剂的吸附管,同时收集紫茎泽兰枝条挥发物,收集时间 12 h,结果见图 7.7.3、图 7.7.4。

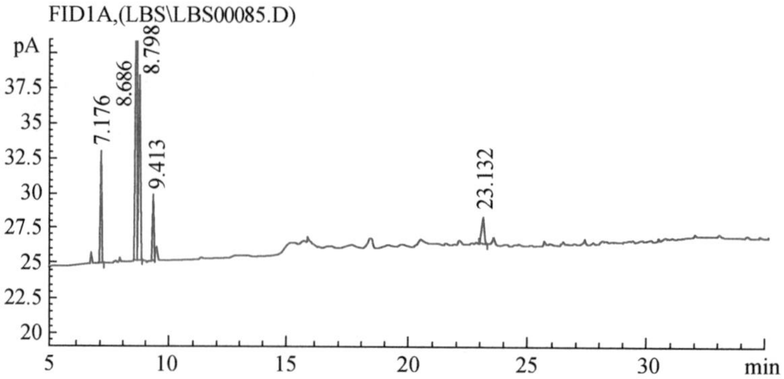

图 7.7.3 溶剂淋洗后吸附能力气谱分析图

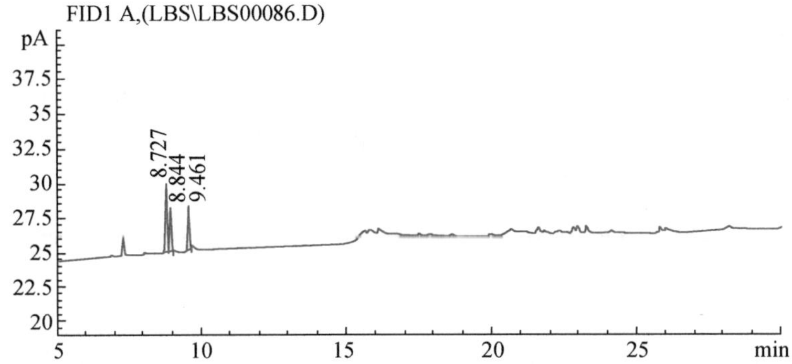

图 7.7.4 超声清洗后吸附能力气谱分析图

图中可以看出，溶剂淋洗后的吸附剂所吸附物质的种类和含量均多于超声清洗后的吸附剂，可见溶剂淋洗的吸附剂吸附能力好于超声清洗。

7.7.1.3 洗脱剂选择

10 头松褐天牛幼虫，100 mg 吸附剂，连续采样 24 h，分别用 1 mL 重蒸正己烷与二氯甲烷洗脱，高纯氮气浓缩约为 150 μL，气相色谱（HP-6890）分析结果见图 7.7.5 和图 7.7.6。正己烷洗脱样品可能存在大分子物质，基线漂移较重且分离效果不如二氯甲烷洗脱液。实验中采用二氯甲烷作为洗脱液。

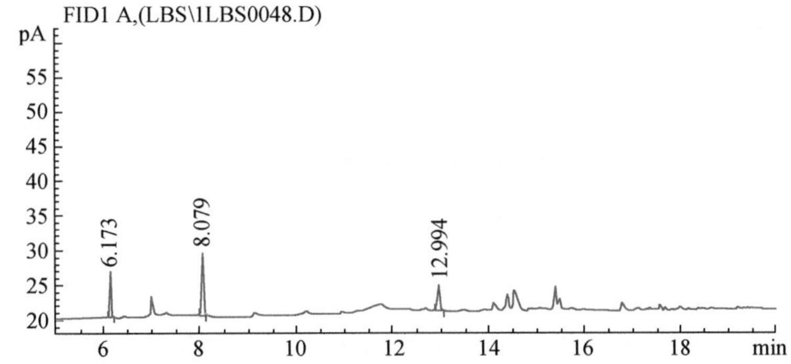

图 7.7.5 二氯甲烷洗脱样品的气相色谱图

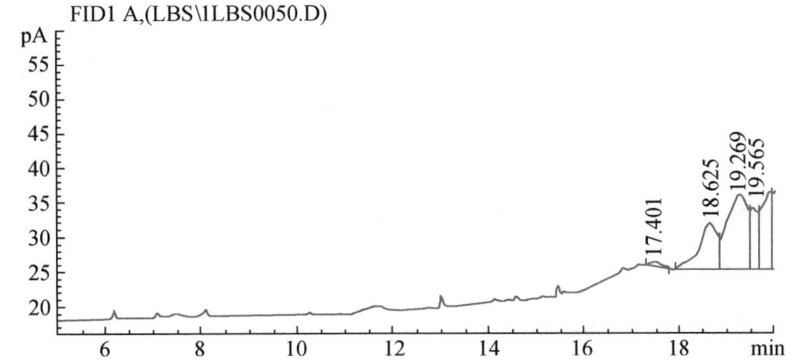

图 7.7.6 正己烷洗脱样品的气相色谱图

7.7.1.4 采样流速的选择

10 头松褐天牛幼虫，分别采用 100 mL/min，200 mL/min，300 mL/min，连续采样 24 h，气相色谱分析，结果见图 7.7.7 至图 7.7.9。图中可以看出，用 10 头幼虫做气味源时 200 mL/min 和 300 mL/min 的气流采样效果较好。

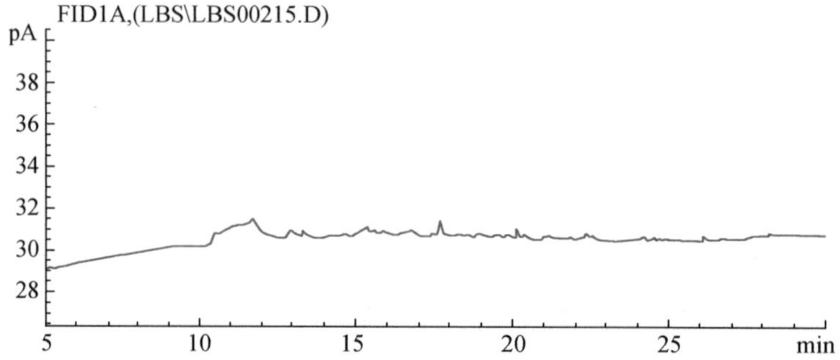

图 7.7.7 **100 mL/min 气流收集结果气谱分析图**

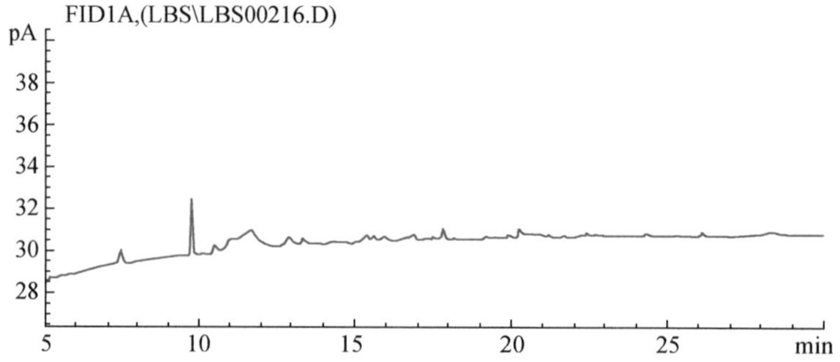

图 7.7.8 **200 mL/min 气流收集结果气谱分析图**

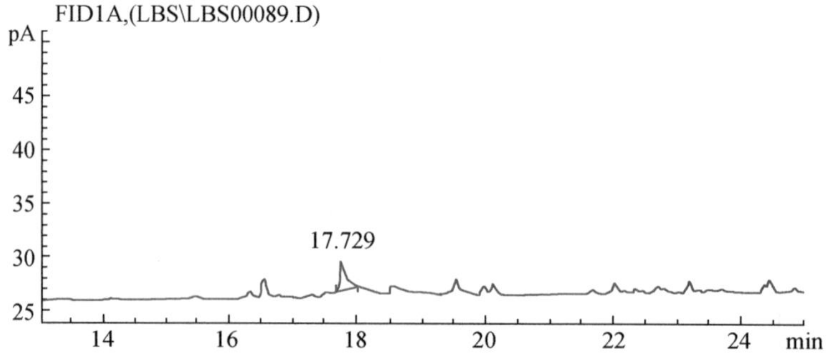

图 7.7.9 **300 mL/min 气流收集结果气谱分析图**

7.7.2 松褐天牛幼虫挥发物的分析鉴定

7.7.2.1 二氯甲烷溶剂洗脱法分析

GC 工作条件：色谱柱 VF-5MS（30 m×0.25 mm×0.25 μm），无分流进样；程序升温：

50℃(3 min)→10℃/min→100℃→5℃/min→200℃(3 min),进样口和检测器均为250℃。

MS工作条件:GC分离出的挥发物依次进入四极杆质谱;电离方式:EI 70eV,载气为He,流速1 mL/min,源温250℃,传输线250℃,质量范围35～650 amu,扫描速度1 000 amu/s。

7.7.2.2　TCT-GC-MS技术分析

此分析法用Tenax-TA吸附剂。

1. 吸附剂处理

(1)Tenax-TA在第一次使用前的处理:

①用丙酮浸泡清洗,丙酮用量为100 mL/g(勿用氯化物或者芳香族化合物)。

②将吸附剂装入层析柱中,用20 mL丙酮淋洗。

③20 mL/min的高纯氮在室温下吹扫干燥。

④用甲醇清洗,其用量为100 mL/g 。

⑤用20 mL/min的高纯氮在室温下吹扫干燥。

⑥将层析柱放入气相色谱柱箱中,在270℃干燥2 h,N_2流速为100 mL/min。干燥后的吸附剂即可分装于每根吸附管(长16 cm,内径3 mm,Chrompack公司生产)中,所用量为180 mg。

⑦用聚四氟乙烯(Teflon)盖密封吸附管两端。

(2)Tenax-TA在使用后的处理:待活化的吸附管安装于GC前记录其管号、活化日期及时间。将待活化的吸附管与气相色谱柱箱中的进样口相连,通入N_2(流量100 mL/min),以肥皂水检查气密性。待柱箱温度升至270℃后保持2.5 h,然后降温至100℃以下,用聚四氟乙烯(Teflon)盖密封吸附管两端,装入盒中备用,切勿用塑料或者橡胶封口。

2. 分析条件

挥发物的分析鉴定主要利用TCT-GC/MS技术来完成。TCT-GC/MS型号:CP-4010 PTI/TCT(CHROMPACK产品,现属Varian公司)、TRACETMGC 2000(CEINSTRUMENT公司)、VOYAGER MASS(FINNIGAN公司)。

TCT工作条件:TCT是用于对吸附管中的挥发物进行加热脱附,并被冷阱富集的装置。其主要过程为:将采样吸附管装在热脱附装置的加热炉中。先将冷阱(trap)用液氮冷却至－120℃,然后加热炉在10 min内逐渐升温至250℃,使吸附管中不同沸点的挥发物被逐步脱附,并被载气携带至冷阱中富集;脱附完成后冷阱在数秒钟内迅速升温至260℃,使冷阱中富集的挥发物进行二次脱附后直接进入到与质谱相连的气相色谱柱头。所用载气为氦气,压力20 kPa ,进样口温度:250℃,trap inject:260℃。TCT条件由该装置的控制系统独立控制,其进样信号与GC/MS自动连接。

GC工作条件:将冷阱富集的挥发物迅速加热后立即进入GC色谱柱中分离。色谱柱:DB-5 Low Bleed/MS柱(60 m×0.32 mm×0.5 μm),通过液氮脱附、无分流进样,He载气。程序升温:40℃(3 min)－6℃/min－270℃(5 min),Post run 280℃(5 min),以驱赶毛细管柱中残留的杂质。

MS工作条件:经GC分离的各挥发物组分先后进入四极杆质谱得到鉴定。电离方式:EI;电子能量:70 eV;质量范围:29～350 amu;接口温度:250℃,源温度:200℃,发射电流:

150 μA,全扫描,每次扫描所用时间 0.4 s,质谱扫描范围 m/z 19～435。

7.7.2.3 PTI-GC-MS 技术

吹扫捕集与气相色谱质谱联用技术,GC 工作条件和 MS 工作条件同上。PTI 采样装置为磨口玻璃瓶,He 吹扫玻璃瓶中样品,直接进入冷阱富集装置,其余工作过程同 TCT 装置。采样 15 min。结果见图 7.7.10 和图 7.7.11。从图中可以看出,PTI 采样法所得结果噪声大,信号弱,对物质分辨率不高,不利于分析,而且采样过程把天牛幼虫放在同一空间内,造成天牛幼虫自残损伤。

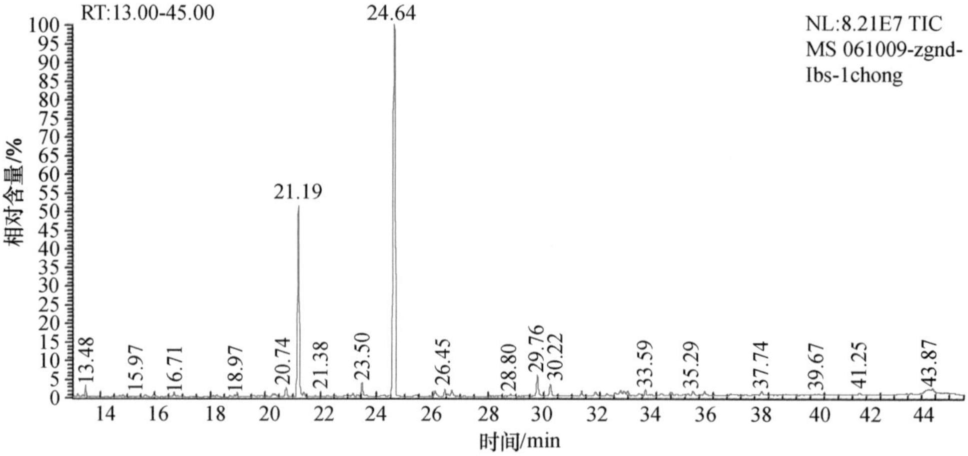

图 7.7.10 TCT 采样总离子流图

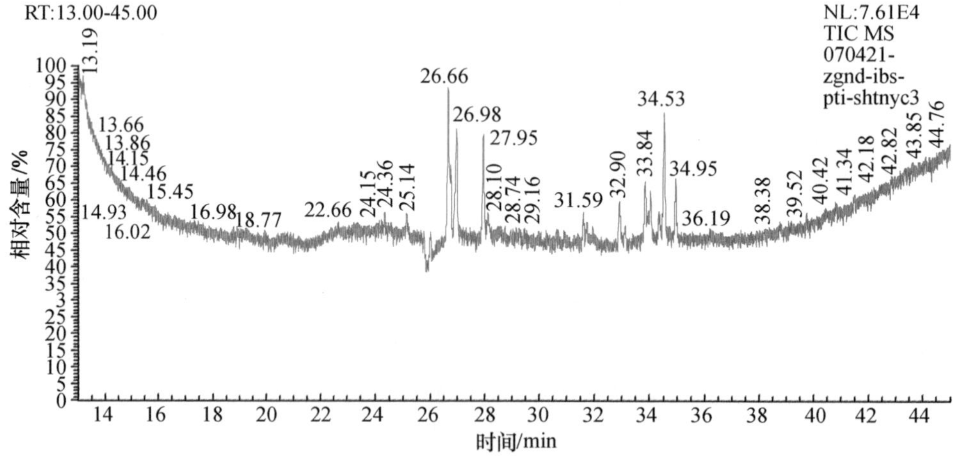

图 7.7.11 PTI 采样的总离子流图

7.7.3 小结

通过上述实验,基本确定了松褐天牛幼虫挥发性信息化合物的采集及分析方法。气相色谱分析时用 Propark Q 做吸附剂,二氯甲烷洗脱,10 头幼虫 300 mL/min 气流连续收集 24 h 基本可以满足分析需要。挥发物鉴定中,可能是幼虫挥发物量少,采集时间短,且采样空间小，幼虫易发生自残行为而影响结果，PTI 方法不适合松褐天牛幼虫挥发物分析，本实验选用 Tenax-TA 吸附剂，热脱附进样技术 TCT-GC-MS，计算机谱图库检索分析，为下一步研究奠定基础。

7.8 松褐天牛幼虫不同时期体表挥发物的变化

7.8.1 技术路线

采用气相色谱分析松褐天牛幼虫不同时期体表挥发物的变化，并采用 Y 臂嗅觉仪进行天敌昆虫管氏肿腿蜂对不同日龄松褐天牛幼虫挥发物的选择性进行研究。

7.8.2 结果与分析

7.8.2.1 松褐天牛幼虫挥发物的变化

植食性昆虫与其天敌的协同进化中，会趋向于减少挥发性信息的释放以躲避袭击，松褐天牛发育历期较长，我国大部分地区为一年一代，以老熟幼虫在树干中越冬，幼虫是管氏肿腿蜂寄生对象，随幼虫发育，体内代谢也发生变化，本实验结果表明，在不考虑其他因素影响下，松褐天牛幼虫不同发育时期挥发性信息化合物有差异，见图 7.8.1 至图 7.8.8。

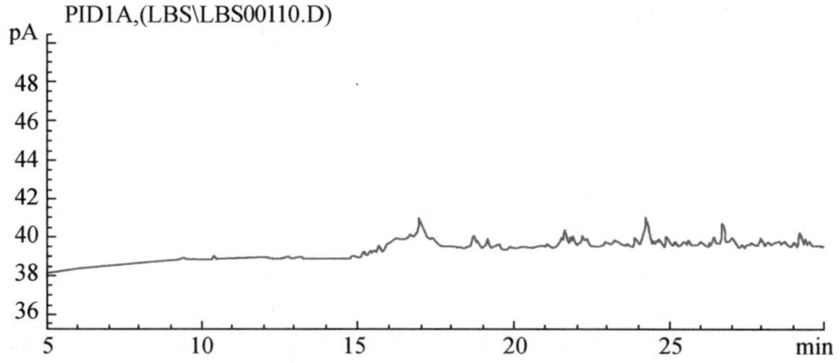

图 7.8.1 8 月份松褐天牛表皮挥发物气谱分析图

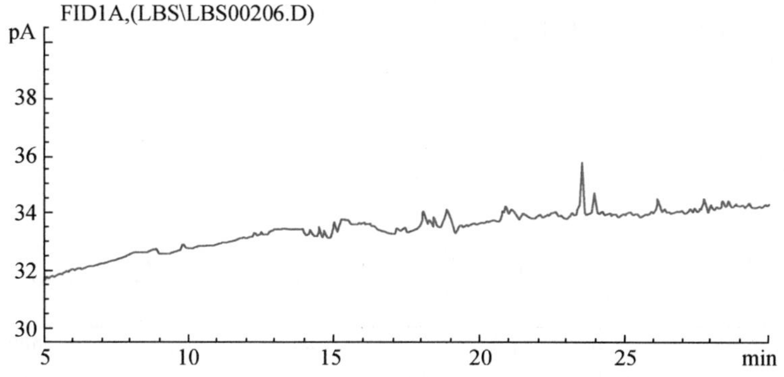

图 7.8.2 9 月份松褐天牛表皮挥发物气谱分析图

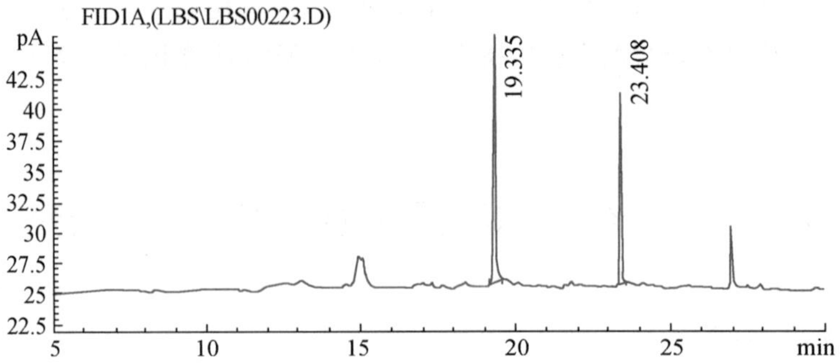

图 7.8.3　**10 月份松褐天牛表皮挥发物气谱分析图**

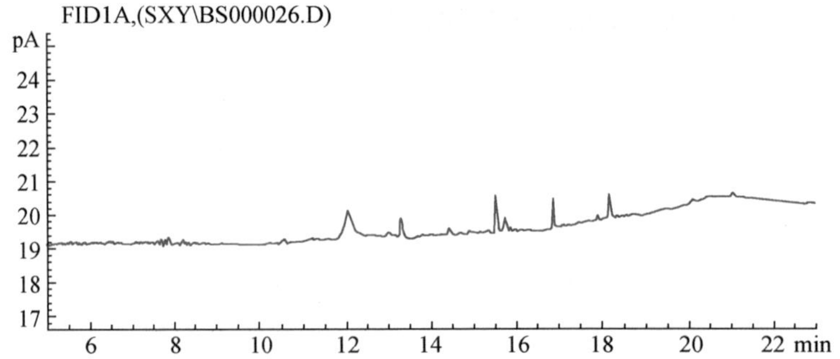

图 7.8.4　**12 月松褐天牛表皮挥发物气谱分析图**

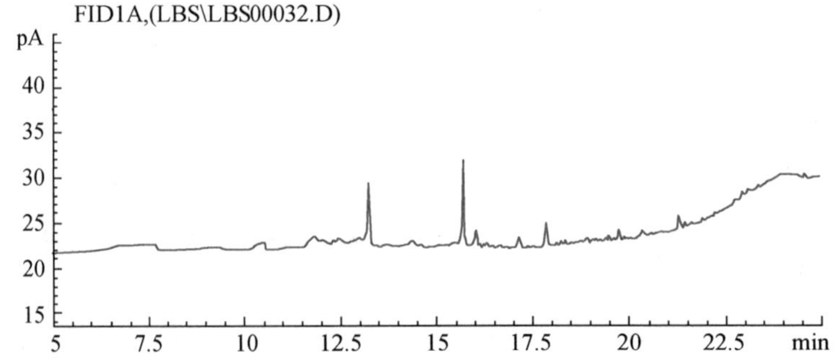

图 7.8.5　**2 月份松褐天牛幼虫挥发物气谱分析图**

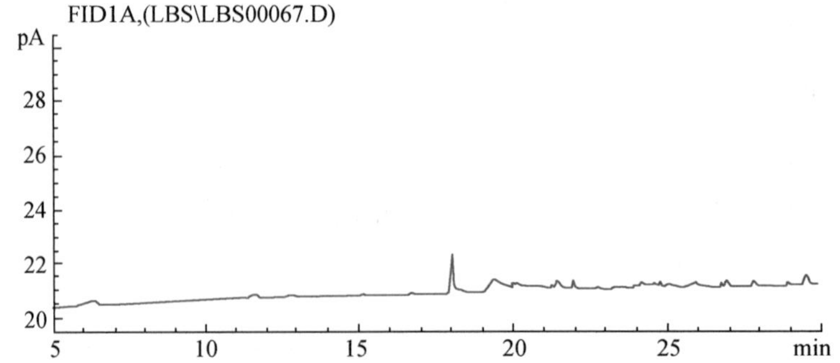

图 7.8.6　**4 月份松褐天牛蛹挥发物气谱分析图**

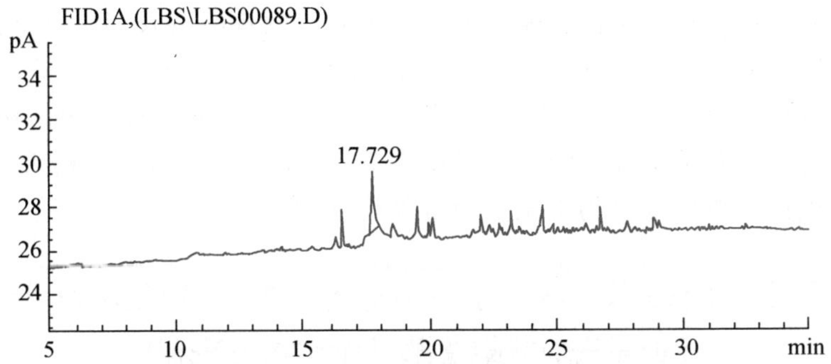

图 7.8.7 **5 月份松褐天牛幼虫挥发物气谱分析图**

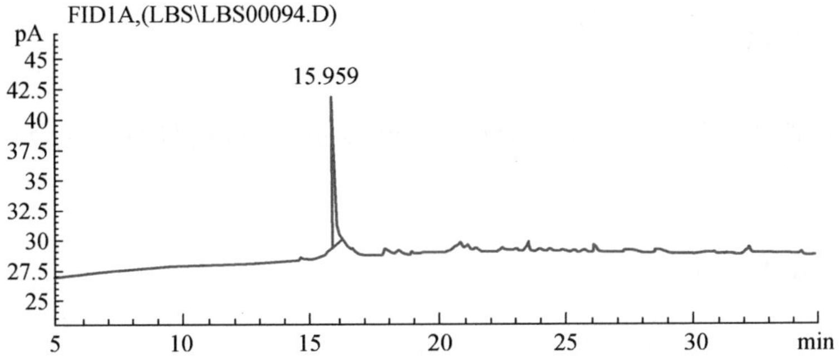

图 7.8.8 **6 月份松褐天牛幼虫挥发物气谱分析图**

7.8.2.2 管氏肿腿蜂对不同日龄松褐天牛幼虫挥发物的选择性

管氏肿腿蜂对越冬时期松褐天牛幼虫没有趋性($N=60$,$Q=0.021$,$P=0.884$),而对低龄幼虫($N=60$,$Q=5.898$,$P=0.015$)和化蛹前老龄幼虫都有明显选择性($N=60$,$Q=11.520$,$P=0.001$)。做出选择的管氏肿腿蜂的百分率也不同,8 月测定的选择率虽与 1 月测定结果相同,但 8 月份测定结果是管氏肿腿蜂明显选择天牛幼虫,而 1 月份测定时,管氏肿腿蜂随机进行选择(图 7.8.9)。

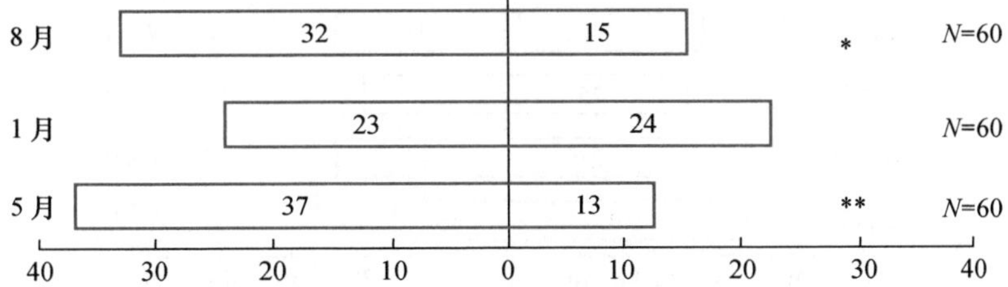

图 7.8.9 **管氏肿腿蜂对不同日龄松褐天牛幼虫的选择性**

* $P<0.05$, ** $P<0.001$。

7.8.3 小结

通过对松褐天牛幼虫挥发性信息化合物测定结果表明,天牛幼虫挥发性信息化合物含量较低，收集过程中易受外界条件影响。松褐天牛幼虫发育历期长，且同一时间内有多种龄期共存，挥发物反映的是一个时期内群体的变化趋势。生长旺盛阶段的低龄幼虫和蜕皮之前的幼虫挥发物数量及种类多于蛹期，主要物质在各时期含量也有变化。松褐天牛幼虫体表挥发物种类较多，主要是饱和烷烃，含量达 65.76%，通过检测有无松褐天牛幼虫生活过的饲料挥发物，发现饲料粪便混合物中主要为含氧化合物。

7.9 松褐天牛幼虫挥发性信息化合物对其天敌管氏肿腿蜂搜索行为的影响

7.9.1 技术路线

利用 Y 臂嗅觉仪进行管氏肿腿蜂对松褐天牛幼虫、幼虫饲料粪便混合物和饲料的选择行为的研究。

7.9.2 结果与分析

7.9.2.1 管氏肿腿蜂对不同气味的选择性

管氏肿腿蜂对饲料没有趋性（$N=60, Q=0.556, P>0.05$），对饲料粪便混合物也没有明显选择性（$N=60, Q=0.020, P>0.05$），而松褐天牛幼虫对管氏肿腿蜂却有明显吸引作用（$N=60, Q=5.898, P=0.015$），且显著高于单独用饲料或饲料粪便混合物。饲料粪便混合物和饲料分别同时做气味源时，管氏肿腿蜂的选择性无显著差异（$N=60, Q=0.176, P>0.05$），幼虫和饲料粪便混合物分别同时做气味源时，管氏肿腿蜂对幼虫有极显著选择性（$N=60, Q=21.333, P<0.001$），结果见图 7.9.1。

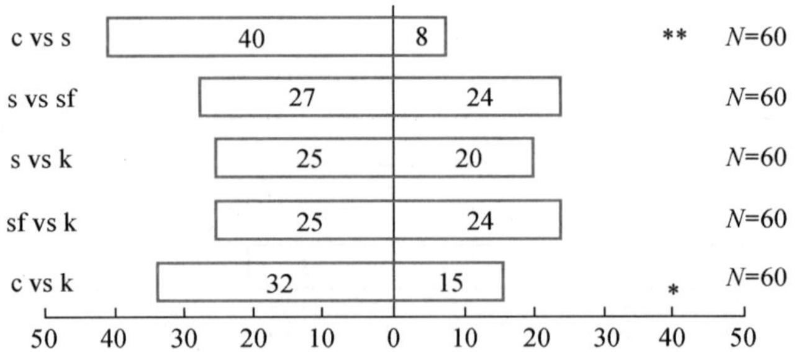

图 7.9.1 管氏肿腿蜂对不同气味源的选择性

c 代表幼虫，s 代表饲料，sf 代表饲料粪便混合物，

k 代表空气；* $P<0.05$，** $P<0.001$。

每组实验所用 60 头蜂中，选择率也有一定差异。空气做对照时，对幼虫气味源组作出选择的管氏肿腿蜂的百分率最低，但对气味端做出选择的数量最多，有显著选择性；对饲料和饲料粪便混合物的选择率则无差异，也无明显选择性，见表 7.9.1。

表 7.9.1 有选择行为的管氏肿腿蜂在不同气味源间选择率

气味源	选择数	选择率
幼虫 vs 空气	47	78.33±1.666 7a
幼虫 vs 饲料粪便混合物	48	80.00±2.886 8ab
饲料 vs 空气	49	81.67±1.666 7ab
饲料粪便混合物 vs 空气	49	81.67±1.666 7ab
饲料 vs 饲料粪便混合物	51	85.00±2.886 8b

7.9.2.2 松褐天牛幼虫表皮和粪便挥发物分析

幼虫表皮挥发物中，主要是碳氢化合物(65.76%)。通过对饲料和饲料粪便混合物的挥发物分析比对得出饲料粪便混合物的挥发物主要为醇(59.83%)、酸(29.91%)、酯类(10.33%)、含氧化合物，饲料粪便混合物和幼虫表皮挥发物中都含有冰片醇，含量分别为24.3%和16.02%(表 7.9.2)。

表 7.9.2 松褐天牛表皮和饲料粪便混合物成分及含量 %

化合物	幼虫	饲料粪便混合物
壬烷	3.23	
癸烷	1.61	
柠檬烯	9.08	
壬醛	16.05	
冰片醇	16.02	24.30
十二烷	5.44	
十四烷	7.83	
2-甲基棕榈醇	2.18	
三十二烷	9.25	
乙苯	2.7	
1,3-二甲基苯	5.7	
联苯	7.97	
辛烷	1.58	
十六烷	11.39	
乙酸-2-乙基己酯		10.33
2,3-丁二醇		35.53
2-甲基丁酸		4.13
戊酸		3.36
已酸		22.36

7.9.2.3 幼虫蛀屑对管氏肿腿蜂搜索行为的影响

无气味经历的管氏肿腿蜂对蛀屑无明显选择性($N=60, Q=0.209, P=0.647$),而当幼虫和蛀屑共同存在时,管氏肿腿蜂极显著选择松褐天牛幼虫($N=60, Q=5.255, P=0.025$)。这与饲料粪便混合物所得结果趋势一致,说明饲料饲养对松褐天牛幼虫挥发物影响不大(图 7.9.2)。

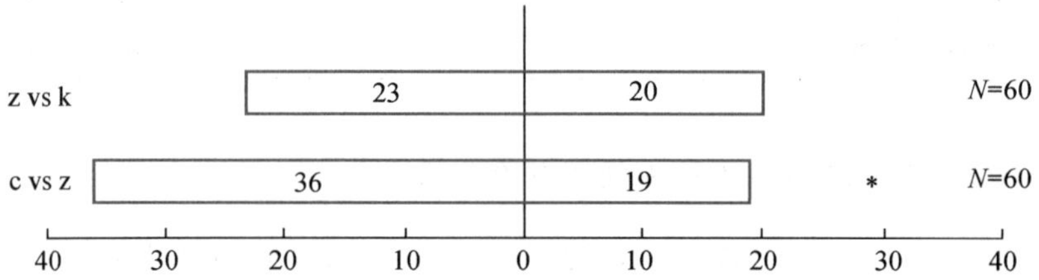

图 7.9.2　无经历管氏肿腿蜂对蛀屑及幼虫的行为反应

z 代表蛀屑,k 代表空气,c 代表幼虫;* $P<0.05$,** $P<0.001$。

7.9.3 小结与讨论

对不同时期的幼虫,管氏肿腿蜂的搜索行为也有差异,处于生长旺盛阶段的低龄幼虫和蜕皮之前的幼虫对管氏肿腿蜂吸引力明显高于蛹期,这也与松褐天牛幼虫体表挥发物的变化趋势一致。在用不同气味源测定时,饲料和饲料粪便混合物单独或同时作用对管氏肿腿蜂都没有显著吸引作用,而松褐天牛幼虫可以引起管氏肿腿蜂的显著搜索行为,且搜索行为可被饲料粪便混合物增强。用剖木所得蛀屑检测时,选择趋势相同,说明所用饲料对松褐天牛挥发物的释放基本无影响。

7.10 气味经历对管氏肿腿蜂搜索行为的影响

7.10.1 技术路线

利用 Y 臂嗅觉仪对有蛀屑经历和幼虫气味经历的管氏肿腿蜂对松褐天牛的选择性进行研究。

7.10.2 结果与分析

7.10.2.1 气味经历对管氏肿腿蜂搜索行为的影响

1. 不同气味经历对管氏肿腿蜂搜索行为的影响

分别检测无经历、蛀屑气味经历和幼虫气味经历的管氏肿腿蜂对松褐天牛幼虫的选择性。对此时期幼虫，无经历的管氏肿腿蜂极显著选择($N=60, Q=11.520, P=0.001$)，蛀屑经历管氏肿腿蜂显著选择($N=60, Q=5.255, P=0.022$)，而幼虫经历的管氏肿腿蜂则无显著性($N=60, Q=1.923, P=0.166$)，结果见图7.10.1，但从未选择数量上看，无经历管氏肿腿蜂不选择率最高，与有幼虫气味经历的管氏肿腿蜂差异不显著，蛀屑气味经历的管氏肿腿蜂选择率最高，见表7.10.1。

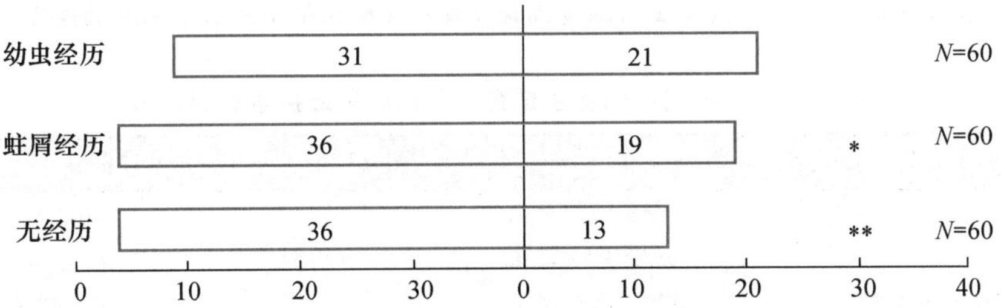

图7.10.1　不同气味经历管氏肿腿蜂对幼虫搜索行为的比较

* $P<0.05$，** $P<0.001$。

表7.10.1　不同气味经历管氏肿腿蜂选择率

管氏肿腿蜂经历	选择数	选择率
无经历	49	81.67±1.67a
蛀屑气味经历	55	91.67±1.67b
天牛幼虫气味经历	52	86.67±1.67ab

2. 不同中间繁殖寄主对管氏肿腿蜂搜索行为的影响

黄粉甲蛹作为中间寄主繁殖的管氏肿腿蜂对不同气味源的选择性趋势与青杨天牛作为中间寄主繁殖的管氏肿腿蜂相似，但幼虫和饲料共存时，黄粉甲蛹繁殖的管氏肿腿蜂对松褐天牛幼虫的选择性($N=60, Q=4.261, P=0.039$)低于青杨天牛繁殖的管氏肿腿蜂选择性($N=60, Q=21.333, P<0.001$)。不同中间寄主繁殖的管氏肿腿蜂对松褐天牛和黄粉甲选择性无显著差异(黄粉甲繁殖 $N=60, Q=0.023, P=0.879$；青杨天牛繁殖 $N=60, Q=0.692, P=0.405$)，都倾向于选择最初寄主，但青杨天牛繁殖的管氏肿腿蜂选择率高于黄粉甲蛹繁殖的管氏肿腿蜂(图7.10.2、图7.10.3和表7.10.2)。

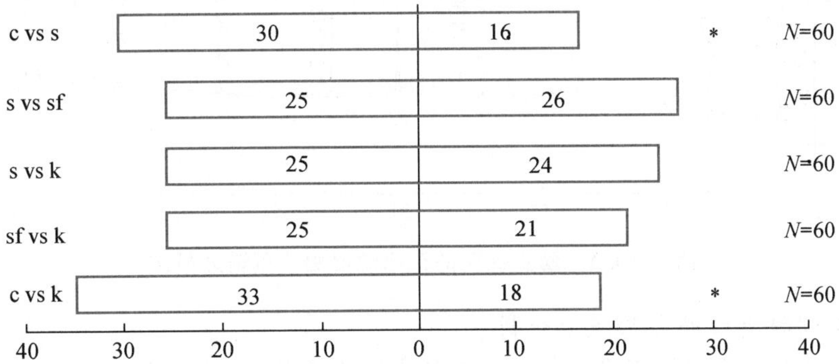

图7.10.2　黄粉甲蛹繁殖的管氏肿腿蜂对不同气味源的选择性

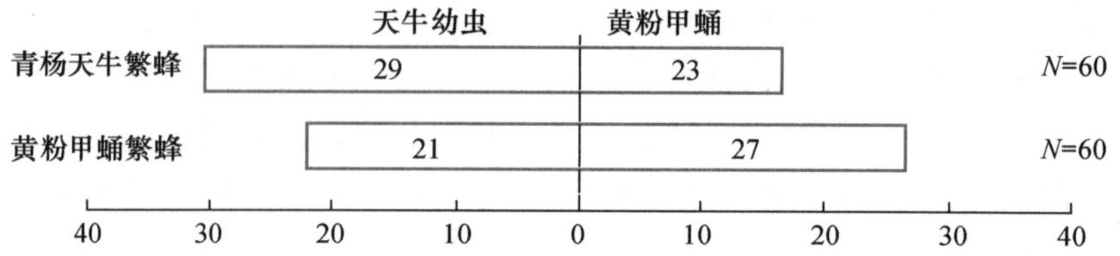

图 7.10.3　不同中间寄主繁殖管氏肿腿蜂对松褐天牛和黄粉甲蛹的选择性

表 7.10.2　不同中间寄主繁育的管氏肿腿蜂搜索行为比较

处理	中间寄主	选择总数	选择率/%
幼虫 vs 空气	青杨天牛繁殖	47	78.33±1.67ab
	黄粉甲蛹繁殖	51	85.00±2.87b
饲料粪便混合物 vs 空气	青杨天牛繁殖	49	81.67±1.57ab
	黄粉甲蛹繁殖	46	76.67±1.67ab
饲料 vs 空气	青杨天牛繁殖	45	75.0±2.89a
	黄粉甲蛹繁殖	49	81.67±3.33ab
饲料 vs 饲料粪便混合物	青杨天牛繁殖	51	85.0±2.89b
	黄粉甲蛹繁殖	51	85.0b
饲料粪便混合物 vs 天牛幼虫	青杨天牛繁殖	48	80.0±2.89ab
	黄粉甲蛹繁殖	41	76.67±4.441ab

7.10.2.2　蛀屑及饲料粪便混合物的成分分析

1. 蛀屑气谱检测结果

幼虫蛀屑中化学成分较复杂，主要集中在 10 min 附近和 18 min 以后，可能主要是一些烃类和沸点较高的化合物，由图 7.10.4 和图 7.10.5 中可见二氯甲烷对蛀屑的提取和分离效果都好于正己烷，实验中因样品信息较多，或前处理不当，质谱分析未成功。

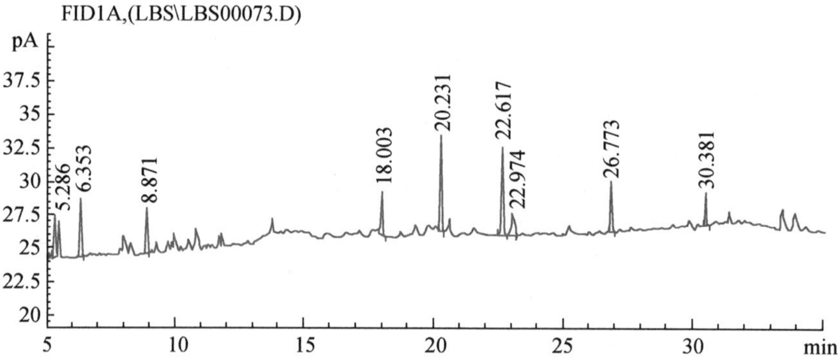

图 7.10.4　幼虫蛀屑的正己烷浸提液气谱分析图

2. 饲料及饲料粪便混合物成分分析

饲料和蛀屑中成分都较复杂，饲料中既有碳氢化合物，又有含氧化合物，而饲料粪便混合物中含氧酸和酯含量占较高比例(表 7.10.3)。

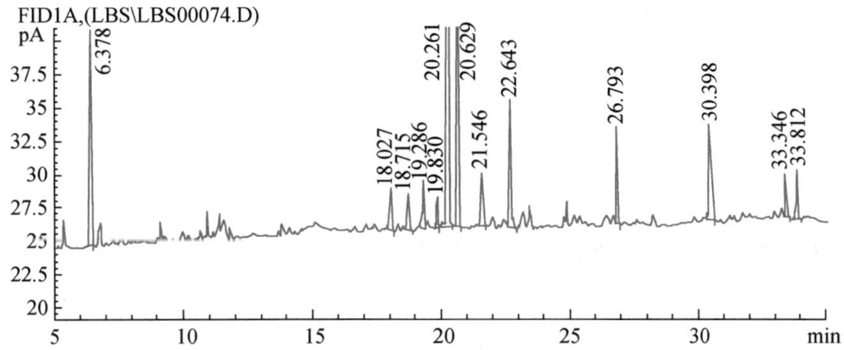

图 7.10.5 幼虫蛀屑的二氯甲烷浸提液气谱分析图

表 7.10.3 饲料及饲料粪便混合物成分

化合物	饲料	饲料粪便混合物
α-蒎烯	+	+
Benzaldehyde	+	+
1-辛醇	+	+
二十二烷	+	+
乙酸冰片酯	+	+
马鞭草烯酮	+	+
萜品醇	+	+
ρ-Meth-1-en-4-ol	+	+
乙酸-2-乙基己酯		+
2,3-丁二醇		+
2-甲基丁酸		+
戊酸		+
己酸		+
冰片醇		+

7.10.3 小结

有蛀屑气味经历和幼虫气味经历的管氏肿腿蜂对松褐天牛的选择性并未提高，但选择率高于无经历管氏肿腿蜂。不同中间寄主繁殖的管氏肿腿蜂更倾向于选择原寄主，对不同气味源的选择性基本相同，但黄粉甲幼虫繁殖的管氏肿腿蜂对饲料粪便混合物的选择性比青杨天牛繁殖的管氏肿腿蜂差。

7.11 管氏肿腿蜂气味结合蛋白基因的克隆与序列分析

7.11.1 技术路线

采用非变性聚丙烯酰胺凝胶电泳分析和 N-端测序，设计兼并引物，进行 3′RACE 和

5′RACE扩增获得3个蛋白基因的全长序列。经过序列分析和GenBank BLAST,结果表明,这3个蛋白分别是:2个气味结合蛋白和1个化学感受蛋白。

7.11.2 结果与分析

7.11.2.1 触角特异蛋白 Native-PAGE 分析

管氏肿腿蜂雌虫触角蛋白的粗提液经 Native-PAGE 分析表明,与其他部位(足、头、胸、腹)相比较,在凝胶最下方,有3条触角蛋白条带显示出与其他部位的蛋白条带明显的差异,这3条条带具有相对快的移动速率,显示其分子质量应该比较小,其中一条明显为触角所特有的蛋白,另外两条尽管在其他部位蛋白中也有显示,但是,条带明显很弱,在这些部位的蛋白粗提液过量上样电泳(触角蛋白55 μg而其他部位蛋白上样70 μg)的前提下,条带还是如此得弱,有理由认为,这两个蛋白在触角中的表达量十分丰富(图7.11.1)。

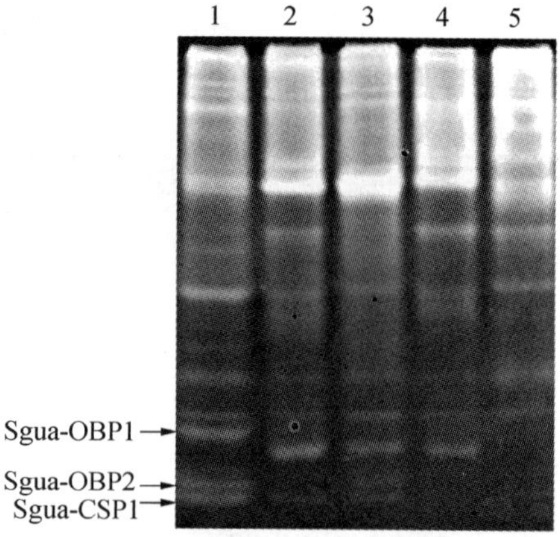

图 7.11.1 管氏肿腿蜂雌虫触角蛋白 Native-PAGE 分析

1. 雌虫触角蛋白 2. 雌虫腿部蛋白 3. 雌虫头部蛋白 4. 雌虫胸部蛋白 5. 雌虫腹部蛋白

7.11.2.2 触角蛋白转膜测序结果

触角蛋白经 Native-PAGE 电泳后转移到 PVDF 膜,考马斯亮蓝染色后显示,带型整齐。PVDF 膜干燥后,用圆珠笔在需要测序的蛋白条带旁边画线标注,送上海基康生物技术有限公司测定氮端序列(图7.11.2)。测序结果如下:蛋白条带1,LSEADVAE;蛋白条带2,ADNDDPFESTRFK;蛋白条带3,QESTPEYYTGKWN。

将上述测序结果经 DNAMAN 软件翻译后,设计3′RACE兼并引物。

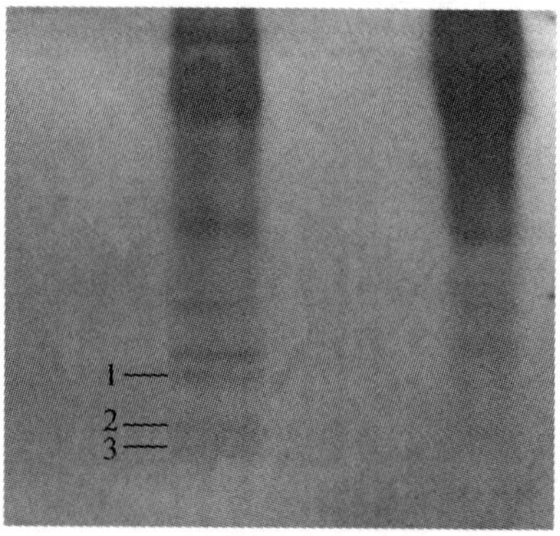

图 7.11.2 触角目的蛋白转 PVDF 膜结果

左边为触角蛋白条带,右边为整虫蛋白做参考。

7.11.2.3 RACE 结果

通过3′和5′ RACE-PCR 获得了触角3个目的蛋白的全长序列,利用 NCBI BLAST 进行同源检索,结果表明,其中2个属于气味结合蛋白家族,另外一个属于 CSP 家族,它们分别被命名为 Sgua-OBP1、Sgua-OB. P2 和 Sgua-CSP1,并将获得的3个序列在 GenBank 上登记,登录号(accession numbers)分别为 DQ458231 (Sgua-OBP1 cDNA)、DQ458232 (Sgua-OBP2 cDNA)、DQ458233 (Sgua-CSP1 cDNA)。

7.11.2.4 蛋白序列分析

利用生物信息学软件和工具对得到的 3 个管氏肿腿蜂气味结合相关蛋白序列进行分析，按照图 7.11.3 的路线进行一系列分析，分析结果如下。

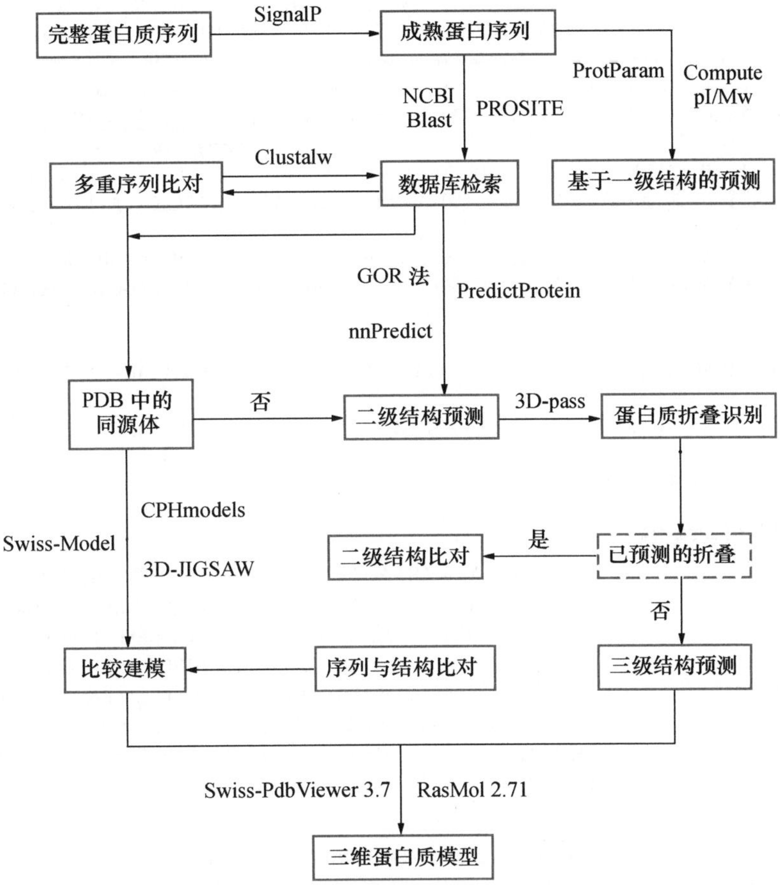

图 7.11.3 管氏肿腿蜂气味结合相关蛋白序列分析技术路线图

1. Sgua-OBP1 一般特性

Sgua-OBP1 的开放阅读框 open reading frame (ORF) 编码 133 个氨基酸的蛋白(图 7.11.4A)，信号肽预测(SignalP 3.0 http://www.cbs.dtu.dk/services/SignalP/) 结果显示该蛋白有一个 18 个疏水性残基的信号肽，其成熟肽含有 115 个氨基酸残基。信号肽预测结果与氮端测序结果一致。成熟蛋白的理论 pI (等电点)及 MW(相对分子质量)通过计算(Compute pI/Mw:http://www.expasy.org/tools/pi_tool.html)，等电点为 4.92，相对分子质量为 12 606.50。BLAST 数据库分析 Sgua-OBP1 与其他昆虫的 OBPs 具有明显的同源性，最高的识别率在 39% (Tcas-CG8462-PA:similar to CG8462-PA predicted by automated computational analysis, Coleoptera: Tribolium castaneum, Accession number: XM_970591)，与蜜蜂的 OBPs 蛋白 Amel-OBP13 (Hymenoptera: Apis mellifera, Accession number: DQ435330)的识别率达到了 31%。通过 ClustalX (Thompson, et al,1997) 软件

A

```
                                                                M  K  A  I  I
GATTCCAGTTGCATTGTATCTTCAACATTGATACGGGATTAAAGTTTCACAGAAGATACAATGAAAGCCATAATA

 L  V  V  A  L  C  S  I  Y  G  V  T  A  L  S  E  A  D  V  A  E  L  M  K  Y
TTAGTGGTTGCCCTCTGTTCCATCTATGGTGTTACGGCACTTTCGGAAGCAGACGTAGCGGAATTAATGAAATAT
                                              Sgua-OBP1-S(1-4)
 Q  D  A  C  I  A  E  S  G  V  D  P  V  L  I  E  N  A  K  K  G  D  V  A  P
CAAGATGCTTGCATCGCCGAATCCGGAGTTGATCCTGTTTTAATCGAAAACGCTAAGAAAGGTGACGTTGCCCCT

 D  E  N  L  A  C  F  A  S  C  M  L  Q  K  L  G  M  M  N  D  Q  G  V  L  N
GATGAGAATCTCGCTTGCTTTGCTTCTTGTATGTTGCAGAAACTTGGTATGATGAACGACCAAGGTGTCTTGAAC
                                                       Sgua-OBP1-AS1
 L  D  N  I  R  A  K  I  P  D  N  V  D  K  A  K  A  E  E  V  I  N  K  C  K
TTGGATAACATTCGCGCCAAGATTCCTGATAATGTGGATAAAGCAAAAGCAGAGGAAGTCATTAACAAATGCAAA

 D  V  P  G  N  H  H  C  L  K  A  G  N  F  V  Q  C  F  M  Q  H  K  E  F  A
GACGTTCCCGGAAACCATCACTGTTTGAAGGCAGGCAACTTCGTACAATGTTTCATGCAGCACAAAGAATTCGCT

 V  L  Q  *
GTTCTTCAGTAAGACTTAAACAGGATCTATAGAAATATCATGCTTTTGCATAATCCTGAGAAATCAGATTGATAG

GTTATTGATCGGTATGTCATATTCCATGCACTAGCGTACATGTACATAATGGTATCTCAACAACTGTGAATCAAT

AAAGAGCACTAAACAATGAAAAAAAAAAAAAAAA
```

B **Sgua-OBP1 Alignment**

```
Sgua-OBP1        --------MKAIILVVALCSIYGVTA-LSEADVAELMKYQDACIAESGVDP-VLIENAKKG 51
Amel-OBP13       --------MKTIIFIFAFC-LVGILA-VSEESINKLRKIESVCAEENGIDL-KKADDVKKG 50
Llin-LAP         --------MRILVLFTAALTCVMAGE-LPEEMREMAQGLHDGCVEETGVDN-GLIGPCAKG 51
Aper-ABPX        -------DKLLAFIVTAGLFIFTVAS-LDGEMAELAKMIRDNCVDEIGVDV-TLLEQVDAG 52
Tcas-CG8462-PA   --------MKTVAVLLFLALAACTKQ-EDDDRQETIRQYRDDCIAETKVDP-ALIDRADNG 51
Aaeg-OBP56e      --------MKTIAAIVSFALIVGCMA-VTEEQKEAARQLAGKCMQQTGTSE-ESVQRLRNG 51
Cflo-OBP1        -----MKHFAAVVLFVAVCFVGAFSESLSNEEAEKLMEYKESCTAETGVDEAVLMQPYDDK 56
Aaeg-OBPRP       MTSFRLANLTVFLVLLFCFMRGVHSADDLSKIPEIKGYELHCIEASGITESSAKKLRNGD 60
                                  .                               *

Sgua-OBP1        DVAP-DENLACFASCMLQKLGMMNDQGVLNLDNIRAKIPDNVDKAKAEEVINKCKDVPGN 110
Amel-OBP13       IFDKNDEKLACYVDCMLKKVGFVNADTTFNEEKFRERT-TKLDSEQVNRLVNNCKDITES 109
Llin-LAP         -NFADDQKLKCYFKCVFGNLGVISDEGELDAEAFGSILPDNMQ-ELLP-TIRGCAGTTGA 108
Aper-ABPX        ANLMPDEKFKCYLKCTLETAGMMSD-GVVDIEIVLELLPEDLK-TKNENLLRKCDTQKGS 110
Tcas-CG8462-PA   -DFTDDAKLQCFSKCFYQKAGFVSETGDLLFDVIKDKIPKEANREKALAIIDKCKELKGA 110
Aaeg-OBP56e      DTSGADDNTKCFVQCFFQGAGVVDGEGNMQEAFVTEKLASEYGQAKAEEVVQRCRNNSGA 111
Cflo-OBP1        EELVQDEKLNCYFACILKKMDMMDSDGTINMETARSQLLRDLCPKKIDESVE-CLSQVGD 115
Aaeg-OBPRP       DIASPDQSIKCYVQCFFSKLRLMNEKGVVQKDKVLSLLGKLMEEDKAKKLAEKCDLRR-T 119
                           * .  *:  *        .:.     .                 *

Sgua-OBP1        HHCLKAGNFVQCFMQHKEFAVLQ-- 133
Amel-OBP13       NSCKKSSKLLQCFIDNNLMKIFE-- 132
Llin-LAP         DPCELAMNFNKCLQKVDPVNFMVI- 132
Aper-ABPX        DDCDTAFLTQVCWQNGNKADYFLI- 134
Tcas-CG8462-PA   DSCETVYLVHKCYFLHSYGTDKKTE 135
Aaeg-OBP56e      NACERSFSLLQCYIANRASLM---- 132
Cflo-OBP1        SPCNTAGKIFGCIMKIRTTCHDN-- 138
Aaeg-OBPRP       NPCDTAYAMYDCYRQNKAKLL---- 140
                   *         *
```

图 7.11.4　**Sgua-OBP1 分析图**

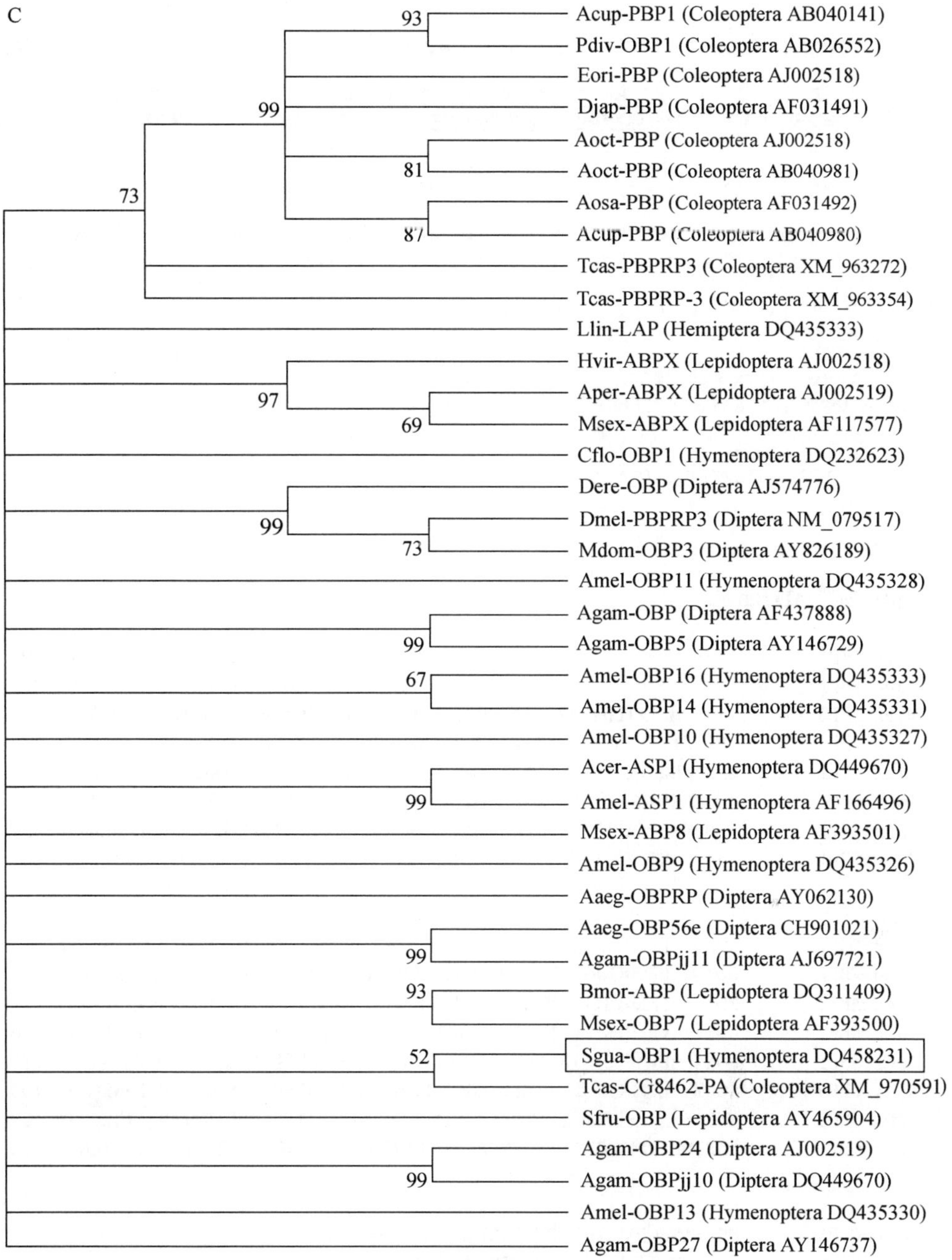

续图 7.11.4　Sgua-OBP1 分析图

A. Sgua-OBP1 的氨基酸序列及据此推导的氨基酸序列：氮端测序结果用粗体表示，预测的信号肽用斜体字表示，起始密码子 ATG 和终止密码子 TAA 用粗斜体表示，用于 3′RACE 的正向引物和用于 5′RACE 的反向引物的位置在图中标明，并且保守的半胱氨酸用灰色背景突出显示；B. Sgua-OBP1 蛋白序列与相似性最高的 7 个同源蛋白比对结果（NCBI BLASTP），保守的半胱氨酸残基用灰色的背景显示；C. Sgua-OBP1 相似序列的 Neighbor-joining tree 进化树分析。序列名称用昆虫拉丁名缩写加蛋白名称表示。拉丁名缩写如下：Aaeg：*Aedes aegypti*；Acer：*Apis cerana cerana*；Acup：*Anomala cuprea*；Agam：*Anopheles gambiae*；Amel：*Apis mellifera*；Aoct：*Anomala octiescostata*；Aoct：*Anomala octiescostata*；Aosa：*Anomala osakana*；Aper：*Antheraea pernyi*；Bmor：*Bombyx mori*；Cflo：*Copidosoma floridanum*；Eori：*Exomala orientalis*；Hpic：*Heptophylla picea*；Hvir：*Heliothis virescens*；Llin：*Lygus lineolaris*；Mdom：*Musca domestica*；Msex：*Manduca sexta*；Pdiv：*Phyllopertha diversa*；Pjap：*Popillia japonica*；Pxyl：*Plutella xylostella*；Rpal：*Rhynchophorus palmarum*；Sfru：*Spodoptera frugiperda*；Sgua：*Scleroderma guani*；Tcas：*Tribolium castaneum*。

A

```
                                        M  K  S  F  S  A  L  V  V  L  L  I
GCGATTGCATCGCATAAGTTTACTCACGACGAACTCAGCATGAAGAGCTTTTCCGCACTCGTTGTTCTTCTCATT

 A  I  L  A  S  A  L  A  A  D  N  D  D  P  F  E  S  T  R  F  K  C  Q  K  E
GCTATTCTTGCGTCTGCTTTAGCAGCGGATAACGACGATCCCTTCGAATCGACCAGATTCAAATGTCAAAAGGAA
                           Sgua-OBP2-S1
 Y  G  F  S  D  E  E  L  L  A  G  E  E  N  L  E  P  M  K  C  F  L  F  C  F
TACGGCTTCTCCGACGAGGAACTACTTGCCGGGGAGGAAAATCTTGAGCCTATGAAATGTTTCTTGTTTTGCTTC

 L  K  D  L  Q  I  A  D  D  T  G  N  F  D  P  A  V  A  T  M  M  L  D  D  D
TTGAAAGATCTACAAATTGCGGATGATACAGGTAACTTTGATCCAGCTGTAGCTACAATGATGCTTGACGATGAC

 I  R  D  T  A  K  S  A  I  Y  K  C  H  A  D  Y  L  T  V  S  E  P  C  Q  H
ATACGCGATACCGCCAAGTCAGCTATTTACAAATGCCACGCAGATTATTTAACAGTCAGTGAGCCGTGCCAGCAT
                                                          Sgua-OBP2-AS1
 S  Y  E  V  V  K  C  F  K  E  T  L  P  E  I  Y  K  M  L  G  I  F  R  P  P
TCCTATGAGGTCGTAAAATGTTTCAAGGAGACGTTGCCAGAGATCTACAAGATGCTCGGAATATTCCGTCCGCCC

 Q  I  M  S  Q  *
CAGATCATGTCACAGTGATGCAATCAGTATATGTATGTGCTTTAGCAATGAATGTAATAATTGTTATTAGAAATA

AATAATAAATTCAAAAAAAAAAAAAAAA
```

B **Sgua-OBP2 Alignment**

```
Pdiv-OBP1     -------------------------------EEMEELAKQLHNDCVGQTGVDEAHITTVK 29
Acup-PBP1     -----------------------------MSEEMEELAKQLHNDCVGQTGVDEAHITTVK 31
Msex-ABP3     -----MITATLHVVFALLGFVYGAKNKPVFSEEIKEIIQTVHDECVGKTGVSEEDIANCE 55
Aaeg-OBP      -MIRFIVFVSSCLVAVSIADVTPRRDAEYPPPELLQALKPLRDICQKKTGVSDEAILEFS 59
Amel-ASP1     MVSNTKQAFIYSLALLCLHAIFVNAAPDWVPPEVFDLVAEDKARCMSEHGTTQAQIDDVD 60
Amel-OBP9     ---MFKNYHFFFILVITLIFLYFG-------------EADIKKDCRKESKVSWAALKKMK 44
Sgua-OBP2     -----MKSFSALVVLLIAILASALAADND------DPFESTRFKCQKEYGFSDEELLAGE 49
Znev-OBP1     -----MKTSERVLASAILLLLGVADLASGLTGRAFERAKEVDEKCRSENNVERAYFEKFI 55
                                                          * :      :

Pdiv-OBP1     DQKG--FPDDEKFKCYLKCLMTEMAIVGDDGIVDIEAAVGVLPDELKAKAEPVMRKCGFK 87
Acup-PBP1     DQKG--FPDDEKFKCYLKCLMTEMAIVGDDGIVDIEAAVGVLPDELKAKAEPVMRKCGFK 89
Msex-ABP3     NGI---FKEDVKLKCYMFCLLEVAGLADEDGTVDYDMLVSLIPEEYSERASKMIFACNHL 112
Aaeg-OBP      DGK---VHEDEKLKCYMNCLFHEAKVVDDTGHVHLEKLHDALPDSMRDIAMHMGKRCLYP 116
Amel-ASP1     KGN---LVNEPSITCYMYCLLEAFSLVDDEANVDEDIMLGLLPDQLQERAQSVMGKCLPT 117
Amel-OBP9     AGDM--EQDDQNLKCYLKCFMTKHGILDKNAEVDVQKALRHLPRSMQDSTKKLFNKCKSI 102
Sgua-OBP2     ENL-------EPMKCFLFCFLKDLQIADDTGNFDPAVATMMLDDDIRDTAKSAIYKCHAD 102
Znev-OBP1     KARIDEIDPPDNYKCFVKCVMVELMALNDEGDFNVDEELQNVPPEIVEEGHRIVKTCHGT 115
                           .*:: *.:     .. . ..       :  .          *

Pdiv-OBP1     PG--ANPCDNVYQTHKCYFETDPQSYMIV----------- 114
Acup-PBP1     PG--ANPCDNVYQTHKCYFETDPHSYMIV----------- 116
Msex-ABP3     DTPEKDKCQRSFDVHKCTYEKDPEFYFLF----------- 141
Aaeg-OBP      EG--ENLCEKAFWLHKCWKESDPKHYFLI----------- 143
Amel-ASP1     SG--SDNCNKIYNLAKCVQESAPDVWFVI----------- 144
Amel-OBP9     QN--EDPCEKAYQLVKCYVEFHPEVLQTVPFL-------- 132
Sgua-OBP2     YLTVSEPCQHSYEVVKCFKETLPEIYKMLGIFRPPQIMSQ 142
Znev-OBP1     PG--KDPCDKAYQVHKCYHKENPELYSLILHYWENASQ-- 151
                  : *:. :    ** :  *.    .
```

图 7.11.5　Sgua-OBP2 蛋白分析图

C

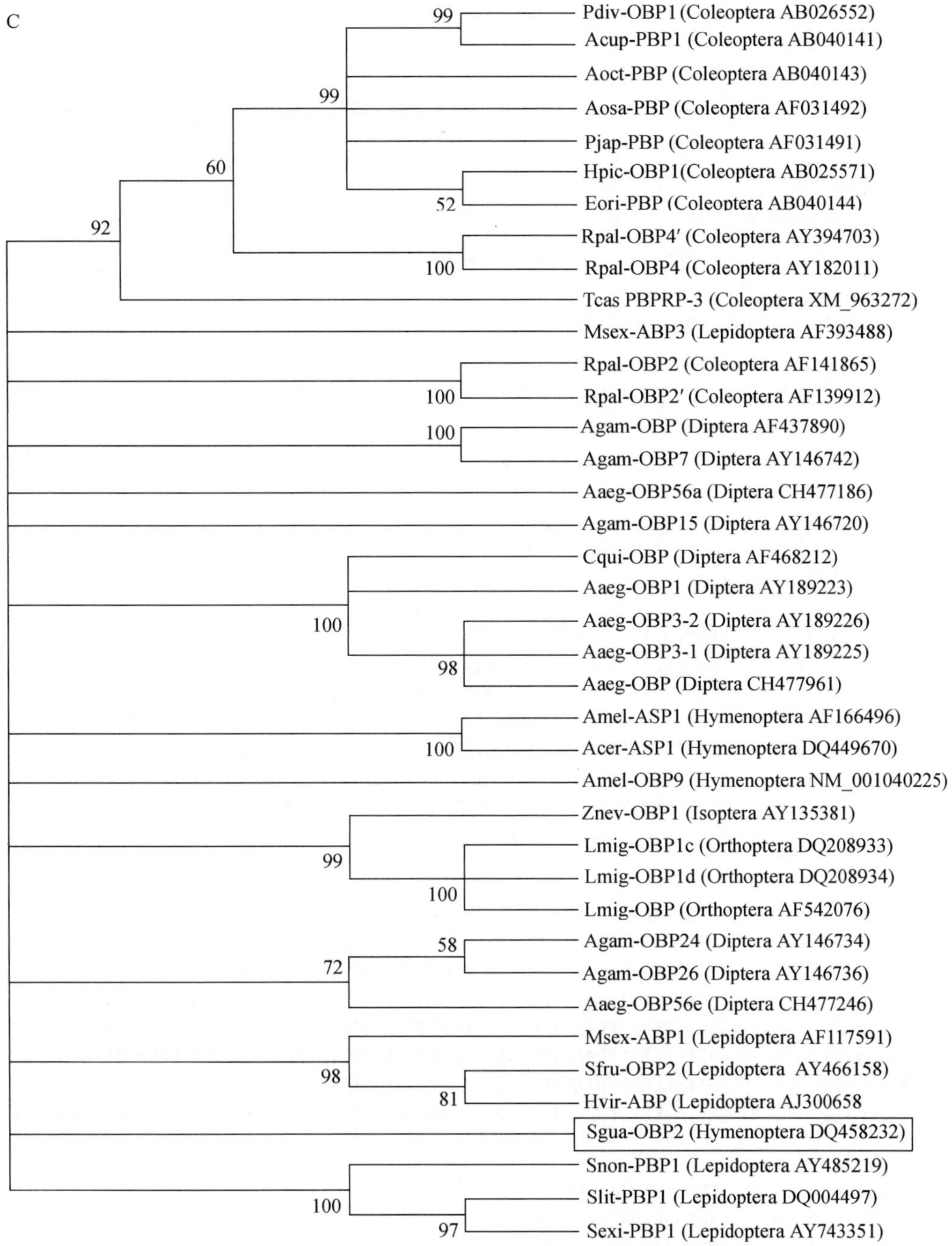

续图 7.11.5 Sgua-OBP2 蛋白分析图

A. Sgua-OBP2 的氨基酸序列及据此推导的氨基酸序列：氮端测序结果用粗体表示，预测的信号肽用斜体字表示，起始密码子 ATG 和终止密码子 TGA 用粗斜体表示，用于 3′RACE 的正向引物和用于 5′RACE 的反向引物的位置在图中标明，并且保守的半胱氨酸用灰色背景突出显示；B. Sgua-OBP2 蛋白序列与相似性最高的 7 个同源蛋白比对结果（NCBI BLASTP），保守的半胱氨酸残基用灰色的背景显示；C. Sgua-OBP1 相似序列的 Neighbor-joining tree 进化树分析。序列名称用昆虫拉丁名缩写加蛋白名称表示。拉丁名缩写如下：Aaeg：*Aedes aegypti*；Acer：*Apis cerana cerana*；Acup：*Anomala cuprea*；Agam：*Anopheles gambiae*；Amel：*Apis mellifera*；Aoct：*Anomala octiescostata*；Aosa：*Anomala osakana*；Aper：*Antheraea pernyi*；Cqui：*Culex pipiens quinquefasciatus*；Eori：*Exomala orientalis*；Hpic：*Heptophylla picea*；Hvir：*Heliothis virescens*；Msex：*Manduca sexta*；Pdiv：*Phyllopertha diversa*；Pjap：*Popillia japonica*；Rpal：*Rhynchophorus palmarum*；Sexi：*Spodoptera exigua*；Sfru：*Spodoptera frugiperda*；Sgua：*Scleroderma guani*；Slit：*Spodoptera litura*；Snon：*Sesamia nonagrioides*；Tcas：*Tribolium castaneum*；Znev：*Zootermopsis nevadensis*。

A

```
                                                                     M  K  S  I
ATACAGTCTTCAATATACTTTTGCTATTTCATTATAGTTTTCTTTGTGTGATCGAAATTTAAGATGAAGAGCATT

 I  V  V  F  T  V  F  A  I  V  F  A  Q  E  S  T  P  E  Y  Y  T  G  K  W  N
ATAGTTGTTTTCACTGTGTTCGCGATAGTATTCGCACAAGAATCGACACCTGAATATTACACTGGAAAGTGGAAT
                                              Sgua-CSP1-S1
 D  L  N  T  H  D  I  V  D  N  A  R  L  F  K  K  Y  K  Q  C  I  M  A  E  T
GATCTCAATACTCATGATATCGTCGATAATGCACGTCTTTTTAAGAAATACAAGCAGTGCATAATGGCTGAAACA

 N  T  G  C  P  Q  E  V  I  E  L  K  K  V  L  P  E  A  L  E  T  V  C  S  K
AATACGGGTTGTCCTCAGGAAGTTATAGAGCTGAAAAAAGTTCTACCCGAGGCATTAGAGACGGTATGTTCCAAG
                                                            Sgua-CSP1-AS1
 C  S  P  V  Q  V  E  K  I  R  D  T  L  K  Y  V  C  E  K  R  K  T  D  F  D
TGTTCTCCAGTTCAAGTTGAGAAAATTCGCGACACTCTCAAATATGTTTGCGAAAAGCGCAAAACTGATTTTGAT

 D  I  L  K  H  I  D  P  E  G  T  H  R  P  K  F  E  E  K  F  G  T  L  G  C
GATATCTTGAAGCATATTGATCCTGAAGGCACGCATCGTCCAAAATTCGAAGAGAAATTTGGAACTCTTGGATGT

 *
TAAGAAAGATGTCGAAACGTTAACGAAAAATATTAAATGTCTTATTCTTAATTAAAACAGTTTATTGATCTTCAA

TGTATACTATTGCAAATAGTAATTAAAGAGAAACGCAATTCTGTAAATAAACAAAAAAAAAAAAAA
```

B **Sgua-CSP1 Alignment**

```
Mper-OS-D1    -MAHLNLFVVLVASLVCFTLAEEKYTTKFDNFDVDKVLNNNRILTSYIKCLLDE--GNCT 57
Nrib-OS-D1    -MAHLNLFVVLVASLVCFTLAEEKYTTKFDNFDVDKVLNNDRILTSYIKCLLEQ--GNCT 57
Tcas-CSP7     --MKLISAVILCAFLVAVSAAENKYTNKYDNVDVDKILNNDRVLTNYIKCLMDE--GPCT 56
Lmig-CSP      -------MQALTLVLFALVASAAAYTTKYDNIDLDEILNNERLLKKYHECLMSDSDASCT 53
Acer-ASP3     MKVSIICLVLMAAIVLVAARPDESYTSKFDDINVDEILHSDRLLNNYFKCLMDE--GRCT 58
Amel-CSP3     MKVSIICLVLMAAIVLVAARPDESYTSKFDNINVDEILHSDRLLNNYFKCLMDE--GRCT 58
Vcra-CSP      MKTTFIFLTVLAVIVVSLAQ-ESMYTTKFDNINVQEILHNDRLLNNYVKCLLDQ--GRCT 57
Sgua-CSP1     -MKSIIVVFTVFAIVFAQESTPEYYTGKWNDLNTHDIVDNARLFKKYKQCIMAETNTGCP 59
                         :    :.        ** *:::.: ..::.. *::..* :*:: :    *.

Mper-OS-D1    NEGRELRKVLPDALKTDCSKCTEVQKDRSEKVIKFLIKNRSTDFDRLTAKYDPSGEYKKK 117
Nrib-OS-D1    NEGRELKRVLPDALKTDCNKCTEVQKNRSGKVIKFLIKNRSNDFDRLIAKYDPTGEYKKK 117
Tcas-CSP7     SEGRELKKTLPDALSSGCTKCNQKQKETAEKVIRHLTQKRARDWERLSKKYDPQGQYKKR 116
Lmig-CSP      PDGKELKVSIPDALVTDCSKCNEKQKEGSNKVIRFLIQKKEDLWKPLQAKYDPEGTYLKK 113
Acer-ASP3     AEGNELKRVLPDALATDCKKCTDKQREVIKKVIKFLVENKPELWDSLANKYDPDKKYRVK 118
Amel-CSP3     AEGNELKRVLPDALATDCKKCTDKQREVIKKVIKFLVENKPELWDSLANKYDPDKKYRVK 118
Vcra-CSP      ADAIELKKSLPDALETECSKCSPKQKEFAEEAMKFLSHNKKDIWEKLLAKYDPEKKYRSK 117
Sgua-CSP1     QEVIELKKVLPEALETVCSKCSPVQVEKIRDTLKYVCEKRKTDFDDILKHIDPEGTHRPK 119
              :  **:  :*:** : *.**.  * :   ..::.: .::    :. :  : **   :  :

Mper-OS-D1    IEKFDSEKAAAAKH 131
Nrib-OS-D1    IEKFDAERAAAAKH 131
Tcas-CSP7     YEEHVATSRAA--- 127
Lmig-CSP      HPELLSA------- 120
Acer-ASP3     FEEEAKKLGINV-- 130
Amel-CSP3     FEEEAKKLGINV-- 130
Vcra-CSP      FEDRAKEADIKI-- 129
Sgua-CSP1     FEEKFGTLGC---- 129
```

图 7.11.6 **Sgua-CSP1 蛋白分析图**

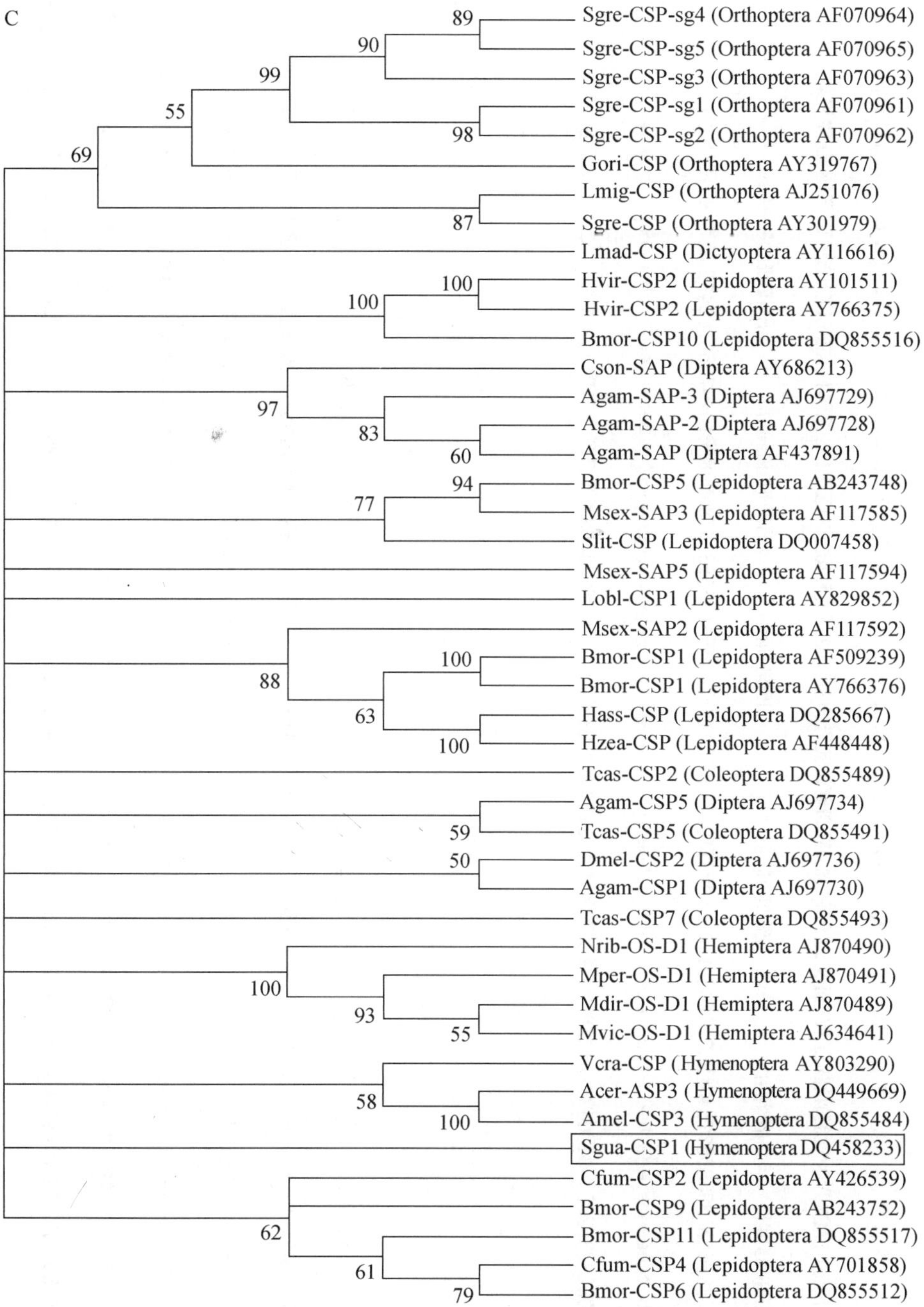

续图 7.11.6 Sgua-CSP1 蛋白分析图

A. Sgua-CSP1 的氨基酸序列及据此推导的氨基酸序列：氮端测序结果用粗体表示，预测的信号肽用斜体字表示，起始密码子 ATG 和终止密码子 TAA 用粗斜体表示，用于 3′RACE 的正向引物和用于 5′RACE 的反向引物的位置在图中标明，并且保守的半胱氨酸用灰色背景突出显示；B. Sgua-OBP1 蛋白序列与相似性最高的 7 个同源蛋白比对结果（NCBI BLASTP），保守的半胱氨酸残基用灰色的背景显示；C. Sgua-CSP1 相似序列的 Neighbor-joining tree 进化树分析。序列名称用昆虫拉丁名缩写加蛋白名称表示。拉丁名缩写如下：Acer：*Apis cerana cerana*；Agam：*Anopheles gambiae*；Amel：*Apis mellifera*；Bmor：*Bombyx mori*；Cfum：*Choristoneura fumiferana*；Cson：*Culicoides sonorensis*；Dmel：*Drosophila melanogaster*；Gori：*Gryllotalpa orientalis*；Hass：*Helicoverpa assulta*；Hvir：*Heliothis virescens*；Hzea：*Helicoverpa zea*；Lmad：*Leucophaea maderae*；Lmig：*Locusta migratoria*；Lobl：*Lonomia oblique*；Mdir：*Metopolophium dirhodum*；Mper：*Myzus persicae*；Msex：*Manduca sexta*；Mvic：*Megoura viciae*；Nrib：*Nasonovia ribis-nigri*；Sgre：*Schistocerca gregaria*；Sgua：*Scleroderma guani*；Slit：*Spodoptera litura*；Tcas：*Tribolium castaneum*；Vcra：*Vespa crabro*。

A

```
             ....,....1....,....2....,....3....,....4....,....5....,....6....,....7....,....8....,....9....,....10.1.,....11.1.,
Sgua-OBP1    LSEADVAELMKYQDACIAESGVDPVLIENAKKGDVAPDENLACFASCMLQKLGMMNDQGVLNLDNIRAKIPDNVDKAKAEEVINKCKDVPGNHHCLKAGNFVQCFMQHKEFAVLQ
PROF_sec       HHHHHHHHHHHHHHHHHH    HHHHHHHH          EEHHHHHHH           HHHHHHH      HHHHHHHHHHHHH      HHHHHHHHHHHHHH
Rel_sec      9878888887888886631388856776431367787620110001022213321457731447887541335681478999876104676551024566755443137532158
P_3_acc      eeeee eebeeb eebeee e eee bee eeee eeeee  bbb bbbee e   eeeebe eeb eebeee eeeebeebbeebee eeeeeb eb e bebbeeeee ee e
Rel_acc      4347215404602632362053434304201514204233120032241011100012123324353630262044533351273236124412013303103022300301038
```

B

```
             ....,....1....,....2....,....3....,....4....,....5....,....6....,....7....,....8....,....9....,....10.1.,....11.1.,....12.
Sgua-OBP2    ADNDDPFESTRFKCQKEYGFSDEELLAGEENLEPMKCFLFCFLKDLQIADDTGNFDPAVATMMLDDDIRDTAKSAIYKCHADYLTVSEPCQHSYEVVKCFKETLPEIYKMLGIFRPPQIMSQ
PROF_sec       HHHHHHHHHHHHHHHH    HHHHHH         EEEHHHHHH           HHHHHHH  HHHHHHHHHHHHHHHH        HHHHHHHHHHHHHHH    EEEEE
Rel_sec      955789888888876523888677742014654240331002222222255773154677775303222367899998742025766550134567777664138751466301156001568
P_3_acc      eeeeeebeeb eebeee e eee  ee eeeeee ebbbbbbee e  eeeeebe e b e beeeb e beebbeeb eeeeeeee be b  bbebbeee eebbbbbb   ee  ee
Rel_acc      74154205413452373253534304412531431221303332121002131214232423203330363444126412423252331113403204032320132135320122220169
```

图 7.11.7　应用 PredictProtein Server(Rost et al,2004)预测蛋白二级结构结果

C

```
          ....,....1....,....2....,....3....,....4....,....5....,....6....,....7....,....8....,....9....,....10.1.,....11.1
Sgua-CSP1 QESTPEYYTGKWNDLNTHDIVDNARLFKKYKQCIMAETNTGCPQEVIELKKVLPEALETVCSKCSPVQVEKIRDTLKYVCEKRKTDFDDILKHIDPEGTHRPKFEEKFGTLGC
PROF sec                  HHHHHH HHHHHHHHHHHH          HHHHHHHHHHHHHHHHHH   HHHHHHHHHHHHHHHH  HHHHHHHHHH         HHHHHHHHH
Rel sec   97420102332455576776311025566655441268875672046777766888862300067133666678889987428127899874338654311467889874289
P 3 acc   eeeeeee eee ee ebeebbe  ebbeebbe bbeeeeee  eebeeb e beebbeebee eeeb eebeebbe b ee eeebeeb ee eeeee  eeb e beeeee
Rel acc   96310313126322241342051130243103030121234114214344736243535215424430273334447432634363255537353461123430474227144
```

续图 7.11.7 应用 PredictProtein Server(Rost et al,2004)预测蛋白二级结构结果

A. Sgua-OBP1 的二级结构 B. Sgua-OBP2 的二级结构 C. Sgua-CSP1 的二级结构

* PROF_sec:PROF 预测的二级结构,其中 H=helix, E=extended (sheet), blank=other (loop), PROF = PROF: Profile network prediction HeiDelberg

Rel_sec:PROFsec 预测结果的可靠性 (0=low to 9=high)

P_3_acc:PROF 预测的蛋白质水溶性(acc),分三级表示:b=0%~9%, i=9%~36%, e=36%~100%.

Rel_acc:PROFacc 预测的可靠性 (0=low to 9=high)

将 Sgua-OBP1 与其他部分同源序列进行比对(图 7.11.4B) 后通过 MEGA version 3.1 (Kumar, et al, 2004) (图 7.11.4C)建立 Neighbor-joining 进化树。

2. Sgua-OBP2 的一般特性

Sgua-OBP2 是开放阅读框编码 142 个氨基酸,SignalP 预测表明 Sgua-OBP2 有一个 20 个疏水性氨基酸残基的信号肽(图 7.11.5A),其成熟蛋白含有 122 个氨基酸残基。信号肽预测结果与氮端测序一致。成熟蛋白的理论等电点和相对分子质量分别为 4.39 和 14 041.91。BLASTP 分析同样证明 Sgua-OBP2 与其他昆虫的 OBPs 同源,但是同源性相对低。最高的识别率也仅仅为 30% (Pdiv-OBP1, Coleoptera: Phyllopertha diversa; Accession number: AB026552) (图 7.11.5B)。利用 BLOSUM62 (Henikoff and Henikoff, 1992)将 Sgua-OBP1 和 Sgua-OBP2 比对,显示两者之间没有明显的同源性,进化树(neighbor-joining tree)见图 7.11.5C。

3. Sgua-CSP1 的一般特性

Sgua-CSP1 的阅读框编码 129 个氨基酸 (图 7.11.6A)。SignalP 预测显示其信号肽含 16 个氨基酸残基,成熟蛋白编码 109 个氨基酸。信号肽预测结果与氮端测序结果一致。理论等电点和相对分子质量分别为 5.95 和13 096.95。BlastP 分析显示 Sgua-CSP1 与昆虫的 CSPs 同源 (图 7.11.6B)。最高的识别率可以达到 36%(Vcra-CSP, Hymenoptera: Vespa crabro, Accession number: AY803290)。树形图分析见图 7.11.6C。

4. 蛋白结构二级结构预测

Predictprotein Server 预测结果表明(Rost and Sander, 1993b; Rost and Sander, 1993a; Rost, et al, 1994),3 种蛋白均为亲水性蛋白,含有 6 个 Alpha 螺旋,这些均符合昆虫 OBPs 和 CSPs 的基本特征(图 7.11.7)。

5. 蛋白三级结构预测

利用 Swiss-model 同源建模的方法,得到 3 种蛋白预测的三级结构(图 7.11.8)。向 Swiss-model 提交蛋白序列后,经序列比对,分别检索到 3 个与 Sgua-OBP1、1 个与 Sgua-OBP2、8 个与 Sgua-CSP1 同源性高的蛋白已经获得三级结构(表 7.11.1),这些已知的三级结构在同源建模时作为结构预测的模板。

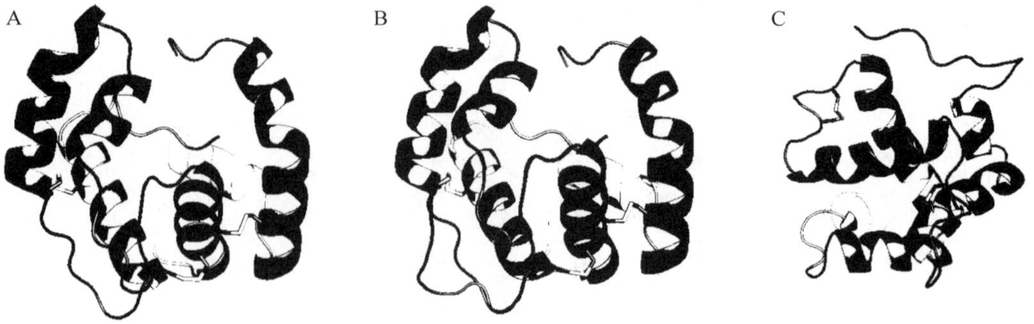

图 7.11.8 蛋白三级结构 Swiss-model 预测结果

A. Sgua-OBP1 结构预测模型 B. Sgua-OBP2 结构预测模型 C. Sgua-CSP1 结构预测模型

表 7.11.1 Swiss-model 检索到可用于结构预测的模板蛋白

同源蛋白	识别率/%	PDB ID	晶体名称	获得方法	文献
Sgua-OBP1					
Amel-ASP1	27.3	1R5R	蜜蜂 PBP Soft-SAD 晶体结构	X-射线	Lartigue et al, 2004
Tmol-THP12	31.3	1C3Y	黄粉甲 TP12 晶体结构	NMR	Rothemund et al, 1999
Tmol-THP12	31.3	1C3Z	黄粉甲 TP12 晶体结构	NMR	Rothemund et al, 1999
Sgua-OBP2					
Amel-ASP1	28.45	1R5R	蜜蜂 PBP Soft-SAD 晶体结构	X-射线	Lartigue et al, 2004
Sgua-CSP1					
Sgre-CSPsg4	33	2GVS	沙漠蝗 CSPsg4	NMR	Tomaselli et al, 2006
Mbra-CSP2	30.85	1k19	甘蓝夜蛾 CSP2	NMR	Mosbah et al, 2003
CSPMbraA6	30.85	1kx9	甘蓝夜蛾 CSP A6 chain A	X-射线	Lartigue et al, 2002
CSPMbraA6	30.85	1n8v	CSP-bromo-dodecanol 结合体 chain A	X-射线	Campanacci et al, 2003
CSPMbraA6	30.85	1n8v	CSP-bromo-dodecanol 结合体 chain B	X-射线	Campanacci et al, 2003
CSPMbraA6	29.05	1kx8	甘蓝夜蛾 CSP A6	X-射线	Lartigue et al, 2002
CSPMbraA6	29.65	1kx9	甘蓝夜蛾 CSP A6 chain B	X-射线	Lartigue et al, 2002

7.11.3 小结

采用非变性聚丙烯酰胺凝胶电泳分析，发现管氏肿腿蜂雌虫触角中特异表达的 3 个蛋白条带，推断可能为气味结合蛋白。这些 3 个条带经 N-端测序，设计兼并引物，进行 3′RACE 和 5′RACE 扩增获得 3 个蛋白基因的全长序列。经过序列分析和 GenBank BLAST，结果表明，这 3 个蛋白分别是：2 个气味结合蛋白和 1 个化学感受蛋白。我们将其分别命名为 Sgua-OBP1、Sgua-OBP2 和 Sgua-CSP1。序列比对分析显示 Sgua-OBP1 和 Sgua-OBP2 与其他昆虫已知的 OBPs 序列同源，Sgua-CSP1 则与已知的昆虫 CSPs 类蛋白同源。

利用生物信息学方法，对 Sgua-OBP1、Sgua-OBP2 和 Sgua-CSP1 进行分析，发现它们开放阅读框(ORF)分别编码 133、142、129 个氨基酸序列的蛋白，并对其二级、三级结构进行了模拟预测。

7.12 管氏肿腿蜂气味结合蛋白的原核表达和纯化

7.12.1 技术路线

构建原核表达载体并进行原核表达，重组蛋白经 Ni-NTA His bind rasin 层析柱纯化回收，并制备多克隆抗体。

7.12.2 结果与分析

7.12.2.1 SguaOBP1、SguaOBP2、SguaCSP1 基因原核表达载体的构建

为了更深入地研究，我们构建了原核表达载体，通过原核表达系统，分离纯化 SguaOBP1、SguaOBP2、SguaCSP1 蛋白，以期体外进一步研究其生理生化特性。原核表达载体构建策略如图 7.12.1 所示。

依据 pET28a＋原核表达载体多克隆位点的酶切位点，设计末端添加限制性内切酶位点 NdeⅠ和 BamHⅠ，通过设计引物扩增分离得到去除终止密码子的开放阅读框序列，包括 SguaOBP1、SguaOBP2、SguaCSP1 的全长序列和成熟肽区域的基因序列。将得到的序列分别连至 pMD18-T 载体中，重组质粒测序结果表明分离片段正确，没有出现氨基酸的移码和错码。将插入后的载体分别用 NdeⅠ和 BamHⅠ双酶切，回收目的片段和载体片段，T4 连接酶连接后，得到原核表达载体，载体酶切鉴定如图 7.12.2 所示。

7.12.2.2 原核表达检测结果

按照图 7.12.1，将上述图 7.12.2 中酶切验证的目的片段切胶回收，插入到 pET28a＋载体中，选取阳性克隆，送公司测序，测序验证目的基因的插入方向及阅读框架的正确性。然后转入 *E. coli* BL21(DE3)中表达。在终浓度为 0.4 mol/L 的 IPTG 诱导下，表达得到载体上插入成熟片段的蛋白，SDS-PAGE 电泳检测细菌培养物沉淀，分子质量为 14 ku、15 ku 和 13 ku 左右的蛋白（图 7.12.3），而且表达量很大。发现 IPTG 设置任何浓度诱导后，插入全长序列的载体不表达目的蛋白，推测是由于在信号肽的存在下，对大肠杆菌有一定的毒害作用，阻碍其生长。

7.12.2.3 诱导蛋白的可溶性分析结果

将获得的融合蛋白诱导产物，10 000 r/min 收集菌体，以 pH 8.0 磷酸缓冲液悬浮菌体；超声破碎菌体，功率 200 W、10 s、90 次，至菌液澄清；12 000 r/min 离心细胞破碎液，收集上清；将沉淀悬浮于无菌水中，取上清部分处理后样品的 1/200 体积的溶液和沉淀部分处理后样品的 1/65 体积的溶液，进行 SDS-PAGE 电泳分析融合蛋白的溶解性（图 7.12.4）。结果表明在上清和沉淀中均有融合蛋白的表达，可以直接纯化上清中融合蛋白，用于进一步研究。

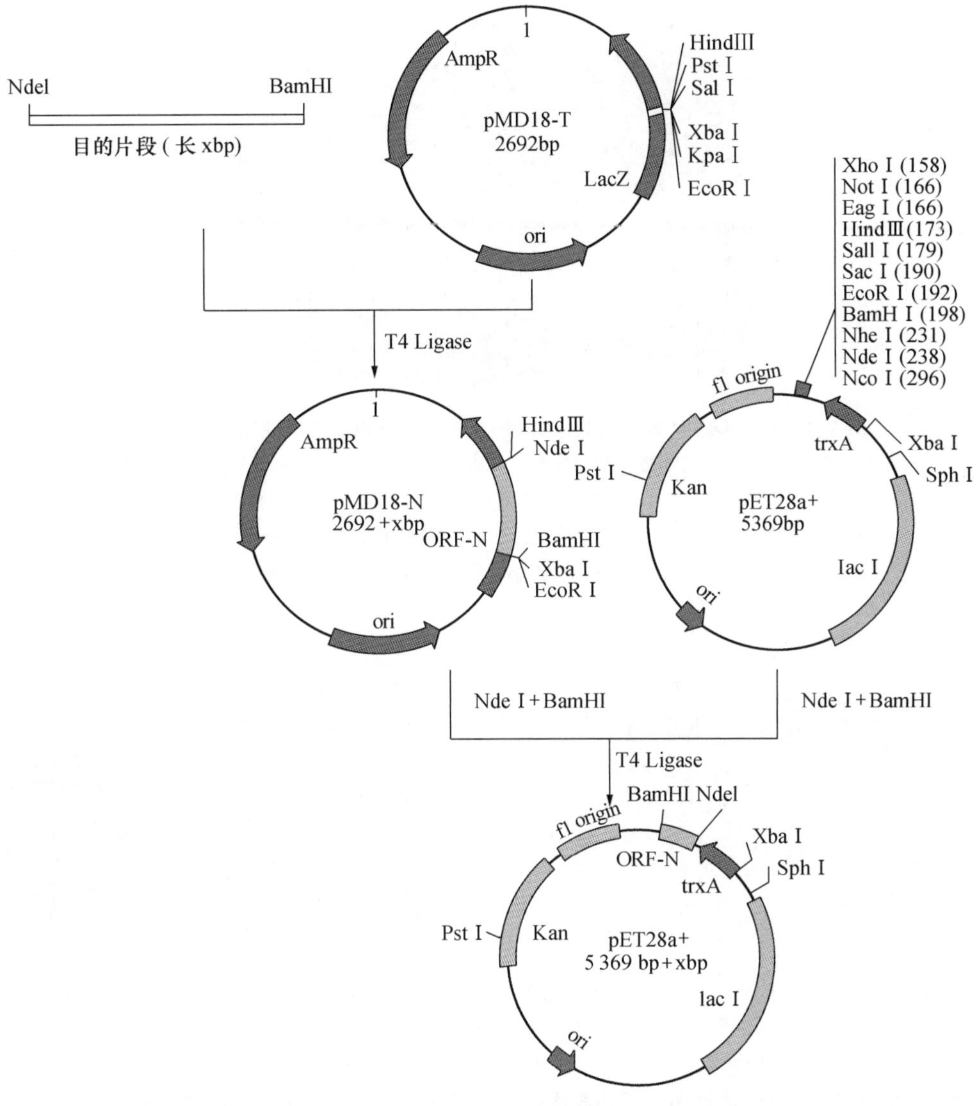

图 7.12.1　SguaOBP1、SguaOBP2、SguaCSP1 基因原核表达载体的构建策略

插入片段的长度图示为 xbp。

7.12.2.4　抗原纯化检测结果

诱导表达融合蛋白；收集菌体后超声法破碎菌体细胞；将获得细胞裂解液上清用0.22 μm的微孔滤膜过滤后，上至平衡好的 Ni-NTA 柱，以含有不同浓度咪唑的洗脱缓冲液冲洗脱 Ni 柱；去除杂蛋白后，收集使用更高浓度咪唑的洗脱缓冲液重复洗脱的溶液；根据不同等份溶液的 A_{280}，计算各份溶液的蛋白质含量，并利用 SDS-PAGE 电泳分析，选取蛋白含量较高的溶液进行超滤去除盐分和下一步研究。

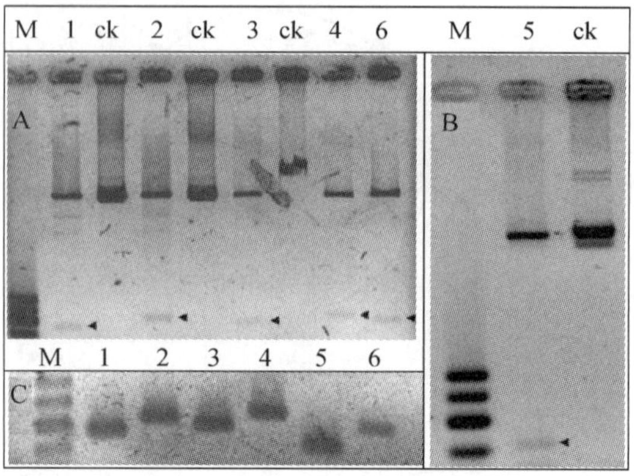

图 7.12.2 构建载体的酶切鉴定图(A 和 B)和 PCR 扩增目的片段图(C)

A/B 图:1、2、3、4、6、5 泳道分别对应插入质粒酶切后目的片段,小三角指示,ck 为对照未酶切质粒;C 图:1、2、3、4、5、6 泳道对应的是原目的片段 pcr 扩增结果,分别是 SguaOBP1 的成熟肽、SguaOBP1 的全长、SguaOBP2 的成熟肽、SguaOBP2 的全长、SguaCSP1 的成熟肽、SguaCSP1 的全长,对应基因片段长度分别是 366 bp、420 bp、387 bp、447 bp、321 bp、408 bp;Maker 对应片段从下往上是 300、400、500、600 bp。

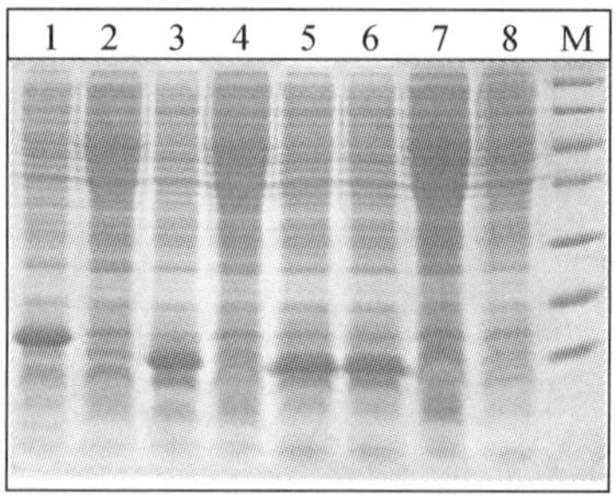

图 7.12.3 SDS-PAGE 检测重组蛋白表达结果

4、2、7 泳道对应的分别为 Sgua-OBP1,Sgua-OBP2 和 Sgua-CSP1 诱导前(即加 IPTG 之前)的表达情况;3、1、5 泳道对应的分别为诱导(即加 0.4 mmol/L IPTG)后的表达情况;8 为空质粒 pET28a 诱导后的表达情况;M 为蛋白分子质量标准。分子质量由上到下为:牛血清蛋白(66 ku)、卵清蛋白(45 ku)、碳酸苷酶(29 ku)、胰蛋白酶抑制剂(20 ku)及乳清蛋白(14 ku)。

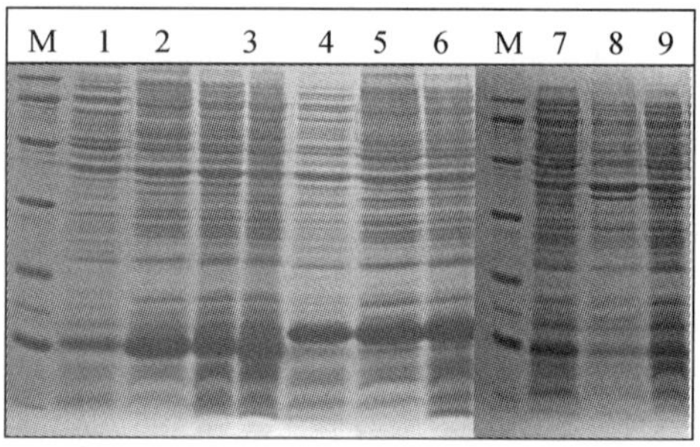

图 7.12.4 融合蛋白的可溶性 SDS-PAGE 分析

1～9 泳道分别对应:SguaOBP1 上清、沉淀、原诱导表达蛋白;SguaOBP2 上清、沉淀、原诱导表达蛋白;SguaCSP1 上清、沉淀、原诱导表达蛋白。M 为蛋白分子质量标准。分子质量由上到下为:牛血清蛋白(66 ku),卵清蛋白(45 ku),碳酸苷酶(29 ku),胰蛋白酶抑制剂(20 ku),及乳清蛋白(14 ku)。

由于在过柱前细胞裂解液的上清需要经 0.22 μm 的微孔滤膜处理去除细胞残渣,为检测在过滤过程中是否有蛋白损失,取等量裂解液,分别使用 0.22 μm、0.45 μm 微孔滤膜过滤,与未作处理的裂解液比较,发现处理后的裂解液没有表达蛋白的损失(图 7.12.5)。

大量诱导表达蛋白并用上述方法进行纯化,将纯化得到的蛋白进行 SDS-PAGE 检测回收效果,发现经回收后基本得到比较纯的目的蛋白,有少量背景条带,但不影响抗体的制备(图 7.12.6)。

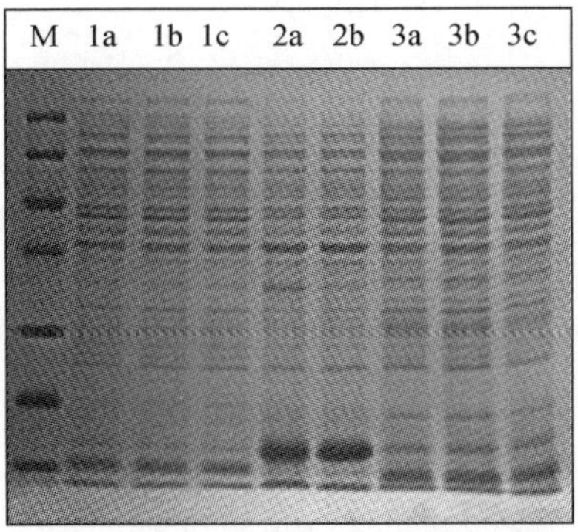

图 7.12.5 裂解液经微孔滤膜处理后 SDS-PAGE 分析

M:蛋白分子质量标准;1a～1c:SguaOBP1 上清、沉淀、原诱导表达蛋白;2a～2c:SguaOBP2 上清、沉淀、原诱导表达蛋白;3a～3c:蛋白分子量标准、SguaCSP1 上清、沉淀、原诱导表达蛋白。

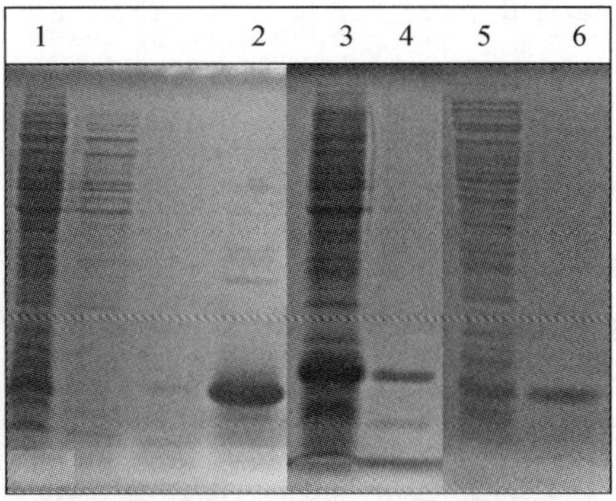

图 7.12.6 裂解液过柱回收后产物 SDS-PAGE 检测

1、2:SguaOBP1 原诱导蛋白、纯化回收后蛋白;3、4:SguaOBP2 原诱导蛋白、纯化回收后蛋白;5、6:SguaCSP1 原诱导蛋白、纯化回收后蛋白。蛋白分子质量标准同图 7.14.5。

7.12.3 小结

将得到的 3 个蛋白基因序列构建原核表达载体并进行原核表达,获得大量重组蛋白。重组蛋白经 Ni-NTA His bind rasin 层析柱纯化回收,用于制备多克隆抗体。

7.13 气味结合蛋白在管氏肿腿蜂不同组织和触角感器中的表达情况研究

7.13.1 技术路线

采用 Western blot 方法检测 SguaOBP1、SguaOBP2 和 SguaCSP1 在管氏肿腿蜂的身体各个组织中的表达情况,并结合扫描电镜和透射电镜观察检测 3 种气味结合蛋白在管氏肿腿蜂触角感器中表达情况。

7.13.2 结果与分析

7.13.2.1 气味结合蛋白在管氏肿腿蜂组织中的表达

将得到的 3 个蛋白基因序列构建原核表达载体并进行原核表达,获得大量重组蛋白。重组蛋白经 Ni-NTA His bind rasin 层析柱纯化回收,用于制备多克隆抗体(图 7.13.1A,B)。

Western blot 结果表明:SguaOBPs 在 *S. guani* 的触角中特异表达,而 SguaCSP1 在所有的组织中均有表达,包括腹、胸、头、足和触角。在上样量为 7.5 μg 时,只有 SguaCSP1 可以在雌雄虫中表达,表明 CSP1 在两性中的存在更广泛(图 7.13.1C,D)。

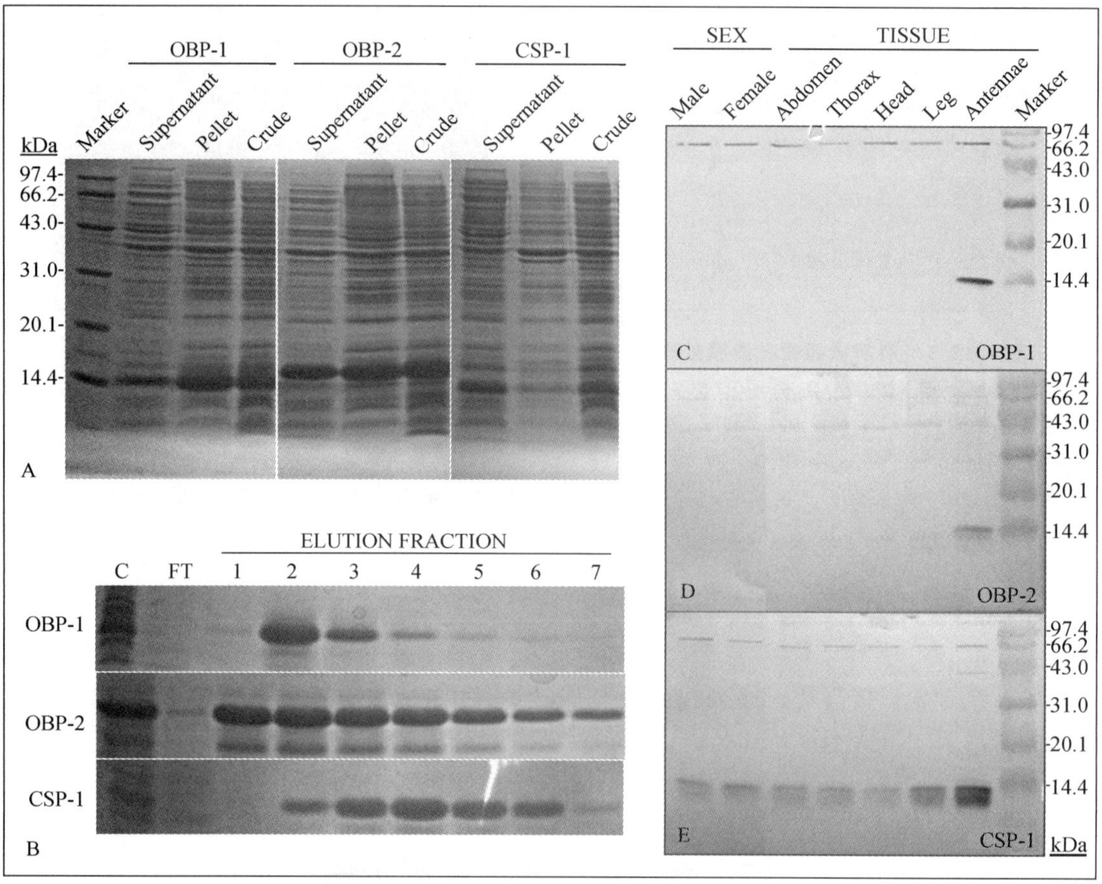

图 7.13.1 管氏肿腿蜂嗅觉蛋白的原核表达、纯化及其 Werstern 免疫印迹检测结果图

7.13.2.2 气味结合蛋白在管氏肿腿蜂触角感器中的表达

1. 扫描和透射电镜的观察结果

管氏肿腿蜂触角呈膝状,共由 3 个部分构成:一个带有基节的柄节,一个次长的梗节和一多节的鞭节(图 7.13.2C 的插图)。鞭节上分布着大部分的感器,感器在雌雄虫触角上无论是长度、种类还是数量上都存在很大的差异。雌、雄虫触角总的长度分别为(732.45±20.48)μm(n=10)和(964.25±25.39)μm(n=10)。雄虫触角每一节的长度都略大于雌虫触角。

通过扫描电镜观察,发现在管氏肿腿蜂两性触角中共存在 11 种类型的化学感器,包括:板形感器 sensilla placodea(SP),长锥形感器 long sensilla basiconica(LSB),锥形感器 sensilla basiconica(BS),腔锥形感器 sensilla coeloconica(SC),两种类型的双壁有孔感器 double-walled wall pore sensilla(DWPS-Ⅰ,DWPS-Ⅱ),两种类型的毛形感器 two types of sensilla trichodea(ST-Ⅰ and ST-Ⅱ)和 3 种类型的刺形感器 sensilla chaetica(SCt-Ⅰ,SCt-Ⅱ,SCt-Ⅲ)。感器的种类、数量和分布在性别间存在差异,图 7.13.2A,B 是 5 种主要感器在管

氏肿腿蜂雌雄虫触角中的分布示意图，长锥形感器 LSB 和双壁有孔Ⅰ型感器 WPSⅠ仅在雌虫触角上分布，而其他的 3 种感器包括板形感器 SP、腔锥形感器 SC 和双壁有孔感器Ⅱ型 DWPS-Ⅱ在两性中都存在。

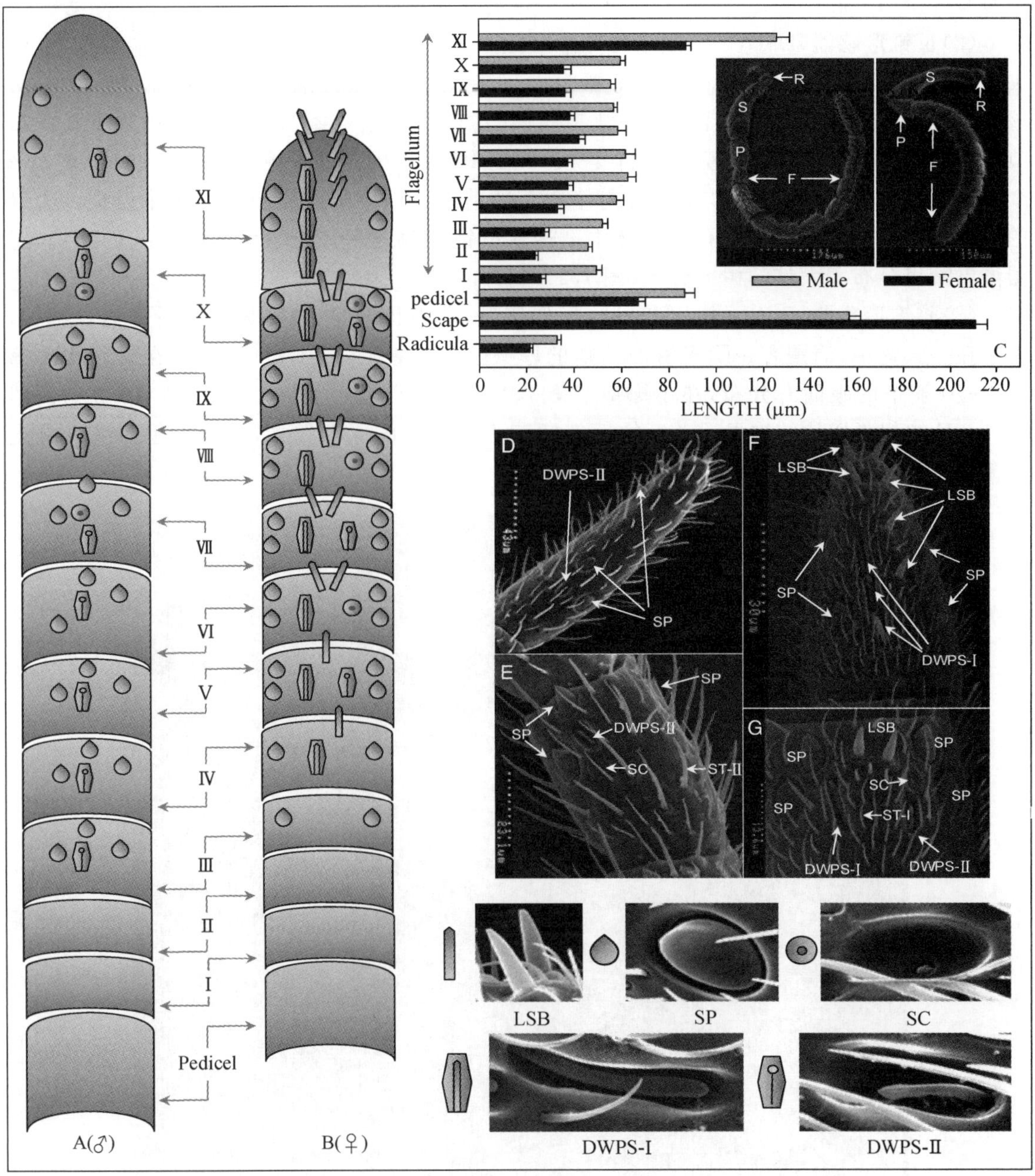

图 7.13.2　管氏肿腿蜂触角化学感器的数量和分布示意图

(1)板形感器(SP)　其外形类似于一卵圆形的结构，尖部偏向触角前端，着生于一坛形穴中，端部微突，中心向内略微凹陷(图 7.13.2D,E,F,G)。放大 100 000 倍可以看到该感器上分布着大量的孔(图 7.13.3A,B)。通过大量的扫描和透射电镜观察发现，该感器在两性中存在一些差异，雄虫中的SP突出触角表皮更高一些，而且表皮壁比雌虫中的薄(雄虫中约为0.21 μm，而雌虫中为0.55 μm)。在雌蜂鞭节第3～11亚节腹面上均有分布，其中5～11亚节上有4个，3、4亚节有2个(图7.13.3B)；该感器在雄蜂鞭节第3～11亚节分布，3～9亚节每节3个，10亚节4个，11亚节5个，按一定规律性排列(图7.13.3A)。

(2)长锥形感器(LSB) 着生于一圆形隆起上，类似于拇指的结构，基部至端部渐细，但尖端较为钝圆，壁上有纵纹，较锥形感器粗大得多，故命名为长锥形感器(图7.13.2F,G)。该感器仅分布于雌蜂触角鞭节第4～11节腹面，具有明显的规律性，一般雌蜂触角鞭节第11节有6个，正中线2个一列，旁边平行4个一列(图7.13.2B)；雌蜂触角鞭节6～10节各有2个，均为横排，4～5节1个，均分布在每个鞭节的前端。该感器在雄虫触角上未发现。大量的孔分布在拇指的尖部和壁孔的凹槽中。透射电镜观察显示该感器为薄壁多孔的结构，感器淋巴液里分布着大量的树突分支(图7.13.3H)。

(3)腔锥形感器(SC) 表皮呈球状，形似核桃，乳头状突起，基部为一光滑的柄状结构，着生在一穴盘中，周围有一圈光滑而清晰的厚壁边缘(图7.13.3D)。该感器在雌蜂鞭节第7、8～10亚节的腹面有分布，在雄蜂鞭节第7、10亚节分布，每节仅1个(图7.13.2A)。图7.13.3E的超薄切片结构显示，SC的后部柄节为一厚壁的无孔结构，淋巴腔里有两个分支的树突结构。

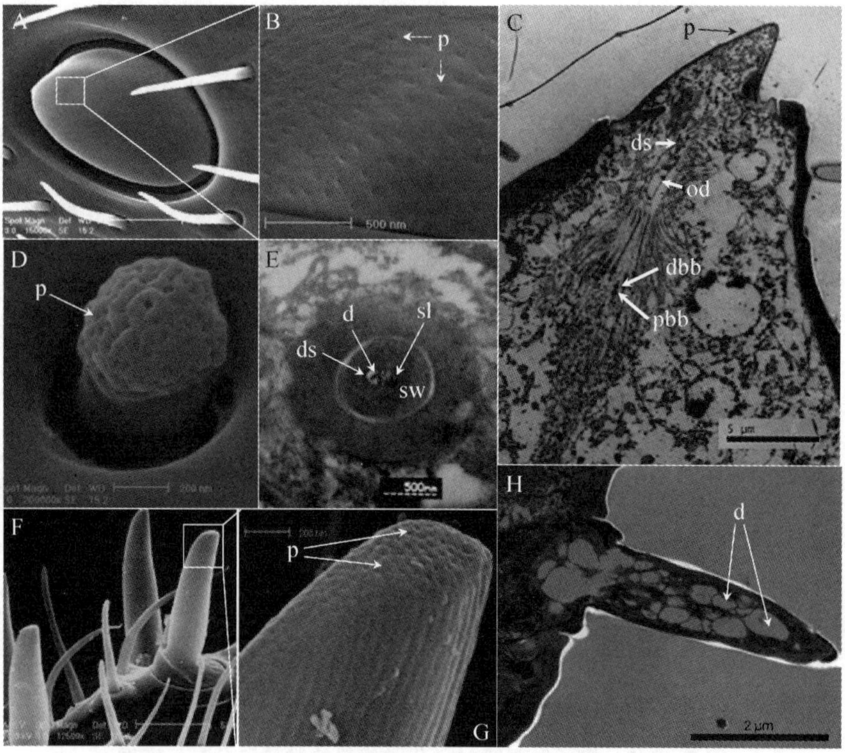

图7.13.3 管氏肿腿蜂单壁多孔感器示意图

(4)毛形感器(ST) 是管氏肿腿蜂触角上分布最广、数量最多的一种感器。该感器在两性中差异较大，按其形状可分为Ⅰ型和Ⅱ型。顶端钝圆，向触角端部方向弯曲，雌雄蜂触角中 ST-Ⅰ壁上有平行的纵纹(图 7.13.4A,B),而雄虫中 ST-Ⅱ为光滑的壁,并且雄虫中的壁孔略少于雌虫的(图 7.14.4D,E)。透射电镜观察显示,两种类型的毛形感器均为薄壁多孔的结构(图 7.13.4C,F,图 7.13.6C)。

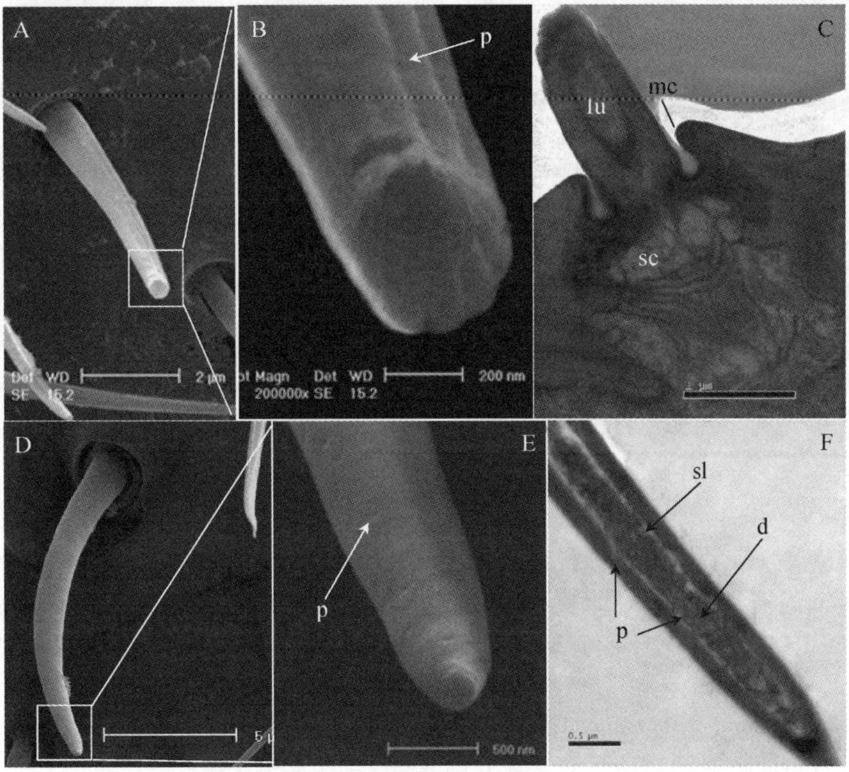

图 7.13.4 管氏肿腿蜂的毛形感器示意图

(5)双壁多孔感器(DWS) 按其形状可分为Ⅰ型和Ⅱ型,雌蜂中两型都存在,而雄蜂中只存在 DWPS-Ⅱ。

DWPS-Ⅰ为指形结构,壁上分布着平行的纵纹,纵纹中掩藏着孔,着生在一哑铃型的凹槽中,此类感器恰好被包被在凹槽中,不伸出凹槽(图 7.13.5A)。在雌蜂鞭节第 4~10 亚节腹面各 1 个,在第 11 亚节上都是 3 个连续排列在一起的分布(图 7.13.2B,F,G)。透射电镜观察显示,DWPS-Ⅰ的基部横切面为一厚壁,感器淋巴液中有一未分支的树突结构(图 7.13.5C);顶部的横切面显示,形似花环的双壁结构中分布着一个未分支的树突和 14 个分支的树突(图 7.13.5B)。

DWPS-Ⅱ为一长柄状结构,端部为一膨大的球,壁上有纵纹,纵纹中掩藏着孔,往下为一光滑的长柄,着生在一哑铃型的凹槽中,略伸出凹槽(图 7.13.5D)。该感器在雄蜂中分布更广,3~11 亚节各一个,在雌蜂鞭节分布较少,仅 5、7、10 亚节各 1 个(图 7.13.2A,B)。透射电镜观察显示,DWPS-Ⅱ的结构较Ⅰ型更为复杂。靠近端部横切面显示,5 个花瓣状的双壁结构包围着淋巴腔(图 7.13.6H),往后延伸,树突的数量随着表皮壁的花瓣的增加而增加(图 7.13.5E)。花瓣相接的地方有空状结构。基部的横切面显示,为一光滑无孔的双壁结构,双壁间充满着 electron-dense tubules,内壁包围着 3 个分支的树突结构

(图 7.13.5F)。

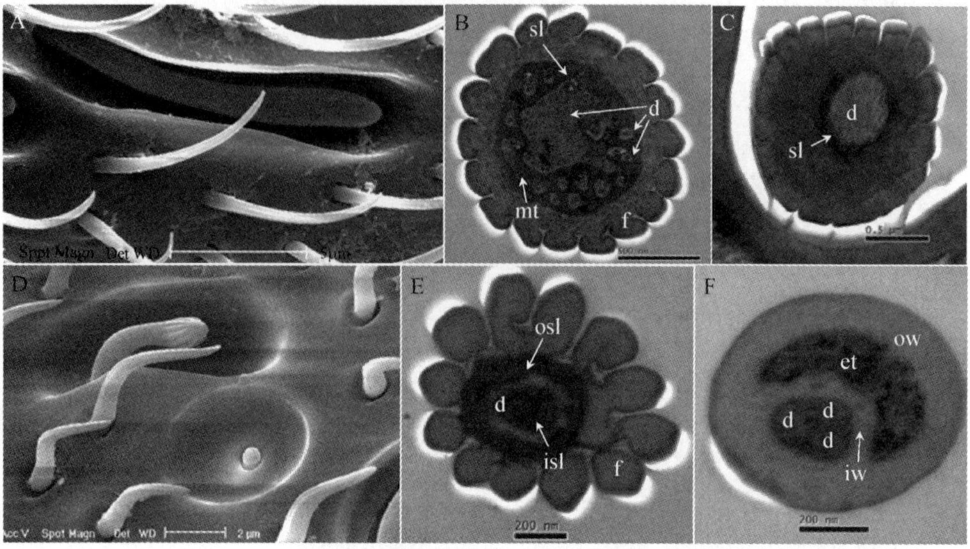

图 7.13.5 管氏肿腿蜂双壁多孔感器的示意图

(6)刺形感器(SCt) 按其形状可分为Ⅰ型、Ⅱ型和Ⅲ型(SCt-Ⅰ,SCt-Ⅱ,SCt-Ⅲ),Ⅰ型(CSⅠ)着生同毛形感器,细长,垂直于触角表面,明显要高于其他感器,在雌蜂鞭节各亚节均有少量分布;Ⅱ型(CSⅡ)着生在圆形隆起上,截面成圆形,在雌雄蜂触角鞭节各亚节均有少量分布。

(7)锥形感器(SB) 着生于一凹陷圆槽边上的隆起上,粗短,呈圆锥形,长 3~4 μm,分布于雌蜂柄节和雄蜂柄节和梗节的基部及鞭节第 1~6 亚节基部。

2. 免疫细胞化学定位

SugaOBP1 的抗血清可以标记长锥形感器、毛形感器Ⅰ型、毛形感器Ⅱ型和板形感器。长锥形感器中,免疫金颗粒高度集中在神经树突周围的淋巴液中(一抗稀释倍数为 1∶1 000,图 7.13.6B)。毛形感器Ⅱ型的横切面也被强烈标记,金颗粒广泛地分布在感器淋巴液中(一抗稀释倍数为 1∶1 000,图 7.13.6B)。在抗体浓度比较稀的条件下(一抗稀释倍数为 1∶6 000,图 7.13.6D),毛形感器Ⅰ型被较弱地标记,免疫金颗粒沿着跟感器表皮接触的淋巴液中分布。板形感器也可以被 anti-OBP1 中等程度地标记,免疫金颗粒还有在壁孔和 moulting channel 中分布(一抗稀释倍数为 1∶6 000,图 7.13.6G)。SguaOBP2 的抗血清特异地标记双壁多孔感器Ⅱ型。免疫金颗粒广泛地集中在感器淋巴液中,包括壁孔中也有分布(一抗稀释倍数为 1∶3 000,图 7.13.6I)。SguaCSP1 的抗血清(稀释倍数为 1∶6 000)标记双壁多孔感器Ⅰ型(图 7.13.6K)。板形感器(图 7.13.6M)和腔锥形感器(未示)也被 SguaCSP1 的抗血清弱标记,免疫金颗粒分布在神经树突的周围。此外,整个实验过程中,感器壁和神经树突上均未见有任何明显的标记。免疫细胞学定位结果在雌雄两性共有的感器中没有差异。

表 7.13.1 总结了 Anti-SguaOBP1,Anti-SguaOBP2 和 Anti-SguaCSP1 3 种抗体在管氏肿腿蜂触角各类感器中的标记情况。

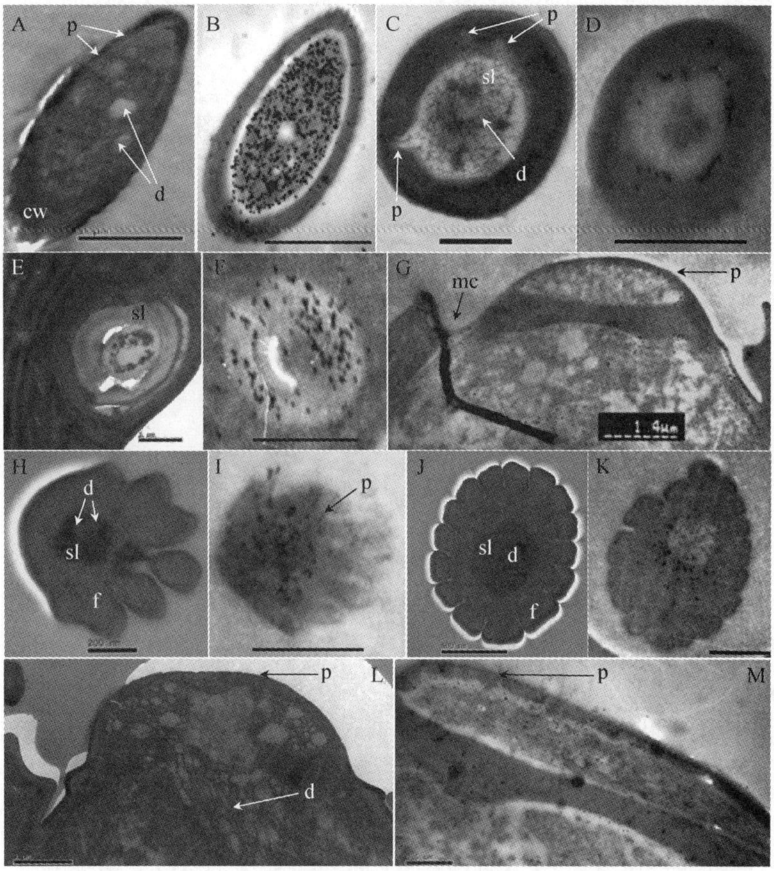

图 7.13.6 管氏肿腿蜂触角化学感器的免疫细胞学定位

表 7.13.1 OBPs 和 CSP 在管氏肿腿蜂触角感器中的免疫细胞学定位总结

Sensilla Type	Anti-SguaOBP1	Anti-SguaOBP2	Anti-SguaCSP1
LBS	+++	−	−
SP	++	−	+++
SC	−	−	+
DWPS-Ⅰ	−	−	+++
DWPS-Ⅱ	−	+++	−
ST-Ⅰ	+++	−	−
ST-Ⅱ	++	−	−

抗体的阳性标注结果用“+”表示,“−”代表对照背景标注。抗体标记强度(+++强,++中级,+弱)是根据报告金粒在感器上表现出的杂交分布特点划分的。

7.13.3 小结

(1)管氏肿腿蜂雌雄虫的触角中共发现 11 种感器,其中 7 种感器属于多孔化学感器,4

种属于无孔机械感器，并对它们的形态学特征和超微结构作了深入细致的研究。此外，还将这些结果与其他的膜翅目内/外寄生蜂的感器类型作了对比。在膜翅目外寄生蜂中，感器种类的多样性也反映了它们为杂食性和单食性的寄生蜂的生存提供了不同的生物学功能。

(2)Western 免疫印迹表明，SguaOBP1 和 SguaOBP2 均为管氏肿腿蜂触角特异表达的蛋白，而 SguaCSP 在身体各组织中均有表达。

(3)免疫组织学定位结果表明，管氏肿腿蜂的嗅觉蛋白与触角嗅觉感器紧密相关。每种类型的触角感器都能与至少一种 SguaOBPs 和 SguaCSP 的抗血清结合。Anti-OBP2 高度特异，仅与 DWPS-Ⅱ结合，而 anti-OBP1 表现出更广泛的免疫特性，可以跟 4 种不同的感器相结合(包括 LSB，SP，ST-Ⅰ和 ST-Ⅱ)。这可能与 SguaOBP1 和 SguaOBP2 不同的 C-端区域有关。此外，OBP 和 CSP 的协同表达也是首次发现并报道。

致谢

本项目一直承蒙 973 科技项目“农林危险生物入侵机理与控制基础研究”的资助，本章是课题组 10 年来研究工作的系统总结。所以在此特别对此项目的长期资助表示感谢(2002—2007，项目编号：2002CB111407；2009—2013，项目编号：2009CB119204)。另外，本文作者还对协助本研究的单位和科研工作者，中国农业科学院蔬菜花卉研究所谢炳炎研究员，中国林业科学院的张永安研究员、曲良健副研究员、王玉珠副研究员和马沛沛硕士，浙江舟山检验检疫局的杨赛军处长表示感谢，感谢他们在试验过程中提供的实验材料和便利条件。同时，向参加此项目研究工作的研究生路大光、宋丽、李贞、李祥瑞、李柏书和参与有关讨论的各位教师致谢，谢谢你们踏实肯干，实事求是的工作作风和对此项目的大力支持。

参考文献

刘志刚，赵庆良，孙丽欣，等. PDAB 比色法直接测定液相中的常量尿素. 哈尔滨工业大学学报，2008，40：1214-1217.

阎凤鸣. 化学生态学. 北京：科学出版社，2003：171.

Dwinell L D. The pinewood nematode: regulation and mitigation. Annu Rev Phytopathol, 1997, 35: 153-166.

Kumar S, Tamura K, Nei M. MEGA3: integrated software for Molecular Evolutionary Genetics Analysis and sequence alignment. Briefings in Bioinformatics, 2004, 5(2): 150-163.

Mota M M, Braasch H, Bravo M A, et al. First report of *Bursaphenchus xylophilus* in Portugal and in Europe. Nematology, 1999, 1: 727-734.

Rautapaa J. Experiences with *Bursaphelenchus* in Finland. Conference on Pest and Disease Problems in European Forests. EPPO Bull, 1986, 16: 453-456.

Rost B, Sander C, Schneider R. PHD-an automatic mail server for protein secondary structure prediction. Comput Appl Biosci, 1994, 10(1):53-60.

Rost B, Sander C. Prediction of protein secondary structure at better than 70% accuracy. J Mol Biol,1993a,232(2):584-599.

Rost B, Sander C. Secondary structure prediction of all-helical proteins in two states. Protein Eng, 1993b, 6(8): 831-836.

Schrader G, Unge J G. Plant quarantine as a measure against invasive alien species: the framework of the international plant protection convention and the plant health regulations in the European Union. Biological Invasions, 2003, 5(4): 357-364.

第8章

紫茎泽兰与害虫相互关系研究

紫茎泽兰(*Eupatorium adenophorum* Spreng)属菊科泽兰属多年生草本植物或亚灌木,是一种世界入侵性恶性杂草,通常被称为林木杀手;原产于美洲的墨西哥至哥斯达黎加一带,后被引入夏威夷、菲律宾、新西兰、澳大利亚、印第安等,现已广泛分布于世界热带、亚热带30多个国家和地区(王银朝等,2005)。此物种大约在20世纪40年代由中缅边境传入我国云南省,现已在我国的云南、贵州、四川、广西、西藏、台湾等地广泛分布和危害(王银朝等,2005)。该草侵入农田、草地、山林等多种生境,竞争力极强,形成单优群落,严重破坏生物多样性,危害作物生长,并致草食动物中毒等,给社会经济和生态平衡带来巨大损失。仅云南省的农业因紫茎泽兰灾害引起的损失每年已高达7亿多元,牧草每年损失7 000万元,间接损失不可计数,给社会经济和生态平衡带来巨大损失。作为一种入侵性很强的外来物种,紫茎泽兰严重影响了30多个国家的农、林、牧、副业的发展。鉴于紫茎泽兰的快速传播性、高度适应性和严重危害性,国家环保总局已将其列入首批入侵国内16种外来物种之首,2002年成为973国家重点基础研究发展规划项目的研究对象。本实验室也在该973课题的资助下,对有关紫茎泽兰生物学及与昆虫的关系、防御反应等做了研究。

8.1 紫茎泽兰提取物对美洲大蠊和米蛾的忌避活性研究

美洲大蠊(*Periplaneta americana* L.)是我国蜚蠊目中室内三大害虫之一,广泛分布于世界各地。蜚蠊能不断地从体内排出怪味分泌物,污染食物和侵扰人类正常的生活环境。生活在室内的蜚蠊,不仅可咬食和破坏食品、药材、纤维织品、纸张和文物藏品,还能携带多种致病菌,如痢疾杆菌、绿脓杆菌、变形杆菌、沙门杆菌、伤寒杆菌和寄生虫卵(孙耘芹等,2003)。米蛾(*Corcyra cephalonica* Stainton)是我国南方的一种仓储害虫,可在大米、小麦、玉米、小米、花生、芝麻、干果等农产品上危害。幼虫喜欢栖息于碎米中，并吐丝把碎米连缀而筑成筒状长茧。幼虫潜匿在茧内取食危害，每年可发生 2～7 代(丛斌等，2005)。

本实验从开发植物源忌避剂和变害为利的角度，用紫茎泽兰提取物对美洲大蠊和米蛾忌避活性进行初步研究，为紫茎泽兰的利用和美洲大蠊及米蛾的防治提供参考。

8.1.1 材料和方法

8.1.1.1 供试昆虫

美洲大蠊和米蛾为本实验室长期饲养的敏感品系。收集美洲大蠊卵壳饲养待其长到 2 龄用于生物测定。生物测定时将美洲大蠊置于蜚蠊笼(用 10 目不锈钢网做成 7 cm×20 cm 密闭圆筒，一端开一个 3 cm 小口，用塞子塞住)中备用。

将米蛾卵接到 40 cm×20 cm×10 cm 的装有饲料的养虫盒中，待幼虫长至 15 日龄挑选大小一致的幼虫用于生测。

8.1.1.2 紫茎泽兰精油与粗提物

紫茎泽兰粗提物为从本实验室采集新鲜紫茎泽兰地上部分阴干，然后用粉碎机粉碎，过 40 目筛，称重后按乙醇与植物干粉约 4∶1 体积比，用 95％乙醇为溶剂浸泡植物样品约 24 h，用布氏漏斗过滤到广口瓶中，重复浸泡 3 次后，将 3 次浸提液混合后用旋转蒸发仪回收溶剂，直至提取物浓缩至膏状并且重量不再变化为止，称重后用丙酮配制成不同浓度，密封、低温、避光保存备用。粗提物得率 12.5％。

紫茎泽兰精油为水蒸气蒸馏法获得。从以上方法获得的紫茎泽兰粗提物进行水蒸气蒸馏(图 8.1.1)，然后用石油醚萃取，收集上层液用无水硫酸钠脱水，脱水后的萃取液用旋转蒸发仪进行浓缩即得紫茎泽兰精油，棕色玻璃容器收集后封口，置于 4℃冰箱中备用。精油得率 2.79％。

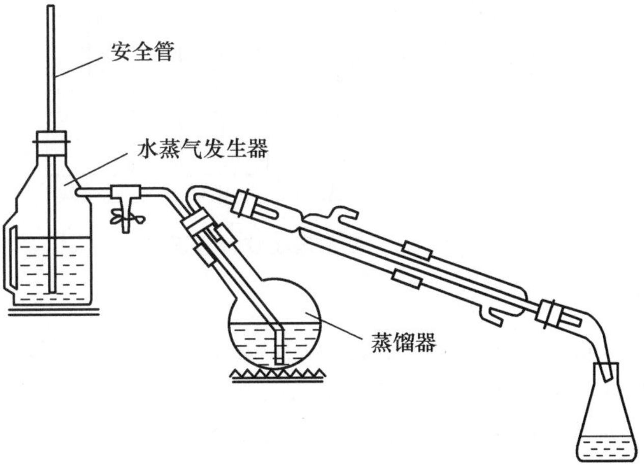

图 8.1.1 水蒸气蒸馏装置

8.1.1.3 紫茎泽兰提取物的处理

将半径为 2 cm 的圆形滤纸分别浸渍到装有不同浓度紫茎泽兰提取物的烧杯中，使滤纸上均匀吸附到紫茎泽兰提取物，等量丙酮浸渍的圆形滤纸作为对照，待丙酮挥发后备用。

取等量米蛾饲料(麸皮：玉米面：水＝4：1：1)分别添加紫茎泽兰粗提物的丙酮溶液拌匀，使米蛾饲料中粗提物的量达到实验所需各浓度，等量丙酮拌匀的饲料挥发干作为对照。

8.1.1.4 忌避行为反应测定

1. 紫茎泽兰提取物对美洲大蠊忌避行为反应

参照胡真铭等(2002)的方法并略加改进，在 Y 形嗅觉仪(图 8.1.2)的 Y 形管(内径 3 cm，底部长臂 22 cm，上部两短臂 17 cm，两臂夹角 75°)，每个管臂用 Teflon 管各接特制的味源管，将提取物放入气味瓶中，并调节两臂气流均为 300 mL/min，将准备好的美洲大蠊引入 Y 形管中，关掉灯源并将整个装置置于暗室，一个处理每隔 20 min 观察一次，共观察 2 次，每个处理用虫 20 头，重复 6 次。选择性的标准如下：当大蠊爬至超过某臂的 10 cm 处，并持续 5 min 以上者，记录其对该臂的味源做出的选择。大蠊引入 20 min 后没有做出选择的，则记为无反应。每测一组后调换 Y 形管方向一次，测完一组清洗整个装置。

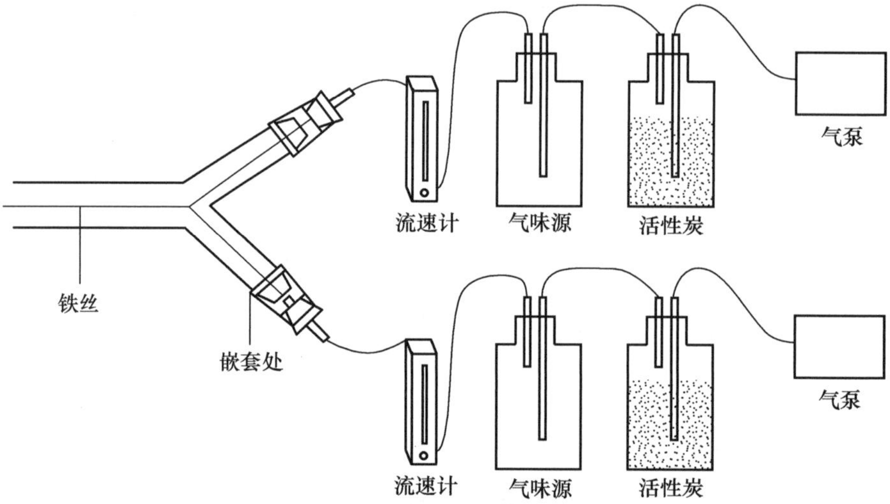

图 8.1.2 Y 形嗅觉仪示意图

2. 紫茎泽兰提取物对米蛾忌避行为反应

参照徐汉虹等(1995)的方法并略加改进，将直径为 22 cm 的培养皿等分 4 个扇行区域，将处理饲料和对照饲料对角放置，取 20 头米蛾幼虫接入培养皿中心使其自由分散，皿上盖金刚砂，每个处理 6 次重复，将所有培养皿置于暗室，分别于 1 d、2 d 及 10 d 后调查每个区域虫数。

数据分析方法计算公式：忌避率＝$(C-T)/C\times100$。式中：T 为与含紫茎泽兰提取物成分的气味室连接的处理臂中美洲大蠊数或处理饲料中的米蛾幼虫数；C 为与对照的气味室相连的对照臂中美洲大蠊数或对照饲料中米蛾幼虫数。计算每次处理的忌避率，所有数据处理用 SPSS 软件进行，显著性差异采用 Duncan's 新复极差检验法进行分析。

8.1.2 结果与分析

应用 Y 形嗅觉仪对美洲大蠊进行生物测定，试验结果如表 8.1.1 所示。从表中可以看出，随着紫茎泽兰粗提物浓度的提高，对美洲大蠊的平均忌避活力增高；50 g/L 剂量忌避活力较高，为 54.83%；而用相当于 10 g/L 粗提物中含量的精油剂量 0.028 g/L，平均忌避活力则达到 78.28%。Duncan's 新复极差检验表明，在试验剂量下，精油对美洲大蠊忌避活性显著高于粗提物各剂量。

表 8.1.1 紫茎泽兰提取物对美洲大蠊的忌避作用

提取物名称	应用浓度/(g/L)	供试虫数	忌避百分率/%
粗提物	0.01	120	5.16±5.19d
	0.1	120	26.60±5.03c
	1	120	9.71±4.91d
	10	120	36.45±4.89c
	50	120	54.83±5.01b
精油	0.028	120	78.28±3.04a

表中数据为 6 次重复的平均值，纵列数据后相同字母者表示 5%水平上差异不显著。

从表 8.1.2 可以看出，低浓度条件下，随着浓度的提高，紫茎泽兰粗提物对米蛾幼虫的平均忌避活力增高，24 h 后 10 g/kg 剂量的忌避活性最高可达到 83.17%，并且忌避活力可持续作用 10 d 以上，Duncan's 新复极差检验表明，在 10 g/kg 剂量下，紫茎泽兰粗提物对米蛾忌避活性显著高于其他各粗提物剂量。在实验中 2.8 g/kg 精油(与 10 g/kg 粗提物中精油含量相当)剂量对米蛾幼虫有引诱作用，平均引诱活力达到 76.06%。在试验所处理的不同时间，紫茎泽兰提取物对米蛾忌避效果没有显著差异。

表 8.1.2 紫茎泽兰提取物对米蛾的忌避作用

提取物名称	应用浓度/(g/kg)	忌避百分率/%		
		1 d	2 d	10 d
粗提物	0.4	14.65±5.21c	14.65±5.21c	14.65±5.21d
	2	49.51±3.91b	47.68±3.61b	51.10±4.76b
	10	83.17±2.78a	83.17±2.78a	80.86±2.79a
	50	39.05±5.57b	39.05±5.57b	34.39±6.28c
精油	2.8	−76.06±2.39d	−77.29±2.58d	−73.45±2.44e

表中数据为 6 次重复的平均值，纵列数据后相同字母者表示 5%水平上差异不显著。

8.1.3 小结与讨论

现今在防治卫生害虫、贮粮害虫方面化学杀虫剂仍占据主要地位，但是由于昆虫对这些杀虫剂日益产生抗性，并且考虑到它们对生态环境的污染和对人类的危害，新型的植物源化学药剂用于卫生害虫的防治，越来越显示其发展潜力。在有害生物综合治理中非杀生性手段与其他杀虫方法统筹结合的方案，正在得到越来越多的认同和实施。在非杀生性手段中，使用忌避剂是重要的选择之一(钦俊德，1987)，因此对植物忌避剂的研究有着重要意义。近年研究植物忌避剂的国家在不断增加(Das et al，2003；Pitasawat et al，2003；Govere et al，2000；Seyoum et al，2002)。植物虽然缺乏像动物一样的移动能力，但发展了以植物次生性物质为主的化学防御体系(王琛柱和钦俊德，1998)，这使得从植物中开发忌避剂成为可能。紫茎泽兰是一种世界性的有毒有害植物，现在我国蔓延成灾，目前还没有找到比较成功的防治方法(段惠等，2003)。但是紫茎泽兰中的某些次生化合物对一些重要害虫存在生物活性(李小平等，1995；王一丁等，2002；李云寿等，2000；周天雄等，2003)。这些活性物质可能对一些昆虫产生忌避作用。本着变害为利的目的我们对紫茎泽兰的忌避活性进行了研究。

试验结果表明，对于美洲大蠊使用精油的忌避效果要好于使用含有精油的粗提物，达到78.28%，这可能是由于粗提物中的其他物质气味干扰了活性物质的作用降低了其忌避效果。在0.1 g/L剂量下紫茎泽兰提取物对美洲大蠊的忌避活性为26.6%，高于1 g/L剂量的9.7%。这可能是由于0.1 g/L是美洲大蠊在低剂量下较为敏感的浓度；再低于此剂量，因活性物质含量太低而活力则又开始降低。是否由于紫茎泽兰对美洲大蠊的忌避活力规律有着特殊性都还有待于进一步研究证实。

适宜浓度的紫茎泽兰提取物对米蛾幼虫也有较好的忌避效果。但达到实验最高粗提物浓度50 g/kg剂量时忌避活性反而下降只有39.05%，这可能是由于高浓度的粗提物中其他无效成分的干扰作用增加导致有效忌避物质的活性降低，使米蛾辨别忌避气味的能力也降低。

实验结果表明，紫茎泽兰可能开发成为一种较好的美洲大蠊和米蛾忌避剂。而本试验所用的紫茎泽兰精油剂量对米蛾幼虫没有忌避作用反而有较高的引诱作用，表明紫茎泽兰精油也有开发成引诱剂的潜力。这样我们可以在未来防治害虫时将保护和诱杀结合起来，这对降低害虫种群是很有利的。但用紫茎泽兰开发高效环保的植物忌避剂还有大量工作要做，如紫茎泽兰中主效忌避作用化合物的结构性质如何，忌避作用机理如何，什么剂型忌避效果最好等，都有待进一步的研究。

8.2 紫茎泽兰对棉铃虫幼虫取食和成虫产卵力的影响

棉铃虫属鳞翅目夜蛾科，危害广泛，是一种世界性农业害虫。棉铃虫在我国各棉区均有分布，给棉花的产量和经济造成重大损失(郭予元，1998)。在棉铃虫的综合防治中，由于过分地依靠化学杀虫剂，致使棉铃虫对各类有机合成杀虫剂产生了抗性(Wilson，1974；King，

1994；McCaffery,1998；James,2004)。一些研究表明,某些植物如砂地柏、牛心朴、飞机草、川楝等提取物中的次生化合物对棉铃虫有生物活性(刘建宏等,2000;陈泽坦,2003;李小平,吕小军,2003;巨云为等,2000),这说明天然的植物源农药的运用可能成为棉铃虫综合治理措施中重要的方法。因此本实验以紫茎泽兰为材料,研究其对棉铃虫的生物活性,为紫茎泽兰利用和棉铃虫的综合治理提供一些参考。

本实验采用室内生物测定法研究了紫茎泽兰(*Eupatoriuma denophorum* Spreng)对棉铃虫[*Helicoverpa armigera*(Hubner)]幼虫取食、生长发育和成虫繁殖力的影响。结果表明:棉铃虫幼虫在 36 h 后取食紫茎泽兰干物质量只有 1.77 mg,显著低于棉花叶片(45.61 mg)。当给棉铃虫幼虫饲喂含紫茎泽兰提取物浓度分别为 0.088 g/kg、0.44 g/kg、2.2 g/kg 和 11 g/kg 的饲料时,棉铃虫的死亡率显著高于对照,而羽化率和蛹重均显著低于对照($P\leqslant 0.05$)。在棉铃虫成虫产卵试验中,0.08 g/L、0.4 g/L、2 g/L 紫茎泽兰提取物对产卵有一定引诱作用,而 10 g/L 则对产卵有驱避作用。被浓度为 0.08 g/L、0.4 g/L、2 g/L 和 10 g/L 的紫茎泽兰提取物处理的棉铃虫卵孵化率降低。本研究表明紫茎泽兰对棉铃虫的生长发育有不利影响。

8.2.1 材料和方法

8.2.1.1 供试材料

紫茎泽兰采集于云南昆明,将其地上部分阴干,然后用粉碎机粉碎,过 40 目筛,称重后按乙醇与植物干粉约 4∶1 体积比浸泡约 24 h 后,用布氏漏斗将浸提液过滤到广口瓶中;重复浸泡 3 次后,将 3 次浸提液混合后用旋转蒸发仪回收乙醇,直至提取物浓缩至膏状并且重量不再变化为止,称重后用丙酮配制成不同浓度密封、低温、避光保存备用。

棉铃虫为本实验室长期室内饲养的敏感品系,在 24～26℃,光照∶黑暗=14 h∶10 h 的条件下饲养。

8.2.1.2 紫茎泽兰提取物对棉铃虫幼虫生长发育的影响

取棉铃虫初孵幼虫,接入装有添加紫茎泽兰提取物的人工饲料中。饲料中紫茎泽兰提取物的浓度分别为:0.088 g/kg、0.44 g/kg、2.2 g/kg、11 g/kg 提取物,以添加溶剂丙酮的人工饲料为对照,于室温 24～26℃下饲养至羽化,统计其死亡率、蛹重、羽化率。每个处理 30 头幼虫,重复 6 次。

8.2.1.3 棉铃虫幼虫的选食实验及取食量的测定

将紫茎泽兰和棉花叶分别剪成 10 mm×20 mm 的叶片,各取 2 片放入直径 12 cm、垫有滤纸保湿的培养皿中,对称摆放,叶面正、反各一片。然后在培养皿中心接入饥饿 4 h 的棉铃虫 3 龄幼虫 1 头,于 12 h、24 h 和 36 h 后利用方格纸测定剩余叶面积,另取上述两种叶片用烘箱 80℃恒温烘干后称重计算出两种植物叶片的生物量(于永强等,2002),求得棉铃虫取食两种叶片的干重,据此表示棉铃虫的平均取食量,每个处理 8 头幼虫,重复 6 次。

8.2.1.4 紫茎泽兰提取物对棉铃虫成虫产卵的影响

将直径 5 cm 的圆形纱布均匀浸渍浓度分别为 10 g/L、2 g/L、0.4 g/L、0.08 g/L 紫茎泽兰提取物的丙酮溶液，以浸渍相同体积的丙酮溶剂作为对照，挥发干溶剂后将纱布贴在带有缺孔的纸板上，将纸板盖在 50 cm×50 cm×40 cm 的养虫纱笼上，笼内接入 10 对羽化第 2 天的棉铃虫(24～26℃、光照：黑暗＝14 h：10 h)，内置 10%的蜂蜜液作为补充营养，每一处理接 1 笼，重复 6 次。由于棉铃虫喜欢在较潮湿的地方产卵，故每天用喷雾器增加养虫笼内的湿度。羽化后每天更换纸板并记数着卵量，直到成虫死亡，统计各处理纱布上总的平均卵量。

8.2.1.5 紫茎泽兰提取物对棉铃虫卵孵化率的影响

选取产有均匀饱满棉铃虫卵的布，记取卵粒数后将卵布置于铜纱网上，浸入浓度分别为 10 g/L、2 g/L、0.4 g/L、0.08 g/L 紫茎泽兰提取物的丙酮溶液中 5 s，取出置于滤纸上，待丙酮挥发后移于直径 9 cm 的培养皿中，脱脂棉保湿，以浸渍丙酮溶剂的卵布为对照，每天清除掉已孵化的幼虫，待不再有幼虫出现后检查未出卵粒数，计算孵化率。每一处理 80 粒卵，重复 6 次。

8.2.2 结果与分析

8.2.2.1 幼虫的生长发育

在室内用含紫茎泽兰提取物的人工饲料喂养棉铃虫初孵幼虫；与对照比较，各处理棉铃虫各项生物学指标中，死亡率显著升高，蛹重、羽化率都显著降低(表 8.2.1)，其中 11 g/kg 浓度效果最明显，初孵幼虫的死亡率 3 d 后达到 60%，羽化率为 78%，而蛹重也只有 232 mg。这表明棉铃虫初孵幼虫取食含紫茎泽兰的人工饲料后，生长发育受到不利影响。

表 8.2.1 紫茎泽兰提取物对棉铃虫幼虫生长发育的影响(24～26℃)

提取物浓度/(g/kg)	死亡率/%	蛹重/mg	羽化率/%
CK	6.1±1.6a	265.9±4.3c	94.1±2.4d
0.088	17.8±2.5b	257.9±6.8c	91.7±2.5c
0.44	33.3±1.7c	239.9±2.1a	84.2±3.7bc
2.2	38.3±3.7c	245.7±4.7ab	70.0±2.1a
11	60.0±3.2d	232.3±2.8a	78.0±5.1ab

表中数据为平均值±标准误，同列数据后有不同小写字母分别表示差异显著($P \leqslant 0.05$)。

8.2.2.2 幼虫的取食选择和取食量

在有棉花叶供选择时，棉铃虫 3 龄幼虫较少取食紫茎泽兰叶片。在 12、24 和 36 h 时的取食叶片干重分别为 0.34 mg、1.06 mg 和 1.77 mg，而棉花叶片的取食干重则分别为

3.78 mg、19.20 mg 和 45.61 mg，棉铃虫幼虫取食两种叶片干重的差异均达显著水平（表 8.2.2）。

表 8.2.2 棉铃虫 3 龄幼虫对紫茎泽兰和棉花叶片的取食选择(24～26℃)

植物种类	接虫时间/h	取食叶片干重/mg	植物种类	接虫时间/h	取食叶片干重/mg
棉花	12	3.78±0.21a	紫茎泽兰	24	1.06±0.28b
紫茎泽兰	12	0.34±0.09b	棉花	36	45.61±3.09a
棉花	24	19.20±1.80a	紫茎泽兰	36	1.77±0.72b

表中数据为平均值±标准误，同列数据后有不同小写字母分别表示差异显著（$P\leqslant 0.05$）。

8.2.2.3 成虫的产卵选择

从成虫羽化后的第 3 天到死亡，棉铃虫在对照与处理纱布上均有产卵，0.08 g/L、0.4 g/L、2 g/L、10 g/L 剂量处理的平均总卵粒数分别为 163.33 粒、198.17 粒、230.00 粒、272.33 粒、128.83 粒，0.08 g/L、0.4 g/L、2 g/L 剂量各纱布上的平均总卵粒数高于对照纱布上的平均总卵粒数(51.67 粒)，而 10 g/L 剂量处理的纱布上的平均总卵粒数则低于对照纱布上的平均总卵粒数。Duncan's 新复极差检验表明，试验各处理达到显著水平（表 8.2.3）。说明紫茎泽兰提取物在低浓度下有吸引棉铃虫产卵作用，而高浓度下则有一定的驱避产卵作用。

8.2.2.4 卵的孵化率

处理过紫茎泽兰提取物的棉铃虫卵孵化率降低，0.08 g/L、0.4 g/L、2 g/L、10 g/L 剂量处理时孵化率分别为 93.33%、78.96%、68.67%、52.71%，在试验的各处理剂量中除 0.08 g/L 以外，其他处理剂量与对照相比均达到显著水平（表 8.2.3）。

表 8.2.3 紫茎泽兰提取物对棉铃虫成虫产卵力及卵孵化率的影响

提取物浓度/(g/L)	成虫产卵力		卵孵化率	
	供试虫数/对	总产卵量/粒	每处理供试卵数/粒	孵化率/%
0	60	163.33±5.48b	80	96.25±4.29d
0.08	60	198.17±5.38c	80	93.33±2.65d
0.4	60	230.00±3.03d	80	78.96±2.48c
2	60	272.33±5.31e	80	68.67±1.69b
10	60	128.83±3.49a	80	52.71±2.22a

表中数据为平均值±标准误，同列数据后有不同小写字母分别表示差异显著（$P\leqslant 0.05$）。

8.2.3 小结与讨论

棉铃虫食性较杂，可取食番茄、辣椒、茄子、西瓜、甜瓜、南瓜等蔬菜，瓜类及棉、烟、麦、豆等多种农作物，但未见有取食紫茎泽兰的报道。本试验结果表明，在有选择的情况下，棉铃虫幼虫较少取食紫茎泽兰叶片。棉铃虫在取食添加紫茎泽兰提取物的人工饲料时虽可完成生活史，但幼虫生长发育受到不利影响。紫茎泽兰提取物也降低了棉铃虫的卵孵化率。低剂量的紫茎泽兰提取物对棉铃虫的产卵行为有一定的引诱作用，而高剂量的紫茎泽兰提取物对棉铃虫产卵有驱避作用。如果在棉铃虫的综合治理过程中能够合理配合，这将对控制棉铃虫种群数量发挥一定作用。

一些研究者认为，有些化学物质在低刺激强度下是引诱物，在高强度下是驱避物质(Davis，1985)。而另外一些研究表明，某些植物可以刺激害虫在其上产卵或取食，同时又产生多种具有驱避、阻碍作用或有毒性的次生化合物，以保护自身免遭昆虫的危害，这就可能导致某些害虫出现“产卵错误”的现象即将卵产在并不适合其幼虫取食的植物上(Stdler，1991；Renwick，2002)。在本实验中紫茎泽兰提取物在0.08 g/L、0.4 g/L、2 g/L浓度下对棉铃虫产卵有一定引诱作用，而10 g/L则对产卵有驱避作用。这是说明紫茎泽兰提取物中含有某种引诱物质刺激了其成虫错误的产卵行为，而高剂量下这种物质又有驱避产卵作用；还是紫茎泽兰的提取物中既有引诱成分又有驱避成分，有待于在今后进一步分离纯化活性成分及生物测定证实。

近些年国内外对于植物次生物质的研究很多，我国的一些学者也从植物挥发性次生物质和非挥发性次生物质与昆虫的相互作用方面作了许多研究(徐汉虹和赵善欢，1994；庞雄飞，1999；阎凤鸣，2000；赵冬香等，2002；苗振旺等，2004；颜增光等，2006)。本试验结果表明紫茎泽兰含有对棉铃虫有生物活性的物质，但将紫茎泽兰提取物开发成为可应用的控制棉铃虫种群的植物源农药还有许多工作要做。

8.3 紫茎泽兰挥发性气味的化学成分及其对棉蚜和七星瓢虫行为的影响

棉蚜(*Aphis gossypii* Glover)属同翅目蚜科，是一种世界性害虫，为迁移蚜，在我国分布非常广泛。其寄主范围广，已有记载的寄主多达76科285种，其中属于菊科的植物最多包括刺儿菜、苦荬菜、苦苣菜、顶羽菊、向日葵、苍耳、红花、蒲公英、菊花、瓜叶菊等。棉蚜在寄主上群集危害嫩梢、叶背、叶柄、花蕾及幼果，常常布满嫩梢和叶片，严重影响植物的生长(冯国蕾等，2001)。七星瓢虫(*Coccinella septempunctata* L.)在我国分布广泛，可取食农作物及果树上的多种蚜虫，如棉蚜、桃蚜、萝卜蚜、高粱蚜、麦长管蚜、禾谷缢管蚜、桃纵卷叶蚜、蒿蚜、苹果绵蚜等，是农田和果园生态系统中各种蚜虫的重要捕食性天敌，在蚜虫的生物防治中起着非常重要的作用(荆英和黄建，2002)。

在田间紫茎泽兰较少有昆虫取食，但却存在一定数量的棉蚜种群。从棉蚜是否可防治紫茎泽兰的生物防治提供因素的角度出发，本文主要研究紫茎泽兰的挥发性气味物质的化学成分及其对棉蚜和七星瓢虫行为的影响，为紫茎泽兰的防除提供参考。

本实验应用Y形嗅觉仪法对棉蚜进行选择性实验。实验结果表明：食物为紫茎泽兰的棉蚜在有棉花可选择的情况下选择紫茎泽兰气味方向的有62.5%，选择棉花气味方向的有37.5%；食物为棉花的棉蚜在有棉花可选择的情况下也会选择紫茎泽兰，其中选择紫茎泽兰气味方向的为30%,选择棉花气味方向的为70%。七星瓢虫对感染蚜虫植株的选择性实验中,对感染蚜虫的紫茎泽兰气味的选择率为29.17%,对感染蚜虫的棉花植株气味选择率为70.83%;七星瓢虫对除去植株的两种蚜虫气味选择率没有显著差异,对取食紫茎泽兰的蚜虫气味选择率为46.67%,对取食棉花植株的蚜虫气味选择率为53.33%。本实验用Porapak Q吸附、二氯甲烷洗脱、GC-MC鉴定出紫茎泽兰的挥发性物质,并对棉蚜取食前后挥发物组分的相对含量进行分析。

8.3.1 材料和方法

8.3.1.1 植物

紫茎泽兰为云南昆明采集种子,种植在直径14 cm花盆的腐殖质中。植物在温室条件下生长,温度(25±5)℃,相对湿度50%±10%。蚜虫感染植株为温室中自然感染后罩笼备用。

8.3.1.2 昆虫

棉蚜由中国农业大学昆虫毒理室提供的敏感品系,在人工气候室内(温度25℃,相对湿度70%,光照∶黑暗=16 h∶8 h)以棉花和紫茎泽兰植株饲养。挑选健康活泼大小基本一致的成蚜备用。七星瓢虫为中国农业大学实验田间捕集挑选健康活泼大小基本一致的成虫备用。

8.3.1.3 植物挥发性气体的收集

参见阎凤鸣(2002)方法并略加改进。紫茎泽兰生长至高20 cm左右时,将整株植物连同花盆放置室内,用于气体收集;温度为(22±3)℃;用塑料袋(瑞典Meny公司,直径20 cm,长度60 cm)将所有紫茎泽兰叶片罩入,袋的下开口插入进气管并用铁丝缠绕固定在紫茎泽兰茎的底部,袋的上部插入出气管,用胶带扎紧并固定在支架上;进、出气管均连接到空气泵上,进气管的空气通过活性炭过滤后进入塑料袋中;吸附剂(PorapakQ,30 mg,筛孔50~80)装在玻璃管(直径30 mm,长度35 mm)内,管两端用玻璃纤维填充;玻璃管连在出气管上,使带有植物挥发性气体的空气被吸附剂吸附;空气流量为200 mL/min,收集时间为24 h。收集的挥发性化学物质迅速用二氯甲烷淋洗下来,贮存在−20℃冰箱中备用。收集重复4次。

8.3.1.4 挥发性气味的化学成分的鉴定

仪器与操作条件:Agilent6890N-5973NGC/MSD,采用手性柱对挥发物进行了拆分。色谱柱:CYCLODEXB,30 m×0 25 mm×0 25 μm。操作条件:色谱柱温度为程序升温,45℃开始,保持3 min,然后以5℃/min速率升到80℃,以1℃/min速率升到90℃,以2℃/min速率升到110℃,以15℃/min速率升到220℃;进样口温度200℃;载气为高纯He(99.999%),载气流量1 mL/min;进样量2 μL;电离方式EI,电离能量70 eV;离子源温度230℃,四极杆温度150℃;扫描质量范围:30~300 u。峰的鉴定通过质谱库NIST02数据库检出的标准图谱进行对照，采用标样共进样定性。挥发性化合物各组分的相对含量采用 SIM(m/z 93)的面积百分比法计算。重复 4 次。

8.3.1.5 "Y"形嗅觉仪测定

棉蚜对两种植株气味的选择反应：依 Read(1970)设计，略加改进。Y 型嗅觉仪的 Y 形管规格为内径 3 cm，底部长臂 22 cm，上部两短臂 17 cm，两臂夹角 75°。"Y"形管内置一"Y"形铁丝，铁丝端部穿过纱网，每个管臂用 Teflon 管分别与流量计相连，放置 5 株紫茎泽兰和棉花植株的味源瓶分别和装有蒸馏水和活性炭的玻璃瓶相连。调节两臂气流均为 200 mL/min后，将准备好的蚜虫由基部释放口单头释放；每个处理观察 20 min，用虫 20 头。重复 6 次。

味源：七星瓢虫对感染蚜虫的紫茎泽兰和棉花植株气味的选择反应及其对除去植株后两种蚜虫气味的选择反应，气味瓶中分别放置感染蚜虫的紫茎泽兰和棉花植株 5 株，以及以紫茎泽兰为食物的棉蚜和以棉花为食物的棉蚜 2 000 头，其他方法同上。选择性的标准如下：当蚜虫或瓢虫爬至超过某臂的 10 cm 处，并持续 5 min 以上者，记录其对该臂的味源做出了选择。蚜虫或瓢虫引入 20 min 后没有做出选择的，则记为无反应。每测 5 头后调换 Y 形管方向一次，每测完 20 头就用 95%乙醇擦洗管的内、外壁，烘干后使用。记录反应虫数。

数据处理用 SPSS 软件进行，显著性差异采用多配对样本的 Cochran's Q 检验法进行分析。

8.3.2 结果与分析

8.3.2.1 紫茎泽兰的挥发性物质

健康紫茎泽兰挥发物的总离子流图见图 8.3.1，棉蚜感染紫茎泽兰挥发物的总离子流图见图 8.3.2。表 8.3.1 列出了紫茎泽兰的组成与相对含量，挥发物组成成分为己烷、乙酸乙酯、甲苯、环己烯、2-环己烯、反-3-己烯-1-醇、乙苯、三环烯、α-蒎烯、莰烯、6-甲基-5-庚烯-2-酮、β-蒎烯、乙酸叶醇酯、2-蒈烯、α-水芹烯、α-萜品烯、ρ-散花烯、柠檬烯、β-水芹烯、p-薄荷-1,4(8)-二烯、正壬醛、葵醛、萘、己内酰胺、乙酸龙脑酯、石竹烯、罗汉柏烯、长叶蒎烯、法尼烯、1,5-庚二烯、大香叶烯、依兰油烯、琥珀酸。其中莰烯、2-蒈烯、α-水芹烯、ρ-散花烯为主要的化学成分，4 者共占总组分的 73.09%。在本实验中蚜虫取食紫茎泽兰后没有诱导产生新的化合物，但从表 8.3.1 中可以看出：棉蚜取食可造成挥发性物质组分相对含量的变化，其中己烷、乙酸乙酯、甲苯、环己烯、2-环己烯、反-3-己烯-1-醇、乙苯、α-蒎烯、己内酰胺、乙酸龙脑酯、石竹烯、长叶蒎烯、依兰油烯含量显著升高；含量较高的 4 种成分含量均有降低；健康植株中含量最高的是 2-蒈烯(24.73%)，其次为 ρ-散花烯(21.81%)、α-水芹烯(14.91%)、莰烯(11.64%)；蚜虫取食后含量最高的是 ρ-散花烯(20.04%)，其次为 α-水芹烯(10.58%)、2-蒈烯(9.75%)、莰烯(8.47%)。

表 8.3.1 紫茎泽兰挥发性化学物质及其相对含量 %

挥发性物质名称	活性化合物的相对含量	
	健康植株	蚜虫感染植株
己烷(Hexane)	0.54±0.02a	3.21±0.06b
乙酸乙酯(Acetic acid,ethyl acetate)	0.62±0.03a	0.91±0.01b
甲苯(Toluene)	2.81±0.12a	3.94±0.06b
正己醛(Hexenal)	0.67±0.12a	2.91±0.02b
2-己醛(2-Hexenal)	0.35±0.02a	2.94±0.04b
反-3-己烯-1-醇 (trans-3-Hexen-1-ol)	0.51±0.02a	4.92±0.30b
乙苯(Ethylbenzene)	0.12±0.01a	0.61±0.02b
二甲苯(m-xylene)	0.07±0.01a	0.05±0.01a
三环烯(tricyclene)	0.09±0.01a	0.14±0.01a
α-蒎烯(α-Pinene)	0.74±0.02a	3.01±0.06b
莰烯(camphene)	11.64±0.51a	8.47±1.1b
6-甲基-5-庚烯-2-酮(6-Methyl-5-heptene-2-one)	0.31±0.05a	0.83±0.01a
β-蒎烯(β-Pinene)	0.59±0.05a	0.48±0.02a
顺式-3-己烯-乙酯(cis-3-Hexenyl acetate)	3.48±0.4a	2.72±0.1b
2-蒈烯(2-Carene)	24.73±1.01a	9.75±1.1b
α-水芹烯(α-Phellandrene)	14.91±0.51a	10.58±1.1b
α-萜品烯(α-Terpinen)	0.02±0.01a	0.03±0.01a
ρ-散花烯(ρ-Cymene)	21.81±1.01a	20.24±2a
柠檬烯(Limonene)	1.24±0.03a	0.92±0.04a
β-水芹烯(β- Phellandrene)	0.04±0.01a	0.03±0.01
ρ-薄荷-1,4(8)-二烯(ρ-mentha-1,4(8)-dine)	0.05±0.01a	0.12±0.01a
正壬醛(Nonanal)	2.25±0.21a	2.01±0.16a
冰片醇(Borneol)	0.27±0.03a	0.17±0.01a
葵醛(Decanal)	3.24±0.31a	2.37±0.11b
萘(Naphthalene)	0.10±0.02a	0.07±0.01a
己内酰胺(caprolactam)	0.71±0.03a	0.94±0.04b
乙酸龙脑酯(Borneol acetate)	0.94±0.02a	4.83±0.41b
石竹烯(Caryophyllene)	2.63±0.1a	6.41±1b
罗汉柏烯(Thujopsene)	0.34±0.03a	0.51±0.01a
长叶蒎烯(longipinene)	0.71±0.03a	3.04±0.08b
法尼烯(Farnesene)	0.41±0.04a	0.06±0.01b
1,5-庚二烯(1,5-heptadiene)	0.51±0.04a	0.68±0.04a
大香叶烯 D(Germacrene D)	0.62±0.03a	0.08±0.10b
依兰油烯(Muurolene)	0.65±0.03a	0.91±0.11b
琥珀酸(Butanedioic acid)	1.25±0.1a	0.83±0.04b

全部化合物的总量定为100,其余数值为各化合物含量与总含量的百分比值;表中数据为平均值±标准误,同列数据后有不同字母分别表示差异显著($P \leqslant 0.05$)。

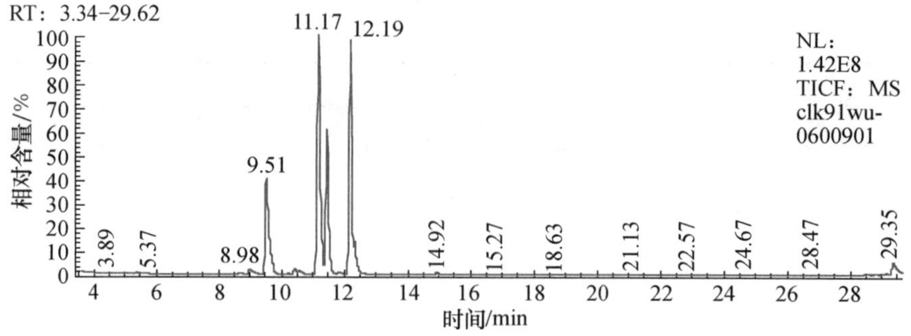

图 8.3.1 健康紫茎泽兰挥发物的总离子流图

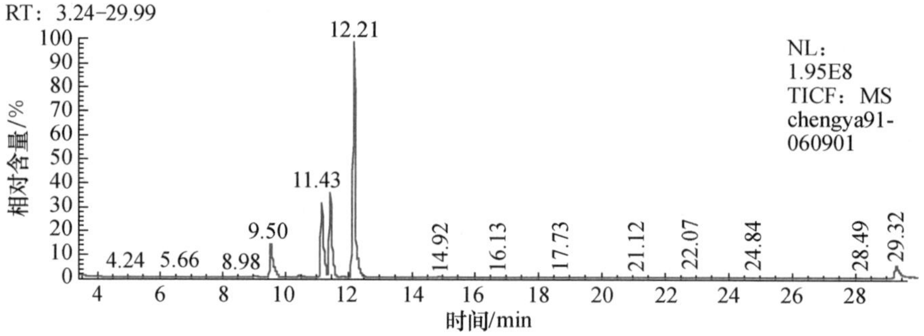

图 8.3.2 感染棉蚜紫茎泽兰挥发物的总离子流图

8.3.2.2 紫茎泽兰挥发物对棉蚜和七星瓢虫行为的影响

从图 8.3.3 可以看出，无论原来取食棉花还是取食紫茎泽兰的棉蚜对两种植物的气味方向都会做出选择。原来取食紫茎泽兰的棉蚜在有棉花可选择的情况下，选择紫茎泽兰气味方向的有 62.5%，选择棉花气味方向的有 37.5%。原来取食棉花没有取食过紫茎泽兰的棉蚜，在有棉花和选择的情况下也会选择紫茎泽兰，其中选择紫茎泽兰气味方向的为 30%，选择棉花气味方向的为 70%。七星瓢虫对感染蚜虫植株的选择性实验中，对感染蚜虫的紫茎泽兰气味的选择率为 29.17%，对感染蚜虫的棉花植株气味选择率为 70.83%。七星瓢虫对除去植株的两种蚜虫气味选择率没有显著差异，对取食紫茎泽兰的蚜虫气味选择率为 46.67%，对趋势棉花植株的蚜虫气味选择率为 53.33%(图 8.3.4)。

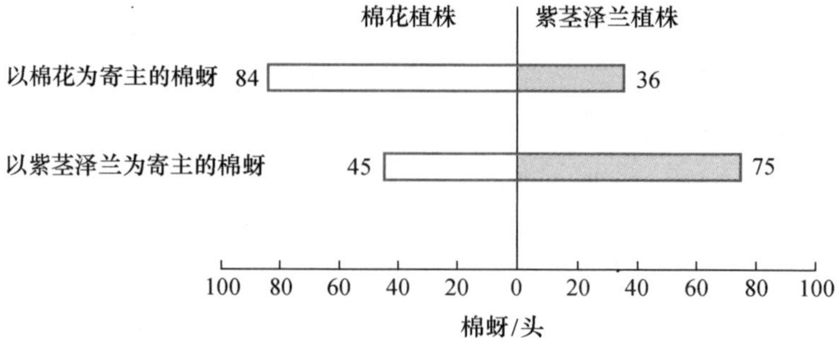

图 8.3.3 棉蚜对紫茎泽兰和棉花植株气味的选择反应

柱的长度表示作出选择的棉蚜数量。

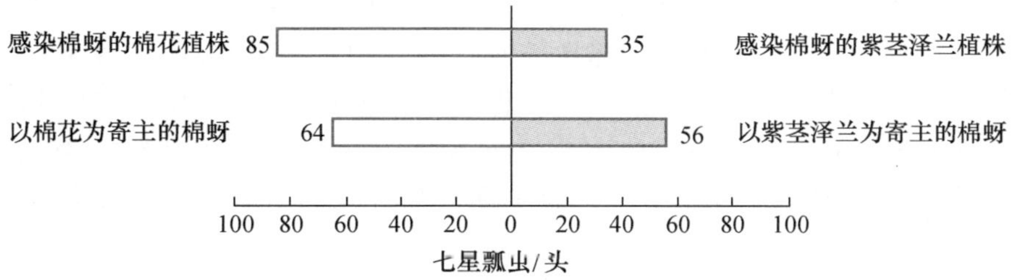

图 8.3.4 七星瓢虫对感染蚜虫的紫茎泽兰、棉花植株及对除去植株两种蚜虫气味的选择反应

柱的长度表示作出选择的棉蚜数量。

8.3.3 小结与讨论

植物虽然缺乏像动物一样的移动能力，但发展了以植物次生性物质为主的化学防御体系（王琛柱和钦俊德，1998）。植物次生物质特别是挥发性的次生化学物质，在植物、植食性昆虫、天敌的相互作用中发挥着重要作用。近些年国内外对于植物次生物质的研究很多，我国的一些学者也从植物挥发性次生物质和非挥发性次生物质与昆虫的相互作用方面作了许多研究（徐汉虹和赵善欢，1994；庞雄飞，1999；颜增光等，2006；苗振旺等，2004；赵冬香等，2002；阎凤鸣，2000）。关于紫茎泽兰的非挥发性次生物质成分，及对一些重要农业害虫的生物活性研究已有报道（李小平等，1995；王一丁等，2002；李云寿等，2000；周天雄等，2003），但未见紫茎泽兰活体植株挥发性化学物质的报道。本实验对紫茎泽兰健康植株、蚜虫感染植株的挥发性物质成分做了分析鉴定。以往的一些研究表明，一些取食韧皮部的昆虫取食后不能诱导植物产生新的挥发性物质（Karban and Baldwin，1997；Stotz et al，1999；Gerling and Mayer，1996；Raman，1994），本实验结果表明：棉蚜取食和模拟棉蚜取食也不能使紫茎泽兰产生新的挥发性物质，但组分的相对含量有一定的变化，其中己烷、乙酸乙酯、甲苯、环己烯、2-环己烯、反-3-己烯-1-醇、乙苯、α-蒎烯、已内酰胺、乙酸龙脑酯、石竹烯、长叶蒎烯、依兰油烯相对含量显著升高；含量较高的 4 种成分含量均有降低，其中健康植株中含量最高的是 2-蒈烯（24.73%），其次为 ρ-散花烯（21.81%）、α-水芹烯（14.91%）、莰烯（11.64%）；而蚜虫取食后含量最高的是 ρ-散花烯（20.04%），其次为 α-水芹烯（10.58%）、2-蒈烯（9.75%）、莰烯（8.47%）。实验结果中，紫茎泽兰含量较低的一些萜烯在感染棉蚜后相对含量升高，而含量较高的挥发性物质相对含量却降低，这与紫茎泽兰防御棉蚜过程的联系，还有待于后继实验的证实。

作者在实验过程中发现棉蚜在紫茎泽兰上可以完成生长发育，而紫茎泽兰在棉蚜取食后生长速度受到抑制，并且使植株容易发生霉菌从而进一步影响紫茎泽兰的生长发育。棉蚜对两种植株气味的选择反应的实验结果也表明，棉蚜在有棉花存在时也会选择紫茎泽兰，这与棉蚜食性范围广、寄主种类多有关。同时从实验结果中可以发现，紫茎泽兰的挥发物中的许多成分在棉花挥发物成分中同样存在或极为相似，这也是棉蚜选择紫茎泽兰的可能原因。

七星瓢虫对取食紫茎泽兰的蚜虫气味选择率为 46.67%，对趋势棉花植株的蚜虫气味选择率为 53.33%，两者没有显著差异，说明在没有寄主植物存在时七星瓢虫对两种棉蚜没有明显的选择性。但七星瓢虫对于感染蚜虫的紫茎泽兰植株和棉花植株气味则有一定的选择性，在两者中较多地选择棉花和棉蚜的复合体，较少选择紫茎泽兰和棉蚜的复合体，其中对感染蚜虫的紫茎泽兰植株气味方向的选择率为29.17%，对感染蚜虫的棉花植株气味方向选择率为70.83%。这说明七星瓢虫对于存在于棉花上的棉蚜有一定的偏好性。这种现象可能是由于紫茎泽兰的挥发物中含有对七星瓢虫有驱避作用的成分。

无论是否取食紫茎泽兰的棉蚜都会选择紫茎泽兰，而七星瓢虫又较少地选择生长在紫茎泽兰上的棉蚜，这为棉蚜成为紫茎泽兰生物防除的因素成为可能，但是否可以在实际环境中应用还有待进一步研究。

8.4 虫害紫茎泽兰茎叶表面微形态的观察

近年来的研究结果显示，植物结构直接和植物的适应性有关。其中表皮是防御外来侵害的第一道屏障，如表皮细胞的紧密度、气孔的大小和密度、角质层纹饰的走向、蜡质的成分和厚薄等因素影响着植物在逆境条件下的适应性。本章利用光学显微镜和扫描电子显微镜对虫害前、后紫茎泽兰茎、叶表皮微形态进行了观察比较，旨在为全面了解其生物学特性、揭示与棉蚜的关系提供理论依据。

8.4.1 材料和方法

8.4.1.1 材料与试剂

盆栽紫茎泽兰新鲜的成熟茎和叶片，分对照和虫害两种处理。

FAA固定液：福尔马林(38%甲醛)5 mL、冰醋酸5 mL、70%酒精90 mL。

8.4.1.2 光镜切片的制作与观察

分别取对照和虫害紫茎泽兰茎、叶片中部中脉附近的部分，切成约1 cm^2的小块。用FAA固定24 h以上，经70%、85%、95%、100%的酒精以及50%酒精和50%二甲苯1∶1的混合液、二甲苯脱水后，放入37℃烘箱过夜浸蜡；换纯蜡3～4次，将材料包埋成块；切片、染色、树胶封片即制成石蜡切片。Zeiss荧光显微镜下观察和拍照。

8.4.1.3 电镜切片的制作与观察

所取材料同8.4.1.2。用FAA固定48 h，并经70%、85%、95%、100%、100%的酒精系列脱水，用双面胶固定在样品台上，经CO_2临界点干燥，精密刻蚀喷镀仪镀金后，在30 kV高压用FEI公司生产的Quanta 200扫描电镜进行拍照。

8.4.2 结果与分析

8.4.2.1 光学显微镜下紫茎泽兰茎、叶的观察

对照和虫害紫茎泽兰茎、叶横切面结构如图 8.4.1 所示。对照与虫害之间没有明显差异，从茎的横切面结构上看，茎均由表皮、皮层和中柱组成，且髓组织所占的比例较大，但对照与虫害间的维管束束数、髓细胞有所不同。对照茎结构中维管束较少，髓细胞间有明显的胞间隙，而虫害茎结构中维管束多，且髓细胞之间紧密相连。

从叶的横切面结构图上看，对照和处理叶肉组织没有明显的差异，均是栅栏组织和海绵组织较发达，且栅栏组织所占比例大于海绵组织，二者都含叶绿体。

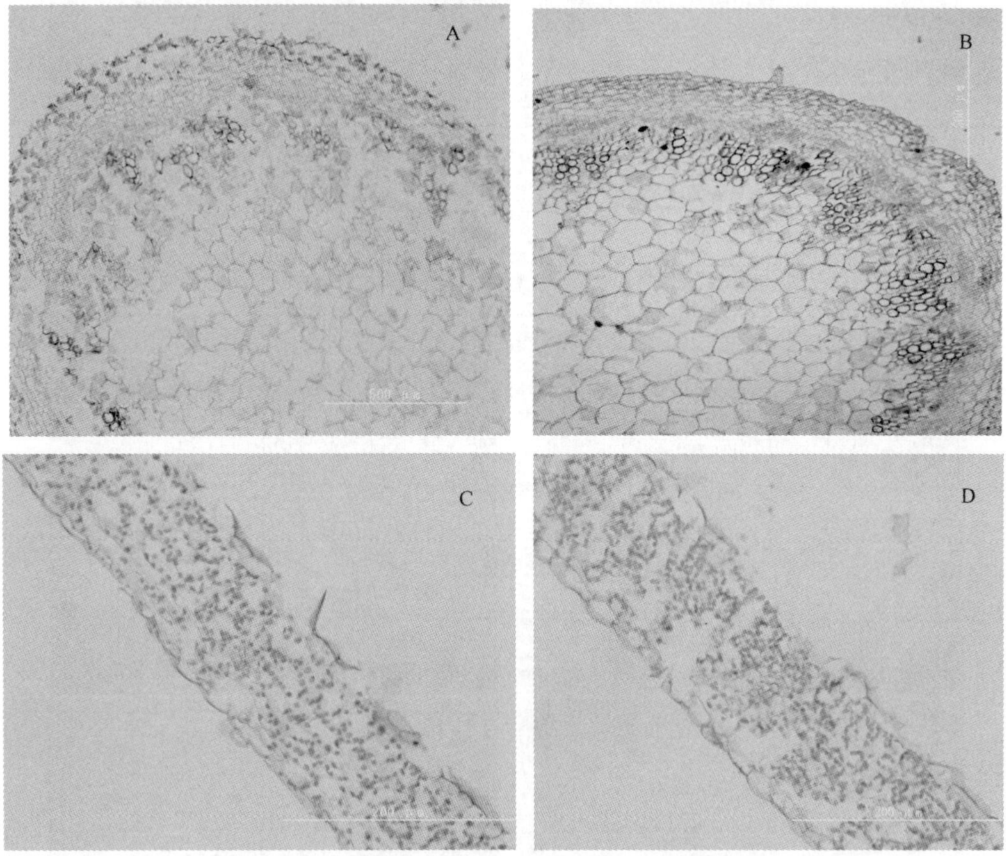

图 8.4.1 对照和虫害紫茎泽兰茎、叶横切面结构

A、B 分别表示对照和虫害茎横切面结构(10×)；C、D 分别表示对照和虫害叶横切面结构图(40×)。

8.4.2.2 扫描电镜下紫茎泽兰茎、叶的观察

扫描电镜下，紫茎泽兰叶片近轴面的表皮细胞垂周壁呈波浪形的脊(图 8.4.2A)，未见气孔器。在叶片远轴面上具有气孔器(图 8.4.2B)，气孔器分布密度较大，其形状为凸出型(图 8.4.2C)，且在叶片远轴面上分布有数量不等的表皮毛。表皮毛通常由 7～9 个细胞构

成,顶端为长鞭状细胞(图 8.4.2D);基细胞为扁圆形,表面具螺纹状纹饰(图 8.4.2G)。表皮毛对分布于叶脉间,对照叶片叶脉间的表皮毛直立、细胞完整(图 8.4.2E),但虫害叶片的表皮毛细胞紧涨度下降,多数都出现残缺现象(图 8.4.2F)。

紫茎泽兰茎的节部和节间均未发现有气孔器,表皮细胞形状为长方形或多边形,表面光滑,表皮毛数量明显减少(图 8.4.2H)。

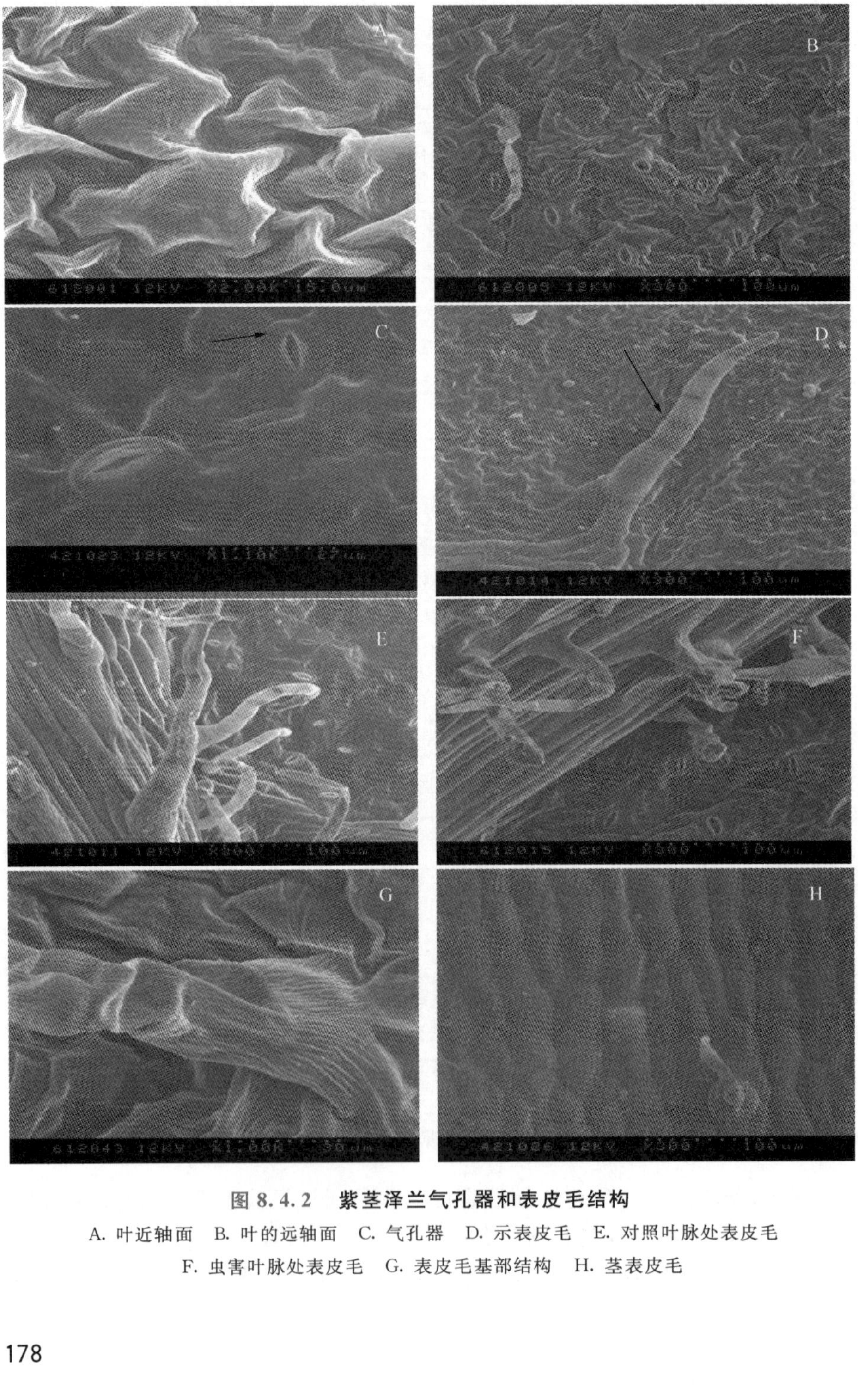

图 8.4.2 紫茎泽兰气孔器和表皮毛结构

A. 叶近轴面 B. 叶的远轴面 C. 气孔器 D. 示表皮毛 E. 对照叶脉处表皮毛
F. 虫害叶脉处表皮毛 G. 表皮毛基部结构 H. 茎表皮毛

8.4.3 小结与讨论

分别比较对照与虫害紫茎泽兰茎、叶表面的微形态结构，发现两者间没有明显差异；只是虫害茎结构中维管束较对照为多，且髓细胞之间紧密相连。这可能与其所处的生理状态有关。虫害紫茎泽兰通过茎中维管束束数变化来使植株体内各种营养成分适时协调平衡，促使其健康生长，从而为其抵御棉蚜的危害提供了一定的结构基础。因为茎是植物体内物质运输的主要通道，且植物在整体水平上行使运输功能的结构部位是茎中维管束的木质部和韧皮部(胡玉佳，1999；李扬汉，1983)。

气孔作为植物与外界进行气体和水分交换的主要通道，是植物学的重要性状之一，具有较大的遗传稳定性。但其密度、大小为数量性状，受环境条件、取样部位影响较大。紫茎泽兰叶的远轴面较大的气孔密度，能够更好地控制水分得失，扩大了生态适应范围，使其杂草性表现得更为强烈。

在紫茎泽兰叶片的远轴面及叶脉上，均具有大量的表皮毛。这些表皮毛对于减少器官表面水分的损失与有效地防御昆虫啃食以及减轻高强度阳光照射所引起的损伤等起到重要作用(Lott，1976)。本研究中未发现对照与虫害表皮毛数量的差异，只是被蚜虫感染的叶片，其表皮毛细胞出现严重断裂，这将会降低紫茎泽兰对蚜虫的表面防御能力，提高蚜虫感染该类杂草的能力。

8.5 棉蚜危害对紫茎泽兰挥发物释放的影响

温度是影响紫茎泽兰发生的主要气候因子之一。紫茎泽兰可以在年平均温度大于10℃、绝对最低温不低于－11.5℃、最高气温35℃以下、最冷月平均温度大于6℃的气候条件下生长(赵国晶等，1989)。我们在温室中诱导紫茎泽兰发现，在适宜的条件下其茎、叶很容易感染棉蚜(*Aphis gossypii* Glover)，但田间紫茎泽兰感染棉蚜的几率却很少。这一现象提示我们是否由于生境(如温度和光照等条件)的改变而使紫茎泽兰挥发物的化学指纹图及其结构有所改变？这种改变是否利于对棉蚜的引诱？已有的研究表明，麦苗在没有植食性昆虫咬食的时候，其挥发物可以吸引蚜虫(Quiroz et al，1997)。但紫茎泽兰与蚜虫关系的研究未见报道。这一研究对于揭示紫茎泽兰-棉蚜相互作用的化学基础，从中寻找具有生物活性的先导化合物，为紫茎泽兰的生物防除及其利用开辟新途径都将起到积极的推动作用(闫乾胜等，2006)。

本章首先对温度和光照等外界条件对虫害紫茎泽兰挥发物释放的影响。在此基础上，测定了紫茎泽兰不同部位及整株挥发物释放的变化，找出其中的变化规律，为进一步阐明挥发性物质在紫茎泽兰-棉蚜相互关系和作用机理提供科学依据。

8.5.1 温度和光照对紫茎泽兰挥发物释放的影响

8.5.1.1 材料和方法

1. 材料

紫茎泽兰种子采集于云南昆明，种植在直径 25 cm 且装有蛭石和草炭混合物的花盆中。植物在温室条件下生长，蚜虫感染植株为温室中自然感染后罩笼备用。棉蚜由中国农业大学昆虫毒理室提供。

不同温度对紫茎泽兰挥发物释放的影响：选取长势一致、具有 10 片叶子的植株 15 盆，将其分为 5 组，每组 3 盆，分别移至 5 个人工气候箱中，箱内温度分别为 15℃、20℃、25℃、30℃、35℃，相对湿度均为(60%±2%)，光照条件为 12 根 30 W 灯管(光照∶黑暗=13 h∶11 h)。生长一周后将其取出作为对照。另选与对照生长一致的蚜虫感染植株 15 盆，按照上述方法进行处理后作为受害株。将虫害植株上的蚜虫扫掉后，采用动态顶空采集法收集其挥发物。

不同光照条件下紫茎泽兰挥发物的释放：按照 8.3.1.3 方法，分别选取对照和虫害植株各 9 盆，用 3 种光照强度 300～400 μmol/(m^2 · s)、800～100 μmol/(m^2 · s)、1 500～2 000 μmol/(m^2 · s)分别对虫害和其对照植株照射 30 min 后，去掉照射光源，收集挥发物。

将收集挥发物的样品管放入干燥器中，以备室内测定。

2. 挥发物的采集方法

用动态顶空采集法收集植物挥发物，大致分为以下 3 个步骤：

(1)抽气　将健康且无损伤的枝条用 Reynolds 微波炉袋套上；下端开口处插入装有 GDX-101 的过滤管，用绳系紧内衬棉花的袋口，将硅胶管用夹子夹紧；袋的上端开一小口接入与大气采样器进气口相连的抽气管；打开大气采样器抽气，直到袋内基本没有空气为止。

(2)充气　将与采样袋上端小口处抽气管相连的硅胶管夹紧，松开下端与装有 GDX-101 过滤管相连的硅胶管上的夹子，并把该硅胶管和装有活性炭的干燥塔相连，然后接到大气采样器的出气口上，拔掉进气口上与抽气管相连的硅胶管，打开大气采样器电源，使经过滤后的大气被泵入采样袋，直到袋内气体体积达到采样袋体积的 3/4 左右时，关掉电源。

(3)循环采气　将采样袋上端小口处的抽气管换成经过活化的内填 Tenax-GR 的吸附管，把与吸附管相连的硅胶管与大气采样器的进气口相连，移去胶管上的夹子使植物与采样装置成为一个闭合的回路，打开电源开始循环采气，调节气体流量为 100 mL/min，采气时间 15 min。整个装置用无味的硅胶管连接。

3. 挥发物的测定

采用 TCT-GC-MS 进行测定。TCT-GC/MS 型号：CP-4010 PTI/TCT(CHROMPACK 公司)，TRACE TM GC 2000(CE INSTRUMENT 公司)，VOYAGER MASS(FINNIGAN 公司)。

TCT 的工作条件：TCT 是用于对吸附管中的挥发物进行加热脱附，并被冷阱富集的装置。其主要过程为：将采集马尾松、湿地松挥发物的吸附管装在热脱附装置的加热炉中；先将冷阱(Trap)用液氮冷却至−120℃，然后加热炉在 10 min 内逐渐升温至 250℃，使吸附管中不同沸点的挥发物被逐步脱附，并被载气携带至冷阱中富集；脱附完成后冷阱在数秒钟内迅速升温至 260℃，使冷阱中富集的挥发物进行二次脱附后直接进入到与质谱相连的气相色谱柱头。System Pressure：20 kPa；Rod temperature：250℃(10 min)；Trap inject：260℃。TCT 条件由该装置的控制系统独立控制，其进样信号与 GC/MS 自动连接。

GC 的工作条件：将冷阱富集的挥发物迅速加热后立即进入 GC 色谱柱中分离。色谱柱：DB-5 Low Bleed/MS 柱(60 m×0.32 mm×0.5 μm)，通过液氮脱附、无分流进样，He 载气。程序升温：40℃(3 min)−6℃/min−270℃(5 min)，Post run 280℃(5 min)，以驱赶毛细管柱中残留的杂质。

MS 的工作条件：经 GC 分离的各挥发物组分先后进入四极杆质谱得到鉴定。Ionization Mode：EL；E-energy：70 eV；Mass range：29～350 amu；I/F：250℃；Src：200℃；Emission Current：150 μA，全扫描，每次扫描所用时间 0.4 min，质谱扫描范围 m/z 19～435。

4. 挥发物的鉴定

过 GC/MS 分析可获得 GC/MS 原始数据-总离子流图(TIC)，图中各峰所代表的化学信息采用 Xcalibur 1.2 版本软件，NIST 98 谱图库兼顾色谱保留时间(min)进行紫茎泽兰挥发物成分的鉴定，并通过标样进行验证。通过面积归一化法以各类挥发物的相对含量定量。

8.5.1.2 结果与分析

1. 温度对虫害紫茎泽兰挥发物释放的影响

试验结果表明：温度对紫茎泽兰挥发物的种类没有影响。这些组分包括烷烃类化合物、苯系物、含氮化合物、萜烯类化合物、绿叶气体及其他含氧化合物。其中萜烯类化合物是种类和相对含量最多的一类化合物，Camphene、2-Carene、α-Phellandrene 和 ρ-Cymene 是其主要组分，它们在正常植株中的相对含量约占整个挥发物相对含量的 50%。

然而，温度对紫茎泽兰挥发物的释放量有显著的影响。与对照相比，虫害紫茎泽兰挥发物的相对含量在 15℃和 35℃条件下无明显的规律性。但在 20～30℃条件下，随着温度的升高，虫害紫茎泽兰挥发物的变化出现明显的规律性，绿叶气体己醛、2-己烯醛和(*E*)-3-己烯醇的相对含量明显升高(图 8.5.1)；除柠檬烯外，多数单萜化合物的相对含量也明显升高。其中 α-水芹烯和 ρ-散花烯在 20℃升至最高，α-蒎烯在 30℃达到最高(图 8.5.2)。35℃时，挥发物的释放量仍然比较高，但其规律性不明显。

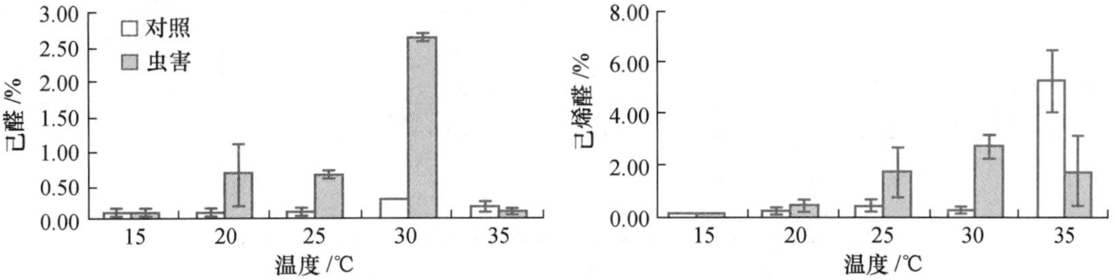

图 8.5.1 不同温度条件下紫茎泽兰绿叶挥发物的相对含量

图中所附挥发物均为 TIC 强度在 E3 以上，平均值±标准差为 3 次重复的均值。

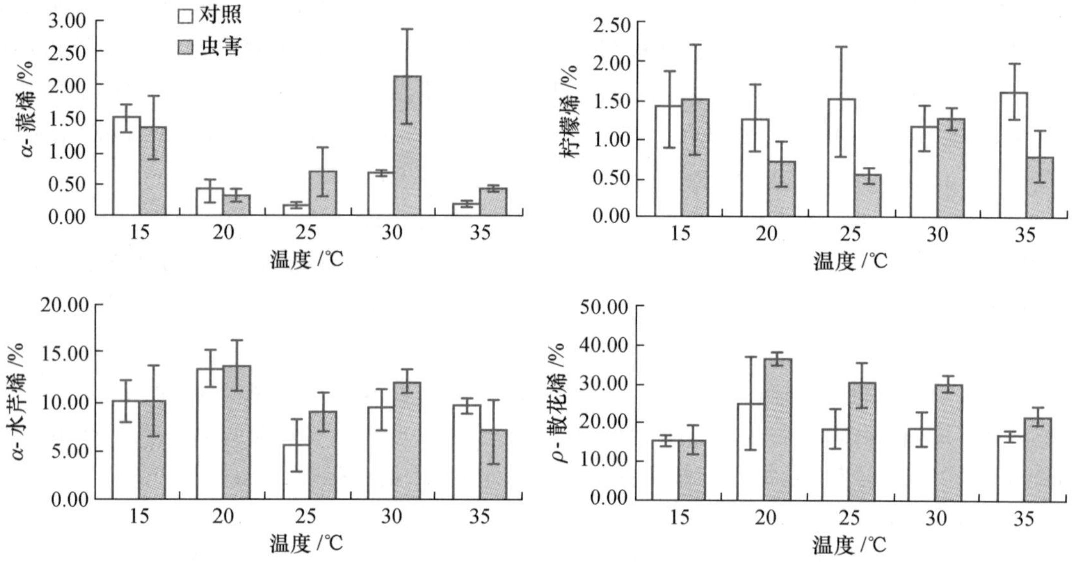

图 8.5.2　不同温度条件下紫茎泽兰单萜化合物的相对含量

图中所附挥发物均为 TIC 强度在 E3 以上,平均值±标准差为 3 次重复的均值。

如图 8.5.3 所示,虫害紫茎泽兰倍半萜的变化与上述绿叶气体和多数单萜相反,除 15℃时对照与虫害倍半萜的相对含量基本一致外,其余温度条件下均为对照显著高于虫害。对照植株在 25℃时石竹烯、长叶蒎烯、大香叶烯 D 和法尼烯的相对含量均达到最高。这些化合物在所测温度范围内的变化趋势完全一致。

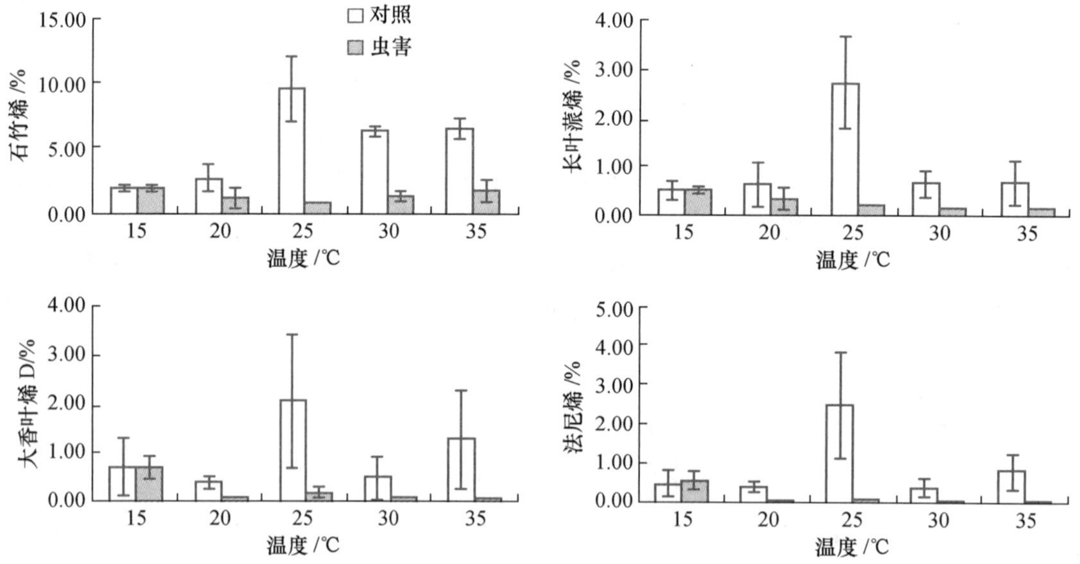

图 8.5.3　不同温度条件下紫茎泽兰倍半萜的相对含量

图中所附挥发物均为 TIC 强度在 E3 以上,平均值±标准差为 3 次重复的均值。

上述单萜和绿叶气体挥发物的变化均随温度的升高而加快,说明这种释放率对温度具有依赖性,可能主要是温度对酶影响的结果。Jakobsen 等(1994)研究发现,20℃时白三叶

(*Trifolium repens* L.)花的香气释放量比 10℃高 58%。葛藤[*Puevaria lobata*(Willdemow)Ohwi]在低于 19℃时,萜烯类化合物的前体物质异戊二烯的释放量消失。当温度达到 26℃,完全展开的叶片即被诱导产生异戊二烯,并且每升高 10℃异戊二烯的释放量增加 8 倍(Sharkey and Loreto,1993),这可能是由于高温增加了这些物质的挥发性或其生物合成过程所致。倍半萜含量的变化却与上述结果相反,这可能是由于蚜虫影响了单萜和倍半萜合成酶的活性,因而使其代谢途径受到影响而产生上述结果。

2. 光照强度对虫害紫茎泽兰挥发物释放的影响

如图 8.5.4 和图 8.5.5 结果所示,当光照强度在 300~400 μmol/(m^2 · s)时,虫害紫茎泽兰挥发物中,绿叶气体和单萜的释放量明显高于对照,而倍半萜含量低于对照。这一结果与自然光照下虫害紫茎泽兰挥发物的变化相一致。随着光照强度的增加,虫害绿叶气体含量显著增加,单萜含量变化不明显,只是在光照强度达到 800~1 000 μmol/(m^2 · s)时,对照叶中 2-蒈烯含量迅速升至最高。虫害紫茎泽兰叶中倍半萜含量随光照强度的增加有所升高,但升高幅度很小。

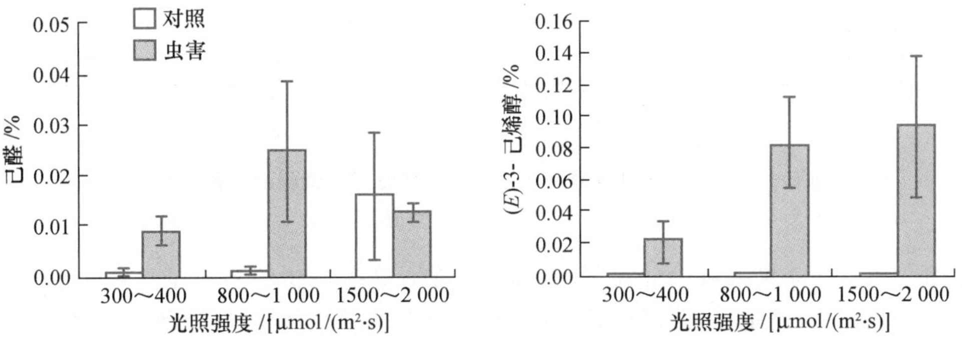

图 8.5.4 不同光照强度对紫茎泽兰绿叶挥发物相对含量的影响

图中所附挥发物均为 TIC 强度在 E3 以上,平均值±标准差为 3 次重复的均值。

在某一温度下,植物挥发物的释放率和碳同化率随光强变化的趋势相同(Guenther et al, 1991)。这说明用于合成挥发物的碳源主要来自光合作用所固定的碳。在 40~44℃和 800 μmol/(m^2 · s)光照条件下,栎属植物的异戊二烯释放率达到最大值,而用于合成异戊二烯损失掉的碳只相当于光合作用所固定的 0.1%~0.2%。挥发物的释放主要通过叶中气孔完成。在一定范围内,随光照强度的增强,气孔的开度加大,挥发物的释放量增大。较强的光可以激活催化亚麻酸氧化成醛的脂肪酸氧化酶,这也是绿叶挥发物释放量增加的原因之一。

8.5.1.3 小结与讨论

在一定温度范围内,虫害紫茎泽兰挥发物中绿叶气体和单萜含量与温度呈正相关,但倍半萜含量的变化却与之相反;光照强度在 300~400 μmol/(m^2 · s)时,虫害紫茎泽兰挥发物的变化与上述变化一致;当光照强度达到 800~1 000 μmol/(m^2 · s)时,虫害紫茎泽兰叶中倍半萜含量随光照强度的增加有小幅度升高。

已有的研究表明,温度是控制单萜释放速率的主要因素。一般随着温度的升高,单萜释

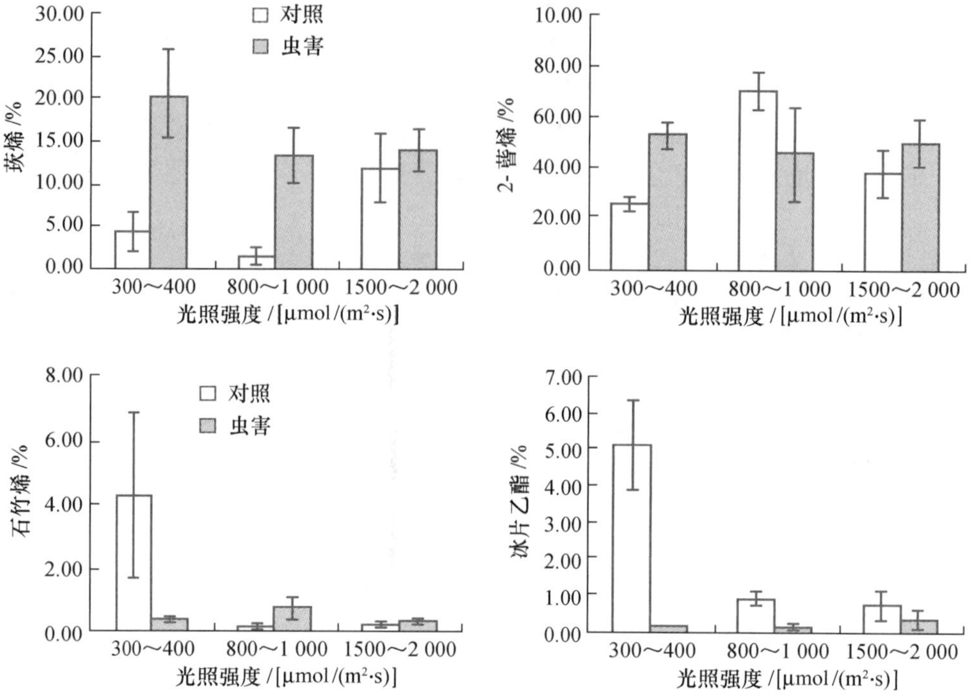

图 8.5.5　不同光照强度对紫茎泽兰萜烯类挥发物相对含量的影响

图中所附挥发物均为 TIC 强度在 E3 以上，平均值±标准差为 3 次重复的均值。

放率增加。温度与苹果嫩枝中 α-蒎烯、莰烯、石竹烯等挥发物的释放呈正相关(Armelle et al，2005)。马尾松、湿地松挥发物的释放量也随温度的升高而增加，玉米在 22～27℃时，挥发物释放的量最高。光强度对挥发物的释放有一个很大的影响，挥发物在暗期没有释放，随着光强度的增加，其释放增强(Gouinguene and Turlings，2002)。

从紫茎泽兰挥发物成分中可以看出，萜烯类化合物是其中最主要的成分。尽管萜烯类的生物功能还没有完全清楚，但它的释放是对高温的策略反应。在高温下异戊二烯的释放有利于植物光合作用，这是因为异戊二烯不仅能够提高光合作用的热忍耐性，而且可以帮助光合器官在受到暂时高温(如 40℃)后得到恢复。其机制可能在于异戊二烯提高了高温下类囊体膜的稳定性(Sharkey et al，2001)，或者淬灭了导致膜损伤的活性氧(Loreto and Velikova，2001)。当温度超过某一范围后，其挥发物的释放量显著下降，这可能是叶片受到破坏和酶失活的结果。

在许多植物种类中，萜烯类化合物的合成速率依赖于光照。除光照可以提高植物光合效率及引起气孔运动外，异戊二烯合成酶对光也具有较强的依赖性。这种酶可以把二甲基丙烯基焦磷酸(DMAPP)转化成异戊二烯。由于光改变了叶绿体基质中的 Mg^{2+} 浓度和 pH 值而把这种酶激活。在低光强条件下，光强较小程度的增加就会引起异戊二烯的大量合成。随着光强的不断增大，异戊二烯合成速率的增加幅度逐渐减小。

通过研究温度、光照等环境因子对植物挥发物的影响，可以预测各种植物挥发物的释放量，这对病虫害防治具有重要的理论和实践意义。其他外界条件对紫茎泽兰挥发物释放的影响，还有待于进一步研究。

8.5.2 虫害紫茎泽兰挥发物的变化

8.5.2.1 材料和方法

1. 植物材料与虫源

材料同 8.6.1.1。

2. 植物挥发物的采集

选取长势一致、具有 10 片叶子的健康和被棉蚜感染的紫茎泽兰植株各 3 盆，分别移至 2 个人工气候箱中，箱内温度 25℃，相对湿度 60%±2%，光照条件为 12 根 30 W 灯管(光照：黑暗=13 h：11 h)。生长 1 周后将其取出作为对照和受害株。将虫害植株上的蚜虫扫掉后，采用动态顶空采集法分别收集其挥发物。

3. 紫茎泽兰不同部位挥发物的采集

选取在人工气候箱中培养 1 周的对照和虫害紫茎泽兰植株各 3 盆，培养条件同 8.6.1.1。将虫害植株上的棉蚜扫掉后，分别称取 0.2 g 对照和虫害叶、茎，放入吹扫捕集小瓶中，对其中挥发物进行测定。

4. 挥发物的鉴定方法

具体方法同 8.5.1.1 挥发物的鉴定方法。

5. 数据处理方法

通过 SPSS10.0 同济软件对数据进行分析和 F 检验($P<0.05$)。

8.5.2.2 结果与分析

如图 8.5.6 所示，虫害紫茎泽兰挥发物组分与对照相同，共检测到强度均为 E4 以上 19 种

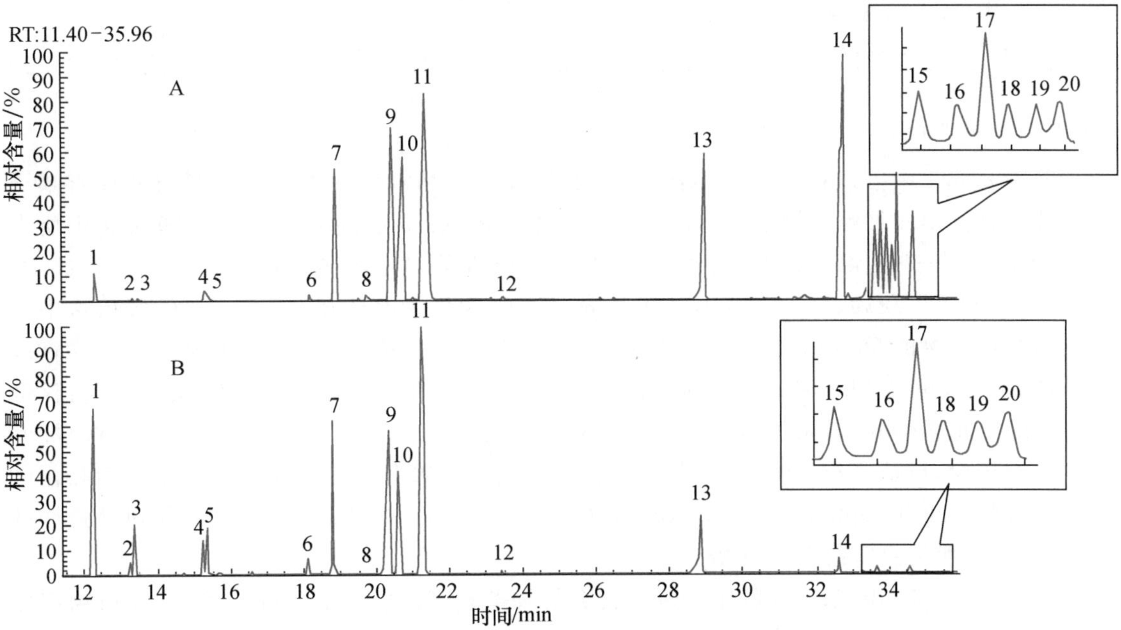

图 8.5.6 对照(A)和棉蚜危害(B)紫茎泽兰挥发物总离子流图(TIC)

(第一种为甲苯,该化合物并非植物所有,而是来自于大气中),包括烷烃类化合物、含氮化合物、绿叶气体及其他含氧化合物(醇、醛、酸、酯、酮)、萜烯类化合物,详见表 8.5.1。与对照相比,虫害紫茎泽兰挥发物只是相对含量的变化,而没有检测到新化合物。

表 8.5.1　对照与虫害紫茎泽兰各类挥发物相对含量 %

保留时间	化合物	挥发物相对含量	
		对照	棉蚜感染
13.22	Octane	0.08±0.07	0.09±0.07
13.4	Hexanal	0.19±0.06	1.63±0.99
15.37	2-Hexenal	0.39±0.07	2.43±0.28**
15.47	(*Z*)-Hex-3-en-1-ol	0.42±0.09	4.60±1.09**
18.25	*α*-Pinene	0.48±0.28	1.52±0.68
18.95	Camphene	8.21±2.31	10.50±1.22
19.77	6-Methyl-5-heptene-2-one	0.29±0.08	0.61±0.51
20.49	2-Carene	16.35±6.77	19.10±7.29
20.79	*α*-Phellandrene	11.32±0.38	11.52±0.68
21.43	*ρ*-Cymene	20.19±1.51	33.80±3.27**
23.59	Nonanal	0.03±0.01	0.09±0.03*
29.01	Caprolactam	4.89±4.11	3.97±3.67
32.77	Caryophyllene	9.01±0.93	1.29±0.21**
33.65	Longipinene	1.81±1.01	0.19±0.04*
33.81	Isoledene	1.92±1.55	0.26±0.23
33.96	Farnesene	1.51±1.05	0.09±0.07
34.13	Germacrene D	1.36±0.78	0.13±0.05
34.25	1,5-heptadiene,6-methyl-2-(4-menthyl-3-cyclohex-en-1-yl)	3.85±1.14	0.12±0.02
34.67	Cedrene	1.74±0.73	0.44±0.21

表中所附挥发物均为 TIC 强度在 E4 以上,平均值±标准差为 3 次重复的均值。表中数据采用 LSD 检验,* 和 ** 分别代表 $P<0.05$ 和 $P<0.01$。

从表 8.5.1 中可以看出,所检测到的挥发物多数都是常见挥发物。对照与处理紫茎泽兰叶片均释放出 3 种绿叶挥发物,即己醛、2-己烯醛和(*Z*)-3-己烯醇,但它们在挥发物中所占比例较低。(*E*)-2-己烯醛对蚜虫传染的细菌及病毒等具有很强的抗性(Almeras et al, 2003)。单萜中以莰烯、2-蒈烯、*α*-水芹烯和 *ρ*-散花烯为最主要的成分,它们在健康植株中大约占整个挥发物的 50%以上。棉蚜感染的紫茎泽兰挥发物中,上述 4 种主要挥发物的释放量依次为 9%、17%、10%和 29%,约占整个挥发物的 70%以上,但 *α*-蒎烯在单萜中所占比例较少。除 *α*-水芹烯外,其余所有绿叶挥发物和单萜均有显著增加。相反,倍半萜在整个挥发物中含量较少,包括 *β*-石竹烯、长叶蒎烯、法尼烯、大香叶烯 D 和雪松烯。上述倍半萜和化合物几内酰胺和 1,5-heptadiene, 6-methyl-2-(4-menthyl- 3-cyclohex-en-1-yl)的相对含量均低于对照,且对照为虫害的 6～20 倍。

可以看出,紫茎泽兰挥发物中萜烯类化合物种类较多。已有的研究表明,阔叶植物挥发物主要是一些醛、酮等含氧化合物,而针叶树的主要挥发物是萜烯类物质。紫茎泽兰萜烯类化合物介于阔叶和针叶植物之间。高浓度的单萜类化合物是针叶树重要的抗虫物质，是抗虫的主要手段。β-蒎烯在马尾松诱导抗虫性中的研究已有一些报道(何忠等，2007；赵成华和阎云花，2003)，结果显示高浓度的β-蒎烯不利于马尾松毛虫产卵和取食，进而影响马尾松种群的增长。

挥发物是植物-昆虫间相互联系的重要环节。本研究以紫茎泽兰释放的挥发物作为对棉蚜危害的响应指标。棉蚜是一类多食性昆虫，它们可以利用其刺吸式口器吸取植物汁液，同时传播病原微生物(Pollard，1972；Francis et al，2006)。被棉蚜取食的紫茎泽兰叶片出现萎蔫和干枯。棉蚜感染的紫茎泽兰叶片释放了上述多种挥发物，但是没有检测到新的化合物。这与咀嚼式口器昆虫对其他植物的咬食结果相一致(Renwick and Radke，1990；Reddy et al，2004；Dicke et al，2000；de Boer，2004；Bruce et al，2005)。而且，这些挥发物的变化具有一定的规律性，即单萜含量显著升高，而倍半萜含量降低。例如，马尾松受到马尾松毛虫危害后，其单萜和倍半萜含量均升高。两种化合物的底物分别是牻牛儿基二磷酸(GPP)和法尼基二磷酸(FPP)，在各自萜类合成酶的催化下分别生成单萜和倍半萜(Bohlmann et al，1998a)。大量的萜烯合成酶基因已经在松树中得到分离(Bohlmann and Croteau，1998b)，机械损伤(Steele et al，1998)、MeJA(Miller et al，2005；van Kleunen et al，2004)和昆虫取食(Heck and Valentine，2006；Byun-Mc Kay et al，2006)对其基因表达为正调节。但上述两类萜烯化合物含量的不同可能是由于萜烯合成酶在代谢途径中的活性不同所致。这方面尚需进一步研究。

8.5.2.3 虫害紫茎泽兰不同部位挥发物的变化

图 8.5.7 为紫茎泽兰不同部位挥发物总离子流图(PTI)。与对照叶相比，虫害紫茎泽兰

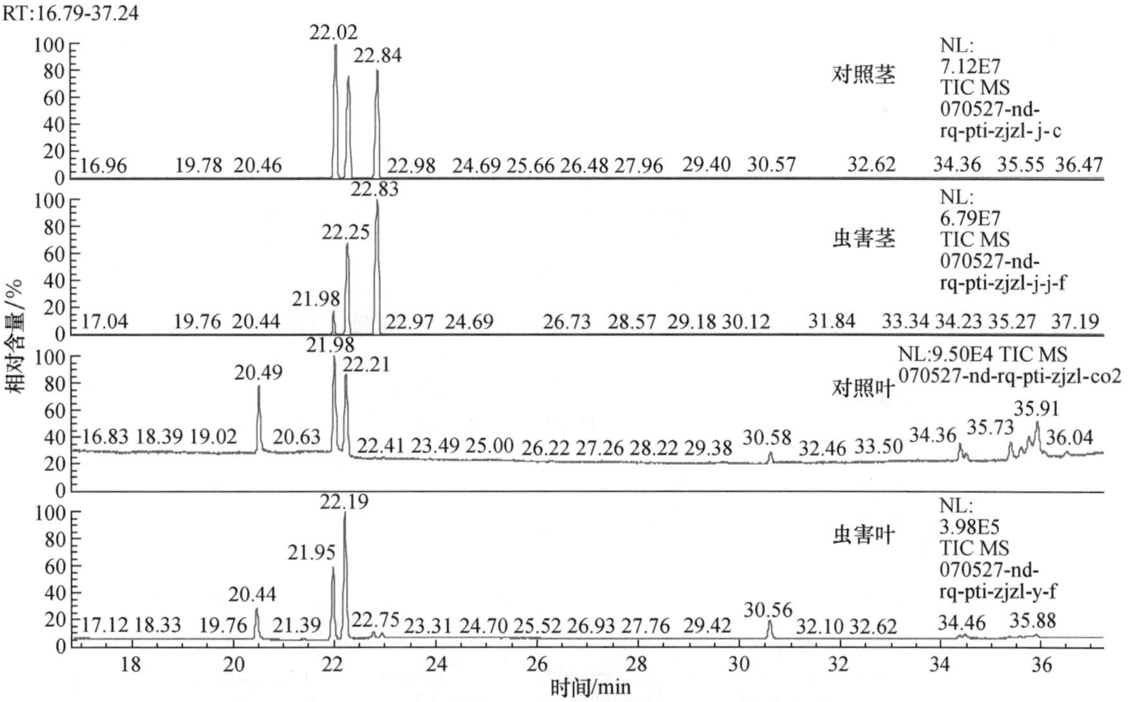

图 8.5.7 紫茎泽兰不同部位挥发物总离子流图(PTI)

以对照茎为例，图中 20.46：莰烯；21.98：2-蒈烯；22.28：α-水芹烯；22.84：ρ-散花烯

叶中莰烯、2-蒈烯、α-水芹烯、ρ-散花烯、柠檬烯等单萜含量显著升高，而冰片酯及β-石竹烯、长叶烯、苜蓿烯、法尼烯、大香叶烯 D 等倍半萜含量均降低，这与 TCT-GC/MS 测定结果相一致。对照和虫害茎中莰烯含量没有明显的变化，但α-水芹烯、ρ-散花烯含量明显升高，且这两种单萜占整个检出挥发物的 90%以上，见图 8.5.8 至图 8.5.10。

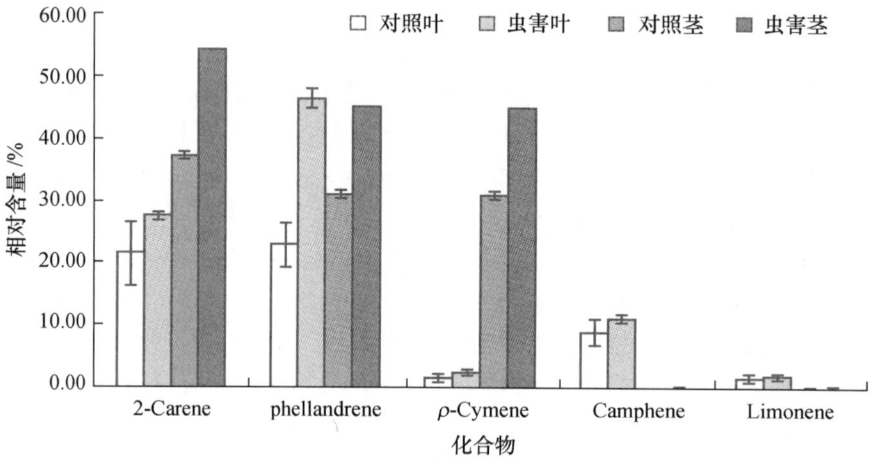

图 8.5.8　紫茎泽兰茎、叶中单萜的相对含量(PTI)

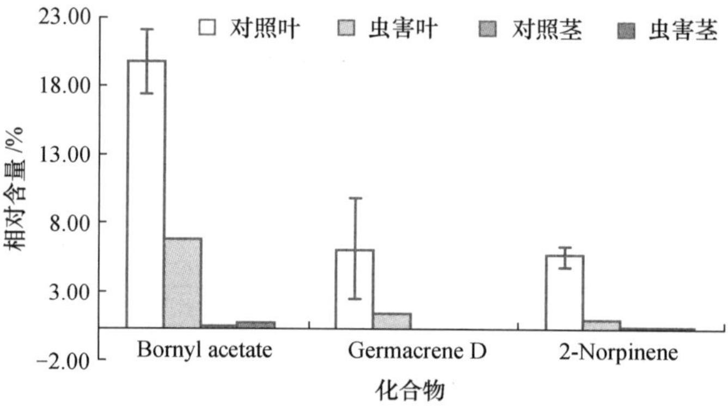

图 8.5.9　紫茎泽兰茎、叶中倍半萜的相对含量(PTI)

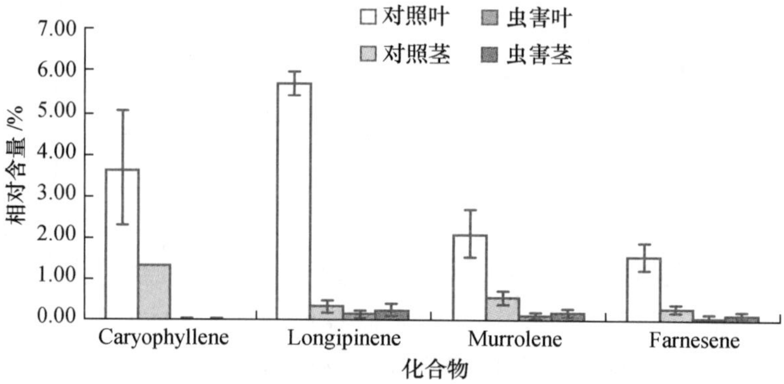

图 8.5.10　紫茎泽兰茎、叶中倍半萜的相对含量(PTI)

8.5.3 小结与讨论

紫茎泽兰挥发物组分包括烷烃类化合物、含氮化合物、绿叶气体及其他含氧化合物(醇、醛、酸、酯、酮)、萜烯类化合物。其中莰烯、2-蒈烯、α-水芹烯和ρ-散花烯为最主要成分。

与对照相比,虫害紫茎泽兰挥发物只是相对含量的变化,并没有检测到新化合物。除α-水芹烯外,其余所有绿叶挥发物和单萜均有显著增加。但倍半萜在整个挥发物中含量较少,且虫害紫茎泽兰相对含量均低于对照。

用PTI-GC/MS测定紫茎泽兰不同部位挥发物的结果表明:虫害紫茎泽兰叶中挥发物的变化与TCT-GC/MS测定结果相一致;但虫害茎中莰烯含量没有显著的变化,α-水芹烯、ρ-散花烯含量明显升高,且这两种单萜占整个检出挥发物的90%以上。

正常情况下,健康植株从叶表面或叶中贮藏部位释放的少量挥发性代谢物维持在一个基线水平(Paul et al,1999)。但是当植物受到植食性昆虫危害时,挥发物的释放量增加,如某些抗虫性很强的枫树品种当受到日本金龟甲(*Popillia japonica* Newman)危害时会释放出对害虫具很强驱避作用的萜类化合物,而感虫品系枫树释放的气味则会引诱害虫(Loughrin et al,1995)。

植物本身处于基础代谢与次生代谢的交替变化过程中,未受害的紫茎泽兰挥发物始终维持着代谢的最低水平。当其受到棉蚜危害后,能在相对较短的时间内释放出大量的以萜烯类为主的挥发物,说明棉蚜诱导产生的挥发物是一个主动过程,显示出紫茎泽兰能够熟练地调控防御性次生物质的产生和释放机制(娄永根等,2000),而且这种诱导化学防御机制常常是迅速和系统的(Turlings et al, 1992),是一种快速诱导抗性。

虫害植物释放挥发物除与机械损伤有关外,还与昆虫的口腔分泌物密切相关。如玉米受到甜菜夜蛾(*Spodoptera exigua* Hubner)幼虫取食后,立即系统地释放挥发性的萜烯类物质以吸引夜蛾的天敌寄生蜂,这是因为甜菜夜蛾口腔唾液中含有N-(17-羟基-亚麻酰基)-*L*-谷氨酰胺(Volicitin),当甜菜夜蛾咬食玉米时,玉米体内的信使茉莉酸衍生物被Volicitin激活,从而释放引诱寄生蜂的萜类分子(Alborn et al, 1997)。莱豆、白菜等害虫和天敌的三级营养关系中也出现了上述结果。针叶树中萜烯类物质的大量释放直接影响着植食性昆虫行为,有助于天敌和寄生蜂区分植物是否被侵害,利于寄主定位或捕食。这些植物受害后的信号导致了植物-植食性昆虫-天敌3营养层的相互作用,也是植物诱导化学防御的主要形式之一。

已有研究表明:多于100种植物被昆虫咬食后,其受害部位挥发物的大量释放与其产生的化学信号物质有关。这些化学信号产生于植物不同的细胞群。首先,植物受害后有一层不可修复的损伤细胞,尽管这些细胞不能增加自身的预活化反应,但能释放许多不同的分子。这些分子既可以作为邻近未损伤细胞反应的激发子,又可作为防御毒素。与损伤细胞相邻的是一层未损伤的细胞,但它们处于严重胁迫之下,也可能产生伤害信号。其次,远离损伤细胞的是健康、未受害的细胞,它们可能是受伤周围细胞产生信号的目标。最后,远离受害叶片的空中也对信号感知和反应,从而使信号得以传递。在调节植物抗性基因表达的信号分子中,茉莉酸是虫害诱导反应中的一种关键性信号。当昆虫咬食后亚麻酸从磷脂膜中释放,在酶的催化下转化成为JA。

8.6 紫茎泽兰信号物质的研究

植物与植食性昆虫在长期的协同进化过程中不断地相互作用，彼此形成了许多防御及适应机制(钦俊德和王琛柱，2001)。植物之所以不被植食性昆虫消灭，除了能利用光合作用迅速生长外，植物面对环境胁迫的化学防御和通讯功能是重要的原因。伤反应信号系统就是其中之一。植物伤反应的信号转导是一网络系统。迄今JA信号转导的具体细节、SA与ABA在JA诱导基因表达中的作用机制以及伤害对JA信号途径的激活机制的研究尚处于初级阶段，已发现的多种信号转导组分还不能组成一条完整的ABA信号转导通路，ABA可能只是化学通讯的一个基本单元，而且已有的结果暗示着它可能与其他多种信号转导途径存在相互作用。研究发现，蛋白质转录和翻译抑制剂放线菌素D和环己亚胺能抑制逆境下脱落酸的合成，说明胁迫诱导脱落酸合成需要基因表达和新蛋白合成(杨洪强和接玉玲，2001)。紫茎泽兰受到虫害胁迫时，上述哪种信号物质起主要作用？它们又是如何调节挥发物的变化？至今未见研究报道。因此，进一步从分子机理上阐明植物防御反应的相关机制，找出参与植物通讯的有效信号分子，将开拓人类对生命和自然认识的新视野。

8.6.1 材料和方法

8.6.1.1 植物材料与虫源

紫茎泽兰种子采集于云南昆明，种植在直径25 cm且装有蛭石和草炭混合物的花盆中。植物在温室条件下生长，蚜虫感染植株为温室中自然感染后罩笼备用。采集虫害叶片时，先将叶片上的蚜虫扫掉，分别采集受害叶和对照叶。采样均匀、随机。采样后立即放入液氮罐中，然后置于−80℃冰箱中保存。所采样品用于茉莉酸、水杨酸及ABA等信号物质含量的测定。棉蚜由中国农业大学昆虫毒理室提供。

8.6.1.2 茉莉酸样品的提取与测定

1. 茉莉酸提取所用试剂

17%甲醇：以甲醇和0.1 mol/L HAC比为17∶83配制而成。

40%甲醇：以甲醇和0.1 mol/L HAC比为40∶60配制而成。

60%甲醇：以甲醇和0.1 mol/L HAC比为60∶40配制而成。

0.1 mol/L HAC重氮甲烷。

2. 茉莉酸样品的制备

取紫茎泽兰叶片约0.5 g，加入少量抗氧化剂及内标9,10-二氢茉莉酸(DHJA)，用少量80%冷甲醇低温研磨，浸泡过夜。对已浸泡过夜的植物样品抽滤，弃残渣，将滤液加1～2滴氨水减压浓缩至水相，样品冻融3次。样品化冻后离心，上清液用非水溶性PVP搅浆(聚乙烯吡咯烷酮)，搅匀后放置 10 min，抽滤，滤液用 2 mol/L 的 HCl 调 pH 至 2.5～3.0。用等体积的乙酸乙酯萃取 3 次，合并有机相，冰冻除水，加 1～2 滴氨水，35～40℃浓缩至干。用 0.1 mol/L的 HAC 溶解植物样品，样品待上 C18 小柱(Part No. WAT051910)。

上柱前分别用 5 mL 甲醇、5 ml 0.1 mol/L 的 HAC 对小柱进行预处理，以达到活化平衡小柱。

上样后按以下步骤进行操作：①用 5 mL 17%的甲醇洗脱；②用 2 mL 40%甲醇洗脱；③用3 mL 40%甲醇洗脱，收集洗脱液；④用 3 mL 60%甲醇洗脱，收集的洗脱液与步骤③中的合并，加 2 滴氨水，40℃浓缩至干。对已经浓缩的样品进行甲酯化处理，然后用乙酸乙酯溶解，转移入毛细管中封存，待上 GC/MS 进行定性和定量分析。

用过的 C18 小柱分别用甲醇、氯仿、正己烷、氯仿各 5 mL 洗柱，使其恢复到上样状态。

3. 茉莉酸的定性分析

用 GC(Agilent Technologies，6890N Network GC System)/MS(Agilent Technologies，5973Network，Mass selective Detector)对内源茉莉酸进行定性分析。气相色谱柱：DB-5-MS 石英毛细管柱(30 m×0.32 mm×0.25 μm，J&W Scientific，Agilent Technologies，USA)。

GC 程序升温条件：初始温度 50℃，以 20℃/ min 的速率升至 180℃，保持 4 min，然后以 10℃/min 升到 220℃，保持 15 min。载气：氦气，流速 0.8 mL/min。GC 进样口温度 280℃，电子恒流控制，无分流进样，进样体积 1 μL。

MS：离子轰击源(70 eV)，接口温度 250℃，离子源温度 200℃；Emission Current：150 μA；Det：500 V。全扫描，扫描速度 0.4 amu/s，扫描范围 m/z 29～450。

用茉莉酸和二氢茉莉酸标样进行 GC/MS 全扫描分析，采用 Xcalibur1.2 版本软件、NIST98 谱图库定性，确定茉莉酸的保留时间。

4. 茉莉酸的定量分析

茉莉酸的定量分析采用 GC-MS-SIM 完成。Me-JA 的选择特征离子的 m/z 为：151～224；内标 DHJA 的选择特征离子的 m/z 为：153～226。

由于茉莉酸测定中的内标是二氢茉莉酸，所以计算茉莉酸含量时需要求出两者之间的关系。配制 0、10/100、50/100、100/100 4 个浓度的 JA/DHJA 标样，用 GC-MS-SIM 获取其面积，确定面积与浓度比之间的关系，从而求出针叶中内源茉莉酸的含量 N_{JA}(ng/g 鲜重)＝A224/A226×DHJA 加入量/6×样品重(图 8.6.1)。

8.6.1.3 游离水杨酸样品的提取与测定

1. 仪器与试剂

仪器：HP1100 高效液相色谱仪(美国 Agilent 公司)，系统配置为 G1315B 二极管阵列检测器，自动进样器进样。G1316A 柱温箱，G1313A 自动进样器，G1311A 四元泵，G1322A 在线脱气机以及 Agilent 色谱工作站。

试剂：乙腈为高效液相色谱专用(Fisher 公司)；水为用 MILLI-Q 超纯水仪(美国 Millipore 公司)处理过的去离子水；醋酸为 AR(分析纯，北京化工厂)；水杨酸为色谱纯(Fluka 公司)。

色谱分析条件：谱柱为 Agilent-C18 反相色谱柱(5 μm，250 mm×4.6 mm)；柱温：室温。检测波长 302 nm，谱带宽度 16，参比波长 400 nm，参比谱带宽 100。梯度洗脱，洗脱条件为：V(乙

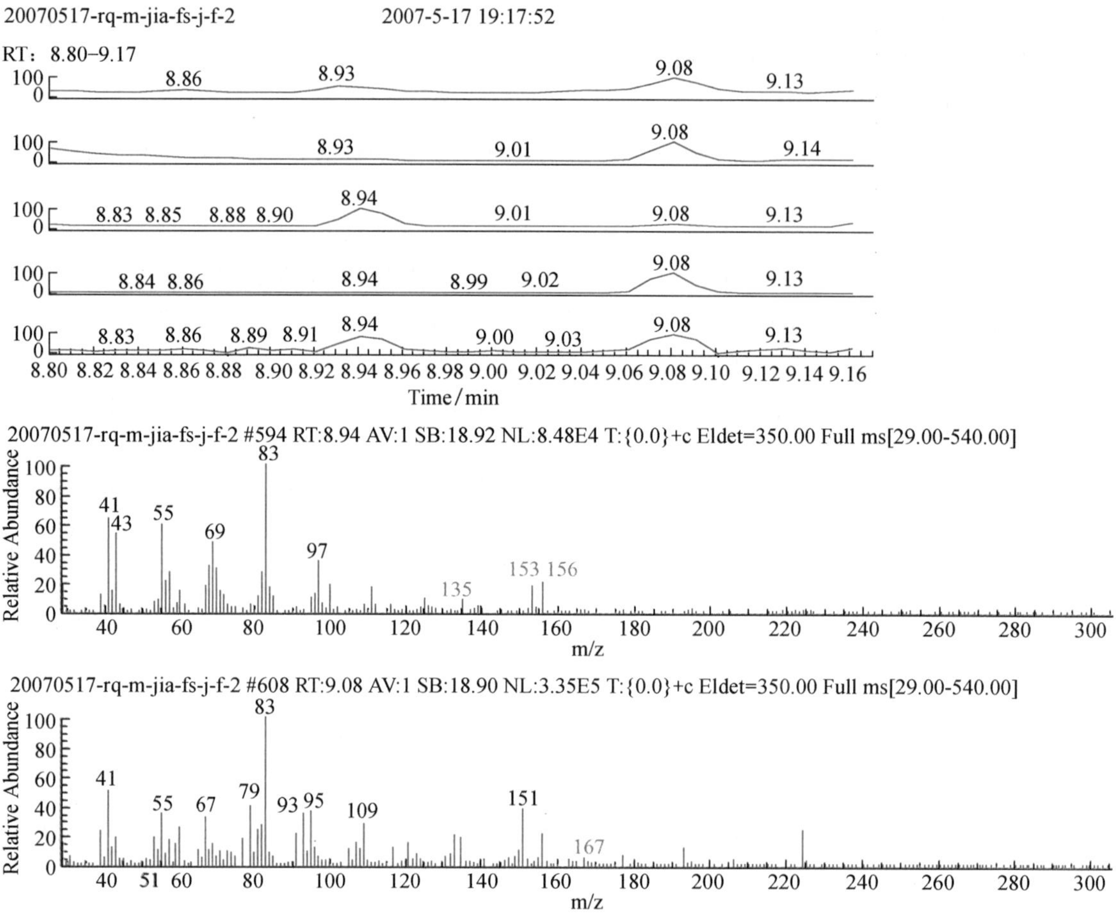

图 8.6.1　紫茎泽兰不同部位茉莉酸甲酯定性与定量分析

腈)∶*V*(水)(含 1.5%乙酸)分别是 3∶97(0 min)、38.8∶61.2(20 min)、38.8∶61.2(26 min)。26 min 时流速由 0.7 mL/min 变为 1 mL/min。进样体积 10 μL;光谱记录范围 190～400 nm。

2. 水杨酸的提取与纯化

称取 0.5 g 叶片,加入抗氧化剂和适量的 90%甲醇,低温下研磨成匀浆。置于 0～4℃抽提,8 000 r/min 离心取上清液。沉淀用 90%甲醇再次提取 2 次,合并上清液。上清液浓缩至水相,反复冻融离心,抽滤。在滤液中分别加入 2 mL 5%三氯乙酸,用 3 mL 乙酸乙酯∶环己烷∶异丙醇(*V*∶*V*∶*V*=50∶50∶1)抽提 3 次,合并有机相,40℃浓缩至干。以 1.5 mL 70%甲醇溶解沉淀,5 mL 70%甲醇平衡 C18 小柱后,样品过柱,用 3 mL 70%甲醇洗脱小柱,收集洗脱液,洗脱液真空干燥至干。400 μL 流动相初始液溶解沉淀,过 0.45 μm 微孔滤膜,供 HPLC 测定。

3. 水杨酸的定性及定量测定

根据水杨酸标准物与样品提取物中水杨酸的保留时间和它们在 302 nm 的扫描吸收图谱对紫茎泽兰鲜样提取物色谱图中的水杨酸进行定性(图 8.6.2)。

用 ChromQuest 数据处理系统分析紫茎泽兰中的水杨酸图谱,用外标法定量,含量以 μg/g 鲜重表示。

4. 水杨酸的标准曲线与回收率

精确称取水杨酸标准品，用甲醇配制成6个不同质量浓度（浓度介于0.253 75～4.06 μg/mL）的标准溶液，按上述液相色谱条件分别测出各浓度所对应的面积，然后依据浓度（x）与面积（y）的关系求出水杨酸标准曲线的回归方程，如图8.6.3所示。

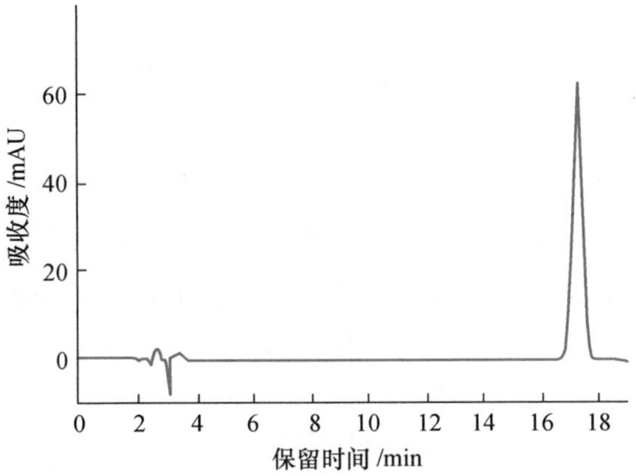

图8.6.2 水杨酸对照品色谱图

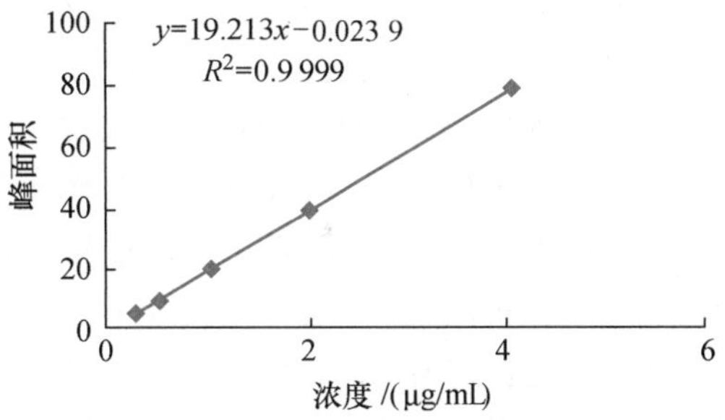

图8.6.3 水杨酸标准曲线

标准物水杨酸相关系数为0.999 9，表明标准物峰面积与浓度之间的线性关系极好。

水杨酸标准物经过样品提取的全过程，其他操作同样品。用上述液相色谱分离检测条件进行测定，ChromQuest数据处理系统分析峰面积，最后计算出该方法的回收率。结果显示，未经提取流程标准物峰面积为489.59，经提取流程标准物峰面积448.57，水杨酸的回收率为91.62%，符合定量分析要求。

8.6.1.4 脱落酸的提取与测定

1. 脱落酸样品的提取

制备方法同8.6.1.2中茉莉酸样品的制备类似，只是所加内标为D_3-ABA。

2. 脱落酸的定性分析

脱落酸定性分析的条件同8.6.1.2中茉莉酸的定性分析相同。其保留时间的确定采用40%和60%甲醇混合洗脱液进行GC/MS全扫描分析，用Xcalibur1.2版本软件、NIST98谱图库定性。

3. 脱落酸的定量分析

脱落酸的定量分析采用GC-MS-SIM完成。内源ABA的选择特征离子的m/z为：162～190；内标D_3-ABA的选择特征离子的m/z为：165～193。

根据面积比等于浓度比的关系，求出不同受害方式的内源ABA含量。

8.6.2 结果与分析

8.6.2.1 虫害紫茎泽兰叶片中茉莉酸含量的变化

试验结果如图8.6.4所示，与对照相比，虫害紫茎泽兰茎、叶茉莉酸甲酯含量明显升高。

在受害的幼茎中，茉莉酸含量达到1 640 ng/g 鲜重，较对照茎增加了7倍。而受害叶中茉莉酸甲酯含量显著低于受害茎，它们的含量不足510 ng/g鲜重，这一数值约为对照叶的2倍。方差分析结果表明，对照与虫害两部位间差异极显著。

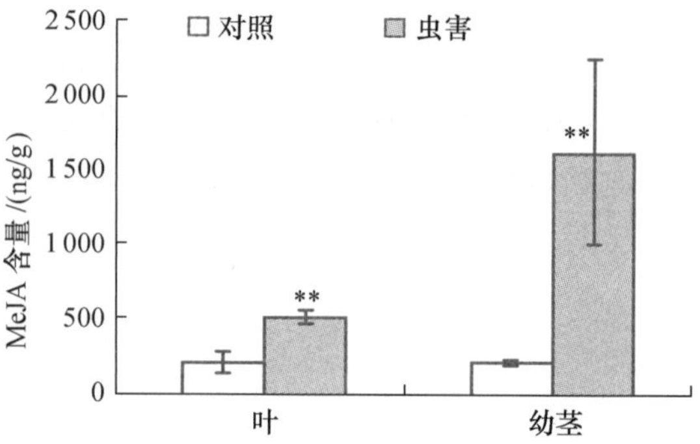

图 8.6.4 虫害紫茎泽兰不同部位茉莉酸甲酯的含量

植物受到植食性昆虫侵害时，能够重新合成挥发性有机化合物。起源于挥发物合成的信号转导可能与十八烷酸途径的活化有关。例如，当豆科植物香囊草（*Phaseolus lunatus* L.）用大分子激发子纤维溶素处理后，叶片中内源茉莉酸含量暂时性增加。在此途径中，豆科植物至少有两种不同生物活性的信号，能够引起不同的生物合成反应。早期的这条途径中，特别是12-氧植物二烯酸(PDA)能够诱导二萜衍生物4,8,12-三甲基-1,3,7-十三碳四烯的生物合成，高浓度的12-氧植物二烯酸会产生其他更复杂的挥发物模式。茉莉酸是这条代谢途径中最后一个化合物，可以诱导单萜和倍半萜的生物合成，但缺乏诱导二萜衍生物的能力。茉莉酸甲酯的含量因物种和器官的不同而异，一般为0.01～3 μg/g鲜重(Thomas et al, 1999)。

许多编码茉莉酸生物合成的酶能通过伤害或者茉莉酸诱导出来。茉莉酸信号转导途径是亚麻酸经脂氧合酶、丙二烯氧化物合成酶等一系列酶促反应，最终生成植物体内重要信号传导物质茉莉酸及其衍生物茉莉酸甲酯，这与植物化学防御物质的产生有密切关系。研究表明，在虫害条件下，植物体内茉莉酸及其衍生物的含量显著增加；这些物质通过激活植物体内相应的防御基因，使植物产生各种类型的化学防御物质。这些研究为茉莉酸信号转导途径在植物虫害诱导防御中的作用提供了间接证据(Walling,2000;Leon et al, 2001;Kebler and Baldwin, 2002)。然而，关于信号物质在植物虫害诱导防御中的作用主要集中于拟南芥和番茄等的研究中，对入侵植物信号物质的研究未见报道。

8.6.2.2 虫害紫茎泽兰叶片中水杨酸含量的变化

图8.6.5所示，虫害叶片水杨酸含量高于对照叶，虫害幼茎的结果与叶片相似。但方差分析结果显示，两者间差异均不显著($P>0.05$)。

近年来研究表明，SA对信号传导和系统抗病性密切相关。如用外源SA处理可诱导烟草、马铃薯、黄瓜等重要农作物产生对由真菌、细菌、病毒等引起的病害的局部和系统抗性。用SA预先诱导处理黑松幼苗后，发现该松苗抗松材线虫病的PAL、POD活性显著增加；且0.01 mmol/L SA对黑松幼苗诱抗能力最强(黎淑芬和吴小芹, 2005)。这是因为SA在植物经受生物胁迫防卫反应的许多方面都起作用：包括限制病原物扩展、促进

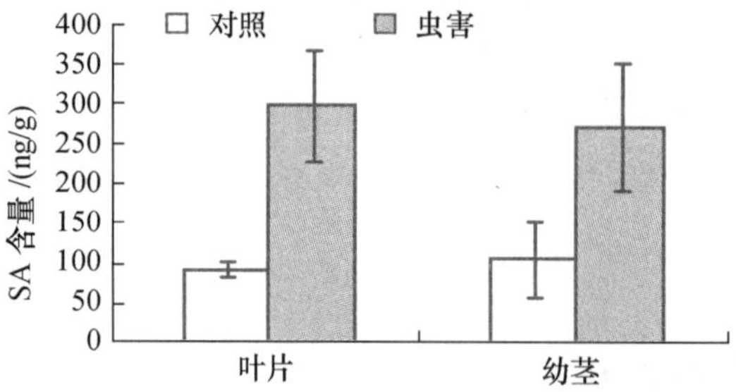

图 8.6.5 虫害紫茎泽兰不同部位水杨酸含量

某些寄主细胞死亡和诱导寄主产生局部和全株抗病、抗虫性等。另外，SA 也可通过多种途径调节植物的各种生理代谢过程，从而达到不同的生理效应。然而，水杨酸在植物虫害方面的研究报道甚少。尽管棉蚜危害后会引起植物病害，但该结果显示水杨酸在紫茎泽兰受害后并非是主要的信号物质。

8.6.2.3 虫害紫茎泽兰叶片中脱落酸含量的变化

如图 8.6.6 所示，与对照幼茎相比，虫害幼茎 ABA 含量有所升高；方差分析结果表明，两者差异不显著。棉蚜感染叶片中 ABA 含量仅为 576.50 ng/g 鲜重，比对照含量减少大约 1/2，但两者差异不显著。说明虫害对 ABA 含量的变化也没有显著影响。

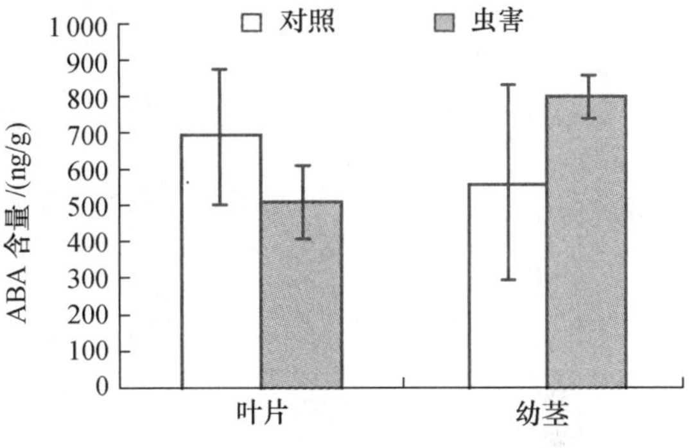

图 8.6.6 虫害紫茎泽兰不同部位脱落酸含量

植物激素 ABA 的研究过去主要集中于干旱胁迫，因它与气孔的关闭和脱水诱导的基因表达密切相关。近十几年来已有证据证明，ABA 参与伤反应信号转导，但绝大多数都是以一年生草本植物为研究对象。例如，马铃薯、烟草和番茄等植株在伤害胁迫下受伤部位 ABA 含量明显增高，外源 ABA 也可以直接诱导马铃薯及少数番茄、烟草局部和系统的 Pin2 基因表达（Peña-Cortés，1995）。Lee 等（1996）证明外源 ABA 可诱导一些 jrgs 表达产生蛋白质 JIP6、JIP23、JIP37 和 JIP66。Birkenmeier（1998）等用 ABA 处理番茄离体叶片 24 h 后，Pin2 mRNA 水平提高。杨迪等（2003）检测了机械损伤复叶槭后不同时间内损伤叶片、同株未受损伤叶片和邻近健康植株叶片中脱落酸的含量变化，结果表明损伤均可引起 3 种叶片中 ABA 含量增加，证明植物体受伤后在损伤部位产生的某种原初信号分子启动了体内的防御系统，引起邻近植物产生抗性。

上述试验结果表明：紫茎泽兰在受到棉蚜胁迫后，可检测到 ABA 含量的变化，但对照与虫害间差异并不显著，这与一些实验结果有所差异。番茄叶片 ABA 含量在受伤后 6 h 增加 2～50 倍。一些研究也表明，虫害后植物体 ABA 水平成倍的升高，一系列基因随之活化，并产生相应的诱导蛋白。所以，ABA 含量的升高先于抗逆基因产物的表达。损伤叶片中不同时间序列中 ABA 持续上升的部分原因可能与损伤组织失水有关。但 Reymond 等（2000）对 cDNA 序列进行了测定，认为至少在拟南芥中，脱水可以直接控制损伤基因的诱导。该研究中所确定的多数损伤诱导基因也可以通过脱水来诱导，并且损伤所诱导的基因表达与脱水诱导的更相似，而不同于虫害。这表明水分胁迫与虫害诱导 ABA 含量升高的途径可能不同。

8.6.3 小结与讨论

与对照相比，虫害紫茎泽兰幼茎、叶片茉莉酸含量显著升高；虫害茎、叶水杨酸含量虽也升高，但方差分析结果显示差异不显著；虫害茎 ABA 含量高于对照，但虫害叶 ABA 含量却低于对照，两者差异均不显著。说明茉莉酸在虫害紫茎泽兰中是主要的信号物质。

已有的研究表明，茉莉酸是昆虫咬食、伤害以及激发子如寡糖素和周身素反应的胞内信号。茉莉酸的生物合成途径如图 8.6.7 所示。

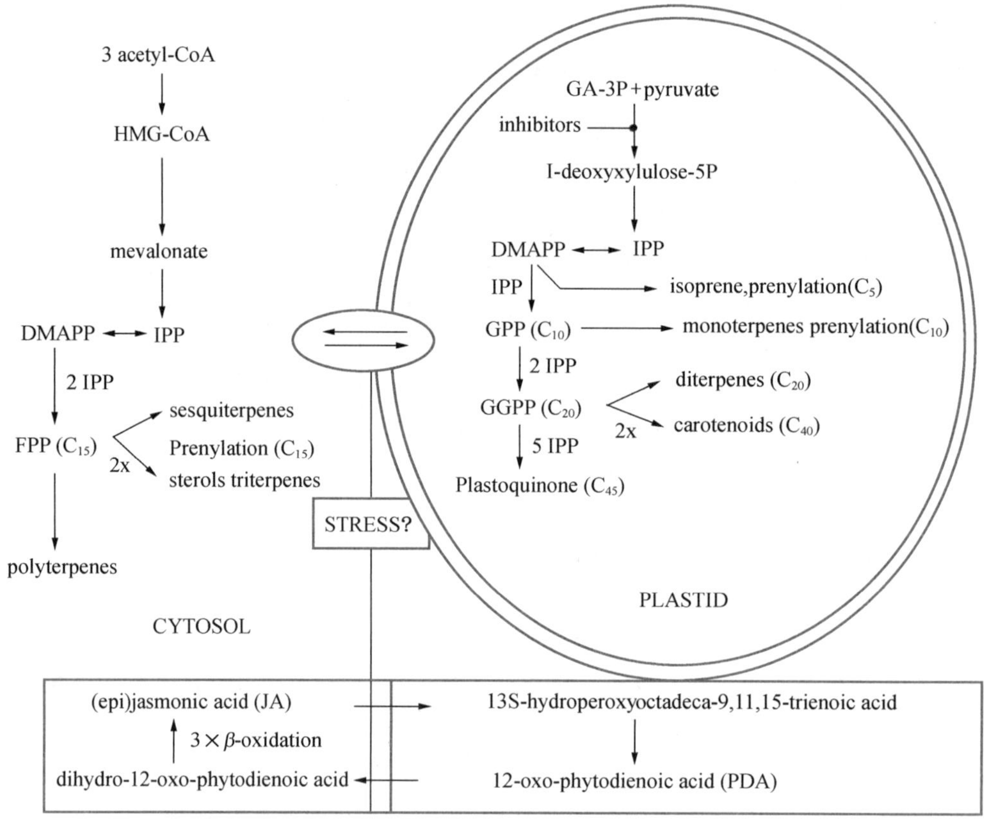

图 8.6.7　植物体内茉莉酸与挥发物的关系

该信号途径包括几种信号转导事件：对最初伤害或胁迫刺激的感知和局部或系统的信号转导、某种信号的感知及诱导茉莉酸的生物合成、茉莉酸的感知和诱导反应、茉莉酸信号的输出以及与水杨酸和其他信号途径的协调作用(John et al, 2002)。

空气中的挥发性化学物质茉莉酸甲酯是一种长距离信号物质，它们可以通过活化有关防御基因的表达将信号传给邻近未感染的植物(Farmer et al, 1990; Miksch et al, 1996; Devoto et al, 2003)。例如，把番茄放在山艾树(*Artemesia tridentata*)附近时，山艾树叶片释放高浓度的茉莉酸甲酯，使番茄植株蛋白酶抑制剂得以表达；番茄局部施用茉莉酸可以在植株体内产生信号并传至整个植株(Farmer et al, 1990; 1992)。

当紫茎泽兰受到棉蚜胁迫后，体内防御系统被启动，茉莉酸含量在短时间内会迅速升高。当豆科悬浮培养中下胚轴组织受到伤害时，内源茉莉酸和茉莉酸甲酯的含量迅速增加。这是因为许多基因所编码的生物合成酶在受害后 30～60 min 进行上游调节，导致内源茉莉酸在受害叶中积累(Creelman et al, 1992)，并在 1～2 h 出现激素合成高峰；此时一系列基因随之活化，并产生相应的诱导蛋白，从而增强了受害部位的防御功能。此外，细胞壁中的多糖如寡糖素(OGAs)和茄科植物中被称为周身素(systemin)的肽激素也是重要的伤反应激发子。这些激发子可以作为细胞损伤后释放的初级信号，在受伤叶片中发生增大反应，同时也具有系统信号的作用。这些信号传递到未受害组织的机制包括电活性、激发子在韧皮部的主动转运以及借助水集流在木质部的被动转运(Guy et al，2001)。

不同的寄主植物、不同的生物胁迫因子甚至不同取食方式的昆虫，总是引发不同的防卫途径。业已表明，植物防御基因的表达最初通过茉莉酸合成和其功能所介导，水杨酸和ABA也是调节伤基因表达中重要的信号分子。SA与JA之间的相互作用首先表现在两者之间的拮抗作用。在烟草中，SA与JA相互抑制各自对PR蛋白的诱导作用。SA能够抑制JA生物合成相关酶如脂加氧酶(LOX)和丙二烯氧合酶(AOS)以及JA诱导的12-氧-植物二烯酸(OPR_3)的生成。而在JA途径阻断的突变体中，SA介导的基因表达及防卫反应有所增强。SA与JA途径并非总是表现出拮抗，也存在着协同效应。在转NahG基因烟草感染晕圈疫病(*Pseudomonas syringae* pv. Phaseolicola)后发生的过敏反应中，JA水平并没有提高。

大量实验结果表明，ABA也参与伤反应信号传递。外施ABA可诱导JA合成，而且在伤信号转导链中JA位于ABA下游，诱导编码蛋白酶抑制剂Ⅱ的Pin2基因表达(Peña-Cortés et al，1996)。马铃薯、烟草和番茄等植株在伤害胁迫下受伤部位和非受伤部位ABA和JA都升高(Peña- Cortés and Willmitzer，1995)。另外，信号转导中JA和ABA的作用各有其相对独立性。ABA和JA可分别诱导一些基因表达。用MeJA处理或受到伤害时，甘薯在其受伤叶片、非受伤叶片和临近植株的非受伤叶片中，均可产生一种分子质量为18 ku的甘薯花叶蛋白(ipomoelin)，且与ABA无关(Imanish et al，1997)。

对虫害紫茎泽兰植株中JA信号转导的具体细节以及JA与其他信号物质之间的相关性研究尚处于初级阶段。要弄清其防卫反应信号传导途径的精细网状结构，尚需同时联系各种生理过程的生化机制，以更好地揭示各类信号物质在植物体内发生作用的共同机制及不同路径。

8.7 外源茉莉酸甲酯对紫茎泽兰挥发物的诱导

自Farmer和Ryan(1990，1992)报道外源茉莉酸甲酯能够诱导植物的抗虫性以来，国内外关于这方面的研究已备受关注，但有关入侵植物的研究报道甚少。基于蚜虫感染紫茎泽兰内源茉莉酸含量增加这一研究基础，用外源茉莉酸甲酯处理紫茎泽兰，研究其与挥发物释放的关系，进一步验证茉莉酸信号物质对虫害紫茎泽兰挥发物释放的调节作用。

8.7.1 材料和方法

8.7.1.1 植物材料

试验所用树种为盆栽紫茎泽兰，培养条件等见8.5.1.1材料和方法。

8.7.1.2 试剂及其配制

茉莉酸甲酯购买于 Sigma-Aldrich Chem. Co，纯度≥95%。试验所用茉莉酸甲酯分别为 0.000 1 mmol/L、0.001 mmol/L、0.01 mmol/L、0.1 mmol/L、1 mmol/L、10 mmol/L，配制时用 110 mL 无水乙醇溶解 1.14 mL 茉莉酸甲酯，然后用蒸馏水定容至 500 mL 配成 10 mmol/L的茉莉酸甲酯溶液，依次稀释至其他所需的浓度。

参照挪威云杉（*Picea abies*）处理中所用茉莉酸甲酯浓度 10 mmol/L 作为最高喷施浓度，依次降低为 1 mmol/L、0.1 mmol/L、0.01 mmol/L、0.001 mmol/L 和 0.000 1 mmol/L。

8.7.1.3 茉莉酸甲酯对盆栽紫茎泽兰的处理

分别选择长势良好、高度 20～30 cm 且具有 10 个以上叶片的盆栽紫茎泽兰作标记，将其放在通风橱中，分别用 50 mL 95%上述不同浓度的茉莉酸甲酯喷施，要求在 15 min 中内均匀喷施完毕，处理过的马尾松放在通风橱内 0.5～1 h 直至针叶干为止。对照紫茎泽兰用水加少量的乙醇喷施。当紫茎泽兰叶片干后，采用动态顶空法收集挥发物。取样后将样品管放入干燥器中以备室内测定。每个样重复 3 次。

8.7.1.4 挥发物的鉴定方法

同 8.5.1.1 中挥发物的鉴定方法。

8.7.1.5 数据处理方法

紫茎泽兰挥发物成分的鉴定经计算机检索 NIST98 谱图库兼顾色谱保留时间进行，通过面积归一化法以各类挥发物的相对含量定量。

8.7.2 结果与分析

用不同浓度的茉莉酸甲酯处理紫茎泽兰后，测定了其叶片中主要挥发物含量的变化。

8.7.2.1 不同浓度的茉莉酸甲酯对紫茎泽兰挥发物释放的影响

如图 8.7.1 所示，分别用 0.000 1 mmol/L 和 0.001 mmol/L MeJA 处理紫茎泽兰后，其叶片中绿叶挥发物和单萜的释放量比对照有显著的提高。当用 0.000 1 mmol/L 的茉莉酸甲酯喷施后，已醛、(*E*)-2-己烯醛和(*E*)-3-己烯醇的释放量分别比对照增加 13 倍、16 倍和 1.7 倍。用 0.001 mmol/L 的茉莉酸甲酯喷施后，上述 3 种挥发物释放量达到最大，它们分别比对照增加了 20 倍、19 倍和 6 倍。

图 8.7.2 所示为不同浓度的 MeJA 喷施后单萜含量的变化，结果显示单萜含量的变化幅度远远小于绿叶挥发物。用 0.001 mmol/L MeJA 处理后，单萜中变化最为显著的是 ρ-散花烯，其释放量比对照增加 1 倍，而 α-水芹烯、莰烯和 2-蒈烯大含量只比对照增加了 0.3 倍。

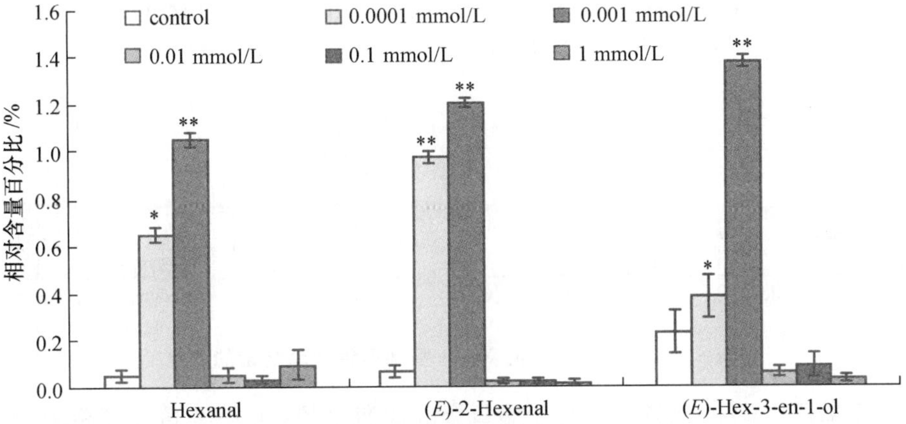

图 8.7.1 不同浓度的 MeJA 喷施后绿叶挥发物含量的变化

* 和 ** 分别表示差异显著($P<0.05$)和差异极其显著($P<0.01$)。

0.000 1 mmol/L MeJA 处理后,3 种主要单萜(莰烯、2-蒈烯和 α-水芹烯)的相对含量也有所增加。因此,紫茎泽兰对照中,单萜占对照挥发物含量的 70%以上,0.001 mmol/L MeJA 处理后,其含量占整个挥发物的 90%以上。

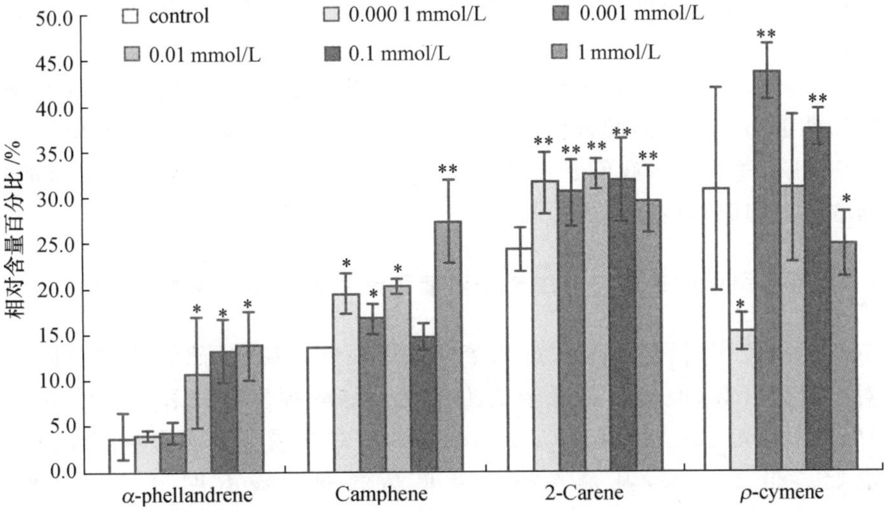

图 8.7.2 不同浓度的 MeJA 喷施后单萜含量的变化

* 和 ** 分别表示差异显著($P<0.05$)和差异极其显著($P<0.01$)。

如图 8.7.3 所示,当用不同浓度的茉莉酸甲酯喷施紫茎泽兰后,β-石竹烯和大香叶烯 D 等倍半萜含量显著下降,其中0.000 1 mmol/L 和 0.001 mmol/L MeJA 处理后,长叶蒎烯、Isolede 和法尼烯等化合物缓慢减少,而 0.01～1 mmol/L MeJA 处理后,这几种化合物的释放量则迅速降低。例如 0.01 mmol/L MeJA 处理后,长叶蒎烯的释放量为对照的 1.2 倍,而 0.1 mmol/L MeJA 处理后,其释放量为对照的 24 倍以上。

茉莉酸甲酯诱导紫茎泽兰挥发物的释放起源于不同的生物合成途径。绿叶挥发物如已

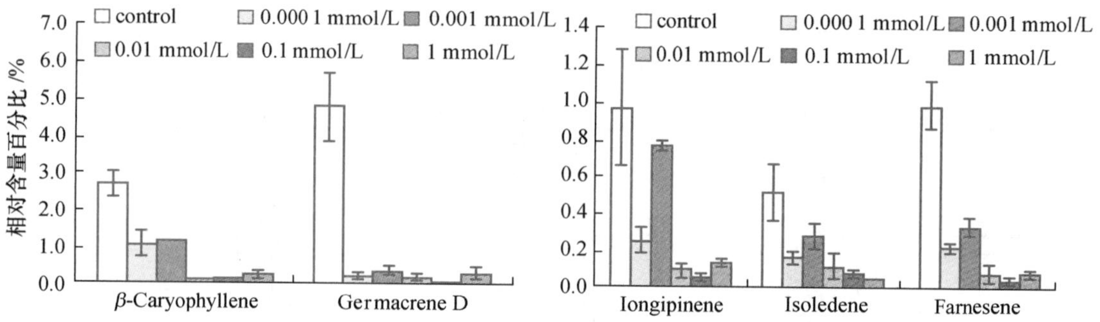

图 8.7.3　**不同浓度的 MeJA 喷施后倍半萜含量的变化**

醛、(*E*)-2-己烯醛、(*E*)-3-己烯醇来源于脂氧合酶代谢途径，莰烯、2-蒈烯等萜烯类化合物来源于异戊二烯代谢途径。这一结果同茉莉酸能够诱导脂氧合酶途径中酶活性的报道相一致(Hudgins et al，2004)。然而，茉莉酸甲酯处理后单萜含量升高，而倍半萜含量降低。这与前人文献中报道的实验结果有所区别(Paré and Tumlinson，1997)。已有的研究表明，植物受到植食性昆虫感染后，其 *β*-石竹烯等倍半萜含量显著增加(任琴等，2006)。单萜和倍半萜的合成前体为牦牛儿基二磷酸(GPP)和倍半萜底物法尼基二磷酸(FPP)，在质体和细胞质中分别合成的单萜底物，最后在单萜合成酶和倍半萜合成酶的催化下生成各自的产物(Bohlmann et al，1998)。本研究中，两类萜烯化合物含量的变化可能是由于它们各自代谢途径中酶活性的不同所致。

此外，用 10 mmol/L MeJA 喷施紫茎泽兰后，其叶子变黄。这种抑制效果比蚜虫感染对紫茎泽兰的影响更为直接。因此，通过田间实验验证高浓度茉莉酸甲酯对紫茎泽兰的抑制作用具有重要意义，这也提示我们是否可以找到更多类似于高浓度茉莉酸甲酯的化合物，筛选出合适的浓度以抑制紫茎泽兰的生长。

8.7.2.2　茉莉酸甲酯处理与蚜虫感染对紫茎泽兰挥发物释放的影响比较

表 8.7.1 的研究表明：经不同浓度的茉莉酸甲酯处理后，虽然绿叶挥发物的相对含量均比各自对照有所升高，但却显著低于蚜虫感染后绿叶挥发物的释放量。方差分析结果显示，两种处理对己醛、2-己烯醛、(*Z*)-3-己烯醇的相对含量有显著影响($P<0.01$)。单萜 *α*-蒎烯含量始终低于虫害，其余 4 种主要单萜的变化没有明显的规律性。0.01～0.1 mmol/L 茉莉酸甲酯喷施使倍半萜中石竹烯含量显著降低($P<0.05$)；长叶蒎烯对 0.01～1 mmol/L 的茉莉酸甲酯处理敏感，其含量显著低于虫害，0.1 mmol/L 的茉莉酸甲酯则使大香叶烯 D 的相对含量显著降低，其余倍半萜的释放量均与棉蚜感染后的释放量没有差异。

与蚜虫诱导挥发物释放的结果相比，低浓度茉莉酸甲酯处理(0.000 1～0.1 mmol/L)紫茎泽兰，其挥发物的释放规律与蚜虫感染相似，然而两种处理后对挥发物释放量的影响有很大的差异。这一结果表明棉蚜诱导紫茎泽兰挥发物的释放与其口腔分泌物密切相关，说明昆虫的口腔分泌物在植物挥发物的释放中具有重要作用。

表 8.7.1 蚜虫感染与不同浓度茉莉酸甲酯处理对紫茎泽兰绿叶挥发物和萜烯含量的影响

保留时间/min	化合物	棉蚜感染/%	不同浓度的茉莉酸处理/(mmol/L)				
			0.000 1	0.001	0.01	0.1	1
13.4	Hexanal	1.63±0.17	0.65±0.09**	1.04±0.25*	0.06±0.03**	0.04±0.01**	0.09±0.07**
15.37	2-Hexenal	2.43±0.28	0.96±0.25**	1.09±0.01**	0.02±0.01**	0.02±0.01**	0.01±0.01**
15.47	(*Z*)-Hex-3-en-1-ol	4.60±1.09	0.37±0.14**	1.35±0.02**	0.05±0.02**	0.07±0.05**	0.02±0.01**
18.25	*α*-Pinene	1.52±0.68	0.37±0.14*	0.41±0.02*	0.06±0.03**	0.04±0.01*	0.07±0.01*
18.95	Camphene	10.50±1.22	19.33±2.93**	8.98±0.03	20.41±6.01*	14.81±3.55	27.49±3.77**
20.49	2-Carene	19.10±7.29	31.43±4.32	9.66±0.04	32.5±1.6*	31.87±1.38*	29.73±4.71
20.79	*α*-Phellandrene	11.52±0.68	4.2±3.87*	4.79±0.03**	10.88±3.71	13.19±4.52	13.81±3.59
21.43	*ρ*-Cymene	33.80±3.27	15.23±6.13**	46.72±0.04**	31.01±3.01	37.54±2.11	24.84±3.59*
32.77	Caryophyllene	1.29±0.21	1.02±0.05	1.16±0.11	0.09±0.01**	0.11±0.04**	0.23±0.13
33.65	Longipinene	0.19±0.04	0.24±0.01	0.78±0.3	0.08±0.03*	0.04±0.01**	0.12±0.01*
33.81	Isoledene	0.26±0.23	0.14±0.01	0.28±0.06	0.1±0.07	0.07±0.01	0.04±0.01
33.96	Farnesene	0.09±0.07	0.21±0.04	0.33±0.21	0.07±0.05	0.03±0.01	0.07±0.02
34.13	Germacrene D	0.13±0.05	0.16±0.02	0.31±0.14	0.14±0.11	0.03±0.02*	0.27±0.18
34.25	1,5-Heptadiene,6-methyl-2-(4-menthyl-3-cyclohex-en-1-yl)	0.12±0.02	0.38±0.26	0.76±0.26	0.04±0.01	0.03±0.01	0.04±0.01

* 和 ** 分别代表 $P<0.05$ 和 $P<0.01$。

8.7.3 小结与讨论

不同浓度的茉莉酸甲酯处理紫茎泽兰后，其主要挥发物包括绿叶挥发物、单萜、倍半萜等，其中以单萜含量最多。与对照相比，0.000 1 mmol/L 和 0.001 mmol/L MeJA 处理紫茎泽兰后，其绿叶挥发物的释放量显著高于对照。单萜含量的增加幅度小于绿叶挥发物，而倍半萜含量显著降低。

与蚜虫诱导挥发物释放的结果相比，低浓度茉莉酸甲酯处理(0.000 1～0.1 mmol/L)紫茎泽兰，其挥发物的释放规律与蚜虫感染相似，然而挥发物的释放量不同。其中0.001 mmol/L 的茉莉酸甲酯与虫害诱导紫茎泽兰挥发物的释放结果最为相近，即多数主要挥发物的相对含量增加幅度相似，故 0.001 mmol/L 的茉莉酸甲酯是喷施紫茎泽兰的最适浓度。

虫害及茉莉酸甲酯诱导后紫茎泽兰挥发物中只是相对含量的增加，并未有新化合物的生成，这与一些相关的研究报道相吻合(Schönwitz et al, 1987；Martin et al, 2003；任琴等，2005)。

当外源茉莉酸和茉莉酸甲酯处理植物后，植物的细胞膜受体接受刺激并可能通过以下两条线路发生反应：一条是激活细胞膜上的脂肪酸，将其释放到膜内，由亚麻酸开始合成茉莉酸和茉莉酸甲酯，然后再激活防御基因；另一条是由细胞膜直接激活防御基因。被激活的防御基因导致代谢途径重新配置，并可能产生 4 种不同的效应：直接防御、间接防御、不防御和负防御。

直接防御是产生有毒物质直接作用于害虫，包括对害虫有毒的化合物(如烟碱和类黄酮等)、抗营养的酶类(如多酚氧化酶)、抗消化的酶类(如蛋白酶抑制素)、驱避性及其他作用方式的行为干扰化合物。间接防御是通过植物的挥发物吸引捕食性或寄生性天敌以控制害虫。这些化合物的代谢途径包括莽草酸/色氨酸途径(如吲哚、甲基水杨酸、苯甲醇)、异戊二烯类途径(如单萜、倍半萜)、硬脂酸/脂肪酸途径(如叶醇、反-2-己烯-1-醇、反-2-己烯醛)。此外，受外源茉莉酸或茉莉酸甲酯处理过的植物其茎叶表面分泌的蜜露量可显著增加，从而增强了对天敌的引诱作用(Heil and Bostock, 2002)。不防御是因为植物本身能够通过生长来补偿被害虫造成的损失部分，或因为防御的代价过大选择回避(如草本植物季节性生长)而放弃防御。负防御作用是植物产生吸引害虫的挥发性有机化合物。

紫茎泽兰被茉莉酸甲酯诱导后，主要挥发性化合物的释放可能有着重要的生理或生态功能。莰烯、石竹烯等的变化已有报道，这些化合物可以吸引捕食者或者植食性昆虫的天敌，也可以直接排斥植食性昆虫(Paré et al, 1997; De Moraes et al,1998, 2001; Kessler et al, 2001)。虫害诱导的这些挥发物通常也可以通过茉莉酸及其甲酯诱导产生(Koch et al, 1999; Kessler et al, 2001; Schmelz et al, 2001)。除了上述生态功能之外，紫茎泽兰挥发物在释放之前也有一些生理功能，如植物单萜和异戊二烯等都可以增加植物光合作用的热忍耐性(Delfine et al, 2000)或者保护植物免受氧化的破坏(Loreto et al, 2001)。

信号物质对挥发物的调节是一个复杂的过程。豆科植物十八烷酸途径的一些组分都能够诱导挥发物的合成，但不同的组分诱导的挥发物不同(Koch et al, 1999)。茉莉酸合成过程中的亚麻酸和12-氧-植物二烯酸诱导同一种萜烯的合成，而茉莉酸还能诱导倍半萜的合成。当把外源茉莉酸用于豆科植物离体叶片时，所释放的挥发物在质量上均与甜菜夜蛾（*Spodoptera exigua* Hiibner）和黏虫（*Mythimma seperata* Walker）咬食后释放的挥发物相似（Dicke et al，2000）。番茄田间试验中，外源茉莉酸可诱导番茄对甜菜夜蛾（*Spodoptera exigua* Hiibner）的直接和间接防御，其中直接防御的证据是十八烷酸途径诱导防御蛋白的增加以及幼虫缓慢的发育速率，表明茉莉酸是调节直接防御和间接防御的信号物质，在生物防治中具有潜在的作用，是自然界三层营养关系中间接防御反应的重要调节者。

参考文献

陈泽坦．飞机草提取物对棉铃虫的生物活性．农药，2003，42(4)：45-47.

丛斌，付海滨，王翠敏，等．米蛾体内 Wolbachia 的 wsp 基因序列测定与系统发育分析．昆虫学报，2005，48(5)：815-818.

段惠，强胜，吴海荣，等．紫茎泽兰．杂草科学，2003，2：36-38.

冯国蕾，赵章武，李梅，等．不同寄主植物与棉蚜酯酶活性的关系．昆虫学报，2001，44(3)：304-310.

郭予元．棉铃虫的研究．北京：中国农业出版社，1998：19-186.

何忠，曹红珍，曾菊平，等．马尾松毛虫对马尾松和湿地松的选择与适应研究．昆虫学报，2007，50(2)：125-135.

胡玉佳．现代生物学．上海：高等教育出版社，1999：160-170.

胡真铭，颜发广．用“Y”形管测试驱避剂药效的方法研究．中华卫生杀虫药械，2002，3(8)：37-40.

荆英，黄建．七星瓢虫的研究概况．武夷科学，2002，18(4)：218-221.

巨云为，赵博光，程晓峰，等．荒漠植物对棉铃虫的生物活性．南京林业大学学报，2000，24(5)：81-83.

黎淑芬，吴小芹．水杨酸对黑松苗抗松材线虫病的诱导作用．南京林业大学学报：自然科学版，2005，29(6)：49-53.

李小平，胡学难，罗兴毅．紫茎泽兰提取液防治柑桔全爪螨田间药效试验．贵州农业科学，1995，1：48-49.

李小平，吕小军．川楝果实提取物对棉铃虫杀虫活性初探．淮北煤炭师范学院学报，2003，24(4)：35-38.

李扬汉．植物学．上海：上海科学技术出版社，1983：122-144.

李云寿，邹华英，佴注．紫茎泽兰精油各馏分对4种仓库害虫的杀虫活性．西南农业大学学报，2000，22(4)：331-332.

刘建宏，段立超，张兴，等．砂地柏提取物对棉铃虫生长发育的影响初探．吉林农业大学学报，2000，22(2)：34-37.

娄永根，程家安．虫害诱导的植物挥发物：基本特性、生态学功能及释放机制．生态学报，2000，20(6)：1097-1106.
苗振旺，张钟宁，王培新，等．外来入侵害虫红脂大小蠹对寄主挥发物的反应．昆虫学报，2004，47(3)：360-364.
庞雄飞．植物保护剂与植物免害工程．世界科技研究与发展，1999，21(2)：24-28.
钦俊德，王琛柱．论昆虫与植物的相互作用和进化的关系．昆虫学报，2001，44 (3)：360-365.
任琴，金幼菊，胡永建，等．马尾松诱导挥发性有机化合物的快速变化．林业科学，2006，42(4)：65-70.
任琴，李镇宇，胡永建，等．受害马尾松、湿地松挥发性化学物质的释放．生态学报，2005，25(11)：2928-2932.
孙耘芹，李梅，何凤琴，等．五种蜚蠊的生物学特性和综合治理．昆虫知识，2003，48(7)：1357-1368.
王琛柱，钦俊德．昆虫与植物相互作用的研究进展．世界农业，1998，228(4)：33-35.
王一丁，高平，张其红．紫茎泽兰灭蚜活性物质的分离、纯化及其对棉蚜乙酰胆碱酯酶的影响．高科技通讯，2002，12(9)：21-23.
王银朝，赵宝玉，樊泽锋，等．紫茎泽兰及其危害研究进展．动物医学进展，2005，26(5)：45-48.
徐汉虹，赵善欢．植物精油在害虫防治上的应用．天然产物研究与开发，1994，6(1)：82-88.
徐汉虹，赵善欢．植物光活化毒素杀虫剂开发的新领域．华南农业大学学报，1995，16(1)：127-132.
闫乾胜，杨婕，李华民，等．紫茎泽兰脂溶性化学成分的研究．北京师范大学学报：自然科学版，2006，1(42)：70-73.
阎凤鸣，许崇任．芥子油苷在甘蓝蚜寄主部位选择行为中的作用．昆虫学报，2002，45(4)：425-429.
阎凤鸣．芥子油苷在甘蓝蚜寄主部位选择行为中的作用．昆虫学报，2000，43(3)：297-304.
颜增光，阎云花，康乐，等．棉铃虫齿唇姬蜂对植物挥发物和寄主性信息素腺体化合物的EAG反应．昆虫学报，2006，49(1)：1-9.
杨迪，李庆，胡增辉，等．损伤与邻近健康复叶槭植株内脱落酸和茉莉酸含量变化．北京林业大学学报，2003，25(4)：35-38.
杨洪强，接玉玲．高等植物脱落酸生物合成及其信号转导研究进展．华中农业大学学报，2001，20(1)：92-98.
赵成华，阎云花．马尾松针叶中的挥发物质对马尾松毛虫产卵行为的影响．林业科学，2003，39(6)：91-93.
赵冬香，陈宗懋，程家安．茶树-假眼小绿叶蝉-白斑猎蛛间化学通讯物的分离与活性鉴定．茶叶科学，2002，22(2)：109-114.
赵国晶，马云萍．云南省紫茎泽兰的分布与危害的调查研究．杂草学报，1989，3(2)：37-40.
周天雄，杨美林，顾芳．紫茎泽兰提取物对小菜粉蝶幼虫的拒食活性测定．云南农业大学学报，2003，18(3)：259-263.

Alborn H T, Turlings T C J, Jones T H, et al. An elicitor of plant volatiles from beet armyworm oral secretion. Science, 1997, 276: 945-948.

Armelle Vallat A, Gu H, Dorn S. How rainfall, relative humidity and temperature influence volatile emissions from apple trees in situ. Phytochemistry, 2005, 66: 1540-1550.

Birkenmeier G F, Ryan C A. Wound signaling in tomato plants-evidence that ABA is not a primary signal for defense gene activation. Plant Physiology, 1998, 117: 687-693.

Bohlmann J, Crock J, Jetter R, et al. Terpenoid-based defenses in conifers: cDNA cloning, characterization, and functional expression of wound-inducible (E)-bisabolene synthase from grand fir (Abies grandis). Proc Natl Acad Sci USA, 1998b, 95: 6756-6761.

Bohlmann J, Meyer-Gauen G, Croteau R. Plant terpenoid synthases: molecular biology and phylogenetic analysis. Proceedings of the National Academy of Sciences, 1998a, 95 (8): 4126- 4133.

Bruce T A, Wadhams L J, Woodcock C M. Insect host location: a volatile situation. Trends in Plant Science, 2005, 10: 269-274.

Byun-Mc Kay A, Godard K A, Toudefallah M, et al. Wound-induced terpene synthase gene expression in Sitka spruce that exhibit resistance or susceptibility to attack by the white pine weevil. Plant Physiology, 2006, 140:1009-1021.

Creelman R A, Tiemey M L, Mullet J E. Jasmonic acid / methyl jasmonate accumulate in wounded soybean hypocotyls and modulate wound gene-expression. Proc Natl Acad Sci USA, 1992, 89: 4938-4941.

Das N G ,Baruah I, Talukdar P K, et al. Evaluation of botanicals as repellents against mosquitoes. J Vector Borne Dis, 2003, 40(1-2): 49-53.

Davis E E. Insect repellents:concepts of their mode of their mode of action relative to potential sensory mechanisms in mosquitoes(Diptera:Culicidae). Med Entomol, 1985, 22 (3): 237-243.

De Boer J G, Posthumus M A, Dicke M. Identification of volatiles that are used in discrimination between plants infested with prey of nonprey herbivores by a predatory mite. Journal of Chemical Ecology, 2004, 30: 2215-2230.

De Moraes C M, Lewis W J, Paré P W, et al. Herbivore-infested plants selectively attract parasitoids. Nature, 1998, 393:570-572.

Delfine S, Csiky O, Seufert G, et al. Fumigation with exogenous monoterpenes of a nonisoprenoid-emitting oak (*Quercus suber*): monoterpene acquisition, translocation, and effect on the photosynthetic properties at high temperatures. New Phytol, 2000, 146: 27-36.

Devoto A, Turner J G. Regulation of jasmonate-mediated plant responses in Arabidopsis. Annals of Botany, 2003, 92: 329-337.

Dicke M, van Loon J. Multitrophic effects of herbivore-induced plant volatiles in an evolutionary context. Entomologia Experimentalis et Applicata, 2000, 97:237-249.

Farmer E E, Johnson R R, Ryan C A. Regulation of expression of proteinase inhibitor genes by methyl jasmonate and jasmonic acid. Plant Physiol, 1992, 98: 995-1002.

Farmer E E, Ryan C A. Interplant communication: airborne methyl jasmonate induces synthesis of proteinase inhibitors in plant leaves. Proc Natl Acad Sci USA, 1990, 87: 7713-7716.

Francis F, Gerkens P, Harmel N, et al. Proteomics in Myzus persicae: Effect of aphid host plant switch. Insect Biochemistry and Molecular Biology, 2006, 36: 219-227.

Gouinguene S P, Turlings T C J. The effects of abiotic factors on induced volatile emissions in corn plants. Plant Physiology, 2002, 129: 1296-1307.

Govere J, Durrheim D N, Du Toit N, et al. Local plants as repellents against *Anopheles arabiensis* Mpumalanga Province, South Africa. Cent Afr J Med, 2000, 46(6): 213-216.

Guenther A B, Monson R K, Fall R. Isoprene and monoterpene emission rate variability: observations with eucalyptus and emission rate algorithm development. Journal of Geophysical Research, 1991, 96:10799-10808.

Heck J K L, Valentine. Plant-herbivore interactions in seagrass meadows. Journal of Experimental Marine Biology and Ecology, 2006, 330: 420-436.

Heil M, Bostock R M. Induced systemic resistance (ISR) against pathogens in the context of induced plant defences. Annals of Botany, 2002, 89: 503-512.

Hudgins J W, Christiansen E, Franceschi V R. Induction of anatomically based defense responses in stems of diverse conifers by methyl jasmonate: a phylogenetic perspective. Tree Physiol, 2004, 24: 251-261.

Imanish S, Kito-Nakamura K, Matsuoka K, et al. A major jasmonate-inducible protein of sweet potato, ipomoelin, is an ABA-independent wound-inducible protein. Plant Cell Physiol, 1997, 38(6): 643-652.

Jakobsen H B, Olsen C E. Influence of climatic factors on rhythmic emission of volatiles from Trifolium repens flowers in situ. Planta, 1994, 192:365-371.

James C. Preview: Global Status of Commercialized Biotech/GM Crops: 2004. ISAAA Briefs, No 32. ISAAA: Ithaca, NY.

John G Turner, Christine Ellis, Alessandra Devoto. The jasmonate signal pathway. The Plant Cell, 2002, 14: 153-164.

Karban R, Baldwin I T. Induced responses to herbivory. Chicago: Univesity of Chicago Press, 1997: 1-319.

Kebler A, Baldwin I T. Plant response to insect herbivory: The emerging molecular analysis. Annu Rev Plant Biol, 2002, 53: 299-328.

Kessler A, Baldwin I T. Defensive function of herbivore-induced plant volatile emissions in nature. Science, 2001, 33: 23-88.

King A B S. Helicoverpa(Lepidoptera: Noctuidae)//Matthews G A, Tunstall J P. Insect

Pests of Cotton. Wallingford, 1994: 39-106.

Koch T, Krumm T, Jung V, et al. Differential induction of plant volatile biosynthesis in the lima bean by early and late intermediates of the octadecanoid-signaling pathway. Plant Physiol, 1999, 121: 153-162.

Lee J, Parthier B, Lobler M. Jasmonate signal can be uncoupled from ABA signaling in barley: identification of jasmonate regulated transcripts that are not induced by ABA. Planta, 1996, 199: 625-632.

Leon J, Rojo E, Sanchez-Serrano J J. Wound signaling in plants. J Exp Bot, 2001, 354: 1-9.

Loreto F, Velikova V. Isoprene produced by leaves protects the photosynthetic apparatus against ozone damage, quenches ozone products, and reduces lipid peroxidation of cellular membranes. Plant Physiol, 2001, 127: 1781-1787.

Lott J N A. A scanning electron microscope study of green plants. London: The CV Mosby Company, Saint Louis, 1976: 16-17.

Loughrin J H, Manukian A, Heath R R, et al. Volatiles emitted by different cotton varieties damaged by feeding beet armyworm larvae. J Chem Ecol, 1995, 21: 1217-1227.

Martin D M, Gershenzon J, Bohlmann J. Induction of volatile terpene biosynthesis and diurnal emission by methyl jasmonate in foliage of norway spruce. Plant Physiology, 2003, 132: 1586-1599.

McCaffery A R. Resistance to insecticide in heliothine *Lepidoptera*: *aglobal* view. Philosophical Transactions of the Royal Society of London. Series B, Biological Sciences, 1998, 353:1376, 1735-1750.

Miksch M, Boland W. Airborne methyl jasmonate stimulates the biosynthesis of furanocoumarins in the leaves of celery plants (Apium graveolens). Experientia, 1996, 52: 739-743.

Miller B, Madilao L L, Ralph S, et al. Insect-induced conifer defense. White pine weevil and methyl jasmonate induce traumatic resinosis, de novo formed volatile emissions, and accumulation of terpenoid synthase and putative octadecanoid pathway transcript in *Sitka spruce*. Plant Physiol, 2005, 137: 369-382.

Paré P W, Tumlinson J H. De novo biosynthesis of volatiles induced by insect herbivory in cotton plants. Plant Physiol, 1997, 114: 1161-1167.

Paul W, Paré J, Tumlinson H. Plant volatiles as a defense against insect herbivores. Plant Physiology, 1999, 121: 325-331.

Peña-Cortés H, Fisahn J, Willmitzer L. Signals involved in wound-induced proteinase inhibitor Ⅱ gene expression in tomato and potato plants. Proc Natl Acad Sci USA, 1995, 92: 4106-4113.

Peña-Cortés H, Prat S, Atzorn R, et al. Abscisic acid-deficient plants do not accumulate proteinase inhibitor Ⅱ following system treatment. Planta, 1996, 198: 447-451.

Pitasawat B, Choochote W, Tuetun B. Repellency of aromatic turmeric *Curcuma aromati-*

ca under laboratory and field conditions. Vector Ecol, 2003, 28(2): 234-240.

Pollard D G. Plant penetration by feeding aphids (Hemiptera, Aphidoidea): a review. Bull Entomol Res, 1972, 62: 631-714.

Quiroz A, Pettersson J, Pickeet J A. Semiochemicals mediating spacing behavior of bird cherry-oat aphid, *Rhopalosiphum padi*, feeding on cereals. J Chem Ecol, 1997, 23: 2599-2607.

Raman A. Adaptational integration between gall-inducing insects andtheir host plants // Ananthakrishnan T N, editor. Functional dynamics of phytophagous insects. Lebanon, NH: Science Publishers Inc, 1994, 249-275.

Read D P, Feeny P P, Root R B. Habitat selection by the aphid parasite *Diaeretiella rapae* and hyperparasite *Charips brassicae*. Canadian Entomologist, 1970, 102: 1567-1578.

Reddy G V P, Tabone E, Smith M T. Mediation of host selection and oviposition behavior in the diamondbackmoth *Plutella xylostella* and its predator *Chrysoperla carnea* by chemical cues from cole crops. Biol Control, 2004, 29: 270-277.

Renwick J A A, Radke C D. Plant constituents mediating oviposition by the diamondback moth, *Plutella xylostella* (L.) (Lepidoptera: Plutellidae). Phytophaga, 1990, 3: 37-46.

Renwick J A A. The chemical world of civores: lures, trets and traps. Entomologia Experimentalis et Applicata, 2002, 104: 35-42.

Reymond P, Weber H, Damond M, et al. Differential gene expression in response to mechanical wounding and insect feeding in Arabidopsis. Plant Cell, 2000, 12: 707-719.

Schmelz E A, Alborn H T, Tumlinson J H. The influence of intact-plant and excised-leaf bioassay designs on volicitin-and jasmonic acid-induced sesquiterpene volatile release in *Zea mays*. Planta, 2001, 214: 171-179.

Schönwitz R, Merk L, Ziegler H. Naturally occurring monoterpenoids in needles of *Picea abies*(L.) Karst. Trees, 1987, 1: 89-93.

Sharkey T D, Chen X, Yeh S. Isoprene increases thermotolerance of fosmidomycin-fed leaves. Plant Physiol, 2001, 125: 2001-2006.

Sharkey T D,Loreto F. Water stress, temperature and light effects on the capacity for isoprene emission and photosynthesis of Kudau leaves. Oecologia,1993,95:328-333.

Stdler E. Behavioral responses of insects to plant secondary compounds // Rosethal G A, Berenbaum M R. Herbivores. Their Interactions with Secondary Plant Metabolites. Volume Ⅱ. Ecological and Evolutionary Processes. 2nd ed. 1991, 45-88.

Steele C L, Katoh S, Bohlmann J, et al. Regulation of oleoresinosis in grand fir (*Abies grandis*): differential transcriptional control of monoterpene, sesquiterpene, and diterpene synthase genes in response to wounding. Plant Physiol, 1998, 116: 1497-1504.

Stotz H U, Kroymann J, Mitchell-Olds T. Plan-insect inter-actions. Curr Opin Plant Biol,

1999, 2: 268-272.

Thomas Koch, Thomas Krumm, Verena Jung, et al. Differential induction of plant volatile biosynthesis in the Lima bean by early and late intermediates of the octadecanoid-signaling pathway. Plant Physiology, 1999, 121: 153-162.

Turling T C, Tumlinson J H. Systemic release of chemical signals by herbivore injured corn. Proc Natl Acad Sci USA, 1992, 89: 8399-8402.

Van Kleunen M, Ramponi G, Schmid B. Effects of herbivory simulated by clipping and jasmonic acid on *Solidago Canadensis*. Basic Appl Ecol, 2004, 5: 173-181.

第9章

外来入侵有害生物的种类、生物学与防治措施

9.1 蜚 蠊 目

9.1.1 德国小蠊

9.1.1.1 分类学地位

德国小蠊[*Blattella germanica*(L.)]隶属于昆虫纲(Insecta)蜚蠊目(Blattaria)姬蠊科(Blattellidae)小蠊属(*Battella*)。

9.1.1.2 形态特征

成虫:体小型,体形为扁平的椭圆形,呈淡赤褐色。雄虫狭长,雌虫较宽短。前胸背板褐色,中央有两条深赤褐或黑褐色纵条纹,条纹宽度窄于两条纹间距。前翅狭长。各足细长,多刺。雄虫体长10~13 mm,前翅长9.5~11 mm;雌虫体长11~4 mm,前翅长11.5 mm。雌虫腹部尾端常携带着卵荚直至孵化,卵荚细长7~8 mm,内含30~48粒卵。

若虫:早龄若虫体小呈深褐色近于黑色,无翅。形成翅后的若虫,在背中央有一条明显的淡色条纹(黄苏艾等,2009;齐欣和孙耘芹,2004)。

卵:卵包在卵鞘内,卵鞘小而扁薄,卵内堆积着卵黄颗粒,卵随发育时间延长从白色,渐变淡褐色,以至栗壳色,不透明(于宁等,1998)。

9.1.1.3 生物学特性

德国小蠊为不完全变态昆虫,一生有卵、若虫、成虫3个时期。德国小蠊从卵发育到成虫完成一个世代周期需2~4个月,时间长短与环境温度和湿度密切相关。在适宜条件(气温28℃、相对湿度60%)下,成虫在羽化后3~5 d就有交配行为。雌虫在交配后2~3 d产

出卵鞘。卵鞘形成后挂在雌虫腹部末端，待若虫孵出后脱落，这种特征在蜚蠊中十分罕见，它能保证卵在母体温度下正常孵化，同时又能保护卵不受天敌和其他行为的危害。这个阶段中初龄若虫难以与其他同龄若虫鉴别；而且初龄若虫多不出穴觅食，在巢穴中以成虫带入的食物残屑和成虫粪便为食。这种特征一是难以发现蟑螂的巢穴；二是能保护若虫不受外界因素影响，减少死亡数量增加羽化数量，对扩大种群有着重要意义。

德国小蠊是一种群居性的昆虫，白天它们一般躲藏在阴暗、潮湿、有食物和水之处，如缝隙、孔洞和管道中。夜间出来寻找食物、水和进行交配。断绝水、食物，德国小蠊只能存活2周；但若提供饮水，德国小蠊可存活1个月以上。

进行德国小蠊防治最棘手的问题是对多种化学药物产生抗药性。目前，德国小蠊对有机氯类、有机磷类、拟除虫菊酯类等主要杀虫剂均已产生了抗性（黄苏艾等，2009；徐海根等，2011）。

9.1.1.4 为害与分布

作为世界性分布的室内卫生害虫，德国小蠊不仅严重影响人类居住环境和生活质量，而且因机械性携带痢疾杆菌、结核杆菌、脊髓灰质炎病毒、乙肝病毒等40多种致病菌而威胁人类健康。

德国小蠊，原产于欧洲，现在全世界热带、亚热带、温带、寒带均有分布，在我国云南、贵州、四川、西藏、广西、广东、福建、上海、浙江、江苏、湖南、湖北、北京、山东、辽宁、黑龙江、陕西和新疆等地都广泛分布，见于住宅、公寓、饭店、轮船、火车、仓库和医院等场所。喜栖息于厨房、近水处或烟囱附近（生伟伟，2009）。

9.1.1.5 发生规律

一年可繁殖5～6代。在室内条件下，若虫龄期完成需要40～125 d，这还要依赖于环境条件和适宜的食物因子等。

9.1.1.6 预测预报

调查虫口密度，从而掌握蟑螂种类、密度及季节消长情况。根据《全国病媒生物监测方案》，按所要调查的地区选择监测点。每个点随机抽取居民住宅1处10间，农贸市场1处10间，小餐饮2处各10间，宾馆（饭）1处10间，医院1处10间，每月1次进行监测。用粘捕法，居民每户布放1张粘蟑纸于厨房或卫生间内；宾馆（饭店）、小餐饮每处布放10张粘蟑纸于后厨（加工场所）、原料间；农贸市场布放10张粘蟑纸于有水源的食品销售房间；医院每处布放10张粘蟑纸于餐厅和病房。把引诱蟑螂信息素放置于粘蟑纸中央，将其放置在蟑螂易出没场所，晚放晨收，观察记录室内外气条件和卫生状况，将结果填入蟑螂密度调查登记表内（吴建华等，2008）。

9.1.1.7 防治措施

1. 环境治理

德国小蠊一般隐藏在宾馆、家庭等场所的墙缝、管孔及天花板等处。防治不成功的主要原因是未能找到德国小蠊全部的隐蔽孳生地，难以彻底清除，所以彻底清查处理德国小蠊孳生地是预防的关键所在。

注重保持场所的清洁，尤其是不要让宾馆、饭店、酒楼各类餐饮业、食堂、食品加工等特种行业成为蟑螂的孳生场所，其关键是有良好的保洁制度，严格的监督管理和人员素质的培养作保证；注重减少蟑螂的栖身场所，力争将能使蟑螂栖身的洞、缝、穴数量减到最少的数量，让蟑螂无藏身之地是最有效的预防手段。因此对洞、缝、穴的封闭应在蟑螂侵入前就进行，一旦有蟑螂的侵入，采用封洞抹缝的方法也能起到亡羊补牢的作用；注意断绝蟑螂的食源及时清倒食物残渣和泔水，食物严密加盖保存，随时清理灶台、案板、洗涤间等周围的食物残渣和油污，随时清倒垃圾和保持垃圾容器的清洁是断绝蟑螂食源的重要措施。注重携带传入的作用，往往这个预防环节易被忽视，尤其是纸质、木质的食品包装箱在储存地和运输过程中携带蟑螂的几率很高，德国小蠊可随货物被携带到另一个地方。目前各类宾馆、饭店等餐饮场所德国小蠊高于同行业的其他部位，与携带传入有很大关系。阻止的手段是要建立严格的检疫制度，如同海关检疫一样拒有害生物于国门之外。

2. 生物防治

利用昆虫病原体防治害虫具有高效、安全、特异性强、作用持久的优点，尤其适合防治室内害虫。

武汉大学利用黑胸大蠊浓核病毒（PFDNV）开发的新型生物灭蟑剂毒力岛已经投入生产。毒力岛胶饵在实验室内 86 h 蟑螂杀灭率 100％，现场第 1 周杀灭率 57.2％，4 周杀灭率 82.5％，12 周杀灭率 97.2％。成为防治蟑螂的新一代药物。

昆虫特异性神经毒素（aah），此毒素对鳞翅目、双翅目等昆虫的神经系统有作用，能使这类靶生物痉挛死亡，而对甲壳动物、哺乳动物无毒性。aalt 毒素来源于一种蝎，目前编码此毒素的基因已被分离。武汉大学生命科学院昆虫病毒学研究室正在研究将蝎毒素基因引入蟑螂浓核病毒，构建重组蟑螂病毒杀虫剂。

植物精油，此精油对德国小蠊杀灭作用的研究取得成功，实验显示丁子香酚、α-松油醇、肉桂醇 3 种植物精油等比混合，对美洲大蠊、德国小蠊有良好的击倒和杀死作用，3 种植物精油对靶虫的毒性属神经毒性，可阻断昆虫细胞对羟基-β-羟乙胺受体结合点，有望用于植物源灭蟑剂的开发。

3. 化学防治

德国小蠊对有机氯类、有机磷类、拟除虫菊酯类等主要杀虫剂均已产生了抗性，近年我国用于防治德国小蠊的化学杀虫剂品种较单一，主要是拟除虫菊酯类液体杀虫剂，药剂频繁使用加剧了抗药性，需要寻找减轻德国小蠊抗药性的有效方法。

目前，蜚蠊毒饵防治方法效果显著。吡虫啉是烟碱类杀虫剂，具有广谱、高效、低毒、安全等特点，有触杀、胃毒和内吸等多重作用，国内报道 2.5％吡虫啉杀蟑胶饵现场施药后防治学生宿舍内德国小蠊取得了很好效果。另外，还可以使用硼酸凝胶毒饵作为防治德国小蠊的新途径，具有价格低廉、药效持久、安全可靠、无环境污染等优点，必将在今后蜚蠊防治中发挥重要作用（沈培谊，2003；齐欣和孙耘芹，2004）。

9.1.2　美洲大蠊

9.1.2.1　分类学地位

美洲大蠊（*Periplaneta americana*）隶属蜚蠊目（Blattaria）蜚蠊科（Blattidae）大蠊属（*Periplaneta*），为室内重要害虫，同时也是我国室内蜚蠊优势种之一。

9.1.2.2　形态特征

成虫：美洲大蠊属中大型昆虫，体长 25～45 mm，背腹扁平，呈长椭圆形，红褐色或褐色，体色因虫龄而有所变化。体表有油状光泽。雌雄虫体形相似，但雌虫体稍宽。头部小，隐于前胸背板下方，复眼较大，头顶及两复眼间为黑褐色，复眼间距雄虫狭雌虫宽；单眼位于触角的内上方，白色点状。触角发达，呈鞭状，其长度超过尾端。前胸背板近梯形，边缘黄色，中央红褐色，近前缘处有“T”形淡黄色斑，中部有赤褐色蝶形斑。中胸和后胸背板形状几乎相同。双翅平时重叠于腹部背面。前翅革质，深褐色。后翅膜质，半透明，浅褐色。

卵：卵受精后，外包分泌物，形成卵荚产出，卵荚是逐步排出的，刚露出的卵荚呈黄白色，然后逐步变深，至产出时呈棕红色，硬而具有弹性。几天之后变为深咖啡色。卵荚刚产下时表面不具黏性，雌虫用口器在卵荚表面舔上黏液，就易被黏着在周围物件上，从而起到保护卵荚的作用。

若虫：刚孵出的 1 龄若虫，呈乳白色，体细长柔软，长 5～6 mm，孵出 30 min 左右，虫体变为灰白色，再经 3～4 h 后变为黑褐色，虫体变得粗短扁平，长 4～5 mm（费守华，1998；徐海根等，2011；齐欣和孙耘芹，2004）。

9.1.2.3　生物学特性

1. 生活史

美洲大蠊的生活史（个体发育过程）分为两个阶段：第一阶段为胚发育期，是在卵内完成的，卵的发育期为 43～56 d；第二阶段为胚后发育期，从孵化为幼虫到成虫性成熟为止，历时半年左右，经 10 次左右蜕皮。从幼虫变为成虫要经历外部形态、内部构造以及生活习性上的一系列变化。美洲大蠊属渐变态类昆虫，幼虫与成虫的形态和生活习性都差不多，只是幼虫的翅发育不完整，生殖器官尚未成熟，每经历一次蜕皮后其生殖器官逐渐发育生长。渐变态昆虫的幼虫称为若虫。所以，美洲大蠊的生活史分为卵、若虫、成虫 3 个阶段。若虫发育为成虫后不久即可交配，从交尾到卵鞘产出需 30～48 d。成虫的寿命为 1～2 年。美洲大蠊每 1～2 周产 1 个卵鞘，一生可产 30～60 个。每一卵鞘含卵 13～16 粒，孵化期 45～90 d。在热天只需 20～30 d，即化为若虫。无雄虫时，雌虫能行无性繁殖，其中一部分孵出雌若虫，高温条件更有利于无性繁殖。

2. 繁殖力强

据观察，就长沙的自然条件，人工饲养的美洲大蠊一年中有 10 个月可以产卵，自由生活者，除严冬外其余时间都可采到怀有卵荚的雌虫。美洲大蠊繁殖能力极强，一对一年内可繁殖几十万只，并且数目每年都在扩大。

3. 生命力强

生命力极强，头被割下来几小时以后，仍保持对外界的高度灵敏性。

4. 适应力强

成虫在没有食物的情况下可以存活 2～3 个月，在断绝水源的情况下也能存活 1 个月，可见美洲大蠊的适应力极强（郑军等，2007；冯琳琳和张钟宪，2007；肖小芹，2008；孙耘芹等，2004；罗臣，2006）。

5. 避光性和聚集性

美洲大蠊喜好黑暗、隐蔽的环境，白天多隐匿在避光的缝隙、墙角等阴暗场所，夜间出来活动，在美洲大蠊生活的场所，夜晚突然开灯，就可看到它们四处逃逸。美洲大蠊喜好聚集，尤其是低龄若虫常常群聚在一起，这可能与分泌的信息素有关。栖息时往往栖息在生活空间的最下层。

6. 食性与食量

美洲大蠊是杂食性昆虫，食谱极广，对食物选择性不严格，但是有它们相对喜好的食物。美洲大蠊较偏好发酵类淀粉性食物。

9.1.2.4 为害与分布

美洲大蠊原产于南美洲，主要分布在热带和亚热带地区。在我国主要分布在云南、贵州、四川、广西、广东、福建、浙江、江苏、上海、武汉、江西、北京、辽宁、黑龙江、陕西、河北、台湾，广泛分布世界各地，见于医院、饭馆、居民厨房等场所，属于室内蜚蠊的优势群种，为世界性卫生害虫。美洲大蠊是我国蜚蠊目中室内三大害虫之一。

美洲大蠊食性广泛，喜食糖和淀粉，污染食物，传播病菌和寄生虫，是世界性卫生害虫。美洲大蠊不仅给人们造成巨大的经济损失，它体内还含有过敏原，人们经常触及虫体或吃了被其污染的食物甚至被其所咬都会引起过敏性反应，如皮炎、气管炎等。它的排泄物和蜕落的表皮也会带有过敏原，可以引发皮疹、哮喘等症状。美洲大蠊体内外可以携带痢疾杆菌、霍乱弧菌、黄曲霉菌、蛔虫等多种病原体和寄生虫卵，大多以肠道病菌和病毒为主，寄生虫中以蛔虫卵为多。另据国外报道，美洲大蠊的分泌物及粪便含有致癌物质，长期接触虫体及排泄物可能诱发肝癌。

9.1.2.5 发生规律

美洲大蠊 2.5 年完成 1 代，美洲大蠊的发生规律因地方不同而有差异。一般美洲大蠊在 2～11 月出现，5 月和 8 月前后出现 2 次活动高峰期。例如，深圳市美洲大蠊的季节消长规律与上海监测的美洲大蠊发生规律不同。美洲大蠊在上海于 4 月上、中旬出现，7 月下旬达高峰，10 月上旬逐渐减少，至 11 月下旬消失。而深圳市的美洲大蠊一年内在 5 月和 8～9 月出现两个密度高峰，全年每月都有活动，冬季的活动情况主要是由温度所决定。美洲大蠊的最佳生存条件有 4 个方面：温暖、潮湿、食物丰富和多缝隙的阴暗环境。

9.1.2.6 预测预报

监测方法为瓶诱法或者粘捕法。选择5个监测点，分布于东、南、西、北、中监测。全年监测，统计成虫种群密度；气象资料由市气象服务公司提供。使用灰色关联分析方法，研究种群消长与环境因子(温度、湿度、降雨、日照)的相互关系(吴建华等，2008)。

9.1.2.7 防治措施

1. 环境治理

美洲大蠊喜欢阴暗、潮湿、温暖的环境，怕风吹，因此经常开窗通风，及时清理室内垃圾，保持室内整齐、清洁、干燥，切断所有水源，创造不利于大蠊生活的环境，可避免在室内到处爬行。室外大蠊经常在夜间寻觅食物、侵入室内，所以对于室内的地板、天花板、门窗、墙壁出现的缝隙和孔洞及时用水泥填补和堵塞，可有效地降低室内大蠊的数目，在虫卵期和蛰伏期大蠊与其卵荚常隐藏于床底、抽屉、书箱等地方，要经常擦洗家具、整理衣物书籍使其没有生存繁殖的地方，对于移入室内及办公场所的包裹、书报、食品等物品进行检查，以免其乘虚而入。须注意的是在室内装修时，一定要减少缝隙，少使用木质地板。环境防治主要取决于人的生活卫生习惯及环保意识。

2. 物理防治

物理防治属于一种简单且传统的防治方法，其中，最简单就是在瓶或盒内装入诱饵(瓶或盒的口应根据大蠊体形而定)并在口的内侧涂一层聚四氟乙烯塑料防逃剂，放在大蠊出没的地方，定时收取。也可使用蜚蠊诱捕器，它的构造类似墙缝，多处入口便于蜚蠊进入，凹陷部分与外界相通，使内部诱饵气味扩散，引蜚蠊进入对其进行捕杀。另外，也可使用器械人工拍打，但该法有很大偶然性，容易使其逃脱，效果不明显。随着科技的发展出现了新的电子产品防治蜚蠊，但灭杀效果并未得到证实。

3. 化学防治

早在20世纪五六十年代就已经使用化学手段来防治大蠊。起初使用无机杀虫剂，因作用效果慢很快被新的有机药剂取代，先后出现有机氯、有机磷、氨基甲酸酯和菊酯类有机药剂等。

0.2%的氯菊酯对美洲大蠊直接喷洒，有100%的致死效果。喷洒溴氰菊酯24 h之内可使其死亡。单一使用某一杀虫剂很容易使其体内产生抗药性，为了延缓抗性，人们研究出复方杀虫剂：氯氰菊酯＋有机磷、氯菊酯＋氯氰菊酯、溴氰菊酯＋增效磷等对美洲大蠊都有较好的防治效果。但无论使用任何化学药剂，虫体均容易产生抗性，甚至为交叉抗性，而且速度成倍增加，并且化学药剂污染环境，危害人类健康。根据不同场所并选择适当的剂型进行灭杀，在室内用可湿性粉剂或微胶囊剂处理美洲大蠊栖息场所的表面很有效，也可用除虫菊素或氯菊酯的烟剂喷射室内，在室外防治时可用喷洒剂。

近年来，毒饵、毒剂由于具有高效、高速、无环境污染、稳定性好的特点，防治效果明显，在化学防治中引起广泛重视。但由于也具有毒性，切记不要放在儿童和动物易接触的地方。

4. 生物防治

利用寄生蜂的防治，它是利用一种生物防治另一种生物的方法。蜚蠊啮小蜂是寄生在美洲大蠊卵鞘内的一种卵寄生蜂，它的天然寄生率已经超过了50%，它可以有效地杀灭大蠊的卵鞘，降低第2代种群密度。培育寄生蜂是一种很有潜力的生物防治方法，但这种方法不适用于室内，只适用于其他美洲大蠊的活动区，因为人们不希望防治大蠊的同时向室内引入其他的昆虫。

性信息素是由某一性别个体分泌于体外，能被同种异性个体所接受并对异性个体产生一定的行为和生理反应的微量化学物质。目前国外已有人工合成美洲大蠊性信息素引诱剂（冯琳琳和张钟宪，2007；郑军，2007；孙耘芹等，2004）。

9.1.3 澳洲大蠊

9.1.3.1 分类学地位

澳洲大蠊[*Periplaneta australasiae*（Fabricius）]隶属蜚蠊目（Blattaria）蜚蠊科（Blattidae）大蠊属（*Periplaneta*）。

9.1.3.2 形态特征

成虫：体长22～35 mm，大型种，虫体深褐色，雌、雄虫体型相似，但雌虫体稍宽于雄虫。头部：雄虫头顶部黑色，复眼及触角窝间黑色，中部有一前宽后窄的淡褐色长斑，面部褐色，下颚须红褐色。胸部：前胸背板较大、梯形，与美洲大蠊近似，前缘平直，后缘弧形，背板淡黄或淡赤褐色，中部有两个大近圆形黑斑，两大斑分开较明显，背板周缘黑色，后缘黑色较宽。雌雄虫翅均较发达，其长均超过腹部末端，翅赤褐色，前缘室淡黄色。足赤褐色。腹部：赤褐色，在第一腹节背板前缘中央长有一簇毛，毛均向后方伸展。雄虫肛上板不透明，基部宽，向中部渐收缩，由中部向端部呈一致性收缩，后缘略平直，由后缘两侧向后缘中部稍呈凹陷，后缘两侧角近直角，其基部两侧生尾须1对，呈胡萝卜状，由数节组成，各节上均长有许多小毛。

卵：保藏在卵鞘内。卵鞘呈肾形，凹侧有排锯齿状鞘齿，其前端（先露出母体端）光滑，后端有3条放射状的鞘脊，并汇集成脊突，两壁可见排列整齐的鞘肋。卵鞘内的卵被蜂窝样的结构所分隔，并相互交错排列成2行。

若虫：1龄若虫体呈深褐色，中胸背板上有白色横带；第二腹背板两侧有白斑，触角末5节为白色，2龄若虫触角颜色一致，3龄斑纹无明显变化，4龄若虫前胸背板两侧开始出现淡黄色斑，5龄若虫后胸背板两侧开始出现淡黄色斑，6龄若虫时开始出现翅芽，7龄若虫的前胸背板前缘出现淡黄色斑，中胸背板上有白横带，其中段呈淡褐色，8龄若虫时前胸背板斑纹近于成虫，翅芽明显可见，各腹节背板两侧出现淡黄色斑。

本种与美洲大蠊近似，但体长稍短于美洲大蠊，前胸背板上的蝶形斑稍圆，中间分开较明显，斑的后缘中央部无向后延伸的小纵条，前翅前缘室淡黄色。雄外生殖器构造也明显不同（徐海根等，2011；齐欣等，2004；费守华，1998）。

9.1.3.3 生物学特性

澳洲大蠊生活习性与美洲大蠊近似，但卵荚稍大，长9～13 mm，宽5～5.6 mm，每个卵荚平均含卵数 25 个左右，卵荚形成后不久即产下，雌虫不携带卵荚，卵期平均约 47 d。若虫期较长，需要 211～405 d，此间要经 9～12 次蜕皮才能发育为成虫。雌虫一生平均产卵荚 10 个左右，最多可产 27 个。该种也有孤雌生殖现象。成虫寿命平均约 5 个月，但雌虫的寿命要长于雄虫，完成一代生活史约 10 个月。每个卵囊中有 24 粒卵，卵孵化需要 30 d，约有 2/3 能成活，卵囊大约相隔 10 d 生下来。若虫期 6～12 个月，蜕皮 29～12 次化为成虫，成虫羽化后即可交配，经 6～58 d 后开始携带卵鞘，多数在 1 d 内或者不超过 2 d 脱落。卵鞘较大，每个卵鞘内平均有卵 25 粒，产下卵鞘后间歇 2～72 d 再产，每个雌虫一生可以产 20～30 个卵鞘，生殖力很强，产完卵鞘后 6～155 d 死亡，成虫生活期为 4～6 个月，昼伏夜出明显，性喜温湿阴暗，喜爱栖息在松散的树皮和腐烂蔬菜附近。

9.1.3.4 为害与分布

一般分布于热带和亚热带地区。在我国主要分布于福建、四川、广东、广西、海南、台湾、云南、贵州、浙江、辽宁、河南、山东等地。

澳洲大蠊是世界性的卫生害虫。可危害工厂、车间以及商店等处的成品、半成品及原料，影响生产，降低商品质量，如可取食棉纺厂等处的纬纱、污染浆液等。该虫多存在于居民住宅、轮船、火车厢、饭店、旅馆、医院等处，污染食品杂物，温室中为害各种栽培植物的幼苗等。另外澳洲大蠊可以传播多种病菌和寄生虫，对人类环境和健康造成严重影响。

9.1.3.5 发生规律

澳洲大蠊一般 1 年发生 1 代，当气温 10℃左右时，以卵、若虫、成虫进行越冬。该虫以夜间活动为主，22 时左右为其活动高峰期，主要栖息在近食物和水源的阴暗角落、缝隙、杂物堆等处，厨房为其主要的活动和栖息场所，能与其他蜚蠊混居为害。室内发育一个世代需要 346 d，其中卵期 47 d，若虫期 279 d，产卵前期 20 d。每个地区发生规律因温度、湿度等环境条件的差异而有所不同。

9.1.3.6 预测预报

调查地点根据地区不同的生境，选择 5 个调查点（分布于东、南、西、北、中监测）进行调查。调查方法采用盒式诱捕法或其他方法。全年监测，统计成虫种群密度；气象资料由市气象服务公司提供。使用灰色关联分析方法，研究种群消长与环境因子（温度、湿度、降雨、日照）的相互关系，具体请参照德国小蠊以及美国大蠊（陈伟和杨柳，2005；蒋惠坚等，2007；朱旭豪等，2005）。

9.1.3.7 防治措施

1. 环境治理

环境治理是杀灭澳洲大蠊的根本措施，是控制澳洲大蠊生存、栖息、繁殖的关键。要尽可能多地找到它们的栖息场所和找出害虫滋生的原因。防制方法主要包括切断其入侵的途径和创造不利于澳洲大蠊栖息的生态环境。前者主要包括用水泥或油灰堵严墙壁上的裂缝和孔洞，用油漆和其他材料填补橱柜和家具的缝洞等。后者主要指搞好室内环境卫生，彻底清理室内卫生，清除垃圾和废弃物，不留食物残屑、不留死角，做到垃圾日产日清。搞好室内外环境是防制澳洲大蠊的基础。随后应继续对处理过的环境进行定期监测，有的放矢地处理出现的问题。

2. 物理防治

物理防治是害虫防制中一类古老的方法。如常用的潜伏场所的诱杀，国内外已制成许多扑蟑螂器皿或蟑螂粘捕盒/纸，配合使用诱饵或毒饵起到诱杀作用；用开水或蒸汽直接浇灌澳洲大蠊栖息的缝洞和角落；利用澳洲大蠊多有昼伏夜出习性，夜间突然开灯，蜚蠊受强光刺激停滞不动，用蝇拍等器械人工扑打。除传统的方法外，现代科技的发展逐渐充实改进了这类方法的内容，黑光灯外罩高压电网，澳洲大蠊趋向短光波被电击毙。总之，利用物理因素（光、电、声、温度、激光、红外辐射等）或机械作用，对澳洲大蠊各种虫态的生长发育和繁殖做出干扰，从而达到防治目的。

3. 化学防治

使用滞留喷洒具有防治面积大、省工、见效快等优点，是目前最普遍使用的化学防治方法，尤其在澳洲大蠊密度高时，见效最快。使用药物多为拟除虫菊酯类，如溴氰菊酯、奋斗呐、高效氯氰菊酯、氯菊酯、氟氯氰菊酯、三氟氯氰菊酯、醚菊酯、苯氰菊酯等；氨基甲酸酯类主要有残杀威、恶虫威等；还有使用有机磷类杀虫剂等。使用的剂型主要有乳油、可湿性粉剂、水剂、胶悬剂、微胶囊等。为减少抗性，建议将多种杀虫剂进行复合配方以提高杀灭率。与大规模的药物喷洒相比，毒饵作为一种新型的室内防治药物剂型，具有使用方便、安全、不污染环境、杀灭率高、效果可靠、药效持久、不易产生抗药性等优点，加之毒饵的用药量及药物含量、均匀度等因素容易控制，它已成为杀灭蜚蠊的首选剂型之一。毒饵是通过蜚蠊主动摄食而中毒死亡，因此一些不便于配制成喷洒制剂的原药，如胃毒剂、昆虫生长调节剂、绝育剂、生物杀虫剂以及具有连锁效果的药物等，均可以通过配制成毒饵而广泛应用于城市室内蜚蠊防治。毒饵的投放应采取量少、点多、面广的方法，投放的场所应将食物收藏好，打扫干净以提高毒饵的诱杀效果。饵盒应布放在温暖、阴暗、水源附近等蜚蠊出没的场所。毒饵可以用于不适宜使用喷洒灭蟑的场所，如医院病房、食品操作间等特殊环境。在用药过程中，应根据蜚蠊侵害程度、施药密度及施药量，确定补充药物时间，一般 1 个月左右补充 1 次药物，每隔 2～3 个月更换 1 次，长期保留可及时杀灭侵入的蜚蠊。

4. 生物防治

利用蜚蠊的自然天敌来防治澳洲大蠊的侵害。蜚蠊的主要天敌包括捕食性和寄生性天敌两大类。无脊椎动物的蜘蛛纲、多足纲、昆虫纲，脊椎动物的鱼纲、两栖纲、爬行纲、鸟纲、哺乳纲，有许多种类能捕食蟑螂成虫、幼体或卵鞘。昆虫纲膜翅目有两种啮小蜂对蜚蠊卵鞘的天然寄生率超过 50%。由于生物防治其特异性强，对非靶标生物无毒，不污染环境，具有连锁杀灭作用，害虫不宜产生抗药性等特点，符合当今社会发展绿色环保产品的潮流，很有市场前景，可参照德国小蠊和美洲大蠊的生物防治（孙耘芹等，2004；徐海根等，2011）。

9.2 等 翅 目

9.2.1 截头堆砂白蚁

9.2.1.1 分类学地位

截头堆砂白蚁[*Cryptotermes domestictis*(Haviland)]隶属属节肢动物门(Phylum Arthropoda)昆虫纲(Insecta)有翅亚纲(Pterygota)等翅目(Isoptera)木白蚁科(Kalotermitidae)堆砂白蚁属(*Cryptotermes* Barks)。

9.2.1.2 形态特征

兵蚁:头长至截面顶 1.5~1.6 mm,头宽 1.3~1.4 mm。头前部黑色,后部赤褐色。上颚黑色。触角第 1、2 节棕色,其余浅黄色。胸及腹部淡黄色。前胸背板前部棕黄色。头部厚。由背面观类似方形,两侧平行,后端圆。头前端呈垂直或大于垂直的截断面的边缘厚而略隆起并在颈部中央有 1 个凹向后方的缺刻。由侧面看,截面与上颚形成小于 90°的交角。头顶后部向腹方呈球面形弯下,于头腹面后部边缘。头顶和头侧上方皆凹凸不平,只靠近头后端反侧下方的部分比较光滑。触角窝位于头前端截面下端边缘上。每个触角窝下有一强大伸向前方的突起。在触角窝内上方截面部位上有一较小的朝向前方的锥形突起。眼位于触角窝的正后方。上颚短而扁宽,前部向上翘起,前端尖锐。上颚内面有 3~4 个缺刻,各缺刻之间的距离颇远,中间形成几个矮平类似齿状的结构。上颚的尖端皆弯向中线。上唇短小,基部宽,前端窄,大体呈半圆形。触角 12~14 节,第 2 节长度约为第 1 节的 1/2,且较细;第 3 节较短于第 2 节;第 4 节最短,往往呈盘状;以后各节较长,念珠状,末节尖端弯而细。前胸背板后缘圆形;前缘中央有楔形大缺刻,前缘左右形成 2 个三角形的伸出部分,并向前上方翘起,覆盖于头后端。前胸背板前缘缺刻之后有一横沟。足短小,不超过腹部末端。腹部长(见彩图 9.2.1)。

有翅成虫:体长 8.74~9.64 mm(连翅)。头暗黄色。胸、腹、足、触角淡黄色。翅鳞和翅脉暗黄色,翅膀透明无色。头长方形。复眼小。单眼位于复眼的上方,紧邻复眼。后唇基为很短的横条状,不隆起,与额的分界不明显。前唇基的长度约相当于后唇基长度的 2 倍。触角 16 节,第 3、4、5 节相等,第 2 节略长,在每侧触角窝的背方有一淡色的斑点,呈不完整的圆形。前胸背板与头等宽或略宽于头,前、后缘中央皆内凹,侧缘与后缘的连接处呈圆弧形,前侧角突钝。前翅鳞显著大于后翅鳞。翅面呈颗粒状(见彩图 9.2.2)。

若蚁:不但可以形成有翅成虫和兵蚁,而且还可以形成补充繁殖蚁。

卵:刚产的卵饱满,淡红色,呈肾形。卵的颜色渐渐地变淡棕色略带浅黄色,明显收缩,胚胎、卵壳分明,此时的卵接近孵化,经 3~5 d 卵开始孵出幼蚁(见彩图 9.2.3)。

9.2.1.3 生物学特性

截头堆砂白蚁的群体中没有工蚁,其职能由若蚁代替。若蚁与群体隔离后,经 7 d 左右能形成补充繁殖蚁。初期补充繁殖蚁可能很多,但最终只剩1对被保留,其余相互残杀而死亡。补充繁殖蚁同样具体有生殖能力,是建立新群体的重要途径。雌雄补充繁殖蚁出现后11 d即可产卵,卵至孵出幼蚁历期51～58 d。有翅成虫在1年中各个月均可出现,分飞期一般在每年的4月中旬至8月下旬,原始繁殖蚁出现高峰在4～6月份。在不利的环境条件的影响下或群体衰老时,有产生较多有翅成虫的趋向。

截头堆砂白蚁的原始繁殖蚁脱翅配对后,喜欢找隐蔽的地方营钻,第二天就把洞口封闭,在洞内活动、取食、排泄,7个月时,洞口封闭率仍很高;多头成虫可以共存,脱翅后,可以3头(两雄一雌或两雌一雄)成虫在一个群体内共存。存活时间超过245 d,而且能正常繁殖子代。截头堆砂白蚁的原始繁殖蚁有关生物学特点:①初建群体的发展状况。培养半年的群体,最大的幼蚁有3龄,群体中,幼蚁最多的一群有7头,平均每个群体的幼蚁是3.5头;卵最多的一群有6粒,平均每个群体的卵是1.9粒。②原始繁殖蚁的性比例。雌雄比例1∶1.4(黄珍友和戴自荣,1997;徐海根和强胜,2011;黄珍友等,2003,2009)。

9.2.1.4 为害与分布

截头堆砂白蚁广泛分布于世界热带和亚热带地区。在我国,广东、广西、海南、云南、台湾等省区均有分布,南部地区受害较重,广东湛江地区遭受该种白蚁的危害尤其严重。对木制品和建筑物木结构的蛀蚀普遍而且严重(见彩图9.2.4),是由人传播最广的主要危险蚁种之一。

9.2.1.5 发生规律

原始繁殖蚁脱翅配对后,需要适宜的温、湿度,并且还需要适宜的栖息及取食场所。温、湿度和栖息、取食场所是否适宜,与繁殖蚁及其子代的存活时间有一定关系。在适当的温、湿度条件下,一部分若蚁形成有翅成虫。在一年中3～10月份,均有有翅成虫出现。这一情况有利于通过分群扩散,发展建立新群体。人为除去第一个补充型后再形成的补充型与自然形成的补充型所需的发育历期不同,繁殖功能也有较大差异。这是必然现象或偶然现象,有待研究。在群体中,雌雄补充型的存在与否,对维持整个群体的生存与发展起着决定性作用。在广州6～7月份室温下,最快需要经历46 d才能孵出幼蚁,最迟71 d,平均(55.13±6.42) d,其中47～55 d较多,占群体总数的80.01%,群体发育慢,经历7年才发育成熟。在恒温27℃,相对湿度80%条件下,该种白蚁的群体发展发育较快,新建群体2～3年发育成熟。该虫的发生规律可能因地区不同而有所差异。

9.2.1.6 预测预报

通过对历年白蚁婚飞期和当年气象资料整理,找出白蚁每年婚飞盛期的预报因子。据每个预报与预报期相关的不同特点分级,并且也据历年白蚁婚飞资料分级,同时要制定相关标准。根据上述分级的方法和标准预报并检验(马延明和马艳,2004)。

9.2.1.7 防治措施

1. 加强检疫

切断虫源。截头堆砂白蚁传播易,生存、活动隐蔽,巢居简单、分散、无特殊结构,蛀蚀通道便是巢居所在地，一时难以发现，给防治带来一定困难。因此，对感染区的木材及木制品运送到异地时需要进行严格的检疫，发现蚁源必须灭治，以免扩散、蔓延。鉴于截头堆砂白蚁容易随木材及木制品携带传播，而且食性广泛，可以取食多种在分类上差异很大的不同树种木材。因此，对于进口的木材及木制品必须进行熏蒸处理或通过其他措施，防止该种白蚁在我国进一步扩大传播。

2. 化学防治

截头堆砂白蚁新建群体从建立至发育成熟，群体内的子代数量不多，最多的群体只拥有115头个体。因此，防治截头堆砂白蚁最好消灭在幼年期，尤其是1～2年的群体。灭治方法主要是熏蒸处理。由于该种白蚁巢居简单、分散，蛀蚀木材呈不规则隧道，所以使用防治家白蚁和土白蚁的喷粉、诱杀等传统灭蚁方法难于达到彻底的杀灭效果，而采用熏蒸处理就能达到100%的杀虫效果。

3. 物理防治

可采用对环境无污染的物理防治方法，如红外线、高频电流、热蒸汽等高温处理，以及低温制冷处理。

4. 环境治理

清除被蛀蚀严重的木制品及木结构，销毁已被截头堆砂白蚁蛀蚀严重的木材、木结构或木制品，以减少蚁源，并对其周围所有木材、木结构及木制品进行定期检查，对有蚁源的要灌注有熏蒸作用的杀虫剂，有条件的最好进行熏蒸处理（徐海根和强胜，2011；黄珍友等，2009）。

9.3 缨 翅 目

9.3.1 西花蓟马

9.3.1.1 分类学地位

西花蓟马（*Frankliniella occidentalis* Pergande）属缨翅目（Thysanoptera）蓟马科（Thtipidae）。

9.3.1.2 形态特征

成虫：雄成虫体长0.9～1.1 mm，雌成虫略大，长1.3～1.4 mm，身体颜色从红黄到棕褐色，腹节黄色，通常有灰色边缘，冬天的种群体色较深。

卵：肾形，表面光滑柔软，黄色或灰白色，不透明，长0.25 mm；幼虫快孵化时颜色变暗，体积增大到原来的1.5倍。一般为单粒散产，在田间摘下有卵叶片对光透视，就能看到，但也有时会在叶脉旁或叶脉下产成一小排。

若虫：1龄若虫初孵化出来时体色透明后变为白色，蜕皮前变为黄色。2龄若虫非常活跃，取食量为1龄若虫的3倍，2龄若虫蜡黄色，接近成熟时若虫表现趋暗性，离开植物入土。

前蛹：前蛹体白色，身体变短，出现翅芽，触角短粗，向前竖起，可向缝隙、阴暗处缓慢移动。

蛹：蛹较前蛹翅芽长很多，长度超过腹部的1/2，几乎长至腹末端，出现成虫的刚毛列，触角变长，位于背面。

9.3.1.3 生物学特性

在温室内，该虫可全年繁殖，每年可达12～15代，在15～35℃均能发育，15℃下完成一代需要44 d，30℃下需要15 d即可。雌虫行两性生殖和孤雌生殖。27.2℃产卵最多，一只雌虫可产卵150～300粒，每天产卵0.7～1.63粒。产卵前期在15℃下是10.4 d，20～30℃下2～4 d，20℃时繁殖力最高。该虫将卵产于叶、花和果实的薄壁组织中，有时也将卵产于花芽中。27℃下卵期约4 d，15℃下卵期可达13 d。干燥情况下卵易死亡。幼期4龄，前2龄是活动取食期，后2龄不取食，属于前蛹和蛹期。1龄若虫孵化后立即取食，27℃下历期1～3 d，2龄若虫非常活跃，常寻找隐蔽场所取食，历期从27℃下的3 d到15℃下的12 d。2龄若虫逐渐变得慵懒，蜕皮变为假蛹，这段历期在27℃下为1 d，15℃下4 d。化蛹场所变化大，一般在土中，也可能在花中。拟蛹期2～9 d。新羽化雌虫在前24 h内相当安静，但成熟时变得极端活跃，在室内条件下雌虫存活约40 d，也可长达90 d，雄虫寿命约为雌虫的1/2。产卵前期时间长短随温度不同而变化，但几乎终生均可产卵。在一个种群内，雌虫数量通常为雄虫的4倍，在我国，据报道，雌雄性比为14.6∶1。雄虫由未受精卵发育而来，未受精卵产自未交配雌虫（任洁，2006）。

9.3.1.4 为害与分布

西花蓟马以其锉吸式口器刮破植物表皮，口针插入组织内吸取汁液，喜取食植物的幼嫩部位，从子叶期开始为害叶片，随植株的生长自下而上危害，被害叶片初呈白色斑点后连成片，叶片正面受到损害，叶背则有黑色虫粪，严重危害时叶片变小、皱缩，影响光合作用，在干燥季节的危害更大，受害植株很快丧失水分而死亡。花卉受害后表现为叶片褪色并留下食痕，影响花卉的外观和商品价值，受侵染的花蕾、花朵畸形，严重时不能正常开放，并取食植物花粉或花的子房，造成畸形、发育受阻或果实褪色，严重影响品质和商品价值。西花蓟马除直接危害寄主植物外，还能传播许多病害，其中最重要的是*Tospoviru*属的2种病毒：嵌纹斑点病毒[impatiens necrotic spot virus（INSV）]和番茄斑点萎蔫病毒[tomato spotted wilt virus（TSWV）]，病毒病造成的经济损失远大于西花蓟马本身的危害（任洁，2006）。

9.3.1.5 发生规律

西花蓟马食性杂，目前已知寄主植物多达500余种，主要有李、桃、苹果、葡萄、草莓、茄、生菜、豆、兰花、菊花等。该虫生存和繁殖能力强，很容易随风飘移，易随衣服、运输工具等携带传播。该虫在温暖地区能以成虫和若虫在许多作物和杂草上越冬，相对较冷的地区则在耐寒作物如苜蓿和冬小麦上越冬，寒冷季节还能在枯枝落叶和土壤中存活。

9.3.1.6 预测预报

陈洪俊(2008)运用适生性分析软件 CUMEX 与 GARP 对西花蓟马在中国的潜在分布区进行预测。CUMEX 预测该虫在我国的潜在分布区可分为 3 级,分别为一般适生区、中度适生区和高度适生区。预测结果显示,西花蓟马在我国有 4 个高度适生区。同时,GARP 预测认为西花蓟马的适生区主要覆盖我国东北、华北、华中和华东地区。我国大部分地区是西花蓟马的潜在分布区。

9.3.1.7 防治措施

1. 农业防治

清除菜田及周围杂草,减少越冬虫口基数,加强田间管理,增强植物自身抵抗能力,也能较好地预防西花蓟马的侵害。如干旱植物更易受到西花蓟马的入侵,因此保证植物得到良好的灌溉就显得十分重要。另外,高压喷灌利于驱赶附着在植物叶子上的西花蓟马,减轻为害。也可利用蓟马对蓝色的趋性,可采取蓝色诱虫板对蓟马进行诱集,效果较好。

2. 药剂防治

药剂可选用 10%虫螨腈乳油 2 000 倍液,或 5%氟虫腈悬浮剂 1 500 倍液,或 10%吡虫啉可湿性粉剂 2 000 倍液等喷雾。喷洒农药时,一要注意不同的农药交替使用以削弱其抗药性,二要注意使用的间隔期及密度。一般而言,一种农药使用 2 个月为佳,这样可减轻化学杀虫剂的选择压力,延缓害虫抗性产生。

3. 生物防治

在西花蓟马的生物防治中,利用捕食性天敌是有效的手段之一。目前,西花蓟马的捕食性天敌种类有 30 余种。国外利用且取得显著成效的主要包括半翅目的蝽科和捕食螨,蝽科包括肩毛小花蝽(*Orius niger*)、无毛小花蝽(*Orius laevigatus*)、浅白翅小花蝽(*O. albidipenni*)、狡诈花蝽(*Orius insidiosus*)、小黑花蝽(*Orius strigicollis*)、刺小花蝽(*Orius armatus*)、美洲小花蝽(*O. majusculus*)、东亚小花蝽(*Orius sauteri*)、塔烟盲蝽(*D. ttunaninii*)等,其中塔烟盲蝽对西花蓟马的控制最为有效。目前,用来防治西花蓟马的虫生真菌有绿僵菌(*Metarhizium anisopliae*)、白僵菌(*Beauveria bassiana*)、蜡蚧轮枝菌(*Verticillium lecanii*)、食虫菌(*Neozygites parvispora*)等,其中绿僵菌、白僵菌已商品化生产(任洁,2006;钟锋等,2009)。

9.3.2 唐菖蒲蓟马

9.3.2.1 分类学地位

唐菖蒲蓟马(*Taeniothrips simplex*)隶属节肢动物门(Phylum Arthropoda)昆虫纲(Insecta)有翅亚纲(Pterygota)缨翅目(Thysanoptera)蓟马科(Thripidae)蓟马属(*Thrips* Linnaeus)。

9.3.2.2 形态特征

成虫：雌成虫体长 1.5 mm 左右，体褐色至暗赤褐色，头部较其他部分为深。触角第 3 节、胫节端部及跗节黄色，前翅褐色。头部宽大于长，单眼间鬃在单眼后外方的三角形连线内。触角 8 节，第 3、4 节近端部各有一个“V”形感觉锥。前胸背板前缘鬃不特别长，后缘角具 2 对长鬃，内鬃较外鬃长，后缘鬃 3 对，中央 1 对较其他 2 对长。后胸背板中间的纵网纹内部具刻线。中对鬃位于前缘之后。前翅长约为宽的 13 倍，前脉端鬃 5～9 根，后脉鬃 10～13 根。腹部第 2 背板的侧缘有 3 根鬃呈纵行排列；第 5～8 背板近两侧各有 1 列微栉齿，第 8 节背板后缘梳完整，梳刺较小。第 2～7 腹板后缘鬃各 5 根，中央各有 1 根不规则的横列副鬃。

雄成虫和雌成虫相似，体长 1.2～1.4 mm，体色较浅。腹部第 8 背板后缘梳不突起，第 3～7 腹板中央有横长的腺域，腺域两侧各有 2～4 根副鬃。第 8 腹板没有腺域，中央有排列稍不规则的 8～9 根副鬃。

卵：肾形，初产为白色，后变为乳白色，长约 0.2 mm。

若虫：1 龄若虫，体长 0.33 mm 左右，乳白色，后渐变淡黄色，触角较短粗，头胸占体长的比例较大，体鬃细小。2 龄若虫，体长 0.7 mm 左右，体色黄色（徐海根和强胜，2011；石爱霞等，2007）。

9.3.2.3 生物学特性

唐菖蒲蓟马各世代的历期因气温不同而有差异，气温高历期短，反之则长。一般春天和初秋完成一个世代（卵至成虫产卵前期期）需 21～23 d；夏季平均气温高，世代历期则短，为 16～19 d；深秋以后平均气温低，且世代历期最长需要 40 多天。雌成虫寿命长于雄成虫。雌成虫一般 15～35 d，最短 15 d，最长的为 39 d，越冬代成虫寿命可达 170 多天以上。

生殖习性：通过田间采蛹室内羽化观察，唐菖蒲蓟马雌雄性比 1.00：(1.25～0.40)。在盛发期该蓟马的 2 龄若虫一部分在唐菖蒲花冠内接近子房处隐蔽化蛹。多龄若虫在充分摄食后入土，化蛹进入前蛹期，雄蛹历期较短，羽化早，但羽化后不马上迁飞，待雌蛹羽化后与之交尾。每次交尾达 1～2 min，有的稍长些。一般 1～2 d 后开始产卵。成虫产卵历期较长，为 28 d 左右。每雌虫产卵 130～210 粒。唐菖蒲蓟马多数两性生殖，也有孤雌生殖现象。孤雌生殖的后代全部为雄性。

趋性：唐菖蒲蓟马有较强的趋花性，成虫、若虫喜欢在潮湿环境下生活，惧光，尤其怕强烈的阳光。故躲在心叶或叶鞘及花心处活动。该蓟马仅在唐菖蒲和美人蕉上采到，以唐菖蒲上数量较多，说明其食性较窄（石爱霞等，2007）。

9.3.2.4 为害与分布

分布于欧洲、非洲、亚洲、美洲和大洋洲。在我国主要分布于上海、江苏、江西、浙江、湖南、湖北、福建、山东、山西、四川、台湾等地区。

为害情况深秋和早春唐菖蒲蓟马成虫为害鳞茎，受害的鳞片开始出现白斑，后逐渐变为褐色依次黑化，并伴有黏液渗出物，很易受真菌侵染。这些鳞茎如不处理，翌年种入地内，植株不能正常发育。成虫在唐菖蒲幼芽露出地面后便迁移到幼芽上繁殖为害。若虫多群集于叶鞘内，稍受惊扰就无规律地爬动，常取食新生嫩叶和嫩茎，植物受害后出现许多白色斑点或条斑，使叶片表面发亮，以后叶片、嫩茎、叶鞘逐渐变干枯。

9.3.2.5 发生规律

唐菖蒲蓟马，在唐菖蒲生长期间，完成一个世代，时间一般 2～4 个星期，该虫 14～30 d 繁殖 1 代。世代重叠。每年发生 5～6 代，因地区不同而有所差异。例如在包头每年 7～8 代，世代重叠，唐菖蒲的整个生长期均可见到成虫。在唐菖蒲鳞茎上越冬的成虫，当外界平均气温达 5℃以上时便开始为害鳞茎。1 月下旬唐菖蒲幼芽出土，遂移至其上，并交尾繁殖 1～2 代。7 月中旬末至下旬正值唐菖蒲开花，该虫大量转到花上为害，高温高湿有利该虫的发生，喜在花内为害。直至 10 月中旬发生 5～6 代。7 月中旬和 10 月为唐菖蒲蓟马发生的两个高峰期，10 月中旬末随着落霜，唐菖蒲蓟马以成虫入土到鳞茎的鳞瓣下越冬。

9.3.2.6 预测预报

调查虫口密度，从而掌握唐菖蒲蓟马密度及季节消长情况。按所要调查的地区的情况，选择监测点。采用诱集法(例如黄色诱虫板)，对虫口数量监测及预测预报。

9.3.2.7 防治措施

1. 物理防治

控温浸泡种球，将已休眠干球茎用 44℃热水浸泡 4 h，或 45℃热水浸泡 3 h。

2. 生物防治

植物杀虫素防治：可喷施 40%硫酸烟碱 500～800 倍液，或利用卷烟的烟草粉末直接撒布入根际，充作有机介质之一，或喷施 2.5%鱼藤精乳剂 800～1 000 倍液，也可喷 1%～3%除虫菊浸膏 800～1 000 倍液。

3. 化学防治

可喷施 10%～20%合成菊酯类药剂 1 000～2 000 倍液，或喷施 25%～50%西维因 200～400 倍液，或 2.5%喹硫磷乳油 500～1 000 倍液，或 10%蚜虱净超微可湿性粉剂 3 000～5 000 倍液(李继光，2003)。

9.4 半 翅 目

9.4.1 麦扁盾蝽

9.4.1.1 分类学地位

麦扁盾蝽(*Eurygaster integriceps* Puton)属半翅目(Hemiptera)蝽科(Pentatomidae)盾蝽亚科(Scuteuelinae)扁盾蝽属(*Eurygaster*)。

9.4.1.2 形态特征

成虫:体长 9～12 mm,宽 5.5～7 mm。体椭圆形,黄褐色或棕黄色,密布同色小刻点。头近三角形,中叶与侧叶等长,侧叶更宽;触角黄褐色,第 4、5 节深;单眼浅棕色,复眼棕褐色;喙黄褐色,端部黑褐色,伸达中足基节处。前胸背板前半部前倾,后侧角钝圆,小盾片舌形,末端抵达腹末端。足淡褐色,跗节及爪较深。前翅革质部外缘及腹背侧缘外露明显,基半部中央具纵隆脊,基缘近侧角处各有一凹痕,凹痕内侧有一光滑的黄色胝状斑。腹面黄褐色或红褐色,臭腺沟缘末端及腹部各节侧缘中央各有一小黑斑。气门浅褐色。雄性外生殖器的插入器几乎呈直形。

若虫:体色与成虫相似,在腹部侧缘与中线间有 2 对或 3 对黑斑。

卵:呈球形。

9.4.1.3 生物学特征

麦扁盾蝽的营养、发育和繁殖主要发生在禾本科作物生长的地块。然而,在中夏,当谷物收获之后,羽化的成虫通常迅速飞离地块而转移到木本或灌木生长地,在落叶层下、草根土中及腐殖质内渡过后半个夏季及秋季和冬季,大量集中在树林、农田防护带及密生草本植物地段。在乌兹别克斯坦,大量越冬成虫栖息在 1 400～2 000 m 高的山坡上,在林间疏松干燥的枯枝落叶层内越冬。春天,当林间枯枝落叶层的温度升达 17℃以上时,越冬成虫开始复苏,陆续飞离越冬地,有时持续 20 d 以上。4 月末或 5 月初,麦扁盾蝽又回到禾本科作物地块,将喙刺入小麦茎的近基部和中部,加剧取食。雌虫卵产于寄主的叶片上,通常排成规则的 2 列,每列 7 粒。产卵持续不多于 1 个月,每雌虫产卵数 10～200 粒,卵期 9～16 d。幼虫孵出后,开始群居生活,3～4 d 后分散到植株上取食叶、茎和穗。幼虫期 35～40 d,其间脱皮 5 次。成虫羽化发生在 6～7 月。

9.4.1.4 为害与分布

国外分布:亚洲的土耳其、哈萨克斯坦、格鲁吉亚、吉尔吉斯、土库曼、塔吉克、乌兹别克、以色列、约旦、黎巴嫩、巴基斯坦、叙利亚。欧洲的前南斯拉夫、保加利亚、罗马尼亚、希腊、摩尔达维亚、乌克兰。

国内分布:曾报道黑龙江、内蒙古(呼盟、昭盟)、新疆(天山以北)有分布,但发生范围十分有限,对该虫的扩张动态应引起高度重视。

麦扁盾蝽对冬小麦、春小麦和黑麦危害最重,成虫和若虫皆可造成危害。春季,当秋播作物开始拔节或春播作物分蘖期,成虫在茎基部取食,造成心叶和被害茎死亡,被害植株生长迟缓。在吐穗前和吐穗开始时,成虫刺吸茎部可导致白穗和种子发育不良,刺吸穗部造成局部或全部白穗。此外,成虫尤其是幼虫取食种子,当种子被刺吸后,在刺入点形成暗色斑,并造成种子干、瘪、皱、失重,明显降低发芽率使品质恶化。

麦扁盾蝽严重危害麦类等大田作物,在麦类作物抽穗期集中于穗部吸食浆汁,并可取食幼株茎部,使叶片变黄枯萎,阻止寄主植物分蘖。该虫 2.4～3.6 头/m^2 取食子粒,可造成绝收,在近东造成麦类作物的损失通常达 25%。在伊拉克,对谷物的损失大于蝗虫。1956 年土耳其有150万 hm^2 的谷物严重受害，为谷物最具毁灭性的害虫之一（张生芳和薛光华，2007）。

9.4.1.5　发生规律

1年发生1代。成虫有较强的迁飞能力，飞行距离可达25～30 km。另外，不同的虫态也可能随寄主作物植株远距离传播。

9.4.1.6　预测预报

田间调查应以若虫和成虫为主，采用拍打法、目测法和灯光诱测法，结合我国麦扁盾蝽的发生危害规律和近年来的调查工作经验，系统调查种群数量以及进行大田普查。并且结合主要影响因子，制定预测预报原则。

发生期预测：在田间虫量系统调查和2代卵调查的基础上，结合各龄期若虫比例，按照历期法或者期距法重点预测2、3龄若虫高峰期。

发生量和发生程度预测：根据田间系统调查虫量和各寄主作物面积比率、气象预报情况，参考历史资料，做出发生量和发生程度预测（夏冰，2009）。

9.4.1.7　防治措施

1. 农业防治

依不同季节，捕杀越冬成虫，采摘卵块及捕杀若虫。同时依据该虫喜欢在落叶层下、草根土中及腐殖质内渡过后半个夏季及秋季和冬季的特点，适时清洁农田环境，拔除杂草，清理落叶，收割后翻地，使其无法越冬。

2. 生物防治

蝽类的天敌都应加以保护和利用。例如平腹小蜂，在麦扁盾蝽产卵初期开始放蜂，间隔10 d，连放3～4次。此时注意避免在寄生蜂羽化高峰期用药。

3. 化学防治

重点在3月份，越冬成虫在新梢上活动交尾时进行喷药。此时成虫体内脂肪开始分解进入卵巢发育阶段，对药剂比较敏感，喷800～1 000倍敌百虫，杀虫效果好。第2次喷药在每年的5月上旬，此时是蝽类低龄若虫盛发期，因其抗药性弱，可用药1～2次能有效地控制蝽类的危害。喷施的药剂为20%杀灭菊酯乳油2 000倍液（胡奇勇等，2000）。

9.4.2　悬铃木方翅网蝽

9.4.2.1　分类地位

悬铃木方翅网蝽[*Corythucha ciliata* (Say)]隶属半翅目（Hemiptera）网蝽科（Tingida）网蝽属（*Corythucha* Stal）。

9.4.2.2　形态特征

成虫：体长3.3～3.7 mm，乳白色，头顶和体腹面黑褐色；头兜发达，盔状，头兜突出部分的网格比侧板的略大，从侧面看，头兜的高度较中纵脊稍高。在两翅基部隆起处的后方有褐色斑。头兜、侧背板、侧纵脊、中纵脊和前翅表面的网肋上密生小刺，侧背板和前翅外缘的刺列十分明显；前翅显著超过腹部末端，其前缘基部强烈上卷并突然外突，亚基部呈直角状外突，使得前翅近长方形，腿节不加粗；足和触角浅黄色；后胸臭腺孔缘小且远离侧板外缘。

卵：长椭圆形，乳白色，顶部有椭圆形褐色卵盖。

若虫：共 5 龄。1 龄若虫体无明显刺突；2 龄若虫中胸小盾片具不明显刺突；3 龄若虫前翅翅芽初现，中胸小盾片 2 刺突明显；4 龄若虫前翅翅芽伸至第 1 腹节前缘，前胸背板具 2 明显刺突；末龄若虫前翅翅芽伸至第 4 腹节前缘，前胸背板出现头兜和中纵脊，头部具刺突 5 枚，头兜前缘处有刺突 2 对，后缘有 1 对 3 叉刺突，前胸背板侧缘后端具单刺 1 枚，中胸小盾片有 1 对单刺突，腹部背面中央纵列 4 枚单刺，两侧各具 6 枚双叉刺突。

9.4.2.3 生物学特性

成虫出蛰的温度为 8～10℃，温度高于 10℃时开始向树冠转移。在 3 代区，各代成虫高峰期分别在 7 月初、8 月初和 9 月中旬。越冬成虫于 4 月底或 5 月初恢复活动，1 周后产卵并可持续至 6 月，卵历期为 7.28 d，若虫为 8～14 d。9 月初成虫开始越冬。越冬时成虫群集于树皮裂口下、房屋墙壁缝隙内或落叶绿篱上。成虫越冬对树干部位有一定选择性，喜栖息于树体基干(11～16 m)、树的基部(4.8 m)以及东北和西北方位的树皮下越冬。雌成虫寿命 18℃时为 51.8 d，33℃时为 17.2 d，而在野外时仅为 4～10 d。雌虫比例为 68%～81%，越冬时性比较高。成虫具有较强的耐寒性，可以抵御－23.3℃的低温。雌虫羽化后可产卵 1 周，单雌产卵 100～350 粒。产卵具有选择性，喜产于叶背的主脉旁。若虫通常沿叶脉群集，低龄若虫行动缓慢且仅在孵化时的叶片上吸汁，高龄若虫则可转移至其他叶片生活。个体发育受温度影响明显，在 18℃时卵和若虫的发育需要 54.0 d，在 33℃时仅需 17.9 d。另外，出蛰期降雨不利其发生，天气干旱则危害严重。温暖干燥的天气利于其发生和危害(夏文胜等，2007)。

9.4.2.4 为害与分布

原产北美，主要分布于美国和加拿大东部地区。后传入意大利、南斯拉夫、法国、德国、瑞士、西班牙、匈牙利、克罗地亚、保加利亚等欧洲国家，1996 年传入韩国。在我国分布于杭州、南京、重庆、武汉、宜昌、十堰、襄樊、荆门、荆州、贵阳、郑州等地。

悬铃木方翅网蝽与其他网蝽为害特点类似，以成虫和若虫群集在寄主叶片背面刺吸汁液，在叶背面取食后导致叶片组织失水，首先表现在叶脉周围，多在刺吸部位形成黄白色褪绿的斑点，后发展成青铜色，影响到整个叶片，随后叶片逐渐变黄枯萎，最终导致叶片过早凋落。危害时分泌液状排泄物，干后变黑，与若虫蜕下的皮粘在一起，固着在下部叶片的表面。严重抑制叶片光合作用，影响植株生长，导致树势衰弱。为害严重时，夏末树木开始大量落叶，影响城市行道树的绿化效果与观赏价值，破坏城市景观。并且可以传播植物真菌病害，悬铃木方翅网蝽是悬铃木叶枯病菌(*Gnomonia platani*)和甘薯长喙壳菌(*Ceratocystis fimbriata*)的传播介体，而这 2 种病原菌能降低悬铃木树势并导致其死亡，从而产生更大的间接潜在危害。另外，悬铃木方翅网蝽的刺吸伤口使得法国梧桐炭疽病菌(*Gnomonia verteta*)、悬铃木溃疡病菌(*Ceratocystis fimbriata* f. sp. *platani*)等易于侵染悬铃木,从而加剧了悬铃木的衰老和死亡。

9.4.2.5 发生规律

在美国、意大利、日本等地区年发生2～3代,以3代为多见。悬铃木方翅网蝽在武汉地区1年发生5代,第1代历期近70 d,在夏、秋高温期,1个世代为40 d左右,第2代后开始出现世代重叠,以第5代成虫在悬铃木树皮下、地面枯枝落叶以及树冠下绿篱中越冬。据贵州2007年的调查,4月15日成虫仍处于越冬状态,5月10日叶片背面可见大量若虫,叶片正面褪绿症状也已十分明显。悬铃木方翅网蝽在合肥地区1年发生6代以上。翌年,越冬成虫于4月中旬陆续至叶片上取食,下旬产卵,10月在低温14～15℃时开始皮下越冬,11月中旬大量越冬。

9.4.2.6 预测预报

同9.4.1.6的麦扁盾蝽的预测预报方法。

9.4.2.7 防治措施

1. 农业防治

悬铃木方翅网蝽成虫群集于悬铃木树皮内或落叶中越冬。疏松树皮和树下落叶为其提供了良好的越冬场所,因此秋季刮除疏松树皮层并及时收集销毁落地虫叶可减少越冬虫的数量。该蝽出蛰时对降雨敏感,可于春季出蛰期结合浇水对树冠虫叶进行冲刷,也可在秋季采用树冠冲刷方法来减少越冬虫量。重复多次使用物理性的杀虫剂,如石油、磷酸钾盐,喷洒葡糖聚合物,这些包含天然植物萃取成分的物质可作用于昆虫体表,引起昆虫的死亡。适时修剪可减少其发生世代数,因为经常进行修剪的悬铃木树体能在整个春季和夏季发出新叶并形成旺长枝条,能提供害虫的春季和夏季世代所需食物,而隔5～6年才修剪的树体主要形成花枝,只在春季发新叶,所以害虫只能发生春季世代。从寄主植物来看,二球悬铃木各品种对该蝽敏感性不同,因此可以开展悬铃木的抗虫品种选育工作。抗虫品种选育时,除了可以保留悬铃木直接针对该蝽的抗虫特性外,还可考虑保留其对天敌有利的特性。比如,白僵菌对田间那些在窄裂口、厚树皮下越冬的成虫侵染率较高,因这样裂口的厚树皮下湿度大,利于该菌的生长,那么,在将来悬铃木育种工作中可保留树皮窄裂缝这一遗传特性。

2. 化学防治

化学防治通常采用的方式有树冠喷雾、树干注射和树干喷雾等。树冠喷雾选择在若虫期和初羽化成虫期施药,尽量选择早上无风或微风时进行高压喷叶,使药液穿透冠层并完全润湿叶片下表面。若考虑减少对环境的影响,可采用效果较好、污染较小、用药次数较少的树干注射法进行施药。1代若虫始见期将杀虫剂注射入树干的维管束,药剂就被运输到被取食部位而在整个树木生长期起作用。对于越冬成虫,也可采用树干喷雾法来防治,即直接对着树皮裂缝喷雾,但越冬成虫躲藏在树皮下,杀虫剂难以穿透树皮到达虫体,从而效果欠佳。至于药剂的品种,由于防治该蝽要在城市和住宅区施药,对人类的健康存在极大的安全隐患，因此需遵从法规并使用低毒产品。马拉硫磷(malathion)、杀螟松(fenitrothion)、乙酰甲胺磷(acephate)等磷酸酯类药剂、溴氰菊酯等拟除虫菊酯类杀虫剂均有较好效果。还可以用乙酰甲胺磷(acephate)与多菌灵(carbendazim)或与涕必灵(thiabendazole)的混剂注入树干，以同时防治悬铃木方翅网蝽和悬铃木叶枯病。

化学防治存在一定的局限性。尽管有多种杀虫剂和及其应用方法，但花费大效果小且污染严重，而且该蝽对磷酸酯类杀虫剂已经产生了耐药性。另外，某些施药方式如树干注射对树木还产生伤害。虽然通过选用高效低毒和新型杀虫剂可以减少城市污染和缓解该蝽的抗药性，加强苗圃防治也可减少城市用药，改进施药方法或选用新型内吸杀虫剂将减少树干注射对树木的伤害，但开展其他环保性、综合性的防治方法的研究十分迫切。

3. 生物防治

在原产地和传入国利用天敌控制悬铃木方翅网蝽的研究众多。欧洲学者探讨了常见土著捕食性天敌对悬铃木方翅网蝽的控制作用，发现拟原姬蝽(*Nabis pseudoferus*)、猎蝽(*Rhinocoris iracundus*)、齿爪盲蝽(*Deraeocoris nebulosus*)、邻小花蝽(*Orius vicinus*)、小花蝽(*Orius insidiosus*)、希姬蝽(*Himacerus mirmicoides*)、蜘蛛(*Cheiracanthium mildei*)和(*Theridion lunatum*)等对入侵的悬铃木方翅网蝽有较强的捕食能力，其中拟原姬蝽最大日捕食量高达每天15头。草蛉、螳螂和螨也可作为其捕食性天敌。关于寄生蜂，在原产地和传入国均仅发现缨小蜂科(Mymaridae)寄生蜂可以寄生该蝽的卵。已分离的悬铃木方翅网蝽病原微生物有球孢白僵菌(*Beauveria bassiana*)、蜡蚧轮枝菌(*Verticillium lecanii*)和粉拟青霉菌(*Paecilomyces farinosus*)，从对成虫和若虫的侵染力来看，球孢白僵菌毒性最强。室内研究发现其在培养基上易于繁殖，且能保持较高的侵染力。对于入侵的悬铃木方翅网蝽，人们寄希望于利用本地天敌或从原产地引进天敌来建立生态平衡从而实现运用昆虫产品来进行防治，但天敌对该蝽种群的自然抑制作用不足。捕食性天敌的发生与该蝽缺乏同步性，固其田间控制能力很欠缺，能攻击该蝽卵的寄生蜂，也不能明显减少其种群数量。至于病原菌，其对高湿度的要求与该蝽喜干燥的特性相矛盾，从而导致二者时空上的错位。比如，意大利室内对该蝽有效的上述病菌，在田间于春季多雨年份或在窄裂口的厚皱树皮下侵染率高，而悬铃木方翅网蝽则喜干燥，在宽的树皮裂缝内越冬虫存活率较高，这就导致这些病菌对该蝽种群的抑制作用较弱。即使在一些树上病菌对越冬虫导致100%的死亡率，也不能控制该蝽夏季危害。就是在原产国美国，能寄生该蝽的几种昆虫和病原菌，都不足以明显遏止该蝽对城市悬铃木的损害。虽然，室内该蝽产的卵8%～25%无活力，田间有50%卵不能孵化，1龄若虫的田间死亡率达55%，越冬成虫死亡率为39.1%～67%，但其能够在入侵地频繁暴发，可能与天敌自然作用甚微有关。因此，加强天敌的应用研究具有必要性。

4. 加强检疫

严把调运检疫关，对来自非疫区的悬铃木属的苗木、大树等进行检查，一旦发现疫情，立即进行销毁或熏蒸处理。在疫情发生区，加强虫情监测与防治工作，以化学防治措施为主，配合采取农业、物理等各种有效措施，压低虫口密度，坚决扑灭疫情，控制其扩散蔓延(何辉等，2008；杨景艺，2010；王福莲等，2008)。

9.4.3 银合欢异木虱

9.4.3.1 分类学地位

银合欢异木虱(*Heteropsylla cubana* Crauford)隶属于半翅目(Hemiptera)木虱科(Psyllidae)。

9.4.3.2 形态特征

成虫:雌虫体长 1.9～2.2 mm,体宽 0.50～0.66 mm,翅展 4 mm;雄虫体长 1.4～1.6 mm,体宽 0.3～0.4 mm,翅展 3.6 mm。初羽化时为青绿色,老熟后为橘黄色,夹有浅绿和黄褐色斑纹,个体间颜色和斑纹常有较大变化,尤以胸部背面斑纹变化为甚。头部前窄后宽,颅中沟明显深陷,由背面观可见该沟将头部分为左右两半。头部前缘在近沟的两侧形成两个近钝弧形突出,其坡度向头两侧渐趋平;头部后缘内凹,略呈宽倒"V"字形,触角窝后内侧边缘略隆起,头背面后部在近颅中沟两侧处各有一个小凹窝,后头具黑色带。复眼发达,呈深红至浅红色,其后壁为浅白色。单眼 3 只,呈乳白色,中单眼着生在颅中沟内,侧单眼着生在近复眼内侧角处。触角 10 节,基部两节粗短,其余各节细长。第 1～3 节为浅黄色,第 4～5 节末端、第 6 节端半部及 7～19 节为黑褐色,触角末端着生两根细毛。胸部背面隆起,中胸背板发达,前、后胸均较细小。胸足细长,后足胫节端部具内侧刺 4 枚,外侧刺 1 枚。前、后翅均无色透明,前翅缘 Cu_2 脉纤细,其余各脉均较粗壮;翅痣大型,Rs 脉末端略向前方弯曲,后翅各脉均纤细。雌虫腹部较宽大,腹末产卵瓣紧挟;雄虫腹部较瘦长,腹末生殖瓣上举。

卵:近椭圆形,基部略钝,末端尖细,长 0.28 mm,宽 0.13 mm。初产时呈乳白色,中后期为淡橙黄色。

若虫:若虫共有 5 龄,各龄始末其体色及斑纹均有较大变化。1 龄若虫体长 0.3 mm,体扁平,乳白色,头部前缘圆弧形,复眼浅红色,触角刚毛状,呈乳白色。5 龄若虫体长 1.6 mm,黄白色,复眼浅褐色,头部背面两侧各具一个宽大的褐色斑纹,从头顶直延续至前胸;触角基部黄白色,后半部浅褐色。后翅芽伸达腹部第 2 节。胸足第 2 跗节及爪均为浅褐色,其余部分与体色相同。胸部和腹部背面的毛片及其周围显点。腹部最后 4 节的背面具有一个联合的褐色大斑纹(覃新导等,2010)。

9.4.3.3 生物学特性

成虫羽化时间多在凌晨 2～4 时。在平均温度为 25.9℃,相对湿度 72.8%条件下,羽化率为 92%。刚羽化的成虫静伏 5～8 h,然后开始取食活动。交配多在上午 8～10 时和下午 3～5 时进行。交配持续时间为 1～2 min。交配后 10～15 h 开始产卵,一般为 32～330 粒。卵一般见于幼嫩末端叶上,尤其是尚未展开的幼叶中间。卵经 2～3 d 开始孵化成若虫,新孵若虫呈微白色。在温度 25℃、相对湿度 67%条件下,成虫期为 7～9 d。初孵若虫的活动能力较差,怕风和光,静伏在叶片背面或叶腋间取食。3 龄以上的若虫行动较为敏捷,对外界干扰反应迅速。在有阳光照射时潜伏于叶腋处取食,在夜间叶片闭合时则在嫩梢或叶背上活动。在取食活动过程中不断排泄浅黄色粪便(蜜露)黏着在叶片和枝梢表面,引致煤烟病发生。

9.4.3.4 为害与分布

银合欢异木虱原产于加勒比、墨西哥东部沿海以及中美和南美洲,20 世纪 80 年代传入亚太地区并暴发成灾。在我国主要分布于台湾、香港、海南、广东、广西。

该虫以若虫、成虫群集于银合欢的嫩芽、嫩叶、枝梢和嫩茎上吸取幼嫩组织汁液为害,导致银合欢的顶芽枯萎,叶、梢萎蔫和枯死。由于银合欢异木虱为害后分泌一种黏液使叶子粘贴,影响新叶生长,同时由于这种蜜露含有糖分及某些氨基酸,而吸引了蚂蚁、蝇、黄蜂等。同时,这种黏性物也容易诱发煤烟病。银合欢异木虱一般只为害新叶和嫩梢,很少为害老叶。银合欢异木虱除为害银合欢属植物外,还为害凤凰木(*Delonix regia* Raf.)、雨豆树(*Sarfumea saman* Merr.)、咖啡(*Coffee* spp.)、可可(*Theobroma cacao* L.)、香荚兰(*Vanilla planifolia* Andr.)等。

9.4.3.5 发生规律

异木虱虫体数各地区变化不一,取决于银合欢的生长,气候尤其湿度以及异木虱致死因子及其他因素之间一种复杂的互相影响。在菲律宾两地区,在雨季,虫体数上升,而银合欢生长量超过了异木虱危害量。在旱季,叶片生长缓慢,异木虱虫体造成了最严重的危害。在旱季末,由于银合欢几乎无幼嫩枝叶生长,异木虱数下降至极低水平。在澳大利亚,3～4 d 的雨期内,成虫数迅速上升,从无到大量。虫体数上升最重要的环境因素是湿度及其植物生长的影响。

银合欢异木虱一生要经过卵、若虫及成虫 3 个虫期,冬春两季嫩梢被害率高。在热带条件下每年可繁殖 10 代以上,在温带地区通常异木虱以虫卵形式藏于树皮下或芽鳞下越冬。在海南儋州,雌虫在成为成虫后 1～3 d 开始产卵,生育期为 11～16 d,单只雌虫一生产卵量高达 400 粒,一般为 32～330 粒。从卵到成虫经历 10～16 d,每年发生 15～16 代,完成一世代需 16～21 d。

若虫在银合欢林地中呈负二项分布。格局结构是以疏松的个体群形式存在,个体群间是聚集的,个体群内的若虫分布是随机的。银合欢异木虱若虫个体群的大小随平均密度的增加而线性增大,银合欢异木虱若虫在银合欢林地聚集由环境因素及本身的聚集行为共同作用所引起。当若虫平均虫口在 3～4 头/枝以下时,银合欢木虱若虫的聚集系由某些环境因素作用所致,超过此密度时,此时若虫的聚集除与环境因素有关外,亦与若虫的聚集行为有关。

9.4.3.6 预测预报

从 2 月上旬开始,在银合欢上选 5 处有越冬虫的枝条,做好标记,预测成虫出蛰数量。从出蛰开始,每隔 1 d 调查出蛰成虫,共查 30 d,并结合历史资料和气象资料,查明一般年份出蛰高峰。成虫出蛰后,在田间固定调查树,用放大镜调查其上的卵数,预测第一代卵孵化时期。田间消长情况预测,选出固定调查树,从 3 月份开始每隔 5 d 调查 1 次,按东、西、南、北、中5个方位，每个方位调查100个叶片。调查卵数、若虫数、成虫数，预测其田间消长情况（覃新导等，2003；彭正强等，2002）。

9.4.3.7 防治措施

1. 农业防治

保持田园清洁，及时清除枯枝落叶。银合欢品系对异木虱的抗性研究结果表明：灰白银合欢K376和异叶银合欢Bray2具有高度的抗虫性；柯氏银合欢K740和异木银合欢K784具有中等抗虫性；BK636虽然虫口级数和虫害级数较高，但生长快，再生能力强，生物产量高，属耐虫害品系，适用于饲料生产，只要积极采取生物防治措施，也可望获得高产而优质的饲料。应引进抗虫品种试种。在种植过程中适当疏植，增加通风透光度以减轻为害。

2. 生物防治

银合欢异木虱有许多天敌，在银合欢原产地，异木虱的天敌如食肉虫和食肉寄生虫等，能有效地控制异木虱。引进有效天敌，保护和繁殖天敌，例如捕食性瓢虫（*Curinus coeruleus*）。

3. 化学防治

在虫口密度大时，适当施用杀虫药剂可减轻为害。用触杀剂高效氯氟氰菊酯和内吸剂久效磷、乐果以2%的浓度喷杀，效果较好。触杀剂用后3 d内对天敌瓢虫有毒杀作用。内吸剂通过涂干防治木虱，对捕食性瓢虫无影响。

9.4.4 螺旋粉虱

9.4.4.1 分类学地位

螺旋粉虱（*Aleurodicus disperses* Russell）隶属于同翅目（Homoptera）粉虱科（Aleyrodidae）复孔粉虱属（*Aleurodicus*）。

9.4.4.2 形态特征

成虫：翅展为3.50～4.65 mm。雌雄个体均具有两种形态，即前翅有翅斑型和前翅无翅斑型。前翅有翅斑的个体明显较前翅无翅斑的大，雌性体长分别1.40～1.65 mm和1.55～1.90 mm，雄性体长分别为1.45～1.65 mm和2.10～2.70 mm。初羽化的成虫浅黄色、近透明，随成虫的发育不断分泌蜡粉，之后在前翅末端有一具金属光泽的斑，但亦有部分个体前翅无斑。成虫腹部两侧具有蜡粉分泌器，初羽化时不分泌蜡粉，随成虫日龄的增加蜡粉分泌量增多。雄性形态与雌性相似，但腹部末端有1对铗状交尾握器。

卵：长椭圆形，表面光滑，一端有一柄状物，主要为固定作用。散产，多覆盖有白色蜡粉。初产时白色透明，随后逐渐发育变为黄色。

若虫：若虫共4个龄期。1龄若虫：虫体大小为(0.33±0.03) mm×(0.15±0.01) mm，触角2节，足3节；初孵若虫虫体透明，扁平状，随虫体发育逐渐变为半透明至淡黄色或黄色，背面隆起，体背分泌少量絮状蜡粉；复眼红色，足发达。1龄若虫主要于上午孵化，孵化后转移至叶脉两侧固定取食。2 龄若虫：虫体大小为(0.48±0.02) mm×(0.26±0.03) mm，足、触角退化，分节不明显。初蜕皮时虫体透明，扁平状，无蜡粉。随虫体发育逐渐变为半透明至淡黄色或黄色，背面隆起，体背、体侧分泌有少量絮状或丝状蜡粉。2 龄后期虫体钝厚，椭圆形，体上蜡粉减少。2 龄若虫于叶脉两侧(相对固定，各龄若虫在条件不适宜时都会移动)取食。3 龄若虫：与 2 龄若虫相似。虫体大小为(0.67±0.06) mm×(0.42±0.06) mm，足、触角进一步退化，分节不明显。发育中期，体背有少量絮状蜡粉，体周缘长有放射状细蜡丝，长约为虫体的 1/2。拟蛹(4 龄若虫)：虫体大小为(1.02±0.08)mm×(0.69±0.08)mm，初蜕皮时透明，扁平状，无蜡粉，随虫体发育逐渐由半透明转至淡黄色或黄色，背面隆起，足、触角和复眼完全退化，蜡粉逐渐增多、蜡丝加长，体背有很多形态各异的蜡孔，分泌絮状蜡粉。在虫体胸部和腹部分别有 1 对和 4 对复合孔，分泌丝状蜡粉，是螺旋粉虱区别于其他粉虱的主要特征，丝状蜡丝最长可达虫体 10 倍以上。舌状突两侧的蜡孔分泌粗厚的毛刷状蜡丝。羽化成虫后，拟蛹壳背中线留有一羽化孔。粉虱蛹壳形态特征是种类鉴定的重要依据。蛹体上有白色的蜡丝，形态多样，四周蜡丝呈絮状，近两侧有 5 对细长的蜡丝，晶莹透亮，长达 7～8 mm，甚至更长，体上常常还有粗大扭曲的蜡条(韩冬银等，2009)。

9.4.4.3 生物学特性

在 20～30℃条件下，卵的发育历期为 9～11 d，1 龄若虫 6～7 d，2 龄若虫 4～5 d，3 龄若虫 5～7 d，蛹 10～11 d，成虫最长可存活 39 d。雄虫较雌虫早羽化，羽化盛期在早上 6～8 时，迁飞盛期于清晨 5～7 时，但气温低或阴天其活动时刻延后。一般雄虫迁飞力较雌虫弱，多停留原寄主植物叶上。交尾则发生于下午。雌虫卵巢内卵粒的成熟度和日龄有关，至 3 日龄后雌虫才开始陆续由原寄主植物处向上盘旋迁飞，以寻找新的寄主植物嫩叶产卵。雌虫在孵化的当天便可产卵，并且可以一直产卵到死。雌虫产卵多产于叶背，卵粒散列呈特殊螺旋状，且覆有白色蜡粉。卵有一小柄，直立插入叶片的气孔内。未经配对的雌虫，只能产雄性后代，经配对的雌虫可产雌或雄性后代，一头雌虫一生可产卵 400 粒。螺旋粉虱可进行孤殖产雄生殖，亦可进行两性生殖(韩冬银等，2009)。

9.4.4.4 为害与分布

螺旋粉虱起源于中美洲与加勒比地区(徐岩，1999)。目前已扩散至亚洲、非洲、欧洲、美洲、大洋洲的 40 多个国家和地区，几乎遍布整个泛热带地区。在我国主要分布于台湾和海南(李国寅，2010)。

螺旋粉虱的寄主植物种类很多，随着入侵范围的扩大，其寄主植物由最初记录的 27 属，增至 38 属，至 2000 年增加到 295 属 481 种，新的寄主范围还在不断扩大。在海南岛，螺旋粉虱的寄主植物有 49 科 97 属 115 种(含变种)。其中螺旋粉虱能完成世代发育的寄主植物为 28 科 42 属 45 种(含变种)，不能完成世代发育的寄主植物为 36 科 61 属 70 种(李国寅，2010)。

螺旋粉虱会造成直接危害、间接危害和传播病毒(沈文君和万方浩，2007)。螺旋粉虱属杂食性，其为害寄主程度及范围可因杂食、快速飞翔的迁移能力和对气候的强适应能力而增加危害寄主时，主要以叶部为主，但发生严重时会为害果实或茎部，甚至危害花。若虫于叶片背面吸食汁液，并分泌蜜露滴粘于叶面。引来黑霉菌寄生而诱发霉污病，阻碍叶片光合、呼吸及散热功能，促使枝叶老化，甚至严重枯萎。2 龄若虫以后由体背及体侧部位分泌白色蜡物，或其蛹壳落于叶面的蜜露上，呈银白色的症状，致使植物受害时有银色变化，影响植物的外观。其危害寄主速度也相当快，如圣诞红受螺旋粉虱危害至 28 d 时，全株约有 1/3 叶片感染霉污病，至 35 d 时，全株叶片大部分感染霉污病，至 48 d 时大部叶片枯萎，丧失观赏价值。该虫除直接危害外，在美国佛罗里达州还可传播可可、椰子致死黄化病毒。在非洲，由于螺旋粉虱造成的危害曾引起人们恐慌，结果大量砍伐受感染的树木，并大量使用杀虫剂，导致天敌的死亡反倒使粉虱种群快速增长，同时使用杀虫剂也对环境和人类健康造成危害。

9.4.4.5 发生规律

螺旋粉虱 1 年发生多代。在佛罗里达州该虫 1 年可以产生多代，在该州南部，全年都可见此虫的各发育阶段。降雨及低温影响螺旋粉虱的田间密度。在台湾南部，该虫田间种群由 10 月开始增加，11 月达高峰，12 月下旬逐渐下降，说明其发生气候为干旱温暖，低温或降雨均对生存不利。螺旋粉虱在海南 1 年可发生 8～9 代，世代重叠，无明显越冬虫态。在野外，冬季以拟蛹和成虫为主。

9.4.4.6 预测预报

对螺旋粉虱当地的发生为害情况进行跟踪普查。对不同寄主植物的受害程度进行初步受害等级划分，以各龄期虫口密度作为植物受害指标，记录寄主植物的受害情况。根据螺旋粉虱为害程度不同，以受害最普遍最严重的印度紫檀、榄仁树和番石榴的受害程度为指标，对其划分受害等级。当以上指标植物受害程度都达到较严重时，定为严重发生区；一般为害及发现为害时定为发生为害区；未发现寄主植物受害时定为未发生区。侧重调查严重发生及未发生区(韩冬银等，2008)。

选择调查区域，调查虫口密度。防治螺旋粉虱抓住第一代是关键。上年越冬代成虫防治适期预测，选择调查区域，最好虫量适宜。影响上年越冬代蛹羽化进度的关键因子是温度和湿度，因此当年 2、3 月份的气象资料非常重要。参考历史资料等，算出成虫高峰的预测方程，即可预测越冬代成虫田间高峰日。第一代幼虫防治适期预测，第一代幼虫防治适期即为卵孵化盛末期。影响第一代防治适期早迟的关键因子是早春气温的高低，其带入预测方程求得的防治适期。

9.4.4.7 防治措施

1. 加强检疫

加强宣传与检疫。鉴于螺旋粉虱是一种极具入侵性的危险生物，一旦入侵很容易大暴发，对我国农业生产造成不可挽回的损失，目前我们还对其缺乏认识和了解，所以，须加大向整个社会、各级政府和部门及广大群众，特别是农民、园艺工人和从事农产品、花卉、苗木、草坪、水果等生产、加工、经营人员的宣传力度，充分认识螺旋粉虱，了解其防治措施，避免造成人为传播。加强蔬菜、花卉、苗木、包装箱等的检疫检验，严防传播。同时加强螺旋粉虱监测，对我国螺旋粉虱入侵风险性较高的地区，进行全面细致的普查、监测，及时掌握螺旋粉虱的入侵、危害及疫情疫报。

2. 化学防治

将卵浸于药液处理，以 2.8%联苯菊酯 EC 2 000 倍杀卵效果比较好。对若虫的防治可以选用 2.8%溴氰菊酯乳剂1 000 倍、90%灭多威可湿性粉剂 1 800 倍、50%马拉硫磷乳剂 1 000 倍、50%氧化乐果溶液 1 000 倍、5%吡虫啉乳剂 3 000 倍（沈文君和万方浩，2007）。采用药剂注干技术有较好的防治效果，20%乐果液剂的效果最好，其次为 20%吡虫啉浓可溶剂和 10%啶虫脒乳油（张扬等，2010）。据报道，用家用洗涤剂和肥皂的稀释液也可有效防治螺旋粉虱。

3. 生物防治

螺旋粉虱是一个外来入侵种，应用传统的生物防治方法，如引入一些天敌已取得了一定的效果。已记录的天敌有 91 种，其中捕食性 81 种，寄生性 10 种，有重要意义的有 3 种小毛瓢虫，包括 *Delphastus catalinae*（Horn）、*Nephaspis oculatus* Blatchley、*Nephaspis bicolor*（Gordon），还有 3 种寄生蜂，即海地恩蚜小蜂（*Encarsia haitiensis* Dozier）、哥德恩蚜小蜂（*Encarsia guadelopupae* Viggiani）和釉小蜂（*Euderomphale vittata* Dozier），这 3 种寄生蜂尤被重视。在瓢虫中，应加强对 *Nephaspis bicolor* 的研究，又如台湾凯瓢虫（*Keiscymnus taiwanensis* Yang），1 种弯叶毛瓢虫（*Nephus* sp.）。日本方头甲（*Cybocephalus nipponicus*）和未鉴定的草蛉、双翅目蝇类等，详细的种类及应用价值有待于深入研究。

9.4.5 烟粉虱

9.4.5.1 分类学地位

烟粉虱（*Bemisia tabaci* Gennadius）属同翅目（Homoptera）粉虱科（Aleyrodidae），又名甘薯粉虱、棉粉虱。

9.4.5.2 形态特征

雌虫：体长（0.91±0.04）mm，翅展（2.13±0.06）mm。雄虫：体长（0.85±0.05）mm，翅展（1.81±0.06）mm。虫体淡黄白色到白色，复眼红色，肾形，单眼 2 个，触角发达 7 节。翅白色无斑点，被有蜡粉。前翅有 2 条翅脉，第 1 条脉不分叉，停息时左右翅合拢呈屋脊状。足 3 对，跗节 2 节，爪 2 个（见彩图 9.4.1）。

卵：椭圆形，有小柄，与叶面垂直，卵柄通过产卵器插入叶内，卵初产时淡黄绿色，孵化前颜色加深，呈琥珀色至深褐色，但不变黑。卵散产，在叶背分布不规则。

若虫：椭圆形。1 龄体长约 0.27 mm，宽 0.14 mm，有触角和足，能爬行，有体毛 16 对，腹末端有 1 对明显的刚毛，腹部平、背部微隆起，淡绿色至黄色，可透见 2 个黄色点。一旦成功取食合适寄主的汁液，就固定下来取食直到成虫羽化。2、3 龄体长分别为 0.36 mm 和 0.50 mm，足和触角退化至仅 1 节，体缘分泌蜡质，固着为害。

蛹：淡绿色或黄色，长 0.6～0.9 mm；蛹壳边缘扁薄或自然下陷，无周缘蜡丝；胸气门和尾气门外常有蜡缘饰，在胸气门处呈左右对称；蛹背蜡丝有无常随寄主而异。制片镜检：瓶形孔长三角形，舌状突长匙状，顶部三角形具 1 对刚毛，管状肛门孔后端 5～7 个瘤状突起（吴秋芳和花蕾，2006）。

9.4.5.3 生物学特性

在我国北方，烟粉虱成虫常与温室白粉虱混合发生。烟粉虱雌雄成虫往往成对在叶背取食，雄虫略小于雌虫，多在植株的中上部产卵，但随着寄主植物的生长，若虫在下部叶片发生多，老叶和枯死的叶片均可见枯死的伪蛹（壳）。卵多产在叶背，长椭圆形，有一柄，以柄附着在叶面上，初产时淡黄色，以后颜色逐渐加深，至孵化前变为黑褐色。若虫淡绿色，1 龄若虫具有相对长的触角和足，较活跃，在叶背爬行，寻找合适的取食场所，2～4 龄若虫足和触角退化，在叶片上固定不动，刺吸取食，直到成虫羽化。成虫多在光照条件下羽化，有孤雌生殖的习性；成虫通过第 4 龄若虫背面的"T"形线羽化出来，到完全羽化出来约需要 15 min。烟粉虱发育到伪蛹后，90%左右都能羽化为成虫，刚羽化的烟粉虱翅并未伸展开，过一段时间后才完全展开。夏天成虫羽化后 1～8 h 内交配，秋天、春天羽化后 3 d 内交配。成虫喜欢群集于植株上部嫩叶背面吸食汁液，随着新叶长出，成虫不断向上部新叶转移，故出现由下向上扩散危害的垂直分布。最下部是蛹和刚羽化的成虫，中下部为若虫，中上部为即将孵化的黑色卵，上部嫩叶是成虫及其刚产下的卵。成虫喜群集，不善飞翔，对黄色有强烈的趋性。还可在氮肥施用量高、水分少的敏感作物上排泄很多的蜜露，造成煤污病发生严重。当受害植株萎蔫时，成虫大量迁出（吴秋芳和花蕾，2006）。

9.4.5.4 为害与分布

1. 为害特征

烟粉虱聚集植物叶背吸汁，其危害除直接刺吸植物汁液，导致植株生长衰弱外，若虫和成虫还分泌蜜露，诱发煤污病，发生严重时，叶片呈现黄色，严重影响植物光合作用及花木观赏效果。其低龄若虫取食西葫芦叶片汁液造成典型的银叶症状，常误作病害防治而造成减产甚至毁园。国内外研究表明，烟粉虱能传播 WFT 联体病毒（Whitefly-transmitted geminiviruses）等多种植物病毒，还能够传播植物细菌病害和真菌病害（金党琴，2005；吴秋芳和花蕾，2006）。

2. 分布

目前，烟粉虱已广泛分布于亚洲、欧洲、非洲、北美、南美等 90 多个国家和地区，如中国、日本、马来西亚、印尼、印度、约旦、土耳其、巴基斯坦、阿根廷、埃及、摩洛哥、苏丹、索马里、以色列、埃塞俄比亚、加纳、尼日利亚、科特迪瓦、利比亚、刚果、扎伊尔、坦桑尼亚、肯尼亚、喀麦隆、乌干达、毛里求斯、塞拉利昂、马拉维、莫桑比克、津巴布韦、意大利、英国等很多国家和地区都有分布。

9.4.5.5 发生规律

在热带和亚热带地区 1 年可以发生 11～15 代，在我国北方露地不能越冬，保护地可常年发生，每年繁殖 10 代以上，呈现明显的世代重叠现象。温暖地区，在杂草和花卉上越冬；冷凉地区，在温室作物、杂草上越冬。春季和夏季迁移至经济作物，当温度上升时，虫口数量迅速增加，一般在夏季暴发成灾。在不同寄主植物上的发育时间各不相同，在25℃条件下，从卵发育到成虫需要18～30 d不等。成虫的寿命为10～22 d，喜在幼嫩部位产卵，每头雌虫可产卵30～300粒，在适合的植物上平均产卵200粒以上，也有报道，烟粉虱以26～28℃为最佳发育温度，在此温度下，卵期约5 d，若虫期15 d，成虫寿命30～60 d，完成一个世代仅需19～27 d(金党琴，2005)。

9.4.5.6 预测预报

自1949年烟粉虱在我国报道以来，很长一段时间内不是主要的经济害虫，直到1997年在广东局部地区发生严重为害，之后在2000年在南北方都暴发成灾。关于其发生动态和为害情况在棉花和蔬菜上研究较多。烟粉虱的发生程度受多种生态条件影响，如气候、种植制度、品种等，随着以上条件的改变，烟粉虱的发生情况也会有所变化。不同地区烟粉虱发生程度有差异可能主要与当地农作物种植结构等因素有关(黄小玲和魏洪义，2010)。具体请参阅螺旋粉虱的预测预报(9.4.4.6)。

9.4.5.7 防治措施

1. 农业防治

清除危害和侵染来源，彻底铲除病株及杂草，并加以销毁。切断通过秧苗传入大棚的途径，即冬、春季育苗房与生产温室分开，育苗前清除残株杂草，熏杀残余成虫，培育无虫苗进行定植。针对烟粉虱在我国北方保护地越冬的特点，在保护地秋冬茬栽培烟粉虱不喜好的半耐寒性叶菜，如芹菜、生菜、韭菜等，从越冬环节切断烟粉虱的自然生活史，避免形成烟粉虱的桥梁作物；另一方面在作物生长期间，结合整枝打杈，摘除带虫老叶带出田外妥善处理，这样可以减少烟粉虱传播的范围。

2. 物理防治

根据烟粉虱对黄色有强烈的趋性的特点，可以在温室内设置黄板诱杀成虫。将1 m×0.2 m长条的纤维板或硬纸板涂为橙黄色，再涂上一层黏油(用10号机油加少许黄油调匀)，插在地里，黄板与植株基本平行或略高于植株，当烟粉虱粘满板面时，需及时涂黏油，7～10 d重涂1次。

3. 生物防治

据有关资料统计，烟粉虱的天敌资源非常丰富，世界范围内目前已报道的烟粉虱寄生性天敌有55种，主要是恩蚜小蜂属(*Encarsia*)和浆角蚜小蜂属(*Eretmocerus*)；有114种捕食性天敌，主要是瓢虫(*Coccinellidae*)、草蛉(*Chrysopidae*)、花蝽和一些捕食螨等；有7种虫生真菌，主要是蜡蚧轮枝菌(*Verticillium lecani*)、粉虱座壳孢(*Aschersonia aleyrodis*)、玫烟色拟青霉(*Paecilomyces fumosoroseus*)、白僵菌(*Beauveria bassiana strain*)等，在世界上许多国家利用天敌控制烟粉虱已取得了成功(肖燕等，2001；张世泽等，2004)。

4. 化学防治

药剂防治需掌握在虫口密度较低时早期施药，喷药时间应在清晨烟粉虱成虫活动性弱时进行。在烟粉虱虫口密度大时，适当增加喷药次数，连喷3次，即可完全防治烟粉虱。喷药时要使叶片反面均匀着药，晨、晚露水未干时喷药，可提高防成虫效果。

22%敌敌畏烟剂 0.5 kg/亩，于傍晚前将大棚密闭熏烟，可杀灭成虫。或在花盆内放锯末后洒 80%敌敌畏乳油 0.3～0.5 kg/亩，放上几个烧红的煤球即可。可轮换使用的药剂有：1.8%阿维菌素类杀虫剂乳油 2 000～3 000 倍液、植物源杀虫剂 6%绿浪乳油 1 000 倍液、40%绿莱宝乳油 1 000 倍液、昆虫几丁质酶抑制剂、25%扑虱灵可湿性粉剂1 000～1 500 倍液、10%吡虫啉可湿性粉剂 2 000 倍液、2.5%天王星乳油 1 000 倍、5%锐劲特 1 500 倍，成虫消失后 10 d 内再追杀 1 次，以消灭新孵化若虫（金党琴，2005；陶先东等，2005；徐文华等，2006）。

9.4.6 温室白粉虱

9.4.6.1 分类学地位

温室白粉虱[*Trialeurodes vaporsriorum*（Westwood）]隶属于同翅目（Homoptera）粉虱科（Aleyrodidae），俗称小白蛾子。

9.4.6.2 形态特征

成虫：体长 1～1.5 mm，体白色，全身布满白色蜡粉，头部淡黄绿色，栖息时双翅在体上合成屋脊状。两翅合拢时，平覆在腹部上，通常腹部被遮盖。

卵：椭圆形，长 0.2～0.5 mm，长椭圆形，顶部尖，端部卵柄插入叶片中，以获得水分避免干死。卵变色均由顶部开始逐渐扩展到基部，一般温室白粉虱的卵色由白到黄，近孵化时为黑紫色，卵上覆盖成虫产的蜡粉较明显。

若虫：体椭圆形，扁平，淡黄色，体表长有长短不一的丝状突起，体长 0.3～0.5 mm。

蛹：温室粉虱的蛹白色至淡绿色，半透明，蛹壳边缘厚，蛋糕状，周缘排列有均匀发亮的细小蜡丝，瓶形孔长心脏形，舌状突短，呈三叶草状，顶端有 1 对刚毛，亚缘体周边单列分布有 60 多个小乳突，背盘区还有 4～5 对较大的乳突。

9.4.6.3 生物学特性

温室粉虱的个体发育经历卵、若虫和成虫 3 个虫期，通常人们将第 4 龄若虫称为伪蛹。多食性害虫，寄主范围广泛，目前温室粉虱危害的寄主植物有 121 科 898 种植物。在不同寄主植物上的发育时间各不相同，在 25℃条件下，从卵发育到成虫需要 18～30 d 不等。成虫的寿命为 10～22 d，每头雌虫可产卵 30～300 粒，在适合的植物上平均产卵 200 粒以上。也有报道，烟粉虱以 26～28℃为最佳发育温度，在此温度下，卵期约 5 d，若虫期 15 d，成虫寿命 30～60 d，完成一个世代仅需 19～27 d。温室条件下，卵期一般 6～8 d，若虫期 8～9 d，蛹期 6 d，成虫寿命 12～58 d。温室粉虱的发生与温度有关，成虫活动的最适温度为 25～30℃。

刚孵化的粉虱若虫在叶背爬行，寻找合适的取食场所，数小时后即固定刺吸取食，直到成虫羽化。成虫喜欢群集于植株上部嫩叶背面吸食汁液，随着新叶长出，成虫不断向上部新叶转移。故出现由下向上扩散危害的垂直分布。最下部是蛹和刚羽化的成虫，中下部为若虫，中上部为即将孵化的黑色卵，上部是成虫及其刚产下的卵。成虫喜群集，不善飞翔，对黄色有强烈的趋性。

9.4.6.4 为害与分布

美国于1856年就有温室粉虱危害作物的记载，1870年北美首次作为温室害虫加以报道。相关研究认为，温室粉虱的发源地在南美的巴西和墨西哥一带，随寄主植物传至美国和加拿大，再由此传入欧洲。目前分布于加拿大、美国、中南美洲各国、夏威夷群岛、欧洲、非洲、亚洲西部、东南亚、东亚各国及整个大洋洲。现在温室粉虱在我国的东北、华北、华东和西北各省普遍发生。

成虫、若虫以刺吸式口器的口针穿过植物的细胞间隙深入韧皮部取食，群集危害温室栽培蔬菜及观赏植，严重时造成减产50%以上。粉虱在吸食植物汁液的同时，还能分泌大量的蜜露，诱发霉污病，严重时叶片呈黑色，影响植物的光合作用，导致植物生长不良，大大降低了蔬菜作物的经济价值和观赏植物的观赏价值。温室白粉虱能传带拟莴苣黄病毒，但在生产上造成严重经济损失的病毒病尚未发现，也未见温室粉虱传毒的有关报道(胡敦孝和吴杏霞，2001)。

9.4.6.5 发生规律

温室白粉虱1年可发生10余代，耐寒性较弱，世代重叠，冬季在蔬菜温室大棚内以各种形态越冬，无滞育、休眠现象。第2年春季白粉虱数量逐渐增加，成为温室蔬菜大棚的虫源。室温22℃的情况下，各虫态发育周期分别为卵期6～7 d，若虫期8～9 d，生育期6～7 d，成虫寿命15～30 d。繁殖的适温为18～21℃，在正常温室条件下，约1个月完成1个世代。温室白粉虱春末、夏初期种群密度大，7～8月迅速上升达到高峰，10月中旬天气转凉后，虫口数量逐渐减少，白粉虱由露地向温室迁移，完成生活史。此外，温室白粉虱很容易随花卉、苗木运输远距离传播。温室白粉虱羽化后的成虫1～3 d可产卵，将卵产在嫩叶背面，雌虫可产60～110粒卵。也可以进行孤雌生殖，其后代为雄性。成虫具有趋嫩性，在寄主植物打顶以前，成虫总是随着植株的生长不断追逐顶部嫩叶背产卵，使各虫态在植株上形成垂直分布型。白粉虱在作物上的分布有一定的规律性，植物的上部叶片多为成虫和初产的卵，往下为黑色的卵及若虫。温室白粉虱成虫对黄色有很强的趋性，飞翔力较弱，向外迁移扩散缓慢(刘慧莲，2011)。

9.4.6.6 预测预报

温室白粉虱为微小害虫或喜飞善跳、行动活泼，田间调查也十分困难。我们利用这些微小害虫对特殊光谱(如黄色等)具有强烈反应的特性，利用黄色高效诱虫板作为预测温室白粉虱的工具，探索建立诱虫板虫量与田间虫口密度的关系式，每星期统计各处理换下来的黄板上温室白粉虱成虫数量。对温室白粉虱种群消长动态系统调查，可采用5点取样法，每隔1周调查1次。每次随机取受害植株上、中、下叶片各30张，调查叶片上的害虫数量。对田间发生量大、密度高而肉眼不易观察的烟粉虱卵、若虫、蛹等，采用打孔器取样，每处理取受害叶圆片(直径2.2 cm)90张带回室内镜检。

9.4.6.7 防治措施

1. 农业防治

(1)防治迁出和迁入。秋季温室大棚扣棚后至春季揭棚前和室内花卉出房前应彻底防治2～3次,防止烟粉虱成虫向外迁移扩散;扣棚后可在温室大棚放风口覆盖防虫网,防止大田烟粉虱迁入危害。

(2)培养无虫苗。做到育苗温室无虫,若发现害虫,应先熏蒸后育苗,确保定植苗不带虫源;并在通风口及门口增设防虫网,出入关好门,以防外来虫源侵入。

(3)清理温室内外周边环境。播种或育苗移栽前,彻底清理温室内外的杂草和残枝败叶。整枝打下的腋芽残枝、叶片应及时处理。用药物熏蒸、高温闷棚等方法消灭成虫、若虫及卵,以减少虫源。

(4)调整种植制度。提倡春季第1茬种植芹菜、辣椒等温室白粉虱不喜食危害较轻的蔬菜,要合理种植,避免与黄瓜、番茄、菜豆等温室白粉虱喜食的蔬菜混栽,特别是高度易感作物,如葫芦科、十字花科、茄科植物在温室白粉虱迁飞期最好不要种植。

(5)加强栽培管理。结合整枝打杈,摘除带虫老叶并烧毁或深埋,可减少虫口数量;消灭杂草、寄主,清洁田园;杜绝虫源,护益控害(刘慧莲,2011)。

2. 生物防治

释放寄生蜂。在温室白粉虱发生初期人工释放丽蚜小蜂,放蜂时把商品蜂蛹卡挂在植株叶柄或架条上。一般每株10～20头,条件适宜、虫态适当时,寄生率高,可有效消灭"蛹"态白粉虱。当温室白粉虱成虫平均每株0.5～1头时,每株放丽蚜小蜂成虫15头,每隔2周放1次,连续放3次。丽蚜小蜂抗农药性强,在放蜂同时为防治其他病虫害可适当喷洒农药(刘慧莲,2011;柳斌等,2009)。

另外,也可人工释放草蛉,在白粉虱发生初期,释放草蛉10头/m^2,可起到很好的防治效果。当温室白粉虱种群密度较低时,中华草蛉幼虫的自然控制作用较为显著;若温室白粉虱种群密度很高时,则对温室白粉虱种群的控制作用较差,需辅以其他措施才能达到满意的控制效果(汤方等,2008)。

烟盲蝽对温室白粉虱成虫、卵和小菜蛾二龄幼虫、卵的捕食作用也较好(李令蕊等,2008)。

昆虫病原真菌由于有着显著的流行潜力和生产的便利性,应用其防治温室白粉虱有巨大的潜力,例如蜡蚧轮枝菌(*Verticillum. lecanii*)、座壳孢(*Aschersonia* spp.)、拟青霉(*Paecilomyces* spp.)、球孢白僵菌(*Beauveria bassiana*)等(李忠等,2002)。

3. 物理防治

利用黄板诱杀成虫。利用温室白粉虱强烈的趋黄习性,在发生初期将黄板涂上机油挂于蔬菜植株行间,诱杀成虫是一项简便易行、经济实惠、有效期长的防治方法。黄板诱杀白粉虱既有良好的防治效果,也可避免化学防治对环境的污染。当栽培作物过多,栽培面积过大时,白粉虱轻微发生往往不容易被发现。同时黄板还有很好的预测预报作用。挂黄板的方法是先将纤维板用油漆涂成橙黄色,待油漆干后再涂1层黏油,将涂好的诱杀板均匀挂在温室内,一般挂诱杀板750块/hm^2,诱杀板的高度与作物高度基本一致。当粉虱粘满诱杀板时，可重新涂1层黏油，反复使用，要防止油滴在作物上造成烧伤。

采用防虫网。生产全过程用防虫网覆盖，防止白粉虱接触蔬菜。防虫网一般30目左右，温室白粉虱不易进入网内危害蔬菜（刘慧莲，2011）。

4. 化学防治

常规喷雾，目前温室白粉虱的防治以化学防治为主，但要注意早期防治，以成虫防治为主，将其消灭于产卵初期。白粉虱繁殖快，世代重叠。因为在同一作物上存在各种虫态，而且当前缺少一种对多种虫态都有效的农药，仅靠1次用药，难以达到预期效果，必须连续用药并且不同农药交替使用，既可提高防治效果，又可避免产生抗药性。目前防治效果好的农药有50%杀螟丹可湿性粉剂1 000～2 000倍液，25%联苯菊酯乳油3 000倍液，20%甲氰菊酯乳油2 000倍液，噻虫嗪5 000～6 000倍液。对准叶背面喷雾，喷药时，尤其要注意植株中上部的叶片背面，虫口密度大的地方喷雾要多，每隔5～7 d喷1次，连喷3～5次，防治效果可达90%以上。

熏蒸可用80%敌敌畏烟剂3 000～4 500 mL/hm^2均匀摆放在过道中（距离作物50 cm以上）熏蒸。具体方法是傍晚时，把温室密封，然后由内向外点燃，4 h后通风换气，间隔1周可再次用药（刘慧莲，2011）。

9.4.7 栗苞蚜

9.4.7.1 分类学地位

栗苞蚜（*Moritziella castaneivora* Miyazaki）隶属于同翅目（Homoptera）球蚜总科（Adelgoidea）根瘤蚜科（Phylloxeridae）摹矮蚜属（*Moritziella Börner*）。

9.4.7.2 形态特征

无翅孤雌蚜：体型小，头部和胸部分节不明显，头胸部宽大，长度之和大于腹部，且向腹部渐细，呈倒梨形。体长0.87～1.02 mm，体宽0.53～0.62 m。活体黄褐色，体表布满鳞片状突起和发达的背瘤，体背瘤灰黑色。触角粗短，3节，全长0.18～0.22 mm，为体长0.18～0.24倍。喙粗长，端部达腹部节Ⅰ～Ⅲ；节Ⅳ+Ⅴ粗楔状，长0.10～0.12 mm，为基宽的3.17～4.00倍，为后足跗节Ⅱ的2.11～3.14倍，有毛2对。仅前胸和中胸各有1对圆形或卵圆形气门，关闭，气门片黑色隆起，表面有鳞片状突起。足各节正常，粗短。后足股节长0.08～0.11 mm，为触角节Ⅲ的0.80～1.00倍；后足胫节长0.10～0.12 mm，为体长的0.11～0.14倍。跗节2节。爪间毛锤状，细长。无腹管。尾片小，半圆形，有毛2根。尾板半月形，有毛6～9根，生殖板宽椭圆形，有毛13～17根。有产卵器。

卵：宽卵圆形，长0.33～0.40 mm，宽0.17～0.23 mm，长为宽的1.75～2.23倍。初产卵为淡绿色，后逐渐变为黄色，有光泽。胚胎发育在卵内进行，发育后期可透过卵壳观察到红色复眼。

若虫：1龄无翅若蚜体尖卵形，身体分节明显。头部、胸部略宽于腹部，头部、胸部长度之和大于腹部。体长 0.30～0.33 mm，体宽 0.14～0.16 mm。黑褐色，触角、足、喙和体背瘤黑色。体背有皱纹。体背瘤扁平，每瘤有一粗长毛，自头部向腹部渐短。2 龄无翅若蚜体尖卵形，头部、胸部各节界线不明显，腹部分节明显。头部、胸部显著宽于腹部，头部、胸部长度之和大于腹部。体长 0.36～0.42 mm，体宽 0.17～0.22 mm。3 龄或 4 龄无翅若蚜(3 龄和 4 龄若蚜形态特征十分接近，难以区分，在此一并描记)体宽卵形，各体节界线不明显。头部、胸部明显宽于腹部，头部、胸部长度之和大于腹部。体长 0.73～0.77 mm，体宽 0.38～0.46 mm。黑褐色，触角、足、喙和体背瘤黑色。体背有小型鳞片状突起。体背瘤在头部、胸部突出呈小短棒状，在腹部呈半球状，被粗刺突。尾板和生殖板明显，生殖板有毛 9～11 根。无产卵器。其他特征与无翅孤雌蚜相同(姜立云等，2006)。

9.4.7.3 生物学特性

以受精卵在刺束或树皮裂缝处越冬，翌年 4 月下旬至 5 月上旬展叶期卵开始孵化，幼虫经过三、四次蜕皮变成成虫，然后产卵。经过几代增殖，一直到秋季产卵越冬。

栗苞蚜为孤雌生殖。早期栗苞蚜在新梢嫩叶基部产卵，花序形成后部分卵产在花序上，该蚜转移为害栗苞后，产卵部位多在栗苞基部和侧面外刺基部。栗苞蚜产卵盛期多在晴朗、微风的天气。雌蚜在临近产卵时胸腹膨大，腹部颜色变浅。产卵时腹部伸长，其末端不断伸缩将卵粒挤压于体外，每产 1 粒卵经过 30～60 s。该蚜间断性产卵，持续 1～3 d，1 头雌蚜一生一般可产 30～80 粒，在 7、8 月份温度适宜时，单头雌蚜产卵可增至 200 粒。聚产或散产。在盛期，成蚜聚集成堆，卵多层堆积，排列不规则，每堆卵块有卵 50～300 粒，在发生严重的栗苞上，卵量达到 2 000～3 000 粒。栗苞蚜若蚜期一般 4 龄，少数 3 龄。1 龄若蚜及成蚜活动能力较差，扩散为害以 2、3 龄若蚜为主。扩散活动受天气影响较大，集中在高温、湿度较大的上午的 8～11 时，若蚜沿果柄爬出，扩散到邻近的栗苞为害。低温高湿的天气，鲜有若蚜爬出栗苞扩散为害(张发利等，2007)。

9.4.7.4 为害与分布

分布于中国的山东(日照)、浙江(松阳)、辽宁，日本，韩国。

栗苞蚜为害日本栗的初期主要在当年生枝叶和雌花取食，个体数较少，每花上仅有几头蚜虫；栗苞形成后在其表面取食，可多达数百头，主要在苞刺基部群居，受害苞刺和栗苞表面变黄，直至褐色干枯；部分受害栗苞在果实未成熟时就提前开裂，栗苞蚜随即迅速转入栗苞，在其内壁和坚果上为害。受害坚果表面变为褐色，果皮干枯开裂，种子易发霉腐烂。前期造成受害植株栗苞脱落或发育迟缓，推迟成熟开裂，品质下降；后期造成大量栗苞和栗果提前开裂，种子脱落或腐烂，严重者整株颗粒无收(姜立云等，2006)。

9.4.7.5 发生规律

栗苞蚜一年发生 10 余代。根据不同发育时期，世代周期变化较大，7～30 d。该蚜世代重叠现象十分严重，在发生期内的任何时候都可见到卵、若蚜和成蚜。栗苞蚜以卵和成虫在树枝干皮缝内和栗蓬刺丛间越冬。从 4 月中旬栗树展叶期间，越冬虫态开始活动。越冬卵开始孵化为干母，爬至枝干裂缝内和叶腋处吸食营养，5 月上旬羽化为成蚜孤雌产卵，越冬成蚜也开始产卵。卵约 20 d 即可孵化，若蚜孵化后即分散为害，先后危害花蕾、果蓬。6 月中旬进入大量繁殖为害阶段。7 月中、下旬为扩散为害盛期。在 8～9 月虫口密度达到最大，世代周期也最短，平均 7 d 完成 1 代。9 月下旬至 10 月上旬，随日本栗收获，成蚜产卵越冬，部分成蚜爬至隐蔽处（郑金利，2004）。

9.4.7.6 预测预报

预测预报方法包括测报资料统计与汇总（发生期预测、发生程度预测）等，具体请参阅梨黄粉蚜（9.4.8.6）。

9.4.7.7 防治措施

1. 农业防治

注重栗园的冬季管理，清洁果园，清除落苞，刮除老树皮，集中烧毁。

2. 加强检疫

严禁疫区的苗木、接穗、种子调入，防止虫害扩散。

3. 化学防治

抗蚜威、吡虫啉、氯噻啉、噻虫嗪、阿维菌素等对栗苞蚜都有较好的效果。由于害虫易对吡虫啉产生抗性，可以与其他药剂混配或轮流使用；阿维菌素对天敌的杀伤力较大，应尽量减少使用量。在 7～8 月份栗苞蚜虫口密度达到最大前，加重施药，有较好的防治效果（郑金利，2004；张发利，2007）。

9.4.8 梨黄粉蚜

9.4.8.1 分类学地位

梨黄粉蚜[*Aphanostigma jakusuiensis*(Kishida) Choloddovsky]属同翅目（Homoptera）根瘤蚜科（Phylloxeridae）。又名梨瘤蚜、梨根瘤蚜、梨黄粉蚜，俗称黄粉虫、臭屁虫、膏药顶等。

9.4.8.2 形态特征

成虫：无翅，体卵圆形，黄色，体长 0.7～0.8 mm，头小，触角 3 节，口器长达腹中部，腹管退化，腹末较尖细，无亮光，雌虫足不发达，行动困难。

卵：椭圆形，黄绿色，长 0.25～0.40 mm，常数十粒成堆，似一堆黄粉末，故又称黄粉虫，在阳光下有亮光。

若虫：淡黄色或黄绿色，初孵若虫长椭圆形，体小，头和胸部较大，腹末尖形，足发达，爬行较快；当找到固定为害部位后很少移动，身体膨大，足逐渐退化。

9.4.8.3 生物学特性

梨黄粉蚜为多型性蚜虫。成虫无翅，以其产卵类型不同而分为干母型、干雌型、性母型和性蚜型。前3种类型成虫均行孤雌生殖，并固定一处取食、繁殖，不爬行。3种成虫平均寿命依次为18.7 d、16.8～24.4 d、13.3 d。性母型雄成虫每头可交尾2次，雌虫每头产1粒卵后死亡。成虫寿命，干雌第5代最长，性蚜最短，其余世代平均23～41 d。随气温增高繁殖1代时间变短。每头成虫产卵期可达1个月，产卵120粒左右。以卵在果台、树皮裂缝、翘皮下、疤痕的隐蔽处或枝干上越冬。尤以1～3年生枝条上越冬为多。梨黄粉虫卵在枝干上的翘皮缝中越冬量占96.7%～97.8%，所以该处是其主要虫源地。卵于梨树开花期孵化为干母，若虫聚居于越冬场所，如翘皮下嫩皮处刺吸汁液，繁殖3代后开始向其他部位转移。不同地区卵孵化期不同，四川金川地区卵孵化期为2月下旬至3月上旬，河北一般在4月上旬梨花开绽期孵化，经12 d左右孵化完(杜玉虎等，2003)。

梨黄粉蚜喜欢荫蔽的环境，果实套袋为黄粉蚜的隐体繁殖提供了适宜的场所。由于梨黄粉蚜有喜荫怕阳的特性，套袋梨的袋口折叠缝、纸袋内正好具备这个条件。该虫一旦进入袋内，犹如进入极安全地带，在里面可大量繁殖危害。梨黄粉蚜的成虫无翅，不能飞翔，且爬行较慢，向四周扩展蔓延只能依赖于能飞翔的鸟类及昆虫类，如所有的鸟类及蚱蝉、蜂类、蝶类、蛾类等。其发生量及危害程度与气候有关，温暖干燥的天气对该虫的繁殖危害有利，一旦进入汛期，持续降雨，对黄粉蚜的繁殖危害不利。

9.4.8.4 为害与分布

原产于欧洲，在我国分布于北京、辽宁、河北、山东、山西、安徽、江苏、河南、陕西、四川、台湾等地梨产区。

梨树黄粉蚜只为害梨树，以成虫和若虫在翘皮下嫩皮处取食汁液，后转移到果实萼洼处取食为害，附着在果皮下吸食果汁，该虫的成虫、若虫和卵成堆在果面上，形成黄粉状。擦去后果面上出现黄色稍凹陷的斑块，黄斑周缘产生褐色晕圈，即为若虫为害的斑痕，最后变为褐色斑。严重时自萼洼处变褐腐烂，俗称膏药顶。套袋果由于袋内湿度大、温度高，受害部位变黑后易腐烂，且有酒糟气味易脱落。后期在果实胴体部为害，常造成果实龟裂降低梨的品质，影响外观(郝宝锋和鲁胜山，2010；高立波，2007)。少数成虫在果面为害，尤其在叶与果、果与果之间的夹缝中为害，出现圆形稍凹陷的褐色斑块。对新梢的为害，以嫩梢最重，造成不规则褐色斑块，生长缓慢。虫体多时斑块布满新梢，导致叶片萎蔫变红，新梢干枯，第2年，随新梢生长，被害处皮层开裂(杜玉虎等，2003)。

9.4.8.5 发生规律

在我国梨树黄粉蚜一般每年发生8～10代，以卵在树皮缝隙及枝上的残附物内越冬。梨树开花时卵开始孵化，卵孵化后的若虫于6月上中旬开始转移到果实上为害并繁殖，8～9月出现有性蚜，交尾后陆续转移到树皮缝等处产卵越冬，果实接近成熟时受害最重。树冠下很少见斑驳阳光，梨黄粉蚜发生严重，发生率在10%左右；内膛果与外围果为害率没有明显的区别；套双层袋由于袋内环境更加隐蔽，其为害程度更加严重；不套袋与套袋果实为害率差异明显，套袋果为害率较不套袋果高10%(张玉花等，2010)。

9.4.8.6 预测预报

1. 田间调查方法

越冬基数调查12月下旬进行。选有代表性梨园10～15块，每园固定2株树，选取有翘皮大枝5枝，每枝随机查翘皮1处，用刀片将翘皮翘起，记录卵枝，估测卵量，并记录。

系统调查自5月中旬开始，至采收期止，每旬逢3、8日调查。选有代表性的幼果园、盛果园和老果园各1块。每块园面积在1亩以上，在靠近边缘和中间部位各固定1株梨树，每株按树冠内、外、上、中、下5个方位各取果实20个进行调查，并记录(夏风等，2004)。

2. 预测预报方法

(1)测报资料统计与汇总

①发生期的确定　用3块系统调查梨园数据的平均数作为全年梨黄粉蚜的发生消长，梨黄粉蚜发生危害始期、始盛期分别指梨果蚜果率达到1%及蚜果率不再增加时的日期，始盛期后百果蚜量最高的日期为梨黄粉蚜发生危害高峰期。

②发生量的表示及发生程度分级标准　越冬卵量以平均百枝卵量表示，生长季节发生量用平均百果蚜量及蚜果率表示，发生程度以发生危害高峰期平均蚜果率为指标划分成5级。

(2)发生期预测　根据系统调查结果，当田间初见黄粉蚜上果时，即预示其危害始盛期来临，可立即预报防治。

(3)发生程度预测　可根据越冬卵量、田间发生量和天气预报，并结合历史资料，对发生程度作出预测。气候干燥时，利于其发生。

9.4.8.7 防治措施

1. 防止人为传播

在梨黄粉蚜为害的梨园育苗或采接穗是加速其传播的主要途径，因此新建园时，为防治梨黄粉蚜，出圃苗和接穗可先用1°Be石硫合剂浸1～2 min。

2. 选择优质袋，改善套袋技术

选择韧性强、透气性好的胶封纸袋，选机缝的纸袋时一定要选针眼密的。用内纸袋外塑膜袋对鸭梨进行套袋，除具有一般纸袋的提高外观品质的功能外，还能够很好防止黄粉蚜的侵入。黄粉蚜一旦入袋后，就需喷药进行防治，因此蜡袋不宜采用。套袋时折叠袋口，用捆扎丝把袋子固定在果柄上，捆扎位置在袋口下2 cm处，尽量靠近果台。用力应适当，过紧会损伤果柄，过松黄粉蚜可侵入。袋口也可用双面胶条黏合(杜玉虎等，2003)。

3. 农业防治

秋末至早春，刮除粗树皮，结合冬剪，剪除伤残断枝，并烧掉，以减少越冬基数，是减轻该虫危害的主要措施。

4. 药剂防治

在3月份现蕾后至开花前黄粉蚜越冬虫卵孵化时和5月份果实套袋前各喷一次20%甲氰菊酯乳油2 000～2 500倍或5%吡虫啉乳油2 000～3 000倍或48%乐斯本乳油1 200～1 500倍等农药防治，并结合防治其他病虫害进行。为害套袋梨果的黄粉蚜，多是从果袋上部扎口爬进果袋内的，因此套袋前可将袋口用30%吡虫啉2 000倍或80%敌敌畏500倍加多菌灵500倍混合液浸泡20 min，并且果袋套上时果柄处必须要封严扎紧，下部排水孔要朝下，以减少或防止黄粉蚜爬进袋内。

9.4.9 葡萄根瘤蚜

9.4.9.1 分类学地位

葡萄根瘤蚜[*Viteus vitifoliae*(Fitch)]属同翅目(Homoptera)根瘤蚜科(Phylloxeridae)。

9.4.9.2 形态特征

葡萄根瘤蚜有多型现象，目前成蚜有根瘤型、有翅型、无翅有性型及叶瘿型等。

(1)成蚜

根瘤型：无翅雌成蚜体卵圆形，长1.2～1.5 mm，鲜黄、污黄或略带绿色，触角和足黑褐色，无翅、无腹管。体表粗糙，有明显的暗色鳞形或棱形纹，头、胸、腹背面各节分别有4、6、4个灰黑色瘤突；各胸节腹面有肉质小突起1对。复眼红色，由3个小眼组成；触角3节，第3节端部有1个圆形感觉孔，末端有3～4根刺毛，喙7节。足跗节两节，末端有两根冠状毛和1对爪。尾片末端圆形，有毛6～12根。

叶瘿型：无刺孤雌成蚜体近圆形，长0.9～1 mm，黄色，体表有微细凹凸纹，无黑瘤。触角第3节有1个感觉孔，末端有刺毛5根。其他与根瘤型相似。

有翅型：成蚜体长0.9 mm，翅展2.8 mm，长椭圆形，橙黄色，中、后胸赤褐色。触角第3节有两个感觉孔，末端有刺毛5根。翅2对，静止时平叠于体上，前翅翅痣长形，有中脉、肘脉和臀脉3条斜脉，后翅无斜脉。有翅蚜一般产大小两种卵，为淡黄，大卵长0.36～0.5 mm，小卵长0.27 mm。

无翅有性型：雌性蚜体长椭圆形，长约0.4 mm，雄性蚜长约0.3 mm。黄褐色，触角、足灰黑色，喙全退化。触角第3节有1个感觉孔，顶端刺毛5根。足跗节仅1节。由卵孵出后不脱皮即为成虫。两性卵为椭圆形，深绿色，长0.27 mm。

(2)若蚜　为淡黄色或黄绿色，复眼红色，触角及足半透明，在显微镜下可以看到少数若虫在根上来回爬动。

(3)卵　卵长0～3 mm，长椭圆形，黄色略有光泽，渐变为绿色。

9.4.9.3 生物学特性

葡萄根瘤蚜的生活史比较复杂，分为有性和无性两个阶段：卵经孵化为第1龄若蚜，1龄若蚜的活动能力特别强，孵化后就开始移动到临近根系或叶片上为害，一旦找到合适的部位开始为害，蚜虫便不再移动，为害后形成根瘤或叶瘿。若蚜共4龄，全部为雌蚜，以孤雌生殖方式繁殖后代，部分葡萄根瘤蚜在根部蜕皮3次后成为有翅型蚜虫，有翅蚜仅能存活3～4 d，没有完整的口器，不危害葡萄，而是转移到葡萄地面部分并产卵，卵分为雌卵和雄卵；有性卵孵化出来后若蚜并不取食，蜕皮3次后发育为无翅型成蚜并在24 h内完成交配，1雌蚜仅产1个越冬卵;翌年春天,越冬卵孵化为干母,并转移到葡萄植株或叶片上,待其发育至成蚜开始产卵,进行无性繁殖(吕军,2008)。

葡萄根瘤蚜的发育繁殖与气候、土壤关系密切。4～10月份平均降雨量100～200 mm,适宜其繁殖为害,7～8月份降雨量过多,其繁殖力下降,若气候干旱则容易引起猖獗危害。葡萄根瘤蚜的发生还与土壤质地有密切关系,具有团粒结构的土壤,土内水分多,空气流通,土温较稳定,利于根瘤蚜的发生为害。反之,沙土地栽培葡萄则不利于根瘤蚜发生,可避免根瘤型蚜的危害。

9.4.9.4 为害与分布

葡萄根瘤蚜只为害葡萄属植物,以刺吸式口器吸取寄主汁液。主要为害葡萄根部,以新生须根为主,须根被害后形成结节状根瘤,须根端部膨大成米粒大小的菱形根瘤,主根则形成较大瘤状突起。葡萄受害后,被害部溃烂,皮层开裂、剥落,维管束被破坏;同时,被害部位易遭受病菌侵染,造成根腐。受害植株叶片发黄,提前落叶,产量大幅下降,严重时死亡。叶部受害后,被害部形成虫瘿,影响植株光合作用和正常发育(高贵涛,2011)。

葡萄根瘤蚜在国外分布很广,曾给欧洲葡萄酒产业带来巨大危害(张军翔,2001)。国内先后在山东烟台、辽宁盖县、陕西杨陵、甘肃、云南、台湾等地有记录发生,但由于当时葡萄产业不发达,面积小,容易毒杀,加之地理隔离以及较少人为传播,逐渐于20世纪50年代灭绝,因此长期以来我国葡萄品种可以自根扦插繁殖。但自2005年6月,上海嘉定马陆镇葡萄园首次发现葡萄根瘤蚜,其后陆续在南方多个地区以及陕西等地发现葡萄根瘤蚜。

9.4.9.5 发生规律

葡萄根瘤蚜生活史很复杂,一年中主要以孤雌生殖为主,只是在秋末才进行两性生殖,繁殖速度快、代数多,根瘤型每年发生5～8代,叶瘿型每年发生7～8代,初龄若虫及少量卵在枝干和根部越冬,翌年春季4月以后越冬若虫开始活动,为害粗根,田间虫口密度以5月中旬至6月底、9月上旬至9月底这两个时期较高。7月后降雨量增多,前期被害的粗根开始腐烂,此时根瘤型蚜可沿根部和土壤缝隙爬到表层须根上取食为害,从而形成根瘤,以7月上中旬形成的根瘤为最多。叶瘿型可直接转变成根瘤型,但根瘤型不能直接转变成叶瘿型(倪洁,2008)。

9.4.9.6 预测预报

监测有翅蚜:在4～11月选葡萄园地悬挂黄板,每亩挂10块,高度为距地0.8 m,每月更换1次,每周检查1次,在10倍以上放大镜下检查所有蚜虫,疑似葡萄根瘤蚜应向植物检疫站送检(倪洁,2008)。

田间调查:田园检查在4～11月每月进行1次,9～10月虫口发生高峰期是最佳调查时间,对树势相对其他葡萄树显著衰弱,叶色墨绿,提前黄叶、落叶,产量下降及整株枯死的可疑葡萄树采样,查看有无葡萄根瘤蚜,取样以植株主干为中心1 m半径范围内寻找须根密集区域,对须根(包括部分直径2 cm左右的主根)和根际土壤采样(500 g),放于密封塑料袋内,送检。检查时发现可疑根瘤时要注意记录。同时要注意区别其他症状造成的根系异常,如线虫或地老虎危害等。

9.4.9.7 防治措施

1. 农业防治

这是目前防治葡萄根瘤蚜的首选办法，据估计世界上85%以上的葡萄园采用了抗根瘤蚜的砧木。田间实验清楚地表明：在使用抗砧之后，葡萄根部以上完全没有被根瘤蚜为害。

改良土壤或沙地栽培，创造不适合根瘤蚜生活的生境。

2. 化学防治

在苗木扦插前用50%辛硫磷1 500倍液处理苗木，或用溴甲烷熏蒸苗木，可以全部杀死根瘤蚜。

处理土壤：取50%辛硫磷500 g，均匀拌入50 kg细土，每亩用药量250 g，于下午3～4时施药，施药后随即深锄。

对已经发生疫情的园地，要用10%吡虫啉可湿性粉剂1 500倍液，对植株、地面和支架等均匀喷雾，杀灭地上可能存在的蚜虫。处理24 h后，将部分贴地根砍掉，藤蔓就地切断，集中于深坑内，浇淋农药，覆土(高贵涛，2011)。

葡萄在被根瘤蚜侵害的同时也受到真菌的侵染，因此利用化学药剂防治时，应该考虑采用一些杀菌剂，而不是单纯的防治葡萄根瘤蚜。由于药剂在土壤中应用的诸多不便，化学防治时应以提高葡萄抗性为主要目标。

9.4.10 苹果绵蚜

9.4.10.1 分类学地位

苹果绵蚜[*Eriosoma lanigerum* (Hausmann)]属同翅目(Homoptera)瘿绵蚜科(Pemphigidae)，又名血色蚜虫、赤蚜等，在我国属于重要入侵害虫，也是国内外重要检疫对象之一。

9.4.10.2 形态特征

无翅胎生雌蚜：体长1.8～2.2 mm，椭圆形，腹部膨大，赤褐色。复眼红黑色，眼瘤亦红黑色。口喙末端黑色，其余赤褐色(见彩图9.4.2)。

有翅胎生雌蚜：体长1.7～2.0 mm，体色暗，较瘦。复眼红黑色。

有性蚜：有性雌蚜体长约1 mm，淡黄褐色。

若虫：共4龄。1龄若虫为扁平圆筒形，黄褐色，体长0.65 mm。2龄后渐变为圆锥形，红褐色，触角5节，喙长超过腹部。2龄体长0.8 mm，3龄体长1.0 mm，4龄体长1.45 mm，体上有白色蜡绵。有翅若蚜与无翅若蚜3龄以下难以区分，到4龄时有翅若蚜体上有两个黑色翅芽。

卵：椭圆形，长0.5 mm，表面光滑，覆有白粉较多的一端有精孔突出。初产为黄色，渐变褐色。

9.4.10.3 生物学特性和发生规律

苹果绵蚜的生活史有两种类型:一种为全周期,其年生活史由孤雌生殖世代与两性生殖世代交替构成;另一种为不全周期,仅有孤雌生殖世代。全周期仅在北美洲出现。在我国,仅有孤雌生殖世代,一年能发生多代,华北能发生 12～20 代,云南能发生 20 多代。苹果绵蚜若虫分 4 龄,第 4 次蜕皮后变成蚜,苹果绵蚜主要以 1、2 龄若虫在树干、枝条的伤疤、粗皮裂缝、剪锯口及地下浅层根部越冬。翌年气温回升至 8℃左右(3 月底至 4 月中旬),越冬若虫开始活动。5～7 月上旬为此虫繁殖最盛期。9 月中旬至 10 月,由于寄生蜂数量逐渐减少和气温比较适宜,此虫数量又逐渐回升,形成第 2 次高峰,11 月进入越冬。有翅蚜的发生有 2 次,第 1 次于 5 月下旬至 6 月下旬,数量较少。仅在蚜群密度较大的地方发生;第 2 次于 8 月底至 10 月中旬,其中以 9 月中旬至 10 月中旬胎生情况不整齐。性蚜的自然死亡率极高,在田间未发现越冬卵(李宝明等,2010)。

苹果绵蚜的发生和温度有很大关系,在 10～30℃范围内从出生到成虫期的发育时间长短与温度成负相关。

9.4.10.4 为害与分布

国内分布在天津、河北、辽宁、江苏、山东和云南等地。在国外广泛分布于美国、日本等 70 多个国家。

苹果绵蚜主要危害苹果,也危害山荆子、海棠、花红、山楂。此虫群集在果树枝干的病虫伤口和剪锯口、老皮裂缝、新梢叶腋、短果枝、果柄、果实的梗洼、萼洼及地下的根部刺吸危害。树干和枝条被害后,逐渐形成瘤状突起,严重时肿瘤很多,肿瘤破裂后造成深浅、大小不同的伤口,这种伤口更适宜绵蚜继续加害。绵蚜的吸食使树体损失大量营养;侧根被害形成肿瘤,不能再生须根,逐渐腐烂,造成树势衰弱,寿命缩短,花芽分化减少,产量降低;幼树被害,树体发育不良,延迟结果年限;绵蚜危害后造成的伤口,易引起其他病虫害的侵害;抗寒、抗旱能力下降;绵蚜体外排泄的蜜露可造成树体及叶片发黑,污染果面,使叶片光合作用能力下降,产量、品质大幅度下滑,危害果树生长,造成果树产量下降,严重时可造成整株枯死(李宝明等,2010)。

苹果绵蚜近距离传播主要是靠人们在树下操作时的衣帽、工具、果箱、果筐以及修剪下来未处理好的有虫枝条。另外,夏季有翅蚜的迁飞以及 1 龄若虫的爬行和风力的传送亦可近距离传播。绵蚜远距离传播主要是靠苗木、接穗、果实及其包装物,而带虫果实、苗木和接穗的调运是最危险的传播途径。

9.4.10.5 防治措施

1. 化学防治

利用各种化学杀虫剂,通过喷雾、涂茎、灌根、土表撒施药剂和药剂刷堵树洞、树缝、剪锯口等方式进行灭杀,必要时可结合各方法从地面到树上全面防控。喷雾是最主要的化学防治途径。在春季苹果树发芽开花之前或秋季苹果树部分叶片脱落之后进行喷药,为苹果绵蚜的防治最佳期。对于农药的选用,蚜灭多乳油、乐斯本乳油及一些拟除虫菊酯类药物等均有良好灭杀效果，属于中、低毒化学农药，且可以作为防治药剂进行推广，喷药要及时，在发生高峰前灭杀，降低危害。苹果绵蚜田间种群数量的盛发期在苹果采收时期(8～10 月）最为严重，但由于此时进行药剂喷雾和其他防治技术均难以达到控制效果，因此应将防治的重点时期放在发生高峰前，以最大限度地减少苹果采收期田间绵蚜数量。喷药时要尽量选择毒性小的药剂，同时注意在天敌发生量少时喷药。

2. 物理防治

冬春季及时进行刮翘皮、剪虫枝等，并将刮下的残渣或剪下的虫枝带出果园外深埋或烧毁，降低绵蚜虫口密度；在腐烂病伤疤、剪锯口伤疤处涂泥后用塑料布包严，杀死在此处的苹果绵蚜。消灭越冬虫源。

3. 生物防治

目前，已经报道的苹果绵蚜天敌有 70 多种。日光蜂被认为是最重要的寄生性天敌，但日光蜂的发育落后于苹果绵蚜的个体发育，不能全年控制苹果绵蚜的发生。因日光蜂跟随滞后而对苹果绵蚜控制作用的影响，可以进行保护性利用。

瓢虫是苹果绵蚜的主要天敌之一，占苹果绵蚜已报道天敌昆虫全部种类的 48%，但在常规的果园操作中，异色瓢虫的发生和繁殖受到人为干扰和农药灭杀，田间的发生量小，发生时间短，不能充分发挥其对苹果绵蚜的控制作用(李宝明等，2010；张强和罗万春，2002)。

9.4.11 吹绵蚧

9.4.11.1 分类学地位

吹绵蚧(*Icerya purchasi* Maskell)属同翅目(Homoptera)绵蚧科(Margaroidae)，别名白曲、棉籽虫，分布区全国各地，是一种寄主广泛的害虫。

9.4.11.2 形态特征

雌成虫：体椭圆形，橘红色，腹面平坦，背面隆起，边缘着生黑色弯曲短毛，被有白色蜡质分泌物。老熟时被包于白色大米粒似的毡状蜡囊中，无翅，足和触角均黑色，腹尾部附由白色絮状物构成的卵囊，囊上有脊状隆起线 14～16 条，体长 5～7 mm。

雄成虫：体瘦小，长 3 mm，橘红色，翅无色透明，触角黑色，除第 1、2 两节外，其余各节两端膨大，中间缩细，呈哑铃状，膨大部分有一圈刚毛。前翅发达，紫黑色，后翅退化成平衡棍。口器退化，腹端有 2 突起，其上各有长毛 3 条。复眼间有单眼 1 对。老熟时和雌虫一样，包于椭圆毡状蜡质介壳中。

卵：长椭圆形，长 0.65 mm，宽 0.29 mm，初产时橙黄色，后变橘红色，体扁平，椭圆形，表面附有白色蜡粉及蜡丝，密集卵囊内。

若虫：雌若虫的足、触角及体上的毛均非常发达，体裸，橘红色。取食后，体背覆盖淡黄色蜡粉，触角黑色，6 节，第 6 节最长，第 5 节长 2 根毛。2 龄始有雌雄区别，雄虫体长而狭，颜色亦较鲜明。2 龄若虫体长 1.3～2.1 mm，3 龄若虫雌虫长 2.3～3.5 mm，宽 1.4～2.2 mm。蛹(雄)体长 3.5 mm，橘红色。被有白蜡质薄粉。茧白色，长椭圆形，茧质疏松，自外可窥见蛹体(张巧莲等,2004)。

9.4.11.3 生物学特性

吹绵蚧初孵幼虫孵化后很短时间即开始分散活动,在叶片背面、枝干及果实上缓慢爬行,找到适当位置即定居下来。吹绵蚧多集中在新叶背面主脉两侧居多,吸食叶片汁液。蜕皮1次后更换位置,移至枝条的分杈处固定为害;2龄后逐渐移到枝干阴面群集为害,雌虫成熟后固定取食终生不再移动,形成卵囊,产卵其中,产卵期长达1个月之久,每一雌虫可产卵数百粒,多者达2 000粒左右。雌虫寿命约60 d。卵和若虫历期因季节而异,在春季,卵期为14～26 d,若虫期为48～54 d;在夏季,卵期10 d左右,若虫期则为49～106 d。

9.6.11.4 为害与分布

吹绵蚧是果树上的主要害虫之一,在全国均有分布,但以长江以南地区发生量最大,危害遍及果树的茎、叶、果。主要寄主有荔枝、龙眼、芒果、桃、李、梨、柿、茶、桑等50多种植物。若虫、成虫集中在树木等植物的嫩枝、幼叶和果实上,最喜欢群集在枝干的缝隙处为害。被害处初呈黄绿色小点,逐渐扩大成黑斑,或使叶色发黄、枝梢枯萎,引起落叶、落花、落果、树势衰弱,甚至枝条或全株枯死。其排泄物常诱致煤烟病,使枝叶表面盖上煤烟状黑色物一层,使叶、枝变黑,影响光合作用,植物不能正常生长(易芳兰等,2007)。

吹绵蚧在我国的东北、西北、华北、华中、华东、华南以及西南等地区均有发生,长江以北只在温室为害,在南方各省为害较重。

9.4.11.5 发生规律

吹绵蚧在我国南部一年发生3～4代,长江流域发生2～3代,华北发生2代。在四川东南部一年发生3～4代,西北部发生2～3代。各世代不整齐,冬季在温室内一直为害。2～3代地区主要以若虫及无卵雌成虫越冬,其他虫态亦有。发生时期各地亦异,浙江第1代卵和若虫盛期在5～6月,第2代为8～9月。四川第1代卵和若虫盛期为4月下旬至6月,第2代7月下旬至9月初,第3代为9～11月。吹绵蚧发生适温为23～26℃,夏季高温或冬季低温对其发育不利,高于39℃或低于12℃均会致其大量死亡。

9.4.11.6 防治措施

1. 加强检疫

在引进和调出苗木、接穗、果品等植物材料时,要严格执行植物检疫措施,对于带虫的植物材料,应立即进行消毒处理。常用的熏蒸剂有溴甲烷,熏蒸时间24 h。

2. 农业防治

通过栽植抗虫品种、施肥灌水等园艺措施,促进树木的健康生长,从而增强植物对蚧虫的抗性。合理修剪应做到早春萌发后除芽或除萌1～2次,初夏再疏删密枝、弱枝、徒长枝、病虫枝,改善通风透光条件,营造不利吹绵蚧生长的生态环境。修剪时注意保护树冠外围的枝叶,剪口要平,不要剪裂,以利伤口尽快愈合。采果后要及时清园,把残枝、残叶及果园杂草清理烧毁,结合喷洒药液1次,以利消灭越冬虫源。

3. 生物防治

保护和利用澳洲瓢虫、大红瓢虫、小红瓢虫等天敌昆虫。尤其是澳洲瓢虫，19 世纪末美国柑橘遭受吹绵蚧危害时，就曾引进澳洲瓢虫，成功控制了吹绵蚧，成为生物防治的典范。

4. 化学防治

幼龄若虫发生期，在树干上刮一宽 20～30 cm 的树环，老皮见白，嫩皮见绿，然后涂上 40%氧化乐果或 50%久效磷原液或 2 倍液。

蚧虫危害期，使用 40%氧化乐果乳油或 50%久效磷乳油打孔注入受害株部，每株用药 0.5～3.0 mL，注入后用湿泥或胶带封住口。利用内吸性药液灌根或在寄生根部埋施内吸性颗粒如 15%涕灭威颗粒等。

在初孵若虫发生盛期，使用化学农药喷洒树冠 1～3 次。常用的药剂有 10%吡虫啉乳油 1 000 倍液、40%速扑杀乳油 1 000～2 000 倍液、0.9%爱福丁乳油 4 000～6 000 倍液、40%乐斯本乳油 1 000 倍液、20%速灭杀丁 1 500 倍液、5%高效安绿宝 4 000 倍液、25%灭幼脲2 000 倍液加害利平 1 000 倍液。对于在枝干上越冬的蚧虫，可在早春树液开始流动时，使用 95%机油乳剂 80 倍液或 70%索利巴可湿性粉剂 50～100 倍液防治越冬蚧虫。特别是用 40%氧化乐果 800 倍液，再加入适量洗衣粉，水约是洗衣粉的 500 倍，混合均匀，间隔 10 d，连续喷洒，一般下午打药，第 2 天即可见效，第 3 天成虫已开始死亡，第 5 天死亡率达 98%以上，连续 3 次便可全部消灭(张巧莲等，2004；易芳兰等，2007)。

9.4.12 菠萝粉蚧

9.4.12.1 分类学地位

菠萝粉蚧(*Dysmicoccus brevipes* Cockerell)属同翅目(Homoptera)粉蚧科(Pseudococcidae)，又称菠萝洁粉蚧或菠萝根粉蚧，是菠萝种植业的重要害虫，受害叶片褪绿变黄乃至红紫色，严重时叶片全部变色，软化下垂终至凋萎。

9.4.12.2 形态特征

菠萝粉蚧虫体粉红色、椭圆形，体上被覆白色粉蜡，虫体周围附有白色长丝状物。雌虫虫体长 2.0～3.0 mm、宽 1.8～2.0 mm，触角 7～8 节；背、腹面具各种大小不同的筛状孔；体毛在体背短小，肛环前有成丛长毛，体腹面毛较长；蜡孔 17 对，均具显著三角形分泌孔群及 3～4 根圆锥形刺毛与 35 根副刺毛；尾瓣腹面硬化区近方形，第 7 腹节背面中脊两侧有几根细长的刚毛。雄虫体长约 1.3 mm，躯体和附肢被有锤状刚毛，触角 8 节(何衍彪等，2007)。

9.4.12.3 生物学特性

菠萝粉蚧主要行孤雌生殖为主，偶尔行两性生殖，若虫 3 龄，初产若虫无粉状附属物并藏身于母体下，取食期主要集中在 1 龄和 2 龄。若虫的粉状附属物有助于其借风传播，长距离传播主要靠人为携带。菠萝粉蚧有群集的特性。数日龄后至明显脱皮这时段的菠萝粉蚧较活跃，一部分扩散至菠萝植株的其他较隐蔽的部位及芽苗、果实上。成虫的迁移活动性较弱(何衍彪等,2007)。

菠萝粉蚧主要在植株的根及地下茎部位群集。根部多集中在距头茎 5～15 cm 的根段,地下茎及中老叶腋内中成蚧较多,地上叶腋内幼蚧为主。低温胁迫会导致菠萝粉蚧从植株向四周转移。

蚂蚁是田间菠萝粉蚧的指示昆虫,植株上发现蚂蚁较活跃,粉蚧则较多。在长期的进化过程中,蚂蚁与介壳虫间建立了良好的互利共生关系,介壳虫吸食植物汁液,从肛门排出蜜露,蜜露中含有多种氨基酸、蛋白质、矿物质及维生素等营养物质,为蚂蚁的重要食物。有些蚂蚁以其大颚搬运介壳虫可以加速介壳虫族群的扩散与发展,同时蚂蚁还可以降低或防止捕食性及寄生性天敌对介壳虫的危害(李士荣,1997)。

9.4.12.4 为害与分布

菠萝粉蚧寄主范围较广,主要寄主有菠萝、香蕉、番荔枝、柑橘、咖啡、甘蔗、花生、非洲虎尾草等。菠萝粉蚧寄生于菠萝叶片基部、果实、芽体及根部上并刺吸汁液,使菠萝植株衰弱及导致果实发育不良,分泌的蜜露容易引起菠萝煤烟病。同时菠萝粉蚧是菠萝重要病害凋萎病病毒的主要传播媒介,在没有粉蚧的环境下菠萝凋萎病病毒不能引起菠萝凋萎病。

该虫在非洲、澳大利亚、中美和南美洲、印度和太平洋地区等菠萝产区均有分布,其中在美国的夏威夷、佛罗里达等地区发生严重,在我国主要分布在广东、台湾、广西、海南、福建、云南、贵州(何衍彪等,2007)。

9.4.12.5 发生规律

该虫 1 年发生 5～7 代,生活周期 78～111 d,其中若虫期 26～55 d,发育为成虫 27 d 后开始生殖后代,生殖期约 25 d。室内饲养表明,菠萝粉蚧初产至产末历时 7～17 d;初产至母体萎缩死亡 16～37 d。初生的幼体桃红色,数天后渐被蜡粉。夏、秋季室内饲养时,较明显的一次蜕皮在 30～50 日龄,个体发育成熟需 40～60 d。冬季低温期间虫体滞育。1 头雌虫可繁殖 200 多头若虫,最多时可达 1 000 头。由于该虫的产期不一致,个体发育的差异,田间世代重叠现象严重。田间菠萝粉蚧的个体发育期略短些,可能与田间温度比室温略高有关。

9.4.12.6 防治措施

1. 农业防治与植物检疫

菠萝粉蚧行动缓慢,长距离传播主要靠人为携带,因此植物检疫是防止菠萝粉蚧传播扩散的有效途径。另外,深耕和田间清园等农艺措施是降低菠萝粉蚧种群密度的有效措施之一。

2. 化学防治

菠萝粉蚧体表被有蜡粉,因此对化学药剂的渗透作用要求较高,实践表明 40%速扑杀乳油等药剂对菠萝粉蚧等介壳虫具有较好的防治效果。

异地虫害区引种时,把种苗集中后摊开,即用 1∶1 000 的 40%氧乐果或 40%乐果药液均匀喷洒,再翻堆喷至均匀湿透,然后晾放 5～7 d,待药液挥发后种植。虫害区田间施药可用 1∶1 000 的 40%氧乐果灌菠萝苗心，每株 75～100 mL。

3. 生物防治

菠萝粉蚧的天敌主要有瓢虫和寄生蜂等。寄生蜂个体大小与菠萝粉蚧(寄主)个体大小密切相关，菠萝粉蚧种群个体大小也影响寄生蜂种群的性比和繁殖能力，用干酪包布覆盖菠萝粉蚧可以大大提高寄生蜂的寄生繁殖力(何衍彪等，2007；李士荣，1997；冯荣扬和梁恩义，1998)。

9.4.13 新菠萝灰粉蚧

9.4.13.1 分类学地位

新菠萝灰粉蚧[*Dysmicoccus neobrevipes* (Beardsley)]属同翅目(Homoptera)粉蚧科(Pseudococcidae)，是我国剑麻类的主要害虫。

9.4.13.2 形态特征

雌成虫：虫体呈椭圆形，体外被白色蜡质分泌物覆盖。虫体长 2.5～4.5 mm，宽 1.5～2.0 mm。触角细索状，着生在头部顶端腹面两侧边缘，共 8 节。体侧有 17 对刺孔群，在虫体的背面分布着许多长短粗细不一的体毛。3 对胸足每节都生有数根细毛。在中足之间具有 1 中胸腹内突。背部具有前背裂和后背裂，如横裂的唇状。在腹面的第 4～5 节间有 1 明显腹裂。尾端有 2 根显著伸长的臀瓣刺，肛门位于腹部最后 1 节，肛环呈圆形，在肛环上有 1 列卵圆形的肛环孔和 6 根肛环刺。

若虫：若虫期间有 3 个龄期，1 龄若虫虫体呈长椭圆形，体色为淡黄色，虫体长约 0.5 mm，虫体分节明显。单眼 1 对，红色。背部无白色蜡质物，发育至 1 龄若虫后期，虫体背部有少量均匀的蜡质物分布。2 龄若虫虫体黄褐色变淡灰色加深，随着虫体增长，体表逐渐被均匀的蜡质物覆盖。在 2 龄若虫的后期虫体基本呈现灰色，达到 3 龄若虫时虫体被自身所分泌的蜡质物均匀覆盖。

雄虫：雄虫虫体比较细长，头、胸、腹部分节明显，体色为褐色，体长约 1.0 mm。触角丝状，着生于头部的顶端，9 节，每节生有长短不一的细毛。头部具有 3 个单眼，红棕色。在其胸部的中部有 1 对翅，并具有金属光泽，具有 2 条明显的翅脉，翅脉处的金属光泽为银白色，其他部位为金黄色。尾部有 2 根特别长的蜡丝，接近尾部处为灰褐色，其他部位为白色(张小冬等，2008)。

9.4.13.3 生物学特性

新菠萝灰粉蚧为害剑麻时，其成虫、若虫整年均见在田间为害，先是在叶基为害，然后蔓延至叶片顶部及叶轴和潜入微张开的心叶缝隙，甚至迁移到开花花轴上为害珠芽苗(劳有德，2008)。

新菠萝灰粉蚧可以分泌蜜露，并与蚂蚁共生，蚂蚁以该虫分泌的蜜露为食。蚂蚁可以起到搬运新菠萝灰粉蚧的作用，是新菠萝灰粉蚧传播的方式之一。同时，蚂蚁对新菠萝灰粉蚧还具有一定的保护作用，在雨来临之前蚂蚁会在剑麻的叶腋部筑起高高的蚁巢，将该虫埋在蚁巢中防止雨水的冲刷。在雨过天晴时，蚂蚁会破坏其巢穴将新菠萝灰粉蚧露出。

9.4.13.4 为害与分布

新菠萝灰粉蚧先是在叶基为害，然后蔓延至叶片顶部及心叶（叶轴），严重田块其大田间的走茎苗地上部分和头部（地下 2 cm 左右）也发生该虫危害。该虫大量吸食剑麻汁液，消耗植株营养，致营养衰竭；同时排泄蜜露，引起煤烟病的大量发生，严重影响光合作用，植株衰弱，部分叶片凋萎卷缩。此外，新菠萝灰粉蚧是刺吸式口器，是体外消化方式，在吸食植株汁液时，可能放出一种有毒物质致植株根系坏死，顶上叶片出现紫色卷叶和褪绿黄斑（初期为黄豆大小，以后扩大连片，最后干枯）及常常并发心叶（叶轴）腐烂，在干旱的秋冬季节表现更明显（劳有德，2008）。

新菠萝灰粉蚧主要分布在热带，在亚热带地区也有少量分布。该虫分布在生长有凤梨科植物的国家和地区，例如美国夏威夷、斐济、牙买加、马来群岛、墨西哥、厄瓜多尔、密克罗尼西亚、菲律宾。国内主要分布在海南昌江、广东湛江和雷州等地剑麻农场。

9.4.13.5 发生规律

新菠萝灰粉蚧为卵胎生，1 年发生多代，有明显的世代重叠现象。雌成虫发育 26 d 开始产幼虫，整个产期可连续 30 d，每头雌虫可产约 350 头幼虫，最多可达 1 000 头；幼虫 3 龄，1～3 龄幼虫发育历期分别为 11～23 d、6～20 d 和 7～28 d，幼虫只在 1 龄和 2 龄前期取食，整个幼虫期持续 26～52 d，平均 35 d。当雌虫停止产幼虫后约 4 d 死亡，整个成虫期为 48～72 d，平均为 61 d；而雄性成虫期相对较短，仅 2～7 d。从幼虫到成虫死亡，整个生命历期为 59～117 d，平均为 90 d（李新芳，2010）。

9.4.13.6 防治措施

1. 加强检疫

首先加强对来自新菠萝灰粉蚧发生国家和地区植物材料的检疫，防止该虫传入。

2. 农业防治

加大培育抗虫品种力度，栽培制度上要进行轮作，认真落实种苗杀虫消毒工作，防止种苗带虫传播；由于蚂蚁与介壳虫是共生关系，所以阻止蚂蚁进入麻园或注意杀除麻园中的蚂蚁，可达到控制新菠萝灰粉蚧数量的效果。当蚂蚁遇到障碍物时，通常不爬上去越过障碍，所以可以通过为蚂蚁设置与田边平行的障碍（如篱笆、栅栏等），将蚂蚁与田地隔绝，可以控制蚂蚁数量从而达到控制粉蚧种群数量的目的。另外，搞好田园卫生，及时清除枯枝败叶及杂草也可有效控制粉蚧。

3. 化学防治

种苗消毒时，可选用 40％氧化乐果乳油 600 倍液浸种苗 5～10 min；大田防治时，结合田间调查测报，抓住每个世代若虫盛发期施药，可选用 40％氧化乐果 500～600 倍液或 40％速扑杀 600 倍液等药剂交替使用，10～15 d 喷 1 次，连续喷 2～3 次。据该虫发生严重地区的经验，喷药器械最好是使用高压喷枪进行喷杀，可以破坏该虫的蜡层或把该虫冲刷掉落到地面上，提高杀虫效果，但增加防治成本。

4. 生物防治

由于该虫部分藏匿在心叶微开或半张开的叶片内，药物很难喷杀到害虫；未割叶的麻田其走茎苗上和藏在植株头部的粉蚧虫也未能喷杀，喷药防治难度大，防治不彻底。因此，应重视对此虫的防治，必须加大投入，重点进行生物防治研究，开发利用草蛉、瓢虫等天敌进行生物防治（李新芳，2010；张小冬等，2008，劳有德，2008）。

9.4.14 松突圆蚧

9.4.14.1 分类学地位

松突圆蚧（*Hemiberlesia pitysophila* Takagi）属同翅目（Homoptera）盾蚧科（Diaspididae）突圆蚧属（*Hemiberlesia* Cockerell），是一种危害松属树种的害虫。

9.4.14.2 形态特征

介壳：雌介壳圆形或椭圆形，隆起，白色或浅灰黄色。介壳直径约 2 mm。

雌成虫：体宽梨形，淡黄色，长 0.7～1.1 mm，虫体除臀板外，均为膜质，口器前面近体边缘处的背面有一圆形突起。

雄成虫：体橘黄色，细长，长约 0.80 mm，翅展约 1.10 mm，长约 0.20 mm，每节有数根毛，足 3 对，发达，爪 1 个，冠球毛无明显膨大的末端；翅 1 对，膜质，翅面光滑，白色透明且有金属光泽，后翅退化成平衡棒。

卵：椭圆形，无雕刻纹，长约 0.35 mm，宽约 0.14 mm。卵壳白色透明。

初孵若虫：体卵圆形扁平，淡黄色，长 0.25～0.35 mm，头胸略宽，眼 1 对，发达，着生于触角下侧方，口器发达，触角毛发达，胸足 3 对，发达，腹面沿体缘有 1 列刚毛，背面从中胸到体末的边缘有管腺分布（陈顺立等，2004）。

9.4.14.3 生物学特性

该蚧少数胎生，多数卵生，但卵期很短，产卵和孵化几乎同时进行。初孵若虫一般先在母体介壳内停留一段时间，待环境适宜时从介壳边缘的裂缝爬出。刚出壳的若虫非常活跃，温度越高越活跃，在松针上来回爬动，但实际爬行距离不会超过 30～60 cm。找到适合的寄生部位后，即将口针插入针叶内取食，固定不动。固定后 5～19 h 开始泌蜡，20～32 h 可遮盖全身，再过 1～2 d 蜡质增厚变白，成为圆形介壳。寄生在叶鞘内的蚧虫多发育为雌虫，而雄虫多寄生于叶鞘外的针叶上和球果上。2 龄若虫后期，一部分若虫蜡壳颜色加深，尾端伸长，虫体前端出现眼点，继续发育为前蛹，再蜕皮成为蛹；另一部分 2 龄若虫虫体和蜡壳继续增大，不显眼点，蜕皮成为雌成虫。雄蛹发育 3～5 d 后羽化为雄成虫。羽化后的雄成虫在介壳内蛰伏 1～3 d，出壳后经数分钟，翅完全展开后，沿松针爬行，或做短距离飞翔，待找到合适雌蚧后，将腹部朝下弯曲，从雌介壳缝中插入生殖刺，与雌虫交尾。雄虫有多次交尾的习性，交尾后数小时死去。雌成虫一般交尾后 10～15 d 开始产卵，产卵期因季节而异，少则

1个月，多则3个月以上；产卵量亦随季节、代别不同而不同，雌成虫产卵量最高137粒，最低35粒，平均93粒，第1代产卵量最多，中间世代产卵量相对较少（丁波等，2010；陈顺立等，2004）。

9.4.14.4 为害与分布

1. 为害特征

该蚧群栖于松针基部叶鞘内，吸食松针汁液，致使受害处变色发黑，缢缩或腐烂，从而使针叶枯黄、脱落（见彩图9.4.3）。严重影响了树木的生长，连续几年受害，可造成松树枯死（见彩图9.4.4）。

2. 分布与扩散

20世纪80年代传入我国，目前国内主要分布在台湾、香港、澳门、广东和广西东南部地区，已成为我国危险性害虫检疫对象。1956年由日本昆虫学者高木贞夫在我国台湾省台北市阳明山上采到标本，1969年在日本《松树昆虫》杂志上发表为新种，并对其形态特征、危害、分类学特征及分布进行了初步研究。1980年日本学者河合省三在他编著的《日本蚧虫原色图鉴》一书中确认此蚧虫在冲绳诸岛和先岛群岛有分布。我国于1982年5月首次在广东省珠海市发现该虫，经中国科学院上海昆虫研究所蚧虫分类专家杨平澜鉴定，确认该害虫为松突圆蚧。该虫入侵广东后，通过气流传播以半弧形辐射状向内地不断扩散，1983年9月调查，已分布至其四邻9个县、市，面积达11.43万hm^2。2001年松突圆蚧由广东省入侵广西陆川、北流、容县、岑溪等地，并由东向西迅速蔓延。至2008年8月，松突圆蚧在广东、广西的分布面积达116.91万hm^2，成灾面积27.43万hm^2。从1983—2008年的26年间。松突圆蚧的分布面积增加了105.48万hm^2，平均每年扩散蔓延4.22万hm^2，其扩散速度快、范围大、危害严重（丁波等，2010）。

9.4.14.5 发生规律

松突圆蚧在广东1年发生5代，少数6代。全年呈现世代重叠现象；但在广西1年发生4代，没有明显的越冬现象，1龄若虫的自然死亡率较高，其中第1、2世代最为明显，第3、4代重叠最为严重。4～7月是虫口密度最大、危害最严重的时期，也是松突圆蚧扩散的重要时期。

松突圆蚧自然传播媒介为气流，气流运载初孵若虫和雄成虫作无规律跳跃式传播，水平传播距离为3～5 km，垂直传播距离为0.1 km；3～12月为传播期，5～6月为高峰期，18～20℃为最适传播期。在松突圆蚧的传播中，人为传播方式不容忽视，香港和澳门松突圆蚧的发生就是典型代表。因此，运输松苗、接穗及砍伐的剩余物、木材等林副产品，以及鸟兽类都可能造成松突圆蚧的远距离传播（徐世多等，1992）。

9.4.14.6 预测预报

加强对该蚧寄主松林的监测，尤其是对与疫情发生区毗邻的松林，及时发现及并采取措施进行处理。每年5～6月份以镇（乡、场）为单位，根据上年松突圆蚧分布情况，从有虫区分布边缘开始向外调查，与发生区相邻的地区，在靠近发生区边缘地带2 km宽度内，选择有代表性的路线，以林间自然界线、道路（可在图上事先确定）穿过调查地进行调查，每隔 500 m 调查松树 3～5 株，选择受风方向的松树调查。调查树冠下部枝条是否枯死、上部针叶是否枯黄、灰褐色、落叶；有时顶梢嫩叶虽保持绿色，但新梢卷曲缩短或死梢；整株濒临死亡或枯死。调查中、下部当年生针叶基部、叶鞘包被里面或叶鞘外显露处、新抽嫩梢基部及鲜球果鳞片等处是否有松突圆蚧虫体。一个调查点发现松突圆蚧后，再连续踏查 3 个点（1 500 m）均未发现虫的，则该点确定为虫情边缘分布点。根据调查结果，确定调查林地是否有松突圆蚧，从而确定该蚧分布范围（王玲，2006）。

根据松突圆蚧的生物学特性、分布状况、潜在风险性和寄主经济重要性等，蒋星华（2009）对浙江省松突圆蚧入侵风险进行了分析评估；冯益明等（2009）选用 Maxent 生态位模型与地理信息系统相结合，综合分析影响松突圆蚧生长发育的环境因素，结合寄主分布特征，非常直观定量地获得了松突圆蚧的潜在发生区。

9.4.14.7 防治措施

1. 加强检疫措施

要严禁疫区或疫情发生区内的苗木、盆景或特殊用苗及松属植物的枝条、针叶和鲜球果等调出，疫区或疫情发生区内砍伐的原木或枝丫一律就地作薪炭材、纸浆材使用，或就地销毁。原木调运要作剥皮处理。在调运检疫过程中发现带虫苗木、盆景或特殊用苗应就地销毁；对疫区或疫情发生区的各种松类苗木、盆景、圣诞树等特殊用苗，经检疫发现松突圆蚧，可用松脂柴油乳剂（0 号柴油∶松脂∶碳酸钠＝22.2∶38.9∶5.6）3～4 倍稀释液、40％毒死蜱 400 倍液均匀喷洒或销毁处理。

2. 化学防治

我国早期曾筛选出 50％杀扑磷乳剂和 25％喹硫磷乳剂防治松突圆蚧，500 倍液的乳液防治效果均达 80％以上，但因为这些药剂对天敌昆虫有较大副作用而未加推广；随后，又研制出 3 种配方的松脂柴油乳剂——“82”乳剂经室内、地面和飞机喷洒试验表明，室内 3～4 倍稀释液的防治效果达 100％；松脂柴油乳剂对松树没有药害，对天敌、人畜均较安全，是当时控制松突圆蚧的一种有效药剂（黄振裕，2006）。此外，苦楝油、印楝油、橡胶籽油 3 种植物油对松突圆蚧初孵若虫均有很强的忌避作用。

黄振裕利用混合及单一杀虫剂，采用注干、涂干等方法对松突圆蚧进行林间药效试验，同时对几种方法处理后的松突圆蚧种群消长情况进行跟踪调查。结果表明：注干和涂干法处理时，混合药剂的最佳组合均为 40％杀扑磷乳油[V(杀扑磷乳油)∶V(水)＝1∶5]＋40％毒死蜱乳油[V(毒死蜱乳油)∶V(水)＝1∶5]＋40％氧乐果乳油[V(氧乐果乳油)∶V(水)＝1∶2.5]混匀，采用注干法和涂干法的防治效果分别达 98％和 81％，虫口减退较明显。而喷雾法处理的虫口波动较大。

3. 生物防治

1986 年国家林业局到日本考察，发现了松突圆蚧的重要天敌——松突圆蚧花角蚜小蜂。1987 年以来，对松突圆蚧花角蚜小蜂的生物学特性及其控制松突圆蚧的作用等方面进行研究。1989 年底，该蜂在广东省受松突圆蚧为害的马尾松林内定居。花角蚜小蜂的引进有效地控制了松突圆蚧的危害，能使被害松林恢复生长。1998 年后，因花角蚜小蜂种群急剧下降，松突圆蚧虫口迅速反弹，说明花角蚜小蜂引进种群的稳定性问题仍未解决（王玲，2006；黄振裕，2006）。

9.4.15 湿地松粉蚧

9.4.15.1 分类学地位

湿地松粉蚧[*Oracella acuta*（Lobell） Ferris]属同翅目（Homoptera）粉蚧科（Pseudococidae）。

9.4.15.2 形态特征

雄成虫：体长 0.88～1.06 mm，翅展 1.5～1.66 mm，粉红色，触角基部和复眼朱红色，中胸黄色。有翅型雄虫具 1 对白色、软弱的翅，翅脉简单。

雌成虫：体长 1.52～1.90 mm，浅红色，梨形，中后胸最宽。在蜡包中腹部向后尖削。复眼明显，半球状。

卵：长椭圆形，长 0.32～0.36 mm，宽 0.17～0.19 mm，浅红色至红褐色。

若虫：椭圆形，长 0.44～1.52 mm，宽 0.18～1.02 mm，浅黄色至粉红色，足 3 对，中龄若虫分泌白粒状蜡质物，腹末有 3 条白色蜡丝，高龄若虫营固定生活，分泌蜡质形成蜡包覆盖虫体。

雄蛹：离蛹，长 0.89～1.03 mm，宽 0.34～0.36 mm，粉红色，复眼圆形，朱红色，浅黄色。在头、胸、腹部有分泌出的白色粒状蜡质和 2～3 倍于体长的灰白色蜡丝，并逐渐覆盖蛹体。

9.4.15.3 生物学特性

12 月上旬，湿地松粉蚧以若虫在枝梢顶部松针叶基部及鞘内开始越冬，3 月下旬爬到新老针叶交界处的枝梢或针叶基部上，寻找适宜位置固定取食。若虫分泌蜜露，6 月份诱发湿地松林间煤污病。2 龄若虫后期，雌若虫分泌蜡质逐渐形成白色蜡包，蜡包随着虫龄增大，逐渐覆盖整个虫体。有时数头雌虫同在一起固定，其蜡包融合一起。雄若虫（有翅型）泌蜡形成白色绒团状蜡丝团。雄成虫在粉蚧蜡包爬动，交尾后死亡。雌成虫在蜡包内产卵，产卵结束后虫体干瘪，4～6 d 死亡。若虫孵化后，在蜡包内停留 2～6 d，在晴朗、微风的天气下大量涌散，到处爬动。若虫分 2 龄，2 龄若虫固定在当年生的新梢针叶基部取食。长时间降大雨会降低 1 龄若虫虫口密度；长时间 35℃高温会抑制粉蚧生长发育，甚至死亡，虫口密度下降（陈良昌等，2009）。

湿地松粉每年 5～7 月自然种群密度最大，8 月中下旬后，种群密度大幅度下降，9、10 月密度最低，11、12 月密度逐渐回升。温度、降雨和针叶营养成分 N、K 质量分数对自然种群密度变动有明显的影响。在 22～28.5℃范围内，雌虫平均寿命、存活率、产卵率和中、高龄若虫的存活率都随温度增加而下降。连续降雨 24 h 雨量 20 mm 以上，能大幅度降低中、低龄若虫的存活量，但对已固定的雌成虫和高龄若虫影响不明显。种群密度大小与针叶中 N、K 质量分数成正相关。温度、降雨和针叶养分（N）的变化综合作用，对湿地松粉蚧雌虫平均寿命、存活率、产卵率和若虫的存活率有极明显影响，是造成自然种群季节波动的主要原因（周昌清等，2003）。

9.4.15.4 为害与分布

1. 为害特征

主要为害松属植物，主要集中在枝梢端部，特别粗壮的枝梢虫口数量最多，仅在越冬时部分若虫藏匿于老针叶叶鞘内。该虫的若虫和雌成虫刺吸松梢汁液为害，在侵入林分的当年为害较轻，第2年为害最重，随后疫区内林分受害程度又逐渐降低。严重为害时使林木的高度、胸径、针叶量和材积生长明显降低。

2. 分布情况

20世纪30年代，湿地松粉蚧在美国大西洋沿岸各州湿地松种植区广为分布。1988年，原林业部从美国佐治亚州引进湿地松优良无性系采穗条，在广东台山市红岭种子园建立改良采穗圃。1990年6月首次在台山市红岭湿地松种子园发现湿地松粉蚧（高步衢，1998）。该虫在广东迅速扩散蔓延，2002年分布范围达13个地市的54个县，有虫面积达37.67万 hm^2，并往西入侵广西，向北入侵湖南郴州。2003年，湿地松粉蚧传入湖南省郴州市宜章县黄沙堡乡后，在湖南的湿地松林内迅速传播蔓延，部分湿地松林危害严重（陈良昌，2009）。

9.4.15.5 发生规律

湿地松粉蚧在郴州一年发生3～4代，以3代为主，世代重叠。卵期10～16 d，若虫期23～35 d，越冬代若虫期145～190 d，雌成虫期25～27 d。3月下旬，越冬后的中龄若虫从成虫蜡包或叶鞘内爬出取食，4月下旬出现成虫。5月出现第1代若虫，7月出现第2代若虫，9月出现第3代若虫（此代虫口密度低，虫态不整齐，分化较大），11月初出现第4代若虫，12月若虫在成虫的蜡包或叶鞘内越冬。若虫在叶鞘内越冬，常规调查观察不到。在一年中，第1代（5月）、第2代（7月）虫口密度最大。

湿地松粉蚧以吸取当年生嫩梢树汁而生长发育，其危害发生与湿地松抽新梢的时间相吻合，抽3次新梢，危害发生3次。湿地松粉蚧入侵林分的第1年，虫口密度较小，经过2～3代的种群数量增加，第2年、第3年虫口密度大。发生2～3年后，虫口密度逐渐下降，在5年内较稳定。在发生范围内，纯湿地松林比混交林严重；低海拔区比高海拔区严重；在同一林分内，林缘比林中的虫口密度大；生长势好的比生长势差的虫口密度大。1龄若虫期，是湿地松粉蚧种群密度的高峰期。一年中5月和7月虫口密度最大，并随当地风向进行扩散传播。扩散速度根据地形、风力、风向和湿地松林分布而定。在地势平坦、没有大山阻挡、有湿地松分布的条件下，湿地松粉蚧每年向北扩散40～50 km。在地形复杂、有高山或大面积非湿地松林阻隔的地带，湿地松粉蚧传播扩散速度较慢。在风向多变的情况下，湿地松粉蚧也随风向东、向西或其他方向扩散。湿地松粉蚧还随幼苗、接穗、鲜树枝、鲜球果调运而远距离传播（陈良昌等，2009）。

湿地松粉蚧在广东疫区1年发生4～5代，以4代为主。越冬虫态为1龄若虫。若虫爬动能力强，具有涌散、聚集、泌露和泌蜡的习性；雌虫在白色蜡包内，产卵量大；卵的孵化率高。粉蚧最适发育温度为24～25℃。在疫区边缘，存在8～10 km宽的种群高密度区。粉蚧主要分布在树冠上层。上半年虫态整齐、种群密度大；下半年世代重叠、种群密度小；全年种群密度变化呈单峰型。经对粉蚧侵入林分持续5年的观察，越冬代以第2年的种群密度最大，非越冬代各年度的种群密度差异不明显。夏季高温和春季抽梢是影响粉蚧种群数量消长的主要因素(徐家雄等，2002)。

9.4.15.6 预测预报

湿地松粉蚧在湿地松林间呈聚集分布。湿地松粉蚧在湿地松树冠东、南、西、北向之间的虫口密度无显著差异，而在树冠上、中、下层之间的虫口密度有极显著差异，虫口密度大小是树冠上层＞中层＞下层，其中树冠上层虫口数占全树冠虫口数的一半，树冠中层的虫口密度最接近全树冠平均虫口密度。在虫口密度高的5月，在20 cm长湿地松当年生枝梢上，湿地松粉蚧在其枝10 cm长区段间的虫口数无显著差异。虫口密度低的12月，该虫大多数集中在10 cm长的枝梢上。因此，每条湿地松样枝抽查10 cm长松梢的虫口数能如实反映各株树的虫口密度大小。因为上层树冠取样较为困难，所以调查时在树冠中层取样。选择标准样地进行林间定点、定期调查，详细记录松梢顶部10 cm以内的湿地松粉蚧各虫态以及天敌数量(李奕震等，1994)。

湿地松粉蚧林间自然种群动态分析，发现温度、湿度、降雨、松梢营养、林分结构是影响湿地松粉蚧发生为害的几个重要因子。选取温度、湿度和降雨等因子作为预报因子，对湿地松粉蚧发生等级进行了预测，建立其发生等级预报模型(黄德超等，2003)。

据估计，湿地松粉蚧目前正以每年7万hm^2的速度进行扩散。该虫可以忍受冬季低温，说明有继续向北扩散的可能性。在疫区边缘存在8～10 km宽的湿地松粉蚧种群高密度区，密度达到每梢60～70头，该区域的高密度种群是粉蚧逐年向外扩散的主要虫源。在春季和秋季进行扩散传播，扩散速度在成片湿地松纯林为每年15 km^2，而且与季节风向有关。上海、杭州、南京、合肥、武汉、成都一带与原产地美国为害区的纬度相当，气候条件相似，因此可能成为湿地松粉蚧的最适生境。

9.4.15.7 防治措施

1. 加强检疫

禁止将湿地松、马尾松、加勒比松、黑松、火炬松等苗木、接穗、盆景、新鲜球果等运出疫区或疫情发生区。在种苗繁育基地或调运检疫中发现带虫苗木(含接穗等繁殖材料)、枝条等，应就地销毁或作薪炭材使用。带皮原木采用溴甲烷熏蒸处理，用药量为20～30 g/m^3，熏蒸时间24 h或剥皮后再调出。在疫区或疫情发生区可采用蜡蚧轮枝菌(*Verticillium lecanii*)进行林间喷雾。

2. 化学防治

防治药剂可用松碱柴油乳剂。速扑杀、万灵在高浓度下(250倍液)具有较好的杀虫效果。稀释1 000倍以后，以速扑杀的杀虫效果最好。化学药剂防治湿地松粉蚧，能抑制虫口的高峰期出现，使虫口迅速下降，减轻该虫在此期间的危害程度，但药剂对卵和雌成蚧的杀虫效果不甚理想。化学防治可作为综合控制湿地松粉蚧的一个应急控制措施。

3. 生物防治

在原产地美国，湿地松粉蚧的天敌种类比较丰富，可通过人工适当繁殖、助迁等方法，对其进行控制。捕食该粉蚧的瓢虫就有30多种，其中黄尾基瓢虫(*Diomas terminatus*)是优势种。主要寄生性天敌有短索跳小蜂(*Acerophagus coccois* E. Smith)、迪氏跳小蜂(*Zarhopalus debarri*)、广腹细蜂(*Aholropa* spp.)和棒小蜂(*Chnrtocerus* sp.)。在我国，本地寄生蜂以粉蚧长索跳小蜂[*Anagyrus dactylopii*(Howard)]为优势种，寄生率高(潘志萍等，2002)。

芽枝状枝孢霉 *Cladosporium cladosporioides*(Fres.)Derrues]是一种广为流行的寄生真菌，曾用于防治松突圆蚧，有一定的抑制作用；蜡蚧轮枝菌(*Verticillium lecanii*)寄主范围广，主要寄生在蚧虫、蚜虫上，防治效果较理想。此两种菌均对湿地松粉蚧具有较强的致病力，是一种安全有效的防治方法(潘务耀等，1994)。

9.4.16 扶桑绵粉蚧

9.4.16.1 分类学地位

扶桑绵粉蚧(*Phenacoccus solenopsis* Tinsley)属同翅目(Homoptera)粉蚧科(Pseudococcidae)，是一种多食性害虫。

9.4.16.2 形态特征

扶桑绵粉蚧分为卵、若虫和成虫3种虫态。雌蚧若虫分3龄，没有蛹期，2～3龄若虫在其体背亦可见成对的黑斑。雄虫只有1、2龄若虫和蛹期。雌成虫卵圆形，浅黄色，体长约4 mm。足红色，腹脐黑色。被有薄蜡粉，在胸部可见0～2对、腹部可见3对黑色斑点。体缘有蜡突，均短粗，腹部末端4～5对较长。除去蜡粉后，在前、中胸背面亚中区可见2条黑斑，腹部1～4节背面亚中区有2条黑斑。

雄成虫体细长，红褐色，长1.4～1.5 mm，触角10节，略长于体长的2/3，足细长，发达。腹部末端具有2对白色长蜡丝。前翅正常发达，平衡棒顶端有1根钩状毛(王琳和杨晓朱，2010)。

9.4.16.3 生物学特性及发生规律

扶桑绵粉蚧繁殖能力强，营兼性孤雌生殖，1年可发生多代。雌虫产卵在卵囊内，单头雌虫平均产卵400～500粒。每卵囊具卵150～600粒，且大部分卵孵化为雌虫，卵历期短，经3～9 d后孵化为若虫；若虫历期为22～25 d，属于卵胎生。1龄若虫行动活泼，从卵囊爬出后短时间内即可取食危害。2龄若虫约8 d，大多聚集在寄主植物的茎、花蕾和叶腋处取食；3龄若虫需要约10 d。虫体明显被覆白色绵状物，该龄期的第7天开始蜕皮，并固定于所取食部位。成虫整个虫体被覆白色蜡粉，似白色棉籽状群居于植物茎部，有时发现群居于寄主叶背。常温下世代长2～30 d。在冷凉地区，以卵或其他虫态在植物上或土壤中越冬；热带地区终年繁殖。由于该粉蚧繁殖量大，种群增长迅速，世代重叠严重。扶桑绵粉蚧的雌虫发育属于不完全变态，其生活史经历卵、1龄若虫、2龄若虫、3龄若虫及雌成虫几个阶段；而雄虫的发育属于完全变态，其发育经历卵、1龄若虫、2龄若虫、预蛹、蛹及雄成虫几个阶段(罗梅等，2011；王琳和杨晓朱，2010)。

9.4.16.4 为害与分布

扶桑绵粉蚧主要危害棉花和其他植物的幼嫩部位。包括嫩枝、叶片、花芽和叶柄，以雌成虫和若虫吸食植物叶片、枝条、嫩茎、根、果实等的汁液，影响植株生长，果实被害后常结实少、变小、畸形。另外，分泌蜜露污染叶片，导致煤烟病发生，降低了叶片光合作用功能。受害棉株生长势衰弱，生长缓慢或停止。失水干枯，亦可造成花蕾、花、幼铃脱落，严重时可造成棉株成片死亡。虫量大时，也可寄生在老枝和主茎上(王琳和杨晓朱，2010)。

扶桑绵粉蚧寄主范围较广。在巴基斯坦可为害葫芦科、豆科、茄科、唇形科、锦葵科、藜科等18科55种植物，在佛罗里达可在几百种草本植物上发生。该虫对一些重要经济作物(如棉花、西红柿等)危害严重。广泛分布于世界多个国家，在我国主要分布于台湾、海南和广东等地。

9.4.16.5 防治措施

1. 加强检疫

绵粉蚧常固着寄生，虫体较小，极易随苗木、果品传播，低龄若虫可随风、雨、鸟类、覆盖物、机械等传播到健康植株，故加强植物检疫意义重大。远距离传播主要靠寄主苗木，严格禁止从印度、巴基斯坦等国输入扶桑绵粉蚧的寄主植物，包括向日葵、茄子、南瓜、大戟、羽扇豆、蜀葵、酸浆、马缨丹等苗木和植株、叶片等，加强检疫。对普查发现害虫的扶桑等，应采取果断灭杀措施，对所有扶桑绵粉蚧危害的植物植株(花卉、蔬菜、棉花等)进行药剂处理。

2. 农业防治

将棉田、果园和林地周边有扶桑绵粉蚧的杂草铲除并烧毁，将有害虫的棉花等植物落叶或枯枝清理烧毁。根据绵粉蚧的越冬习性，结合冬季果树修剪，剪去蚧虫密度大的枝条，对局部白色卵囊分布较密集的枝条和叶片，人工剪除深埋或烧毁，或用硬毛刷、细钢丝等刷除越冬若虫、卵囊等，刮除枝、干上的老皮、翘皮，降低越冬虫量减少虫口基数。冬耕冬灌，特别是深耕冬灌，可以消灭越冬虫蛹，降低和减少翌年害虫越冬基数，减轻危害发生。

3. 生物防治

我国介壳虫的天敌资源种类丰富，主要有瓢虫、寄生蜂、草蛉等。一般常见的有龟纹瓢虫、异色瓢虫、多异瓢虫等，均可捕食绵粉蚧的成虫及成虫。其中，六斑月瓢虫是国内常见的扶桑绵粉蚧的捕食性天敌。多种草蛉也可捕食绵粉蚧的成虫和若虫。膜翅目的小蜂科、光小蜂科、跳小蜂科的许多种类可寄生绵粉蚧。

4. 化学防治

对农作物、果树、林木和花卉等植物上的扶桑绵粉蚧进行药剂防治时，考虑到扶桑绵粉蚧世代重叠严重，要尽量选择低龄若蚧高峰期进行，注意保护小二星瓢虫、寄生蜂和草蛉等天敌，在施行化学防治时，尽量避免使用残效期长、广谱性杀虫剂，以免杀伤天敌。

各代若虫固定前的活动期，对药剂极为敏感，若虫一旦固定，很快分泌蜡质保护虫体，化学防治效果显著下降。因此，要抓住关键时期，选择有效药剂，达到有效的防治目的。可以选用乐斯本、马拉硫磷、吡虫啉、速扑杀等药剂防治，严重时可用西维因、喹硫磷等防治（王琳和杨晓朱，2010；罗梅等，2011）。

9.4.17 橡副珠蜡蚧

9.4.17.1 分类学地位

橡副珠蜡蚧（*Parasaissetia nigra* Nietner）属同翅目（Homoptera）蚧科（Coccidae），又名橡胶盔蚧，该虫在云南橡胶树上大面积暴发，对云南橡胶生产造成了巨大损失，也严重影响了我国天然橡胶的生产和发展（张方平等，2006）。

9.4.17.2 形态特征

雌成虫：体长 3～6 mm，椭圆形，背部隆起，在枝上和叶上的隆起程度有所不同。虫体周围有 1 圈缘毛，柱状。体被暗褐色至紫黑色蜡壳，较硬，产卵期有光泽。在 3 龄若虫和成虫初期明显可见整个背部由连续的多角纹组成，边缘角质化，中央有一小孔。单眼 1 对，位于头的腹侧面，在触角基部的外方。触角棒状，7～8 节。刺吸式口器，位于前体的腹面，在头的基部，开口在前足水平线之间。足正常大小，分节正常，胫、跗关节不硬化，胫节略长于跗节，爪下无齿，跗冠毛 2 根，爪冠毛 2 根，细长，端部膨大。肛片 1 对，三角形，未见中室毛。体腹面可见多种孔腺和管腺，孔腺最普遍的是多格腺，管腺则是杯状腺。肛片前有发达的肛环，硬化，上着生 6 根环毛（段波等，2005）。

卵：卵椭圆形，半透明，有光泽，鲜黄色或橙黄色，通常带有粉红色，保护于母体分泌形成的蜡质介壳下。

若虫：2 龄若虫呈不透明白色，于自然光下渐转为灰色或黑色。形态与成虫近似，背部不隆起。扁平贴于枝干或叶片背部叶脉上，通常静止，但取食条件恶化时仍可移动。3 龄若虫个体大小接近于成虫。微隆，肉色或白色，刚毛附近出现黑色斑点，背面可见分泌腺，纵向排成 3 条，交汇于肛门附近，分泌大量蜜露，聚集成不透明的滴状（周明等，2007）。

9.4.17.3 生物学特性

橡副珠蜡蚧种群完全由雌性个体组成。成虫孤雌生殖，繁殖力强，世代重叠明显。单雌产卵 400～1 000 粒，产卵期长。幼虫发育经历 3 个时期。1 龄若虫个体很小。触角和足明显，能快速爬行，扩散到邻近的胶树或其他植物上，尤其是刚抽出的新枝上。这期间是橡副珠蜡蚧扩散为害的重要时期。主要借助风力传播。当爬到合适的取食位置时，把口器插入胶树组织，开始进入生长阶段。此阶段很少移动。秋季该 1 龄若虫历期为 10～13 d；2 龄若虫生长时间较长，秋季历期为 15～17 d。秋、冬季该龄若虫历期 14～20 d。此蚧常与蚂蚁共生，也可靠蚂蚁传播（周明等，2007）。

9.4.17.4 为害与分布

橡副珠蜡蚧若虫和成虫都可为害胶树，它们集中于橡胶树的枝条，尤其是刚抽出的嫩枝上，数量多时也扩散到叶片为害。它们附在橡胶树的枝、叶和果实上，以刺吸式口器终生插入植物组织内，大量掠夺吸食营养物质，严重影响橡胶树的生势；同时分泌大量蜜露，成为霉菌的天然培养基，诱发煤烟病；当介壳虫大发生时，其介壳虫密被于枝、叶表面，严重影响胶树的呼吸和光合作用，造成开割林地减产、停割或推迟开割时间，严重造成胶树落叶和枯梢，甚至引起胶树死亡。其为害远远超过现在其他的病虫害。

橡副珠蜡蚧在日本、印度、斯里兰卡、马来西亚、菲律宾、以色列、埃及、西班牙、澳大利亚、美国、秘鲁、洪都拉斯、南非、巴基斯坦等国均有分布，在欧洲为检疫性害虫。国内主要分布于海南、广东、福建、台湾、云南及包头等地。主要为害热带的园林植物（张方平等，2006）。

9.4.17.5 发生规律

橡副珠蜡蚧在西双版纳地区没有越冬现象，1 年发生 4 代，各代历期为 60～10 d，每雌平均产卵 1 345 粒。在 18～32℃范围内，该虫卵的发育历期与温度呈显著的负相关，36℃时卵不能孵化。卵的发育起点温度和有效积温分别为 13.40℃和 69.76 度·日。最佳防治适期为从当年第 1 代初孵若虫始盛期即 2 月下旬到 4 月上旬低龄若虫高峰期结束，每 10 d 进行 1 次药剂防治，连续防治 4～5 次。

9.4.17.6 预测预报

搞好预测预报工作，更好地贯彻“预防为主，综合防治”的植保工作方针，提前查清害虫的发生情况，掌握害虫发生、发展动态，作出科学的分析、预报，及时、准确地控制或消灭害虫，把它控制在最低的经济损失指标之内。橡副珠蜡蚧最佳的防治时期是 1 龄若虫的盛孵期，最迟也要在 2 龄若虫前。以后随虫龄的增长，其抗药性也随之增加，防治效果也大打折扣。因此，从各地的实际情况出发，抓住最佳的防治时机，才能达到事半功倍的防治效果。

9.4.17.7 防治措施

1. 农业防治

加强对橡胶树的水肥管理，做好保土、保水、保肥和护根，增施农家肥料和复合肥，提高橡胶树抵抗病虫害的能力。修剪橡胶树的弱枝，清除林地杂草，降低越冬虫卵，从而减少橡胶盔蚧的为害。对中、幼林橡胶树剪除有虫枝条和枯枝，并及时烧毁，消灭虫源，杜绝传播。对中度为害的开割树要降低乙烯利使用浓度或停施乙烯利，达到重度为害的胶树要及时停割。

蚂蚁与橡胶盔蚧有共生关系，同时，还攻击介壳虫的天敌，防治蚂蚁可以减轻橡胶盔蚧对橡胶树的为害。可使用化学防治或在停割用时涂封剂、凡士林等涂封割面时，把另 1/2 树干也涂上 2～3 cm 宽防止蚂蚁上树。

2. 化学防治

在若虫高峰期可选喷 40%氧化乐果 800 倍液，40%杀扑磷 800 倍液，25%蛛八蚧乳油 800～1 000 倍液，或 40%氧化乐果 800 倍液+25%蚧杀 800 倍液混用，40%氧化乐果乳油 800 倍液+40%杀扑磷乳油 800 倍液混用进行防治。对中、幼胶林可用喷雾机喷雾施药，用药量 1.13 L(加水 900 kg)/hm^2，应均匀地喷到橡胶树的每个幼嫩枝、叶部位，施药一般在晴天的上午或下午 4 时以后进行。对开割胶林，施药应用烟雾机喷烟雾，使用"烟雾剂"为 1.5～2.0 kg/hm^2，于晴天的晚上 11 时至次日早上 8 时之间，根据各地气流情况，选择气流平稳时施药为宜(张方平等，2006；段波等，2005)。

9.4.18 日本松干蚧

9.4.18.1 分类学地位

日本松干蚧[*Matsucoccus matsumurae*(Kuwana)]属于同翅目(Homoptera)绵蚧科(Margarodidae)，又名松干蚧、松干介壳虫。

9.4.18.2 形态特征

雌成虫：卵圆形，体长 2.5～3.3 mm，头部略窄，腹末肥大，橙褐色或橙红色，体节不明显。触角 9 节，基部 2 节粗大，其余为念珠状，生有鳞纹。口器退化仅留痕迹，单眼 1 对，黑色，近圆形。胸足转节小，三角形，长有一根长刚毛；腿节粗；跗节 2 节，第 1 节短，端部有爪，微弯曲，基部下方生有冠球毛 1 对。第 2～7 腹节背面有圆形的背疤排成横列。全身的背腹两面均有双孔管腺分布，其中在腹部各节从背到腹排列成一整环。生殖孔在腹部末端的凹陷内。

雄成虫：体长 1.3～1.5 mm，翅展 3.5～3.9 mm。头、胸部黑褐色，腹部淡褐色。复眼大而突出，紫黑色。口器退化。触角丝状，10 节，第 1、2 节粗短，其余各节细长，上有许多刚毛。前翅发达，膜质半透明，翅面有明显的羽状纹。后翅退化成平衡棒，端部生有丝状钩刺 3～7 根。腹部末端有一钩状交尾器，向腹面弯曲。

卵：长 0.24 mm，宽 0.14 mm，椭圆形。初产时浅黄色或橙黄色，后渐变为暗黄色或棕黄色。

若虫：1 龄初孵若虫，长 0.26～0.34 mm，长椭圆形，橙黄色。1 龄寄生若虫，头、胸部愈合增宽，体型变为梨形或心脏形，橙黄色至橙褐色。2 龄无肢若虫，触角、眼、足均消失，口器发达。气门周围有白色蜡丝。

雄蛹：分前蛹和蛹，前蛹胸部背面隆起，形成翅芽，蜕皮后成为蛹。雄蛹包被在白色椭圆形小茧中(聂雪梅等，2007)。

9.4.18.3 生物学特性

日本松干蚧属雌雄异型。雄若虫老熟脱壳后，经过结茧化蛹再变为成虫；雌若虫老熟脱壳后即为成虫。雌成虫羽化以 6～8 时为最多；雄成虫羽化以 5～7 时为最多。雌成虫羽化后，停息片刻即沿树干上下爬行；雄成虫羽化后多沿树干爬行或作短距离飞行，寻找雌成虫交尾。雌成虫交尾后，喜沿树干爬行，于翘裂皮下、粗老皮缝、枝丫下等隐蔽处潜入，分泌蜡丝，逐渐包被虫体形成卵囊，将卵产于卵囊中；雄成虫一般交尾后即死亡。卵囊常在树干枝丫下及粗老翘裂皮下集结成团，状如棉絮。卵囊可随风传播扩散，卵经过 12～15 d 即行孵化。若虫孵出后，喜沿树干向上爬行。通常活动 1～2 d 后，即潜入树皮缝隙、翘裂皮下或叶腋等处，开始固定寄生。1 龄寄生若虫蜕皮后，变为 2 龄无肢若虫，触角和足等附肢全部消失。2 龄无肢雄若虫脱壳后，变为 3 龄雄若虫；2 龄无肢雌若虫脱壳后，即为雌成虫。雄若虫一般比雌若虫早脱壳 10 d 左右。雄若虫脱壳后，喜沿树干向下爬行，于树干裂缝、树干根际、球果鳞片等隐蔽处潜伏，分泌蜡质絮状物，作白色椭圆形小茧化蛹，蛹一般越冬代经 8～15 d，第 1 代 5～6 d，即羽化为雄成虫，寻找雌成虫交配。

9.4.18.4　为害与分布

日本松干蚧钻蛀松树，致使大片松林枯死，对不同树种为害不同，赤松树皮较薄，裂缝较多，养料和水分适宜，因而虫口密度大，受害较严重。黑松树皮厚，表面较光滑，寄生的虫口少，受害轻。其他如湿地松、火炬松等国外松，虽然处在严重发生松干蚧的地区内，但并未发现有松干蚧寄生的现象。对树龄来讲，同一种赤松，5～15 年生的赤松受害最严重；20～30 年生的松树受害较轻；老龄大树和 4 年生以下幼苗亦能受害。另外，松干蚧的发生与林木组成也有关系，松树纯林受害重，针阔混交林受害轻。

在国内主要分布在江苏、辽宁、浙江、上海、安徽、山东、吉林等地。

风力传播：松干蚧卵囊轻，初孵若虫腹部末端有 2 对尾毛，极易随风飘扬。据调查，每年春季东南风、南风较多，强度大。雨水传播：雨水能将松树枝干上的卵囊、雌成虫及初孵若虫冲至地面，随雨水流动传播到低洼地区蔓延发生。人为传播：从松干蚧疫区调运苗木、鲜枝柴及原木，都能将松干蚧带到其他地方，而引起传播蔓延。在卵囊期，到发生区进行打柴、割草、采集药材及伐木等活动，除卵囊随枝柴、杂草等被带出传播外，人的衣帽和鞋袜等也能沾染卵囊而代为传播(张永忠等，2001)。

9.4.18.5　发生规律

在华东地区 1 年发生 2 代，以 1 龄寄生若虫越冬(越夏)。越冬若虫于 3 月上旬开始活动，4 月下旬化蛹，5 月上旬出现成虫，并开始交配产卵，5 月下旬至 6 月上旬为产卵盛期。第 1 代若虫出现盛期为 6 月上中旬，成虫出现盛期为 9 月上中旬，9 月下旬至 10 月上旬为第 2 代若虫盛期，11 月下旬开始越冬。

9.4.18.6　预测预报

设立监测点，每监测点设立 2～3 块标准地，每块标准地 0.2 亩。标准地内按对角线抽取 20 株标准树进行调查。若虫期调查分别是越冬代和夏代显露高峰期于每株树冠中层选 2～4 年生枝条 2 根，带回镜检 10 cm^2 枝条虫口密度。统计雌雄比率；蛹期调查两代蛹的孵化率，统计羽化率；成虫期调查产卵量。预报发生各时期采取一元回归预测法和物候期预测法，一元线性回归是根据日本松干蚧历年的发生期与当地气象因子建立回归预测式，测算出各个不同时期为防治做准备。

9.4.18.7　防治措施

1. 化学防治

对虫口密度大、有虫株率高、集中连片的油松林进行化学防治。采取涂干、打孔注药、喷雾防治。施药时间春季在4月中旬至5月中旬;秋季在7月下旬至8月上旬,使用的药剂主要为40%氧化乐果1～3倍液,50%久效磷1～3倍液。

涂干防治:于树干基部刮掉老皮露出韧皮部,用毛刷均匀涂药。

打孔注药防治:胸径10 cm左右的用防虫锤在距地面1 m处打孔3个。孔深1～2 cm;直径14 cm以上的打6个孔,注满药液。防治效果可达到75%。

化学喷雾:发生较重地区,在春、秋两季显露期,使用50%杀螟松乳剂300倍液向树冠、枝干喷雾,防治效果可达到95%以上。

2. 生物防治

日本松干蚧的天敌有30余种,其中,以异色瓢虫数量大、容易采集获得。人工释放异色瓢虫是采取的主要生物防治措施。在3月下旬采集异色瓢虫喂10%的蔗糖水进行饲养,释放的时间在春季若虫显露期,在无风、无雨、湿度大的早晨或傍晚释放,15 000头/hm^2。平均防治效果在43.9%。

3. 林业防治

对中、轻度发生,被害株率30%以下的林分进行卫生伐和修枝。修枝是剪去虫口较大的和严重下垂枝条,增强树势。对林内被害严重、枝干极度弯曲及濒死木予以清除。更新改造,引进抗虫树种,改造那些枯死、无生长前途的松林,在林中空地和郁闭度较小的林冠下,营造灌木混交林,补植非寄生性树种(刘仁军等,2005;张永忠等,2001)。

9.5 鞘翅目

9.5.1 苹果小吉丁虫

9.5.1.1 分类学地位

苹果小吉丁虫(*Agrilus mali* Matsumura)属鞘翅目(Coleoptera)吉丁虫科(Buprestidae),又称苹果金蛀甲、串皮干、旋皮干。

9.5.1.2 形态特征

成虫:体长5.5～9.0 mm,宽2.1 mm,紫铜色,有金属光泽;头部较短,复眼长椭圆形,内缘略凹,触角锯齿状。成虫具有假死性,喜阳光,白天多在晴朗的中午活动,早晚潜伏在枝叶上不动,成虫飞翔力差。

卵:初产卵乳白色,椭圆形,直径约1 mm,数日后变为黄褐色。卵多产于主干、主枝的向阳面和大树外围、枝干裂缝或芽两侧不光滑处。

幼虫:老熟幼虫体长15.1～22.1 mm,细长、扁平,呈念珠状;头褐色,缩入前胸;前胸膨大呈圆形,背部中央和腹面中央各有一坚硬凹陷纹沟,中央密布粒点;中胸与后胸细小。

蛹:长6～10 mm,纺锤形;初期为乳白色,后渐变为黄白色,羽化前变为紫铜色(茹克亚等,2008)。

9.5.1.3 生物学特性

成虫羽化后，一般在蛹室内停留 8～10 d，然后咬破皮层，爬出枝干。成虫具假死性，飞翔能力弱，常取食叶片边缘，咬成缺刻状，危害不大。成虫一般需经 15～20 d 交配产卵，卵多产在枝下向阳面的缝隙内和芽侧、小枝基部等粗糙处。每雌虫可产卵 60～70 粒。7 月中旬为产卵始期，7 月下旬为产卵盛期，卵期 10～13 d，8 月为卵孵化盛期，幼虫危害至 11 月上旬开始越冬。

9.5.1.4 为害与分布

苹果小吉丁虫属新疆维吾尔自治区的检疫对象。属毁灭性蛀干害虫之一，被称为经济果树的天然"杀手"。主要为害苹果、梨、桃、杏、沙果、海棠等树木枝干。初孵化幼虫就蛀入树干或枝条表皮层下蛀食为害，表皮有红油冒出。初龄幼虫的蛀道不规则，蜿蜒如线，表皮多破裂，末龄幼虫在粗大树干上为害的蛀道，一般多呈长椭圆形近封闭，受害部位皮层被切断，阻碍树液流通，被害皮层干裂变色，形成坏死伤疤。

苹果小吉丁虫主要分布在我国东北、华北和西北等地。

9.5.1.5 发生规律

苹果小吉丁虫在新疆 1 年发生 1 代。以幼虫在枝干皮层越冬，越冬幼虫于翌年 4 月中下旬开始活动危害；5 月上旬至 6 月上旬是幼虫危害盛期；蛹的发生期从 5 月底至 6 月上旬开始、6 月中旬为化蛹盛期；成虫羽化始期为 6 月下旬，7 月上中旬为成虫盛发期。

9.5.1.6 预测预报

每年 2 次，在春季 3～4 月份和夏季 6、7 月份开始调查。3～4 月份有虫的枝干部位表皮浮出小米大小的红褐色油珠，剥开树皮有乳白色幼虫。5、6 月份有虫枝梢干枯死亡，危害部位树皮干瘪，形成黑褐色干皮伤疤。剥开伤皮，皮层和木质部外围蛀空，隧道内为褐色虫粪堵塞，皮层枯死、变黑、凹陷。

9.5.1.7 防治措施

1. 加强植物检疫

开展苗木检疫是防治苹果小吉丁虫传出与传入，变被动救灾为主动预防的最有效的办法。对发生区的苹果、梨、桃、杏、沙果、海棠等树种全面普查，划定疫区，发布疫情，设立临时检疫哨卡，对过往的苹果小吉丁虫寄主的树种、苗木及其原制品实施严格的检查检疫，严禁未经处理的虫害木调出。

2. 农业防治

利用苹果小吉丁成虫假死性，人工捕捉落地的成虫；清除死树，剪除虫梢，在化蛹前集中烧毁；人工挖虫，冬春季节，将虫伤处的老皮刮去，用刀将皮层下的幼虫挖出，然后涂石硫合剂，保护和促进伤口愈合，阻止其他成虫前去产卵。对果园应科学管理和综合防治，可以大大减少吉丁虫的发生，因此应适时施肥和浇水，以增强树势；对老树和衰弱的树应适时更新，受害严重的死树和枝条应砍掉销毁;还应做好刮树皮刮杀幼虫、树干涂白等工作,这些都可以减少虫源,有利于果树的生长发育。

3. 生物防治

苹果小吉丁虫在老熟幼虫和蛹期,可释放两种寄生蜂和一种寄生蝇防治。在条件适合的地段或发现啄木鸟栖息的林分,采取人工挂鸟巢、设诱饵或其他措施保护和招引啄木鸟,创造适合啄木鸟生存栖息的环境。

4. 化学防治

春季果树发芽前和秋季落叶期,在"冒红油"的虫疤被害处,用煤油 500 g 加入 25 g 80% 敌敌畏摇拌均匀,用刷子涂抹被害表皮,杀死皮层内的幼虫。6 月下旬至 7 月上旬苹果小吉丁虫成虫大量出现,成虫白天活动取食叶片,早晚静伏叶上,此时隔 10 d 左右连喷 2~3 次喷施敌敌畏和乐果乳油的合剂。8~9 月,成虫老熟,在受害的木质部内作一长椭圆形蛹室化蛹,蛹期 10~15 d,应寻找危害部位刮破枝条皮层,涂抹治腐灵,以防腐烂;用棉球蘸上敌敌畏或乐果乳油塞入虫孔,然后用胶带裹住虫孔,根除虫卵。8~9 月卵孵化盛期,幼虫从卵里钻出来后就钻入皮层危害果树,采用打孔至林木髓心,注入氧化乐果原液,用胶带裹住孔口,通过树液流动达到杀虫的目的(茹克亚等,2008;陈军和湛玉荣,2007)。

9.5.2 小圆皮蠹

9.5.2.1 分类学地位

小圆皮蠹(*Anthrenus verbasci* Linnaeus)是常见的仓储害虫,属鞘翅目(Coleoptera)皮蠹科(Dermestidae),是一种危害性大的杂食性仓储害虫。

9.5.2.2 形态特征

成虫:体长 1.7~3.8 mm,宽 1.1~2.3 mm,卵圆形。头部圆形,密被黄褐色鳞片,在额的上方中央有单眼一个。复眼黑褐色,其内缘为圆形,不凹入。触角窝的长度约为前胸背板侧缘的 1/2。前胸背板侧缘及后缘中央有白色鳞片斑,其余全为黄褐色鳞片所覆盖。小盾片自背面不易看见。鞘翅上有 3 条由黄色及白色鳞片构成的波状横带。鳞片呈长三角形,端部钝。腹面全部覆盖白色或黄白色鳞片。足的基节、转节及腿节前面都密被白色或黄白色鳞片,仅腿节后面、胫节及跗节上无鳞片。

幼虫:老熟幼虫体长 3.5 mm。纺锤形,背面隆起,腹面平直。头部圆形,淡黑褐色,向前密生黑色粗毛。口器黑色,腹部 12 节,第 1 节最长,呈梯形,第 5~7 节最宽,各节淡黑褐色,有光泽,节间淡黄白色,各节都着生向上及向两侧的黑色粗毛。胸部腹面及足灰白色,腹部腹面暗褐色,并散生黑色粗毛。腹末着生黑色粗毛数 10 根成一束。

蛹:雄蛹生殖乳突球形,端部相互接近。雌蛹 3 节强烈突出,近乎平行(毛建萍,2001)。

9.5.2.3 生物学特性

初孵幼虫有吃卵壳习性,吃卵壳的幼虫比不吃卵壳的幼虫死亡率低。幼虫有畏光性,常隐蔽在背光的纸片下或盒缝处活动和取食。3 龄后有假死性。食料对幼虫发育速度和死亡率影响很大，初孵幼虫不耐饥饿，不放饲料的一组几天后全部死亡，饲喂饲料的一组虽能发育到 3 龄左右，但死亡率高达 80%以上，而饲喂干燥昆虫标本的一组 100%成活，且发育速度快，个体粗壮。幼虫钻蛀后一般不转移，常在蛀孔附近发现许多蜕下的皮，这是识别小圆皮蠹的一个重要特征。

化蛹多在夜间进行。化蛹时，幼虫身体缩短，表皮并不蜕去，从背部前端裂开一个小口，在幼虫表皮内化蛹。蛹初为乳白色，渐变黄褐色，6～7 d 后，腹面出现两块黑斑(鞘翅)，8～10 d 后，鞘翅收拢到背面，翅面花纹形成，再过 3～4 d，成虫羽化出来。

成虫羽化后，在老熟幼虫蜕皮内蛰伏 3～4 d，然后抛弃蜕皮钻出。羽化后 4～7 d 交配，曾发现有多次交配现象，交配后 1～7 d 产卵，产卵具有间歇性，产卵量 4～45 粒不等，每雌平均 16.2 粒。成虫不需补充营养，羽化后的成虫放在空瓶内，也能正常交配产卵。

9.5.2.4 为害与分布

小圆皮蠹是为害标本的重要害虫，发生严重时，辛苦采集制作的标本 1～2 年就被毁坏了。该虫对鞘翅目昆虫的危害特点是：先危害昆虫标本的腹部，幼虫常从鞘翅下沿与腹部相接处钻入，数量较多时，也有从前胸背板与鞘翅的连接缝处，或从腹部的腹面钻入取食；对鳞翅目昆虫标本主要危害腹部及翅，一般情况下，被害标本较轻微，只在昆虫针周围的标本盒上有虫粪及粉碎组织。饲养过程中发现，被严重危害的鞘翅目标本，除鞘翅、体壁及足外，其余部分几乎全被取食。较大的标本被害后只剩下空壳，腹部侧面和腹面有许多虫孔；严重被害者鞘翅也被破坏；个体较小的标本，受严重危害后，只剩下散了架的鞘翅等其他组织。鳞翅目昆虫标本严重被害后，腹部、翅脉等组织被取食，只剩下一些鳞毛和鳞片，其剩余物成毛茸茸的一团，看不清虫体的形状，受严重危害的标本完全失去利用价值(张文同和姚传文，1994)。

小圆皮蠹呈世界性分布，国内已在河北、河南、天津、内蒙古等 20 多个省市分布，几乎遍布全国。

9.5.2.5 发生规律

小圆皮蠹在江苏一年发生 1 代。以幼虫于 10 月份开始在寄主体内或取食对象的附近越冬。越冬幼虫于次年 2 月开始活动取食，4 月开始化蛹，4 月中下旬为化蛹高峰，成虫于 5 月上中旬达羽化高峰。5 月中下旬产卵，卵散产在标本虫体上，每头雌虫产卵 13～100 粒，平均 48 粒，卵期 10～13 d。幼虫有滞育现象，幼虫不钻入坚硬的物体内部，而是隐藏在标本盒、标本柜的缝隙内，或是钻入标本内取食。该虫主要以幼虫危害，成虫需补充营养，隐蔽性差。

9.5.2.6 防治措施

存放标本的柜橱和房间做好清洁工作，最好用气雾杀虫剂喷治后密闭 10 min 再放入标本。制成的标本在装盒收藏前一定要经 45～50℃的高温彻底烘干，然后在标本盒的 2 个对角上放上樟脑丸 2 个(塑料包装纸一定要撕开)，在另 2 个对角上放上浸有敌敌畏棉球的小瓶各1个，这样既可驱虫，也可杀虫。

将空标本盒打开，喷入80%敌敌畏1 000倍稀释液，晾干，可杀灭盒内的虫卵和幼虫。采集的昆虫标本，放在50℃烘箱内烘48 h，可将昆虫体上携带的虫卵和初孵幼虫杀死，此法还可防止标本生霉。将1.5%的甲敌粉(含1%甲基对硫磷和0.5%敌百虫)少许撒在标本盒底部，上面覆盖软木板或纸片，可防止标本长时间不生虫。仓储为害时防治方法同其他仓储害虫(张文同和姚传文，1994，1996；毛建萍，2001)。

9.5.3 谷斑皮蠹

9.5.3.1 分类学地位

谷斑皮蠹(*Trogoderma granarium* Everts)属于鞘翅目(Coleoptera)皮蠹科(Dermestidae)，是为害储藏食品的重要害虫。

9.5.3.2 形态特征

成虫：体长2～2.8 mm，体呈长椭圆形，红褐、暗褐或黑褐色，密生细毛。头及胸背板常为暗褐色，有时几近黑色。触角11节，黄褐色，棒状。雄虫触角棒为5节，末节呈圆锥形，其长度约为第9与第10节之和，端部尖形或钝形；雌虫触角棒一般为4节，有时3节，末节圆锥形，长略大于宽，端部钝圆。鞘翅常为红褐色或黑褐色，有时翅上有2～3条模糊的黄褐色疏毛横带。

卵：长约0.8 mm，乳白色，呈长筒形或稍弯，一端圆弧形另一端有数小刺及刺状突起。

幼虫：老熟幼虫长约5 mm，纺锤形，向后稍细，背部隆起，黄褐色或赤褐色。腹部9节，末节小型，第8腹节背板无前脊沟。体上密生长短刚毛，尾部着生1丛黑褐色刚毛。胸足3对，短小型，每足连爪共5节。

蛹：体长3.5 mm，黄白色，体上生少许细毛。蛹留在末龄幼虫的皮内。

9.5.3.3 生物学特性

谷斑皮蠹适宜发生在热而干燥的地区，在平均温度有4个月超过20℃的地区就能发生，在平均气温有6个月超过20℃的地区就有可能大发生。谷斑皮蠹完成发育的温度范围在21～40℃，谷斑皮蠹幼虫的存活时间很长，最高发育温度为40～45℃，在51℃和相对湿度为75%的条件下，仍有5%的个体能存活。温度在25℃以上，幼虫发育非常迅速。如果当地平均温度低于25℃，谷斑皮蠹幼虫会进入滞育期。谷斑皮蠹幼虫能忍耐－8℃以下的低温，在－20℃下处理4 h才死亡，长时间的饥饿不影响休眠幼虫的化蛹率。

虽然谷斑皮蠹成虫一般不取食，很少飞翔，仅能生活半个月，但每一雌虫能产卵80多粒，繁殖力很强，是造成幼虫为害储藏物品的根源，因此也应彻底消灭。低温、拥挤和缺少食物可导致滞育。滞育幼虫常钻入仓库缝隙，可以不取食生活2～3年或更长的时间。当有食物时，在滞育前，幼虫通过代谢而积聚大量脂肪体，由此发育的成虫，其产卵数平均每一雌虫为96粒；未经滞育的幼虫，其后的成虫产卵数平均只有53粒。滞育幼虫比一般幼虫更难于防治(沈兆鹏,1985)。

9.5.3.4 为害与分布

此虫耐干力大大超过一般储藏物害虫,能在含水量低于2%的储藏物中繁殖。它的抗药力也很强。幼虫非常贪食,具有粉碎食物的特性,粉碎的食物比吃掉的还多,破坏性极大,对粮食造成的损失严重时达75%。当环境条件适宜时,粮堆表面的幼虫数目可以大于粮粒数目,重量损失可达15%~20%。

幼虫常聚集为害,在环境条件不利时,如虫口密度太大、低温或储藏物腐败时,往往出现滞育现象。

目前,该虫主要集中在西至西非、东至缅甸、南至赤道、北至北纬12°的范围内。中国曾多次检疫到此虫,但尚未在我国造成危害(张生芳,2004)。

9.5.3.5 发生规律

谷斑皮蠹既耐热又耐干,在东南亚一年发生4~5代。在37℃和相对湿度25%的条件下,完成1代仅需25 d。在30℃,完成1代约需40 d,其中卵6.5 d,幼虫24~30 d,蛹4.5 d,在茧中的成虫2 d。在25℃,约需60 d,其中卵9.5 d,幼虫38~47 d,蛹6 d,在茧中的成虫3 d。

9.5.3.6 防治措施

1. 加强检疫

根据历年进境检疫截获谷斑皮蠹的经验,划出易感和非易感的动植物及其产品,易感产品入境后直接进货场熏蒸库,由检疫机关认可的专业熏蒸队熏蒸杀虫,常用药为磷化铝。密闭72 h,熏蒸后再查药效。入境农副产品,包装物多为陈旧麻袋,是传带谷斑皮蠹的主要媒介。因此,进境货物的麻袋、外包装、填充物等在口岸一律更换,感染谷斑皮蠹的外包装就地烧毁或熏蒸后退还。

2. 化学防治

由于谷斑皮蠹幼虫是造成储藏物品损失的主要因素,因此,在讨论防治措施时,要对准谷斑皮蠹的生活习性,防治谷斑皮蠹的幼虫和卵,特别是防治谷斑皮蠹的滞育幼虫,这样才能达到消灭谷斑皮蠹的目的。谷斑皮蠹幼虫,特别是要进行滞育的幼虫,有钻缝隙的习性。要彻底防治谷斑皮蠹,采用熏蒸剂较为理想。滞育幼虫是一个不稳定的状态,在高温条件下,它们对磷化氢的忍耐力明显减弱。滞育期为2~3周的幼虫,对磷化氢最敏感,在0.25 g/m^{3}中暴露4 d,就能把它们完全杀死(Bell et al,1984)。

在所有的储粮害虫中,谷斑皮蠹的抗药性最强。在发现该虫时,通常对被侵染的仓库及产品进行熏蒸处理,同时对仓库周围12~35 m的地面进行处理。为了达到根除的效果,不仅用高浓度的熏蒸剂,而且要用高浓度的杀虫剂进行表面喷洒。美国在20世纪50年代防治谷斑皮蠹的杀虫剂应当既有触杀作用,又具熏蒸作用。70年代初开始注意到,广泛用于防治储粮害虫的马拉硫磷对谷斑皮蠹属的种类已经无效,而二嗪农、敌敌畏、毒死蜱、倍硫磷还比较有效。应用粉剂比较有前途,用药2~3 d后使谷斑皮蠹幼虫死亡。当硅胶接触昆虫的表皮之后，吸附几丁质表面的脂肪物质，使虫体失水而干死（张生芳，2004；蒋小龙，1995；沈兆鹏，1985）。

9.5.4 烟草甲

9.5.4.1 分类学地位

烟草甲（*Lasioderma serricorne* Fabricius）属鞘翅目（Coleoptera）窃蠹科（Anobiidae），是世界性储烟害虫，也是我国重要的储烟害虫。

9.5.4.2 形态特征

成虫：一般为黑褐色椭圆形，体背部隆起，全身密生浅色茸毛，身体分为 2 节。前胸与头向下弯曲，鞘翅的表面平滑无沟痕，触角呈锯齿状，体长 2.0～3.7 mm，重 1.5～4.5 mg，虫体的大小常取决于害虫的食物类型及环境因素，但在相同条下一般雌虫总是比雄虫大。

卵：椭圆形，淡黄白色，壳表有蜡质物，有光泽，长 0.4～0.5 mm，一端有小突起。

幼虫：呈乳白色或灰白色，全身着生很多体毛，头部骨化为褐色，身长 0.6～4.5 mm。幼虫生长要经过 4～5 个生长阶段才能产生分泌物制成蛹室，进行化蛹。幼虫发育时间的长短主要由气温来决定。

蛹：蛹在蛹室中发育，为浅黄色，长约 3 mm，复眼为褐色，唇须、触角、翅及足与身体分离外露，前胸位于头的上方，蛹基本上是成虫的雏形（钟文坚和李小兰，2003）。

9.5.4.3 生物学特性及发生规律

烟草甲 1 年发生 3～6 代，寒冷地区 1 年发生 1～2 代，温热地区 1 年可发生 7～8 代，世代重叠现象明显。据观察，烟草甲虫的蛹羽化为成虫后常静伏 2～4 d，等待生理性成熟后进行交配产卵。成虫的寿命有一定的差异，雄虫为 10～21 d，雌虫为 20～40 d。一般一头雌虫一生可以交配 1～3 次，具体情况受到当地气候的影响。交配后 5～7 d 内可产下 75%以上的卵。卵散产，产于烟叶叶脉的凹陷处及烟叶折叠缝的隐蔽处。孵化前卵壳颜色常变为近似透亮的白色。幼虫取食烟叶叶肉留下表皮，隐藏在蔽光处为害，或钻入叶脉内或烟支内为害。幼虫多在 5～6 龄时开始化蛹，受气温影响也会出现 4 龄或 7 龄化蛹（多出现在越冬代），化蛹前为不食不动的预蛹期，之后分泌出黏液结茧化蛹。成虫有趋光性和假死性。

烟草甲在不同烟叶上产卵具有选择性。在不同烟叶上烟草甲的卵量分布数差异显著，在烤烟和白肋烟之间，对烤烟有明显的产卵选择性（赵伟民，2009）。

9.5.4.4 为害与分布

烟草甲虫属于世界性分布最广的烟仓害虫之一，在各储烟仓库、烟叶复烤厂和卷烟厂，甚至烟叶收购站等均受到烟草甲虫不同程度的为害。受烟草甲虫为害的烟叶会降低烟叶的成丝率，增加卷烟的原料耗用量，而且它们的排泄物会造成污染，并且还在烟支上留下异味或孔洞，影响卷烟品质以及卷烟企业的形象。烟草甲对贮存烟叶的为害有一定的选择性，大量调查结果表明，在贮存1～2年的烟叶上为害较重。贮存2年以后，烟叶品质发生改变，烟草甲的生长发育相应地受到影响，其种群密度逐渐下降。从其幼虫在烟垛中的分布为害来看，烟草甲为害烟垛主要从顶层开始，烟叶在一定贮存时间内，虫口密度随时间增长而增大，并逐渐向下层扩展，当虫口密度增大到一定程度时，烟垛各层间的虫口密度无显著性差异（钟文坚等，2003）。

烟草甲为世界性害虫。国内分布广，喜好生活在温暖多湿地区，如西南、华南、黄淮、华中等烟草生产区。

9.5.4.5 防治措施

1. 物理防治

采用防虫网进行隔离。对仓库的门窗统一安装网孔度为40目的防虫网，在通风排湿或散毒时可在防虫网上捕捉到烟草甲虫、赤拟谷盗等害虫。

灯光诱杀一般在傍晚以后使用，主要针对烟草仓储外环境进行。灯光诱杀有两种途径：一种是使用紫光灯诱捕害虫，另一种是使用由黄光灯＋PP助剂与水＋玻璃架组成的灯光捕杀器诱捕害虫。

2. 化学防治

熏蒸剂使用适当可100％杀死各种虫态的烟草甲，使用较多的熏蒸剂是磷化氢（PH_3）和溴甲烷。由于溴甲烷为一种破坏大气臭氧层的物质，将逐渐被淘汰，而磷化氢作为常规的主要熏蒸剂，将在很长一段时间内继续使用。磷化铝熏蒸防治时间一般需密封7 d，然后散毒，以上即可达到害虫防治与安全的效果。

在害虫综合治理中，一些杀虫植物提取物有良好的发展前景，许多科学工作者致力于植物源农药作为传统杀虫剂替代物的研究。印楝是最负盛名的杀虫植物，其主要活性成分是种子中的印楝素，对昆虫具有多种生物活性，其中最重要的是拒食作用和生长调节作用（柳柳琼友，2007；钟文坚，2003；薛宝燕，2005）。

9.5.5 双钩异翅长蠹

9.5.5.1 分类学地位

双钩异翅长蠹（*Heterobostrychus aequalis*）属鞘翅目（Coleoptera）长蠹科（Bostrychidae）。该虫是热带和亚热带地区常见的重要钻蛀性害虫，食性杂，寄主广，破坏性大，是现代竹、木、藤制装饰的重要害虫。

9.5.5.2 形态特征

成虫：双钩异翅长蠹成虫为赤褐色，虫体圆筒状圆柱形，体长6～15 mm，宽2.1～3.0 mm。头部黑色，具有细颗粒状突起，头后部密布纵向背线；触角着生在复眼前，左右两触角分开，且距离较宽，触角10节，鞭节6节，末端3节锤状，膨大呈椭圆形，其长度超过触角全长的一半，具毛；小盾片四边形，微凸起，光滑无毛。鞘翅刻点清晰，呈条状排列，刻点之间有纵沟，刻点沟间光滑无毛、具光泽；鞘翅两侧缘自基缘向后几乎平行延伸，至翅后 1/4 处急剧收缩，后缘倾斜有齿；前胸背板前缘呈弧状凹入，前半部表面密布粒状突起，前缘角有一个较大的齿状突起，其后还有 5～6 个锯齿状突起，后缘角呈直角，前缘后面凹陷；成虫腹节的第 5 节可见有腹板；足胫节有刺，跗节 5-5-5。双钩异翅长蠹成虫雌雄异型，大小差异较显著，容易区别，雌虫较大，雄虫较小；在鞘翅斜面后端两侧，雄虫有 2 对钩状突起，上面的 1 对较大，呈尖钩状，向上并向中线弯曲，下面的 1 对位于鞘翅边缘，较小，无尖钩，仅略隆起。雌虫鞘翅斜面上仅有稍微隆起的瘤粒，无尖沟形成（黄可辉和郭琼霞，2004）。

幼虫：老熟幼虫肥胖，体长 8～15 mm，乳白色，体节 12 节，体壁皱褶，常弯曲成 C 字形，头部较大，而大部分被前胸背板覆盖，背面中央有一明显白色中线，胸部较发达，中间明显有一黄白色的骨化片，长 1.5～2.0 mm，具 3 对胸足，胫节上长刺；虫体腹面扁平，近尾部的背面中线具明显的棕红色血管带状，尾部钝圆。

卵：长 1.2 mm，宽 0.2 mm，米粒状，前方尖突，乳白色。

9.5.5.3 生物学特性及发生规律

双钩异翅长蠹在热带和亚热带地区 1 年一般可完成 1～2 代。越冬幼虫于 3 月中、下旬化蛹，蛹期 9～12 d。3 月下旬至 4 月下旬大量羽化。羽化初期体壁柔软，乳白色，1 d 后硬化并变为褐色，2～3 d 后开始蛀食木材，此时正值热带和亚热带地区橡胶木等寄主生产旺季，自然干燥的板、方材等最易受害。初孵化的幼虫在木质的导管中取食，以后逐渐向外扩展，形成纵向排列的幼虫坑道，直径约 6 mm，长约 30 cm，蛀入木质部深度可达 5～7 cm。危害当年，第 1 代成虫最早在 6 月下旬至 7 月上旬出现，完成这一代只需 100 d 左右。成虫正常寿命 2 个月。成虫在傍晚至夜间活动，稍有趋光性，具较强的飞翔能力；钻蛀性强，可将有机玻璃咬穿而逃脱；新成虫必需取食木材，进行补充营养，才有生殖能力；成虫若不给食，只能生存 7～9 d，但越冬成虫寿命最长的达 5 个月之久。这时成虫就离开原寄主，在周围寻找新的寄主，其首选寄主为木制品，如木地板、木方、木藤家具及木装饰物等，若木制品等受害，用斧头或锤子击打，会发出异常的声音，则可破木取虫（黄可辉和郭琼霞，2004）。

幼虫的排泄物及蛀屑均为极细的粉末，紧密堆积于坑道内，不排出，故被害木在幼虫期不易发现，和健康材混在一起使用，造成木制品被害。幼虫只能消化木材细胞的内含物，淀粉是它食物中必需的成分，大量纤维素、半纤维素和木质素都不能消化，排出体外。这种营养特性和粉蠹虫完全相同。

9.5.5.4 为害与分布

双钩异翅长蠹，虫体大，食量也大，喜欢在弃皮的寄主上繁殖和取食，危害木质包装或弃皮藤料并排出大量蛀屑，在夜深时还可听到其咬食的响声；受害寄主有数条坑道并列，或互相交错。被蛀的木料轻则蛀成许多孔洞，重则被蛀成蜂窝状，极易折断，使被害木材受到毁灭性破坏，完全丧失使用价值。可见，该虫寄主广泛，钻蛀能力强，破坏性大，是危害木材及木制品的一种不可忽视的重要害虫。

双钩异翅长蠹在国内主要分布于上海、台湾、广西、广东、云南、海南等省区市，国外主要分布于东南亚地区（李隆术和朱文炳，2009）。

9.5.5.5 防治措施

1. 加强检疫

对进口的木箱、木托盘等竹木制品的检疫中如有发现双钩异翅长蠹等有害生物，采取有效可行的杀虫处理措施，在做好检疫除害处理的同时，要加强检疫监管，严防虫情扩散，尤其是注意在害虫繁殖季节，加强检疫监测。

2. 化学防治

溴甲烷、磷化铝混合熏蒸：进口的方板材及包装木箱，发现有这类害虫，应立即采取措施进行灭虫处理，一般采用溴甲烷 30～40 g/m^3 熏蒸 24 h 或磷化铝 20 g/m^3 熏蒸 72 h；通常可采用库房熏蒸、帐幕熏蒸的方法。对大量进口的方板材及包装木箱，发现有这类害虫，应立即采取措施进行灭虫处理。用溴甲烷与磷化铝混合熏蒸，达到降低浓度并提高杀虫效果的目的。

硫磺熏蒸：对藤枝中发现双钩异翅长蠹，可用硫磺燃烧 24 h，硫磺用量 250 g/m^3，利用硫磺在燃烧的过程放出的二氧化硫进行杀虫，虽然是传统办法，但杀虫效果很好。目前藤料加工厂多建有硫磺熏蒸库作为熏蒸杀虫用，硫磺熏蒸其作用，一是杀虫灭菌，二是使藤枝着色(转为黄蜡色)，有利于保存及出售。在藤料场发现虫源，可结合生产过程，用二氧化硫进行杀虫处理，经济有效可行(施振华，1992；黄可辉，2004)。

9.5.6 谷蠹

9.5.6.1 分类学地位

谷蠹[*Rnyzopertha dominica*(Fabricius)]属鞘翅目(Coleoptera)长蠹科(Bostrichidae)，是一种重要的粮食蛀食性害虫。

9.5.6.2 形态学特征

成虫：体长 2～3 mm，长圆筒形，暗红褐色至黑褐色，略有光泽。头着生在前胸下，为前胸背板所掩盖，背面不能见，且不能上抬。触角鳃叶状，10 节，末端 3 节扁平，膨大呈三角形。前胸背板从背面观近圆形，中央隆起，前半部分有 4 排倒生鱼鳞状短齿，做同心圆排列，第一排较粗，后半部分刻点不明显。小盾片正方形。鞘翅稍长，末端向后下方斜削，两侧平行且包围腹侧，各有纵刻点行数条。

幼虫：体长 2.5～3 mm，乳白色，胸节的腹面及胸足和尾部均着生有短毛。头小半缩在前胸内，上颚不尖长。触角 3 节。胸部显然比腹部粗大。第 8 腹节气门不大于前数节的气门，第一对气门位于前胸后缘。足细小(李隆术，2009)。

9.5.6.3 生物学特性

雌成虫交配后把卵成块地产于粮堆表面或粉屑内，每雌虫可产卵 200～500 粒，孵化率可达 100%。孵化的幼虫钻入粮粒内蛀食生长，直至羽化成成虫后开始外出，或终生在粉屑中侵食化蛹。在粮温28℃、相对湿度70%的条件下,卵至成虫需要40 d完成。

谷蠹产生于热带,较喜高温,最适合温度32～35℃。粮温25℃时能产卵、繁殖,逐渐使粮温升高至40℃以上,往往造成粮堆中、下部大面积发热,在此环境活动能力很强。在冬春季节时,表层伴随结露,甚至在35～40℃的高温环境下,也能发育成虫,而在温度低于15℃时就开始休眠。

谷蠹最适宜在水分12.5%、相对湿度70%～80%环境中生存,此时繁殖较快,但粮食水分较低时仍能繁殖,在水分8%～10%、相对湿度40%～50%的干燥环境中也能生存发育,具有很大的危害性(袁业宏,2001)。

9.5.6.4 为害与分布

一般成虫都发生在距粮面90～100 cm以下,高温粮进入低温季节时,谷蠹随粮温的下降而下沉,寻找到粮温较高部位,在下部进行危害粮食。谷蠹在粮食中易群集生活,其发生和为害速度相当快,引起粮食发热,特别是8～9月的成虫危害尤为严重,受害粮粒常被蛀成空壳,粮温能高达38℃以上,它比同样密度的玉米象危害粮食的重量要超出5～6倍。其幼虫在蛀食危害过程中,可在粮粒间产生大量白色粉末,导致粮堆空隙度减少,熏蒸扩散受阻、杀虫效果下降,引起种子堆的发热,导致后期性仓虫及霉菌的发生(袁业宏,2001)。

9.5.6.5 发生规律

此虫在7～9月份,粮温达30℃以上、相对湿度60%左右时发育一代仅需25 d。若温度在30℃以上、湿度增加至70%～80%繁殖加快,在最适宜温湿度条件下每月的虫口增长率可达15～20倍。成虫寿命长达5～6个月。

一年发生2代,广东可发生4代。以成虫越冬,越冬场所常在发热的粮堆中,粮温降低时向粮堆下层转移,蛀入仓底与四周木板内。也有的潜藏在粮粒内或飞至野外树皮裂缝中越冬。越冬成虫于翌年4月开始活动,交尾产卵,至7月间变为第1代成虫,8～9月间变为第2代成虫,此时为害最严重。卵期11～13 d,幼虫4龄共28～71 d,预蛹期1～4 d,蛹期3～7 d。其耐寒能力较差,温度在0.6℃仅能生存7 d,0.6～2.2℃时生存不越过11 d。

9.5.6.6 防治措施

1. 加强检疫

检查种子中谷蠹应根据不同季节谷蠹活动特点和规律,在其活动和隐藏最多部位取样。一般采用筛检法,在1个检查点取1 kg种子,经过一定时间的振动筛理,把谷蠹筛下来,然后分析其活虫头数,再决定防治措施。

积极采取有效措施预防和杜绝谷蠹的发生和蔓延,入库时做好空仓清理,坚决杜绝虫粮入库并注意做好自动分级工作,在通风死角和熏蒸死角竖立几根高于堆高、管壁凿有众多直径为2.5 mm小孔的直径为30 cm的PVC管以便配合熏蒸效果的最好发挥。

2. 物理防治

利用冬季干冷的自然空气,使谷蠹发生冷麻痹,甚至消灭谷蠹,当外界温度低于仓内,外界湿度低于或等于仓内时，可以通风。若谷蠹密度较大则需要对储粮先冷冻，后清理，并对筛下物深埋或焚烧，防止谷蠹感染。谷蠹密度较小时，可利用机械通风，迅速降低粮温，然后进行熏蒸，杀虫效果较为理想。

3. 化学防治

夏季粮温达25℃以上对虫粮进行熏蒸时，谷蠹区别于其他害虫，应采取较高浓度同时采用较长密闭时间。如用磷化氢熏蒸其浓度不低于220 mL/m^3 甚至还要高一些，而且在此浓度下至少要14 d以上密闭时间方可全部杀死害虫，低于上述要求杀虫不会彻底。杀虫时可通过探管将磷化铝片剂或用环流熏蒸的方式将熏蒸气体传达到生虫部位。如局部生虫，应在生虫部位的上、下、左、右、中五部位布置探管或导气管施药，进行立体交叉局部熏蒸。另外该部位上方的粮面压盖薄膜效果较好。该方法施药时也可采取两次、三次或多次投放，施药量根据浓度检测情况确定，熏蒸时间掌握在不少于20 d，效果会更佳。

仓外消毒：仓内种子用磷化铝熏蒸的同时，仓外四周应用0.1%～0.2%的敌敌畏稀释液喷雾消毒。

4. 生物防治

长角扁谷盗对稻种的危害较轻，并且易于控制和消灭，喜吃谷蠹、米象的卵。因此，对谷蠹发生严重的地方，在仓库空贮阶段，可以采取引进适量长角扁谷盗，达到以虫治虫的目的，最后再消灭长角扁谷盗(陈裕泽，2010；袁业宏，2001；朱宗森，2006)。

9.5.7 赤足郭公虫

9.5.7.1 分类学地位

赤足郭公虫[*Necrobia ruficollis* (Fabricius)]属鞘翅目(Coleoptera)郭公甲科(Cleridae)，又名椰甲、椰干虫、赤足火腿甲等。

9.5.7.2 形态学特征

成虫：体长3.7～7 mm，略扁，卵形，有蓝绿金属光泽，背面疏生暗褐色刚毛。头部稍向前倾斜，复眼黑色，触角11节，基部3～5节赤褐色，棒状部3节，末节最大。前胸背板宽大于长，中部最宽，密布小刻点。鞘翅基部比前胸背板宽，每鞘翅有9～10行刻点，密生黑毛。足赤褐色，跗节5节，第4节小，第1～3节2裂，第5节长，端部具2爪。腹部腹面深蓝色。

卵：长约1 mm，形似香蕉，两端稍细，半透明，乳白色。

幼虫：成熟幼虫体长9～10 mm，细长，近圆筒形。腹部5～7节略宽，头部、前胸及臀板红褐色，其余近白色，背面有暗紫色斑，体背有褐色毛，每腹节背面有皱纹2个，末端有2个尖形向外弯的尾突。

蛹：长5 mm，卵形，疏生淡黄色毛。头、翅芽及足白色，腹部紫色，背线白色，羽化前呈青黄色。后足伸达第5腹节，后翅伸达第7腹节。腹末有1对臀突。

9.5.7.3 生物学特性及发生规律

赤足郭公虫在中国华南地区1年发生4～6代，华中地区1年2～4代，华北地区1年不超过2代，以幼虫越冬。成虫和幼虫均有同类相残习性。成虫羽化多在上午10时左右，3 d后就可交配产卵。成虫具有一定的飞行能力，喜潜伏在阴暗处，白天交配，多夜间产卵，卵散产或集产在寄主、墙壁、包装物等缝隙隐蔽处，成堆，每堆约30粒。成虫产卵期较长，每头雌虫一生可产54～3 400粒，平均1 476粒。成虫可将椰干多油部分蛀成一空洞，洞壁不整齐，遗留下粉屑及粪便粒；有时也食其他仓库害虫，在食物缺乏时甚至同类相食；有假死性。幼虫孵化后食卵壳，随后蛀入寄主内为害；肉类、椰干被蛀成弯曲隧道，内充满虫粪，油料、谷物、购物标本等被害后，仅剩空壳。老熟幼虫钻出寄主，选择干燥隐蔽处和寄主、包装物间，口吐液汁，作茧化蛹。

在30℃和70%～80%相对湿度下，蛹期为13 d。成虫爬行迅速，飞翔力强，羽化不久即可交配。产卵前期2 d，产卵期7～8 d，成虫寿命可长达1年。此虫发育适温为32～35℃，适宜相对湿度为85%～100%，在湿热地区能终年繁殖，低温时发育迟缓。食物对此虫的繁殖力和发育都有影响，食物蛋白质含量越高，幼虫发育越快，雌虫产卵也越多(李隆术，2009)。

9.5.7.4 为害及分布

赤足郭公虫为杂食性，可为害熏肉、火腿、腊肉、干鱼等动物制储藏品，也捕食其他储藏昆虫，尤其喜食油料和高蛋白物品。幼虫蛀如肉类深处脂肪多的部分，或表面食害。影响储藏物品质，并带来大的经济损失。

赤足郭公虫为世界性分布，国内分布在台湾、新疆、甘肃、贵州、广东、广西、四川、福建、浙江、江苏、湖北、湖南、安徽、上海、山东、陕西、内蒙古、辽宁等地区。

9.5.7.5 防治措施

1. 预防控制

做好预防措施，创造使赤足郭公虫不能侵入或不能繁殖的条件，可以有效减少为害。如低温保存，谷类保持低于12%的含水量，保持环境卫生，清除缝隙中的虫源等。

收购食品材料时，应对采购地食品的虫害情况进行调查。严格检查食品材料，食品包装，必要时消毒处理；食品运输途中和运达目的地后，要防治虫感染。

储藏库要清洁、干燥、温度较低。室内四周、天花板和地面应彻底清扫，不留缝隙；食品入库前，库内还要彻底消毒。库外应清除一切垃圾、废品、杂草等，平时定期清扫。

2. 物理防治

气调防治：在密封条件下，用抽真空、低氧、充氮、充二氧化碳的方法处理食品，可抑制此虫为害。

辐射防治：用γ射线照射害虫，可致其不育或死亡。辐射处理时间短，无残毒，不影响被照射物品理化性质，但是成本较高。

3. 化学防治

储藏食品是人们直接取食的必需生活资料，经赤足郭公虫侵染后重者只有废弃或烧埋，轻者也不能用化学药剂处理，不能供人类食用，所以防治此虫还是以预防为主(李隆术，2009；白旭光，2008；徐海根，2011)。

9.5.8 米扁虫

9.5.8.1 分类学地位

米扁虫(*Cathartus advena* Walterl)属鞘翅目(Coleoptera)锯谷盗科(Silvanidae)。

9.5.8.2 形态特征

成虫:体长1.5～2.5 mm,扁长形,黄褐色至褐色,密生黄褐色细毛。复眼黑色、突出。触角棍棒状,11节,末3节膨大,棒状。前胸背板横长形,四角稍突出,前角各有1个钝齿,后角各有1个小尖齿,侧缘各具小齿约10个,小盾片扁。鞘翅椭圆,末端圆滑,各具不明显刻点10余条,并散生倒伏的细白毛。

幼虫:体长4 mm,扁平细长。散生淡黄色细毛,头部略呈梯形,淡褐色。触角2节,第2节锤状。胸部乳白色至灰白色,无臀突。

蛹:雄蛹生殖乳突极小,雌蛹突出,分3节。

9.5.8.3 生物学特性

米扁虫在适宜条件下,每代经过18～26 d。卵散生,卵期4～5 d,幼虫期7～14 d,蛹期7 d。成虫寿命1年以上,行动活泼;幼虫孵化后即取食。在27.5～28℃和85%～85%相对湿度条件下发育最快,从卵至成虫不到20 d,死亡率最低小于20%。30℃以上,20℃以下,相对湿度低于65%,生活力差。此虫发育与本身种群密度有关,在拥挤时(2 g食物中32对成虫)产卵率迅速降低,每雌只产0.2头后代,但在2 g食物中仅2对成虫时,产卵率就上升,每雌能产6.8头后代(李隆术和朱文炳,2009)。

9.5.8.4 为害与分布

米扁虫主要为害植物性药材(当归、桔梗、党参、天麻、银耳、红花、大枣、地龙等150余种)以及不洁净或开始发霉的粮食等储藏物。成虫、幼虫喜食霉菌,开始发霉的各种储藏物中易发生此虫,所有植物性储藏品几乎无不受害,特别是粮食和药材中最常见。

分布遍及全球,我国除台湾、西藏外,其余各省区市均有发生。

9.5.8.5 发生规律

一年发生多代,多出现在开始发霉的食物中,成虫、幼虫喜食霉菌。

9.5.8.6 预测预报

1. 虫情调查

(1)空仓设点取样法　空仓以单位面积(1 m^2)中活的害虫头数为害虫密度。在空仓地面及四周任选10个点,每点的面积为1 m^2。用目测法进行检查。检查时要注意设点范围内缝隙及尘杂中隐蔽的害虫,以免检查的结果不准确。

(2)实仓设点取样　实仓分为包装粮和散装粮。

①包装粮抽样　抽样数量:500 件以下抽查 3～5 件,501～1 000 件抽 6～10 件,1 001～3 000 件抽 11～20 件,3 000 件以上每增加 500 件递增 1 件。

检测方法:根据情况需要可采取拆包检查并每件筛检样品 2 kg;抽样检查,对粮垛中、下层不能搬运的包件可用扦样器从不同部位进行抽样筛检。

②散装粮抽样　选点方法:根据粮食种类和堆存方式不同可采用对角线、棋盘式或随机方式布点,粮堆高度在 2 m 以内的,每点设两层(上层在粮面下 30～50 cm,下层为能检查到底部);超过 2 m 的每点设三层(即中间层介于上下层间)。

取样数量:100 t 以上选点 5～10 个,101～200 t 选点 11～15 个,201～500 t 选点 16～20 个,501 t 以上每增加 100 t 递增 1 个点。上层用手或铲取样,中、下层用动力扦样器取样,每点取样不少于 1 kg。

2. 害虫密度计算

空仓、车间或器具以及包装或散装粮等均以其中虫害最严重、密度最大的部位代表整仓或整体的害虫密度。

害虫密度的计算和表示如下:

(1)粮食中的害虫密度

粮食中的害虫密度=1 kg 样品中各种害虫活虫头数的总和。

表示方法:头/kg。

(2)空仓或建筑物内的害虫密度

空仓或建筑物内的害虫密度=1 m^2 面积内各种害虫活虫头数的总和。

表示方法为:头/m^2。

(3)器材或工具害虫密度

器材或工具害虫密度=一件器材或工具上各种害虫活虫头数的总和。

表示方法:头/件。

(4)粮食被害百分率

$$粮食被害百分率=\frac{虫蚀粒数}{检查粮粒总数}\times 100\%$$

根据虫情的检测结果结合生态学和环境因素进行种群发展趋势预测预报,如采用有效积温法,预测米扁虫各个虫态发生期。

9.5.8.7　防治措施

1. 加强检疫

对调进调出的粮食、药材要进行严格的检疫和检验,一旦发现有米扁虫,应立即采取措施,就地封锁消灭。

2. 物理防治

利用太阳暴晒;利用火力加热烘炕,将温度控制在 50～60℃范围内烘炕 4～5 h;利用低温库冷藏或自然低温冷冻,可抑制害虫,要特别注意勿使粮食或药材受潮;也可利用气调技术结合低温、吸潮等技术的应用防治米扁虫;另外,对于党参、山药、白芷、板蓝根等药材可用于沙糠壳埋藏法防治。研究表明，紫外高压诱杀灯诱杀了越冬代成虫，使它们不能返回粮面产卵，害虫的虫口密度一直被控制在较低水平，实现了全年没熏蒸（朱邦雄等，2005）。

3. 生物防治

利用捕食性和寄生性的昆虫与蜘蛛防治中药材中的米扁虫，如利用黄色花蝽（*Xylocoris flavipes* Reuter）和仓双环猎蝽（*Peregrinator biannulipes* Montrouzier）。

4. 化学防治

用丹皮提取物或丹皮酚 10～100 mg/L，处理 24～72 h，对中药材中的米扁虫、赤拟谷盗等害虫防治效果显著。熏蒸剂如磷化铝、硫酰氟、环氧乙烷等防治效果显著。钱宝花（2010）研究发现用磷化铝在防治烟叶仓中的米扁虫等害虫，明显降低了经济损失。

9.5.9 杂拟谷盗

9.5.9.1 分类学地位

杂拟谷盗（*Tribolium confusum* Jacquelin du Val）属鞘翅目（Coleoptera）拟步甲科（Tenebrionidae），又名杂拟谷甲、广颊谷蛀。

9.5.9.2 形态特征

成虫：体长 3～4 mm，扁平，长椭圆形，赤褐色，有光泽，头部扁圆，前侧缘在复眼上方呈现明显隆脊状；触角 11 节，向顶端逐步膨大，膨大触角棒 5 节，为棍棒状。前胸背板前缘无缘线。雄虫鞘翅的刻点列在近端部消失，雌虫鞘翅第 4、6 及 3、7 刻点列均完整，各在端部相连。鞘翅第 1、2 间室扁平或仅端部隆起。

幼虫：体壁骨化部分淡黄色或黄白色，气门上线仅在气门上方明显，臀突基半部较粗，自此向端部缩小。

卵：长椭圆形，乳白色，表面粗糙无光泽。

蛹：淡黄白色，复眼呈狭条状；颊显著隆起，颊上部在复眼附近近于直角。

9.5.9.3 生物学特性

最适温度为 30～33℃，34℃和 72%相对湿度时一代平均历期 26 d，24℃和 76%相对湿度时 54 d，成虫对低温不敏感，低湿时发育期延长，每一雌虫一生能产卵 500 多粒，多的能产卵 1 000 粒以上，成虫虽有翅，但很少飞翔。

9.5.9.4 为害与分布

食性复杂，危害禾谷类、米类、油料、豆类糠麸以及其他储藏物品，其中以面粉、玉米、油料受害最严重。成虫有臭腺能分泌臭液，故大量发生时，致使被害物发生霉臭味，被害面粉结块。色污、味臭、不能食用，是面粉厂及粉类储藏库中的重要害虫；成虫、幼虫耐饥能力均强，在无食料的条件下雌虫可维持生命 18 d，雄虫可维持 13.6 d。成虫喜黑暗，不善飞翔，有群集、假死和分泌臭液的习性。世界性分布，国内各省区均有分布(白旭光，2008)。

9.5.9.5 发生规律

一年发生5～6代，每代平均需42～70 d，多以成虫群集越冬，以幼虫越冬者少。成虫群集潜伏在包装、围席的夹缝、杂物或仓库、加工厂内的一些缝隙中越冬。

成虫羽化后1～3 d开始交尾，6～9 d开始产卵，雌虫在适宜环境中，一年平均产卵1 000粒，卵散产在粮食表面、裂缝或碎屑中。

发育最适温度为28～30℃，最低温度为17℃，最高温度为35℃，发育适温范围内，卵的孵化率一般为80%～90%。

9.5.9.6 预测预报

虫情调查参见米扁虫。杂拟谷盗的种群动态发展趋势可用单种群的逻辑斯蒂方程计算预测。逻辑斯蒂方程为：

$$\frac{\mathrm{d}N}{\mathrm{d}t} = rN\left(\frac{K-N}{K}\right)$$

式中：$\frac{\mathrm{d}N}{\mathrm{d}t}$为种群增长速率；$N$为种群个体数量，即种群大小；$t$为时间变量；$r$为种群的瞬时增长率，表示物种潜在的增长能力；$K$为种群数量的最大值，即环境负荷量或环境容纳量。

积分得

$$Nt = \frac{K}{1+\mathrm{e}^{\alpha - rt}}$$

式中：Nt为高峰期密度或种群值；α为新增参数，其数值取决于N_0(种群初始量)，表示种群增长曲线对原点的相对位置。

9.5.9.7 防治措施

1. 加强检疫

针对调出和调入的粮食作物要进行严格的检疫措施，发现有杂拟谷盗要立即采取措施，就地封锁消灭。

2. 物理防治

可采用高温和低温处理、控制相对湿度、射电频率微波加热、加速电子和光能法灭虫。用γ射线(郭东权等，2009)发现200 Gy的剂量辐照处理杂拟谷盗后，在42 d之内可以有效地杀死杂拟谷盗成虫，并且使其在存活期间不再取食；用不低于150 Gy的剂量辐照可以有效地阻止杂拟谷盗成虫繁育下一代成虫。

3. 气调防治

气调防治杂拟谷盗等害虫已成为一项关键技术。近年来，国内外学者就气调对储粮害虫的影响作过一些研究，证明高CO_2及高N_2气调能有效地控制仓虫。75%CO_2、11%O_2和75%CO_2、21%O_2对杂拟谷盗成虫致死效果显著，两种气体组配的LT_{50}分别为38.5 h和26.8 h，LT_{95}分别为78.7 h和77.5 h。杂拟谷盗卵对气调环境作用敏感：75%CO_2、11%O_2、75%CO_2、1%O_2对杂拟谷盗卵致死作用迅速，前者LT_{50}为6.0 h，LT_{95}为36.9 h，后者为

11.4 h 和 45.1 h(邓永学等,2002)。

4. 化学防治

化学药剂防治杂拟谷盗主要包括防护剂、熏蒸剂和植物化学杀虫剂等。臭椿树皮无水乙醚提取物对玉米象和杂拟谷盗成虫均有一定的驱避作用、较强的触杀作用、熏蒸作用和种群抑制作用(吕建华等,2009)。植物精油对杂拟谷盗的防治效果也十分显著,在0.01%剂量下,经 24 h 熏杀,冬青油、桉叶油、大叶留兰香油等 6 种植物精油对杂拟谷盗成虫的熏杀死亡率达 100%;小叶留兰香油对杂拟谷盗成虫的熏杀死亡率达 94.7%(王春等,2009)。

9.5.10 墨西哥拟叩甲

9.5.10.1 分类学地位

墨西哥拟叩甲(*Pharaxonotha kirschii* Reitter)属鞘翅目(Coleoptera)拟叩甲科(Languriidae),又名谷拟叩甲。

9.5.10.2 形态特征

成虫:体长 4~4.5 mm,宽 1.2~1.5 mm。表皮暗褐至黑色发红,有强光泽,背面疏被细短倒伏状毛。头部布圆形或卵圆形刻点;唇基前缘具宽浅的弧形缺刻;触角第 2~8 节大小略等,末 3 节构成松散的触角棒。前胸背板宽大于长,后缘宽于前缘,前缘稍呈圆形前突,两侧微弓曲,基缘和两侧的缘边粗,端缘的缘边十分细;近基部每侧有一宽凹陷,每个凹陷内有 1 条窄纵脊。鞘翅长约为前胸背板的 3 倍,行纹不明显凹入,中区行纹内的刻点宽为行间宽的 1/3~1/2,刻点纵向间距通常为刻点直径的 1~1.5 倍,刻点在翅端变得稀小,每行间有稀小刻点 1 列,鞘翅基部的副行纹(位于翅缝和第 1 行纹之间)有刻点 7~9 个。后胸腹板的中陷线几乎伸展到前 1/4 处。雄虫腹部第 5 腹板端缘中央有 1 短齿,雌虫无此结构。前足的前 3 个跗节稍膨扩,中足及后足跗节不膨扩,各足的第 4 跗节较第 3 跗节显著短而狭窄(陈显群等,2002)。

幼虫:成熟幼虫体长约 8.5 mm。亚圆筒形,体长约为宽的 6 倍。表皮灰白色,每节背板中部较暗,在暗色区两侧有发达的毛环瘤。上颚切缘无齿,具膜质宽臼叶。虫体末端有臀突 2 个,每个臀突前方还有 1 个小的前臀突。

蛹:约与成熟幼虫等大小。表皮近白色,与仓内的拟步甲幼虫比较,墨西哥拟叩甲蛹和幼虫体形较细长,体壁柔软(张生芳等,2006)。

卵:长 0.94~0.99 mm,宽 0.35~0.39 mm,长椭圆形,但形状有时多变。乳白色。

9.5.10.3 生物学特性

该虫取食储藏的玉米、小麦、豆类和面粉。一般将卵产于食物表面。幼虫受惊动后卷缩呈球状。成熟幼虫做蛹室化蛹于其中(陈显群,2002)。

9.5.10.4 为害与分布

该虫原产于美洲，国内主要分布于云南、海南。主要危害仓储物。有记载主要危害棉铃、储藏的谷物以及可食用的块茎等，储存的药材也会受到危害。

9.5.10.5 发生规律

墨西哥拟叩甲1年繁殖多代，完成一个生活周期需要32 d至4个半月，蛹期5～10 d或更长，随温湿度条件而异(陈显群等，2002)。

9.5.10.6 预测预报

虫情调查参见米扁虫，种群发展趋势运用逻辑斯蒂方程计算预测，参见杂拟谷盗。

9.5.10.7 防治措施

1. 加强检疫

尽量避免从海南等地调运种子、粮食作物，对于引进的仓储物要进行严格的检查，避免引进墨西哥拟叩甲。

2. 清洁卫生防治

保持仓库拥有良好的防潮、隔热、密闭条件，粮食应晒干扬净，减少杂质，提高净度。成品与副产品隔离储藏；加工厂可结合检修清理机器中的积粉及污垢，搞好环境的清洁卫生工作。

3. 物理防治

通风降温可结合低温储藏，或冷冻杀虫结合低温密闭；高温日光暴晒可结合降水杀虫；采用低温或准低温密闭储藏。

4. 气调防治

参见杂拟谷盗。

5. 化学防治

利用熏蒸剂进行整仓熏蒸或局部熏蒸杀虫，或在粮堆中放置趋避剂。

9.5.11 青杨脊虎天牛

9.5.11.1 分类学地位

杨脊虎天牛(*Xylotrechus rusticus* Linnaeus)属鞘翅目(Coleoptera)天牛科(Cerambycidae)，又名青杨虎天牛。

9.5.11.2 形态特征

成虫：虫体底色为黑色，密被浅黄色茸毛。复眼黑色，椭圆形。触角第3节较柄节及梗节之和长1倍多，柄节及梗节为黑色；雄虫触角长达鞘翅基部，雌虫略短，达前胸背板后缘。

背板有 3 条纵向黄色带，延伸到头部后缘。翅鞘上有粗糙而密的刻点，上着生黄色绒毛，两翅鞘各有 4 个黄色绒毛斑点。雄虫体长平均为 11 mm，雌虫体长平均 13.3 mm。

卵：圆筒形，两端稍尖，中央稍弯曲。初产时为乳白色，有时稍带浅黄色，以后颜色逐渐加深。

幼虫：初孵幼虫体扁平，乳白色；中龄时呈圆筒形，浅黄色，老熟时稍扁，深黄色。前胸宽阔，背面有一具光泽的硬皮板，两侧稍隆起，中间凹入，在凹入处有由小颗粒组成的凸形纹；前胸腹面的两侧也各着生一椭圆形的硬皮板。腹部 1～7 节的背腹面有纺锤形发泡突。老熟幼虫体长 13～14 mm。

9.5.11.3 生物学特性

该虫一般喜欢将卵产在树皮缝里或粘在光滑的树干表面，雌成虫一生有很高的繁殖能力，卵巢中有 108 粒成熟卵，卵期 19～26 d，作纵向虫道，在边材留下痕迹，初期幼虫在皮层下蛀食虫道，后钻蛀木质部，边危害边把木屑推向后方虫道内。老熟幼虫深入木质部继续筑纵向或横向虫道，在木质部表层，虫道在终端设蛹室，蛹室末端与树皮之间留有 2 mm 的木质层，蛹室长 22～30 mm，宽 6～8 mm。

9.5.11.4 为害与分布

该天牛主要危害杨属、柳属、桦属、栎属、椴属、槭树属和榆属等林木。在我国分布于东北三省、新疆、内蒙古、江苏、上海等地；国内对青杨脊虎天牛的最初报道见于 20 世纪 70 年代末徐天公的研究，当时沈阳市大量杨树被害引起了人们的注意；近年来再度危害是在 90 年代初，迅速蔓延，已经造成巨大危害，其中尤以黑龙江省为重。国外主要分布于俄罗斯(高加索和西伯利亚地区)、伊朗、土耳其、捷克、日本和朝鲜(黄咏槐，2004)。

9.5.11.5 发生规律

青杨脊虎天牛 1 年发生 1 代(以黑龙江省大庆地区为例)，于 10 月下旬以老熟幼虫在木质部越冬。翌年 4 月中旬开始活动，下旬即开始化蛹，5 月初为化蛹高峰期；5 月下旬开始羽化随后达到高峰期；5 月末有少数成虫开始出孔，随后达到出孔高峰期。成虫不需要补充营养，出孔后即可交尾；产卵不刻槽，直接把产卵器插入老树皮缝内，产卵其中。雌虫产卵数量不等，平均每次 21 粒。卵约经 2 周后开始孵化，先在韧皮部为害，深入木质部后，虫孔椭圆形，坑道弯曲，互不相通，10 月下旬幼虫开始在蛀道内过冬。

9.5.11.6 预测预报

1. 空间分布格局调查

青杨脊虎天牛幼虫空间分布格局调查可选取为害比较严重的 3 个标准样地(林班)进行，每个林班随机选取 50 株被害木，调查林木受害情况。

2. 幼虫垂直分布型

青杨脊虎天牛幼虫垂直分布型调查可选取 3 块标准样地(林班)，每块样地随机抽取 100 株被害木，将青杨脊虎天牛幼虫在树干上为害范围以 0.5～1 m 长为一段，垂直划分为0～

0.5 m、1～2 m处等10个区间。调查数据采用SPSS统计软件进行统计分析。

3. 概率分布

按照对青杨脊虎天牛幼虫空间分布型调查结果，分别用泊松分布以及负二项分布两种分布型进行计算检验，判断其种群空间分布型。

4. 聚集指标测定

采用以下6种指标来判定青杨脊虎天牛幼虫的空间分布格局，其中 S^2 代表样本方差，$\overline{X}$ 代表样本平均数。

(1)负二项分布 $K = \dfrac{\overline{X}}{(S^2/\overline{X})^{-1}}$，$K$ 值越小，聚集度越大，$K\to\infty$ 时，近似Poisson分布集分布。

(2)扩散系数 $C = \dfrac{S^2}{\overline{X}}$，$C<1$ 时均匀分布，$C=1$ 时为随机分布，$C>1$ 时为聚集分布。

(3)Cassie Kuno指标 $C_A = \dfrac{S^2-\overline{X}}{\overline{X}^2}$，$C_A<0$ 时为均匀分布，$C_A=0$ 时为随机分布，$C_A>0$ 时为聚集分布。

(4)David Moore指标 $I = \dfrac{S^2}{\overline{X}} - 1$，$I<0$ 时为均匀分布，$I=0$ 时为随机分布，$I>0$ 时为聚集分布。

(5)扩散型指数Morisita指标 $I_\delta = \dfrac{\sum_{i=1}^{n} x_i(x_i-1)^2}{N(N-1)} = n\dfrac{\sum fx^2 - N}{N(N-1)}$，$N$ 为总虫数，n 为抽样数，第 i 个样本的虫口数，$x_i<1$ 时为均匀分布，$I_\delta=1$ 时为泊松分布，$I_\delta>1$ 时为聚集分布。

(6)Loiyd指标 $L^* = m^*/\overline{X}$，其中 $m^* = \overline{X} + (S^2/\overline{X}) - 1$ 为平均拥挤度，$L^*<1$ 时为均匀分布，$L^*=1$ 时为随机分布，$L^*>1$ 时为聚集分布(胡春祥，2004)。

根据青杨脊虎天牛的空间分布型确定该虫种群的空间结构和空间格局特征，从而对该虫的种群发生趋势指导预测预报(胡春祥，2004)。

9.5.11.7 防治措施

1. 加强检疫

疫区内杨原木禁止向外调运，必须加工成板材、单板或旋切板等制品并按要求进行熏蒸除害处理后方可申请调运，否则禁止运出疫区。杨木制品，未经过林业部门检疫批准，不得擅自运出疫区。要充分发挥道路联合检查站、木材检查站和检疫检查站的作用，加强对从疫区调出的森林植物及其产品和包装材料的检疫检查，严禁无证运输，发现携带青杨脊虎天牛木材及其产品的必须依法扣留，及时进行除害处理。各级森林植物检疫机构必须加强对货物集散地、贸易市场的检疫检查和复检，防止疫情扩散蔓延。

2. 物理防治

针对发生严重虫害的林木及时砍伐，处理掉，减少虫源，林木规划时尽量营造混交林。

3. 生物防治

在林间释放益鸟、管氏肿腿蜂(*Scleroderma guani*)等天敌。

4. 化学防治

目前针对青杨脊虎天牛最有效的方法是化学防治。

化学熏蒸：对遭受虫害的林木堆用56%磷化铝片剂进行熏蒸，当用药量为10 g/m³ 时，青杨脊虎天牛可以被100%熏死(黄咏槐，2004)，因磷化铝毒性大，因此使用此法时要注意人畜安全。

药剂注干：青杨脊虎天牛幼虫进入木质部以前对有青杨脊虎天牛危害的林木进行打孔注干，打孔时斜向下45°。调查发现，用大力士和氧乐果注干防治后的杨树中，所有存活天牛幼虫虫体缩短，状态都很差，根本没有进入木质部，已经无法越冬(黄咏槐，2004；王志英等，2006)；此法可用于幼虫期防治。

药物喷洒：在青杨脊虎天牛成虫分别采取药剂喷干，例如使用8%绿色威雷100倍稀释液防治成虫效果可达75%以上，该药剂不仅使天牛致死快、防治效果显著，且药效时间长。张年等(2010)发现青杨脊虎天牛雌成虫对最高浓度1 mol/L的丁香酚、2-苯乙醇、糠醛、柠檬烯、月桂烯和十四烷6种挥发物的EAG反应强烈，在行为测试中，丁香酚、2-苯乙醇、糠醛、柠檬烯、月桂烯5种挥发物一定浓度下均能引起雄虫的定向反应，但反应率明显低于雌虫。雌虫在寻找寄主产卵中起到关键作用，如果能利用上述挥发物开发出相应的引诱剂和驱避剂，用于在林间防治可有效控制雌虫种群。

9.5.12 银合欢豆象

9.5.12.1 分类学地位

银合欢豆象[*Acanthoscelides macrophthalmus* (Schaefer)]异名(*Bruchus macrophthalmus*(Schaeffer))，属鞘翅目(Coleoptera)豆象科(Bruchidae)豆象亚科(Bruchinae)三齿豆象属(*Canthoscelides*)。

9.5.12.2 形态特征

成虫：体长2.3～3.6 mm，体宽1.6～2.2 mm。体红褐色，偶见黑褐色，仅触角红褐色。头宽短。额中纵脊强烈隆起，由额唇基缝延伸至头项，末端呈膨大隆起状。雄虫的额区极狭窄；雌虫的额区较宽。触角锯齿状；雄虫触角由第4～10节向一侧显著突出，各节长宽近等，第11节端部尖；雌虫触角节向一侧突出较弱。前胸背板密布黄色毛，散布不明显的淡褐色毛斑。鞘翅密被黄色毛，仅在第3、4、6、8行间散布白色毛，以上行间的白色毛被淡褐色毛斑所中断，淡褐色毛斑大约在鞘翅基部1/5、中部及端部1/5处；鞘翅的第3、4行纹在基部彼此靠近。后足腿节腹面近端部多有3个齿，1个大齿后跟2个小齿，大齿长为后足胫节基部宽的1.5倍，2个小齿长约为大齿长的1/2。第1跗分节具光滑的腹纵脊、侧纵脊和中纵脊。臀板被白色至黄色毛。雄虫臀板上的暗色斑不明显；雌虫臀板中纵线两侧各有1个褐色大毛斑。雄性外生殖器的阳茎狭长，腹面观，外阳茎瓣端部尖细，两侧缘稍凹入，外阳茎瓣基部与阳茎端部略等宽，内阳茎近基部的骨化部分有2个长形弯曲骨片，大量细刺由基部延伸至端部，端部有2条模糊的骨片；阳基侧突端部膨大，两阳基侧突约在基部2/5愈合，然后分开。

卵：呈椭圆形，长度约1 mm，初卵为淡黄色，以后渐渐变深黄色。

幼虫：体长2.5～3.2 mm，幼虫为半头无足型，口器为咀嚼式，头部仅前端骨化，外露，后端缩入胸部。

蛹：初期为乳白色，以后先由头部渐变为褐色，接着足及后翅也开始变为褐色(张生芳，2007；覃新导等，2010)。

9.5.12.3 生物学特性

成虫活动能力较强，具有假死性。成虫羽化后不需补充营养即可交配产卵。雌虫产卵量14～25粒，产卵期2～3 d。在室内，雌成虫一般将卵散产于裸露的银合欢种子上，每粒种子表面卵为3～8粒。卵经过7～8 d开始孵化，孵化出的幼虫能够直接钻蛀豆荚及种子内为害。1粒种子内通常有1只幼虫为害，偶尔有2～3只(覃新导等，2010)。

9.5.12.4 为害与分布

银合欢豆象在田间和仓库内均可为害，主要以幼虫钻蛀银合欢豆荚和种子，使种子丧失萌芽力的方式进行为害。在田间，雌成虫能够产卵于未成熟或成熟的豆荚上，在仓库内，雌成虫能够产卵于裸露种子表面。卵孵化后，幼虫直接从卵底钻入豆荚和种子内部为害，幼虫在同一种子内取食、发育、化蛹，最后羽化出成虫离开豆荚或种子，并留下一个工整、直径约2 mm的羽化孔。银合欢豆象已知分布于墨西哥及美国、危地马拉、萨尔瓦多、洪都拉斯、尼加拉瓜、哥斯达黎加、澳大利亚，现发现在中国的海南、云南及广西等省市定殖危害(覃新导等，2010)。

9.5.12.5 发生规律

害虫种群波动与寄主物候和环境气候条件关系密切，常温下，幼虫经过20～25 d即可化蛹，蛹经6.5～8 d后羽化为成虫，成虫寿命17～31 d。雌雄性比例约为1∶1。温度26℃，相对湿度75%条件下，完成一个世代需要44～48 d。一年有2～3个世代。

9.5.12.6 预测预报

根据银合欢豆象的种群波动跟气温有密切关系这一特性，随时做好虫情调查，尤其当气温回升到常温过程中，根据虫情调查结果，判断菜豆象种群的发展态势，及时采取有效的防治措施。

9.5.12.7 防治措施

1. 加强检疫

采取有效的检疫措施防止疫区菜豆象通过种子调运传播，一经发现，立即就地消灭。

2. 物理防治

采用气调等常用仓储害虫防治技术。

3. 生物防治

银合欢豆象幼虫常被一种柄腹姬小蜂(*Pediobius* sp.)寄生，可以在幼虫期释放该蜂，抑制种群增长。

4. 化学防治

在温度 26℃，相对湿度 75%条件下，采用 80%敌敌畏乳油 400 倍液熏蒸 10 min，成虫全被击倒，15 min 死亡率达 35%，20 min 死亡率达 100%。温度 25～30℃，相对湿度 75%～80%条件下，将银合欢种子密封用 56%磷化铝片剂进行熏蒸，用药量 7～9 g/m^3，熏蒸时间 48～72 h，成虫、幼虫及蛹死亡率 100%，种子发芽正常(覃新导等，2010)。

9.5.13 菜豆象

9.5.13.1 分类学地位

学名[*Acanthoscelides obtectus*(Say)]异名(*Bruchus breweri* Crotch)，属鞘翅目(Coleoptera)豆象科(Bruchidae)三齿豆象属(*Acanthoscelides*)。

9.5.13.2 形态特征

成虫：体长 2～4.5 mm，近长椭圆形。头、胸黑色，被灰黄色茸毛。触角锯齿状，1～4 节和末节橘红色，其余褐至黑色。鞘翅黑色，端缘红褐色，被灰黄或金黄色毛，其亚基部、中部及端部散生呈方形和无毛的黑斑。后足腿节内侧近端部有一长齿及两较小的齿。雄虫外生殖器阳基侧突基 1/5 愈合，内阳茎骨化刺由端部至基部方向逐渐增大变稀。雌虫第 8 背板呈狭梯形，基缘深凹，端部疏生少量刚毛，从背板基部两侧角向端缘方向有两条近平行的骨化条纹，第 8 腹板呈“Y”形。

卵：淡白色，长椭圆形，0.55～0.8 mm。

幼虫：1 龄体长 0.52～0.8 mm，单眼 1 对，位于上颚和触角之间，触角 1 节；前胸背板“H”形或“X”形。老熟幼虫 4～4.5 mm。肥胖，C 形。上唇前缘有 8 根刚毛及短而细的刺突，下唇亚颏有一黄褐色窄骨化板。

蛹：长 3.2～5 mm，椭圆形，淡黄色(汪成平等，2010)。

9.5.13.3 生物学特性

菜豆象是豆类的重要害虫，以幼虫为害籽粒。成虫活泼，善飞，在田间豆荚上及仓库内的干豆上都能产卵为害，1 个豆粒可有数头幼虫为害。1 头雌虫可产卵 200 粒左右，在温度 22℃、相对湿度 80%条件下，卵期仅 5 d(丁毅弘等，1993)。以幼虫在豆粒内越冬。初夏成虫可从仓库飞出，在田间取食花蜜。卵产在干豆荚的裂缝里，在仓内将卵产在豆粒间。卵孵化为幼虫后，咬破种皮进入种子内。老熟幼虫咬食种子内部至外皮，并蛀一羽化孔(王菊平等，2006)。

9.5.13.4 为害与分布

豆象严重危害多种菜豆及其他豆类，幼虫在豆粒内钻蛀取食，对食用豆类造成严重的危害。菜豆象在我国的邻国，如俄罗斯、哈萨克斯坦、阿富汗、印度、缅甸、日本和朝鲜等国早有分布，并经常由疫区进口的豆类中截获，我国大连、北京、福州、温州、宁波、梧州、北海、畹町、瑞丽、西藏、图们等检疫单位均有截获报道（刘月国，2001；孟杰，2001；刘爱华，2002）。目前我国吉林省、广西壮族自治区、贵州省、湖北省、上海市、云南省、浙江省的部分地区已有该虫分布。

9.5.13.5　发生规律

平均温度15℃以上，越冬幼虫开始化蛹，羽化为成虫。当日平均温度达18℃以上时成虫开始羽化，羽化后几分钟或几小时便可交配；另外，成虫产卵虽对寄主有明显的选择性，但寄主范围广泛；在田间雌虫产卵主要产在豆荚的裂缝里，而在仓库内雌虫将卵产在豆粒间或将产于仓内地板、墙壁或包装物上。产卵历期主要受温、湿度影响，夏天为5 d，冬天为39 d。在相对湿度75％、26℃时，卵期8.4 d，幼虫期18.6 d，蛹期9 d。初夏成虫可从仓库飞出，在田间取食花蜜。通常田间取食的成虫其产卵量多。卵7～15 d后孵化为幼虫，初孵化幼虫咬破种皮进入种子内，1虫蛀孔可钻入10几头幼虫。老熟幼虫先食去种子内部至外皮，并蛀一羽化孔，成虫羽化后以头和前足顶开羽化孔而爬出（焦晓品等，1994）。菜豆象发育的温度范围一般认为在15～34℃之间，卵期发育起始温度为14.27℃，幼虫期为9.42℃，蛹期为14.40℃。但有的研究结果表明，卵发育起点温度11.6℃，幼虫15.15℃，蛹12.60℃，有效积温382.47度·日，6～8周完成一个世代，第2代以后的各代均在仓库内完成（艾进华，2010）。

菜豆象的发生与湿度有密切关系。菜豆象发育的湿度范围为相对湿度30％～90％。在30℃时，当相对湿度为70％时幼虫期为20 d，当相对湿度为50％或90％时，幼虫期比在70％条件下要延长3 d。甚至在相对湿度70％的条件下卵期最短，在相对湿度30％的条件下卵期最长。当温度为30℃，相对湿度低于50％时成虫的寿命缩短。成虫在30℃时及相对湿度70％的条件下产卵最多。当相对湿度上升至100％时产卵量减少，在相对湿度50％下及25％时依次递减。但在相对湿度为2％的条件产卵量反而同在100％条件下几乎一样多，可见十分低的湿度不会明显对雌虫产卵产生影响（Howe et al，1964）。

9.5.13.6　预测预报

由于菜豆象发生受温度和湿度影响比较大，当气温为15℃左右时，要及时进行虫情调查，检测环境湿度，根据其生物学特性，对菜豆象的发生趋势做出准确的预测预报。

9.5.13.7　防治措施

1. 加强检疫

各地要加强检疫把关，做好产地检疫和调运检疫工作，降低因调运而造成该虫广泛传播的可能性。严格控制从发生菜豆象的国家和地区引种菜豆属豆类及其他寄主植物，要严密检测来自疫区进境集装箱、运输工具、包装材料及其产品，特别是在每年4～10月害虫发生期更要严格检疫，发现疫情及时上报并采取严格处理措施，就地捕灭。一旦传入，必须采取应急措施予以根除，严防扩散蔓延（王菊平，2006）。

2. 物理防治

①热处理　在55℃条件下处理菜豆象卵、幼虫、蛹和成虫时，杀虫效果达100％时所需

的时间分别是 30 min、60 min、90 min 和 40 min。在小批量货物中发现菜豆象时，用热处理方法杀虫非常方便。

②微波加热　应用微波加热防治仓库害虫及农、林业种子害虫具有速度快、效果好、无残毒、无污染、无余热、操作简便的优点，是口岸旅检、邮检工作中除害处理比较理想的方法。该方法同样适用于感染菜豆象的豆类种子（莫仁浩和吴桂教，2006）。

3. 生物防治

米象小蜂[*Lariophagus distinguensis*（Foerster）]和虱形螨（*Pediculoides ventricosus* Newport）在菜豆象幼虫上的寄生率较高。对菜豆象的种群有一定的控制作用。室内初步观察在不翻动豆粒的情况下繁殖菜豆象 2 代。两种天敌均能建立起相当数量的种群，具有利用的潜力。在高湿环境下，真菌 *Beauveria bassiana*（Bals）对调节菜豆象的虫口有一定的作用。袋形蒲螨是菜豆象幼虫的强大天敌。但真菌和螨的寄生只有在室内饲养下才变得严重，仓内的天敌虽然对抑制菜豆象虫口数量有一定的作用，但其作用并不太大。

4. 化学防治

在化学防治方面，国外曾进行了大量的工作。用二氧化硫（200～300 g/m^3）、氯化苦（25～30 g/m^3）或氢氰酸（30～50 g/m^3）熏蒸被侵染种子，处理时间 24～48 h 可杀灭菜豆象的各虫态。目前广泛使用磷化铝和溴甲烷熏蒸。据联合国粮农组织规定的标准，使用磷化氢熏蒸，气体浓度为 1.5 g/m^3。在 21℃以上时处理 3 d，16～20℃时处理 4 d，12～15℃时处理 5 d；使用溴甲烷处理，浓度为 56 g/m^3，21℃以上处理 11 min，15.5～20.5℃时处理 12 min，10～15℃时处理 13 min，4.5～9.5℃时处理 14 min。

国外使用的保护剂主要有虫螨磷、马拉硫磷和除虫菊酯。8 mg/L 的虫螨磷对豆类的保护期在 6 个月以上。15 mg/L 马拉硫磷的保护期为 4 个月。除虫菊酯在防治菜豆象和其他仓库害虫方面表现出高效力，与果渣混合使用防效更持久。

9.5.14　紫穗槐豆象

9.5.14.1　分类学地位

紫穗槐豆象（*Acanthoscelides pallidipennis* Motschulsky）属鞘翅目（Coleoptera）豆象科（Bruchidae）。

9.5.14.2　形态特征

成虫：卵圆形，长 2.5～3.0 mm，宽 1.3～1.5 mm，灰黑色或黑色，密布刻点，被白色至淡黄色细毛；头长而宽，复眼大而突出；触角 11 节。前胸圆锥形，有明显的中纵线，小盾片近方形，鞘翅长约等于 2 倍鞘翅宽；末端圆形，基缘及翅的基部散布不明显的黄褐色毛斑，每鞘翅上各有 10 条红褐色绒毛组成的纵线，十分明显；臀板外露，倒三角形。足红褐色，后足腿节与基节约等宽，近端齿突 3 个；胫节具前纵脊、后纵脊及侧纵脊，端部通常有 3 个小齿及 1 大齿。雄性外生殖器的阳茎侧突基部 2/3 愈合，内阳茎有一楔形的大骨化齿及由多数小骨化刺构成的两条带状物。

雌雄成虫区别：①雄虫第 1 腹板与其他腹板毛序长短排列不一致，中部扁平，中央有一白色圆形茸毛斑；雌虫第 1 腹板与其他腹板一致，中部隆起，无圆形毛斑。②第 5 腹板端缘雄虫显著凹入，雌虫不显著凹入。③雄虫臀板端部较尖，雌虫较钝。

卵：椭圆形，长约 0.3 mm，乳白色，孵化前期转为乳黄色。

幼虫：老熟幼虫体长 3.4～3.5 mm，体乳白色或黄色，有皱缩纹，被有许多较长的刚毛，体 14 节不十分明显；头部颜色较深，通常红褐色，唇基、上唇、上额为黑色。

蛹：体长椭圆形，长 2.3～2.4 mm，乳黄色或黄棕色(杨福清等，1992)。

9.5.14.3 生物学特性

成虫喜在紫穗槐花序和嫩种荚间飞翔、爬行，受惊后有假死坠地习性，假死时间一般几十秒至 3 min，寿命 35～50 d；对光有较强正趋性，晴天、气温升高时活动力增强。羽化孔呈圆形，直径 0.8～1.1 mm，其位置大多数位于靠种蒂处，也有位于种子中部的。成虫羽化后，初期不取食，潜伏于上年尚未落种的果穗中，待 10 d 左右，如果紫穗槐尚未开花，个别的取食小量紫穗槐嫩叶，而后均取食其花瓣、花药，此时全部在花穗上活动。花期过后，多潜伏在紫穗槐下的杂草中(贺长洋，2005)。

9.5.14.4 为害与分布

紫穗槐豆象专为害紫穗槐，未发现为害其他树木。成虫产卵于种托与果荚之间的夹缝中，幼虫孵化后即钻入种内取食，将种仁蛀食殆尽。即使受害很轻的种子也失去发芽力。国内于北京、河北、天津 吉林、辽宁、内蒙古、陕西、甘肃、宁夏、新疆、山东、河南、四川、黑龙江均有分布。国内分布北界为黑龙江省虎林县。国外分布于俄罗斯。

9.5.14.5 发生规律

一般 1 年发生 1 代，在仓储的紫穗槐种子和野外的种子内以老熟幼虫越冬，翌年 5 月上旬开始化蛹，5 月下旬至 6 月上旬为化蛹盛期。蛹期 14～16 d，6 月上旬成虫羽化，下旬达羽化盛期(刘长生，2001；栗大海，2004)。成虫的羽化期与紫穗槐开花结荚期相吻合。成虫有访花及吸食花蜜的习性，以便补充营养。9 月即有大量成虫羽化，且有许多幼虫留在种子中，种子采收后，幼虫继续在种子内完成整个幼虫期的发育。

9.5.14.6 预测预报

仓库内虫情调查方法同米扁虫，在紫穗槐的开花结荚期，虫情调查可以观察花序中是否有成虫访花或产卵，也可通过捕虫网捕获部分成虫；或采集去年的旧荚，看荚上是否有成虫羽化孔。根据结果及时对种群发生规律做出预测。

9.5.14.7 防治措施

1. 加强检疫

在种子调运过程中，要严格检疫，防治紫穗槐豆象幼虫随种子调运做远距离传播。

2. 物理防治

针对种子中的紫穗槐豆象，恒温下，用 70℃的热水处理种子 5～10 min，60℃的热水处理 10～20 min;用微波处理,当种温达 60℃后持续 3～5 min;在我国北方冬季最冷月份,把种子存放在室外 30 d,可全部杀死各种越冬虫。

3. 化学防治

针对仓库种子中的幼虫用 80%敌敌畏乳油 500 倍液、1 000 倍液浸种 10 min,或用原液浸渍麻纸分层放入袋内,杀虫效果均达 99%以上;其中 80%敌敌畏乳油 500 倍液浸种对种子萌发影响最小;在成虫羽化期喷洒 1 000 倍 40%氧化乐果,或 800 倍桃小灵,每隔 10 d 喷 1 雌,连续喷 2～3 次,效果很好;在林地实施药剂防治可采用乐果乳油原液,80%敌敌畏乳油 2 000 倍液、1 500 倍液、1 000 倍液以及溴氰菊酯乳剂 2 000 倍液、1 500 倍液、1 000 倍液防治效果均可达到 50%以上(徐文等,2008)。

9.5.15 皂角豆象

9.5.15.1 分类学地位

皂角豆象[*Bruchidius dorsalis*(Fabricius)]属鞘翅目(Coleoptera)豆象科(Bruchidae)。

9.5.15.2 形态特征

成虫:椭圆形,体长 4～6 mm,宽 2.5～3 mm。头和前胸背板为黑蓝色。雌成虫较大,腹部末端外露部分呈圆形截面,上面有 4 个不甚明显的褐色小斑点。雄成虫腹部外露部分成锐形截面,上面先端有 2 块较大而明显的凹坑,深褐色具金属光泽。雄性外生殖器稍挤压即可伸出易见。每一鞘翅各有 10 条由黑褐色绒毛组成的纵带,极明显;鞘翅上有黑白相间不规则的斑块。

幼虫:老熟时体长约 7 mm,宽约 3.5 mm,头部红褐色,体乳黄色,弯曲成马蹄形(王洪魁,1984)。

9.5.15.3 生物学特性

成虫有趋光及遇惊假死习性,摔打荚果,即有成虫落地假死。

9.5.15.4 为害与分布

皂角豆象主要危害皂角和山皂角的果荚和种子以及国槐、谷类、豆类等。幼虫钻蛀果荚蛀食寄主植物的种子,果荚受害后,不仅早期脱落,而且未成熟即腐烂,随后干枯,失去使用价值。被害种子内部咬成空洞,影响种子发芽和利用。该虫主要分布在我国的辽宁、河北、北京、山东、河南、江苏、福建、台湾、广西、贵州、四川、云南、青海、新疆、甘肃、陕西以及日本、印度、孟加拉国、缅甸等国。

9.5.15.5 发生规律

根据在河南郑州的观察,皂角豆象每年发生 1 代,以成虫在被害种子内或混在种子堆内及贮藏所周围的缝隙处过冬。来年 3 月底 4 月初,成虫从越冬场所出蛰,5 月上旬飞到皂角树上活动，产卵于荚角上，幼虫孵化后，蛀入种子内食害，一直危害到秋季，待皂角成熟后，随种子采收被带入贮藏所，继续食害，将内部咬成空洞或疤痕。幼虫老熟后，有的钻出寻找越冬场所过冬，有的即留在种子内过冬(杨有乾和周亚君，1974)。

9.5.15.6 预测预报

及时做好虫情调查，尤其是在卵期，以便做好预测预报。

9.5.15.7 防治措施

1. 加强检疫

凡有皂角豆象为害的荚果及种子一律不外调，除非进行杀虫处理，方法是用0.5%～1%食盐水选种，有虫种子均漂在水面，捞出烧毁(王洪魁，1984)。

2. 物理防治

利用成虫具有趋光性，可采用灯光诱虫；种子采收后，在播种前用50～70℃热水浸烫10～40 min，杀死其中的皂角豆象。

3. 生物防治

招引和保护食虫益鸟。

4. 化学防治

林内可喷洒溴氰菊酯、辛硫磷等毒杀成虫；杀螟松乳油可毒杀幼虫和卵。种子入库前，用25%美曲膦酯粉剂拌种；种子与药剂的重量比为400：1，拌种均匀后装袋库存。常温下每麻袋种子用磷化铝片剂1～5 g，熏蒸袋内密闭6 d熏蒸杀虫；用溴甲烷每立方米用量为30～35 g，密闭熏蒸2～3 d。低温条件下，用磷化铝12 g，每立方米用溴甲烷35～40 g，熏蒸3～4 d，杀虫效果良好，且对种子发芽率影响很小。

9.5.16 豌豆象

9.5.16.1 分类学地位

豌豆象[*Bruchus pisorum*(Linnaeus)]属鞘翅目(Coleoptera)豆象科(Bruchidae)，又称豌豆牛、豌豆蛀虫。

9.5.16.2 形态特征

成虫：体长4.0～5.0 mm，椭圆形，黑色，前足黑色，胫节后端和跗节赤褐色，被淡褐色毛。复眼U字形。前胸背板宽，后缘中间凹，被覆灰白色毛；两侧中部各有一向后的尖齿。鞘翅有行纹10条，被覆褐色与深褐色毛，基部被覆白色毛，夹杂褐色毛；缝行间有一行白毛小斑点，第二行间中部前、后各有一或长或短的白色条纹，行间5～9中间以后一白色条纹，形成白色斑点，行间3、9端部也往往各有一白斑。臀板端部有椭圆形黑色斑点2个，基部有较小黑色斑点2个，但大部分被鞘翅遮盖。后腿节内缘端部有一个长而尖的齿。雄虫中足胫节末端有一个小而尖的刺，雌虫无刺(韩生福，2008)。

卵：橘红色，较细的一端具有 2 根长 0.5 mm 左右的丝状物。

幼虫：体长 4.5～6.0 mm，肥大，略弯曲，黄白色。头部小，胸足退化成圆锥形，无爪，气孔环形（韩生福，2008）。

蛹：长 5.5～6 mm，椭圆形，淡黄色。前胸背板及鞘翅光滑无皱纹，前胸背板侧缘的齿突极明显。

9.5.16.3 生物学特性

成虫飞翔力强，有假死性，取食花粉、花汁，卵散产于嫩豆荚上。幼虫孵化后就从卵壳下蛀入豆荚，再侵入蛀食，刚孵化的幼虫很小，而且嫩荚正在生长发育，所以蛀孔很快愈合，不易发现。但是豆粒种皮上可以看到针尖大小的微褐色蛀孔。初孵幼虫蛀入豆荚内危害豆粒，每个豆粒内只有 1 头幼虫。老熟幼虫在蛀成空洞的豆粒内化蛹，化蛹前先将豆粒种皮咬一圆形的孔盖。

9.5.16.4 为害与分布

豌豆象以成虫取食豌豆花瓣、花粉、花蜜，以幼虫蛀食豆粒，直接影响其产量、品质和发芽率。国内除西藏、黑龙江外，其他各地均有分布。

9.5.16.5 发生规律

豌豆象 1 年发生 1 代，各地发生期由北向南逐步提前。在豌豆收获前羽化的成虫在田间隐蔽场所越冬，未羽化的则进入仓库，在豆粒内越冬。越冬成虫在豌豆开花结荚时 5 月中旬为产卵盛期，5 月中旬至 6 月中旬为越冬成虫盛发期，产卵始期在 5 月上旬，5 月中、下旬为产卵盛期，7 月上旬为产卵末期。幼虫于 6 月中旬开始出现，7 月中、下旬为幼虫出现盛期，1 龄幼虫主要在豆荚和豆粒嫩皮中为害，从 2 龄幼虫开始蛀入豆粒内为害，且食量渐增，豌豆收获时正值 3、4 龄，食量大增，是为害高峰期。7 月中、下旬始见成虫羽化，8 月初为羽化盛期。该虫主要以成虫在豆粒内、仓库、壁缝、包装物及野外屋檐、木柱、篱笆、树皮下等处越冬，但大部分在豆粒内，也发现少数个体以幼虫越冬。

9.5.16.6 预测预报

利用室内变温条件下测定的豌豆象卵发育起点温度和有效积温值，采用田间日平均温度范围为 16.4～23.4℃的自然变温预测当年的豌豆象卵发育历期。对卵孵化盛期的预测应用，为了方便，应以当年产卵盛期为起点，用常年同期平均温度作环境温度进行预测，或者采用气象站当年预报的同期温度进行预测均较好。由于不同地区所处的地理环境不同，除温度以外的其他因素如湿度、光照等也不同程度影响卵的发育进度。因此，在具体的预报中应用这些生物学常数时，需根据当地的气候特点加以分析修正，以便更准确地提供防治时期（谢成君，2003）。

9.5.16.7 防治措施

1. 加强检疫

严禁从疫区调运种子，必须调运的须经检疫及处理合格后才可调运。

2. 农业防治

主要是选用无虫种粒，通过带虫种粒播种是豌豆象繁殖的主要途径之一，为此把住带虫种粒播种是防治豌豆象的有效途径之一。一是待豌豆收获后，立即在晒场进行暴晒 5～6 d，可晒死豆粒内的幼虫达 90%以上；二是利用被害豆粒的重量差异，用泥水漂选获得无虫种子，方法：水 50 kg、黏土 15 kg 配成泥水，将晒干的豌豆倒入泥水中搅匀，除去浮在泥水面上的豆粒，集中毁掉，沉在下面的豆粒洗净晒干贮藏；三是进行合理轮作，根据该地区的土地资源和轮作理念，实行豌豆—小麦—油菜的轮作模式，防治效果可达 96%以上；四是对田间的地埂杂草等进行清理，消灭其越冬成虫的栖身场所(韩生福，2008)。

3. 物理防治

由于豌豆象低龄虫不耐高温，因此豌豆收获后可选择晴好天气，在水泥场上摊开暴晒，以杀灭幼虫，暴晒时尽量摊薄并及时翻动。同时对越冬成虫的栖身场所仓库的缝隙、旮旯以及仓外的草垛、垃圾等卫生死角进行清理，消灭越冬成虫。

4. 化学防治

如果是家庭内少量豌豆染虫，可在收获后 15 d 内将脱粒晒干的豆粒放入密闭的容器内，每 200 kg 豌豆埋入 1 片(3.3 g)56%磷化铝，密闭 3 d 后再晾晒 4 d，或磷化铝(每 100 kg 豌豆用药 3 g，密闭 3～5 d)进行密闭熏蒸，杀虫效果均达 100%。必须严格遵守熏蒸的要求和操作规程，避免人畜中毒(韩生福，2008)。

田间防治：豌豆初花期用药喷雾防治，生育期用药 2～3 次，每次用药间隔 7～10 d。可用 25%快杀磷乳油 25 g/亩，兑水 15 kg 花期喷药；40%氧化乐果 50 mL/亩，兑水 10～15 kg 喷雾；功夫 50 mL/亩，兑水 10～15 kg 喷雾；速灭杀丁 50 g/亩，兑水 10～15 kg 喷雾。

9.5.17 蚕豆象

9.5.17.1 分类学地位

蚕豆象[*Bruchus rufimanus*(Boheman)]属鞘翅目(Coleoptera)豆象科(Bruchidae)，又名豆牛。

9.5.17.2 形态特征

成虫：体长 4～5 mm，椭圆形，黑色。触角基部 4 节，上唇与前足线褐色，头部刻点密，着生黄褐色与淡褐色毛。前胸背板较宽，后缘中央有一个三角形白色毛斑，前端中间与两侧各有一个白色毛斑，两侧中间有一个向外的钝齿，有的钝齿不明显，小盾片近方形，后缘凹。鞘翅具小刻点，被褐色或灰白色毛，各有 10 条纵纹，近翅缝向外缘有灰白色毛点形成的横带。臀板中间两侧有 2 个不明显的斑点。腹部腹板两侧各有一个灰白色毛斑。后足腿节近端部外缘有一个短而钝的齿。

卵：椭圆形，一端略尖，长约 0.3 mm，初为乳白色半透明，后呈淡黄色。

幼虫：初孵幼虫浅白色半透明状，后随龄期增大变为乳白色，并且有红前缘中央向下弯曲，上额较大。老熟幼虫体长 6 mm，乳白色，肥胖，头小呈淡褐色。

蛹：蛹前胸背板及鞘翅上密生细皱纹，前胸两侧各具一个不明显的齿状突起。蛹长5.0～5.5 mm，近椭圆形，淡黄色，前胸中央后方有突起（徐淑华，2011）。

9.5.17.3 生物学特性

蚕豆象成虫在房屋的角落、缝隙，贮藏的豆粒内，蚕豆包装物的缝隙里越冬，也有少数在豆田的残留体和石块下越冬，蚕豆开花时越冬成虫在田间活动产卵，卵产在嫩豆荚上，经10 d左右孵化后，幼虫吃穿豆荚，蛀入豆粒，受害的豆粒种皮上有一个黑色蛀入点，一个豆粒有虫1～3头。蚕豆收获时，幼虫开始老熟，在豆粒内化蛹，蛹在豆粒内将种皮咬成一个圆形而种皮不破穿的羽化孔。蚕豆在贮藏期蛹进入羽化阶段，羽化的成虫仍在豆粒内越冬，如果豆粒被移动，成虫则从豆粒内出来，飞到房角及其他缝隙中越冬。成虫在田间略食豆叶、豆荚及花粉。成虫寿命长达230 d左右（袁柳萍，2003）。

9.5.17.4 为害与分布

幼虫蛀荚，食害豆粒，影响产量和品质，并因蚕豆胚部受害而影响发芽率。被害蚕豆的内部被蚕豆象幼虫蛀成空洞，表皮变为黑褐色，食用时有苦味，不但使蚕豆的重量减少很多，而且还影响发芽率。蚕豆象是蚕豆上主要害虫之一，其在国内各蚕豆产区均有分布（吴华新，2006）。

9.5.17.5 发生规律

蚕豆象1年发生1代，以成虫在豆粒内、仓库内角落、包装物缝隙以及在田间、晒场、作物遗株内、杂草或砖石下越冬。翌春飞入蚕豆地，产卵于蚕豆嫩荚上。卵期7～12 d。幼虫孵化后即蛀入豆荚鲜豆粒内取食为害。幼虫期90～120 d，5月下旬至7月上旬是幼虫发生盛期。8月为化蛹盛期，蛹期9～20 d。8月下旬至9月下旬成虫羽化，但不离开豆粒，即在其内越冬，如遇惊扰可爬出豆粒飞至角落缝隙处越冬（徐淑华，2011）。

9.5.17.6 预测预报

方法同豌豆象，有文献记载虫情调查应选择在越冬成虫活动高峰日后15 d左右，此时开展田间查卵更有益于虫情的预测预报（韩敏晖，2003；吴华新等，2006）。

9.5.17.7 防治措施

1. 农业防治

与非豆科作物实行2年以上的轮作。播前精心选种，减少在豆粒内尚未羽化的蛹和幼虫在田间继续羽化为成虫。选用良种，适期早播。

2. 物理防治

蚕豆收获后及时晒干，趁热装入塑料袋内或能密闭的容器内，并加以密闭，利用聚热及低氧杀死豆粒内蚕豆象幼虫。另外，少量蚕豆装入竹篮，置开水锅中烫30 s，及时取出后在冷水中浸凉，再晾干储存，可全部杀死幼虫，且不影响发芽率。蚕豆收获后及时晒干豆粒，对贮藏容器内羽化出的成虫及时捕杀，防止迁飞扩散（董亮，2011）。

3. 生物防治

应用天敌虱螨、豆象金小蜂、豆象茧蜂、赫氏蒲螨等寄生蚕豆象幼虫或蛹，或释放捕食性天敌。

4. 化学防治

田间蚕豆象的化学防治适期为产卵盛期（常为蚕豆结荚盛期），防治药剂的选用也应严格遵守无公害生产标准，可选用4.5%高效氯氰菊酯EC 1 000～1 500倍液，0.6%灭虫灵EC 1 000～1 500倍液，90%敌百虫晶体1 000倍液喷雾，并尽量使每个豆荚着药以提高防效。另外在蚕豆播种前结合翻地，亩用50%辛硫磷乳油250 g拌细干土40 kg，随犁耕翻施入土中，可杀死在豆田残株及石块、土坷垃下越冬的成虫。在蚕豆开花前亩用速灭杀丁10～14 mL(5～7支)兑水25 kg喷雾(韩敏晖，2003)。

9.5.18 鹰嘴豆象

9.5.18.1 分类学地位

鹰嘴豆象[*Callosobruchus analis*(Fabricius)]属鞘翅目(Coleoptera)豆象科(Bruchidae)，同物异名 *Bruchus analis*，*B. obliquus*，*B. jekelii*，*B. glaber*，*B. cicer*，别名眉豆象。

9.5.18.2 形态特征

成虫：体长2.5～4 mm，暗褐色，触角黄褐色，弱锯齿状，鞘翅淡褐色至暗褐色，中部和端部各有1黑斑，在翅外缘相连。肩胛突出，后足腿节腹面外缘脊上的端齿粗而钝，内缘脊上的端齿小而尖或完全退化，沿内缘脊基部3/5处着生微齿。雄性外生殖器阳基侧突端部着生刚毛10余根，囊区有骨化板1对(杨永茂，2004)。

卵：扁椭圆形，紧贴于种子表面。

幼虫：胸足退化呈乳突状，腹部底面凹曲，身体弯曲呈"C"形，淡黄白色。头圆形，两侧及后面骨化较强；有小眼1对；额区每侧有刚毛3根排成弧形，具感觉窝1对；唇基着生刚毛和感觉窝各1对，上唇卵圆形，横宽，基部骨化，下唇板前方2裂部分细长，骨化强，后方呈近圆形，亚颏部分骨化极弱且不连续；足3节；腹部1～8节上各有环纹2条，第9～10节各有环纹1条，气门环形。

9.5.18.3 生物学特性

以成虫或幼虫越冬，越冬代成虫羽化后即交尾，卵散产。卵孵化后幼虫用上颚咬破种皮垂直蛀入豆粒，后90°转弯向水平方向前进。幼虫4龄，在豆粒内化蛹。羽化后静止1～2 d，用头部顶开羽化盖钻出豆粒。鹰嘴豆象多在田间发生，也可以在仓库内危害(杨永茂，2004)。

9.5.18.4 为害与分布

鹰嘴豆象能够对豆类种子产生严重危害，为害的豆类有鹰嘴豆、绿豆、豌豆、蚕豆、扁豆、鸡豆、更豆、眉豆、乌头叶菜豆等(喻梅等,2006),并且该虫繁殖迅速,繁殖系数大,常可将豆类种子蛀空,失去种用、食用价值。国内分布于云南;国外分布于日本、缅甸、印度、印度尼西亚、沙特阿拉伯、斯里兰卡、塞浦路斯、俄罗斯、埃及、苏丹、阿尔及利亚、埃塞俄比亚、坦桑尼亚、马达加斯加、毛里求斯、南欧、南非、澳大利亚、巴西、美国(杨永茂,2004)。

9.5.18.5 发生规律

温度和湿度对该虫的发育、产卵和寿命有直接的影响。用25℃、30℃、35℃、40℃及相对湿度为40%、70%及90%的温湿度组合进行试验,证明在30℃及相对湿度为70%的条件下卵和蛹的成活率高,幼虫发育快,产卵多;在40℃下幼虫不能发育。

9.5.18.6 预测预报

及时做好虫情调查,尤其是仓库内的虫口密度调查,方法同米扁虫。

9.5.18.7 防治措施

1. 加强检疫

首先应做到禁止从疫区调种;其次对来自疫区的商品豆类应进行严格的植物检疫。检查样品中是否带有活虫的方法很多,主要有过筛法、羽化孔检查法、X光透视法、漂浮法、超声波法和染色法(杨永茂,2004)。

2. 物理防治

暴晒法:将豆类倒在水泥地面上,在强烈阳光下暴晒8 h。经过长时间太阳照射,水泥地面的温度可达到50℃以上,对豆象卵、幼虫及蛹有一定的杀灭作用,亦可驱使成虫爬离豆堆或死亡。

干热处理法:豆象的卵、幼虫、蛹、成虫各虫态经55℃ 1 h的干热处理,死亡率均达100%。

冷冻法:豆象的卵、幼虫、蛹、成虫各虫态经−18℃ 4 h的冷冻处理,死亡率达100%。

辐照法:低剂量的辐照处理具有安全、快速的优点,近几年在害虫的卫生处理方面有了较快的发展和推广(杨永茂,2004)。

3. 生物防治

目前对豆象类害虫生物防治的方法很多,主要有以下几种:用1%的Bt乳剂拌绿豆,可降低绿豆象虫口密度98%,持效期长达1年;灭幼脲拌绿豆可以有效抑制后代的发生;用寄生蜂来防治豆象的研究资料较少,国内几乎没有这方面的研究。在非洲,一种赤眼蜂和两种金小蜂用来防治豆象,效果较好(杨永茂,2004)。

4. 化学防治

针对鹰嘴豆象,应根据其生活习性,抓好田间防治,但关于它的防治研究较少,目前主要采用化学防治。大批量货物最有效的处理方法是熏蒸。在温度超过18℃、浓度超过25 g/m^3条件下处理24 min,溴甲烷对鹰嘴豆象的卵、幼虫和蛹的校正死亡率为100%(张英华,1995);28℃时用溴甲烷和磷化铝25 g/m^3和1 g/m^3熏蒸鹰嘴豆象,可杀死豆象各虫态(喻梅等,2006)。

9.5.19 四纹豆象

9.5.19.1 分类学地位

四纹豆象[*Callosobruchus maculatus*(Fabricius)]属鞘翅目(Coleoptera)豆象科(Bruchidae)。

9.5.19.2 形态特征

成虫:体长2.5～3.5 mm,宽1.4～1.6 mm。表皮暗红褐色至黑褐色。触角弱锯齿状,基部几节或全部黄褐色。前胸背板密生刻点,刻点相互连接,表面凹凸不平,中央稍隆起,两侧向前狭缩,近端部两侧略凹,前缘中央向后有一纵凹陷,着生浅黄色毛,后缘中央有1对瘤突被白色毛,每鞘翅有3个黑斑,肩部的黑斑小,中部及端部的黑斑大,两鞘翅的淡色区多构成"X"形图案。后足腿节近端部外缘有1个齿,内缘有尖齿1个,大而尖,胫节端部宽于基部,端部有4个刺状突起,以内缘突起为最大。

卵:椭圆形扁平,长0.4～0.8 mm,乳白色。

幼虫:老龄幼虫体长3.0～4.6 mm,白色,粗而弯曲,呈"C"形。头部除黑色上颚外,其余均白色。额中间两侧各有1近于白色的圆点。下唇片2条强骨化臂平直,2臂基部外侧各有1清晰的白色圆斑。前胸有1对薄的淡黄色背板盾。腹部由10节组成。气门颇小,环状,微骨化。足3节,呈退化状。

蛹:椭圆形,长3.2～5.0 mm,淡黄或乳白色。头部弯向胸部,复眼明显,口器在前胸基节间,触角弯向第1、2对胸足后面伸达鞘翅的3/4,后足跗节露出鞘翅直达腹末节基部。

9.5.19.3 生物学特性

四纹豆象成虫羽化后约10 min后即交配,交配1次时间3～20 min。1头雌虫能与多头雄虫进行多次交配。交配过的雌虫一般在24 h之内即产卵;当四纹豆象成虫密度较小而寄主较多时,雌成虫产卵大多产在豆粒表面;当成虫密度较大而寄主较少时,也能在容器壁上产卵。成虫寿命与温湿度有关,一般为3～20 d;温度37～31℃,湿度60%～68%时,成虫寿命最短,平均5～10 d;当温度在24℃以下,湿度65%～76%时,平均寿命10～27 d。雌雄成虫寿命差别较显著,雌虫比雄虫平均寿命长7～13 d。成虫一般不取食,故有无食料时寿命差别不显著。四纹豆象成虫受惊时有假死习性,假死时足和触角均不活动(许渭根等,1999)。

9.5.19.4 为害与分布

主要危害豇豆、豌豆、小豆、绿豆、鹰嘴豆、大豆、扁豆、蚕豆、胡豆等多种豆类,将豆类种子蛀食成空壳,既失去食用价值又大大降低了商品价值。一般种子被蛀率都在20%～50%,严重达80%以上,一些国家的严重受害地区,被迫放弃了豇豆的栽培。该虫原产于东半球的热带或亚热带,现已遍布世界大部分地区。国内广东、广西、云南、福建、湖南、湖北、江西、山东、河南等省区有分布(杨永茂,2004)。

9.5.19.5 发生规律

四纹豆象的年发生代数会因发生地区不同而不同，在美国加州1年5～6代，埃及1年11代；我国广东1年11～12代，广西南宁1年12代，浙江1年7～8代(杨永茂等，2004)，福建一年7～8代(阮启错和林萱，1988)。除与发生地区有关外，四纹豆象的年发生代数还与豆类品种有关。通过调查发现，在福州，以绿豆为食物时，每年发生9～10代，而以大豆或蚕豆为食物时，每年发生6～7代(蒋自珍，1999)。该虫在绿豆、赤小豆、杂小豆、豇豆中一年可繁殖7～9代；在黑皮绿豆、豌豆、蚕豆中一年繁殖5～6代；而在黄豆、青皮黄仁大豆、黑皮黄仁大豆、黑皮青仁大豆中一年仅繁殖4～5代(阮启错和林萱，1988)。四纹豆象幼虫共4龄，以成虫、幼虫或蛹等虫态在豆粒内越冬，越冬幼虫第二年春天开始羽化。成虫有假死性，雌雄间寿命差异显著，前者比后者平均寿命长7～13 d(许渭根等，1999)。

9.5.19.6 预测预报

预测预报参见鹰嘴豆象。

9.5.19.7 防治措施

1. 加强检疫

四纹豆象是检疫性害虫，传播途径是借助豆类种子，通过引种传播，故引种时必须进行严格的检疫工作。严禁染虫的豆类产品调运，严格控制人为传播是防止其扩散、蔓延的最有效途径。检验货物取样必须考虑到豆象分布的不均匀性和非随机性。幼虫和蛹生活在种子内，检查样品中是否有幼虫和蛹的方法有：被虫蚀种子X光照片、漂浮法、超声波、染色法。另一种检查货物是否有豆象的方法是诱捕法。该法最大优点是能在低密度种群下检测到豆象。诱捕法又分为截获诱捕和引诱诱捕，其中截获诱捕(如黏胶法)对豆象成虫有效(梅流柱，2000)。

2. 物理防治

物理防治是采用物理的方法消灭害虫或改变其生存外界环境，创造出一种对害虫有害或阻隔其侵入的方法。近年来，储粮害虫的物理防治方法主要包括气调杀虫、通风降温抑制虫害、辐射杀虫、激光杀虫、灯光诱杀、日光暴晒、冷冻法、石灰控湿和塑料包装密封等。物理防治具有经济、简便、快速等优点。沸水浸烫法即对少量豆粒用开水烫泡杀死害虫的一种方法(李玉，2002)。隋建中(2001)曾报道用高频和微波加热杀虫，此法仅限于小包装豆粒及邮寄的小件物品。处理2 kg物品，一般加热60～90 s，处理温度60～65℃，可有效地杀死各种仓虫。上述两种方法虽然快速、简便、对人畜安全无毒，且对食用豆粒品质无影响，但均影响种子发芽率。夏秋高温季节太阳直射时水泥地面温度高达55℃以上的特点，农户储藏的少量带虫豆粒可利用夏秋高温季节的晴天，将带虫豆类薄摊在晒场，晒2 h以上，每隔半小时翻动1次，能有效杀死该虫。杨永茂等(2004)报道了一种冷冻法，该方法是把四纹豆象的卵、幼虫、蛹和成虫各虫态在－18℃经4 h的冷冻处理，死亡率达100%。

3. 生物防治

生物防治方法具有有效控制害虫、不污染环境、改善生态系统、降低防治费用等多种优点。目前对豆象类害虫生物防治的方法很多，这些方法主要包括寄生性天敌、微生物农药、生长调节剂(IGRs)等方法。杨永茂等(2004)曾报道，用1%的Bt乳剂拌绿豆，可降低绿豆象虫口密度98%，持效期长达1年；灭幼脲拌绿豆可以有效抑制后代的发生。国外也有学者发现，非洲的一种赤眼蜂和两种金眼蜂对豆象有很好的防治效果(Tuda et al,1998)。米象金小蜂和赤眼蜂对四纹豆象、绿豆象和恶条豆象的抑制作用已有很多报道。

4. 化学防治

化学防治是利用化学杀虫剂防治储粮害虫。优点是杀虫力强，防治效果好，见效快，缺点是对人畜有毒，会给粮食带来不同程度的污染，同时引起害虫抗药性。但无论如何，化学防治仍为目前储粮害虫最有效的防治方法之一。

化学杀虫剂用于储粮害虫防治主要有防护剂和熏蒸剂。其中，熏蒸剂是目前防治储粮害虫使用最多的种类。常用的熏蒸剂有磷化铝、溴甲烷、二硫化碳和环氧乙烷等(杨永茂，2004)。豆象的各个虫态对溴甲烷、磷化铝等熏蒸剂敏感，耐药性均较低。用3 g/m^3 磷化铝的剂量对四纹豆象密闭熏蒸3 d，各虫态校正死亡率都达100%(王建伟，1999)。采用溴甲烷对四纹豆象进行熏蒸，21℃时30 g/m^3，10～20℃时30～35 g/m^3，密闭48 h可有效处理害虫。凡是运载、储藏、包装和覆盖过感染四纹豆象的交通工具(火车、货船等)、仓库、包装物、覆盖物等，一般用马拉硫磷等药剂进行消毒(李玉，2002)。此法简便易行、效果好，但由于这些农药毒性大，使用时一定要加倍小心，必须在密封的储粮容器中进行。

9.5.20 马铃薯甲虫

9.5.20.1 分类学地位

马铃薯甲虫(*Leptinotarsa decemlineata* Say)属鞘翅目(Coleoptera)叶甲科(Chrysomelidae)，是世界上著名的毁灭性检疫害虫。

9.5.20.2 形态特征

成虫：体长9～12 mm，宽6～7 mm，椭圆形，背面隆起，体橙黄色，头、胸、腹部具黑色斑点(见彩图9.5.1)。

卵：椭圆形，顶部钝尖，初产时鲜黄，后变为橙黄色或浅红色，长1.5～1.8 mm(见彩图9.5.2)。

幼虫：1、2龄幼虫暗褐色，由3龄开始逐渐变鲜黄色、粉红色或橙黄色。背面显著隆起(见彩图9.5.3)。

蛹：离蛹，椭圆形，长9～12 mm，尾部略尖，宽6～8 mm，橘黄色或淡红色(郭文超等，2010)。

9.5.20.3 生物学特性

越冬成虫出土期与气温和土壤湿度关系密切，低温低湿抑制其出土过程。马铃薯甲虫成虫羽化出土即开始取食，3～5 d后鞘翅变硬，并开始交尾，未取食者，鞘翅始终不能硬化和进行交尾，数天内即死亡。马铃薯甲虫成虫性比基本为1∶1，雌虫略占多数，成虫交尾2～3 d后即可产卵，产卵期内可多次交尾。成虫具假死习性，受惊后易从植株上落下。成虫一般将卵产于寄主植株下部的嫩叶背面，卵为块状，偶产于叶表和田间各种杂草的茎叶上。幼虫共蜕皮3次4个龄期。初孵幼虫头部和足为黑色，体为红褐色，体色随龄期变化较大，3龄后体色呈红褐、橙红、橙黄、土黄色。老熟幼虫入土做室化蛹，一般入土幼虫5 d后开始化蛹，具有明显的预蛹期，蛹为黄色。在20～27℃条件下，各虫态的发育历期有所不同，活动虫态取食量亦不相同。从卵至成虫羽化出土平均历期为33.5 d(吐尔逊·阿合买提等，2010)。

9.5.20.4 为害与分布

1. 为害

成幼虫均取食马铃薯叶片或顶尖，通常将叶片取食成缺刻状。危害严重时，茎秆被取食成光秃状(见彩图9.5.3)。大龄幼虫还可以取食幼嫩的马铃薯薯块。失控的种群，可在薯块开始生长之前将叶片吃光造成绝产。一般可造成马铃薯减产30%～50%，严重时减产90%。而且能传播马铃薯其他病害，如褐斑病、环腐病等(王俊等，2008)。

2. 分布

原发现于北美洲落基山脉，最初为害野生茄科植物刺萼龙葵，19世纪初，随着新大陆的开拓，向该地移民的增多，贸易渠道形成，该虫开始在美洲传播。1817年，智利的栽培马铃薯引入北美。1855年发现马铃薯甲虫在美国科罗拉多州严重为害马铃薯。1860—1880年，马铃薯甲虫在美国的发生面积激增到400万 km^2，占据了美国马铃薯种植面积的9/10。1877年马铃薯传播到德国的莱茵河以北的谬里豪森市。1878年蔓延传播到荷兰、波兰等国。1920年传播到法国，在法国开始蔓延为害，到1938年蔓延到法国全境，并扩展到法国的四邻国家的比利时、西班牙、瑞士等国。1943—1948年传播扩展到意大利、葡萄牙、匈牙利、斯洛伐克等国家，到达苏联边境地区。1949年在前苏联的乌克兰的里沃夫首先发现了此虫，在乌克兰为害蔓延到1968年，每年扩展速度达到120 km^2，传播到白俄罗斯，每年扩展速度达到150 km^2。在20世纪60年代的后半叶，扩展到了乌拉尔斯克地区，至此该虫占据了几乎苏联的欧洲部分地区，俄罗斯远东的阿穆尔州曾有过发生马铃薯甲虫的情况报道，近年来在俄罗斯滨海边区也有发生。现已广泛分布于欧美和亚洲的40多个国家。

1993年马铃薯甲虫传入新疆后仅在边境地区霍城、察布查尔、伊宁、塔城4个县(市)为害。1995年已分布到伊犁、塔城两地的13个县(市)。1996年6月疫情形势出现重大变化，马铃薯甲虫越过伊犁、塔城盆地天然屏障，首次出现在乌苏市郊。至此，该虫进入天山北坡无屏障地带，沿着马铃薯种植带迅速东进。1999年到达乌鲁木齐。2002年马铃薯甲虫扩散前沿到达木垒县。目前，新疆伊犁、塔城、阿勒泰、博乐、奎屯、石河子、昌吉、巴音郭楞和乌鲁木齐市11个地(州)、市的35个县(市)、258个乡(镇、团场)发生分布；发生行政辖区总面积29.72万 km^2，耕地面积发生范围2 073.4万亩(吐尔逊·阿合买提等，2010)。

9.5.20.5 发生规律

根据我国新疆对马铃薯甲虫发生规律的系统研究表明，马铃薯甲虫以成虫在寄主作物田越冬，深度 6～30 cm，主要分布于 11～20 cm 土层。在新疆马铃薯甲虫发生区，该虫 1 年可发生 1～3 代，以 2 代为主。一般越冬代成虫于 5 月上中旬出土，随后转移至野生寄主植物取食和危害早播马铃薯，由于成虫越冬入土前进行了交尾，因此，越冬后雌成虫不论是否交尾，取食马铃薯叶片后均可产卵。第 1 代卵盛期为 5 月中下旬，第 1 代幼虫危害盛期出现在 5 月下旬至 6 月下旬，第 1 代蛹盛期出现在 6 月下旬至 7 月上旬，第 1 代成虫发生盛期出现在 7 月上旬至 7 月下旬。第 2 代幼虫发生盛期出现在 7 月中旬至 8 月中旬，第 2 代幼虫化蛹盛期出现在 7 月下旬至 8 月上旬，第 2 代成虫羽化盛期出现在 8 月上旬至 8 月中旬，第 2 代（越冬代）成虫入土休眠盛期出现在 8 月下旬至 9 月上旬。该虫世代重叠十分严重，世代发育需要 30～50 d（吐尔逊·阿合买提等，2010）。

9.5.20.6 预测预报

为了有效控制马铃薯甲虫的发生和扩散，并及时进行防治，需对其发生期进行准确预测，这就必须了解其生物学特性与环境之间的关系，特别是发育与温度间的关系，需组建自然种群生命表，对马铃薯甲虫进行长期准确的预测预报，才能较好地掌握其田间发生和危害规律（洪波等，2009）。

在外来有害生物预测预报方面，国内外学者利用 GIS 工具和大量环境预测指标、调查数据构建入侵生物分布模型，以期提供详细的分布预测结果，不仅可以揭示景观尺度上的栖息地空间结构与物种存活关系，还可以推演预测入侵种的入侵扩散过程。

9.5.20.7 防治措施

1. 加强检疫措施

严格执行调运检疫程序，加强疫情监测。对疫区调出、调入的农产品尤其是茄科寄主植物，按照调运检疫程序严格把关，防止疫区的马铃薯块茎、活体植株调出。对来自疫区的其他茄科寄主植物及包装材料按规程进行检疫和除害处理，防止马铃薯甲虫的传出和扩散蔓延（王俊等，2008）。

2. 农业防治

秋翻冬灌可破坏马铃薯甲虫的越冬场所，可显著降低成虫越冬虫口基数，防止其扩散蔓延。在马铃薯甲虫发生严重区域，实行与非茄科蔬菜、作物轮作倒茬，中断其食物链，达到逐步降低害虫种群数量的目的。利用马铃薯甲虫的假死性和早春成虫出土零星不齐、迁移活动性较弱的特点，从 4 月下旬开始进行人工捕杀越冬成虫和捏杀叶片背面的卵块，降低虫源基数。在马铃薯甲虫发生严重的区域，早春集中种植有显著诱集作用的茄科寄主植物，形成相对集中的诱集带，便于统防、统治；此外可以适期晚播适当推迟播期至 5 月上中旬，避开马铃薯甲虫出土为害及产卵高峰期（王俊等，2008）。

3. 化学防治

马铃薯甲虫繁殖能力强，生态可塑性高。针对马铃薯甲虫对有机磷与菊酯类杀虫剂抗药性增强的现状，先后试验了多种类型药剂的防治效果（王俊等，2008）。

第 1 代幼虫的发生高峰期，及时用药。交替轮换使用药剂，以免产生抗药性。勿提高使用浓度。选择高效、低毒、低残留的生物农药和化学农药，如 Bt 乳油、0.2%苦参碱水剂进行防治,对低龄幼虫防治效果较好。5%锐劲特乳油或2.5%功夫乳油2 000倍液、2.5%劲彪2 000倍液或2.5%溴氰菊酯、20%杀灭菊酯、5.7%天王百树2 000~3 000倍液,7~10 d防治1次,视害虫发生情况,防治2~3次。根据该虫发生情况,在8月中、下旬,选用上述菊酯类农药的一种,在重点发生区叶面喷施一遍,以减少入土越冬的虫口数量,从而减轻第2年的危害。

4. 生物防治

在生物防治的过程中,欧美等国家不但应用天敌对马铃薯甲虫的捕食作用,筛选了二点益蝽等天敌种类,还大力发展生物制剂,人工合成一种色素杆菌分泌的毒素进行拌种或者土壤处理,可对马铃薯甲虫进行有效的毒杀防治,而且对于药理的作用过程及作用效果的研究也更加深入(张润志等,1999;李源等,2010)。

9.5.21 水椰八角铁甲

9.5.21.1 分类学地位

水椰八角铁甲[*Octodonta nipae*(Maulik)]隶属鞘翅目(Coleoptera)铁甲科(Hispidae)潜甲亚科(Anisoderinae)隐爪族(Cryptonichini)。

9.5.21.2 形态特征

成虫:体长6~7 mm,宽2 mm左右。头、触角、前胸背板及小盾片棕黄至棕红色,有时头和触角颜色加深呈褐色;鞘翅黑色,周缘及缘折棕黄至棕红色;腹面及足颜色同前胸背板。体形狭长较扁,两侧近于平行。头顶宽阔,在眼间呈方形隆起,刻点粗大,前侧角突出,中央有1条纵沟,沟前端向前突伸,端部狭尖,伸达第1触角长度的一半。触角11节,长约为体长的1/3;第1节粗壮,刻点粗,以后各节刻点微细、光亮;第2~5节筒形,第6~11节较宽扁。前胸背板近方形,侧缘内凹,具窄平的边;基部明显较前部为宽;前缘在中部无边框,明显拱出;后缘较平,有边框;四角向外突出,每个角具一凹陷并形成2个齿,八角属名即由此而来;盘区有1个大的"V"形光洁区,前端两侧明显隆起呈脊,基部中央宽平,背板其余部分全具刻点。鞘翅狭长,背面较平不隆,两侧近于平行,中部偏后最宽;端部缝角微突出,外角宽圆,端缘较平;除小盾片外,有8行排列整齐粗大的刻点,第5、6行在中部之前各分为2行,第2、4、6、8行在翅后部隆起成脊。足的腿节、胫节短粗,宽扁,跗节阔扁,负爪节隐藏在第3节两叶之间。腹部可见5节,雌虫末节端缘完整,雄虫末节端缘中央明显内凹(孙江华等,2003)。

卵:水椰八角铁甲卵为长筒形或椭圆形,褐色,两端宽圆,卵长为(1.735 3±0.022 6) mm,宽为(0.579 5±0.015 1) mm。卵壳表面通常会有蜂窝状突起。成虫将卵产于心叶虫道内,1~3个呈一纵列或两列黏着于叶面上,通常为2个,少数为1个或3个,极少数会超过4个。周围会有取食的残渣和排泄物。刚产下的卵是黄色且半透明,后颜色逐渐加深(翁章权,2010)。

老熟幼虫:体长7~8 mm,宽2 mm左右。乳白色,头部淡棕色,末端骨盘褐色。头部宽扁,前口式。胸部3节,各具足1对,中、后胸两侧具瘤突,前后胸节间具气门1对。腹部9节,无足,各节具侧突1对,第8、9节合并,并在体后端形成1个骨盘。骨盘铲形,基缘呈马蹄形隆起,端缘较平,背面平洼,两侧向体后延伸,上下缘均有小齿突,末端分叉,内叉较长,钩状,向里弯,外叉较短,齿状,向外突。腹部气门圆形,共8对,位于侧突的上方,仅第8气门位于骨盘马蹄形隆起的末端(孙江华等,2003)。

蛹:蛹较粗壮,出现翅芽、足、触角。头顶有1对角状突,近末端有小齿。前胸背板八角未显露,只有8根毛。腹部8对气门开口不消失,侧突变成三叉状突起,第8腹节背面着生1组片状横褶皱,腹末保留1对钳状尾突(梁琼超等,2005)。

9.5.21.3 生物学特性

据初步调查,该虫世代重叠发生,成虫的飞翔能力比椰心叶甲稍差。寄主植物被害后削弱了树势使之不耐干旱,易染病害,易遭受台风损害,严重降低了产量和观赏质量。另据Harry和Lange报道,该虫常见的寄生蜂类有赤眼蜂[*Hispidophila brontispae*(Ferriëre)],其寄生率可达60%。

9.5.21.4 为害与分布

棕榈科植物是我国南方热带地区和亚热带地区的重要经济植物和园林绿化植物,也是重要的生态安全屏障和自然景观。近年来,随着棕榈科植物经济价值和园林绿化价值的提升,我国南方各地先后从东南亚、澳洲和美洲等地引进了许多棕榈科苗木,这些寄主为水椰八角铁甲的侵入、定居提供了充足的食料,也造成了多种危险性甚至是毁灭性害虫随苗木引进传入我国。2007年后半年,我们在对福建省外来入侵生物调查中,多次发现在局部地区遭受水椰八角铁甲的危害,致使大量棕榈、加拿利海枣(*Phoenix canariensis* Hort. ex Chab)等棕榈科植物死亡,造成重大经济损失。这种生物入侵形势严峻,对我国南方各省棕榈科经济植物及其他树木、作物的安全生产和重要名胜景地的绿化景观构成了严重的威胁(翁章权,2010;Maulik,1937)。

水椰八角铁甲可对棕榈科植物叶、梢造成严重危害,其危害部位、危害状与椰心叶甲相似。成虫和幼虫主要在嫩梢、幼茎和未展开或未全展开的幼叶间取食表皮薄壁组织;受害叶片呈现褐色或灰褐色条斑,并有皱缩、卷曲等现象,受害嫩梢枯萎死亡,严重时可导致植株枯萎(孙江华等,2003)。

9.5.21.5 发生规律

水椰八角铁甲生长发育最适温度为26~29℃,在较适宜寄主上完成1个世代需50~60 d。在几种常见寄主植物如椰子和大王椰子、散尾葵上,各虫态的存活率较高。各虫态的发育历期随温度的升高而缩短,高温时发育速度变缓。水椰八角铁甲具一定的耐饥力。各虫态平均成活时间以5龄幼虫最长,其次为雌成虫(吴大军等,2007)。

9.5.21.6 预测预报

开展对棕榈科植物的有害生物风险评估(PRA),建立其信息系统和预警系统,为严防水椰八角铁甲、棕榈象(*Rhynchophorus palmarum*)、椰心叶甲(*Brontispa longissima*)、褐纹甘蔗象(*Rhabdoscelus lineaticollis*)等外来害虫的入侵提供科学依据。

9.5.21.7 防治措施

1. 严格审批

严格检疫审批制度,禁止或限制进口疫区寄主植物,限量审批疫区其他棕榈植物。对输入国家和地区的寄主植物进行有害生物风险分析,并提出入境植物检疫要求(吴大军等,2007)。

2. 加强口岸检疫

加强口岸检疫,防治害虫传入。水椰八角铁甲、锈色棕榈象、褐纹甘蔗象等害虫的幼虫、成虫在很长时间内都是钻蛀在枝条、叶柄、茎的内部隐藏,极易传带。这些害虫都是随着引种大树、大苗传带进入我国的,因此,在引进这些大型植物体的时候,一定要特别注意,实施严格、细致的检疫措施,入境时加强现场检疫检查,重点检查棕榈植物未展开和初展开心叶的叶面和叶背是否有水椰八角铁甲危害状及其成虫和幼虫存在。口岸检疫时发现严重受害的植株,根据危害程度采取检疫除害处理、退运或销毁处理等措施,发现问题及时作出有效处理,防止疫情扩散。口岸检疫部门必须严格把好植物入境检疫第一关(吴大军等,2007)。

3. 传入后的防除措施

农业部和国家林业局应组织对国内各地已经引进的棕榈科植物进行深入调查;在发现有外来害虫的地区,立即采取紧急措施,进行药剂灭虫处理或销毁;充分利用害虫传入初期分布较小的有利时机进行彻底根除,严防疫情扩散蔓延。田间发生时可选用西维因、乐斯本、敌百虫等农药,对未展开的心叶可采取灌心的方法,或先使折叠的心叶适当弯曲散开后喷药;对初展开的心叶可直接喷雾。喷灌心叶可选择傍晚进行。水椰八角铁甲一旦传入并大量发生时,剪除心叶和化学防治难以奏效,可以考虑使用天敌生物来防治,主要有绿僵菌、黄蚁、树蛙等(吴大军等,2007)。

9.5.22 香蕉球茎象甲

9.5.22.1 分类学地位

香蕉球茎象甲[*Cosmopolites sordidus*(Germar)],亦称香蕉根颈象甲、香蕉象甲、蛀茎象甲、蕉根象鼻虫、香蕉黑筒象、香蕉象鼻虫,属鞘翅目(Coleoptera)象甲科(Curculionidae),是香蕉园的最主要害虫之一。

9.5.22.2 形态特征

成虫:体长 10~11 mm,体黑色或黑褐色,具光泽,密布刻点。头部额区延伸的筒状喙略向下弯,触角所在处特别膨大,向两端渐狭,复眼大;前胸背板中央留有 1 条光滑无刻点的直带纹,鞘翅上有明显的纵沟及刻点 9 条,足的跗节 4 节;腹部末端露出鞘翅外,背板略向下弯,并密生灰黄褐色绒毛。

卵：长椭圆形，乳白色，表面光滑。

幼虫：乳白色，肥大，无足，头赤褐色，体多横皱。

蛹：裸蛹，乳白色。

9.5.22.3 生物学特性

香蕉球茎象甲的主要寄主为香蕉、粉蕉、芭蕉、美人蕉等芭蕉科植物。成虫具有较强的耐饥力，停食10余周仍不死亡，寿命可达6个月或以上。气温高于40℃，成虫经10 min即可死亡。成虫具有较强的耐淹性，将成虫放进水中，可挣扎25～32 h(徐云和孙茂林，1988)。

9.5.22.4 为害与分布

广东、广西、福建、云南、贵州、台湾等香蕉产区都分布有香蕉球茎象甲。香蕉球茎象甲主要以幼虫蛀食香蕉植株近地面的茎基部和球茎，形成纵横交错的蛀道。幼株受害，叶片变黄、枯萎，直至全株死亡；成株受害，生势衰弱，不能抽穗或果穗、果指瘦小，严重被害植株的球茎变黑腐烂，遇到大风易倒伏(张开明，1999；Gold et al，2000)。

9.5.22.5 发生规律

香蕉球茎象甲在华南地区1年发生4～5代，世代重叠，以幼虫在茎内越冬。在广东3月初至10月底发生数量较多，夏季世代历期30～40 d，其中卵期5～9 d，幼虫期20～30 d，蛹期5～7 d；冬季世代82～127 d，越冬幼虫历期90～110 d。成虫交尾后多在蕉苗或成株蕉茎近地面30 mm以内产卵，卵产于最外1、2层叶鞘组织小空格中，每格1～2粒，产卵处叶鞘表面通常可见微小的伤痕并呈水渍状、后变褐色的斑点，表面有少量胶质物溢出。幼虫孵出后蛀食蕉茎，自假茎穿蛀而达球茎，造成纵横蛀道，严重者1株有虫50～100头，幼虫老熟后在蛀道内化蛹。成虫羽化后，暂居蛀道中，经若干天后钻出，成虫畏光，有群聚性(中国科学院果树研究所，1994)。

9.5.22.6 预测预报

根据调查和人工培养历期推算出幼龄幼虫发生高峰期，以便适期防治。

9.5.22.7 防治措施

1. 加强检疫

做好蕉苗产地检疫和调运检疫，禁止带虫蕉苗流入新区。

2. 农业防治

蕉苗检疫；冬季清园，清除虫害叶鞘，深埋土中或投入粪池沤肥；人工捕杀。

3. 生物防治

利用蠼螋钻入香蕉假茎捕食幼虫，蕉园内放饲家禽啄食幼虫和成虫；在香蕉残桩上喷洒天敌线虫，可有效消灭其中幼虫；在苗圃内放置芭蕉诱集象甲，然后杀灭之。

4. 物理防治

利用成虫群集于假茎外层叶鞘腐烂处危害的特点，采用人工捕杀。

5. 化学防治

穴施颗粒剂(3%好年冬粒剂 30～60 g/株,或 5%辛硫磷 3～5 g/株,或 3%呋喃丹 5～10 g/株);注射(48%乐斯本或 50%辛硫磷乳油 1 000 倍液,于 1.5 m 高假茎偏中髓 6 cm 处注入,药液 150 mL/株);淋喷(乐斯本 700 倍液喷假茎基部或 80%敌敌畏乳油 800 倍液自上端叶柄淋施);分期割除叶鞘腐烂部分后,用内吸性杀虫剂调成糊状涂假茎或包裹药浆等方法施药(徐云和孙茂林,1988)。

9.5.23 杨干象

9.5.23.1 分类学地位

杨干象[*Cryptorhynchus lapathi*(Linnaeus)],又名杨干象甲、杨干象鼻虫,属于鞘翅目(Coleoptera)象甲科(Curculionidae)隐喙象亚科(Cryptorhynchinae)隐喙象属(*Cryptorhynchus*)。

9.5.23.2 形态特征

成虫:长椭圆形,黑褐色或棕褐色,无光泽。体长 7～9.5 mm。全体密被灰褐色鳞片,其间散布白色鳞片形成若干不规则的横带。喙弯曲,中央具 1 条纵隆线。前胸背板两侧近圆形,前端极窄,中央具 1 条细纵隆线。复眼圆形、黑色。触角 9 节呈膝状,棕褐色。鞘翅于后端的 1/3 处,向后倾斜,并逐渐缢缩,形成 1 个三角形斜面。

卵:圆形,乳白色,长 1.3 mm,宽 0.8 mm。

幼虫:圆筒形,乳白色,全体疏生黄色短毛。胴部弯曲略呈马蹄形。头部黄褐色,上颚黑褐色,下颚及下唇须黄褐色。胴部的侧板及腹板隆起,胸足退化,在足痕处生有数根黄毛,气门黄褐色。老熟幼虫体长 9～13 mm。

蛹:乳白色,长 8～9 mm。腹部背面散生许多小刺,在前胸背板上有数个突出的刺。腹部末端具 1 对向内弯曲的褐色几丁质小钩(秦世剑和沈明日,2010)。

9.5.23.3 生物学特性

杨干象成虫飞翔能力差,自然扩散靠成虫爬行。人为调运携带有越冬卵或初孵幼虫的苗木或新采伐的带皮原木是远距离传播的主要方式。

杨干象成虫活动喜中温、高湿的环境,据观察,在温度 15～20℃,湿度 60%～90%的条件下成虫取食、交尾、产卵的活动性最强。

杨干象的天敌有蟾蜍、棕腹啄木鸟及兜姬蜂(*Dolichomitus* spp.)等。此外,球孢白僵菌(*Beauveria bassiana*)、枝顶孢菌霉(*Acremonium strictum*)、线虫等也寄生和取食幼虫,对杨干象发生起到一定的控制作用。

9.5.23.4 为害与分布

该虫主要以幼虫在韧皮部内环绕树干蛀道危害,或在木质部内钻蛀隧道,切断树木的输导组织，造成幼树枝梢干枯和风折，甚至整株死亡。由于木材中形成虫孔，大大降低了木材的使用价值。

目前，杨干象在我国的地理分布范围是北纬 33°21′～51°42′，东经 83°00′～132°58′，垂直分布海拔 1 290～3 500 m，但以海拔 500 m 以下，1 月份平均温度达 0℃以下，年平均气温 0℃以上，年降水量 400～800 mm 之间的丘陵平原杨树栽植区危害严重。年均温偏高，春季干旱，冬季湿度偏大有利于杨干象的繁殖(秦世剑和沈明日，2010)。据 2007 年调查结果，杨干象在中国分布于黑龙江、吉林、辽宁、河北、山西、内蒙古、甘肃、陕西、新疆等省区。国外分布于日本、朝鲜、前苏联、匈牙利、捷克斯洛伐克、德国、英国、意大利、波兰、法国、前南斯拉夫、西班牙、荷兰、加拿大、美国。

9.5.23.5　发生规律

该虫在中国 1 年发生 1 代，以卵和初龄幼虫在枝干韧皮部内越冬。翌年 4 月越冬幼虫或卵开始活动或孵化。初孵幼虫先取食韧皮部，后逐渐深入韧皮部与木质部之间环绕树干蛀道，随着树木的生长，坑道部位树皮愈伤组织形成一圈圈的横向刀砍状裂口。5 月中下旬在坑道末端向木质部钻蛀羽化孔道，并在孔道末端做一椭圆形蛹室，用细木屑封闭孔口并化蛹。蛹期 10～15 d。成虫在辽宁 6 月中旬、陕西 6 月下旬、黑龙江 7 月下旬开始羽化。新羽化成虫经 5～7 d 补充营养后交尾，继续补充营养约 1 周后方能产卵。卵期 14～21 d，幼虫孵化后即越冬或以卵直接越冬。

成虫多在早晚活动，善爬，很少飞行，假死性很强。卵多产于 3 年生以上幼树或枝条的叶痕及树皮裂缝中，产卵前先咬 1 小孔，每孔产 1 粒，然后用黏性排泄物封口，雌性一生产卵 10～40 粒，寿命 1～2 个月(秦世剑和沈明日，2010)。

9.5.23.6　预测预报

期距预测法简便易行，适于乡、场森防应用；回归预测法具有较高精度，适用于各市、县中心测报点应用，掌握预测式中的气象因子，即可对杨干象发生期做出准确预报。例如，肖艳(1999)利用回归法测算辽西地区杨干象幼虫活动的回归式为：始见期 $Y = 42.38 - 4.5X$，始盛期 $Y = 64.2 - 4.3X$，高峰期 $Y = 77.73 + 3.7X$ (式中 X 为 4 月份平均温度，Y 以 4 月 15 日为 0 进行换算)。此外，用有效基数法和多元回归法预测了杨干象的发生量。

9.5.23.7　防治措施

1. 检疫措施

严禁带虫苗木及原木外运，或彻底处理后发放。

2. 林业措施

(1)选用抗虫品种。如小叶杨、龙山杨、白城杨、赤峰杨等对杨干象是高抗品种。

(2)加强林区的抚育管理。及时修枝；严重受害木，于冬季平茬更新。

(3)砍伐木应随采随运或剥皮处理，或水浸半个月以上，以杀死受害木中幼虫。

3. 物理防治

成虫盛发期可利用假死性人工捕捉。成虫产卵前，使用药用涂白剂涂干，防止产卵。产卵痕迹处砸卵；设置饵木诱集成虫产卵，待卵孵化后剥皮集杀幼虫。

4. 生物防治

啄木鸟、蟾蜍、蚂蚁等对杨干象有一定的控制作用，应注意保护利用。

喷洒 0.3 亿孢子/mL 青虫菌或 2 亿孢子/mL 白僵菌，也可用 2 亿孢子/mL 白僵菌涂刷虫孔防治幼虫。

用斯氏线虫 10^3 个/mL 涂抹杨干象虫孔，效果甚佳。

5. 化学防治

成虫盛发期喷洒 50%杀螟松乳油、50%马拉硫磷、50%倍硫磷乳油、75%辛硫磷乳油、40%氧化乐果乳油 1 000 倍液；2.5%溴氰菊酯 100～200 倍液。幼龄幼虫期，可用 40%氧化乐果乳油 3～5 倍液涂刷产卵孔；40%乐果乳油、50%甲基对硫磷乳油、50%乙硫磷乳油 300 倍液于危害部位打孔注药 1～2 mL，或注射 50%甲胺磷乳油原液 0.5 mL；25%灭幼脲Ⅲ号胶悬剂点涂杨干象虫口处。成虫上树危害期可用 40%氧化乐果 5 倍液或废机油等在树干上涂 20 cm 宽毒环(秦世剑和沈明日，2010)。

9.5.24 椰花四星象甲

9.5.24.1 分类学地位

椰花四星象甲[*Diocalandra frumenti*(Fabricius)]，又名椰花二点象，属于鞘翅目(Coleoptera)象甲科(Curculionidae)，是椰树的主要害虫。

9.5.24.2 形态特征

成虫：体小，体长 5～6 mm，体宽 1.3～1.7 mm，黑褐色，带有黑色光泽。头部延伸成喙，喙和头部的长度约为体长的 1/2。前胸前缘小，向后逐渐扩大略呈椭圆形，背面有 4 个带红色的大斑点，排成前后两排，前排 2 个较大，后排 2 个较小。翅鞘较腹部短，腹部末端外露。雄成虫身体略小，体长约为 5 mm，宽约 1.3 mm，喙短而粗且略弯曲。雌成虫体型大，体长约 6 mm，宽 1.6～1.7 mm，喙长而细且较直。

卵：乳白色，长椭圆形，表面光滑，平均长约 0.8 mm，宽约 0.4 mm。

幼虫：老熟幼虫体长 5～6 mm。初孵时为乳白色，后变为黄白色，体形呈纺锤形，前端微向腹面弯曲，腹末端扁平，胸足退化。

蛹：初时乳白色，后期呈褐色，喙长达前足胫节，触角及复眼显著突出，体长 5.5～6.5 mm，体宽 1.5～2.0 mm。老熟幼虫在钻蛀危害的坑道里化蛹(覃伟权，2002)。

9.5.24.3 生物学特性

椰花四星象甲的寄主有可可椰子、非洲油棕和加拿利海枣等棕榈科植物，在海南对杂交种椰树和矮种椰树危害较重，而对高种椰树的危害率较低。

9.5.24.4 为害与分布

椰花四星象甲在我国主要分布在台湾、海南。成虫一般不直接危害椰树，主要以幼虫钻蛀危害成年结果椰树的茎干、叶柄、花柄、花序、果蒂、果实等部位的基部。造成茎干、叶柄坏死,花苞枯萎,花序脱落,果蒂干枯腐烂,最终落花落果落叶。椰树被害部位外面流出暗红色透明树脂。人为损伤和被风害的椰树容易遭受入侵(覃伟权,2002)。

9.5.24.5 发生规律

该虫1年发生3～4代,世代重叠。成虫在海南有两个明显的活动高峰期,即3～4月和9～10月。雌成虫交尾后1～4 d即在椰子的伤口、裂缝中或茎干、叶柄、花苞、果蒂等基部产卵。卵散产,卵期为4～9 d。幼虫孵出后,即向四周幼嫩组织钻蛀危害。被害植株分泌出暗红色透明树脂。幼虫期56～70 d。老熟幼虫最后一次蜕皮后、化蛹,蛹期10～12 d。羽化后性成熟的成虫从危害坑道里爬出,交尾产卵。该虫的生活周期为70～90 d(覃伟权,2002)。

9.5.24.6 防治措施

防治该虫应采用以预防为主的综合防治措施。严防人为对椰树造成伤口。台风过后或发现椰树有损伤时,应及时喷内吸性杀虫剂,如40%乙酰甲胺磷乳油(acephate)500～600倍液或40%久效磷乳油(monocrotophos)1 000倍液。如发现该虫已入侵危害,可采取根施或茎干注射内吸性杀虫剂40%乙酰甲胺磷乳油原液和40%久效磷乳油原液或40%乐果乳油原液。在3～4月和9～10月该虫交尾产卵高峰期,投放用椰子酒浸泡过的甘蔗或椰子嫩茎加酵母片发酵物或将充分成熟的菠萝切成片状引诱成虫,还可用灯光、性诱剂等诱杀成虫,可达到很好的防治效果(覃伟权,2002)。

9.5.25 苜蓿叶象甲

9.5.25.1 分类学地位

苜蓿叶象甲(*Hypera postica* Gyllenhal)属鞘翅目(Coleoptera)象甲科(Curculionidae),是危害苜蓿的重要害虫之一。

9.5.25.2 形态特征

成虫:体长4.5～6.5 mm。全身被覆黄褐色鳞片,头部黑色,喙细长且甚弯曲。触角膝状,触角沟直。前胸背有2条较宽褐色条纹,中间加有一条细的灰线。鞘翅上有3段等长的深褐色纵行条纹,中间的一段最长,达鞘翅的3/5。

卵:长0.5～0.6 mm,宽0.25 mm,椭圆形,黄色而有光泽。近孵化时变为褐色,卵顶发黑。

幼虫:头部黑色,初孵幼虫体乳白色,取食后,自草绿最后变为绿色。老熟幼虫体长8～9 mm,背线和侧线为白色背线两侧各有一条深绿色的纵纹。幼虫无足,利用腹面有刚毛的瘤状突行动迅速。

蛹:为被蛹,初为黄色,后变为绿色。蛹具茧。茧近乎椭圆形,白色而具有丝质光泽。编织疏松呈网状而富于弹性。茧长5.5～8 mm,宽约5.5 mm(朱晓锋等,2006)。

9.5.25.3 生物学特性

苜蓿叶象甲的主要寄主为苜蓿、三叶草。光照周期和温度综合作用影响苜蓿叶象甲的发育和滞育，成虫活动的最适温度在20℃左右，夏季当气温高于24～25℃时，成虫进入滞育状态。大风、被寄生和病菌感染是影响种群间数量变动的关键因子。

9.5.25.4 为害与分布

苜蓿叶象甲在我国主要分布于新疆、内蒙古等地区。其成虫、幼虫均可危害，但主要以3、4龄幼虫危害最为严重。苜蓿叶象甲成虫主要取食苜蓿叶片及茎秆。成虫和幼虫均能危害苜蓿的顶端、叶和新生嫩芽。产卵时雌虫将苜蓿茎秆咬成圆孔或缺刻。并将卵产在茎秆内，并用分泌物或排泄物将洞口封闭。卵在茎秆内孵化后。初孵幼虫在茎秆内蛀蚀，形成黑色的隧道，至2龄时，幼虫自茎秆中钻出并潜入苜蓿叶芽和花芽中为害。危害花芽能使花蕾脱落、子房干枯，破坏苜蓿上部的生长点，影响苜蓿的生长。3、4龄幼虫大量取食苜蓿枝叶，取食苜蓿叶肉，严重时只残留叶片主要叶脉，严重影响苜蓿光合作用，致使苜蓿的长势密度和产量大大降低，甚至绝收(张良等，2010)。

9.5.25.5 发生规律

苜蓿叶象甲1年发生1～2代。其以成虫形式在苜蓿地残株落叶下或裂缝中越冬。次年4月上旬，苜蓿开始萌发时，越冬代成虫开始出蛰活动，取食。4月下旬为越冬代成虫出蛰危害盛期，产卵盛期在5月上中旬。由于越冬代苜蓿叶象甲经过严酷的冬季，其存活下来的个体均体能较好，致使越冬代苜蓿叶象甲雌虫产卵历期和产卵高峰持续期均明显增长，产卵量明显增加。第1代幼虫盛期在5月下旬至6月上旬，幼虫对第1茬苜蓿危害严重。早期的老熟幼虫于5月底做茧化蛹，化蛹盛期为6月中上旬。第1代成虫羽化盛期在6月中下旬，由于受到高温天气的影响，羽化的第1代成虫有10%进入滞育。第2代的幼虫于7月中旬出现，7月下旬幼虫化蛹，8月上旬出现第2代成虫，第2代成虫同样受到高温的影响而有65%左右的个体进入滞育。第3代幼虫盛期在8月中下旬。化蛹盛期为9月中旬，9月下旬至10月上旬为羽化盛期，同时由于温度下降，羽化的成虫进行短暂的取食活动后迅速进入越冬阶段(张良等，2010)。

9.5.25.6 防治措施

1. 农业措施

(1)提前刈割。苜蓿叶象甲成虫、幼虫均可危害苜蓿，其中越冬代苜蓿叶象甲的产卵量最高、产卵历期最长，从而致使第1代3、4龄幼虫对第1茬苜蓿的危害最为严重。因此适当提前对第1茬苜蓿的刈割，有利于减少当年的虫口数量基数。

(2)加强田间管理。苜蓿叶象甲越冬成虫多在田间土缝和枯枝落叶下越冬。应结合田间管理及时进行秋耕冬灌。

(3)适时轮作。苜蓿是苜蓿叶象甲的主要寄主，虽然在苜蓿缺乏的情况下，苜蓿叶象甲也可以取食草木樨、三叶草等其他豆科植物，但会使得其产生营养缺乏、生殖力减退等异常情况。因此，适时与小麦、玉米等单子叶作物轮作，一方面有利于提高苜蓿产草量，另一方面有利于降低田间虫口基数。

2. 生物措施

生物防治应主要以保护苜蓿叶象甲自然天敌为主。在呼图壁地区苜蓿田间苜蓿叶象甲的天敌种类较多。其中捕食性天敌有七星瓢虫（*Coccinella septempunctata*）、蜘蛛类等；寄生性天敌有苜蓿啮小蜂（*Tetrastichus incertus*）、短窄象甲姬蜂（*Bathyplectes anurus*）、苜蓿叶象姬蜂（*Bathyplectes curculionis*）等，其中苜蓿啮小蜂对 3 个世代的苜蓿叶象甲幼虫均可寄生，是呼图壁地区苜蓿田间的主要寄生性天敌。因此，结合天敌发生发展规律适时进行防治保护，有利于保证整个苜蓿田间的生物防控效果。

3. 化学措施

5 月中下旬，苜蓿叶象甲第 1 代幼虫发生高峰期可喷洒 2.5%功夫乳油 1 500 倍液，可有效控制其虫口密度（张良等，2010）。

9.5.26 谷象

9.5.26.1 分类学地位

谷象（*Sitophilus granaries*）属鞘翅目（Coleoptera）象甲科（Curculionidae），对粮食及其加工品危害严重。

9.5.26.2 形态特征

成虫：体长 2.3～3.5 mm，体略呈长椭圆形，背部相当隆起，栗褐色或黑褐色，具光泽。头部喙细长，圆筒状，略弯曲，其长度为前胸长度的 2/3；触角 8 节，位于喙的基部，末节膨大，端部尖。鞘翅深赤褐色，鞘翅上无黄褐色大斑纹。无后翅。前胸背板上的小刻点呈长圆形，鞘翅上凹纹中的纵行点线不相连接。

卵：长椭圆形，中部略宽，下端圆，向上逐渐变窄，上端有 1 帽状的圆形隆起物。

幼虫：上颚尖端短而钝，无明显的端齿，第 1～4 腹节背板各被横皱纹分为明显的 3 部分。腹部各节的下侧毛中叶区着生刚毛 1 根。

蛹：前胸背板上有 9 对小突起，其上各生 1 根褐色刚毛（曾洪，2000）。

9.5.26.3 生物学特性

谷象为多食性，寄主包括小麦、大麦、黑麦、燕麦、玉米、稻谷、高粱、荞麦、薯干、豆类、花生、向日葵、面粉、干果及中药材等，尤其喜食柔软的淀粉质。该虫在温度 24～27℃、相对湿度 95%～100%时产卵最迅速；温度 13℃时、相对湿度 85%以下才开始产卵；温度 35℃时、相对湿度 20%以下停止产卵（徐海根和强胜，2011）。

9.5.26.4 为害与分布

谷象在我国分布在新疆、甘肃、黑龙江、山东、四川等地。成虫咬食粮粒，幼虫在粮粒内蛀食，常蛀成空壳。谷象对粮食及其加工品危害严重，10 对谷象在适宜环境中繁殖，经 5 年后能使 406 t 纯净粮食受到毁坏(徐海根和强胜，2011)。

9.5.26.5 发生规律

该虫具有较强的存活繁殖能力，成虫一般活 7～8 个月，越冬者达 10～15 个月或更长。雌虫一生产卵几十粒至 200 多粒。世代重叠，主要以成虫越冬，越冬场所主要是成虫在厂房内的黑暗处如地板缝、砖缝、墙基的粉尘中或杂物中。

9.5.26.6 防治措施

1. 加强检疫

做好检疫工作是防治仓储害虫的有效措施之一，必须按照国家的检疫法规，进行严格的检查和检验。如发现检疫对象，立即就地消灭或作妥善处理，严禁危险性害虫的输入、输出和传播。

2. 清洁环境卫生

由于仓储害虫喜欢在各种缝隙中和黑暗、不通风、肮脏处栖息活动，所以包装、仓库及周围环境不洁是导致仓储害虫发生的重要因素。清洁环境卫生可以达到防治害虫的目的。仓内要经常打扫，清除一切杂物，以减少或杜绝害虫的藏匿、越冬场所。各种包装器材和工具使用前后打扫干净，在做好清洁卫生的基础上定期进行环境消毒和库房消毒，以消灭隐匿在建筑物、器材、用具等缝隙内的害虫。春季温度上升到 15℃以上时每隔 15 d 喷洒 1 次杀虫剂。

3. 做好隔离工作

虫粮与无虫粮、新粮与陈粮、干粮与湿粮分仓存放，减少害虫在仓内的传播。发现有虫的种子应及时清除出库，远离库房进行处理，以免相互感染。

4. 物理防治

(1)密封法防治　由于种子自身的氧化及微生物、害虫休眠的呼吸，逐渐消耗密封环境中的 O_2，增加 CO_2 含量，使混入害虫窒息而死，从而有效防治害虫。密封的形式有库内小室密封和整库密封。

(2)气调法防治　该法不污染环境，无残毒，并能节约贮藏费用，是目前较为理想的一种防治方法。该法是在密闭条件下，改变气体成分浓度，将氧浓度降至低限度或人为地造成高浓度的 CO_2 或 N_2 环境，达到杀虫、防霉、抑霉的目的。常采用的方法有自然降氧、充氮降氧和充二氧化碳降氧。

(3)低温防治　种子贮藏期害虫一般在 4～8℃时进入休眠状态，8～15℃时停止活动，－4℃以下经过一定时间可使害虫致死。因此，种子贮藏期保持一定低温，可达到安全贮藏的目的。①自然低温。在寒冷干燥天气，连续打开仓库门窗几日，引入冷空气，当仓内温度降至－4℃以下时关闭仓库门窗，并保持低温。或选择严寒天气将生虫种子置于室外干燥场地摊开，连续冷冻 2～3 d，然后入库密闭，可起到杀虫作用。②机械降温。采用机械制冷设备产生冷空气，使种子安全度过夏季的方法。夏季库房内温度保持在 15℃以下，可使种子安全贮藏，少量的贵重种子可贮藏在冰箱内。

(4)高温防治　害虫对高温的抵抗力较差，一般致死温度为 45～50℃。在夏季可将种子摊于水泥晒场上暴晒，当温度达45～50℃时即可杀死害虫及虫卵。晒时要勤翻动，晒后去除虫尸及杂质，散尽余热后入室或包装。

5. 化学防治

应用化学药剂防治能在短期内彻底消灭害虫，但存在许多弊病，如污染环境、药物残留、造成害虫抗药性、影响保管人员健康等。常用溴甲烷熏蒸仓库，夏季每立方米容积用药20～30 g，熏蒸1 d；冬季每立方米容积用药30～40 g，熏蒸1～2 d。熏蒸时仓库必须密封，并用测溴灯检查，防止漏气；操作人员要戴防毒面具；熏蒸完毕后应在深夜散气（成家祥，2009）。

9.5.27 芒果果肉象

9.5.27.1 分类学地位

芒果果肉象（*Sternochetus frigidus* Fabricius）又名果肉芒果象，属鞘翅目（Coleoptera）象甲科（Curculionidae），可以为害所有品种的芒果。

9.5.27.2 形态特征

成虫：体长6～8 mm，黑褐色、卵形，触角11节，第1节较长，第3～7节圆形，第8节以后膨大呈纺锤形。喙细长略弯曲、赤黑色，前胸似梯形，复眼深黑色有光泽，近鞘翅基部具1黄褐色的横带。前翅的前端密布橘黄色的鳞片，形成明显的斑纹，每一鞘翅上带有黑色粗刻点，形成10条规划的纵沟。雌虫体形略大、色较深。

卵：长0.8～1.0 mm，宽0.3～0.5 mm，乳白色，长椭圆形。

幼虫：共5龄，老熟幼虫体长7～10 mm，黄白色；头部较小、淡褐色；胸足退化呈小突起、无趾、仅具一刚毛状物；体表有白色软毛。

蛹：体长6～8 mm，初化蛹时乳白色，后黄白色、长椭圆形，管状喙紧贴在腹部，末节着生尾刺1对（舒梅和刘桂华，2001）。

9.5.27.3 生物学特性

引进的芒果品种如马切苏、大青密、鹰嘴芒、桃芒等较本地品种抗虫。成虫有假死性、耐饥饿、耐高低温和干旱能力（舒梅和刘桂华，2001）。

9.5.27.4 为害与分布

芒果果肉象分布在云南、四川、广东、广西等部分热带地区。主要为害芒果的果肉。果实受害时幼虫潜入果肉蚕食，形成隧道，隧道内填满黑色粪便，使芒果肉大部分变成深褐色虫粪污染物，严重影响了果品的质量，使果实失去食用价值。在中国西双版纳受害严重的年份危害率可达50%或以上，一般年份也在20%左右。

9.5.27.5 发生规律

芒果果肉象每年发生一代，成虫生活周期长，在芒果树的断枝头或树干的裂缝和树洞等干腐组织中越冬，次年 3 月中下旬以后陆续从越冬场所飞上枝叶、花穗活动，经过一段时期取食嫩梢和幼果的皮层，4 月中旬开始交配和产卵。产卵时先在幼果上咬一小孔而后在其中产卵，每果 1～2 粒，产卵后孔口被芒果的分泌物所覆盖，卵在果内孵化，幼虫在果肉内取食果肉，幼虫经过 13～15 d 成熟，老熟的幼虫在果肉内由虫粪围成的蛹室化蛹，预蛹期 2～3 d，蛹期 5～7 d，羽化出来的成虫暂时逗留在果内，于 6～7 月，将成熟的芒果果皮咬成一个圆形孔洞。外出到芒果林内活动，取食芒果的嫩叶和嫩梢(徐海根和强胜，2011)。

9.5.27.6 防治措施

1. 加强检疫

目前该虫只在局部地区分布，为防止传播蔓延，应实行严格的检疫制度。

2. 选用抗虫品种

栽培历史较长的老品种，如野生芒、三年芒、小青皮和象牙芒受果象危害严重，而引进的优良品种如马切苏、球芒芝未见受其危害的情况。发展芒果生产，需注意栽培品种的选择和嫁接抗芒果果肉象甲的优良品种，以提高芒果生产的商品率。

3. 农业防治

(1)果园卫生。及时捡拾落地果，集中处理，如挖坑深埋，倒入水肥池浸泡，集中烧毁。

(2)加强栽培管理。定期铲除果树下杂草，秋冬结合果园除草，精细翻耕土层，清除在土层裂缝中越冬成虫。冬季整枝修剪，清除枯枝落叶和地衣，堵塞树干上的孔洞，以消灭芒果果肉象甲越冬成虫。

(3)套袋。当幼果指头大时，用牛皮袋把芒果套在袋里，套袋宜夹些，袋口扎紧，防止虫进入。

4. 化学防治

当芒果形成幼果(直径 30～35 mm)时，每周喷药 1 次，连续喷药 1 个月，遇大雨时应补喷 1 次。在应用过程中，与害虫生活史相结合施药防效显著。在 2 月底用敌敌畏与敌杀死混用喷施，成虫数量减少，再在 3 月底、4 月初各喷 1 次，受害率可降低 30%以下(舒梅和刘桂华，2001)。

9.5.28 芒果果核象

9.5.28.1 分类学地位

芒果果核象[*Sternochetus mangiferae*(Fabrjcius)]又名印度果核芒果象、芒果隐喙象甲，属鞘翅目(Coleoptera)象甲科(Curculionidae)，是一种芒果特有的危险性害虫，列入全国农业植物检疫性有害生物名单，也是我国禁止进境的危险性有害生物。

9.5.28.2 形态特征

成虫：身体暗褐色，在前胸背板和鞘翅上有浅的黄白色鳞片斑。体长 6～9 mm，体宽 4 mm。头部较小，身体粗短而坚硬，是典型的隐喙象亚科体型。受触动时，足收缩向身体，喙紧紧地嵌入胸沟。喙的接受器长约等于宽,端部宽于两侧边缘。前胸背板中隆线不很明显,被两侧规则鳞片遮盖。胸沟达前足基节之后。身体花斑有变异,基部花斑由彩色鳞片组成,由红色至灰色,夹杂着浅色斑纹。雌虫臀板端部有凹陷,雄虫臀板的末端是圆的。该特征能够容易地将两性成虫区别开。鞘翅的奇数行间不隆起,行间上没有小瘤状突起。鞘翅前端的斜带较窄,后端有一直带。

卵:很小,白色。

幼虫:幼虫白色、无足,头部褐色。在夏威夷幼虫至少有5龄。

蛹:蛹初始为乳白色,后变为黄色,头、足、翅及身体部分可见(王爱平,1997)。

9.5.28.3 生物学特性

成虫具有假死性,喜湿润而避过分潮湿或干燥的环境,日间避强光,多隐蔽在花序果枝或叶背背光处,傍晚以后开始活动和飞翔,半夜以后活动较少。芒果果核象主要寄主为芒果的各种品种,成虫偶尔取食苹果、花生;夏威夷的“中芒果”、印度的厚皮芒果品种具有一定的抗虫性(王爱平,1997)。

9.5.28.4 为害与分布

芒果果核象在我国主要分布于云南、四川等地区。芒果果核象甲对芒果产量的影响可能不大,在一定程度上可危害种子。由于成虫在幼嫩果及成熟果果皮下产卵,幼虫孵化后钻蛀进入果核,并在其中发育化蛹,致使芒果失去食用和种用价值。受害的果实外表看,不见危害状,切开种皮后,可见到子叶严重受害,并有害虫粪便。受害果有时过早脱落。果实成熟期短于该虫生活周期的品种受害较轻,成熟期长的受害重。据印度报道,秋芒品种被害率达73%以上。

9.5.28.5 发生规律

该虫每年发生1代,成虫于7~8月间钻入土壤或树皮下越冬,次年芒果结果季节开始活动取食补充营养,10多天后成虫进入交尾产卵期。当芒果果实长到30~35 mm大小时,成虫在幼果果端凹洼附近的果皮咬一小孔或一新月形切口,产入1卵,卵一般单生,偶尔也有一个幼果产有2~6粒,卵期7~8 d,幼虫孵化后通过果肉直接进入果核,不影响果实继续长大;幼果生长迅速,产卵孔很快愈合消失,果皮很难看出入侵孔和可疑为害状,有的只有果皮上绿豆大小黑褐色油浸斑。幼虫在果核内发育成蛹和成虫。幼虫期40~50 d,蛹期9~10 d,蛹羽化成成虫后继续留在果核内取食,直到芒果成熟。成虫一般咬破果核尾部较薄处从羽化孔爬出,通过果肉果皮钻出,在果实表面留下2~3 mm大小的羽化孔。成虫大多取食芒果植株上的幼嫩部分补充营养,于7~8月间钻入土壤或树皮下越冬。越冬成虫于次年交尾产卵后死亡,一般寿命在13~15个月(龚秀泽,2006)。

9.5.28.6 防治措施

1. 加强检疫

禁止从疫区进口芒果果实及引进芒果种子。少量用于科学研究而引进的种子,入境前必须清除果肉,发现害虫立即销毁。严禁带土引入芒果种苗,芒果旺季要加强旅客检疫。

2. 农业防治

保持果园清洁,清除芒果果核象甲的越冬场所。种植时,仔细除去果核壳,避免损伤胚芽,去除在子叶上取食的幼虫或果核内的其他虫态,并立即杀灭。在开花前,在树干上涂以胶带,防止成虫上树,或涂煤油乳剂于树干以杀灭成虫。结果期每周 2 次清除落果并集中销毁。

3. 物理防治

套袋保果,对一些名贵芒果品种或科研材料,可在芒果果核象成虫产卵期实行果实套袋,防止其成虫产卵于果实上。射线处理,用 γ 射线是杀死果实内成虫,是使其不孕的有效方法。

4. 化学防治

成虫发生期喷施 100%苦楝原油 150～200 倍液,或 37%苦楝油乳剂 75 倍液。在幼果期用乐果与美曲膦酯混合液(1∶1∶1 500)喷洒树冠、幼果,每隔 7～10 d 喷 1 次,连喷 3～4 次,可起到保果作用(周又生等,1995)。

9.5.29 芒果果实象

9.5.29.1 分类学地位

芒果果实象[*Sternochetus olivieri*(Faust)]又名云南果核芒果象,属鞘翅目(Coleoptera)象甲科(Curculionidae),为全国植物检疫对象和我国禁止进境的二类危险性有害生物,主要为害芒果。

9.5.29.2 形态特征

成虫:体长 7～8 mm 呈褐色,被有锈赤色、黑褐色和白色鳞片。喙较粗短,微弯,常藏于腹面,前胸背板有瘤状突起。两鞘翅基部各有一个较宽的黄褐色带状斑。小盾片圆形,黄白色(王世伟,2006)。鞘翅行纹呈棘状突起,第 3、5、7 行更为明显,基数行间宽且隆,各具明显且多的鳞片瘤。鞘翅前端有一黄褐色斜带,斜带较宽,后端有一较明显的直带。第 2～4 节腹板各有 2 排刻点。

卵:长椭圆,珍珠状,乳白色,具光泽,渐变乳黄色,一端稍尖微向内弯。

幼虫:初乳白色,具光泽,后变为乳黄色,头部黑褐色,体表具光泽,共 5 龄。

蛹:棕黄色。

9.5.29.3 生物学特性

成虫生存力极强,把刚剖果所得成虫放入透气的瓶内,在缺水、缺食物的条件下,大部分成虫可存活 60 d 左右,少部分可存活 90 d,个别能存活 116 d(邓铁军等,2005)。成虫有假死性和避光性(韦修平,2002)。

9.5.29.4 为害与分布

芒果果实象甲在国外芒果产区均有发生。云南的景洪、思茅、德宏、景东、景谷等地有不同程度地发生(王世伟,2006)。受害果与健果一样,果实表面和果肉看不见被害状。只有果核表面有一暗褐色圆斑(即羽化孔),当果核裸露时成虫咬破黑斑爬出,留下直径 3～4 mm 的羽化孔。将有虫果核剖开,可见核内蛀道呈残缺的空洞状,其中充满褐色粉状残物和粒状虫粪。被害果核种仁败坏,丧失发芽力(韦修平,2002)。

9.5.29.5 发生规律

1 年发生 1 代。当年羽化的成虫在果树枝断裂干腐组织、果园围墙裂口、工房板墙和住宅墙壁的裂缝、有覆盖物的枝杈等场所或果核内越冬。翌年 2～3 月芒果开花期,飞上枝头活动,3 月中、下旬开始交尾产卵。4 月中下旬至 5 月上旬为新孵化的幼虫蛀入果核危害子叶的盛期。5 月下旬老熟幼虫开始化蛹,5 月下旬至 6 月中旬为化蛹盛期,6 月中上旬以后,仍有化蛹的。7 月上旬除少量的个体仍处在老龄幼虫虫期和蛹期外,绝大部分均羽化为成虫(邓铁军等,2005)。

9.5.29.6 防治措施

1. 加强检疫

严禁到疫区调运芒果及种核。

2. 芒果成熟时统一收购加工

根据该虫生活习性,由有关部门收购虫区熟果统一加工,可彻底消灭害虫。1988 年经作场检查芒果种核 5 587 粒,发现幼虫 122 头,虫果率 2.18%,比 1986 年虫果率 3.2%,下降 1.02%。地区林科所检查果核5 387粒、畜牧所检查果核 360 粒、胜利 2 队检查果核1 720粒,均无虫害。1987—1989 年连续 3 年收购芒果14 020 kg(约 11.2 万个),带虫率由 8.2%下降到 0.6%,基本上控制了扩散为害(韦修平,2002)。

3. 农业防治

(1)清洁果园。及时收集虫果集中烧毁,是减少虫害发生的主要措施。

(2)检净落果。自 1997 年以来,坚持把落地幼果和熟果,每隔 5 d 捡 1 次,每次捡到落果交到各场、所,统一用大锅煮熟深埋处理。

4. 生物防治

在成虫出现取食期,用 100 亿活孢/g 的苏云金杆菌可湿性粉剂,每亩用 200 g 兑水 50 kg喷雾。7～10 d 喷 1 次,连喷 2 次。

5. 化学防治

在 4 月上、中、下旬各喷药 1 次,毒杀成虫和初产卵粒。药剂有 80%敌敌畏、50%马拉硫磷、90%敌百虫、杀灭菊酯、乐果等。成虫发生期喷 100%苦楝原油(淡棕褐色)150～200 倍液,或用 37%苦楝油乳剂 75 倍液喷雾。成虫取食期,还可喷一些低毒的化学农药,如 20%氰戊菊酯乳油 3 000～4 000 倍液,或 10%氰戊菊酯乳油 2 000 倍液。以上几种农药在成虫发生期分别或交替使用,7～10 d 喷 1 次,连续喷 2～3 次(王世伟,2006)。

9.5.30 甘薯小象甲

9.5.30.1 分类学地位

甘薯小象甲[*Cylas formicarius*(Summers)]又名甘薯蚁象、甘薯象、番薯臭虫、红头娘，属鞘翅目(Coleptera)蚁象甲科(Cyladidae)。主要为害甘薯，也能取食月光花、牵牛花、蕹菜等旋花科植物，偶尔取食马铃薯，是国际和国内重要的检疫性害虫。

9.5.30.2 形态特征

成虫：体长 5～8 mm，体形细长如蚁，全体除触角末节、前胸和足呈橘红色外，其余均为蓝黑色且有金属光泽。头部延伸成细长的喙，状如象鼻，咀嚼式口器着生于喙的末端，膝状触角 10 节，雄虫触角末节成棍棒状，雌虫则成长卵状，前胸长为宽的 2 倍，在后部 1/3 处缩入如颈状，两鞘翅合起来呈长卵形，显著隆起，鞘翅表面具不明显的小刻点，足细长。

卵：椭圆形，长约 0.6 mm，初产时乳白色，后变淡黄色，表面有小刻点。

幼虫：体长 5～8.5 mm，呈圆筒形，两端略小，向腹面稍弯曲，头部淡褐色，胴体乳白色，胸腹足退化。

蛹：体长 4.7～5.8 mm，初乳白色，渐变黄色，腹部各节背面有 1 对小突起，尾端有 1 对向侧下方弯曲的刺突(吴宝巨，2007)。

9.5.30.3 生物学特性

甘薯小象甲的发育、生殖和存活寿命随温度不同而有显著差异。在 20～30℃范围内，随温度的升高，所需发育时间减少，在 27～30℃时完成整个生活史约需 30 d，性别比为 1∶1。成虫在 15℃时寿命最长，且仍可产卵，卵可发育，所以甘薯的窖储并不能减少该害虫的种群密度。

世代交替现象存在，春末夏初成虫较多，秋冬幼虫和蛹居多，无明显生理滞育期，只要条件合适，全年都可发生。以成虫、幼虫、蛹越冬，很少以卵越冬。成虫在薯块、薯蔓茎叶、田间杂草、土缝、砖石下或甘薯窖内越冬，幼虫和蛹在田间或窖内薯块及薯茎内越冬。在 3～4 月温度达到 8℃时，成虫开始活动，18℃条件下活跃，雨天、大风不利成虫活动，温暖、干燥、风力小则有利成虫活动。成虫羽化后 5～7 d 开始交尾。

成虫爬行力强于飞翔力，怕强光、暴雨，上午 8～10 时和下午 4 时以后活动最盛，有假死性和趋甜性，耐饥力强，可延续 150 d 左右。幼虫共经 5 龄老熟，在薯块或蔓藤基部隧道末端化蛹(邱文忠和蔡少强，2008)。

9.5.30.4 为害与分布

甘薯小象甲主要分布在福建、广东、广西、贵州、湖南、江苏、江西、台湾、云南、浙江等地，特别是东南沿海的甘薯产区。

主要以幼虫为害，成虫取食薯藤和叶柄表皮，也为害嫩芽、嫩叶和叶背主脉。幼虫在薯块内和粗蔓中取食，形成隧道，并将粪便排泄于其中，而且还能传播细菌性病害，使受害部位变成黑褐色，产生特殊的恶臭和苦辣味，使甘薯不耐贮藏，不能食用，也不能作饲料（邱文忠和蔡少强，2008）。

9.5.30.5 发生规律

甘薯小象甲在我国从南至北年发生代数递减，云南 9 代，台湾、广东 6～8 代，福建、广西 5～6 代，浙江 3～4 代。主要以成虫在薯块内及茎、叶和土缝中越冬，其他虫态也可在薯田、薯块、薯蔓内越冬。春季气温回升后，越冬虫开始活动。成虫多产卵在 1.5～2 mm 深处，少数产在茎蔓上，散产，每处 1～2 粒，每头雌虫可产卵 100～200 粒。幼虫共 4 龄，历期 15～20 d。老熟幼虫在隧道末端或表皮下化蛹，蛹期 6～10 d。甘薯小象甲发生量和为害程度与气候地形关系密切，凡干旱年份，造成薯垄开裂，有利于成虫钻到薯块上产卵，暖冬和向阳山坡有利于成虫越冬，因此为害重。轮作比连作地受害轻，迟插甘薯比早插轻；土层深、基肥足比土层浅、肥不足、生长差园地为害轻；晒丝率高的品种比晒丝率低的品种轻。因为轮作和迟播地虫口基数少，土层深、肥料足、生长好的薯块不易外露；晒丝率高的品种质地硬，小象甲不易钻入，所以受害轻（吴宝巨，2007）。

9.5.30.6 防治措施

1. 加强检疫

从虫害区调运种薯、薯苗时，要严格实行检疫，带虫薯苗必须要经有效的无害化处理后方可调运，从源头上堵住疫情传播渠道。

2. 农业防治

（1）田间管理。防垄面龟裂，适时灌水保持土壤湿度；勤培土，及时填塞垄面裂缝和覆盖薯蒂，减轻害虫侵害。

（2）清园灭虫。及时清理毁灭田间臭薯、坏藤头，特别是收获季节应剔除坏薯，清理遗留田间臭薯、坏藤头等，进行集中烧毁，减少来年虫源。

（3）实行轮作，消灭虫源。

3. 生物防治

提倡采用甘薯小象虫性诱剂诱杀雄性成虫，压低田间虫口基数（邱文忠和蔡少强，2008）。

4. 化学防治

（1）诱杀成虫。栽种前将小薯块或茎蔓在 90％敌百虫 1 000 倍液，或 20％三唑磷乳剂 500 倍液，或 50％杀螟松乳剂 500 倍液中浸 24 h 捞出，均匀放置 750 处/hm^2，上盖青草以诱杀成虫。

（2）药液浸苗。扦插前将薯苗在 20％三唑磷乳剂，或 50％硫磷乳剂，或 50％杀螟松乳剂 500 倍液中浸 1 min 后，立即取出晾干扦插，有较好的保苗效果。

（3）成虫防治。成虫发生时可选用 40％速扑杀乳油 1 500 倍液，或 40％新农宝乳油 800 倍液，或 52.5％农地乐乳油 1 000 倍液，或 2.5％敌杀死乳油 3 000 倍液，或 5.7％天王百树乳油 1 000～1 500 倍液，或 2.5％保得乳油 2 000 倍液等（吴宝巨，2007）。

9.6 双 翅 目

9.6.1 高粱瘿蚊

9.6.1.1 分类学地位

高粱瘿蚊[*Contarinia sorghicola* (Coquillett)]又名高粱瘿蝇，属双翅目(Diptera)瘿蚊科(Cecidomyiidae)，是全世界粒用高粱的一种最主要虫害。

9.6.1.2 形态特征

成虫：体细小，长约 2 mm，雌虫略大于雄虫，全体黄褐色至红色。头小，复眼黑色，连接成连拱形。下颚须 4 节，偶为 3 节。触角淡褐色，丝状，14 节。雄虫触角长于雌虫触角。雌虫触角长度仅为体长一半，第 5 节最短，粗壮，似圆柱形，3～14 节的节间略为收缩，各节散布不成轮的鬃，其端部收缩，以致形成短柄。雄虫触角长度等于体长，鞭节为双结形(具 2 个几乎相等的结节)，每节的 2 个结节各有轮生的环丝。在各环丝的下方有一大毛，另有小毛与环丝相间。端节基部膨大近球形。3～14 节的节间之前缢缩，缢缩部分的端部长度等于每节基部的粗度，而每节增粗部分有鬃一轮。颜面黄色，胸部橘红色，中胸背板中央、横贯侧板的斑点以及腹板的膨大部分均为黑色。翅灰色透明，稀生细毛，后缘毛较长，沿翅脉并生有鳞片，臀脉显然位于翅中间之前，其长达到前缘脉；肘脉 1 几乎平直，终止于翅的下方，此脉基部明显，而与臀脉相连。中脉 2 在翅中间前方分叉，其前叉终止于后叉端部与肘脉 1 端部的中间。足细长。雌虫产卵器细长，呈针形，端部具有 1 对细长瓣状物。雄虫外生殖器的背片和腹片皆作深裂 2 叶，凹缘宽而呈三角形。

卵：长 0.1 mm，极细小，浅粉红或黄色，柔软，棒槌状，基部有一短柄。老熟幼虫 1.5 mm，初孵灰白色，后渐转为粉红色，化蛹时为橘红色，体呈圆筒形。蛹为围蛹，形似亚麻籽，初时为红色，近羽化时头部及跗肢变为黑色。

幼虫：老熟幼虫 1.5 mm，初孵灰白色，后渐转为粉红色，化蛹时为橘红色，体呈圆筒形。

蛹：围蛹，形似亚麻籽，初时为红色，近羽化时头部及跗肢变为黑色(全国农业技术推广中心，1998；中华人民共和国北京动植物检疫局，1999)。

9.6.1.3 生物学特性

高粱瘿蚊主要以高粱属植物为寄主，如高粱、甜高粱、帚高粱、约翰生草、假高粱、苏丹草等。前期主要危害农作物、蔬菜及杂草等植物，至 9 月、10 月农作物陆续收割、杂草枯萎，则集中于秋菜、冬麦等绿色植物上危害，10 月中旬第 3 代成虫陆续转移到果树、树木上为害并产卵于枝条内，10 月下旬为产卵盛期，直至秋后，以卵越冬。

9.6.1.4 为害与分布

高粱瘿蚊主要分布在华东和华南地区。幼虫取食正在发育的幼胚汁液，造成瘪粒、秕粒，影响产量和质量。每一小穗中，只要有 1 条幼虫，即可造成秕粒；大发生时每小穗可有幼虫 8～10 条，每个穗头常达千条，致使全穗发红干枯。

9.6.1.5 发生规律

幼虫期 30～50 d，第 1 代成虫发生期为 5 月下旬至 7 月上旬。各代发生期大体为：第 1 代 4 月上旬至 7 月上旬，成虫 5 月下旬开始出现；第 2 代 6 月上旬至 8 月中旬，成虫 7 月开始出现；第 3 代 7 月中旬至 11 月中旬，成虫 9 月开始出现。发生不整齐，世代重叠。成虫有趋性，夏季颇强，晚秋不明显，可能是低温所致。成、若虫日夜均可活动取食，产卵于寄主植物茎秆、叶、主脉、枝条等组织内，以产卵器刺破表皮呈月牙形伤口，产卵 6～12 粒于其中，排列整齐，产卵处的植物表皮呈肾形凸起。每雌可产卵 30～70 粒，非越冬卵期 9～15 d，越冬卵期可达 5 个月或以上（徐海根和强胜，2011）。

9.6.1.6 防治措施

禁止从疫区引进种子，对引进的寄主植物的种子和未脱粒的穗头，应进行严格的检疫。取样数量大时，可以用漂浮法，漂浮出带有休眠幼虫的种子，亦可用 X 射线透视检查。对带有休眠幼虫的种子和穗头，应进行彻底灭虫处理。夏季黑光灯诱杀第 2 代成虫，减少第 3 代的发生。成、若虫集中在谷子等禾本科植物上时，及时喷撒敌百虫粉或 1605 粉剂等。

9.6.2 黑森瘿蚊

9.6.2.1 分类学地位

黑森瘿蚊[*Mayetiola destructor*（Say）]又名黑森麦秆蝇、小麦瘿蚊、黑森蝇、麦瘿蝇，属双翅目（Diptera）瘿蚊科（Cecidomyiidae），是小麦的重要害虫之一，它对冬小麦和春小麦都可造成严重危害。

9.6.2.2 形态特征

成虫：体形如小蚊。雌虫体长约 3 mm。触角黄褐色，由 17 节组成，长度超过体长的 1/3，具有直立短毛，基部两节较其他节粗 2 倍。胸部黑色，有灰色折光，背中区有 2 条稀疏的白毛。自颈侧沿胸部下方到翅基有一淡红色不规则条纹或斑纹。小盾片黑色，具有黑毛。腹部褐色，其他各节背板两侧各具有一大方形黑斑点。产卵管由 3 节组成，淡红色，末节端部为褐色。足淡红色。翅基部粉红色，被有黑色毛。雄虫体较雌虫短 1/3，约 2 mm。触角 17 节，长为体长的 2/3。下颚须 4 节，第 1 节为不规则圆锥形，第 2 节近四边形，第 3 节较细，比第 2 节长 1/3，第 4 节约为第 3 节长度的 2 倍。腹部近于黑色，末节淡粉红色，具有 1 对褐色抱器，生殖器官位于其中。生殖器结构有助于近缘种的鉴定。

卵：长圆柱形，长 0.4～0.5 mm，长径约为宽径的 6 倍。卵初产时透明，有红色斑点，后变为红褐色。卵产于叶面纵沟内，纵向排列，如果卵密集成对，状如小麦锈病的斑点。

幼虫：体长约 4 mm，由 13 节组成，第 1 节为头部，2～4 节为胸部，其后 9 节为腹部。幼虫的主要鉴别特征是位于胸部第 1 节的胸骨片的形状。

蛹:围蛹,栗褐色,外被伪茧,形似亚麻种子。雌蛹一般长 4 mm,不足 4 mm 的为雄虫。头部和胸部色深,额上有坚硬的锯齿(梁益宾,1985)。

9.6.2.3 生物学特性

第 1 代成虫在 4~5 月间出现。成虫寿命仅 5~7 d,夜间羽化,上午交尾,交配后 1 h 即可产卵,1~2 d 即可产完。飞翔力不强,但可随风吹到 3~5 km 外。喜在冬小麦或春小麦上产卵,产卵 50~500 粒,卵期 3~12 d。幼虫孵化时间多在每天下午 5 时至次日 8 时。幼虫孵化后钻入叶鞘内吸食汁液,幼虫爬行速度很慢,爬行 1 mm 需要 4.5 min,从卵孵出后爬到取食部位需要 12~15 h。幼虫经 2~4 周老熟,在叶鞘内化蛹。围蛹具有一定的抗干燥、抗碾压能力。化蛹后到成虫羽化的时间因温度而不同:4.4℃为 30 d,10℃为 15 d,15.6℃为 11 d,18.9℃为 7 d,23.9℃以上不化蛹。一年主要发生在春季和秋季两个世代。喜高温。气候不适宜时进入休眠,延期羽化。在成虫羽化时如果冬小麦不适合幼虫取食,即于春小麦和大麦上产卵。遇到干旱,产卵量显著下降,卵和幼虫大量死亡。

9.6.2.4 为害与分布

黑森瘿蚊在我国主要分布在新疆北部。幼虫为害小麦、大麦、黑麦。其他寄主有燕麦、鹅冠草、匍匐龙牙草、加拿大报碱草等。我国仅见危害小麦。在叶面浅凹处产卵。幼虫孵化后一般钻入接近地面的第一片叶鞘内,但不钻入叶鞘组织和茎秆内。幼虫锉伤麦秆吸流出的汁液。小麦早期受害后生长受阻,植株叶片变暗绿色或青绿色,显著粗短,心叶变黄或缺,抗寒能力降低。在分蘖前,幼虫钻入幼苗主茎部为害,常造成植株死亡。麦苗于拔节到抽穗前被害时,在幼虫吸食处形成白斑,茎壁变薄,茎秆弯曲,易引起倒伏,严重影响产量。秋季,受害株抗寒力下降,冬季易死亡。春季,除上述为害状外,还表现为受害株秆细易折。灌浆籽实期,麦穗麦芒扭曲,可能与旗叶扭结在一起,麦穗畸形,籽粒空瘪,对产量影响极大。主要以围蛹的形式随麦秆及其制品的调运远传;围蛹也可以夹杂在麦种中传播;观赏用的禾本科植物如鹅冠草也可能携带传播(中国农业百科全书编辑部,1990)。

9.6.2.5 发生规律

在不同地区每年可发生 1~5 代,以末龄幼虫在围蛹内越冬。翌年春,小麦生长时,幼虫在围蛹内变为蛹,经 1~2 周羽化为成虫,不取食,天暖时在田间飞翔交配产卵,雌虫可产卵 250~300 粒,成虫寿命不超过 4 d。卵期 3~12 d,幼虫孵出后即沿叶脉沟爬行到叶鞘基部为害,不再爬动,直至小麦抽穗前形成围蛹。幼虫在麦茬的围蛹内越夏,随后化蛹,7 月中旬羽化出成虫,在散落自生麦苗上完成夏季代。

9.6.2.6 防治措施

1. 加强检疫

禁止从黑森瘿蚊发生的区域调运麦类种子和茎秆,国境口岸主要根据黑森瘿蚊的形态特征、传播途径及生活习性,对来自疫区的麦种、麦秆或以禾本科植物茎秆做的包装材料进行严格检查。着重将根部的各节叶鞘剥开，检查其中是否有幼虫及围蛹。检查麦粒内是否混有围蛹，并将可疑虫体带回室内进一步检查鉴定。

2. 农业防治

(1)调节播种期。根据本地黑森瘿蚊成虫的发生期，调节小麦播种期，以避开成虫产卵，减轻危害。

(2)田间管理。收获后将麦茬及时深翻入土，消灭围蛹。夏季田间清除落粒自生小麦苗及寄主杂草，以减少虫源。春麦区在春季成虫羽化之前，将重茬翻埋土下，以减少虫源。

(3)轮作倒茬。轮作倒茬也可减轻为害。

3. 应用遗传防治和选育抗虫品种

遗传防治是利用不同小种的黑森瘿蚊进行杂交，以便产生危害性弱的小种。在小麦抗虫品种的研究中发现，黑森瘿蚊存在着不同的小种，各个小种对小麦的侵害能力不同，有些抗虫品种只能抗某些或某个小种的黑森瘿蚊。各地推广的小麦品种不同，会影响当地占优势的黑森瘿蚊小种的数量。

目前育种者培育的抗黑森瘿蚊小麦品种降低黑森瘿蚊危害的机制主要是由于具有抗性和耐性，如有些抗虫品种表现的抗性是低危害率，它使植株上幼虫的发育受到影响，形成的围蛹个体很小；而耐性的表现是，虽然植株受害，但危害很轻，产量损失不大。

4. 化学防治

包括土壤处理、种子处理、喷雾、喷粉、熏蒸即使用驱虫剂或引诱剂、茎秆涂药以杀死转移的幼虫等。土壤和种子处理是比较有效的，但成本很高，目前各国很少大面积使用。此外，在成虫羽化高峰时，可喷洒植物性杀虫剂，如除虫菊、鱼藤和尼古丁。

5. 生物防治

黑森瘿蚊的天敌最主要是小广腹细腰蜂，寄生在卵内，此外还有 *Merisus* 属的寄生蜂可寄生在蛹内。保护寄生蜂，对防治黑森瘿蚊是一种行之有效的措施。

9.6.3 刺槐叶瘿蚊

9.6.3.1 分类学地位

刺槐叶瘿蚊［*Obolodiplosis robiniae*（Haldemann）］属双翅目（Diptera）瘿蚊科（Cecidomyiidae），主要危害刺槐，近年来已传播到世界许多国家和地区。

9.6.3.2 形态特征

雌成虫：体长 3.2～3.8 mm；触角丝状，14 节；鞭节各小节长圆柱形，中部稍缢缩，各小节上生有 2 圈长刚毛，基部 1 圈刚毛明显长于近端部的 1 圈刚毛，但均比雄虫触角上的刚毛短；复眼大，几乎占据头顶大部分区域；胸部背面有 3 个纵长形大黑斑，侧面两个黑斑向后延伸至胸部后缘，中部的黑斑仅后伸至胸中部；前翅发达，翅面上覆有很密的黑色绒毛，翅上仅具 3 条纵脉，第 1 条从翅基部发出，在翅前缘 2/5 处斜伸达前缘；第 2 条基部较弱，在翅 2/5 长度处后加粗而强壮，一直伸达前翅外缘；第 1 条与第 2 条纵脉在翅基部 1/3 长度处有 1 斜脉将两条脉相连;第3条纵脉近于翅后缘着生,在翅后缘2/5处下弯,伸达翅后缘;后翅特化成平衡棒,其端部显著膨大。腹部橘红色,比雄性明显粗壮,腹末稍尖,生殖器不外露。足细长,均显著长于体。

雄成虫:与雌虫相似,但体较小,体长2.7～3.0 mm,触角26节,鞭节各节为球形和中部缢缩成倒葫芦形的小节相间排列,球形与倒葫芦形小节上均生有1圈长刚毛,刚毛中间混生有环状毛,特化成倒葫芦状的小节,基端小球形突上还生有1圈环状毛。腹部背面黑褐色,具有浅色而较密的细毛;外生殖器显著膨大而外露于腹末;肛尾叶大,近于分开;肛下板特化成两个近圆形的叶状突,将阳茎包围;生殖刺突长而显著,长于其基部的生殖突基节。

卵:长卵圆形,淡褐红色,半透明,长0.27 mm,宽0.07 mm。产于叶片背面,散产。

幼虫:体长2.8～3.6 mm,纺锤形至长椭圆形,乳白色至淡黄色;前胸腹面中央具一呈叉形的剑骨片,褐色;幼虫生有9对气门,分别着生于前胸、腹部1～8节背面两侧。

蛹:长2.6～2.8 mm,淡橘黄色,翅、足等附肢粘连,位于蛹体腹面,但与蛹体分离,下伸达蛹体长的3/4处;腹部2～8节背面每节基部生有一横排褐色刺突;头顶两侧各生有1个深褐色的长刺,直立而伸出于头顶(韩林等,2010)。

9.6.3.3 生物学特性

刺槐叶瘿蚊成虫多于傍晚或光线较弱的白天羽化,趋光性较强。雌成虫停栖时大多四翅平铺,身体贴在小叶上,而雄成虫大多四翅竖起,细长的足将身体高高抬起。

对刺槐叶瘿蚊发育历期影响最显著的是温度,春季完成1代需30～45 d;随着温度的升高,各虫态的发育历期明显缩短,夏季完成1代则需14～16 d。在相同温度下,各虫态的发育历期有明显不同,以幼虫期最长,卵期最短。刺槐叶瘿蚊较适宜的温度是25～31℃,虫体发育较快,世代历期较短。根据研究刺槐叶瘿蚊的卵、幼虫、蛹、成虫和全世代的发育起点温度分别为4.51、6.15、4.79和14.17℃,有效积温分别为62.20、281.42、124.45和55.48度·日;整个世代的发育起点温度为8.01℃,有效积温为506.93度·日(韩林等,2010)。

9.6.3.4 为害与分布

到2008年为止,辽宁锦州、鞍山、葫芦岛、朝阳和沈阳(辽中县),河北秦皇岛,吉林省吉林市,山东济南,北京均发现该虫危害。

截至2010年,观察到刺槐瘿蚊危害刺槐属的刺槐(包括四倍体刺槐、金叶刺槐及其变种红花刺槐)、香花槐,在各发生区域树木受害率近100%,一般在春季刺槐刚展叶时,叶片受害率为20%～30%,严重时可达50%～90%。由于该害虫高温潮湿条件下发育周期缩短,在夏季15 d左右即可完成1代,因此经过7、8月份雨季后受害率可达100%;进入9月则受害明显减轻,但部分嫩叶中仍有低龄幼虫危害。在雨季,如遇较强风雨天气,可将大量幼虫从卷叶中淋落地面,危害明显减轻。该虫主要危害症状是:成虫把卵散产在刺槐小叶叶片背面,幼虫孵化后聚集到叶片背面,沿叶缘以口沟吸食叶片汁液,叶片组织受刺激增生肿大,导致叶片沿侧缘向背面纵向皱卷形成虫瘿,一般每个虫瘿内有幼虫2～10头。幼虫隐蔽在卷叶内持续危害15～20 d,造成叶脱水褪色变硬干枯,阻碍和影响叶片进行光合作用,并造成刺槐提前落叶,导致树势衰弱,严重影响树木生长(韩林等,2010)。

9.6.3.5 发生规律

刺槐叶瘿蚊1年发生多代，根据其发育起点温度和有效积温计算，在我国各分布区1年可发生4～6代。在吉林市6月中旬始见幼虫危害，8～9月为幼虫危害盛期，10月上旬仍可见到叶内有少量幼虫（韩林等，2010）。

刺槐叶瘿蚊以老熟幼虫做茧在表土越冬，时有坏茧现象发生，坏茧率约7.6%。越冬幼虫在茧内化蛹。成虫羽化多在上午8～12时，羽化时常将蛹壳带出，留于茧尖端，后挣脱蛹壳羽化；有时蛹壳也会与茧壳分离。成虫出蛹壳后，爬动至合适地方停下，扇动翅膀晾干，展翅过程历时10～20 s。30 min后成虫即可飞行，但飞行能力较弱。成虫羽化当天即可交尾，交尾时间一般10 min左右，最长不超过25 min。成虫寿命一般2.5～6 d，雌、雄成虫平均寿命分别为4.5 d和3 d，雌雄比约为4∶7。成虫交尾1～2 d后产卵，卵粒多散产于叶背面，主要集中在新梢嫩叶主脉两侧，叶边缘、贴近主脉部位很少。每雌产卵40～80粒，产卵后，成虫静伏叶片上或叶芽处死去。卵圆形，卵期约4 d。幼虫孵化期4～10 d，孵化率95%以上。初孵幼虫常于叶背面蠕动，孵化3～5 d后，即由叶片背面孵化处聚集到叶缘附近取食，刺激叶片组织增生肿大，导致叶片沿侧缘向背面纵向皱卷形成虫瘿，幼虫隐藏其中取食危害，一般1个虫瘿内有幼虫3～8头。1片叶多则有32头幼虫，少则1头。老熟幼虫平均重0.002 g/头，长1.46～3.44 mm，淡黄色，受惊后表现比较活跃，爬行速度约11 cm/min。蛹为淡黄色，颜色逐渐加深，由淡橘黄色向深红褐色转变，蛹期1～2 d（穆希凤等，2010）。

9.6.3.6 防治措施

1. 检疫和疫情普查

由于我国刺槐栽培面积较广，而刺槐叶瘿蚊传入时间比较短，就全国来说其分布仍限于局部区域，积极开展刺槐叶瘿蚊传入传出检疫、防治事半功倍。另外，积极开展普查工作，摸清其在我国具体分布范围，有利于有的放矢开展防控工作，防止危害的扩大。

2. 农业防治

(1)秋末封冻前烧毁枯枝落叶。据调查，刺槐叶瘿蚊老熟幼虫随落叶散落于地上，约90%分布到枯枝落叶下面的表土，5%分布在没有枯枝落叶的表土，5%在虫瘿内。若烧毁落叶，可清除部分虫源，减少害虫基数。

(2)深翻土地。因刺槐叶瘿蚊以老熟幼虫做茧的形式在表土越冬，所以深翻土地对于消灭瘿蚊越冬茧作用明显。经试验，采集300头老熟幼虫虫茧，分3组，每组100头，分别放在培养皿内覆土0.3 cm、0.5 cm、1 cm。结果各培养皿内均无成虫羽化。可见，0.3 cm覆土即可阻止刺槐叶瘿蚊羽化。翻土厚度2 cm以上，将老熟幼虫埋入地下，随后踩实。瘿蚊成虫无法羽化出土，即可达到除治老熟幼虫的目的（穆希凤等，2010）。

3. 生物防治

目前已报告的寄生性天敌有2种：毛链金小蜂（属中国1新种）、刺槐叶瘿蚊广腹细蜂（中国新记录种），其中刺槐叶瘿蚊广腹细蜂野外观察最高寄生率达84.8%；捕食性天敌有中华草蛉。此外，各种捕食性瓢虫、蜻蜓、蜘蛛及捕食螨也对刺槐叶瘿蚊有很好的控制作用。由于一般的刺槐叶瘿蚊天敌捕食、寄生范围较广，不易对刺槐叶瘿蚊形成集中攻击，单靠一两种天敌难以控制刺槐叶瘿蚊的危害，加之大规模繁殖天敌仍存在很多困难，因此利用天敌的作用控制危害仍以保护其生存环境、促进其种群数量增加为主。

4. 化学防治

在当前状况下，药剂防治仍是刺槐叶瘿蚊防治工作主要的途径，其关键在于根据虫情的变化选择对应的药剂、使用时间和方法。从保护天敌、保护环境考虑，防治药剂首先考虑对天敌、环境安全的特异性杀虫剂；从防治时间来看，重点做好防治越冬代。对于上一年度虫情较为严重的地块，在刺槐叶瘿蚊越冬代成虫羽化出土前用40%毒死蜱乳油500倍液、50%辛硫磷乳油1 000倍液进行土壤处理；成虫羽化期和卵期用5%氟铃脲乳油1 000倍液、4.5%高效氯氰菊酯乳油1 500倍液叶面喷撒防止卵孵化。一般发生地区，根据虫情在虫瘿形成初期，用具内吸性的特异性杀虫剂20%抑食肼悬浮剂1 000倍液、20%灭蝇胺悬浮剂1 000倍液或5%吡虫啉乳油2 000倍液、1%阿维菌素乳油2 000倍液、4.5%高效氯氰菊酯乳油1 500倍液叶面喷雾(韩林等，2010)。

9.6.4 番茄斑潜蝇

9.6.4.1 分类学地位

番茄斑潜蝇[*Liriomyza bryoniae*(Kaltenbach)]，又称瓜斑潜蝇，属双翅目(Diptera)潜蝇科(Agromyzidae)，是番茄的一个重要虫害，近期在全国设施蔬菜种植基地均有发生。

9.6.4.2 形态特征

成虫：体长2～2.5 mm，前胸背板和中胸背板中部亮黑色，复眼、单眼三角区为黑色，其余头部、胸部和小盾片基本是鲜黄色，小盾片基部两侧的黄色区域向侧面扩展，与侧面相连。腹部黑黄相间，体侧面观黄色占4/5，内外顶鬃均着生在黄色区。

卵：长椭圆形，直径0.2～0.3 mm，米色，稍透明，将孵化时卵色呈浅黄色。

幼虫：体长2.8～3.3 mm，蛆状，初孵无色，后渐变黄橙色。幼虫后气门有短柄状突起，气门周围具小泡9～12个。

蛹：长2～2.5 mm，卵形，腹面稍平，浅黄至金黄色，后气门7～12孔(江扬先和严龙，2008)。

9.6.4.3 生物学特性

番茄斑潜蝇成虫于白天活动，活动高峰是上午6～8时及下午2～4时。雌成虫可借产卵管在叶片上刺伤叶组织而造成许多“刻点”，有10%～20%的刻点中含有卵。雌成虫产卵的临界温度为11℃(Minkenberg and Helderman，1990)。卵可产在叶的背面，但绝大多数是产在叶正面(Spencer，1973)。卵孵化出的幼虫即可行蛀食活动，幼虫取食相当快，产生不规则的线状蛀食道(Spencer，1973)。当叶内幼虫密度过大时，幼虫可潜入叶柄而转移到另一片叶上，有时甚至可转移到第3片叶上，但幼虫不能从外面钻进另外的叶片内(Parrella，1987；Spencer，1973)。化蛹前幼虫在叶上表面咬破一个半圆形缺口，再在隧道内停留片刻，而后出叶，绝大多数幼虫于土表层化蛹，少数在叶面甚至叶背上化蛹(Spencer，1973)。但据Saito(1988)在室内研究表明，幼虫在叶上化蛹及落土化蛹的数量各占50%，当温度高于30℃时，在叶片上化蛹的比例将达73%。

番茄斑潜蝇属于高杂食性害虫，可侵害茄科、葫芦科、豆科、十字花科等36科植物。嗜食番茄、瓜类、莴苣和豆类蔬菜等。该虫在田间分布属扩散型，在发生危害高峰期间，全田蔬菜均可被侵害。雌虫以产卵器刺伤叶片所形成的黑色小斑点处产卵，偏喜在成熟的叶片上产卵，故基部叶片上卵最多，并由下向上较有规律分布扩展，子叶上卵较少。老熟幼虫咬破叶表皮在叶外或土表下化蛹。生长发育适宜温度在25～27℃，雨水少适其发生。经试验，15℃时成虫寿命10～14 d，卵期13 d左右，幼虫期9 d左右，蛹期20 d左右；20～25℃时成虫寿命8～12 d，卵期2～4 d，幼虫期4～6 d，蛹期10～15 d(江扬先和严龙，2008)。

9.6.4.4 为害与分布

1. 为害

番茄斑潜蝇的成、幼虫均可危害，成虫以其产卵管刺破寄主植物嫩叶表皮，并产卵或吮吸其泌出汁液，形成点点斑痕，子叶被害尤为明显。卵多产在真叶，也有少数产在子叶；孵化后的幼虫潜食叶肉，形成曲折蜿蜒的食痕。当幼虫密度过大时，幼虫可潜入叶柄，但不能从外面钻进叶片内。苗期2～7叶受害多，危害时白色食痕密布，叶片几无绿色面积，严重影响光合作用，致叶片枯焦或脱落。番茄斑潜蝇除成虫刺食与产卵活动给植物造成危害外，幼虫的蛀食活动是主要的危害方式。其为害损失至少包含以下6个方面：①影响光合作用，从而影响植株正常生长；②幼苗期严重为害时，可能导致植株死亡；③减少观赏植物的欣赏价值；④使病原菌易于侵染；⑤充当传病媒介；⑥在一些作物(如番茄)生产过程中，加速叶片脱落而造成“灼伤果”，从而影响商品价值(吴佳教，1997)。

2. 分布

番茄斑潜蝇于1984年3月在我国台湾风山热带园艺试验分所首次发现为害盆栽甘蓝苗，后续几年调查发现，其发生为害几乎遍及台湾所有菜区，已成为台湾蔬菜重要害虫。1985年在我国大陆首次记录于安徽、上海(世川满广和范滋德，1985)，其后陆续在其他省、市发现该虫的为害。目前在我国台湾、安徽、上海、福建、广东、广西、贵州、海南、河北、河南、湖北、湖南、江西、四川、云南、浙江、江苏等省市均有分布。番茄斑潜蝇是我国三类检疫性害虫，是许多省(市、自治区)的检疫对象。

9.6.4.5 发生规律

番茄斑潜蝇在北纬35°以南地区可以全年发生，无越冬现象，可发生16～24代；在北纬32°以北地区冬季露地自然条件下不可越冬，全年只可发生几代。李锡山(1990)推测番茄斑潜蝇在台湾风山地区一年可发生25～26代。华南地区每年发生25～26代，世代重叠现象严重。以蛹在病残体或土壤中越冬，或冬季寄宿于保护地蔬菜上。每年有2次发生高峰期，第1次在3～6月，4月达到高峰；第2次高峰在10～12月，10月进入高峰，种群密度上半年高于下半年，7～9月雨季发生少。4月和10月均温25～27℃，降雨少适宜其发生。

番茄斑潜蝇属于春季多发型害虫。3月中旬至4月下旬是发生危害初期，保护地内的番茄、黄瓜、南瓜、菜豆、豇豆、扁豆、匾蒲、丝瓜、西瓜、甜瓜等蔬菜均可被侵害，此时株被害率在13.3%～36.7%，叶被害率在9.4%～22.2%，危害程度轻，扩展危害势头比较迟缓。5月中旬后逐渐进入发生危害高峰期，番茄、南瓜、黄瓜、甜瓜等蔬菜株被害率达51.3%～100%，叶被害率达44.3%～75.7%。6月是主要发生危害高峰期，丝瓜、匾蒲、冬瓜、西瓜、豇豆、菜豆、扁豆等蔬菜株被害率普遍在66.7%～100%，叶被害率在53.7%～91.8%，此时危害程度重，扩展危害势头快。进入7月本地是盛夏季节，气温过高，田间蔬菜种类与数量较少，因此逐渐减少发生危害。8月后在田间蔬菜上较难见到较大危害情况，并且持续至年底，对蔬菜生产基本不造成危害。

9.6.4.6 预测预报

1. 发生期按时段预测

根据当前虫口基数、气候条件、嗜食作物、播种期来预测下一时段潜叶蝇发生危害高峰期。

2. 发生期按世代预测

成虫期预测可分为始盛期(15%～20%)、盛期(45%～50%)、盛末期(80%～85%)。根据田间幼虫、蛹发育进度的结果并结合气象资料、历年虫态历期来进行。具体方法是：调查日期＋累计百分率达15%～20%、45%～50%、80%～85%的蛹级或幼虫龄期至羽化所需时间即为成虫始盛期、盛期、盛末期；也可用黄板诱集成虫来预测预报下一代幼虫卵孵高峰期(成虫高峰期＋卵历期＋产卵前期＝卵孵高峰期)。

3. 防治适期确定

通过预测成虫发生期，参考当地气象资料、嗜食作物占作物种植比例，掌握在卵孵化高峰至初龄幼虫期进行，也可根据叶被害率8%～10%之间为防治适期。预测预报一般在防治适期前7～10 d发出。

4. 发生程度预测

我们将发生危害程度分为5级(表9.6.1)。

表9.6.1 蔬菜潜叶蝇危害程度分级标准

级别	发生程度	作物平均叶被害率 (x)	发生面积占种植面积比 (y)
1	大发生	$x>40\%$	$y>50\%$
2	中等偏重	$30\%<x\leqslant40\%$	$40\%<y\leqslant50\%$
3	中等	$15\%<x\leqslant30\%$	$30\%<y\leqslant40\%$
4	中等偏轻	$5\%<x\leqslant15\%$	$20\%<y\leqslant30\%$
5	轻	$x\leqslant5\%$	$y\leqslant20\%$

在预测蔬菜潜叶蝇发生程度时还应考虑虫口基数、气候条件、食料、田间自然死亡率、寄生率等因素，综合各方面因子作出切合实际的预测。通过两年来的实践证明，应用此法预测预报蔬菜潜叶蝇发生期、发生程度的准确率可达95%以上。

9.6.4.7 防治措施

1. 农业防治

(1)清洁田园。棚室蔬菜要培育无虫苗,收获后清洁田园,把被害植株残体和杂草集中深埋、沤肥或烧毁。

(2)适时灌水和深耕。深耕 20 cm 以上能使掉在土壤表层的蛹不能羽化,以降低虫源。当虫害前期,植株为害叶片少,可采取人工摘除,集中深埋或烧毁,再用药剂防治,可起到很好的效果。

(3)合理安排茬口。种植其非寄主植物或非喜食植物,以达到拆桥断代,减轻为害的目的。

(4)低温冷冻晒垡。在冬季 1 月育苗前,将塑料棚、温室敞开暴露存低温环境中 7～10 d,自然冷冻,消灭越冬虫源。

(5)高温闷棚。在夏季高温换茬时将塑料棚、温室密闭 7～10 d 可杀死大量虫源,具体方法是在上茬作物收获完成后,先不清除遗留残株,即将塑料棚、温室全部封闭,昼夜不开缝,晴天温度可达 60～70℃。待处理完毕时再清除塑料棚、温室内残株,既省工、省力,又防止虫源扩散到露地。

2. 物理防治

覆盖防虫网:在春、秋季保护地的通风口处设置防虫网,防止露地和保护地内的虫源交换。

黄板诱杀:采用市场上采购的专用规格为 40 cm×25 cm 黏虫黄板,按照 300～450 个/hm^2 均匀悬挂于作物生长点上方 20 cm 左右处,并始终保持这一高度,注意保持黄板的黏性(王前和纵玉华,2009)。

3. 生物防治

释放灭敌姬小蜂、反颚茧蜂、潜蝇茧蜂等寄生蜂。7～9 月自然天敌可起主要控制作用,田间自然寄生率可达 60%～90%。

4. 化学防治

由于斑潜蝇主要以幼虫潜入叶片或叶柄引起危害,所以应选用渗透力强、药效持久的药剂进行防治。药剂有昆虫生长调节剂类,如 10%除虫脲悬浮剂 3 000 倍液、25%灭幼脲悬浮剂 2 500 倍液、10%除尽乳油 5 000 倍液、5%卡死克乳油 1 000 倍液;抗生素类农药,如 1%甲氨基阿维菌素苯甲酸盐、1.8%爱福丁、1.8%虫螨光乳油 2 000～3 000 倍液、20%斑潜净乳油 1 500 倍液;植物性农药,如 6%绿浪水剂 1 000 倍液等;昆虫生长调节剂 5%抑太保 2 000 倍液或 5%卡死克乳油 2 000 倍液对潜蝇科成虫具不孕作用,用药后成虫产的卵孵化率低,孵化幼虫多死亡,是一类具有发展前途的药剂。通过试验,以 1.8%齐螨素乳油、20%斑潜净微乳剂、菊酯类杀虫剂溴氰菊酯和高效氯氰菊酯等对斑潜蝇幼虫具有较高的毒性,而对有机磷杀虫剂敌敌畏等具有较强的抗药性。

9.6.5 三叶草斑潜蝇

9.6.5.1 分类学地位

三叶草斑潜蝇[*Liriomyza trifolii* (Burgess)],又名三叶斑潜蝇,属双翅目(Diptera)潜

蝇科(Agromyzidae),是世界性的蔬菜、瓜类和观赏植物最重要的害虫之一,并被许多国家列为重要的检疫性有害生物,也是我国的检疫性有害生物。

9.6.5.2 形态特征

成虫:雌虫体长 2.3 mm,雄虫 1.6 mm。头顶和额区黄色,眼眶全部黄色,额宽为眼宽的 2/3。头鬃褐色,头顶内、外鬃着生处黄色,具 2 根等长的上眶鬃及 2 根较短小的下眶鬃,眼眶毛稀疏且向后倾。触角 3 节,均黄色,第 3 节圆形,触角芒淡褐色。中胸背板黑色,无光泽,中背鬃 3+1 根,第 3、4 根稍短小,小中毛不规则排成 4 列,向后减少至 2 列。背板两后侧角靠近小盾片处黄色,小盾片黄色,具缘鬃 4 根。中胸侧板下缘黑色,腹侧片大部分黑色,仅上缘黄色。前翅翅长 1.1～1.5 mm,前缘脉加粗达中脉 M1+2 脉的末端,亚前缘脉末端呈一皱褶,并终止于前缘脉折断处,中室小,M3+4 脉后段为中室长度的 3～4 倍。平衡棒黄色。各足基节和股节黄色,胫节及跗节黑褐色。腹部可见 7 节,各节背板黑褐色,第 2 节背前缘及中央常呈黄色,3～4 背板中央亦常为黄色,形成背板中央不连续的黄色中带纹。腹节腹板黄色,各节中央略呈褐色。雌虫产卵鞘锥形,黑色;雄虫第 7 腹节短钝,黑色;外生殖器端阳体中央明显收窄。

卵:呈椭圆形、微小,长 0.2～0.3 mm、宽 0.1～0.15 mm。开始透明,后变成乳白色。

幼虫:成熟幼虫最长约 3 mm,橙黄色,蛆状。

蛹:初蛹呈橘黄色,后期蛹色变深。后气门突出,与幼虫相似(祁生源,2006)。

9.6.5.3 生物学特性

三叶草斑潜蝇的寄主范围包括 25 个科的植物,尤喜食菊科植物。重要寄主作物有白菜、甜菜、辣椒、芹菜、大白菜、黄瓜、棉花、大蒜、韭葱、番茄、豇豆、西瓜等蔬菜瓜果和菊花、紫菀属、鬼针草属、大丽花属、石竹属等花卉植物及多种杂草。这些寄主植物在中国分布十分广泛。

产卵量随温度和寄主植物而不同。三叶草斑潜蝇雌成虫 15℃条件下在芹菜上每次产卵 25 粒,30℃左右每次产卵 400 粒。一头雌虫在豌豆上可产卵 493 粒,在菊花上则可产卵 639 粒。

高湿和干燥不利于三叶草斑潜蝇的化蛹。三叶草斑潜蝇有一定的耐低温能力。低温下,成虫羽化推迟。在实验室,三叶草斑潜蝇在 4.5℃下冷藏 8 周仍能存活。

在南佛罗里达,三叶草斑潜蝇发生 2～3 个完整的世代,同时伴随着大量不完整的、重叠世代。三叶草斑潜蝇的成虫存活 15～30 d,雌虫平均比雄虫寿命长。

9.6.5.4 为害与分布

三叶草斑潜蝇在我国主要分布在台湾、广东和海南。幼虫为害叶片,取食正面叶肉,虫道不沿叶脉呈不规则线状伸展,虫道端部不明显变宽,虫道终端有一半圆形切口作为老熟幼虫化蛹脱出口。破坏叶内的叶绿体细胞、降低植物的光合作用,危害严重时导致落叶,在植株幼苗期,幼虫危害可使植株发育推迟,影响作物产量,严重时可使植株枯死,影响花卉等观赏植株的经济价值。对花卉和蔬菜等经济作物构成较大威胁。成虫在叶片正面取食和产卵时，要刺伤叶片细胞，形成针尖大小的近圆形刺伤“孔”，“孔”初期呈浅绿色，后变白，肉眼可见（祁生源，2006）。

9.6.5.5 发生规律

三叶草斑潜蝇1年发生多代，繁殖速率随地区、温度和寄主的不同而变化。在低纬度和温度高的地区或温室，全年都能繁殖，完成一代需要大约3周（祁生源，2006）。在芹菜上，三叶草斑潜蝇35℃条件下12 d完成一代，20℃条件下为26 d，15℃条件下54 d。在菊花上，20℃条件下仅20 d就完成1代。该虫世代重叠明显，种群发生高峰期与衰退期极为突出。

成虫交尾后产卵，一般产于叶表皮的下面，卵在2～5 d内孵化，气温不同有所差别。初孵幼虫几乎是透明状的，到2龄和3龄变为鲜黄色或浅橙黄色。幼虫发育期也随温度和寄主植物不同而异，但平均气温高于24℃时，一般幼虫发育期为4～7 d。气温高于30℃时，未成熟幼虫的死亡率迅速上升。

老熟幼虫化蛹前常常爬出潜叶隧道或咬一小孔爬出，从叶面落入土中化蛹，也有在叶片内部化蛹的现象。高湿和干燥环境不利于三叶草斑潜蝇的化蛹。在20～30℃时幼虫化蛹后7～14 d羽化，低温下，羽化推迟。

成虫羽化时间集中在8～14时，雄虫通常较雌虫先出现。羽化24 h后即可交配产卵，一次交配可满足一头雌虫所有卵受精。成虫飞翔能力较强，大约可飞行100 m，寿命15～30 d，雌虫的寿命比雄虫稍长。

9.6.5.6 防治措施

1. 加强检疫

防止三叶草斑潜蝇传播蔓延，必须实施严格的植物检疫。对疫区进入的可携带三叶草斑潜蝇的材料进行必要的处理。一般的处理方法有冷冻、冷冻＋熏蒸、熏蒸、γ射线辐射等。检疫过程中主要是查看叶片上有无潜叶道，如果发现有潜叶道，进一步从叶片内外采集幼虫或蛹进行准确的鉴定。同时，要求出口地区在出口的前几个月进行田间检验，作为进口检验的补充，或在出口之前进行农药处理。

2. 农业防治

(1)生长期发现有虫叶及时摘除，勤中耕，增加灌水次数，消灭虫蛹，移苗时摘除有虫叶；及时清洁田园，把受害作物的残体集中清出田间，深埋、沤肥或烧毁，危害严重地块要进行调茬。

(2)合理密植，增加田间的通透性，减少虫害发生。

3. 物理防治

采用灭蝇纸诱杀成虫。在成虫发生始期用灭蝇纸诱杀，每亩设15个诱杀点，4 d更换1次；利用潜叶蝇强烈的趋黄性，进行黄板诱杀（黄板上可涂上机油＋黄油或糖醋）；还可利用成虫吸食花蜜的习性，用30％糖水加0.05％敌百虫诱杀成虫（郝军虹和应芳卿，2009）。

4. 生物防治

斑潜蝇属的寄生蜂种类非常多，大约有40种以上。*Ganaspidium utrlis*（Beardsley）是三叶草斑潜蝇的幼虫和蛹的寄生蜂，是一个非常有前途的生物防治应用种类。荷兰花了

5年时间开发利用寄生蜂 *Dacnusa sibirica*(Telenga),并建立起自己的种群防治三叶草斑潜蝇。美国也正在积极地使用生物农药来防治斑潜蝇,如苏云金杆菌和农用抗生素阿佛米丁。

5. 药剂防治

选择残效期短、易水解和光解的药剂,抓住产卵盛期至孵化初期的关键时刻进行防治,降低危害程度。以生物农药为主,合理使用化学农药。

生物农药防治:可根据潜叶蝇的发生情况提前使用0.3%印楝素乳油1 000倍液进行防治。还可以喷洒昆虫生长调节剂,如5%抑太保乳油2 000倍液、5%卡斯克乳油2 000倍液、25%灭幼脲3号悬浮剂1 500倍液,造成成虫不育,降低产卵率和孵化率,影响幼虫蜕皮等。

化学农药防治:20%阿维·杀单(斑潜净)微乳油1 500倍液、1.8%阿维菌素乳油3 000倍液、48%乐斯本乳油1 000倍液、5%氯虫苯甲酰胺(普尊)1 000倍液、10%灭蝇胺悬浮剂800倍液、20%灭蝇·杀单可溶性粉剂1 000～1 500倍液、73%潜克(灭蝇胺)可湿性粉剂2 500～3 000倍液、1%甲氨基阿维菌素乳油4 000倍液、52.2%农地乐乳油1 000倍液、灭杀毙8 000倍液、2.5%溴氰菊酯(菊酯类农药)3 000倍液等喷洒防治。发生高峰期5～7 d喷洒1次,连续防治2～3次;预防时一般隔7～10 d喷1次,连续防治2～3次。如统一集中连片防治效果更好。不同种类的药剂轮换使用,防止产生抗药性(郝军虹和应芳卿,2009)。

9.6.6 其他斑潜蝇类

9.6.6.1 分类学地位

斑潜蝇类属于双翅目(Diptera)环裂亚目(Cyelorrhapha)潜蝇科(Agtomyzidae)。主要入侵物种为美洲斑潜蝇(*Liriomyza sativae* Blanchard)和南美斑潜蝇[*Liriomyza huidobrensis*(Blanchard)]。

9.6.6.2 形态特征

1. 美洲斑潜蝇

成虫:体长1.3～2.3 mm,翅长1.3,翅基部中间有一较为显著的黄色亮斑,体淡灰黑色,胸脊板亮黑色。

幼虫:体长2～3 mm,无头蛆状,初孵幼虫黄色、半透明,后期变为橙黄色,共3龄。

蛹:椭圆形,腹面稍扁平,大小0.85～1.72 mm,橙黄色(张皓明和任惠玲,2009)。

2. 南美斑潜蝇

成虫:体色较暗,额明显突出于眼,中胸背板黑色稍亮,后角具黄斑,足基节黄色具黑纹,腿节基本黄色但具黑色条纹直到几乎黑色。翅长1.7～2.25 mm,腹部的腹面具黑色条纹。

卵:乳白色,椭圆形,长约0.29 mm,宽约0.13 mm,卵快孵化时,头的一端可见到红色复眼。

幼虫:幼虫共3龄,体蛆形,虫体两侧紧缩。初孵无色,稍透明,到末龄幼虫,虫体呈浅黄色。

蛹：椭圆形，腹面稍扁平，深褐色(林智慧等，2000)。

9.6.6.3 生物学特性

1. 美洲斑潜蝇

在甘肃日光温室蔬菜上对美洲斑潜蝇的网罩观察表明，美洲斑潜蝇完成一个世代需18～25 d。在温度为20～22℃、相对湿度为70%～80%时初孵幼虫到化蛹历期2～3 d；温度升高历期缩短，当温度上升到26℃、相对湿度为68%时历期提早0.5～1 d。温度为22～23℃、湿度为77%时蛹期6～8 d。羽化的成虫从取食产卵到死亡历期8～10 d，在不取食的条件下仅能存活1～2 d，成虫主要以植物花蜜为食。雌成虫用伪产卵器刺破寄主植物叶片的表皮或在部分伤孔中产卵，卵期一般为2～3 d。在不同的食源和温度条件下虫态历期有所变化。

在沿海地区，美洲斑潜蝇全代历期12～18 d，其中卵历期2～3 d，幼虫历期3～5 d，蛹历期6～9 d，产卵前期1～2 d。

2. 南美斑潜蝇

在温室条件下，南美斑潜蝇可发生7～8代，在自然种群中存在着世代重叠现象。南美斑潜蝇各虫态的历期随着温度的变化而变化。在平均气温20～24℃条件下，黄瓜叶片上寄生的南美斑潜蝇从卵到成虫出现历期23 d，其中卵、幼虫、蛹分别为3 d、9 d、11 d；日平均气温18～20℃条件下，从卵到成虫出现历期为28 d，其中卵4 d、幼虫11 d、蛹13 d(林智慧等，2000)。

9.6.6.4 为害与分布

1. 为害特征

美洲斑潜蝇寄主植物达110余种，其中以葫芦科、茄科和豆科植物受害最重。它对叶片的危害率可达10%～80%，常造成瓜菜减产、品质下降，严重时甚至绝收。南美斑潜蝇主要危害蚕豆、马铃薯、小麦、大麦、豌豆、油菜、芹菜、菠菜、生菜、黄瓜、菊花、鸡冠花、香石竹等花卉和药用植物及烟草等19科84种植物。

美洲斑潜蝇和南美斑潜蝇都以幼虫和成虫危害叶片，美洲斑潜蝇以幼虫取食叶片正面叶肉，形成先细后宽的蛇形弯曲或蛇形盘绕虫道，其内有交替排列整齐的黑色虫粪，老虫道后期呈棕色的干斑块区，一般1虫1道，1头老熟幼虫1 d可潜食3 cm左右。南美斑潜蝇的幼虫主要取食背面叶肉，多从主脉基部开始危害，形成弯曲较宽(1.5～2 mm)的虫道，虫道沿叶脉伸展，但不受叶脉限制，可若干虫道连成一片形成取食斑，后期变枯黄。两种斑潜蝇成虫危害基本相似，在叶片正面取食和产卵，刺伤叶片细胞，形成针尖大小的近圆形刺伤"孔"，造成危害。"孔"初期呈浅绿色，后变白，肉眼可见。幼虫和成虫的危害可导致幼苗全株死亡，造成缺苗断垄；成株受害，可加速叶片脱落，引起果实日灼，造成减产。幼虫和成虫通过取食还可传播病害，特别是传播一些病毒病，降低花卉观赏价值和叶菜类食用价值(麻琳等，2008)。

2. 分布

(1)美洲斑潜蝇　美洲斑潜蝇原产南美洲，主要分布在巴西，已经扩散至北美洲、中美洲和加勒比地区、南美洲、大洋洲、非洲、亚洲的许多国家和地区。近20多年来，美洲斑潜蝇已在美国、巴西、加拿大、巴拿马、墨西哥、智利、古巴等30多个国家和地区严重发生，造成巨大的经济损失，并有继续扩大蔓延的趋势，许多国家已将其列为最危险的检疫害虫。我国于1993年12月在海南省三亚市首次发现，1994年列为国内检疫对象，现已分布20多个省、自治区、直辖市。

(2)南美斑潜蝇　南美斑潜蝇又称拉美斑潜蝇，原产于南美洲。20世纪70年代主要在阿根廷、巴西、秘鲁、哥伦比亚、哥斯达黎加和美国等地发生。20世纪80年代末90年代初传入欧洲的荷兰、德国、英国、意大利、比利时和大洋洲的澳大利亚等。20世纪90年代已扩散到亚洲国家如以色列(Weintraub et al,1995)和中国。近几年非洲的土豆上亦有南美斑潜蝇发生的报道。南美斑潜蝇成为严重危害花卉和蔬菜生产的世界性害虫。我国已将其列为主要的检疫性害虫。该侵入种近几年在我国的发生趋势引起了人们的普遍关注。

自1993年在云南首次发现南美斑潜蝇以来(蒋小龙等,1997)，数年时间该害虫便蔓延到我国南北方许多地区，给农业生产造成了不同程度的危害，云南、贵州、四川、青海、山东、河北、北京等省市已有为害蚕豆、豌豆、小麦、大麦、芹菜、烟草、花卉等的报道，是危险性特大的检疫对象。

9.6.6.5　发生规律

1. 美洲斑潜蝇

美洲斑潜蝇在北纬35°以北自然环境中不能安全越冬。在甘肃庆阳地区，一年可发生6～8代，各世代重叠现象十分明显。在苏北沿海地区，于7月下旬至8月上旬田间陆续可见该幼虫危害。危害最早的寄主为丝瓜、棉花等作物。8月中旬以后，冬瓜、晚豇豆、秋刀豆危害较重。9月份以后大白菜陆续移栽后转移至大白菜危害。在广东地区一年可发生14～17代。世代随温度变化而变化：15℃时约54 d,20℃时约16 d,30℃时约12 d。

2. 南美斑潜蝇

南美斑潜蝇种群在各地发生和危害程度差异较大，并具有一定的规律性。南美斑潜蝇在温和或冷凉地区种群数量明显增多，发生普遍。如云南年均温14.7℃，最高温27.4℃，最低温－1.5℃，这种气候十分有利于南美斑潜蝇的繁殖和发育。调查发现，云南从海拔550～3 200 m高山上均有南美斑潜蝇的发生，蔬菜有虫株率100%，部分田块甚至绝收。同样，四川、贵州省的大部分地区也是南美斑潜蝇的重灾区，这与美洲斑潜蝇趋向高温地区发生的习性不同。虽然这两种斑潜蝇同为20世纪90年代初从南美洲传入我国的外来种，但两者在各地的种群优势关系上产生分化。如夏季南美斑潜蝇在武汉、山东、北京一带发生较少，美洲斑潜蝇则是相对优势种群。近些年来南美斑潜蝇向北迅速扩散，积年发生，有在某些寄主上逐步取代美洲斑潜蝇的趋势(陈兵等,2002)。

田间观察表明，南美斑潜蝇在春秋两季即气候趋凉时种群数量较大。在夏季高温季节，黄瓜、豆类作物上以美洲斑潜蝇为主，南美斑潜蝇较少发生，而8～11月份则以南美斑潜蝇为优势种群，此时在芹菜、芸豆、蚕豆、黄瓜、生菜上会有大量发生。在北京、潍坊、呼和浩特和赤峰等地，冬季至早春低温时南美斑潜蝇不能在露地安全越冬，但在保护地可继续发生危害。在中部地区如西安，8、9月份则常出现两种斑潜蝇混合发生的现象(陈兵等,2002)。

9.6.6.6 预测预报

成虫高峰期可根据田间黄板诱集的虫量确定。田间黄板上成虫数量不断增加或突然上升很快时，意味着成虫高峰期即将来临，当黄板诱虫量接近或达到最大值时，则认为成虫已进入高峰期。也可通过化蛹进度，加上蛹历期或利用蛹的发育起点温度和有效积温直接预测成虫发生期；可通过产卵前期(20℃以上平均 1.5～2 d)和卵期直接预测幼虫发生期。

9.6.6.7 防治措施

1. 加强检疫

美洲斑潜蝇成虫飞行能力弱，不能远距离迁飞，传播方式主要以虫体附着在寄生作物上随携带物的运输而远距离传播，因此要做好种苗、种子调运的检疫，严禁从疫区引进蔬菜和花卉。

2. 农业防治

在美洲斑潜蝇为害重的地区要考虑蔬菜布局，把斑潜蝇嗜好的瓜类、茄果类、豆类与其不为害的作物进行轮作；及时清洁田地，在生产中，每隔 1 周清除杂草，摘除病叶，增加田间通透性。把美洲斑潜蝇为害的作物残体进行深埋和烧毁；瓜菜品种合理布局，避免瓜、豆、叶菜类蔬菜高度“插花”种植。对于块根植物(如花毛茛等)，当块根收获后要洗净土，消毒杀菌灭蛹，晾晒干后贮藏。如露地栽培，对土壤进行深耕后再灌水浸泡 24 h，淹死土壤中老熟幼虫及蛹，如盆栽，将盆土集中后盖塑料薄膜并暴晒，使土壤达到 50℃以上，杀死土壤中的老熟幼虫及蛹；利用成虫的趋黄性诱杀成虫，在成虫始盛期至盛末期每温室悬挂黄色诱板 7～10 个，隔 3～4 d 更换 1 次。

3. 化学防治

化学防治关键在于掌握好用药时间，选择成虫高峰期、卵孵化盛期或初龄幼虫高峰期用药。防治成虫一般在早晨晨露未干前，每隔 15 d 喷 1 次，连喷 2～3 次，效果显著，可选用的农药及配比如下：75%灭蝇胺可湿性粉剂 500 倍液，5%氯氰菊酯 1 000 倍液，40%氧乐敌 1 000 倍液，25%的斑潜蝇净 1 500 倍液，1.8%爱福丁乳油 3 000 倍液，5%的来福灵乳油 3 000 倍液，18%杀虫双水剂 500 倍液。田间采用“六统一”措施，即统一指挥，统一时间，统一药剂，统一配药，统一施药，统一检查。施药采用从规划防治地区四周统一向中心包围式的施药方法(麻琳等，2008)。

9.6.7 番石榴实蝇

9.6.7.1 分类学地位

番石榴实蝇[*Bactrocera correcta* (Bezzi)]属双翅目(Diptera)实蝇科(Tephritidae)，曾用名为突胫果实蝇。

9.6.7.2 形态特征

成虫：体长 5.5～7.5 mm，体鲜艳，大部分黑色，具黄色条纹。头部颜面斑一对，黑褐色，沿额沟向内伸展，在中部几乎相接或以暗褐色条带相连，形成一黑褐色横带。中胸背板黑色；盾片黄色，基部具黑色横带。翅前缘带在 R_3 室处中断，在 R_3 室的下端和 R_3 室的上端形成一个狭窄褐斑，肘室黄色，无明显肘条。腹部黄褐色，在第 3 节背板基部具一黑色横带，一狭窄的黑色中纵条从第 3 节背板基部伸直第 5 节的末端；背板第 1 节褐色到黑色，尤其是两侧；第 2 节背板沿后缘具一狭窄的中断的褐色或黑色条带。两性个体的腹板黄色，雄虫第 5 腹板新月形，极少宽大于长，后缘具深凹。产卵器甚短，伸展后长约 3 mm，产卵管渐尖。

卵：梭形，乳白色。

幼虫：蛆形，黄白色。

蛹：黄褐色至深褐色，椭圆形(刘晓飞等，2005)。

9.6.7.3 生物学特性

番石榴实蝇成虫常在寄主叶片下聚集，产卵于果实内。幼虫蛀食果肉，同时引发真菌、霉菌侵染，使果实大面积腐烂、脱落。幼虫发育成熟后离开受害果进入土壤表层化蛹。成虫羽化后飞到寄主瓜果上取食外层果肉以补充营养。相对湿度 30%～70%时，胚前期、胚胎发育期、胚后期分别为 14.1 d、13.1 d 和 27.2 d。

成年雄虫对甲基丁香酚有很强的趋向性。对橙色和黄色也有一定趋向性。试验表明，采用橙黄色诱捕器比采用绿、红、白和黑色诱捕器可以捕到更多的番石榴实蝇。

在印度、斯里兰卡等地进行的调查发现，番石榴实蝇种群高峰期往往与寄主果实的成熟期一致，同时也受到气温、降雨等环境因子的影响。

9.6.7.4 为害与分布

番石榴实蝇国外主要分布于泰国、尼泊尔、印度、斯里兰卡，国内分布于云南元江县和台湾省。寄主植物包括梨、热带扁桃、番石榴、芒果、桃、蒲桃、人心果等。雌虫通常产卵于果实的果皮下，卵孵化后幼虫在果肉蛀食为害，同时引发真菌、霉菌侵染，使果实大面积腐烂、脱落，发生严重时造成商品价值丧失。在印度泰米尔纳德地区，由番石榴实蝇所造成的果实受害率高达 60%～70%，其危害程度远远超过其他实蝇类害虫的危害。

9.6.7.5 发生规律

以雌虫产卵于果实的果皮下，幼虫孵化在果肉内取食果肉为害。被害果的产卵孔，随着时间的推移，由针头大小逐渐扩大到黄豆粒大小，果肉被蛀食腐烂，果面稍陷，并呈水渍状，但果皮仍保留。幼虫自 2 龄开始，便在果内蛀食作隧道，据观察，每个被害果中，可蛀有 1～4 条隧道。剖开隧道检查，可发现每条隧道内含幼虫 4～10 头不等，群集其中取食，隧道形状呈由内向外扩张的喇叭状，在果皮的隧道口不湿漉，但明显内凹。在幼虫严重为害的情况下，通常全果腐烂。在芒果上的产卵孔，随着幼虫为害加剧，褐色的产卵孔逐渐扩大，呈不规则状至圆形，孔的周围呈水渍状。幼虫在橙内为害，在果肉完全腐烂的情况下，果皮仍然保留，但透过果皮，可见内部呈水滞状腐烂，最终造成干腐。

幼虫老熟后，脱果弹跳直至合适的场所入土化蛹，入土深度一般为 1～3 cm。也有些幼虫在被害果隧道口或任何裸露的固体表面化蛹羽化；成虫羽化高峰在下午 2 时前后，喜欢趋向光亮处,羽化后 12 d 在黄昏交配,一生只交配 1 次,成虫寿命 50～110 d。在温度 25～34℃和相对湿度 30%～70%的条件下,发生 1 个世代约需 1 个月。

9.6.7.6 防治措施

1. 加强检疫

目前番石榴实蝇的分布范围较窄,加强检疫是有效防止其向疫区外扩散的重要手段,检疫的重点包括感染该虫的水果、蔬菜等。

2. 农业防治

在番石榴实蝇发生区,收集和集中销毁受害瓜果以杀灭在瓜果内越冬的幼虫,深翻浇灌土壤等措施以杀灭在土壤中越冬的老熟幼虫和蛹。

3. 生物防治

保护和利用天敌,充分发挥天敌对害虫的控制作用。番石榴实蝇的天敌种类非常有限,曾用于桔小实蝇防治的寄生蜂 *Dirhinus* sp. 也可寄生于番石榴实蝇,屁步甲属的 *Pheropsophussobrinus* 可在地面捕食幼虫和蛹。

4. 化学防治

在落叶较多的果园,用辛硫磷、敌敌畏等地面喷洒,杀死入土化蛹的幼虫或刚从土中羽化的成虫;在挂果的果园选用高效低毒的农药,如阿维菌素、敌百虫等喷树冠,果实采收前 20 d停止使用(梁广勤,2009)。

9.6.8 瓜实蝇

9.6.8.1 分类地位

瓜实蝇[*Bactrocera*(*Zeugodacus*)*cucurbitae*(Coquillett)]属双翅目(Diptera)实蝇科(Tephritidae),又名黄瓜实蝇、瓜蛆。

9.6.8.2 形态特征

成虫:体形似蜂,黄褐色至红褐色,长 7～9 mm、宽 3～4 mm,翅长 7 mm,雌虫比雄虫略小,初羽化的成虫体色较淡,大小不及产卵成虫的 50%。前胸背面两侧各有一黄色斑点,中胸两侧各有一较粗黄色竖条斑,背面有并列的 3 条黄色纵纹;翅膜质,透明,有光泽,亚前缘脉和臀区各有一长条斑,翅尖有一圆形斑,径中横脉和中肘横脉有前窄后宽的斑块。

卵:细长,乳白色,长 0.8～1.3 mm,两端尖,略弯曲圆筒形,小的一端中间显著变细。

幼虫:蛆状,初为乳白色,长 1.1 mm;老熟幼虫米黄色,长 10.12 mm,前小后大,尾端最大,呈截形。口沟黑褐色,有时透过表皮可见其呈窄“V”形。尾端截形面上有 2 个突出颗粒,呈黑褐色或淡褐色。

蛹:初期为米黄色。后呈黄褐色,长约 5 mm,圆筒形。老熟幼虫入土化蛹深度在 2～8 cm,其中以 4～6 cm 居多(张全胜,2002)。

9.6.8.3 生物学特性

瓜实蝇在苦瓜、黄瓜和丝瓜上的卵期分别是 0.86 d、0.84 d 和 0.88 d。卵的孵化率在 26℃时最高为 80.53%，34℃时最低为 7.58%。据蒋小龙(2003)等在昆明的观察，在 22℃和 25℃恒温条件下，卵的历期为 1～2 d。

在不同温度下，幼虫发育历期有所差异。30℃历期最短为 4.0～6.0 d，14℃为 9.0～16.0 d，26℃时化蛹率最高，14℃时的化蛹率最低，幼虫发育的最适温度为 22～30℃。

蛹的发育历期与温度、土壤湿度和寄主植物等因素有密切的关系，一般为 7～13 d。羽化的最佳温度为 26℃，羽化率可达 90%以上。

成虫傍晚飞到果园旁边的边界植物上栖息，白天雌虫飞入瓜田在寄主果实上产卵 119 粒。瓜实蝇雌、雄成虫能分别存活 27.5～133.5 d 和 65～249 d。雌虫一生平均产卵量 764～943 粒，平均每天产卵 9～13 粒，产卵期长达 48～68 d(袁盛勇等，2005)。

9.6.8.4 为害与分布

瓜实蝇食性杂，可为害 120 多种蔬菜和水果，主要是葫芦科和茄科植物，如甜瓜、南瓜、黄瓜、苦瓜、西瓜、茄子和番茄等。瓜实蝇雌成虫以产卵器刺入幼瓜表皮内产卵，幼虫孵化后即钻入瓜内取食为害，严重影响瓜果的品质和产量。

该虫起源于印度。目前广泛分布于温带、亚热带和热带的 30 多个国家和地区；在我国主要分布于福建、海南、广东、广西、贵州、云南、四川、湖南、台湾等地。

9.6.8.5 发生规律

瓜实蝇一年发生 5～8 代，在广州一年发生 8 代，世代重叠，以成虫在杂草、蕉树越冬。次年 4 月开始活动，以 5～6 月为害重。成虫白天活动，夏天中午高温烈日时，静伏于瓜棚或叶背，对糖、酒、醋及芳香物质有趋性。由于成虫的产卵期长，造成世代重叠严重。雌虫产卵于嫩瓜内，幼虫孵化后即在瓜内取食，将瓜蛀食成蜂窝状，以致腐烂、脱落。老熟幼虫在瓜落前或瓜落后弹跳落地，寻找合适的场所，钻入表土层化蛹。若 8～9 月遇到高温干燥的环境，则会有 25%～35%的幼虫在被害瓜中越冬，9 月后又多在土中化蛹。

9.6.8.6 监测技术

对瓜实蝇的监测，就是及早了解瓜实蝇的发生动向，以便及时采取针对性的措施。目前，对实蝇的监测措施，主要采取对寄主作物的定期调查和利用瓜实蝇引诱监测。

1. 寄主果实调查

根据瓜实蝇为害的特点及其生活习性，定期采集寄主果实，通过切果检查和培养观察，了解瓜实蝇发生的种类和发生量。在野外调查时，采集到的寄主果实，用布袋装好，附上标有寄主名称、采集时间和地点，以及采集人的标签，携带回室内解剖观察，切忌用不透气的塑料袋，避免因缺氧而造成幼虫死亡。如若在野外解剖寄主果实查获实蝇幼虫时，可投入装有含 1%甘油的 70%酒精的少量组织的指形管或小型容器内保持成活带回室内，在室内观察。同时标记寄主、时间、地点和采集者等内容。

2. 利用诱捕器监测调查

目前，在国内外多采用 3 种雄性引诱剂进行诱杀。这 3 种性诱剂包括桔小实蝇引诱剂、瓜实蝇引诱剂和地中海实蝇引诱剂。诱捕器内捕获的实蝇，通常 10～14 d 观察 1 次，但雨季应缩短观察的间隔时间。根据诱捕器捕获的实蝇标本及数量，提供最新疫情，以便及时采取有效的防除措施。

9.6.8.7 防治措施

对瓜实蝇的防治，应根据其发生为害特点采取农业防治、物理防治、生物防治和化学防治相结合的综合防治措施，以减少成虫产卵、保护瓜果免受其害。

1. 加强检疫

目前瓜实蝇的分布范围较窄，加强检疫是有效防止其向疫区外扩散的重要手段。

2. 农业防治

田间及时摘除及收集落地烂瓜集中处理，有助减少虫源，减轻危害。在严重为害的地区或名贵瓜果品种，可采用套袋护瓜办法(瓜果刚谢花、花瓣萎缩时进行)以防成虫产卵为害。

3. 化学防治

利用成虫具趋化性，喜食甜质花蜜的习性，用香蕉皮或菠萝皮、南瓜或甘薯等物与 90% 敌百虫晶体、香精油按 40：0.5：1 比例调成糊状毒饵，直接涂于瓜棚竹篱上或盛挂容器内诱杀成虫。除利用成虫趋化性用毒饵诱杀外，还可用雌性性引诱剂来诱杀成虫，配合一定的农药毒杀之，其诱杀效果比单纯化学农药制成毒饵诱杀效果更好。另外，各种瓜类在结幼瓜时，特别是规模种植，宜安装频振式杀虫灯进行灯光诱杀，零星菜园可用敌敌畏糖醋液诱杀成虫，能有效减少虫源，效果良好(江昌木，2005)。

9.6.9 柑橘实蝇类

9.6.9.1 分类学地位

1. 柑橘大实蝇

柑橘大实蝇[*Bactrocera* (*Tetradacus*) *minax* (Enderlein)]属双翅目(Diptera)实蝇科(Tephritidae)，俗称“柑蛆”，又名橘大食蝇、柑橘大果蝇。

2. 柑橘小实蝇

柑橘小实蝇[*Bactrocera dorasalis* (Hendel)]隶属双翅目(Diptera)实蝇科(Tephritidae)。

9.6.9.2 形态特征

1. 柑橘大实蝇

成虫：体长 10～13 mm，翅展约 21 mm，全体呈淡黄褐色。雌虫产卵管圆锥形，长约 6.5 mm。

卵：长 1.2～1.5 mm，长椭圆形，一端稍尖，微弯曲，中部乳白色，两端较透明。

幼虫：老熟幼虫体长 15～19 mm，乳白色圆锥形，前端尖细，后端粗壮。口沟黑色，常缩入前胸内，幼虫时期的前气门乳状突起仍清晰可见。

蛹：体长约 9 mm，宽 4 mm，椭圆形，金黄色，鲜明，羽化前转变为黄褐色。

2. 柑橘小实蝇

成虫：体长 7～8 mm，虫体深黑色和黄色相间；胸部背面大部分黑色，前胸肩胛鲜黄色。中胸背板黑色且较宽，两侧具黄色纵带，小盾片黄色，与上述的两黄色纵带连成“U”字形，腹部黄色至赤黄色（见彩图 9.6.1）。

卵：乳白色，菱形，长约 1 mm，宽约 0.1 mm，精孔一端稍尖，尾端软钝圆。

幼虫：长约 10 mm，黄白色。

蛹：长约 5 mm，淡黄色。

9.6.9.3 生物学特性

1. 柑橘大实蝇

柑橘大实蝇成虫多在白天活动，尤以 13～16 时最盛，天黑停止活动。成虫在21～30℃时活动多，晴天较阴天活动多，雨天很少活动，若遇高温，常寻荫蔽处栖息。成虫能进行短距离疾飞，一次迁飞距离 400 m 左右，是自然传播蔓延途径之一。成虫羽化后 20 d 左右开始交尾，交尾 15 d 后开始产卵，成虫可多次交尾，因此，交尾与产卵可同时出现。产卵时间多在 13～14 时，特别是在晴天无云有微风的天气最多。

成虫羽化时间是每天 8～17 时，特别是 9～13 时羽化最多。羽化适宜温度为 21℃左右，相对湿度 70%～80%，>24℃时羽化数量下降，土壤干燥对羽化不利，因此，雨后天晴羽化最多。初羽化出土的成虫常群集在果园附近的竹林或青杠林内取食蚜虫等分泌的蜜露补充营养（田冬菊等，2009）。

成虫产卵于果皮下接近果瓤处，或伸入果瓤中。被害果大都只有 1 个产卵孔，少有 2～4 个产卵孔，1 个产卵孔里一般有 10～14 粒卵，最多达 44 粒。卵孵化后成群取食囊瓣，食尽 1 瓣后再吃第 2 瓣，吃到 3～5 瓣时即可老熟，并随果实落地，钻出果外，入土化蛹。被害果的落地盛期是 10 月中下旬，果里有大实蝇 12 头左右，多达 42 头。成虫产卵对寄主有一定的选择性，在甜橙数多的地方，甜橙受害重，而橘类、柚等则受害相应轻些，在没有甜橙的地方以橘类受害重。

蛹完全在土表 3～5 cm 内度过，有 180～210 d 的时间在土层越冬，与土壤环境的关系非常密切。因而，橘园的向背阳光，土质的疏松坚硬，含水量的多少，都能影响其出土时间，甚至影响其存亡。一般情况，阳坡果园和沙质土壤有利于蛹的越冬、化蛹和羽化，冬春雨量适中，土壤含水量在 10%～15%之间，土温在 5～12℃范围内，有利于蛹的越冬和羽化，反之过干过湿都会降低越冬蛹的成活率（方正茂，2009）。

2. 柑橘小实蝇

柑橘小实蝇成虫在午前羽化，并以早上 8 时前羽化数量最多。成虫羽化后需经历一段时期方能交配产卵，产卵前期的长短随季节有显著差异，在玉屏县夏季，成虫产卵前期约为 19 d，秋季为 26～55 d，冬季需 78～112 d。每雌虫产量 200～400 粒，分多次产出，产卵时雌成虫在果实上形成产卵孔。卵产于果皮内，每孔 4～8 粒不等，卵期历时 1 d（夏季）、2 d（秋季）、3～6 d（冬季）。

柑橘小实蝇的世代发育与气候条件特别是温度密切相关。其生长和繁殖的最适温度为20～30℃。在此温度范围内，温度越高，发育越快。较高温度下，其产卵量也较大，种群数量增长较快。若温度超过35℃，发育历期虽缩短，但产卵量明显减少；在12～15℃低温条件下，生长发育缓慢，各虫态历期长，种群增长倍数也比适温条件下少(李云明等，2009)。

9.6.9.4 为害与分布

1. 柑橘大实蝇

柑橘大实蝇寄主为橘类的甜橙、京橘、酸橙、红橘、柚子等，也可危害柠檬、香橼和佛手。其中以酸橙和甜橙受害严重，柚子和红橘次之。被害果称“蛆果”、“蛆柑”，是国际国内植物检疫性有害生物。

柑橘大实蝇原产于日本九州、琉球群岛的奄美大岛。国外分布于不丹、印度(西孟加拉)、锡金、日本。在国内主要分布于四川、重庆、贵州、云南、广西、湖南、湖北、陕西、台湾等省(区)市。自20世纪60～70年代开始发生以来，疫情呈逐年加重趋势。由于其发生面积大，危害损失重，疫区果实不准外销，给果农造成了巨大的经济损失，已成为柑橘生产上的第一大虫害。

2. 柑橘小实蝇

柑橘小实蝇是重要的植物检疫性害虫，能为害柑橘类、枣、梨、柿子、辣椒、茄子等250余种水果和蔬菜，几乎所有的鲜果都能被危害，被称为果蔬的“头号杀手”。主要以幼虫取食果瓤，形成蛆柑，造成腐烂，引起果实早期脱落(见彩图9.6.2)。严重时，损失极大。主要分布于热带与亚热带地区，国内分布于浙江、四川、广东、广西、福建、湖南、云南和台湾等地(伍明祥，2007)。

9.6.9.5 发生规律

1. 柑橘大实蝇

柑橘大实蝇在四川一年发生1代，常年于4月下旬至5月上、中旬成虫先后羽化出土，6月上旬至7月中旬交尾产卵。卵期1个月左右，于7～9月间先后孵化为幼虫。幼虫在果内取食瓤瓣汁液，破坏果肉组织，以致溃烂。被害果大量脱落，幼虫随即脱果入土。未脱落的果实内的幼虫，于10月中旬至11月上中旬老熟脱果，潜入3～7 cm深的土中化蛹越冬。少数发生较晚的幼虫和蛹随果实运销，在果内越冬，至翌年1～2月老熟后脱果。

在贵州铜仁地区一年发生1代，以蛹在土壤中越冬。蛹在土中的分布一般以表土15 cm以内最多，且因土壤结构而异，沙土较黏土深，已翻土较未翻土深，总之，土层越深虫越少。羽化前土温过高则对越冬蛹的羽化不利，甚至死亡。在山坡及丘陵地带，落果常远离柑橘树下的地面，影响害虫在果园的分布。越冬蛹于4月下旬当气温达19～20℃ 时开始羽化出土，盛期为4月下旬至5月上中旬，5月中旬开始交尾，6月上旬到7月中旬产卵，每雌虫平均产卵48粒以上，卵期1个月左右，卵在7月上旬至9月下旬先后孵化，9月中旬为孵化盛期，幼虫于10月中旬至11月上中旬先后老熟钻入土中化蛹，化蛹期为10月中旬至11月下旬，盛期为10月下旬至11月上旬。

在湖北一年发生1代，以蛹在土表3 cm左右中越冬，地温19℃以上开始羽化，羽化最适温度为22℃,湿度为70%～80%。在湖北宜昌,成虫羽化后大量取食蜜露;成虫交尾时间在6月上旬至6月下旬,产卵始期在6月中旬,盛期在6月下旬至7月上旬,末期在7月中旬;卵经20 d左右孵化,孵化盛期在8月中旬;10月中、下旬被害果开始陆续脱落,老熟幼虫随果落地,经3～5 d钻入土中化蛹,化蛹盛期在11月中、下旬;在柑橘采摘后,少数大实蝇幼虫继续在果实中为害。

2. 柑橘小实蝇

柑橘小实蝇在广西玉屏每年发生2～4代,无严格的越冬过程,各代生活史交错,因此其世代极不整齐,各种虫态同时并存,以5～9月虫口密度最高。幼虫孵化后即在果内为害,脱皮2次,幼虫期也随季节不同而长短不一,一般夏季需7～8 d,春、秋季需8～13 d,冬季需16～20 d,幼虫老熟后即脱果入土化蛹,入土深度通常在3 cm。蛹期夏季历时8～9 d,秋季10～14 d,冬季15～20 d。

在贵州黔南,局部果园和蔬菜上一年发生3代,在海拔较低的地方发生4代,世代重叠。5月中旬开始诱到成虫,到6月下旬进入高峰期,8月份进入末期。成虫盛发期为6月下旬至7月上旬,危害盛期为7月至9月上旬。

在福建永春,一年可发生多个世代,且世代重叠,同一时期可看到各种虫态。在果园内常年可见成虫活动,无明显越冬现象。每年1～5月、11～12月气温较低,田间虫口密度低,而6～10月气温较高,食物丰富,田间虫口密度高,是成虫发生高峰期。在永春全年一般有4个为害高峰期,第1个高峰期在4～5月,主要为害瓜类;第2个高峰期在6～7月,主要为害桃;第3个高峰期在8～9月,主要为害番石榴;第4个高峰期在10～11月,主要为害芦柑等。其中6～11月,桃、芒果、番石榴、柿子和芦柑等水果的成熟期前后衔接,为柑橘小实蝇提供了持续的食物源,虫害发生加重。

在浙江温岭主要以蛹在土壤中越冬。在柑橘整个生育期均有成虫发生,一年可发生6～7代,其主要危害世代为4～6代,且世代重叠。根据2007—2008年田间观测结果,第1代(雄)成虫初见期:2007年为7月2日,2008年为5月19日。8月中下旬田间(雄)成虫开始突增,2007年为8月13日(4.0只/瓶),2008年为8月18日(14.0只/瓶)。并于9、10、11月形成4～5个(雄)成虫高峰期;其主要危害世代(雄)成虫高峰期:2007年分别为9月17日(7.33只/瓶)、10月1日(10.33只/瓶)、10月29日(6.67只/瓶)、11月26日(4.33只/瓶);2008年分别为9月8日(5.5只/瓶)、10月27日(1.5只/瓶)、11月17日(3.3只/瓶)(刘振东,2010)。

9.6.9.6 预测预报

1. 柑橘大实蝇

柑橘大实蝇成虫对产卵部位有一定的选择性:脐橙、普通广柑等甜橙类多产于腰脐之间,产卵处常有乳状突起,用刀削去突起处表皮可见产卵孔周围有明显的晕圈;蜜橘、红橘等则多产于近脐部,产卵处色泽较深。被害后的果实出现未熟先黄,黄中带红的现象,在柑橘果实未上色前,很容易识别,也是摘除蛆果,杀死幼虫的重要时期。

虽然柑橘大实蝇每年只发生1代,但每雌产卵量大,约150粒,每孔产卵2～6粒,每个雌成虫最高可危害70余个果实,其传播途径不仅可以通过水流和果实运输传播蔓延,而且也可通过成虫的迁飞和虫蛹随带土苗木传播。成虫飞翔力很强，传播范围半径为 5 km 左右，传播迅速。

此外，由于长时间单独使用一种农药，造成了柑橘大实蝇的抗药性增强，用药量虽然加大，但防效反而下降。很多地方蜜源植物种类丰富，有利于大实蝇成虫活动。成虫活动时间长，则产卵期长；山区小气候差异大，越冬蛹生长发育不整齐，成虫出土时间长，不利于药剂防治，致使危害加重。

2. 柑橘小实蝇

柑橘小实蝇成虫的调查应用实蝇专用诱捕器和性引诱剂诱集雄性成虫的方法。诱捕器挂放 3 个/亩，悬挂于果园边缘、离地约 1.5 m 高的隐蔽树枝上，间隔距离约 50 m。每诱捕器放入 2 mL 性引诱剂，以后采取分批多次添加方式，每隔 15 d 加 1 mL 性引诱剂。4～11 月份隔 7 d 调查 1 次诱虫量，12 月份至次年 3 月份隔 14 d 调查 1 次诱虫量，及时收集瓶内成虫，记录每瓶诱虫数。

危害期调查，应在不同果蔬作物不同成熟期间，以果（菜）园为单位分期分批进行踏查目测，检查园内（包括树上和地面）有无柑橘小实蝇为害的虫果和落果，记载树上果和落地果数量，计算挂果虫果率和落果虫果率。

每年 3 月份选有代表性的果园、菜地，按东南西北中 5 点取样。每点取直径 5 m、深 5 cm 的土样过筛，将筛出的蛹带回室内饲养观察，记录羽化情况和活蛹数量（郑松和罗全丽，2007）。

9.6.9.7 防治措施

1. 柑橘大实蝇

严格检疫制度，加大执法力度，严禁从疫区调运带蛆果的柑橘果实、种子和带土苗木到没有柑橘大实蝇发生的柑橘产区。

11 月下旬至 12 月上旬结合冬季修剪清园进行翻耕施肥，通过机械损伤和低温灭蛹减少虫源，消灭地表 10～15 cm 耕作层的部分越冬蛹。4 月下旬、5 月中旬结合翻耕施肥，用 40% 辛硫磷乳油 800 倍液喷施表土 1～2 次，杀灭即将羽化出土的柑橘大实蝇成虫。

利用柑橘大实蝇成虫产卵有取食补充营养的生活习惯，用糖、酒精、醋、敌百虫液或敌百虫糖液、水，按 5∶1∶0.5∶0.2∶100 的比例配制成药液毒饵诱杀成虫。用红糖、酒、醋、晶体敌百虫盛于 15 cm 以上口径的平底容器内（如可乐瓶、挂蓝盆、罐等），药液深度以 3～4 cm 为宜，罐中放几节干枝便于成虫停留在上面取食，然后挂容器于树上诱杀成虫。每 10～20 棵树挂 1 个。从 5 月下旬开始挂罐到 8 月下旬结束，每 5～7 d 更换 1 次药液。

重灾区于 7～8 月将所有柑橘、红橘、柚子、枳壳类青果全部摘除，使果实中的幼虫不能发育成熟，以达到断代目的。对种植分散、品种老化、品质低劣的老弱柑橘树实施砍除，采取砍 1 棵老树补栽 1 棵良种柑橘苗的办法，或采取高接换种进行换代。对成片椪柑区的零星橙类、柚类及杂柑以砍除换种。

4 月下旬至 5 月中下旬是成虫羽化出土期。在此之前 7 d 左右，对上年危害严重的果园和堆放处理蛆柑的场所进行地面喷药，即以 1 桶水兑 10 mL 敌敌畏或 8 mL 乐斯本，以杀死即将出土的成虫；也可以每亩撒施 1.5%乐斯本颗粒剂 1 kg，或地面喷施 1.5%普乐悬浮剂 100 mL

灭蛹和杀死初羽化成虫。6 月上旬至 7 月是成虫羽化和产卵期，也是树冠喷药的关键时期。一是要统一喷药时间。根据海拔高低在成虫产卵前期的 5 月下旬或 6 月上旬开始喷药，每 7～10 d 喷 1 次，至 7 月下旬止，海拔 400 m 以上的地方要喷药至 8 月上旬。二是要统一配方。可采用传统方法：敌百虫 50 g，红糖 1.5 kg，加水 50 kg，对 1/3 的树冠和果园周边 1 m 内的杂草进行喷雾诱杀。也可推行新方法：用防治实蝇专用药剂“猎蝇”，每亩 1 次 1 瓶，每瓶兑水 0.6～0.8 kg，用手持喷雾器隔株或隔 2～3 m 进行点喷（舒易和和赵小林，2009）。

2. 柑橘小实蝇

柑橘小实蝇属全变态型，切断各虫态变态中任一环节都可降低下 1 代繁殖基数。因此，应及时清除受害果园中的落果，对植株上的虫果也应及时摘除，集中销毁。如加石灰投入粪池沤浸，以杀死果实内的幼虫；也可以进行药物处理后深埋 50 cm 以下土中，防止幼虫化蛹、羽化。另外。由于柑橘小实蝇多在成熟的果实中产卵，若能及时采摘成熟果，可减少该虫在其上产卵的几率。根据柑橘小实蝇以老熟幼虫脱果入土化蛹（在地表 3～5 cm 土层）的习性，在成虫羽化前，结合冬季清园深翻土壤 15～20 cm，并在地表撒石灰粉，对老熟幼虫和蛹均有较好的防治效果。生长前期的果实较硬，柑橘小实蝇难以蛀入为害，因而可从幼果期未受该虫为害时开始套袋，可以减少多种病虫害的发生，同时提高水果的品质和商品价值，值得推广。

当成虫高峰期到来时，可将芒果、香蕉、番石榴等捣碎，按 10 g 捣碎的水果加入 100 g 的 80％敌敌畏 EC 或 48％毒死蜱 EC，制成毒诱饵，然后用塑料饮料瓶做成容器（可挡雨水，橘小食蝇成虫可进入），把毒诱饵放入容器中，按 8～10 个/亩的密度悬挂于离地面 1.5 m 的果树上，每 7～10 d 更换 1 次诱饵，防治效果较好。在柑橘小实蝇发生较严重的区域，在5～11 月期间，每隔 2 个月进行一次土壤处理，以杀灭入土幼虫和蛹。土壤处理可选用 5％辛硫磷 GR 或 3％毒死蜱 GR 1.5～2 kg/亩，均匀撒施地表，施后地面洒水。另外，以虫情监测结果为依据，适时、适量进行树体喷药。选用 48％毒死蜱 EC 1 000 倍液或 80％敌敌畏 EC 600 倍液，并加入 3％的糖醋液进行喷洒。每隔 7～10 d 喷 1 次，连喷 2～3 次。果实采收前 10～15 d 应禁止喷药。喷药宜选择在当日 9～11 时或 15～17 时成虫活跃期进行（郑松和罗全丽，2007）。

9.6.10 枣实蝇

9.6.10.1 分类学地位

枣实蝇（*Carpomya vesuviana* Costa）属双翅目（Diptera）实蝇科（Tephritidae）。

9.6.10.2 形态特征

成虫：头高大于长，雌雄的头宽相同，淡黄至黄褐色。额表面平坦，两侧近于平行，约与复眼等宽。颜略较额短，侧面观平直，触角沟浅而宽，中间具明显的颜脊。复眼圆形，其高与长大致相等。触角全长较颜短或约与颜等长，第 3 节的背端尖锐，触角芒裸或具短毛。喙短，呈头状。头部鬃序：下侧额鬃 3 对，上侧额鬃 2 对；单眼后鬃、内顶鬃、外顶鬃、颊鬃各 1 对；单眼鬃退化，缺如或微小如毛状；单眼后鬃、外顶鬃和颊鬃淡黄色，上侧额鬃淡褐色，余全黑色。胸部:盾片黄色或红黄色,中间具3个细窄黑褐色条纹,向后终止于横缝略后;两侧各有4个黑色斑点,横缝后亚中部有2个近似椭圆形黑色大斑点,近后缘的中央于两小盾前鬃之间有一褐色圆形大斑点;横缝后另有2个近似叉形的白黄色斑纹。小盾片背面平坦或轻微拱起;白黄色,具5个黑色斑点,其中2个位于端部,基部的3个分别与盾片后缘的黑色斑点连接。胸部侧面大部分淡黄至黄褐色,中侧片后缘中间有一黑色小斑点;侧背片部分黑褐色;后小盾片大部分黑色,中间黄色。胸部鬃序:肩鬃、沟前鬃、翅上鬃、翅后鬃、翅内鬃、小盾前鬃、背中鬃、翅侧鬃和腹侧鬃各1对;肩板鬃、背侧鬃、中侧鬃和小盾鬃各2对;背中鬃位于翅上鬃水平之前;鬃均发达,除肩板鬃和翅侧鬃为黄色至黄褐色外,余均黑色。翅透明,具4个黄色至黄褐色横带,横带的部分边缘带有灰褐色;基带和中带彼此隔离,较短,均不达翅后缘;亚端带较长,伸达翅后缘,带的前端与前端带于r1和r2+3室内相互连接成倒V形;前端带伸至翅尖之后,边缘的大部分一般由几个小透明斑带与翅前缘相隔。R4+5脉背、腹面裸或仅于径脉结节上被小鬃;r-m横脉接近dm室的中点。Cup室的后端角较短。足完全黄色;前股节具1～3根后背鬃和1列后腹鬃;中胫端刺(距)1根。

卵:圆形,黄色至黄褐色。雄虫第5背板几呈三角形,其宽度不足长度的2倍,第5腹板后缘向内呈V形凹陷;雌虫第6背板略长于第5背板。雄性外侧尾叶后面观超过第9背板长度的1/2;阳茎端中部大片几丁化。雌性产卵管基节圆锥形,约与第5背板的长度相等;针突末端渐窄至尖锐,两侧具微细锯齿。体、翅长2.9～3.1 mm。

幼虫:蛆形。3龄幼虫体长7.0～9.0 mm,宽1.9～2.0 mm;口感器具4个口前齿;口脊3条,其缘齿尖锐;口沟具1个弓形大端齿。第1胸节腹面具微刺;第2、3胸节和第1腹节均有微刺环绕;第3～7腹节腹面具条痕;第8腹节具数对大瘤突。前气门具20～23指状突;后气门裂大,长4～5倍于宽(张润志,2007)。

9.6.10.3 生物学特性

室内试验表明,蛹发育的适宜温度为30℃,蛹在土中的深度以3～6 cm为宜。在我国新疆地区,一年发生2～3代,第1代成虫活动20～25 d,多在5月下旬到6月中旬之间;第2代成虫发生24～45 d,多在7月上旬到8月中旬之间。成虫多在9～14时羽化,白天交配产卵,晚上在树上休息。

9.6.10.4 为害与分布

枣实蝇以成虫产卵和幼虫蛀食危害枣果。成虫产卵于果实表面致使产卵孔周围组织发育停止,形成凹陷或长瘤;幼虫孵化后蛀食果肉导致枣果早熟和腐烂,严重影响枣果品质及产量。

枣实蝇一旦发生,往往危害程度高且发生范围大,损失严重。在印度Haryana邦的Bawal,枣实蝇对13年枣树危害率为12%～78.5%(Dashad et al,1999a),在Rajasthan邦枣实蝇危害率达73%～100%。枣实蝇危害可致枣果产量损失40%～100%。2007年吐鲁番地区发现枣实蝇时危害面积已达1 082.5 hm^2,占该地区结果枣树面积的30%,严重影响当地枣产业发展。

枣实蝇原产印度,现已扩散至阿富汗、塔吉克斯坦、土库曼斯坦、乌兹别克斯坦、波斯尼亚、高加索、巴基斯坦、泰国、意大利。其他分布地点还包括伊朗、阿曼、阿拉伯半岛、印度洋上的斯里兰卡和留尼汪岛、非洲热带草原与撒哈拉沙漠之间的过渡带萨赫勒地区、毛里求斯、土耳其和俄罗斯。我国则于 2007 年在新疆吐鲁番地区发现其危害。

9.6.10.5 发生规律

枣实蝇在我国新疆吐鲁番地区,可危害当地种植的所有枣树品种以及野生酸枣。世代重叠现象严重,以第 2 代晚熟幼虫所化之蛹和第 3 代蛹在枣树树盘土壤内越冬。翌年 5 月中旬头茬枣花约一半坐果时,越冬代成虫开始羽化出土,5 月下旬至 6 月上旬羽化最盛,7 月初越冬代成虫羽化完毕,羽化期长达 48 d 之久。越冬代成虫于 6 月中旬头棚枣果初次膨大时开始产卵,枣果受害从 6 月中旬一直持续到 10 月中旬。9 月下旬绝大多数枣果采摘完毕时,老熟幼虫开始脱离枣果入土化蛹越冬,至 10 月中旬结束(何善勇等,2006)。

9.6.10.6 预测预报

全面开展监测,及时发现疫情。通过合理布设监测点,扩大监测覆盖面,并结合定期开展调查的方式,全面加强疫情监测,及时准确地掌握疫情动态。监测时可使用诱捕器、色板等监测虫情,引诱剂可选用糖醋液和甲基丁香酚等。监测重点应放在城镇周边、水果市场或交易集散地周边、枣果主要运输通道两侧及疫情发生地周边的所有枣实蝇寄主分布地或种植点。

9.6.10.7 防治措施

1. 加强检疫

加强植物检疫,建立健全产地、枣树种植面积、枣果年产量、销售流向的档案登记,严禁疫区内生产的鲜枣果及苗木外运。

2. 农业防治

挖除野生酸枣,翻耕树下和周围的土壤以消灭土壤中的幼虫和蛹。结合枣树品种改良,实施全面嫁接改造及落花落果措施。枣实蝇疫情严重发生的地区,有条件的枣园可以考虑结合枣树品种改良,实施全面嫁接改造及落花落果等"断枣"措施。在枣树盛花期喷洒乙烯利(实生园枣树的使用浓度为 3.5 g/L,嫁接苗的使用浓度为 2.6 g/L),不让枣树开花结果,连续 2～3 年,切断枣实蝇的食物源。

3. 诱杀成虫

应用引诱剂甲基丁香酚进行疫情监测和大量诱杀(引诱剂＋马拉硫磷)成虫,每个诱捕器放入 100 mL 诱剂,将诱捕器悬挂于树上,防治密度为 10 个/hm^2。

4. 生物防治

伊朗曾引进一种茧蜂 *Fopius carpomyiae*(Silvestri)作为幼虫的寄生性天敌来控制枣实蝇,取得一定的效果,同时在自然界也发现一种新的寄生蜂 *Biosteres vandenboschi* Fullaway,应积极研究其利用的技术。

5. 化学防治

每年 5 月中下旬在越冬代成虫羽化盛期,用 40%毒死蜱乳油 1 500 倍液、48%乐斯本乳油 3 000 倍液喷洒树体，重点喷洒枝叶茂密结果较多的树冠，喷药时间最好选择在上午 9～11 时；从 5 月上旬开始至 9 月下旬，在成虫活动产卵期，可用毒死蜱、马拉硫磷、敌百虫等，加入 10%红糖喷洒树冠，诱杀成虫，每隔 15 d 喷 1 次，连续喷洒 3～4 次，蛀果率可控制在 3%以下(何善勇等，2010)。

9.7 鳞 翅 目

9.7.1 桃条麦蛾

9.7.1.1 分类学地位

桃条麦蛾(*Anarsia lineatella* Zeller)属鳞翅目(Lepidoptera)麦蛾科(Gelechiidae)，又名桃枝麦蛾、桃梢蛀虫、桃果蛀虫。

9.7.1.2 形态特征

成虫：体长 5.5～7 mm，翅展 12～15 mm。体背面灰黑色，腹面灰白色。头部有紧贴的褐色鳞片。触角基部具有灰白色毛簇。长度约为前翅的 2/3，节间灰白色。唇须前伸，雌雄差异很大，雄虫第 2 节具有长鳞毛呈扫帚状，第 3 节完全隐藏于第 2 节鳞毛中；雌虫第 2 节与雄虫相同，但第 3 节细长而尖且向上跷、曲，超过头顶。前翅披针形，黑灰色，前缘中间有块条斑呈黑褐色，中室的中间地方有一纺锤形黑褐斑，此外有黑褐及灰白色不规则的条状纹。后翅灰褐色，基部缘毛较长。雄性外生殖器的爪形突出近圆形，抱器瓣左右不对称，端具有许多掌状刺，抱器两末端各具有一枚角状刺突，阳茎弯呈枪形。雌性外生殖器的交配孔半椭圆形，囊突几丁质化，近似方形。

卵：长圆或卵圆形，长 0.5 mm，直径 0.3 mm。表面具有不规则的皱纹，初产时为白色，后变淡黄色，孵化前为紫色。

幼虫：初孵化的幼虫体长 0.7～0.8 mm，体白色，2～3 h 后变为棕褐色，老熟幼虫头宽 0.13～0.15 mm，体长 10～12 mm，头、前胸背板及胸足黑褐色，肛上板淡褐色，臀部污白色，全身毛片及气门缘淡褐色，腹足趾钩全环，双序占 3/4，单序占 1/4。臂足双序缺环。

蛹：体长 5.5～7 mm，胸宽 1.5～1.7 mm，棕黄色，全身布有许多绒毛，各节附近较密，腹部末端及生殖孔附近具有许多棘刺，其末端钩状。

9.7.1.3 生物学特性

桃条麦蛾以第 4 代幼龄幼虫于 9 月中旬开始准备越冬，寻找当年钻蛀过的伤疤和冬芽，钻蛀后继续取食，到 10 月中下旬陆续进入越冬。翌年沙枣叶芽开始萌动，幼虫就开始活动为害芽和嫩梢。幼虫常转梢为害。第 1 代幼虫多从梢顶端往下数第 4、5 个叶腋处蛀孔入梢，入孔处留有疤痕。一枝嫩梢同时有 1～3 条虫蛀食。一般蛀食 7～8 d 后，就从梢端部蛀孔钻出，爬行或吐丝下垂转移它梢继续蛀食 2～3 d 后，就钻出化蛹。第 2、3 代幼虫不但蛀食嫩梢,而且蛀食果实。幼虫老熟后喜欢在干枯的卷叶或梢端干枯的蛀孔内化蛹。成虫多在零点以后羽化。趋光性差,趋化性强。白天多隐藏在树叶背后静止不动,受惊或剧烈震动才见飞翔。成虫羽化后第 2 天天黑后飞翔,追逐交尾。交尾多在凌晨 2～7 时进行,一次交尾 20 min,有的长达 3 h。雌蛾只交尾 1 次,交尾后第 1 天就大量产卵。产卵量平均 29.1 粒,最少 9 粒,最多 73 粒。卵成堆地产在叶主脉的两侧、嫩枝叶腋处和果实上。

寄生天敌种类很多,其中以多胚小蜂(*Paralitomastix* sp.)最多,寄生率可达 50%～60%。被寄生的幼虫体色变白即死亡,一条被寄生的幼虫多的可羽化出 104 头多胚小蜂。其次是绒茧蜂(*Apanteles* sp.),寄生率有 10%～20%,一条被寄生的幼虫只有一头蜂羽化(白九维等,1980)。

9.7.1.4 为害与分布

桃条麦蛾起源于欧洲地中海地区,在国内分布在新疆、河北和陕西等地。

桃条麦蛾的主要寄主植物为李属植物,特别是核果类的水蜜桃;其次为油桃、毛桃;还可为害杏、扁桃、李、樱桃、梅等,也可为害沙枣。在黎巴嫩,由于各种原因,桃麦条蛾不取食扁桃的果仁,故对扁桃的为害不重。在美国加利福尼亚州,幼虫取食新叶和新枝及在果上为害,由此可对扁桃产生直接危害。沙枣林纯林受害大大高于混交林。

9.7.1.5 发生规律

桃条麦蛾在乌鲁木齐一年发生 4 代,幼虫在 10 月中下旬陆续进入越冬。越冬幼虫第 2 年 4 月上中旬平均气温达 10℃左右时,就开始为害。经历 18～25 d 幼虫老熟化蛹,蛹经历 10～12 d 羽化为成虫,成虫寿命 8～12 d。以后各代经历:卵 6～10 d,幼虫 9～12 d,蛹 8～13 d,成虫 2～9 d。

9.7.1.6 防治措施

1. 加强检疫

目前此虫仅发生在我国的部分地区,因此在防治的策略上,应认真执行预防为主的方针,加强植物检疫工作,严格检查引进和调运的接穗。

2. 农业防治

晚秋和春季抓好果园清洁,收拾清除地下落果,填补树开裂干及枝条裂缝。落叶后刮老树皮,及时深埋或烧掉。对主干、大主枝基部进行涂白,涂白剂的配方:硫磺粉 1 kg+生石灰 10 kg+水 40 kg+少量面粉黏合剂。桃树生长期剪去蛀梢深埋或烧灭。

3. 物理防治

从 4 月开始,于主干 20～30 cm 部位绑 20 cm 宽的诱虫带,每 7 d 检查 1 次,把集中的幼虫杀死。或者利用成虫对糖醋液的趋性诱杀成虫,糖醋液的比例为糖∶醋∶水=1∶2∶15,放在距树干 1～1.5 m 处诱杀成虫。

4. 化学防治

桃花膨大现红时或在落花后(3 月下旬至 4 月上旬)喷第 1 次农药,第 2 次喷药在 5 月下旬至 6 月上旬,第 3 次喷药在 7 月上旬。常用农药为 2.5%高效氟氯氰菊酯水乳剂 2 000～

3 000倍液或35%氯虫苯甲酰胺颗粒剂7 000～14 000倍液等(北京农大等,1981)。

9.7.2 马铃薯块茎蛾

9.7.2.1 分类学地位

马铃薯块茎蛾[*Phthorimaea operculella*(Zeller)]属鳞翅目(*Lepidoptera*)麦蛾科(Gelechiidae),又名烟草潜叶蛾、马铃薯麦蛾。

9.7.2.2 形态特征

成虫:成蛾8～10 mm,翅展14～16 mm,雌成虫体长5.0～6.2 mm,雄虫体长5.0～5.6 mm,灰褐色,稍带银灰光泽。触角丝状。下唇须3节,向上弯曲超过头顶,第1节短小,第2节下方被覆疏松、较宽的鳞片,第3节长度接近第2节,但尖细。前翅狭长,鳞片黄褐色。雌虫翅臀区鳞片黑色如斑纹。雄虫翅臀区无此黑斑,有4个黑褐色鳞片组成的斑点;后翅前缘基部具有1束长毛,翅缰1根。雌虫翅缰3根。雄虫腹部外表可见8节,第7节前缘两侧背方各生一丛黄白色的长毛,毛从尖端向内弯曲。

卵:椭圆形,微透明,长0.5 mm,初产时乳白色,孵化前变黑褐色。

幼虫:空腹幼虫体乳黄色,为害叶片后呈绿色。末龄幼虫体长11～13 mm,头部棕褐色,每侧各有单眼6个,胸节微红,前胸背板及胸足黑褐色,臀板淡黄。腹足趾钩双序环形,臀足趾钩双序弧形。

蛹:棕色,长6～7 mm,宽1.2～2.0 mm,臀棘短小而尖,向上弯曲,周围有刚毛8根。生殖孔为一细纵缝,位于雌虫第8腹节,位于雄虫第9腹节。蛹茧灰白色,长约10 mm。

9.7.2.3 生物学特性

马铃薯块茎蛾的卵在马铃薯块茎上多产于芽眼及破皮或粗糙的表皮上,在烟草上卵多散产于基部1～4片叶的背面或正面中脉附近,有时也产于烟茎基部,幼苗期则多产于心叶的背面,有时也产于土缝间。薯块上幼虫孵化之后经30～40 min,约有75%的幼虫在芽眼或破皮处蛀入薯块内,约有30%的幼虫在芽眼处吐丝活动,隔1～2 d后才钻入薯块内为害。初孵的幼虫在马铃薯植株上四处爬散,吐丝下垂,随风飘落在邻近植株叶片上蛀食危害。幼虫有极强的耐饥力,因此幼虫可随调运材料、工具等远距离传播。幼虫老熟后由薯块、叶片内爬出,在薯堆间、薯块凹陷处、土表、土缝或是枯叶上结茧化蛹。

成虫有较强的趋光性,雌虫羽化高峰期一般在7～9时之间,而雄虫羽化高峰期则在9～11时之间。羽化后的成虫白天潜伏在植株间和杂草丛内,夜间出来活动,飞翔力不强。雌雄成虫求偶行为具有较强的节律性,成虫羽化后当天或第2天进行交配,冬季温度低时经2～3 d在后开始交配,交配后第2天就可产卵,产卵高峰期一般在产卵期间的头4～5 d。单雌产卵量在田间为10～50粒不等,卵多以散产为主。幼虫时期取食马铃薯块茎的成虫要比取食马铃薯叶片的成虫产卵量大。雄虫一生的交配次数在2～4次,雌虫交配次数在2次以上。马铃薯块茎蛾的交配行为与性激素有关,未交尾过的雌成虫对雄成虫有强烈的引诱作用，并且0～6龄的处女雌蛾对雄蛾的引诱作用较强，引诱作用可以持续10 d，有风时这种引诱效果会增强（李秀军等，2005；金秀萍等，2005）。

马铃薯块茎蛾全代的发育起点温度为8.6℃，有效积温为370.14度·日，幼虫的存活率随温度的升高而增大并趋于稳定，然后随温度的继续升高而下降，而成虫的寿命随温度的升高而缩短。蛹最高耐温33.5～34.1℃，低于13.1℃和高于40℃成虫不能存活，在28℃条件下时，成虫单雌产卵量达到最大。

9.7.2.4 为害与分布

马铃薯块茎蛾原产于中美洲和南美洲的北部地区，世界上最早的记载是1854年在澳大利亚危害马铃薯，此后不断扩展蔓延，目前已传播到亚洲、欧洲、北美洲、非洲、大洋洲、中美及南美洲的90多个国家，现在已经发展成为一种世界性害虫，国内对马铃薯块茎蛾的记载最早始于1937年，陈金壁报道该害虫在广西柳州为害烟草，现已广泛分布于四川、云南、贵州、广东、广西、湖南、湖北、江西、安徽、甘肃、陕西及台湾等省（区），且发生较为普遍（徐国淦，1985）。

该虫能严重危害田间和储藏的马铃薯。在田间危害茎、叶片、嫩尖和叶芽，被害嫩尖和叶芽往往枯死，幼苗受害严重时会枯死。幼虫可潜食叶片之内蛀食叶肉，仅留上下表皮，呈半透明状。田间危害严重时可减产20%～30%。储藏4个月后的危害可达100%（徐树云，1993）。幼虫也可危害烟草叶片，多沿叶脉蛀入，取食烟叶形成弯曲虫道，后变为空泡，仅留上下表皮，严重影响烟叶的产量和品质。烟和马铃薯同时存在时，仅烟叶受害，严重时，幼虫也危害马铃薯和露出地面的茎块。

9.7.2.5 发生规律

马铃薯块茎蛾的发生期及一年的发生代数因地区、海拔高度及气候条件不同而有明显的差异。一般在高温潮湿条件下对其发生不利，在干旱少雨多风的地方往往发生较重。在澳大利亚一年发生2代，第1代在冬天发生，主要为害幼苗；第2代则转而为害储藏期的薯块。在印度北部则一年发生13代，完成整个生活史在夏天需要17～24 d，在冬天一般需要25～40 d。在我国的四川省一年发生6～9代，贵州福泉地区5代，河南、山西一年发生4～5代。在云南昆明地区，越冬代成虫于1月中旬至5月中旬出现，各代成虫的出现时间依次为：5月中旬至6月下旬，8月上旬至8月下旬，9月中旬至11月中旬。若第4代幼虫化蛹较早，11、12月间温度又在12℃以上，则仍可羽化为第4代成虫，产卵于烟草植株上，第5代幼虫即在新嫩叶上取食并越冬。马铃薯块茎蛾繁殖能力很强，在田间及薯块的储藏期都能繁殖，据报道，一对雌雄成虫到了第4代的时候可产生6×10^7个后代，具有分布广、食性杂、世代多、危害重的特点（李秀军等，2005）。

9.7.2.6 防治措施

1. 加强植物检疫

马铃薯块茎蛾的远距离传播主要是通过其寄主植物，如马铃薯、种烟、种苗及未经烤制的烟叶等的调运，也可随交通工具、包装物、运载工具等传播。成虫可借风力扩散。因此，需要认真执行检疫制度，杜绝马铃薯块茎蛾的远距离传播扩散。

2. 农业防治

合理的水肥调节和中耕培土。冬灌中耕能有效地破坏害虫的生存环境，抑制或破坏害虫正常的生长发育，达到控制害虫发生危害的目的。在种植马铃薯时，要尽量深埋块茎，在马铃薯生长期，要进行中耕培土以免薯块外露，灌溉时多以喷洒灌溉为佳，并且要增加灌溉次数，以防止土壤板结，有效地减少马铃薯块茎蛾的危害。

收获马铃薯时力求做到不留遗薯在田间，以减少越冬虫态的食物来源。马铃薯块茎蛾喜欢在芽眼及粗糙的表皮上产卵，因此应尽量选种块茎芽眼较少，表皮光滑的品种。

3. 生物防治

有研究证明，利用斯氏线虫防治马铃薯块茎蛾有良好效果，每头块茎蛾幼虫上的致病体达 120 个以上时，3 d 内可使该幼虫死亡率达 97.8%，从每蛾幼虫产生的有侵染力线虫的幼虫数最高达 1.3 万～1.7 万个。

4. 化学防治

在害虫的盛发期合理施用低毒、低残留、具有选择性的农药。

9.7.3 麦蛾

9.7.3.1 分类学地位

麦蛾[*Sitotroga cerealella*(Olivier)]属鳞翅目(Lepidoptera)麦蛾科(Gelechiidae)。

9.7.3.2 形态特征

成虫：体长 4～5 mm，翅展 14～18 mm，体灰黄色；复眼黑色，触角丝状，灰褐色；头顶和颜面密布灰褐色鳞毛；下唇须灰褐色，第 2 节较粗，第 3 节末端尖细，略向上弯曲，不超过头顶；前翅灰白色，似竹叶形，通常有不明显的黑褐色斑纹，后缘毛长，褐色；后翅灰白色，呈梯形，外缘凹入，顶角尖而突出，后缘毛很长，与翅面宽相等。

卵：扁椭圆形，长 0.5～0.6 mm，一端小平截，表面具纵横纹，乳白色至浅红色。

幼虫：体长 5～8 mm，初孵幼虫浅红色，2 龄后变浅黄白色，老熟幼虫乳白色，头小；胸部较膨大，后逐渐细小，各节略有皱纹，胸足极小；腹足退化，每足顶端着生 1～3 个微小的褐色趾钩。

蛹：长 4～6 mm，黄褐色，较细。

9.7.3.3 生物学特性

麦蛾的生长发育和生殖与温湿度关系密切。仵均祥等(1994)研究表明，在 20～36℃范围内，其发育历期随温度升高而缩短，卵期、幼虫和蛹期的发育速率均与温度呈直线相关；单雌产卵量以 24℃时最高，平均为 145 粒，高于或低于此温度，单雌产卵量均明显减少。在空气相对湿度 25%～100%范围内或食料含水量在 8%～24%范围内，随湿度增大，发育历期呈缩短趋势，生殖力呈增加趋势，幼虫和蛹的存活率以相对湿度 65%～90%为最高。相对湿度对麦蛾各虫态发育历期的影响不显著，平均每个相对湿度梯度（10%）对麦蛾发育历期仅有 1 d 左右的影响，相对湿度降低，发育历期稍延长（范京安和李隆术，1989）。

在同一温度下卵的孵化率随着相对湿度的下降而降低，幼虫蛀入率、存活率、化蛹率和成虫羽化率均有此趋势。

在同一温度下成虫产卵量因相对湿度的不同而有差异，在相对湿度为 75%的条件下，成虫产卵量最高，干燥条件下对产卵不利（范京安和李隆术，1989）。

9.7.3.4 为害与分布

幼虫多在小麦、大米、稻谷、高粱、玉米及禾本科杂草种子内食害，严重影响种子发芽力，是一种严重的初期性贮粮害虫，目前在全国各地均有分布。

9.7.3.5 发生规律

南方每年发生 4～6 代，北方 2～3 代，气温高的地区最多 12 代，以老熟幼虫在粮粒中越冬，化蛹前结白色薄茧，蛹期 5 d，成虫羽化时把薄膜顶破钻出谷粒，成虫喜在清晨羽化，羽化后马上交尾，成虫寿命 13 d 左右，交尾后 24 h 产卵，卵多产在距粮堆表层 20 cm 处，7 cm 处最多，有的成虫飞到田间把卵产在玉米粒上、麦穗上、稻穗上，卵多集产，每雌产卵 389 粒，每粒上一般 1 头，玉米 2～3 头，多的可达 10～20 粒，幼虫期间可以转粒为害。

9.7.3.6 防治措施

（1）抓好禾谷类作物贮藏库的防治，在仓库上加纱门纱窗，防止麦蛾迁入麦田或粮田。要求晒干入仓，入库前摊 3～5 cm 厚进行暴晒，使晒粮温度达到 45℃，保持 6 h，可杀死粮食中麦蛾的卵、幼虫和蛹。

（2）入库后，按每片磷化铝熏蒸粮食 150～200 kg 的比例，把磷化铝片剂散埋在粮垛里，再把粮垛封严。库内贮粮多时，按每平方米粮堆和空间用药 4～5 片，每处放数粒埋于粮面下 50 cm 处和粮仓四周，投药后密闭，气温 20℃封闭熏蒸 3～4 d。

（3）田间防治。以杀卵和初孵化幼虫为主，把其消灭在钻蛀之前。具体方法于当地麦蛾产卵盛期至卵孵高峰期，当每穗有卵 2 粒以上时，每亩喷 50%辛硫磷乳油或 40%氧化乐果乳油 75 mL，对水 50 kg 喷雾或对水 20 kg 用弥雾机弥雾效果明显。

9.7.4 米蛾

9.7.4.1 分类学地位

米蛾（*Corcyra cephalonica* Stainton）属于鳞翅目（Lepidoptera）蜡螟科（Galleriidae）。

9.7.4.2 形态特征

成虫：雌虫体长 8.5～11 mm，雄虫 7.5～9 mm，体淡黄褐色至灰褐色。复眼紫黑色；头顶有明显毛丛。额有前伸的锥状鳞片簇；触角长度约为前翅前缘长度的一半；下唇须极短。

前翅近长椭圆形，外缘圆弧形，灰褐色，散生暗灰褐色鳞片，后翅淡黄褐色或近灰黄色。

卵：卵圆形，表面略粗糙，淡黄色至黄色，具光泽。

幼虫：头部赤褐色；前胸背板及臀板黑褐色，胴部灰黄色、白色或灰白色，背面及大部分腹面的刚毛基部有黑褐色毛片；腹足趾钩 25～40 个。

蛹：黄褐色至淡褐色，复眼暗褐色至黑褐色，腹末两侧各有 1 黑褐色三角形尖突，无尾钩。

9.7.4.3 生物学特性

羽化一般由午后开始，到夜间 23 时后基本结束。50%在每天的 20～22 时羽化。蛾羽化后当夜即可交配，交配时雌蛾静伏不动，雄蛾则在雌蛾周围振翅求配。由下午 4 时后开始交配，多集中于夜间进行，上午很少有交配现象。雌蛾产卵在交配后第 2 天开始。卵一般单粒散产，也有个别产下的卵呈串珠状。单雌产卵数差异很大，从十几粒到 500 粒以上不等，平均 200 粒左右。成虫寿命一般 3～5 d，之后即死亡，不交配的个体存活期明显延长，曾观察到雄蛾存活 19 d 的记录。由于成虫口器退化，因而补充营养对寿命和产卵没有影响。成虫一般趋性均不明显(李根君等，1982)。

幼虫孵化后一般不取食卵壳，在其附近寻找饲料并在其中隐藏。如无饲料就隐藏于卵壳间，取食卵壳。初孵幼虫即能吐丝，并以丝粘连周围的饲料等物，但不能营巢。幼虫长至 2 龄后开始构巢，但不巩固。2 龄休眠时，就做成比较完整的巢并在其中休眠，但巢比较简单，呈一管状。随着幼虫的不断长大，营巢的能力也增强，巢也愈趋复杂。巢一般呈管形或分枝管形，有 2～3 个开口。做巢的物质主要是以丝粘连的饲料及粪便。巢壁并不坚固，很易破碎，而老熟幼虫化蛹前筑的巢，巢壁则异常坚固。休眠时以丝简单地封闭巢口，蜕皮后旧皮及头壳均抛出巢外。巢的稳定性与取食有关，饲料丰富时巢比较稳定，而饲料缺乏或人为更换环境时，就迅速营造新巢。幼虫除了取食提供的饲料外，几乎可以取食一切可以啮食的物质。幼虫虽群居，但各自为巢，互不干扰。在饲养密度较高的情况下，有相互咬斗现象，没有发现自相残杀。幼虫有强烈的负趋光性，触及时有假死现象，如触及头部则迅速倒行等。老熟幼虫化蛹前以丝做茧，茧常做于巢中，外层茧丝与巢壁连在一起，十分牢固(李根君等，1982)。

卵在 20～25℃时 4～5 d 孵化，28～30℃时 3～4 d 孵化。同批卵孵化比较整齐，孵化开始后 24 h 内可达 80%以上。卵的孵化率较高，根据先后 13 批 1 300 粒卵调查发现，平均孵化率在 90%以上。孤雌生殖卵不能孵化。卵对外环境有一定抗性，在水中浸泡数小时不影响孵化率。用甲醛或敌敌畏熏蒸养虫室时，发现虽然成虫 100%死亡，但卵仍能孵化，而以此卵接种赤眼蜂，赤眼蜂触及卵后即死亡。0℃以上的低温冷藏卵，一星期内仍具孵化率(李根君等，1982；杨长成等，1987)。

9.7.4.4 为害与分布

米蛾主要危害粮食、油料、各种干果及贮藏的农产品及加工品等，尤其喜食大米。幼虫喜欢栖息于碎米中，并吐丝把碎米连缀而筑成筒状长茧，污染谷物及贮藏物，致使品质变坏，造成经济损失。

该虫在国内广泛分布于广东、广西、云南、浙江、上海、重庆、湖北、辽宁等地。由于该虫可用于赤眼蜂的繁殖，因此已被引入很多地区。同时米蛾也是印度的重要害虫，在苏丹是贮藏高粱中的常见害虫，非洲尼日利亚、乍得粮仓内米蛾的发生也很严重。

9.7.4.5 发生规律

米蛾为喜温性昆虫，一年发生 2～7 代，年生活史及世代数因温度等因子而异，以幼虫越冬。最适温度为 25℃左右，在此温度下，完成一个世代需 40～50 d。当温度在 13～20℃时，能完成世代发育，但成虫产的卵大都不能孵化。温度低于 15℃时，则不能完成世代发育。饲料中含水量对世代发育有影响，以含水量 15%左右为最好，过高和过低均有不良影响。没有观察到米蛾有越冬虫态，故米蛾在北方自然条件下不能越冬（李根君等，1982；孙宝根，1987）。

9.7.4.6 防治措施

（1）抓好禾谷类作物贮藏库的防治，在仓库上加纱门纱窗，防止米蛾迁入大田为害。要求晒干入仓，入库前摊 3～5 cm 厚进行暴晒，使晒粮温度达到 45℃，保持 6 h，可杀死粮食中米蛾的卵、幼虫和蛹。

（2）麦蛾茧蜂（*Bracon hebetor*）和赤眼蜂对米蛾有一定的控制能力，可作为防治米蛾的生物防治措施之一。

（3）入库后，按每片磷化铝熏蒸粮食 150～200 kg 的比例，把磷化铝片剂散埋在粮垛里，再把粮垛封严。库内贮粮多时，按每平方米粮堆和空间用药 4～5 片，每处放数粒埋于粮面下 50 cm 处和粮仓四周，投药后密闭，气温 20℃封闭熏蒸 3～4 d。

9.7.5 美国白蛾

9.7.5.1 分类学地位

美国白蛾[*Hyphantria cunea* (Drury)]属鳞翅目灯蛾科，又称秋幕毛虫、秋幕蛾，是一种食性杂、繁殖量大、适应性强、传播途径广、危害严重的世界性检疫害虫。

9.7.5.2 形态特征

卵：圆球形，直径约 0.5 mm，初产卵浅黄色或浅绿色，后变灰绿色，孵化前变灰褐色。卵单层排列，表面附有毛和鳞片，卵白色（刘代文等，2005）。

幼虫：美国白蛾幼虫大多属“黑头型”，头黑色，具光泽。老熟幼虫体长 28～35 mm，体黄绿色至灰黑色，背线、气门上线、气门下线浅黄色。背部有一条黑色宽纵带，毛瘤黑色，体侧毛瘤多为橙黄色，毛瘤上着生白色长毛丛。腹足外侧黑色。气门白色，椭圆形，具黑边（刘昌兰等，2005）。

蛹：体长 8～15 mm，暗红褐色，腹部各节除节间外布满凹陷刻点。雄蛹瘦小，雌蛹较肥大，蛹外被有灰白色薄茧，茧上的丝混杂着幼虫的体毛共同形成网状物。

成虫：雌虫体长 9.5～15 mm，翅、腹部纯白色，触角锯齿状。雄虫纯白色，越冬代前翅有翅斑，个别腹部有 1 或 3 列黑点，触角双栉齿状（高云霞和翟军，2009）。

9.7.5.3 生物学特性

1. 食性杂

能为害林木、果树、农作物、蔬菜、杂草等 300 多种植物，在果园密集的地方以及林荫道发生严重时可将全部树叶食光，造成部分枝条甚至整株死亡，给林果业和城市绿化带来巨大损失。被害树长势衰弱，易遭其他病虫害的侵袭，并降低抗寒抗逆能力。

2. 繁殖量大

虽然一年 2～3 代，但繁殖力仍惊人。据测定 1 只雌蛾一般产卵量在 600～1 000 粒，多者可达 1 800 粒。如果防治不彻底，经过 1～2 年的繁殖，很快又泛滥成灾。

3. 适应性强

对恶劣环境具有极强的适应性，能耐零下 16℃的低温和 40℃的高温，遇到不良环境会提前化蛹。老熟幼虫耐饥饿能力极强，在不取食的情况下能存活 15 d，这为其远距离传播奠定了基础。

4. 传播蔓延速度快

传播途径主要靠成虫飞翔和老熟幼虫爬行。远距离传播主要是老熟幼虫和蛹随寄生植物、交通工具、包装材料等进行传播（刘华等，2010）。

9.7.5.4 为害与分布

1. 为害特征

美国白蛾将卵产在寄主叶片背面，卵单层排列，呈块状。幼虫孵出后即在卵块附近吐丝结网，群集网中取食叶片，叶片被食尽后，移至枝杈和嫩枝的另一部分织一新网（见彩图 9.7.1 和彩图 9.7.2）。1～4 龄幼虫多结网为害，网幕为乳黄色，有的长达 50 cm；5 龄后的幼虫开始脱离网幕，分散为害，达到暴食阶段；6 龄幼虫开始成群转移。美国白蛾的繁殖力很强，1 头雌蛾平均产卵 500～800 粒，最高可达2 000粒。卵的孵化率可达 95%。美国白蛾是比较典型的多食性害虫。可取食的植物种类很多，包括乔木、灌木、果树、农作物、花卉及杂草等。主要喜食桑、糖槭、臭椿、山楂、白蜡、梧桐、苹果、核桃、国槐、樱桃、榆树、杨、柳、杏等。但是，如果喜食树木被吃光，幼虫便转移至其他林木、农作物、蔬菜及杂草上继续为害（崔建臣，2006）。

2. 分布

美国白蛾原产北美，广泛分布于美国北部、加拿大南部和墨西哥，在北美是一种普通害虫，但传入欧亚大陆后作为入侵种成为严重危害树木的检疫性害虫。1940 年传到欧洲，1945 年从美国传入日本，1957 年侵入到朝鲜。1979 年在国内辽宁省丹东市首次发现，1981 年山东荣成发生，1984 年在陕西咸阳发现，1989 年进入河北山海关，1995 年进入天津市塘沽区，2003 年在北京市平谷区金海湖地区首次监测到美国白蛾，2008 年 11 月在河南台前县发现疫情，30 年来，已扩展到 7 个省（市）。自 2003 年以来危害面积逐步扩大，2005 年底普查结果，北京、天津、河北、辽宁 4 省（市）美国白蛾发生面积共 17.5 万 hm^2；2006 年底统计，全国共发生美国白蛾23.2万hm^2；2007年普查结果，全国美国白蛾发生面积27.7万hm^2；2008年则已超过47万hm^2。涉及辽宁、山东、陕西、河北、北京、天津、河南等省市（倪同良等，2009）。

9.7.5.5 发生规律

美国白蛾在我国北方地区一般每年发生3代，以蛹越冬。每年4月下旬至5月下旬是越冬代成虫羽化和产卵期，幼虫5月上旬开始为害，一直延续至6月下旬。7月为第1代成虫期。第2代幼虫7月中旬开始发生。8月中旬进入为害盛期，经常发生整株树叶被吃光的现象。8月中旬第2代成虫开始出现，第3代幼虫从9月上旬开始为害直至11月中旬，10月中旬第3代幼虫陆续化蛹越冬。

9.7.5.6 预测预报

采用黑光灯及美国白蛾性诱捕器监测美国白蛾发生动态，监测时间为每年4月5日至10月15日。根据美国白蛾易借助交通工具传播等特点，监测灯及性诱捕器安置在空旷无遮挡的林地边缘、交通干线公路两侧、旅游景点周边、城乡结合部、货场周边、停产半停产企业及场院等处，悬挂高度为1.5～2 m，性诱捕器和监测灯设置间距不低于200 m（冯术快和卢绪利，2009）。

9.7.5.7 防治措施

1. 化学防治

化学防治是目前国内外防治美国白蛾的基本措施之一，具有价廉、速效、易操作等优点。但传统的化学农药往往对自然环境造成一定的污染，且对美国白蛾的天敌亦具有杀伤性，在破坏生态平衡的同时还会诱导害虫产生抗药性，给今后的防治工作造成更大的困难。因此，应选择高效、速效、低毒、环保的新型杀虫剂。目前，抗生素类农药、植物源杀虫剂、仿生制剂等新型化学防治药剂正逐渐取代传统农药。化学防治通常在美国白蛾的幼虫期进行，可采用人工喷洒、飞机喷洒、树干涂刷药环等方式。

(1)传统化学农药　常选用胃毒（喷叶喂养）、触杀（直接喷药）型的化学农药，如速灭杀丁、来福灵、溴氰菊酯等。为减少害虫耐药性的产生，应避免重复使用同一种药剂。可以采用8%绿色威雷触破式微胶囊剂，即将高效氯氰菊酯放入微胶囊内，用于杀灭下树化蛹的美国白蛾老熟幼虫。当害虫爬过微胶囊将其踏破后释放出药物，从而发挥杀虫作用。使用时，将微胶囊剂稀释后用喷雾器在树干1.5 m处环状喷雾。若使用得当，其防治率可达100%。

(2)抗生素类新型农药　该类新型农药以1.8%阿维菌素乳油杀虫剂为代表，稀释后用动力喷雾器进行喷洒。阿维菌素是链霉菌经发酵后提取的抗生素，其杀虫机理为阻断害虫运动神经信号的传递，使害虫麻痹而死。具有速效、高效、环保的特点。

(3)植物源杀虫剂　该类药剂是以植物为原料制备而成的杀虫剂，具有高效、广谱、环保等特点。目前，可选用1.2%烟参碱乳油和0.36%苦参碱水杀虫剂等。稀释后用动力喷雾器进行喷雾，防治龄期为2～3龄幼虫。在合适的使用剂量和浓度下，幼虫死亡率可达99%以上。

(4)仿生制剂　仿生制剂具有高效、低毒、环保等优点。其杀虫机理主要是药物与虫体内分解酶结合使其失去活性,抑制昆虫体内几丁质的合成,导致昆虫不能正常蜕皮而死亡。在使用仿生药剂时应注意选择科学的时机和使用剂量以达到最好的杀虫效果。目前,常用的仿生制剂主要有灭幼脲Ⅰ、灭幼脲Ⅲ、米满、卡死因、除虫脲、杀铃脲等。灭幼脲Ⅰ可湿性粉剂是一种可以长期保存的仿生药剂,通过抑制昆虫几丁质合成,使害虫不能正常蜕皮、变态而死亡。主要用于美国白蛾2～3龄幼虫的防治。稀释后用动力喷雾器进行喷洒。灭幼脲Ⅲ具有药效较长的特点,一般可达23 d。其杀虫机理和使用方法与灭幼脲Ⅰ相似。一般喷药后5～7 d为幼虫死亡高峰期。

2. 物理防治

(1)剪除网幕　在美国白蛾2～3龄网幕盛期,每隔23 d仔细寻查并连同小枝一起剪除幼虫网幕。剪网时注意不要造成破网,以免幼虫漏出。剪下的网幕及散落在地上的幼虫应立即集中烧毁或深埋。

(2)围草诱蛹　主要适用于防治困难的高大树木。在老熟幼虫化蛹前,在树干离地面1.0～1.5 m处,用谷草、稻草把紧紧围绑树干1圈,诱集幼虫化蛹。化蛹期间每隔7～9 d换1次草把,解下的草把集中烧毁或深埋。

(3)人工挖蛹　晚秋、初春季节在树洞、树皮缝、枯枝落叶、树周围建筑物缝隙、砖石瓦块及屋檐下挖越冬蛹;4月中旬及7月中下旬,挖第1代蛹并集中消灭。

(4)诱杀成蛾　利用美国白蛾的趋光性,在上一年美国白蛾发生比较严重、四周空旷的地区,用诱捕电击灭蛾灯、频振式杀虫灯、黑光灯等在成虫发生期诱杀成蛾。该方法还可以为虫情测报提供依据,能及时、准确地反映出害虫的羽化情况。

3. 生物防治

美国白蛾的生物防治是利用生物物种间的相互关系来抑制其种群增长的防治方法。该方法具有选择性强、对生态环境无污染等优点,并且有利于无资金防治能力,人为活动频繁,林内饲养动物不能喷药以及树高林密、喷药困难地区的防治工作。

(1)白蛾周氏啮小蜂　它是美国白蛾蛹期重要的寄生蜂之一,群集寄生于美国白蛾蛹内,以寄主蛹中的血淋巴、器官以及营养物质为食。其卵、幼虫、蛹期均在寄主蛹体内度过,在发育至老熟幼虫期时将寄主杀死,在寄主的空蛹壳中化蛹,成蜂羽化后咬破寄主蛹壳飞出。防治时可采用淹没式释放法。在美国白蛾老熟幼虫期和化蛹初期分别放蜂1次,放蜂量为美国白蛾幼虫数量的3～5倍,小蜂雌雄比为(45～96)∶1,每年放蜂2代4次。采用科学合理的放蜂技术后,该小蜂能迅速控制美国白蛾的种群数量,并持续发挥防控作用(杨忠岐等,2005)。

(2)病毒和细菌类生物制剂　该类制剂对美国白蛾高效,对环境和其他非靶标生物安全,不仅能有效降低当代虫口密度,还由于其具有一定的自然传染能力,可通过水平传播和垂直传递等多种途径进行扩散,达到持续控害的目的。但该类制剂在使用时对防治对象的虫龄要求较高,需要掌握好使用时机。

①病毒类生物制剂　美国白蛾病毒包括核型多角体病毒、颗粒体病毒和质型多角体病毒。美国白蛾核型多角体病毒(HcNPV)的研究较多,对美国白蛾幼虫有较强的致病力,且为专性寄生,防治效果在93.7%～99.0%以上。由于病毒制剂显效相对较慢,防治的最佳时期为幼虫2～3龄期。

②细菌类生物制剂　苏云金杆菌对美国白蛾各龄幼虫均具有理想的防治效果，且无公害（仝晓琳，2010）。

9.7.6　蔗扁蛾

9.7.6.1　分类学地位

蔗扁蛾（*Opogona sacchari* Bojer）属鳞翅目（Lepidoptera）辉蛾科（Hieroxestidae）扁蛾属（*Opogona*），是近年来随巴西木的大量进口而从国外传入我国的一种突发性检疫害虫，危害性极大。

9.7.6.2　形态特征

成虫：体黄褐色，体长 8～10 mm，翅展 22～26 mm，前翅深棕色，前翅后缘有毛束，停息时毛束翘起如鸡尾状。雌虫前翅基部有一黑色细线，可达翅中部。后翅黄褐色，后缘有长毛。腹部腹面有 2 排灰色点列。停息时，触角前伸，爬行速度快，并可做短距离跳跃。

卵：淡黄色，卵圆形，长 0.5～0.7 mm，有珍珠光泽，近孵化时颜色变深黄色。

幼虫：乳白色，透明。老熟幼虫体长 20～30 mm，宽约 3 mm。头红褐色，前胸盾片和气门片红色，周缘色淡。中后胸背面的毛片合成一大块褐斑，胸和腹部各节背面均有 4 个毛片，矩形，前 2 个后 2 个排成 2 排，各节侧面分别有 4 个小毛片，腹足 5 对。

蛹：长约 10 mm，宽约 4 mm，亮褐色，背面暗红褐色而腹面淡褐色，首尾两端多呈黑色。头顶具三角形粗壮面坚硬的“钻头”，蛹尾部有一对向上钩弯的粗大臀棘固定在茧上。触角、翅芽和后足相互紧贴，与蛹体分离（沈幼莲等，2008）。

茧：长 14～20 mm，宽约 4 mm，由白色丝织成，外表缀以碎木屑、泥沙和粪粒等杂物。

9.7.6.3　生物学特性

甘蔗扁蛾完成 1 个世代需要 60～121 d，平均 90.5 d，南方地区全年可发生 4 代，北方地区每年发生 3～4 代。不同虫态的发育历期有所差别，早期虫态发育历期较短，时间较整齐，后期较长，发育也不整齐。以幼虫在温室盆栽花木的盆土中越冬，越冬虫态以 6、7 龄幼虫为主，占 91.4%。翌年温度适宜时幼虫上树为害，多在 3 年以上的巴西木木段的干皮内蛀食，有时也可蛀入木质部表层，留下轻微的痕迹。幼虫老熟后吐丝结茧即进入预蛹期，预蛹在适温下 1～2 d 即可化蛹。在寄主被害部位化蛹为多，在泥土中化蛹的多为无茧蛹。

成虫在羽化前，蛹的头胸部露出蛹壳，约 1 d 后成虫羽化。成虫的交配多在凌晨 2～3 时，也有在上午 8～10 时进行的，交配的时间长短不一，最长的可持续近 1 h，交配持续时间一般在 30 min 内。雌、雄成虫的寿命有所差异，其中雌性成虫的寿命略短于雄性。雌性成虫最长 15 d，最短 5 d，平均 8.54 d；雄性成虫最长 14 d，最短 6 d，平均 9.40 d。

成虫爬行能力强，速度快，并可像蜚蠊一样进行短距离的跳跃，成虫还有补充营养和趋糖习性。成虫羽化后受惊动除作短距离跳动外，还可快速飞行，最远的飞行距离一次可达 10 m 左右。成虫喜阴暗，常隐藏于树皮裂缝或叶片背面，趋光性较弱，成虫在野外多栖息于背光的叶背和缝隙处。

成虫在羽化4～7 d后产卵，少数在羽化1～2 d内就产卵。产卵平均历期(54±22)d，在1～5 d内所产的卵占总产卵量的89%。产卵量为(253.05±65.18)粒，最少145粒，最多386粒；经解剖未产卵雌性成虫的卵巢，卵巢内的成熟卵粒最多达460粒，最少216粒。

卵多为散产或20～30粒堆在一起，初产卵淡黄白色，将孵卵为黄褐色。正常交配成虫所产的卵孵化率高，可达80%以上，所以该虫的繁殖力较强。卵孵化持续期1～3 d为多。卵期7 d，比较整齐。幼虫蜕皮6次，7龄，历期长达37～75 d，是该虫的为害虫期。

幼虫共7龄，1龄幼虫期很整齐，为4 d；2龄和3龄幼虫期最长5 d，最短3 d；4龄幼虫期最长为7 d，最短4 d，以5～6 d为主；5龄幼虫期最长12 d，最短5 d，以7～9 d为主；6龄幼虫期最长为22 d，最短8 d，以13～16 d为主；7龄幼虫期最长20 d，最短8 d，以14～16 d为主。初孵幼虫有吐丝下垂寻找寄主的习性。幼虫在寄主内分散入侵蛀食，单一被害株内有几十头虫的现象十分普遍，多的可达100多头。

甘蔗扁蛾的食性十分复杂，有钻蛀性、腐食性和杂食性，可供其选择的食物非常广泛。腐食性是该虫能在食物匮乏的环境中生存并能广为传播的一个重要原因。室内饲养的老熟幼虫能在仅装有树下表土的烧杯内完成其生长发育过程并结茧化蛹，或在各种湿润的、含有纤维素或纤维素制品(如滤纸)的环境下生长发育，甚至可取食母体本身、卵或相互取食。其生活方式类似以腐殖质为食的蚯蚓。

甘蔗扁蛾是一种钻蛀性害虫，气候条件对其影响较小。但温度显著影响蔗扁蛾各虫态的发育，在15～28℃下，发育历期随温度的升高而缩短，30℃对发育已有延迟作用，33℃下幼虫不能完成发育。15℃下世代发育历期达199.9 d，而28℃下世代历期仅47.7 d。温度与生存率的关系，除33℃以上高温影响较大外，其他温度相差不明显（蒋金炜和徐永伟，2004）。

9.7.6.4 为害与分布

1. 为害特征

主要为害巴西木、发财树、一品红和鹅掌柴的根部、棕竹的根茎部、香蕉、甘蔗、马铃薯、竹子、玉米、凤梨等重要的经济作物、园林植物、行道绿化树木和花卉植物等。

钻蛀性是蔗扁蛾对寄主植物造成危害的主要形式，主要以幼虫在植株肉质皮层内上下蛀食，形成不规则隧道或连成一片。危害轻时，局部受损；危害重时，将整段木桩的皮层全部蛀空，只剩薄薄一层外表皮，皮下充满粪屑。

2. 分布

蔗扁蛾分布于意大利、荷兰、挪威、芬兰、美国等许多国家以及欧洲地区。植保组织、亚太地区植保组织和北美地区植保组织等先后将其列入检疫性害虫加以控制。我国于1995年在北京园林植物上首次发现危害，随后在广东、海南、福建、新疆、四川、上海、江苏、浙江等地相继发现，其分布危害有迅速向全国扩散蔓延趋势。目前已成为北方地区温室花卉生产中的主要虫害之一，如在北京，每年严重受害的温室中巴西木因此虫淘汰率达50%以上；而在我国南方地区凡能见到巴西木的地方几乎都有蔗扁蛾发生危害，严重威胁着园林绿化、经济作物和花卉生产安全(蒋金炜和徐永伟，2004)。

9.7.6.5 发生规律

该虫经过卵、幼虫、蛹、成虫 4 个阶段，属完全变态害虫。多数卵产在巴西木未展开的叶片和发财树生长衰弱和生理萎蔫树的交叉或截径处，散产或集中块产，卵孵化约 7 d(6 月上旬)。孵化后的幼虫吐丝下垂，很快钻入树皮内危害。幼虫常数头集中在一起，幼虫期长达 45 d 左右。老熟幼虫吐丝结茧化蛹，夏季多在木桩顶部或上部的表皮；秋冬季多在花盆上下结茧化蛹，蛹期 15 d 左右。化蛹前顶破丝茧和树表皮，蛹体一半外露，成虫羽化后，外露的蛹壳经久不落。成虫寿命 5～17 d，通过 1 年多观察，该虫在南方每年发生 3 代，且在室内能够越冬。5～6 月份发生第 1 代成虫，8 月中旬左右陆续出现第 2 代成虫，9 月底陆续出现第 3 代成虫，并有世代重叠现象出现。该虫主要以老熟幼虫在土表下面越冬，到第 2 年 3 月底开始上树危害。蔗扁蛾对寄主植物造成危害的主要形式是钻蛀，主要以幼虫在巴西木、发财树的肉质皮层上下蛀食，形成不规则隧道，最后连成一片，将整段木桩的皮层全部蛀空，只剩下薄薄一层外表皮，皮下充满粪屑。幼虫在木段表皮上咬有排粪通孔，排出粪屑，最后使树叶逐渐萎蔫，并造成整枝死亡(夏建平等，2006)。

9.7.6.6 预测预报

蔗扁蛾与其他昆虫一样“完成其发育阶段所需的热量是一定的”，这一热能用发育历期与此期有效温度的乘积表示，即 $K = N(K - C)$，根据最小二乘法求系数公式分别求出卵、幼虫、蛹、成虫及世代的发育起点温度和有效积温，及一年发生代数(魏靖等，2006)。

9.7.6.7 防治措施

1. 加强检疫

广泛开展《植物检疫条例》的宣传教育，充分认识蔗扁蛾的危险性和预防工作的重要性。禁止从疫区大量调运巴西木、发财树，对少量调入的，应在查验调运检疫证书的基础上进行复检，并采取适当的隔离措施。为防止蔗扁蛾在新区和室外定殖，应加强虫情监测研究，重点监控蔗扁蛾对玉米、甘蔗等农作物的危害情况。

2. 物理防治

栽培蔗扁蛾喜食的寄主植物时，要经常检查寄主茎干，用手按压其表皮，如有松软感，可剥掉受害部的表皮，将虫粪清理干净并将幼虫杀死。另外，植株用 44℃热水处理 30 min，可杀死全部幼虫且不损伤植株本身。在蔗扁蛾成虫发生季节可用频振式杀虫灯诱杀，每个花圃装置 1～2 台频振式杀虫灯，可大大降低成虫基数。

3. 化学防治

大田防治蔗扁蛾可在幼虫期用 2.5%敌杀死乳油 2 500 倍液、10%可湿性吡虫啉粉剂 700 倍液及 1.8%阿维菌素乳油 1 500 倍液喷雾防治，连喷 2～3 次(每隔 7 d 喷 1 次)，可获得良好的防治效果；对于幼苗，用 1.8%阿维菌素乳油 1 000 倍液浸泡受害处 0.5 h 可防治蔗扁蛾幼虫，3 d 后平均死亡率达 97.1%。

在温室内大规模种植时，植株进棚前用加 40%氧化乐果乳油1 000 倍液浸泡 5 min，晾干后再植入，进棚后用 20%菊杀乳油等刷树干，同时悬挂敌敌畏布条熏蒸，每 30 m 放 1 块，持续3个月，或用2～10 g/m^3磷化铝片剂熏杀，蔗扁蛾死亡率可达85%以上。土壤处理可用90%敌百虫晶体配成1∶200倍毒土，均匀撒在盆土表面，或每盆放20～25 g呋喃丹颗粒剂埋根，亦可杀死越冬潜土的蔗扁蛾蛹。一般性的辅助防治可用药效持续时间长的Bt生物杀虫剂。

4. 生物防治

斯氏线虫(*Steinernema carpocapsae*)防治蔗扁蛾幼虫的效果显著，该线虫能准确找到寄主，并在寄主体内迅速繁殖杀死寄主，并有再次感染其他寄主的作用，值得推广应用。斯氏线虫的Agrlotos品系对蔗扁蛾4～5龄幼虫的LD_{50}为15条/头，大面积使用时可用2 857条/mL进行注射或喷雾防治，96 h后对幼虫的防治效果分别为98.1%和81.8%，其中以注射法效果更为良好，可用100 mL医用注射器吸取线虫悬浮液，注入受害部位的表皮下，以空隙被湿润为准。

毛蠼螋(*Chaetospania* sp.)在1 d内对1～3、4～5和6～7龄幼虫最大的捕食量理论值分别是49.26、33.67和26.81头，且随着蔗扁蛾幼虫密度的增大，毛蠼螋对幼虫的捕食量也增大。该种毛蠼螋的捕食潜能较大，是可以进一步利用的天敌(吕朝军等，2009)。

9.7.7 苹果蠹蛾

9.7.7.1 分类学地位

苹果蠹蛾(*Cydia pomonella* L.)属鳞翅目(Lepidoptera)卷叶蛾科(Tortricidae)小卷蛾亚科(Olethreutinae)，广泛分布于世界各大洲，是为害苹果、梨、沙果、桃、杏等果树的一种毁灭性害虫，被列为国际检疫性对象。

9.7.7.2 形态特征

成虫：体长8.0 mm，翅展19.0～20.0 mm，全体黑褐色带紫色金属光泽。前翅颜色可明显分为3个区域，臀角的椭圆形大斑深褐色，内有3条青铜色条纹；翅基部褐色，外缘突出，略呈三角形，杂有颜色较深的斜形波状纹；翅中部淡褐色，杂有褐色斜纹。雌雄蛾前翅腹部有很大区别，雌蛾腹部较雄蛾稍粗，而雄蛾较雌蛾体色深。雄虫沿中室后缘有1条黑色鳞片，雌虫翅缰4根，雄虫仅1根(见彩图9.7.3)。

卵：略呈椭圆形，长1.1～1.2 mm，宽0.1～1.0 mm，扁平，中央部分略隆起。随着胚胎发育，中央逐渐呈黄色，并出现断续的红色斑点，逐渐扩展连成1圈，至孵化前红圈又逐渐消失，表面无明显刻纹。

幼虫：初孵幼虫白色，随着发育，背面渐显淡红色至玉红色。老熟幼虫体长17.0～18.0 mm，背面色深而腹面色浅，前胸呈淡黄色并有较规则的褐色斑点。前胸气门群3根刚毛与第1腹节足群的3根刚毛均位于同一毛片上，第8腹节足群有2根刚毛。臂板较前胸盾片色更浅，其上有小褐色斑点，无臀棘。腹趾钩单序缺环。

蛹：长7.0～10.0 mm，黄褐色，肛门两侧各有2根钩状毛，加上蛹末端6根共10根。

9.7.7.3 生物学特性

(1)成虫活动的趋光性　成虫喜好紫外光波和紫光波,多在夜间活动,具有趋光性。用频振式杀虫灯和黑光灯都能诱集到成虫。

(2)成虫活动的趋化性　雄成虫对美国 BRI(Bedoukian Research Inc.)公司合成生产的苹果蠹蛾性信息素有较强的趋性。

(3)成虫产卵的选择性　成虫产卵具有明显的选择性。从树冠的垂直分布上看,树冠的上层产卵最多,中层次之,下层最少;从树冠的平面分布上看,树冠的向阳面和背风面产卵较多,阴面和迎风面产卵较少。

(4)幼虫发育的滞育性　一代幼虫老熟后,27.6%的幼虫滞育结茧越夏越冬。

(5)幼虫取食的转果性　幼虫在果实内取食为害。当蜕皮 3 次后,有的幼虫从果实内爬出,又钻入另一个果实内取食为害。一头幼虫可转果为害 1～3 个果实,尤其是相邻紧挨的果实之间易发生串果为害。有时一个果实内也有几头幼虫同时蛀入为害的情况。

(6)世代发育的重叠性　幼虫、蛹、成虫、卵的生长发育期长短不一,世代交叉重叠,从 4 月中旬到 9 月底期间,都能诱集到成虫。

9.7.7.4 为害与分布

1. 为害特征

主要危害苹果和梨,也危害桃、杏、李、沙果等。以幼虫蛀食果实,一般 1 头幼虫可蛀果 3～4 个。幼虫孵化后在果面爬行,从果面损伤处、花萼或梗洼等处蛀入果实。蛀果后先在果皮下取食并做小室,开始第 1 次蜕皮,后逐步深入心室蛀食,形成弯曲的孔道;蛀到心室附近时进行第 2 次蜕皮,3 龄后蛀入心室取食种子,在蛀孔内外留有明显的排泄物,此后幼虫向外转移,做较直的蛀道并逐渐脱果,转而危害附近其他果实。幼虫脱果后在果实表面留有脱果孔(张玉梅和李树森,2010)。

2. 分布

在国外苹果蠹蛾主要分布于印度、朝鲜、哈萨克斯坦、吉尔吉斯坦、塔吉克斯斯坦、乌兹别克斯坦、土库曼斯坦、格鲁吉亚等地。

在我国该虫原仅分布于新疆,1957 年张学祖教授首次在新疆局部地方发现苹果蠹蛾危害,到 20 世纪 80 年代,在新疆普遍发生,危害较重。1987 年苹果蠹蛾随游客携带的果品首先传入甘肃省敦煌市,后又扩散到酒泉市,2006 年已蔓延到张掖市,其传播速度、发生面积和危害程度都在逐年加重,并且有加速向东扩散蔓延的趋势(周昭旭等,2008)。

9.7.7.5 发生规律

苹果蠹蛾在北方地区每年发生 2 代和一个不完整的第 3 代。4 月上旬气温超过 9℃时,越冬幼虫陆续开始化蛹,5 月上旬为化蛹盛期,4 月下旬越冬代成虫开始羽化,5 月中旬为越冬代成虫羽化高峰期。5 月中下旬 1 代幼虫开始蛀果为害,6 月中旬 1 代老熟幼虫开始脱果,6 月下旬为脱果盛期,幼虫脱果后在树皮裂缝中、翘皮下及树洞中结茧化蛹,但有极少部分老熟幼虫结茧越夏。7 月上旬开始出现 1 代成虫,7 月中旬 2 代幼虫孵化蛀果,取食为害到8月上旬脱果，寻找适宜的越冬场所结茧越冬，部分未脱果的幼虫随着采收到室内、果窖、包装箱内作茧越冬；极少部分幼虫脱果后在树皮裂缝、翘皮下、树洞中作茧化蛹，并于8月中旬至9月上中旬羽化，交尾产卵，9月中下旬孵化出不完整第3代幼虫。

9.7.7.6 预测预报

各地要加强果园产地检疫调查，建立固定监测点，搞好常年监测，及时准确掌握疫情动态，一旦发现疫情，立即封锁、开展除治，及时扑灭。

9.7.7.7 防治措施

1. 加强检疫

准确掌握疫情的分布范围及危害程度，对调出的果品、包装物及运输工具进行产地检疫。严禁虫果上市交易，也可在交通要道设立公路疫情检查站检疫。

2. 农业防治

刮翘皮：果树休眠至发芽前，刮除树干翘皮、粗皮，集中深埋或烧毁，消灭其中的越冬幼虫。

树干绑缚诱杀：8月初用作物秸秆、破麻袋等物，在果树主干距地面50.0 cm处束圈，诱集幼虫，结合刮树皮集中烧毁；清洁果园及时清理落果、蛀果，集中深埋或烧毁，防止幼虫转果危害。

套袋：5月20日前果实套袋可防幼虫危害果实。

树干涂胶：6月上旬到8月上旬，在主干距地面20.0 cm以上处涂抹宽度为4.0～6.0 cm的黏虫胶环，黏杀脱果后迁移的幼虫。

3. 物理防治

4月中旬至9月底，果园内架设频振式杀虫灯或悬挂性信息素诱捕器，可诱杀大量成虫。频振式杀虫灯单灯控制面积为1.0～13 hm^2，2～3 d清理1次虫体，做深埋处理；单诱捕器控制面积1 km^2左右，每10 d更换1次黏虫胶板，60 d更换1次诱芯。

4. 化学防治

第1、2代幼虫蛀果前，即5月中旬和7月中旬，用4.5%高效氯氰菊酯乳油1 000～1 500倍液，或2.5%溴氰菊酯乳油3 000～4 000倍液，或20%氰戊菊酯乳油2 000～3 000倍液，或2.5%氯氟氰菊酯乳油2 500～3 000倍液进行喷雾防治，间隔8～10 d喷1次，连喷2～3次。以上药剂交替使用，以免产生抗药性。

9.7.8 棉红铃虫

9.7.8.1 分类学地位

棉红铃虫（*Pectinophora gossypiella* Saunders）属鳞翅目（Lepidoptera）麦蛾科（Gelechiidae），又名红铃麦蛾、红虫。

9.7.8.2 形态特征

成虫：长 6.5 mm，翅展 12 mm，棕黑色。下唇须棕红色，向上弯曲如镰刀状。触角棕色，除基节外各节端部黑褐色，基节有 5～6 根栉毛。前翅尖叶形，暗褐色，从翅基到翅外缘有 4 条不规则的黑褐色纵带。后翅菜刀形，银灰色，外缘略凹入，缘毛较长。雄蛾翅缰 1 根，雌蛾 3 根。

卵：长 0.4～0.6 mm，宽 0.2～0.3 mm，表面具网状纹似花生壳状。初产时乳白色，孵化前变为粉红色。

幼虫：1 龄幼虫长不到 1 mm，有时带淡红色，体毛明晰可见；2 龄幼虫体长约 3 mm；3 龄幼虫体长 6～8 mm，多为乳白色，各节体背有 4 个淡黑色毛片；4 龄幼虫体长 11～13 mm，头部红褐色，上颚黑色。前胸及腹部末节硬皮板黑色。体背各节有 4 个浅黑色毛片，毛瘤周围有不相连的红斑，故全体为红色；腹足趾钩单序，外侧缺环。

蛹：长 6～9 mm，红褐色，有金属光泽，羽化前为黑褐色。尾端尖，末端臀棘短，向上弯曲呈钩状，周围有钩状细刺 8 根。茧灰白色，椭圆形，柔软。

9.7.8.3 生物学特性

越冬代成虫的出现时间大体与各地棉花的现蕾期相吻合。成虫白天潜伏，夜间交配产卵，对黑光灯有趋性，飞翔力不强。每雌可产卵 10～100 粒，最多可达 500 多粒，产卵期可长达 15 d。第 1 代多产在嫩头或嫩叶上，第 2 代多产在下部的青铃萼片内，第 3 代多产在中上部青铃萼片内。卵期 4～6 d。

幼虫共 4 龄。初孵幼虫经 1～2 h 蛀入蕾内，每头幼虫可为害 2～3 个铃室、2～7 粒棉籽。幼虫老熟后在落蕾、落花内或入土化蛹。大部分随籽棉一起带进棉仓，小部分留在枯铃里。

发生规律：棉红铃虫的发生、消长与气候、食料、天敌等因素有关。

气候：棉红铃虫的发生和为害受气候因素的影响很大，高温、高湿适于繁殖。发生的适宜温度为 20～35℃，相对湿度 80% 以上。气候干旱，则对成虫产卵和卵的孵化均有一定的抑制作用，但雨量过多对繁殖也不利。

食料：棉红铃虫的繁殖与食料关系密切，幼虫喜食青铃，田间青铃出现早，伏桃或秋桃多，有利于其繁殖。

天敌：捕食性天敌有中华草蛉、晋草蛉、丽草蛉、小花蝽、三色长蝽、大眼蝉长蝽、窄姬猎蝽、食卵赤螨、草间小黑蛛、八斑球腹蛛、三突花蛛、谷蜡螨、青翅隐翅虫、瓢虫等；寄生性天敌有红铃虫甲腹茧蜂、黑胸茧蜂、黄胸茧蜂、中国齿腿姬蜂、金小蜂、拟澳洲赤眼蜂等。

9.7.8.4 为害与分布

棉红铃虫寄生于棉花等锦葵科棉属植物，及洋麻、黄麻、亚麻、蜀葵、洋绿豆等 8 科 77 种植物。国外遍布世界各大洲，在我国各产棉区均有分布（王太政，2009）。为害棉花的蕾、花、铃和种子，引起蕾铃脱落，导致僵瓣、黄花等。为害蕾时，从顶端蛀入造成蕾脱落；为害花时，吐丝牵住花瓣，使花瓣不能张开，形成“扭曲花”或“冠状花”；在铃长到 10～15 mm 时钻入，侵入孔很快愈合成一小褐点，有时在铃壳内壁潜行成虫道，呈水青色；为害种子时，吐丝将两个棉籽连在一起。

9.7.8.5 发生规律

棉红铃虫每年发生代数因地而异，由北向南每年发生 2～7 代，黄河流域 2～3 代，长江流域 3～4 代，华南棉区 5～7 代。有世代重叠现象。各地均以老熟幼虫结茧在仓库的墙缝、屋顶、棉籽堆、晒花工具和棉柴、枯铃中越冬，其中以贮花仓库虫量最多。在安徽 5 月上旬越冬幼虫陆续开始化蛹，可长达 2 个月之久。各代卵的发生盛期分别是 6 月下旬、8 月上旬和 8 月底。秋季气温高的年份可发生不完全的 4 代。幼虫在 8 月下旬开始陆续进入越冬期，到 10 月中旬绝大部分进入越冬期。

9.7.8.6 预测预报

预报方法，固定当地主要类型棉田各 2～3 块，每块棉田固定 150～200 株棉花，始花后 15 d 开始调查固定棉株落地黄花中化蛹数量，每 3 d 调查 1 次，首次拾的落地黄花放于已标记的 0.5～1 m^2 棉株根部，待 3 d 后剥查，同时拾落地花于观察区内，3 d 后再查，从 8 月下旬起，直至 9 月 10 日结束。2、3 代有效蛾卵期的确定，2 代化蛹峰期推后 7～8 d 为有效发蛾期，推后 10～11 d 即为 2 代产卵峰期；3 代虫花内化蛹期推后 9～10 d，羽化孔峰期推后 14～15 d 即为 3 代有效发蛾峰期，冬发蛾峰期推后 4～6 d 即为 3 代产卵峰期。

基层测报单位主要查落地花化蛹进度预测 2、3 代以指导防治，并以性诱剂作为防治监测，虫害花、卵量消长可不必调查。专业测报单位系统调查虫花化蛹进度，预测 3 代时必须同时调查青铃羽化孔消长，以提高预报准确率(赵晓武等，1992)。

9.7.8.7 防治措施

1. 农业防治

调节播期，控制棉花生长发育进度，促使棉花早熟，可使棉花在第 3 代红铃虫发生时已处于老熟阶段，不利于红铃虫的取食；延迟播期，推迟棉花现蕾的时间，使棉株上无足够适合红铃虫的食物，从而大幅度地抑制第 1 代红铃虫的虫口密度；因地而异选择抗虫品种，可以减少虫害；收晒棉花灭虫：堆花时上面覆盖物用麻袋，幼虫多爬至覆盖物下面，晒花前 2 d 扫杀，可杀死部分幼虫，减少来年虫口基数；采用帘架晒花：利用幼虫背光、怕热的习性，通过帘架晒花而使幼虫落地，并集中处理，连续几次效果非常好；有条件的地方收花时籽棉不进暖室，种子冷室堆放，能显著压低虫源基数，控制红铃虫的为害。

2. 物理防治

设置黑光灯或振频灯(1 盏/hm^2)，诱杀成虫，减少棉田落卵量。

3. 生物防治

性诱剂诱杀：于棉花 6 叶期将浸有信优灵药剂的线条挂在主茎叶倒 3 叶的叶柄上，每隔 8 m 挂 1 条，对减少田间落卵量有较好的效果。

4. 化学防治

可选用抑太保 EC、氰戊菊酯 EC、天王星 EC、溴氰菊酯 EC、保棉丹 EC 等药剂喷雾防治，这是最直接、有效的防治方法。

9.8 膜 翅 目

9.8.1 红火蚁

9.8.1.1 分类学地位

红火蚁（*Solenopsis invicta* Buren）隶属于膜翅目（Hymenoptera）蚁科（Formicidae）切叶蚁亚科（台湾称家蚁亚科）（Myrmicinae）火蚁属（*Solenopsis*）。

9.8.1.2 形态特征

成虫：成虫可分为 3 个品级（见彩图 9.8.1 至彩图 9.8.5）：工（兵）蚁、雌蚁（蚁后和有翅雌蚁）和雄蚁，雌蚁和雄蚁又合称为生殖蚁。所有的工（兵）蚁均有螯针，具叮蜇能力。工（兵）蚁体形大小变化较大，最大个体长度可以是最小个体的 3.5 倍以上，而且从小个体到大个体是连续变化的，没有极差，体长在 2.7～7.2 mm。头长 0.9～1.5 mm，头宽 0.7～1.32 mm，近正方形或心脏形，颊部略凸起，头顶中部有较浅凹陷；复眼长 0.17～0.27 mm；唇基中齿发达，长度约为侧齿的一半，有时不在中间位置；上颚发达，内侧生 4 齿。触角膝状或丝状，10 节，柄节长 0.81～1.07 mm；一般是雌蚁柄节较长，长度达到或超过复眼和头顶的 3/4 处，偶尔有小型个体的柄节可达到或超过头顶，鞭节末端两节膨大，呈锤状；雄蚁触角丝状，各节长度相当。胸部的前胸背板宽 0.54～0.91 mm。由第 1 腹节和后胸愈合而成的并胸腹节明显，长形，其上有气门 1 对。腹柄节又称结节，由 2 节组成，第 1 结节（前腹柄节）呈较尖锐突起，侧面呈三角形，高于后腹柄节；第 2 结节（后腹柄节）顶部光亮，下部大部分生有横纹或刻点，腹缘呈锯齿状。后腹部（即柄后腹）由腹部腹柄节以外的各节组成，雌蚁后腹部通常比雄蚁粗、长；后腹第 1 节较其余各节粗大，长度占后腹部的 1/2 以上。足发达；3 对足胫节发达；前足距大，栉状，可用作净脚器；跗节 5 节，末端有爪 1 对。

卵：微小，椭圆形，乳白色；长度在 0.24～0.3 mm 之间，平均为 0.26 mm，宽度在 0.16～0.24 mm 之间，平均为 0.2 mm。

幼虫：无足型，乳白色，身体肥胖，呈“C”状弯曲，不具活动能力，表面有黏液。幼虫共有 4 龄。发育为工（兵）蚁的幼虫个体较小，4 龄幼虫体长 1.7～2.8 mm，平均为 2.16 mm；头壳宽度 1.0～1.6 mm，平均为 1.29 mm。发育为生殖蚁的幼虫个体较大，4 龄幼虫体长 4.0～5.0 mm，平均为 4.48 mm；宽度 1.5～3.5 mm，平均为 2.85 mm。

蛹：裸蛹，体长形，背面拱弧，表皮光滑；体色初为乳白色，后逐渐变为黄褐色至更深，有翅雄性最后变为黑色，有翅雌性和无翅型个体变为棕褐色或红褐色；足抱握于胸前，翅折叠，位于腹面足的外侧。与幼虫一样，发育为工（兵）蚁的蛹个体较小，体长在 2.7～3.5 mm 之间，平均为 3.22 mm；发育为生殖蚁的蛹个体较大，体长 4.9～6.1 mm，平均为 5.19 mm（任小平和李小妮，2006；曾玲等，2005；江世宏等，2008）。

9.8.1.3 生物学特性

红火蚁喜群居并好攻击，筑巢地下，营造社会性生活，包括蚁后、职蚁、雄蚁。除专门负责生殖的蚁后与生殖期才出现负责交配的雄蚁外，绝大多数为无生殖能力的职蚁（雌蚁）。蚁后为族群的中心，由卵发育成成虫约需 180 d，专门负责繁殖以维持族群的数量，寿命 6～7 年，每日可产生 1 500～5 000 粒卵，成熟蚁巢中每年可产生4 500只新的蚁后；雄蚁成熟期限与蚁后相同，主要任务是与蚁后交配，交配后很快死亡；职蚁主要负责照顾蚁后、觅食、构筑与保卫蚁巢等，全部为不具有生殖能力的雌蚁，寿命 1～6 个月。

雌、雄有翅繁殖蚁可飞到 90～300 m 高空交配，雌蚁交配后飞行 3～5 km 降落筑新巢，一般每年 5～10 月为红火蚁发生为害高峰期。成熟蚁巢每年产 4 500 只生殖雌蚁，且全年都可有新个体产生。蚁巢可以分为两型：单蚁后型和多蚁后型。单蚁后型蚁巢中仅有一只蚁后，工蚁对附近的其他蚁巢的红火蚁具有防御行为，成熟蚁巢中有 5 万～24 万只个体，每公顷可以形成 200～300 个蚁丘；多蚁后型蚁巢中有多个蚁后，工蚁并不表现为地域性行为，成熟的蚁巢中有 10 万～50 万只个体，每公顷可以形成超过 1 000 个蚁丘。

生态因子中，低温是限制其发生的主因子。Markin 发现，当春天土壤 1 周平均温度上升到 10℃以上时，繁殖活动就开始，工蚁和有性蛹在 20℃时出现，在 22.5℃时长出翅。新的蚁后需要成功地找到平均土壤温度 24℃的场所。所有婚飞资料表明，婚飞全部发生在周围空气达 24～32℃时。低温（平均气温 －12℃）可以限制红火蚁在美国的扩散（陈乃中等，2005；任小平等，2005；王建蕊等，2005；刘义和吴德森，2005）。

9.8.1.4 为害与分布

红火蚁危害主要表现在以下几个方面：

（1）危害农业生产。红火蚁主要取食作物种子、幼芽、根系和果实，从而造成农林作物减产。但红火蚁对我国农业的危害目前尚没有进行较全面的普查评估，因而研究了解较少。

（2）破坏生态环境。有关报道显示，红火蚁会大量捕食其活动区域的节肢动物，如蚯蚓等土栖动物，严重地破坏生态环境以及生物的多样性。

（3）损害公共设施。国外资料记载，入侵红火蚁可危害供电、电信、农田和堤坝等设施的安全。

（4）伤害人畜，危害人类健康。在吴川红火蚁曾对猪、牛等家畜造成伤害，且大多地区都曾发生红火蚁伤人事件，甚至需要医学治疗。红火蚁通过尾部螯针将毒液注入人皮肤内，会立即引起灼热感，并会维持 1 h 左右。之后会出现水泡，十分痛痒，如果挠破还会造成二次感染。过敏体质还会导致休克甚至死亡。且红火蚁喜群起攻之，因此一旦惊扰即会对人畜带来伤害。

（5）妨碍农事活动，降低生产效率。在红火蚁蚁巢和红火蚁的种群密集地农民因为害怕红火蚁的叮蜇，在夏季要穿上雨靴等保护全身，有的地区甚至只能是看着粮食蔬菜成熟而无人敢于踏足收获，严重妨碍农事操作，造成经济损失（李宁东等，2006；林芙蓉等，2005；雷仲仁等，2005）。

红火蚁原产于南美洲的巴西、巴拿马运河一带，首次入侵发生于 1918—1930 年间，入侵地为美国阿拉巴马州，是随南美运载农产品船只上的压仓沙土不慎带入的，其后迅速扩散，又入侵到新墨西哥、亚利桑那、弗吉尼亚、特拉华、马里兰、加利福尼亚、肯塔基等州。至此，红火蚁在美国侵染了 17 个州，并有向北至华盛顿和向西到夏威夷的扩散趋势。目前红火蚁已发生于巴西、秘鲁、玻利维亚、阿根廷、乌拉圭、美国、澳大利亚、新西兰、马来西亚、安提瓜岛和巴布达岛、巴哈马群岛、特立尼达和多巴哥、英国维京岛、美国维京岛以及我国的台湾、广东和香港等地。我国就此于 2005 年 1 月 17 日发布公告，农业部已将红火蚁列入"全国检疫性有害生物名录和禁止进境检疫性有害生物名录"，并制定了《红火蚁疫情防控应急预案》。陈林等认为国内广东、广西、海南、台湾、福建、浙江 6 省全境以及云南南部、贵州西北部、重庆地区西部、四川东南部、湖南北部和南部、江西西部为高危险区域，云南东部、贵州中部、湖南中部、江西西部、安徽南部、江苏南部、湖北南部发生可能性也很高，属于危险区域，云南西北部横断山脉到川西高原以及四川北部、东北部、陕南地区、湖北北部、河南南部、安徽北部、江苏北部为可能发生地区。除已发生的广东、广西、湖南和福建 4 省区外，红火蚁的扩散继续向北推进，贵州东南部、湖南南部、江西东南、浙江南部、云南南部发生的可能性很大。

9.8.1.5 发生规律

红火蚁年度发生表现出一定的规律，从蚁巢密度、蚁丘体积及工蚁数量等变化动态看该蚁 1 年之中一般有 2 个活动盛期，分别在 5～7 月和 10～12 月。无论是气温，还是地表温度、土壤温度等均明显影响红火蚁的活动，在南方春、秋季温度范围内该蚁活动活跃。以上研究结果表明在华南进行红火蚁调查、防控时应抓住 2 个关键时期，5、6 月和 10、11 月。研究中还发现应用诱饵诱集法、陷阱法所得出的工蚁数量动态存在明显差异，这主要是受不同季节红火蚁昼夜活动节律的影响。诱饵诱集法是在白天上午或下午实施，虽然夏季活动蚁巢密度较高，但是由于温度尤其是地表温度很高，因此前来诱饵处觅食的工蚁数量就少了；而陷阱法中陷阱的放置时间较长，为 24 h，夏季白天工蚁活动少，但到夜间待温度降低后出来活动多了，因此收集的工蚁数量就相对较多。但是，全年的监测结果证实 2 种方法所获得工蚁数量间存在明确的关系。以上研究表明在进行红火蚁发生动态调查时除应记录活动蚁巢数量、大小外，还应采用多种方法监测工蚁数量才能获得较为准确的动态规律。

9.8.1.6 预测预报

红火蚁活动蚁巢在所有密度下都是随机分布的，且蚁巢间相互排斥，密度越高分布越均匀。因此在进行红火蚁蚁巢发生情况调查时，可采用随机取样等各种调查方法。虫情调查时先对红火蚁发生密度进行初步估计，可选取具代表性的小面积地块，面积为 100 m^2 左右，记录蚁巢数量并测算出红火蚁发生密度，如果密度较低，零星发生，调查面积要大一些，每点面积应在 500 m^2 以上；如果密度较高，发生较普遍，则要根据理论抽样面积进行相应的调整。每点面积可在 100～200 m^2，一般一个类型的地点要调查 3 点以上。根据虫情调查结果对红火蚁发生趋势进行预测。

9.8.1.7 防治措施

喷洒药剂能立即灭除土表浅层活动的蚁群，短期内迅速降低地表红火蚁密度，但因红火蚁巢具地栖性、多孔蚁巢结构与觅食蚁道分散等特性，其蚁后在蚁丘内受到重点保护，可重新建立红火蚁种群，不能取得理想的防治效果，同时产生了农药残留等环境污染问题。目前，各国都在探索新的控制和根除方法，主要有以下环节及方法(蔡建和刘奇华，2006)。

1. 加强检疫

切断传播源是做好国内封锁控制工作的重要保证。从红火蚁传播的轨迹看，它的远距离传播主要靠人为调运物品传播。澳大利亚和新西兰都是自然隔离条件十分优越的国家，但红火蚁先后传入上述国家，说明口岸加强防范十分必要。发生地区调运出的带土苗木、花卉、盆景、草皮等用4.5%高效氯氰菊酯 EC 1 500 倍液浇灌或喷雾处理。对运输工具、货柜等施药灭蚁。发生区的淤泥、堆肥和垃圾等禁止运出；对流经发生区的江河堤岸进行巡查，防止红火蚁随水流传播。

2. 生物防治

在红火蚁的原产地巴西和阿根廷，双翅目(Dipteria)蚤蝇科(Phoridae)的十几种蚤蝇具有寄生红火蚁的能力，在控制红火蚁的种群数量中起关键的作用。捻翅目一种捻翅虫 *Caenocholaxfenyesi* 可以寄生红火蚁。该捻翅虫的雌、雄成虫和幼虫均生活在寄主体外，后转变为内寄生；球孢白僵菌(*Beauveria bassiana*)是一种很有前景的控制红火蚁的真菌类致病性微生物，该菌可以依靠深入到红火蚁体内的菌丝吸取营养，并产生机械穿透力导致红火蚁死亡，并在死亡后的红火蚁体表长出白色的菌丝，在巴西田间试验结果显示约80%的红火蚁因球孢白僵菌感染而死亡。

3. 化学防治

国外主要采用毒饵法和灌巢法，以及这 2 种方法耦合的 2 阶段处理法，先是大规模撒施毒饵，继而采用药剂处理单独的蚁丘。澳大利亚对红火蚁的治理达到了根除的程度。第一阶段采用饵剂处理，是将毒饵剂投放在蚁丘附近并诱导工蚁将其搬进蚁巢，一般毒饵的有效成分都是缓效的，这样在交哺的时候可以将毒饵中的有效成分在蚁后的体内积累，从而毒杀蚁后。在施用毒饵以后的一段时期，一般 10 d 左右开始第二阶段的防治工作，即独立蚁丘处理，使用触杀型化学药剂或沸水、清洁剂加水等非化学药剂处理方式。使用触杀性化学药剂稀释后浇灌，施用时应从蚁丘顶部浇灌，水量要足以浸透整个蚁丘，通常用量为 4～8 L 稀释药液，起效快速，几个小时内可消灭蚁丘内红火蚁。国外常用 S-氰戊菊酯、氯菊酯、乙酰甲胺、联苯菊酯、甲萘威、二嗪磷来灭除活动中红火蚁，有时可以直接杀灭蚁巢内的蚁后。二阶段处理法经美国、澳大利亚多年测试与改良，防效显著。

9.9 其　他

9.9.1 松材线虫

9.9.1.1 分类学地位

松材线虫[*Bursaphelenchus xylophilus*(Steniner et Buhrer)Nickle]隶属于线形动物门

(Nematomorpha)滑刃目(Aphelenchida)滑刃亚目(Aphelenchina)滑刃总科(Aphelenchoidoidea)滑刃科(Aphelenchoididae)伞滑刃属(*Bursaphelenchus*)。

9.9.1.2 形态特征

雌雄线虫均为蠕虫状,成虫长约 1.0 mm,口针基部稍厚,中食道球几乎充满体腔。雌成虫阴门位于虫体的 3/4 处,上有阴门盖覆盖,尾端宽圆呈指状。雄成虫交合刺大,近端喙突明显,尖细。远端有清晰的盘状突起。尾弓状,尾端尖细,交合伞卵形,透明,包裹于尾端。松材线虫雌虫尾部近圆筒形,末端宽圆,无尾尖突或有一很小的尾尖突,其长度一般不超过2 μm。

9.9.1.3 生物学特性

松材线虫是一种菌食性线虫。松树树脂道薄壁细胞也是其食源。松材线虫喜寄生于枯死木或其他因素导致的衰弱木。其生活史包含繁殖和扩散 2 个周期,繁殖周期经历卵、1～4 龄幼虫及两性成虫各虫态的变化。在其增殖阶段,平均气温 25℃左右的条件下,4～5 d 繁殖 1 代。1 条雌成虫平均产卵 10 粒左右。3 龄为扩散型幼虫,4 龄为持久型幼虫,持久型幼虫特别抗干旱,也适合媒介昆虫的传播。松材线虫在不同种的寄主及不同发生区的分布有一定规律性和差异性。在罹病树体上的垂直分布主要在树干、树枝,根部较少,松针、球果上尚未发现。线虫在树干胸高处的水平分布,一般心材虫量多于边材。

松材线虫的寄主主要为松属植物。松材线虫可寄生 70 种针叶树,其中松属(*Pinus*)植物有 57 种,非松属针叶植物有 13 种。我国的常见松属树种如马尾松(*P. massoniana*)、黄山松(*P. taiwanensis*)都是易感病的树种(李兰英等,2006)。

松材线虫的媒介昆虫有天牛科 28 个种、吉丁科 1 个属、胫象科 1 个属的昆虫。在我国松材线虫分布区中,其传播媒介均为松褐天牛(*Monochamus alternatus*),是松树的蛀干害虫,虫口密度较高时可导致松树死亡。松材线虫的传播途径主要有:①借助媒介天牛或线虫本身移动的自然传播途径;②借助人为运输并在媒介天牛的携带下实现远距离蔓延的人为传播途径。

随着天牛成虫取食侵入松树体后,松材线虫在接种初期几乎不动或移动较慢。接种 24 h后大部分松材线虫聚集在接种点附近;2～3 d 后松材线虫逐渐向主枝扩散;至接种后第 16 天松枝少许针叶发生枯萎时,主枝顶部和侧枝解剖也可直接观察到少量松材线虫。温度、光照 湿度、O_2、CO_2、不饱和脂肪酸以及寄主的种类、年龄、发育状况等均明显影响松材线虫的运动与迁移行为。线虫在 O_2 浓度增大时活动能力增强,CO_2 浓度增大时活动能力受抑,但 CO_2 对线虫的定向运动有一定的引诱作用。线虫的取食主要是由寄主的化学因子决定的,当线虫到达要取食的对象时会发生线虫与食物之间的分子识别反应。线虫交配前的信号是其分泌的性信息素,性信息素引起异性的趋向反应(李兰英等,2006)。

9.9.1.4 为害与分布

目前松材线虫的分布区域包括美国、加拿大、墨西哥、日本、中国、韩国、朝鲜、法国、尼日利亚、葡萄牙等国家,日本是损失最严重的国家。我国自 1982 年在南京中山陵首次发现该病，现已蔓延至江苏、浙江、安徽、山东、湖北、广东、江西、重庆、贵州等省份的95个县(市、区)以及台湾和香港的部分地区。

松材线虫病首先表现为树脂分泌减少，蒸腾作用下降，接着部分针叶失去光泽成灰绿色，并逐渐变黄，树脂停止分泌，最后整个树冠针叶变成红褐色，植株死亡。无论是小树还是大树，大多数植株在表现症状后1～3个月迅速枯死，只有少数植株至次年春季或初夏枯死，越年死亡的松树可在当年被诊断。有的植株感病后，在1～2年内仅树冠上少量枝条枯死，随时间推移逐渐增多，直至全株。在湿地松、马尾松、黑松等植株上发生比较普遍。

9.9.1.5 发生规律

发生代数因地区不同而有所差异。一般在长岛松材线虫病每年发病时间为4～10月，从5月底或6月初开始，疫情迅速加重，9月份病树最多，病树在长岛存在越年枯死现象。在第1年秋末感染松材线虫的松树，由于冬、春季的低温，在第2年的4～6月份才开始死亡。越冬代幼虫4月初开始活动，5月初陆续化蛹，5月下旬为出孔盛期，10月份仍可见成虫，成虫期可持续4个多月。在1年中，松材线虫病的最高发病期和松褐天牛出孔盛期都为1次，前者比后者晚3个月左右。用长满灰葡萄孢菌丝的PDA培养松材线虫，在25℃下经4～5 d完成一代。孵化后第4天即可产卵。在28 d的产卵期内，每虫平均产卵80～150粒。产卵停止后不久，成熟雌虫即死亡，平均寿命为15 d，最长32 d(杨振德等，2003)。

9.9.1.6 预测预报

以调查地区松材线虫定位发生数据和环境变量为主要信息源，采用分类与回归树模型(cART)、基于规则的遗传算法(cARP)、最大熵法(Maxent)和逻辑斯蒂回归(LR)4种生态位模型，建立松材线虫在某地区的潜在生境预测模型，在此基础上预测各县(区)松材线虫发生概率和发生面积。

9.9.1.7 防治措施

1. 加强检疫

外检中各口岸要对从国外特别是从美国、加拿大、日本输入的松材原木、松材加工制品、包装材料以及松科的观赏树种等实施严格检疫，检疫工作做得好，可以从源头上预防和控制松材线虫病的发生。然而因为在技术层面上一直缺乏快速、准确、有效、简便易行的检验检疫和鉴定技术，使得检疫工作效率长期处于一个较低的水平。

2. 农业防治

在疫区森林中逐山头、逐林班清查疫情，伐除病树或扒掉树皮，并将枝条、树根、木材一起清理下山，集中烧毁。

3. 物理防治

微波处理。微波能进入木材，使松木板材中的油脂和水分子瞬间极化而产生大量热能，以热传导杀死松材线虫，同时受到微波处理的松材线虫本身由于体内油脂和水分子极化，产生高热而死亡。温度51℃线虫死亡率达100%。

4. 化学防治

喷施化学农药。常用的农药有杀螟松乳剂、辛硫磷、丙维因、丰索磷、飞拌磷、克线磷等。可直接地面喷施，也可使用内吸杀线虫药剂注射树干和处理土壤，以防线虫侵染。

5. 生物防治

白僵菌如球孢白僵菌、捕食松材线虫真菌如指状节丛孢真菌、内寄生真菌如 *Esteya vermicola*、产毒真菌如黏褶菌、天敌放线菌如多黏菌素 A 和 B，及螨类如双革螨科的 *Pendralaelaps unispinatus* 等都是常用的有效生物防治方法（聂谷华和王文琪，2009）。

9.9.2 番茄刺皮瘿螨

9.9.2.1 分类学地位

番茄刺皮瘿螨（*Aculops lycopersici*）属蛛形纲螨目（Acariformes）瘿螨科（Eriophyidae）刺皮瘿螨属（*Aculops*）。又名番茄锈螨（tomato russet mite，简称 TRM ）（王梅玉和王冬生，2007）。

9.9.2.2 形态特征

番茄刺皮瘿螨，体呈梭形，有两对足。喙小，口针短。刚产时半透明乳白色，成熟时为黄色；若螨体长 140～160 μm；雌螨体长 150～180 μm，宽 55 μm，厚 45 μm，生殖器盖板长 14～16 μm，覆盖微管；雄螨体长 140～150 μm，宽 45 μm。羽状爪 4 支，头胸板的特殊形状可作为鉴别特征。后半体微瘤末段生有小刺，雌螨生殖盖上具有 8～10 条短的纵行的肋（王梅玉和王冬生，2007）。

9.9.2.3 生物学特性

1. 生活史

越冬：番茄刺皮瘿螨能在不加温的大棚及露天越冬，但不能在泥土里越冬，越冬寄主为茄属植物和矮牵牛花。番茄刺皮瘿螨主要以老熟成螨在番茄枝条的芽眼凹陷处和树皮裂缝处及大棚、温室杂草、支架缝隙处越冬。Celar 和 Valic 认为该螨只能在寄主上才可越冬，冬天瘿螨在这些越冬寄主上不能繁殖，越冬虫态成为第 2 年春天的主要虫源。

生活周期及温湿度对其影响：21℃以下，相对湿度为 30%时最适宜番茄刺皮瘿螨生长。该螨产卵期为 2 d，雌螨平均产卵 15 粒，卵孵化期为 2 d，1 d 的若虫期，2 d 的蛹期，整个生活周期为 7 d 或少于 7 d。最近的研究报道，番茄刺皮瘿螨繁殖速度很快，甚至在低温（15～24℃）完成 1 个世代也只要 15～18 d。总之，对番茄刺皮瘿螨的生活周期的描述争议很多，国内外一直在研究（陈斌等，2000）。

在我国东部区域的适生性明显高于西部区域，在西部除了新疆和青海的部分区域外，大部分地区是不适宜番茄刺皮瘿螨生长发育的。番茄刺皮瘿螨的适生性自北向南递增，华南地区是番茄刺皮瘿螨的最适宜的生存区域，其次是华中地区的大部分地区，北方地区的适生级别较低，西部地区的适生区域较小。

2. 迁移和扩散

番茄刺皮瘿螨不仅分布在叶片上，也分布在植株枝干上。一般分布于底部的叶片螨数量多于顶部，扩散到周围植株时，首先到达底部叶片并繁殖，逐渐向上为害。有研究表明，发生期为7月中旬，高峰期为10月上旬，植株间扩散慢，主要由工作人员携带传播。

9.9.2.4 为害与分布

番茄刺皮瘿螨营自由生活，在叶、茎和果实的表皮上，吸食汁液，能够对番茄造成极大为害。该螨在番茄生长82 d时是为害高峰，然后为害开始下降。该螨为害一般从植株下部开始，然后为害叶片，继而为害花、果实。早期为害症状是下部叶片反面呈银色，以后叶片变为青铜色，而且被为害的叶片从叶柄处开始变黄，如为害严重能造成叶片干枯，甚至整个植株死亡。茎秆下部表面绒毛褪去，变为锈色甚至在表面有细裂纹。番茄刺皮瘿螨一般为害叶片，但如果虫口密度大也为害果实，被为害的果实颜色发白或变为青铜色，果实上有裂纹。被为害的花畸形，比健康植株的花小。被为害植株的直径、高度、叶片数量均减少。研究表明：70%的螨为害叶片，而且比较喜欢集中在叶脉周围。该螨既取食叶片上表皮也取食下表皮，但偏嗜上表皮等(陈斌等，2000)。

1892年首先发现于美国，后来传至许多国家，并在1917年由澳大利亚学者Tryon第一次进行了种类描述，我国于1980年在广西发现，其后在上海、河北等地相继发现。该螨分布于南纬60°以北、北纬60°以南所有生长茄科植物的地区(王梅玉等，2008；许翔等，2008)。

9.9.2.5 发生规律

一年发生20代左右，有明显世代重叠现象。

9.9.2.6 预测预报

做好预测预报可以更好地了解番茄刺皮瘿螨的扩散行为。预测预报方法如下，对番茄刺皮瘿螨在番茄植株上的空间分布状况及抽样技术进行了调查。确定某一试验田做定期调查棋盘式取样，调查不同时期番茄上番茄刺皮瘿螨的数量，每次调查150株，每株分上、中、下3个部位各取2片叶，在解剖镜下观察每张叶片正反两面的成、若螨数量。

9.9.2.7 防治措施

1. 农业防治

创造不利于害螨的环境条件。结合田间管理，加强田间尤其是温室大棚的管理，改善通风透光条件，降低田间温度和湿度；摘除有虫枝叶，及时清除田间杂草和枯枝落叶一并带出田外集中烧毁或深埋；合理疏植，减少枝叶隐蔽；合理轮作，有利于番茄生长健壮，能提高抵抗螨类和其他害虫的能力，同时，由于轮作中作物种类的更换，耕作栽培技术的变动，可使田间环境条件、土壤微生物种群和土壤性质改变，使之不利于害螨的发生；也可以实行水旱轮作，蛹期结合灌水，增加土壤湿度，可抑制越冬虫态的发育；合理施肥，深翻土壤；在虫源地保护作物周围设置更为敏感的作物作为诱虫带，进行诱集杀灭等措施，控制效果也比较理想；

利用番茄刺皮瘿螨对不同寄主选择性不同的特点,综合地考虑作物空间和时间上的布局,增加农田生态系统的作物种类和作物品种的多样性,尽可能地发挥农田生态系统的防控能力。例如,番茄与菜豆混栽创造的经济效益是番茄单栽的 1.1～2.2 倍;培育抗性品种是防治番茄刺皮瘿螨的一条主要途径,日本学者从番茄品种 Lycopersi-con 37 个系列中筛选出对该螨有抗性的品种 L penne llii82000F 和 L hirsutum PI127827。另外国内也筛选出多种抗性品系,一般多茸毛的品系抗性好,如野生品系 YZ7 及多茸毛品系 YZ618 和 YZ619 感螨程度低,为抗性品系,少茸毛品系 YZ504、YZ419 和 YZ507 感螨程度高,为感螨品系。

2. 化学防治

化学防治也是番茄刺皮瘿螨的一种有效的防治方法。很早以前人们用硫磺及硫磺的复合物进行防治。最早使用硫磺防治番茄刺皮瘿螨的是 1934 年在澳大利亚温室里,从那时以硫磺为原料的一系列化学药剂出现了。后来出现许多杀螨剂,都对该螨有很好的防治效果。

美国学者 Thomas 和 Charles 于 1986 年总结了各国用于防治番茄刺皮瘿螨的药剂,该虫对杀虫剂(狄氏剂、马拉松、乐果、硫丹、甲胺磷)、杀螨剂(乐斯灵、三氯杀螨醇、溴螨酯)都比较敏感,此后各国学者继续在这方面做努力,试图寻找高效低毒的药剂。美国学者则指出阿维菌素 B1 比三氯杀螨醇更有效,控制番茄刺皮瘿螨的同时不伤害天敌螓螯螨。

我国主要用 40%的氧化乐果乳油 1 000～1 500 倍液、25%溴满酯乳油 1 000 倍液、40%三氯杀螨 1 000～1 500 倍液、20%双甲脒 1 000～2 000 倍液、5%尼索朗 2 000 倍液,从中任选一种喷雾。

3. 生物防治

天敌防治的方法具有选择性强、对生态环境无污染等优点。目前对番茄刺皮瘿螨具有较好控制作用的天敌有智利小植绥螨(*Phytoseiulus persimilis*)、西方盲走螨(*Typhlodromus occidentalis*)、螓螯螨[*Homeopronematus anconai* (Baker)]等。并且研究发现,螓螯螨雌成螨对番茄刺皮瘿螨若螨的捕食能力最强(陈斌等,2000;许翔,2006)。

9.9.3 二斑叶螨

9.9.3.1 分类学地位

二斑叶螨(*Tetranychus urticae* Koch)又名二点叶螨、白蜘蛛、黄蜘蛛,属蜱螨亚纲(Acarina)叶螨科(Tetranychidae)叶螨属(*Tetranychus*)。

9.9.3.2 形态特征

成螨:雌成螨呈卵圆形,体长 0.45～0.55 mm,宽 0.30～0.35 mm,除越冬代滞育个体为橘红色,均呈黄白色或浅绿色,足及颚体白色,体躯两侧各有一个褐斑,就是因为背部两侧的这一对称的黑色斑块而得名。其外侧三裂,呈横“山”字形,背毛 13 对。雄成螨身体略小,体长 0.35～0.40 mm,宽 0.20～0.25 mm,淡黄色或黄绿色,体末端尖削,背毛 13 对,阳茎端锤十分微小,两侧的突起尖锐,长度大约相等。

卵：圆球形，有光泽，直径 0.1 mm，初产时无色，后变成淡黄色或红黄色，临孵化前出现 2 个红色眼点。

幼螨：半球形，淡黄色或黄绿色，足 3 对，眼红色，体背上无斑或斑不明显。

若螨：椭圆形，黄绿色或深绿色，足 4 对，眼红色，体背两个斑点(孟和生，2001)。

9.9.3.3 生物学特性

1. 寄主范围广

二斑叶螨寄主范围广、食性杂。该螨可寄生于所有的显花植物。主要果树种类有苹果、梨、桃、油桃、樱桃、葡萄等；蔬菜以豆角、甜(辣)椒、黄瓜、菠菜、茄子等受害最重；农作物以豆类、花生等最易被取食；另外，杂草中的苹草、旋花草、牵牛花、荠菜，行道树中的火炬树、千头椿、国槐、刺槐、加杨、毛白杨等以及花卉中的大丽菊、月季等也是二斑叶螨的寄主植物(孟和生等，2001)。

2. 繁殖速度快

二斑叶螨平均单雌产卵量为 100 粒，最多可达 900 粒，相比之下苹果全爪螨为 45 粒，山楂叶螨为 44～90 粒。顾耘等在 1994 年用富士苹果叶在不同温度下饲养观察：30℃恒温下，卵期为 4.64 d，完成 1 个世代需 9.48 d；25℃恒温下，卵期为 5.15 d，完成 1 个世代需12.2 d。而苹果全爪螨在相同条件下，卵期分别为 4.95 d 和 5.63 d，完成 1 个世代分别需 13.2 d 和 17.3 d(孟和生等，2001)。

3. 抗药性强

二斑叶螨在国外被称为第一大害螨。传入我国后对常规及新引进的杀螨剂已产生较强的抗药性。据报道，甘肃省天水市郊苹果园内的二斑叶螨对 20%三氯杀螨醇、73%克螨特及 20%双甲脒，已分别达到 111.64、90.08 和 48.32 倍，高于朱砂叶螨的抗性 10 倍以上，说明这 3 种药剂已失去了控制二斑叶螨危害的能力。孟和生等对泰安市郊区茄子上的二斑叶螨进行的药效试验表明，20%灭扫利、15%三唑锡、20%三氯杀螨醇、73%克螨特等药剂均不能达到理想的防治效果，不能有效地控制其危害。国外主要用机油乳剂防治，国内尚处探讨阶段。一般来说，有机磷类药剂对二斑叶螨基本无效，拟除虫菊酯类药剂也不理想，防治效果最高的也不超过 50%(孟和生等，2001)。

9.9.3.4 为害与分布

二斑叶螨主要寄生在叶片的背面取食，刺穿细胞，吸取汁液，受害叶片先从近叶柄的主脉两侧出现苍白色斑点，随着危害的加重，可使叶片变成灰白色及至暗褐色，抑制光合作用的进行，严重者叶片焦枯以至提早脱落。取食中的二斑叶螨每隔 30 min 把相当于身体 25% 的水分通过后肠以尿的形式排出。另外，该螨还释放毒素或生长调节物质，引起植物生长失衡，以致有些幼嫩叶呈现凹凸不平的受害状，大发生时树叶、杂草、农作物叶片一片焦枯。二斑叶螨有很强的吐丝结网集合栖息特性，有时结网可将全叶覆盖起来，并罗织到叶柄甚至还可以在树株间搭接，螨顺丝爬行扩散。

二斑叶螨是一种世界性重要害螨。在欧、美各国普遍发生，其寄主植物包括果树、蔬菜、花卉、农作物及杂草 50 余科 200 多种植物。在俄罗斯、澳大利亚等国是苹果园的优势螨种。

在我国，最早确定在北京草木花卉上发现的绿色叶螨为二斑叶螨，并推测其由从国外引进花卉苗木而带入我国。随后在河北、山东、山西、甘肃、宁夏、河南与陕西相继发现二斑叶螨为害苹果、梨、草莓、樱桃、葡萄、辣椒、茄子、花生、玉米、大豆等植物的报道(相建业等，2003)。

9.9.3.5 发生规律

二斑叶螨一年发生10～20代，自北向南逐渐增加(蔡双虎和程立生，2003)。以受精雌成螨在树皮下、裂缝中、落叶、树下土缝及杂草根际等处越冬。越冬雌成螨在4月上、中旬开始出蛰(日均温达7℃以上)，先在杂草上取食，繁殖数代后上树为害，在树上越冬的雌成螨出蛰活动较迟。开花前后为产卵盛期，除第1代发生整齐外，以后则世代重叠，螨态混杂，高温干旱有利于大发生，低温及短日照则发育不良，导致滞育。二斑叶螨耐水能力特别强，螨体可在水中存活。其生殖方式以两性生殖为主，在无雄螨时也可进行孤雌生殖，其后代全为雄性。7、8月份是为害盛期，9月份以后陆续出现橙黄色冬型雌成螨，并潜入越冬场所。二斑叶螨以两性生殖为主，也能进行孤雌生殖，雌螨交尾后1～2 d即可产卵，卵散产，产于叶背主脉两侧，每雌螨平均产卵50～150粒，平均日产卵5.7粒，平均产卵期为14 d。完成一代所需的时间与温度、湿度联系密切(鲍正元，2009；孟和生等，2001)。

9.9.3.6 预测预报

1. 田间调查方法

越冬基数调查：一般在10月上中旬，叶螨越冬前，选有代表性的幼果园、盛果期果园和老果园各2块。每块园面积在1亩以上，在靠近边缘和中间部位各选1株梨树，每株果树在距地面0.1～0.2 m的主干上用10 cm宽的透明胶带绕扎一周，一般绕2～3层，人为制造一个越冬场所，于12月下旬，调查藏在胶带下的叶螨数量，作为越冬基数。

系统调查：从4月下旬梨树叶片展开时(落花后10 d左右)开始，至9月下旬梨叶螨停止为害结束，每5 d调查1次。选有代表性的幼果园、盛果期果园和老果园各1块。每块园面积在1亩以上，在靠近边缘和中间部位各固定1株梨树，每株树按东、南、西、北、中各标定5个一年生枝条，共25枝，每次调查固定枝上、中、下3张叶片，每株共调查75片叶。记载有螨叶数、成螨量、若幼螨量和变色叶数，统计数据。

2. 普查

普查主要做两方面内容，初夏普查和叶螨为害盛期普查。

3. 预测预报方法

(1)测报资料的统计与汇总　发生量的表示及发生程度的划分标准：初春越冬螨量用平均10 cm主干隐藏螨量表示，夏季发生量用梨树叶螨发生危害高峰日百叶螨量表示。发生程度以发生危害高峰日百叶螨量和螨叶率为指标划分成级。

发生期预测：根据物候观测掌握越冬雌成螨出蛰盛期，推算1代卵盛期，进行预报防治；整个夏季(6～8月)是梨叶螨发生盛期，根据梨树叶螨及其有效天敌系统调查结果，通常每叶平均有螨2～5头时，敌螨比小于1∶30，气象部门又预报近7～10 d晴天少雨，可预报大面积防治。

发生程度预测：依据越冬螨量和长期天气预报，并与历史资料比较，对全年发生程度做出预测。夏季主要依据田间发生量，结合气象预报，对发生程度综合做出预测。一般干旱少雨，有利于梨叶螨发生。

(2)信息交流　基层市、县(区)病虫测报站在做好当地梨树叶螨调查测报和及时发布病虫情报的同时，按照规定时间向相关部门汇报(黄娟等，2004)。

9.9.3.7　防治措施

1. 农业防治

二斑叶螨越冬前，在根颈处覆草，并于次年3月上旬将覆草或根颈周围20 cm范围内的杂草收集，烧毁，可大大降低越冬基数。

在越冬雌成螨出蛰前，刮除树干上的老翘皮和粗皮并集中烧毁，消灭其中的越冬雌成螨。

果园内应尽可能避免套种大豆、花生等农作物，减少寄主面积和数量。

天气干旱时及时灌溉，增加果园相对湿度，能造成二斑叶螨不利的生态环境。控制氮肥施用量，增施磷钾肥，增强树势，恶化二斑叶螨的发生条件(孟和生等，2001)。

2. 生物防治

根据生物之间相互制约的捕食关系原理，利用天敌来防治二斑叶螨是将来发展的方向。利用植绥螨和食螨瓢虫来防治二斑叶螨目前处于研究阶段。张新虎等研究芬兰钝绥螨(*Euseius finlandicust* Oudemans)对二斑叶螨捕食作用。侯爱平等利用长毛钝绥螨(*Amblyseius longispinosus*)控制冬瓜上的二斑叶螨。陈文龙等研究发现尼氏钝绥螨(*Amblyseius nicholsi*)对二斑叶螨有捕食作用。生物防治因具有效果好、对作物无毒副作用等优点而被人们所看好；但因其存在不易建立天敌优势种群、维持天敌种群的费用昂贵等缺点，一直未能广泛推广。所以，在今后相当长的一段时间里，二斑叶螨的防治措施将仍以化学防治为主。

3. 化学防治

关键是要抓早，雌成螨出蛰盛期或第1代幼螨盛孵期是用药适期。休眠期的二斑叶螨，使用硫制剂防效较佳。生长季节，选用1.8%齐螨素乳油5 000～8 000倍稀释喷雾使用，防效均在95%以上。另外，15%哒螨灵乳油2 000或3 000倍、5%尼索朗乳油2 000倍防效也比较理想，可与齐螨素系列的药剂轮换使用。

需要注意的是：①药剂最好能杀成、若螨及卵，控制效果最低要达90%以上，否则基数较大，害螨在一定时期内仍可迅速成灾；②喷药时应兼顾果园内的杂草和其他作物，消灭防治死角，充分考虑到保护天敌和延缓抗性产生，尽量避开主要天敌的大量发生期或选用选择性好的药剂(鲍正元，2009；侯晓宁，2009；潘换来等，2008；孟和生等，2001)。齐螨素类农药防治二斑叶螨较为理想(渠慎春等，2000)。

参考文献

艾进华. 菜豆象的发生与防治. 河南农业科技，2000，1:13.

艾荣富. 建宁县杂交水稻种子产业发展中存在的问题及对策. 农技服务，2008，25(9)：145-167.
白九维，赵剑霞，马文梁. 桃条麦蛾生物学特性的初步研究. 林业科学，1980(S1)：127-129.
白旭光. 储藏物害虫与防治. 2 版. 北京：科学出版社，2008：233-234.
鲍正元. 二斑叶螨在苹果树上的发生和防治. 青海农林科技，2009，4：67-68.
北京农业大学，华南农业大学，福建农学院，河南农业大学. 果树昆虫学. 2 版(下). 北京：中国农业出版社，1981：180-182.
北京农业大学. 果树昆虫学. 北京：农业出版社，1981：490-492.
贝亚维，林文彩，章金明，等. 不同密度诱虫板对烟粉虱田间种群数量变动及相关性研究. 2008 年浙江省植物保护与农产品质量安全研讨会暨会员代表大会论文集，2008：58-61.
蔡建，刘齐华. 红火蚁的生物学性状及防治. 安徽农学通报，2006，10：142-143.
蔡双虎，程立生. 二斑叶螨的研究进展. 热带农业科学，2003，2：68-74.
陈斌，李隆术. 储藏物害虫生物性防治技术研究现状和展望. 植物保护学报，2002，29(3)：202-278.
陈斌，罗佑珍. 番茄新害虫——刺皮瘿螨. 长江蔬菜，2001，11：27.
陈斌，殷绥公. 番茄新害虫——番茄刺皮瘿螨. 云南农业科技，2000，2：32-33.
陈兵，康乐. 南美斑潜蝇在我国发生趋势和地理差异分析. 植物检疫，2002，16(3)：138-140.
陈国永，江枫，瞿洪法. 35%好年冬种子处理剂防治晚稻秧苗期害虫试验. 现代农业科技，2008，5：92-95.
陈洪俊. 西花蓟马在我国的潜在分布区预测. 中国植保导刊，2008，28(1)：48-48.
陈军，湛玉荣. 苹果小吉丁虫的预防措施及防治方法. 新疆农业科学，2007，44(S2)：186-187.
陈良昌，李恂，张祺，等. 湿地松粉蚧的生物学特性及防治. 湖南林业科技，2009，36(3)：1-3.
陈乃中，施宗伟，张生芳. 红火蚁的发生及有关检疫的研究与实践. 植物检疫，2005，19(2)：90-93.
陈顺立，武福华，侯沁文. 松突圆蚧生物学特性的研究. 福建林业科技，2004，31(2)：1-4.
陈伟，杨柳. 雷州市城区蜚蠊种群分布及侵害状况调查. 中国媒介生物学及控制杂志，2005，16(6)：473-474.
陈显群，李业林，张生芳. 墨西哥拟叩甲——一种重要的储粮害虫. 植物检疫，2002，16(5)：282-283.
陈小平，李映平，李涛，等. 悬铃木方翅网蝽风险分析评估. 四川林业科技，2009，30(1)：59-61.
陈裕泽. 稻种仓库谷蠹防治技术. 福建农业，2010，7：22-23.
成家祥. 种子贮藏期害虫的传播途径及防治措施. 农技服务，2009，26(12)：146.
崔建臣. 美国白蛾的发生规律及防治对策. 中国植保导刊，2006，4：43-44.
邓铁军，覃贵亮，吴志红. 芒果果实象甲生物学观察及几种农药室内药效试验. 广西植保，2005，18(2)：1-2.
邓永学，赵志模，李隆术. 高浓度 CO_2 气调防治谷蠹及杂拟谷盗的研究. 粮食储藏，2002，31(1)：3-6.

丁波，黄宝灵，吕成群，等. 松突圆蚧研究综述. 广西农业科学，2012，41(1)：35-38.
丁毅弘，张显兴，胡长生. 菜豆象在吉林省发生的可能性分析. 吉林农业科学，1993，1：47-49.
董亮. 青海蚕豆象的发生与防治. 青海农林科技，2011，3：20-21.
杜玉虎，楚明，鲁凤宇，等. 套袋梨黄粉蚜的发生与为害及防治措施. 辽宁农业职业技术学院学报，2003，5(3).
段波，周明，李加智，等. 西双版纳橡胶介壳虫种类鉴定及其防治. 热带农业科技，2005，28(2)：1-3.
范京安，李隆术. 麦蛾生物学及生态学特征的研究. 粮食储藏，1989，18(3)：54.
方正茂. 柑橘大实蝇的发生规律及防治技术. 浙江柑橘，2009，26(2)：31-34.
费守华. 蜚蠊的鉴别诊断(续). 中国媒介生物学及控制志，1998，9(5)：389-393.
冯琳琳，张钟宪. 美洲大蠊生物学特性及综合防治. 首都师范大学学报：自然科学版，2007，28(5)：37-39，51.
冯荣扬，梁恩义. 菠萝粉蚧发生规律及防治. 中国南方果树，1998，27(5)：28-29.
冯术快，户绪利. 北京市昌平区美国白蛾生物学特性观察及综合防治. 植物保护，2009，35(5)：168-169.
冯益明，梁军，吕全，等. 松突圆蚧在我国潜在的适生性分析. 林业科学研究，2009，22(4)：563-567.
高步衢. 森林植物检疫. 北京：中国科学技术出版社，1998.
高贵涛. 葡萄根瘤蚜的防治技巧. 果农之友，2011，8：25.
高立波. 套袋梨黄粉蚜的发生与防治. 广西农学报，2007，22(5)：42-43.
高云霞，翟军. 美国白蛾发生规律及防治方法. 中国园艺文摘，2009，7：169-170.
龚秀泽. 果核芒果象及其耐饥饿性观察. 植物检疫，2006，20(5)：287-289.
郭东权，陈云堂，张建伟，等. $^{60}Co\gamma$ 射线对拟杂谷盗成虫的辐照效应研究. 中国农学通报，2009，25(15)：183-186.
郭文超，吐尔逊，许建军，等. 马铃薯甲虫识别及其在新疆的分布、传播和危害. 新疆农业科学，2010，47(5)：906-909.
韩冬银，刘奎，陈伟，等. 螺旋粉虱在海南的分布与寄主植物种类调查. 昆虫知识，2008，45(5)：765-770.
韩冬银，刘奎，张方平，等. 螺旋粉虱的生物学特性. 昆虫学报，2009，52(3)：281-289.
韩林，吴建军，王德国. 刺槐叶瘿蚊的发生规律及防治对策. 陕西林业科技，2010，3：41-43.
韩敏晖，吴华新，黄满涛. 蚕豆象的田间发生特点和防治技术. 植保技术与推广，2003，23(10)：20-21.
韩生福. 豌豆象的发生与防治. 北方园艺，2008，6：209.
郝宝峰，鲁胜山. 梨树黄粉蚜的发生与防治. 河北果树，2010，6.
郝军虹，应芳卿. 潜叶蝇的发生及综合防治技术. 中国果菜，2009，5：38.
何辉，孙国山，米新强，等. 悬铃木方翅网蝽的发生与防治. 安徽农学通报，2008，14(21)：225-225.
何善勇，朱银飞，阿地力·沙塔尔，等. 吐鲁番地区枣实蝇发生规律. 昆虫知识，2006，46(6)：

930-934.
何善勇,温俊宝,阿地力·沙塔尔,等.检疫性有害生物枣实蝇研究进展.林业科学,2010,46(7):147-154.
何衍彪,詹儒林,等.菠萝粉蚧及菠萝凋萎病研究进展.广东农业科学,2007,2:47-50.
贺长洋.紫穗槐豆象生物学特性及防治.植物检疫,2005,5:318.
洪波.基于GIS的有害生物空间分布的系统研究:硕士论文.杨凌:西北农林科技大学,2006.
侯晓宁.苹果二斑叶螨的发生与防治.西北园艺:果树,2009,1:51-52.
胡春祥,黄咏槐,李成军,等.青杨脊虎天牛幼虫空间分布格局.昆虫知识,2004,41(3):241-244.
胡敦孝,吴杏霞.烟粉虱和温室白粉虱的区别.植物保护,2001,27(5):15-18.
胡奇勇,陈元洪,黄玉清,等.危害龙眼的蟀类昆虫及防治.中国昆虫学会2000年学术年会论文集,2000:697-698.
黄德超,汤才,梁广文.湿地松粉蚧发生等级预测研究.仲恺农业技术学院学报,2003,16(4):27-33.
黄娟,王向阳,夏风,等.安徽省梨树叶螨测报方法.安徽农业科学,2004,32(1):97-98.
黄可辉,郭琼霞,姚向荣.双钩异翅长蠹生物学特性及检疫防治研究.武夷科学,2004,20(1):93-97.
黄苏艾,王裕文,朱丽君,等.德国小蠊的生物学特性与综合防治.北京第21届亚大区杀虫管理联盟协会年会论文集,2009:313-315.
黄小玲,魏洪义.不同寄主作物烟粉虱种群数量的研究.植物保护,2010,36(3):103-105.
黄咏槐.青杨脊虎天牛(*Xylotrechus rusticus* Linnaeus)生物学特性及防治技术研究:硕士论文.哈尔滨:东北林业大学,2004.
黄珍友,戴自荣,钟俊鸿,等.截头堆砂白蚁原始繁殖蚁行为特点研究.昆虫天敌,2003,25(4):169-174.
黄珍友,戴自荣.截头堆砂白蚁补充型繁殖蚁有关生物学特性及在群体中的作用.中国昆虫学会第六次全国代表大会暨学术讨论会论文摘要集,1997:168.
黄珍友,钱兴,钟俊鸿,等.截头堆砂白蚁研究概况.昆虫学报,2009,52(3):319-326.
黄振裕.松突圆蚧化学防治及应用技术研究:硕士论文.福州:福建农林大学,2006.
黄振裕.松突圆蚧化学防治技术研究.南京林业大学学报:自然科学版,2006,30(5):119-122.
江昌木.瓜实蝇种群系统与检疫防除综合技术:博士论文.福州:福建农林大学,2005.
江世宏,刘栋,李广京,等.入侵红火蚁(*Solenopsis invicta*)形态学及个体发育史的初步研究.深圳职业技术学院学报,2008,1:38-41.
江扬先,严龙.番茄斑潜蝇的发生与综合防治.长江蔬菜,2008,8:18-19.
姜立云,黄晓磊,梁金培,等.重要林业害虫——栗苞蚜(同翅目根瘤蚜科)的形态特征及其危害.动物分类学报,2006,31(2):272-276.
蒋惠坚,蔡光增,苏触景,等.肖厝口岸蜚蠊种群密度及季节消长的调查.中国国境卫生检疫杂志,2007,30(5):300-302.

蒋金炜,徐永伟.外来害虫蔗扁蛾的发生与防治.河南农业科学,2004,3:26-28.
蒋小龙,丁元明,王龙文,等.拉美斑潜蝇在云南的发生与防治.植物检疫,1997,11(增刊):20-22.
蒋小龙,任丽卿,肖枢,等.瓜实蝇在云南生物学习性研究初报.植物检疫,2003,17(2):74-76.
蒋小龙.对谷斑皮蠹的监测与监管.中国进出境动植检,1995,1:8-9.
蒋星华.浙江省松突圆蚧入侵风险分析.浙江林业科技,2009,29(1):71-73.
蒋自珍.四纹豆象在乐清的发现与防治初报.温州农业科技,1999,3:38-39.
焦晓品,李贵生.菜豆象的生物学及防治初步研究.植物检疫,1994,8(3):135-141.
金党琴.烟粉虱的生活习性及其防治.植物医生,2005,18(1):16.
金秀萍,李正跃,陈斌,等.不同温度下马铃薯块茎蛾实验种群生命表研究.西南农业学报,2005,18(6):773-776.
劳有德.广西剑麻产区要重视新菠萝灰粉蚧的防治.广西热带农业,2008,5:24-25.
雷仲仁,罗礼智,郑永权,等.对危险性外来入侵生物红火蚁的考察.植物保护,2005,31(3):64-66.
李宝明,赖翠玲,刘权叨.苹果绵蚜的检疫与防治.广东农业科学,2010,37(2):101-102,106.
李宝明,刘权叨,龚鹏博,等.苹果绵蚜及其防治研究进展.植物检疫,2010,24(3):36-40.
李根君,姜峰立,郭建军.米蛾的形态及习性观察.昆虫知识,1982,6:18-21.
李国寅,艾怡雯,王伟,等.海南岛螺旋粉虱寄主植物新记录种调查.热带作物学报,2010,31(4):655-660.
李继光.花卉蓟马防治有窍门.农村新技术,2003,10:15.
李兰英,高岚,温亚利,等.浙江林业科技,2006,26(5):74-80.
李令蕊,薛仁风,王晓婧,等.烟盲蝽对温室白粉虱和小菜蛾捕食作用研究.河北农业大学学报,2008,31(1):84-87.
李隆术,朱文炳.储藏物昆虫学.重庆:重庆出版社,2009:231-232.
李宁东,陆永跃,曾玲,等.广东省吴川红火蚁生境类型、空间分布和抽样技术的研究.华中农业大学学报,2006,25(1):31-36.
李士荣.菠萝粉蚧的生物学特性及防治.昆虫知识,1997,34(3):149-152.
李新芳.从进境泰国香蕉上截获新菠萝灰粉蚧.植物检疫,2010,24(2):44-46.
李秀军,金常萍,李正跃.马铃薯块茎蛾研究现状及进展.青海师范大学学报,2005,2:67-70.
李奕震,苏星,卢川川,等.湿地松粉蚧空间分布型及抽样技术的研究.华南农业大学学报,1994,15(4):52-57.
李玉.四纹豆象的检疫与防治方法.安徽农业,2002,2:21.
李源,赵珮,尹春燕,等.多种植物挥发物及马铃薯甲虫聚集素对马铃薯甲虫的引诱作用.昆虫学报,2010,53(7):734-740.
李云明,顾云琴,项顺尧.柑橘小实蝇发生与防治研究.农技服务,2009,26(2):62-63.
李忠,刘爱英,梁宗琦.真菌在温室白粉虱生物防治中的研究与应用现状.贵州农业科学,2002,30(4):55-57.

栗大海.三种沙区植物主要虫害调查及防治技术.陕西林业科技,2004,3:42-45.
梁广勤.中国进出境水果关注的有害生物.北京:中国农业出版社,2009.
梁琼超,黄法余,赖天忠,等.从入境泰国种苗截获的危险性害虫水椰八角铁甲.植物检疫,2005,19(3):160-161.
梁益宾.黑森瘿蚊.世界农业,1985,6:49-50.
林芙蓉,王福祥,吴晓玲.澳大利亚火红蚁防控经验.中国植保导刊,2005,25(8):41-42.
林智慧,黄居昌,陈家骅,等.南美斑潜蝇的形态学及生物学特性研究.华东昆虫学报,2000,9(2):39-43.
刘爱华.船检中截获菜豆象.植物检疫,2002,16(5):73.
刘昌兰,乔仁发,宋华利.美国白蛾生物学特性观察研究.山东林业科技,2005,2:26-27.
刘长生,龙永华.紫穗槐豆象在山东日照的发生及鉴定.植物检疫,2001,15(4):225-226.
刘代文,李红,段学慧.天津地区美国白蛾的生活习性及生物防治.天津农业科学,2005,11(1):40-42.
刘华,孙学明,史善坤,等.美国白蛾的发生规律及综合防治技术.种业导刊,2010,3:29-30.
刘慧莲.温室白粉虱发生规律及综合防治技术.江苏农业科学,2011,39(2):189-190.
刘仁军,肖映秋,曹波.有害生物日本松干蚧的综合管理.中国城市林业,2005,3(4):24-26.
刘晓飞,王大明,叶辉.番石榴实蝇研究概况.热带农业科技,2005,28(4):30-33.
刘义,吴德森.红火蚁生物学特征、入侵危害及其防治对策.医学动物防制,2005,21(11):800-804.
刘月国.首都机场局截获一类危险性害虫菜豆象.植物检疫,2001,15(5):277.
刘振东.永春柑橘小实蝇发生为害规律及其防治对策.中国植保导刊,2010,30(9):30-31.
柳斌,郭文超,吐尔逊,等.新疆温室白粉虱自然寄生蜂研究初报.新疆农业科学,2009,46(2):317-320.
柳琼友,顾丁,陈文龙.烟草甲的防治研究进展.湖北农业科学,2007,46(5):841-844.
吕朝军,钟宝珠.入侵害虫蔗扁蛾研究进展.亚热带农业研究,2009,5(2):116-119.
吕建华,邹政,王殿轩,等.臭椿树皮提取物对玉米象和杂拟谷盗成虫的控制作用.中国粮油学报,2009,24(9):112-115.
吕军,王忠跃,王振营,等.葡萄根瘤蚜生物学特性及防治研究进展.江西植保,2008,31(2):51-56.
罗臣.美洲大蠊生物学观察及其提取物抗胃溃疡作用研究:硕士论文.长沙:湖南中医药大学,2006.
罗晨,姚远,王戎疆,等.利用 mtDNA COI 基因序列鉴定我国烟粉虱的生物型.昆虫学报,2002,45(6):759-763.
罗梅,宾淑英,董章勇,等.危害棉花的入侵生物扶桑绵粉蚧研究.安徽农业科学,2011,39(19):11517-11519.
麻琳,袁小利,薛芳.美洲斑潜蝇的发生及防治.现代农业科技,2008,23:157.
马延明,马艳.蚌埠地区黑胸散白蚁纷飞盛期的研究初报.中国昆虫学会成立 60 周年纪念大会暨学术研讨会,2004,10.

毛建萍. 标本害虫小圆皮蠹的发生防治. 蚕桑茶叶通讯,2001,4:10-11.
梅流注. 检疫在豆象防治中的作用评估. 粮食储藏,2000,5:11-16.
孟和生,王开运,姜兴印,等. 二斑叶螨发生危害特点及防治对策. 昆虫知识,2001,38(1):52-54.
孟杰. 菜豆象的截获处理. 植物检疫,2001,15(3):175.
莫仁浩,吴佳教. 菜豆象入侵风险及检疫对策探讨. 粮食储藏,2006,35(6):13-15.
穆希凤,孙静双,卢文锋,等. 北京地区刺槐叶瘿蚊生物学特性及防治. 中国森林病虫,2010,29(5):15-18.
倪洁. 葡萄根瘤蚜的监控与防治. 西北园艺,2008,10:20-21.
倪同良,温素卿. 美国白蛾发生特点及综合防治措施. 贵州农业科学,2009,37(10):82-84.
聂谷华,王文琪. 松材线虫防治方法现状及其展望. 安徽农业科学,2009,37:24.
聂雪梅,王海滨,陈亚萍. 综合防治日本松干蚧. 中国林业,2007(108B):48.
潘换来,谢发锁,范婷. 二斑叶螨的发生与防治. 果农之友,2008,8:39.
潘务耀,叶燕华. 芽枝状孢霉和蜡蚧轮枝菌防治湿地松粉蚧的技术研究. 林业科技通讯,1994,1:14-15.
潘志萍,曾玲,叶伟峰. 湿地松粉蚧的天敌及生物防治. 中国生物防治,2012,18(1):36-38.
彭正强,周祥,黄光斗,等. 银合欢异木虱若虫空间格局参数特征的研究. 昆虫学创新与发展,2002:238-242.
齐欣,孙耘芹. 德国小蠊生物学特性及综合治理. 中国媒介生物学及控制杂志,2004,15(1):73-75.
祁生源. 检疫性有害生物三叶斑潜蝇的识别. 青海农技推广,2006,4:38-42.
钱宝花. 磷化铝防治烟叶仓储害虫效果分析与技术应用. 陕西农业科学,2010,56(6):83-85.
秦世剑,沈明日. 杨干象的发生规律及综合治理技术. 林业科技情报,2010,42(1):20-21.
邱文忠,蔡少强. 甘薯小象甲的发生为害及综合防治. 现代农业科技,2008,30:130-131.
渠慎春,钱亚明,宋宏峰,等. 苹果二斑叶螨的防治技术研究. 江苏农业科学,2000,2:53,57.
全国农业技术推广服务中心. 植物检疫对象手册. 北京:中国农业出版社,1998.
任洁. 西花蓟马 *Frankliniella occidentalis*(Pergande)生物学特性及其控制技术研究:硕士论文. 杨凌:西北农林科技大学,2006.
任小平,李小妮,吴仕豪,等. 红火蚁的识别与防治. 中国植保导刊,2005,25(11):35-36.
茹克亚,陈卫民,阿吉古丽. 苹果小吉丁虫的发生规律及防治措施. 农村科技,2008,10:38.
阮启错,林萱. 四纹豆象生物学的研究. 粮食储藏,1988,2:3-9.
石爱霞,墨红艳,郝小燕,等,唐菖蒲蓟马生物学特性及防治试验. 内蒙古农业科技,2007,(1):34-36.
沈培谊. 德国小蠊的生物学特征和防治对策. 中华卫生杀虫药械,2003,9(4):1-3.
沈文君,万方浩. 入侵害虫螺旋粉虱及其在我国的适生区预测. 昆虫知识,2007,44(3):367-371.
沈幼莲,劳冲. 慈溪市蔗扁蛾生物学特性及防治. 浙江林学院学报,2008,25(3):367-370.
沈兆鹏. 再谈谷斑皮蠹. 粮食储藏,1985,4:18-23.

生伟伟.德国小蠊和黑胸大蠊生物生态学特性的初步比较:硕士论文.重庆:西南大学,2009.
施振华,谭淑清.双钩异翅长蠹生物学特性及用防腐剂 TWP 防治实验.林业科学研究,1992,5(6):665-670.
石爱霞,墨红艳,郝小燕,等.唐菖蒲蓟马生物学特性及防治试验.内蒙古农业科技,2007,1:34-36.
世川满广,范滋德.中国潜蝇科(双翅目)初步名录并记四新种.上海昆虫研究集刊(第 5 集),1985,5:275-294.
舒梅,刘桂华.芒果果肉象甲的生物学特性与防治.云南农业科技,2001,4:28-29.
舒易和,赵小林.柑橘大实蝇防治方法新探.中国园艺文摘,2009,7:143.
隋建忠,热依汗古丽,马德成.加强对检疫性害虫——四纹豆象的检疫.新疆农业科学,2001,38(5):272.
孙宝根.米蛾生物学研究点滴.粮油仓储科技通讯,1987,3:13-15.
孙江华,虞佩玉,张彦周,等.海南省新发现的林业外来入侵害虫——水椰八角铁甲.昆虫知识,2003,40(3):286-287.
孙耘芹,李梅,何凤琴,等.五种蜚蠊的生物学特性和综合治理.昆虫知识,2004,41(3):216-222.
覃伟权.椰花四星象甲生物学特性及其危害规律的研究.植物保护,2002,28(2):27-28.
覃新导,周祥,王涛,等.银合欢豆象生物学特征及其防治研究.第三届全国生物入侵大会,海口,2010.
覃新导,周祥,王涛,等.银合欢害虫记述.热带作物学报,2010,31(11):2000-2005.
覃新导,周祥,王涛,等.海南岛热带牧草害虫种类初步调查研究.草地学报,2003,11(4):306-311,320.
汤方,李生臣,刘玉升,等.中华草蛉对温室白粉虱卵的捕食功能反应.南京林业大学学报:自然科学版,2008,32(2):132-134.
陶先东,郁伟,李学为.保护地烟粉虱的发生及防治.上海蔬菜,2005,1:60.
田冬菊,万召娣.柑橘大实蝇的发生为害及综合防治措施.农技服务,2009,26(12):96-97.
仝晓琳.美国白蛾的防治方法.现代农业科技,2010,10:156-157.
吐尔逊·阿合买提,许建军,郭文超,等.马铃薯甲虫主要生物学特性及发生规律研究.新疆农业科学,2010,47(6):1147-1151.
汪成平,刘占元,王应伦.菜豆象入侵陕西的风险分析.陕西农业科学,2010,5:80-86.
王爱平.植物检疫性害虫芒果象甲.植物检疫,1997,11(6):342-344.
王春,晏家瑛,杨德军,等.樟科植物精油对杂拟谷盗成虫的毒力测定.香料香精化妆品,2009,4:17-18.
王福莲,李传仁,刘万学,等.新入侵物种悬铃木方翅网蝽的生物学特性与防治技术研究进展.林业科学,2008,44(6):137-142.
王洪魁.皂角豆象在我国东北地区危害的初步调查.森林病虫通讯,1984.
王建蕊,王志强,王立生,等.浅谈红火蚁.医学动物防制,2005,21(10):773.
王建伟,龚志强,徐渭根,等.高温与磷化铝对四纹豆象的处理技术.植物检疫,1999,13(5):

284-286.
王菊平,王小齐,吕芳,等.菜豆象在中国的风险性分析.中国植保导刊,2006,26(5):8-11.
王菊平.菜豆象和蔗扁蛾在辽宁的风险分析:硕士论文.沈阳:沈阳农业大学,2006.
王俊,王登元,侯洪.新疆马铃薯甲虫的发生与防治现状.新疆农业科技,2008,180(3):60.
王琳,杨晓朱.入侵害虫扶桑绵粉蚧生物学、危害及防治技术.环境昆虫学报,2010,32(4):561-564.
王玲.松突圆蚧监测方法与防治技术.江西植保,2006,29(3):124-126.
王梅玉,王冬升,袁永达,等.不同品系番茄对番茄刺皮瘿螨生长发育的影响.昆虫学报,2008,51(8):839-843.
王梅玉,王冬升.番茄刺皮瘿螨研究进展.中国植物保护学会 2007 年学术年会论文汇编,2007:453-459.
王前,纵玉华.番茄斑潜蝇与美洲斑潜蝇的鉴别及防治.农技服务,2009,26(1):93-94.
王世伟.芒果果实象甲的发生及防治.林果园,2006,3:31.
王太政.棉红铃虫的发生与防治.农技服务,2009,26(2):85-86.
王志英,刘宽余,张国财,等.青杨脊虎天牛防治技术.东北林业大学学报,2006,34(5):1-3.
韦修平.芒果果实象甲防治措施.广西园艺,2002,4(43):23-24.
魏靖,左秀峰.蔗扁蛾在自然变温下的发育起点温度和有效积温测定.山东农业大学学报:自然科学版,2006,37(2):201-203.
翁掌权.水椰八角铁甲形态观察及温度、食物利用对其生长发育的影响:硕士论文.福州:福建农林大学,2010.
吴宝巨.甘薯小象甲的发生与防治.现代农业科技,2007,8:44.
吴大军,杜奕华,陈秀娟,等.水椰八角铁甲的检验检疫及传入顺德的风险.植物检疫,2007,21(1):25-26.
吴华新,郑永利,韩敏晖,等.蚕豆象田间发生规律及其无害化防治技术.长江蔬菜,2006,10:17.
吴佳教,张维球,曾玲,等.一种值得重视的蔬菜害虫——瓜斑潜蝇.昆虫知识,1997,34(4):216-218.
吴建华,张家训,高斌,等.银川市蟑螂密度、季节消长状况分析.医学动物防制,2008,24(5):328-330.
吴秋芳,花蕾.烟粉虱研究进展.河南农业科学,2006,6:19-23.
伍明祥.玉屏县柑橘小实蝇发生分布及防除技术研究.植物医生,2007,20(5):35.
夏冰.棉盲蝽测报调查方法初探.中国植保导刊,2009,29(7):32-33.
夏风,刘家成,王学良,等.梨黄粉蚜测报方法研究.安徽农业科学,2004,32(5):955-956.
夏建平,夏建红.蔗扁蛾的发生与综合治理策略.农业新技术,2006,1:25-26.
夏文胜,刘超,董立坤,等.悬铃木方翅网蝽的发生与生物学特性.植物保护,2007,33(6):142-145.
相建业,谢芳芹,时卫东,等.苹果园二斑叶螨药剂防治研究.西北农业学报,2003,12(3):100-102.

肖小芹.美洲大蠊生物学特性及药用价值研究:博士论文.长沙:中南大学,2008.
肖艳.杨干象预测预报技术.辽宁林业科技,1999,6:36-38.
肖燕,任顺祥,邱宝利.应用虫生真菌防治烟粉虱的现状.昆虫天敌,2001,23(1):30-34.
谢成君.豌豆象卵发育起点温度和有效积温测定.植物检疫,2003,17(4):220-223.
新疆黑森瘿蚊科研协作组.黑森瘿蚊.乌鲁木齐:新疆人民出版社,1986.
徐国淦.马铃薯块茎蛾.北京:中国农业科学院植物保护研究所,1985.
徐海根,强胜.中国外来入侵生物.北京:科学出版社,2011.
徐家雄,余海滨,方天松,等.湿地松粉蚧生物学特性及发生规律研究.广东林业科技,2002,18(4):1-6.
徐世多,谢伟忠,陈纪文.松突圆蚧传播及控制的研究.林业科技通讯,1992,1:5-8.
徐淑华.蚕豆象发生规律及其防治技术.青海农技推广,2011,1:43.
徐树云.烟草害虫防治.郑州:河南科学技术出版社,1993:202-209.
徐文,徐光余,杨爱农,等.紫穗槐豆象防治技术的研究.农技服务,2008,25(7):161-162.
徐文华,王瑞明.几种药剂对烟粉虱的田间药效试验.江西棉花,2006,28(5):17-19.
徐岩.警惕螺旋粉虱传入中国.植物检疫.1999,13(4):232-236.
徐云,孙茂林.香蕉象鼻虫生物学特性及防治策略.云南农业科技,1998,6:17-19.
许渭根,赵琳,王建伟.四纹豆象发生规律和生活习性观察.浙江农业科学,2004,3:54-56.
许翔,李琳一,洪晓月,等.番茄刺皮瘿螨空间格局及抽样技术研究.上海农业学报,2008,24(3):72-75.
许翔.外来害螨番茄刺皮瘿螨的生态学及防治研究:硕士论文.南京:南京农业大学,2006.
薛宝燕,程新胜.烟草甲研究进展.烟草科技,2005,2:44-47.
杨福清,倪惠云,陈忠泽,等.紫穗槐豆象生物学特性及其防治研究.浙江林业科技,1992,12(6):13-16.
杨景艺.悬铃木方翅网蝽危害与防治.安徽农学通报,2010,16(16):123-124.
杨永茂,叶向勇,李玉亮.瘤背豆象属 4 种检疫性害虫及其防治.山东农业科学,2004,3:54-56.
杨有乾,周亚君.危害皂角的两种害虫——皂角食心虫、皂角豆象.河南农学院,1974,11:11-13.
杨振德,赵博光,郭建,等.松材线虫行为学研究进展.南京林业大学学报:自然科学版,2003,1:87-92.
杨忠岐,王小艺,王传珍,等.白蛾周氏啮小蜂可持续控制美国白蛾的研究.林业科学,2005,41(5):72-80.
易兰芳,石自园,邹秋玲.果园吹绵蚧的识别与防治.病虫防治,2007,5:45.
于宁,张迎军,齐鹏,等.德国小蠊雌虫卵及卵巢的动态变化.中国媒介生物学及控制杂志,1998,9(5):338-340.
喻梅,谢令德,徐广文,等.六种检疫性储量豆象防治研究进展.粮食储藏,2006,35(6):9-12.
袁柳萍.蚕豆象的发生与防治.农业科技与信息,2003,3:18.
袁盛勇,孔琼,李正跃,等.瓜实蝇生物学习性研究.西北农业学报,2005,14(3):38-40.

袁业宏.谷蠹对小麦的危害方式及其防治.粮油仓储科技通讯,2001,3:18.
曾洪.中药材常见甲虫识别与防治.时珍国医国药,2000,11(11):1030.
曾玲,陆永跃,何晓芳,等.入侵中国大陆的红火蚁的鉴定及发生为害调查.昆虫知识,2005,42(2):144-148.
张发利,董玉奎,郑方强,等.入侵害虫栗苞蚜的生物学特性与防治效果.昆虫知识,2007,44(4):552-554.
张发利,董玉奎,郑方强,等.新入侵害虫栗苞蚜的生物学特性与药剂防治试验.山东农业科学,2007,3:69-71.
张方平,符悦冠,彭正强,等.橡副珠蜡蚧生物学特性及防治概述.热带农业科学,2006,26(1):38-41.
张皓明,任慧玲.美洲斑潜蝇的识别与防治.甘肃农业,2009,5:95.
张军翔,李玉鼎.葡萄根瘤蚜.中外葡萄与葡萄酒,2001,4:27-29.
张开明.香蕉病虫害防治.北京:中国农业出版社,1999:75-77.
张良,张滋林,赵莉.苜蓿叶象甲的生活习性及防治.新疆农业科技,2010,6:44.
张强,罗万春.苹果绵蚜发生危害特点及防治对策.昆虫知识,2002,39(5):340-342.
张巧莲,代子文,王文君,等.园林苗木吹绵蚧壳虫的防治.河南林业科技,2004,24(3):69-70.
张全胜.瓜实蝇生物学特性及其防治.中国蔬菜,2002,3:37-38.
张润志,汪兴鉴,阿地力·沙塔尔.检疫性害虫枣实蝇的鉴定与入侵威胁.昆虫知识,2007,44(6):928-930.
张润志,康乐.侵入型害虫的成灾机制与防治对策.昆虫知识,1999,36(3):181-183.
张生芳,魏春艳,管维.墨西哥拟叩甲幼虫的鉴定.植物检疫,2006,5:296-297.
张生芳,薛光华.麦扁盾蝽.植物检疫,2007,21(3):173-175.
张生芳.谷斑皮蠹的世界分布及化学防治.植物检疫,2004,18(2):125-128.
张世泽,万方浩,花保桢,等.烟粉虱的生物防治.中国生物防治,2004,20(1):57-60.
张文同,姚传文.小圆皮蠹的生物学特性及防治研究.1996,33(4):222-225.
张小冬,陈泽坦,钟义海.新菠萝灰粉蚧生活习性初探.华东昆虫学报,2008,17(1):22-25.
张扬,曾东强,黄超福,等.注干施药技术防治入侵害虫螺旋粉虱研究.广东农业科学,2010,37(11):144-148.
张英华.两种主要熏蒸剂熏蒸处理鹰嘴豆象致死剂量的测试.植物检疫,1995,9(3):144-147.
张永忠,王永昌.日本松干蚧生物学特性的观察与防治.江苏林业科技,2001,28(3):33-34.
张玉花,梁廷康,张润蓉,等.梨黄粉蚜发生规律及防治技术初探.山西农业科学,2010,38(10):48-50,77.
张玉梅,李树森.苹果蠹蛾的生物学特性及综合防控措施.甘肃农业科技,2010,1:51-52.
赵伟民.烟草甲生物学特性最新研究进展.科技创新导报,2009,25:8-9.
赵晓武,严瑞飞.棉红蛉虫第二三代预测防治方法研究初报.植物保护,1992,5:4-5.
郑金丽.栗苞蚜的发生规律与药剂防治试验.北方果树,2004,11:42.

郑军，董代文，郑永忠，等. 居室蜚蠊的生物学特性及其控害技术研究. 庆祝重庆市植物保护学会成立 10 周年暨植保科技论坛论文集，2007：234-238.

郑松，罗全丽. 黔南州柑橘小实蝇的监测与防控. 植物医生，2007，20(6)：24-25.

中国农业百科全书编辑部. 中国农业百科全书. 北京：农业出版社，1990.

中国农业科学院果树研究所，中国农业科学院柑橘研究所. 中国果树病虫志. 2 版. 北京：中国农业出版社，1994：543-545.

中华人民共和国北京动植物检疫局. 中国植物检疫性害虫图册. 北京：中国农业出版社，1999.

钟锋，吕利华，高燕，等. 西花蓟马的危害及生物防治研究进展. 广东农业科学，2009(8)：120-123.

钟文坚，李小兰，马永瑾，等. 烟草甲发生规律及防治试验. 广西农业科学，2003，6：48-50.

周昌清，刘礼平，陈海东，等. 湿地松粉蚧自然种群动态与环境因子关系的研究. 中山大学学报：自然科学版，2003，42(6)：65-68.

周明，李国华，阿红昌，等. 橡胶盔蚧的发生及防治对策. 中国植保导刊，2007，27(3)：23-24.

周又生，沈发荣，赵焕萍，等. 印度果核芒果象 *Sternochehetus mangoferae* 和云南果核芒果象 *Sternochehetus olivieri* 生物学及其综合防治研究. 西南农业大学学报，1995，17(5)：461-466.

周昭旭，罗进仓. 苹果蠹蛾的生物学特性及消长动态. 植物保护，2008，34(4)：111-114.

朱邦雄，刘国述，刘荣，等. 应用紫外高压诱杀灯防治储粮害虫. 粮食储藏，2005，34(3)：7-13.

朱晓峰. 苜蓿叶象甲寄生性天敌种类及苜蓿叶象啮小蜂生物学特性的研究：硕士论文. 乌鲁木齐：新疆农业大学，2006.

朱旭豪，何涌波，孙小康，等. 清远市市区蟑螂消长趋势及种群构成调查分析. 中华卫生杀虫药械，2005，11(1)：37-39.

朱宗森，王光春. 谷蠹在我国北方高大平房仓的习性与防治. 粮油食品科技，2006，14(5)：21.

Bell C H, Wilson S M, Banks H J. Studies on the toxicity of phosphine to tolerant stages of *Trogoderma granarium* Everts. Journal of Stored Products Research, 1984, 20(2): 111-117.

Dashad S S, Chaudhary O P, Rakesh. Studies on the incidence of ber fruitfly in southwestern Haryana. Crop Research, 1999, 18(1): 115-118.

Gold C S, Messiaen S. The banana weevil, Cosmopolites sordid. Musa Pest Fact Sheet No. 4, INIBAP, Montpellier, 2000.

Howe R W, Currie J E. Some Laboratory observations on the rates of development, mortality and ovipsition of Several speies of Bruchidae breeding in stored pulses. Bull Entmol Res,1964, 55: 437-477.

Mauiik S. Proceedings of Zooiogicai Society of London(Series A), 1937, 107(Part 2): 129-159.

Minkenberg, Helderman. Effects of temperature on the life history of Liriomyza bryoniae (*Diptera Agromyzidae*) on tomato. Journal of Economic Entomology, 1990, 83: 117-125.

Parrella M P. Biology of liriomyza. Annual Review of Entomology，1987，32：201-224.

Saito T. Biology of the leafminer，*Liriomyza bryoniae* Kait on melon. Proceedings of the Kansai Plant Protection Society，1988，30：49-55.

Tuda M，lwasa Y. Evolution of contest competition and its effect on hostparasitoid dynamics. Evolutionary Ecology，1998，7(12)：855-870.

彩图 6.3.1　马铃薯甲虫室内饲养图

彩图 6.5.1　3 种诱芯示意图

A. 复合橡胶塞　B. 塑料离心管　C. 复合橡胶塞＋塑料离心管

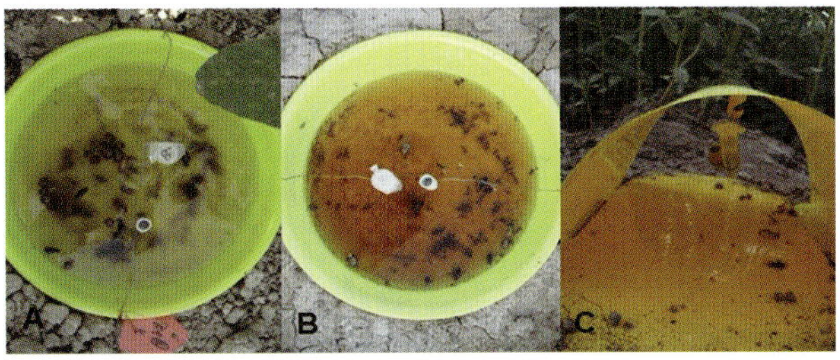

彩图 6.5.2　诱捕器示意图

A. 水盆诱捕器(洗衣粉水)　B. 水盆诱捕器(糖醋液)　C. 拱桥型诱捕器

彩图 9.2.1　兵蚁

彩图 9.2.2　有翅成虫的雌雄虫

彩图 9.2.3　白蚁的卵和若蚁

彩图 9.2.4　白蚁取食腐木树干

彩图 9.4.1　烟粉虱

彩图 9.4.2　苹果绵蚜

彩图 9.4.3　松突圆蚧寄生的枝条

彩图 9.4.4　松突圆蚧为害马尾松

彩图 9.5.1　马铃薯甲虫成虫

彩图 9.5.2　马铃薯甲虫成虫及卵

彩图 9.5.3　马铃薯甲虫幼虫及为害状

彩图 9.6.1　柑橘小实蝇成虫

彩图 9.6.2　柑橘小实蝇为害状

彩图 9.7.1　美国白蛾为害樱桃树

彩图 9.7.2　美国白蛾为害杨树

彩图 9.7.3　苹果蠹蛾

彩图 9.8.1　工蚁

彩图 9.8.2　红火蚁蚁后及工蚁

彩图 9.8.3　有翅雌红火蚁及工蚁

彩图 9.8.4　红火蚁工蚁与雄蚁

彩图 9.8.5　红火蚁蚁后、工蚁和卵